UTB 8578

utb.

Eine Arbeitsgemeinschaft der Verlage

Böhlau Verlag · Wien · Köln · Weimar
Verlag Barbara Budrich · Opladen · Toronto
facultas.wuv · Wien
Wilhelm Fink · Paderborn
A. Francke Verlag · Tübingen
Haupt Verlag · Bern
Verlag Julius Klinkhardt · Bad Heilbrunn
Mohr Siebeck · Tübingen
Nomos Verlagsgesellschaft · Baden-Baden
Ernst Reinhardt Verlag · München · Basel
Ferdinand Schöningh · Paderborn
Eugen Ulmer Verlag · Stuttgart
UVK Verlagsgesellschaft · Konstanz, mit UVK/Lucius · München
Vandenhoeck & Ruprecht · Göttingen · Bristol
vdf Hochschulverlag AG an der ETH Zürich

Jochen Drukarczyk / Sebastian Lobe

Finanzierung

Eine Einführung unter deutschen Rahmenbedingungen

11., völlig neu bearbeitete Auflage

UVK Verlagsgesellschaft mbH · Konstanz
mit UVK/Lucius · München

Online-Angebote oder elektronische Ausgaben sind erhältlich unter
www.utb-shop.de.

Bibliografische Information der Deutschen Bibliothek
Die Deutsche Bibliothek verzeichnet diese Publikation in der Deutschen Nationalbibliografie; detaillierte bibliografische Daten sind im Internet über
<http://dnb.ddb.de> abrufbar.

Einbandgestaltung: Atelier Reichert, Stuttgart
Coverbild: © INFINITY · Fotolia.com
Druck und Bindung: fgb · freiburger graphische betriebe, Freiburg

UVK Verlagsgesellschaft mbH
Schützenstr. 24 · 78462 Konstanz
Tel. 07531-9053-0 · Fax 07531-9053-98
www.uvk.de

UTB-Nr. 8578
ISBN: 978-3-8252-8578-4

Vorwort zur 1. Auflage

Idealtypisch kann man sich das Problem der Finanzierung von Unternehmen etwa so vorstellen: Unternehmen entwickeln Investitionsstrategien und treten an den Kapitalmarkt heran, um Investoren (Financiers) zu finden, die die erforderlichen finanziellen Mittel zur Realisierung der Investitionsprojekte bereitstellen. Zu diesem Zweck müssen die Unternehmen als Kapitalnachfrager die Kapitalgeber von der Vorteilhaftigkeit der Investitionsstrategien und damit dem Nutzen der Kapitalbereitstellung für eben diese Projekte überzeugen. Finanzierungsverträge teilen unter den die Finanzmittel bereitstellenden Parteien den Kapitalbedarf zur Realisierung der Investitionsprojekte und die Erfolge aus den Investitionsprojekten auf. Die Praxis hat eine große Zahl von Vertragsformen entwickelt, die die Aufteilung des Kapitalbedarfs und der Investitionserfolge ganz unterschiedlich regeln.

Finanzierungsbeziehungen zwischen Kapitalnachfragern und Kapitalanbietern sind mit der Zerlegung von Kapitalbedarf und Investitionserfolg auf mehrere Financiers jedoch nicht vollständig beschrieben. Finanzierungsverträge versprechen den Financiers bedingte bzw. unbedingte künftige Zahlungen, die aus den Erfolgen der Investitionsprojekte zu leisten sind. Von diesen Erfolgen müssen die Investoren (Financiers) überzeugt werden: das ist das Informationsproblem vor dem Abschluß von Finanzierungsverträgen. Während der Laufzeit von Finanzierungsbeziehungen entstehen weitere Informationsprobleme, weil die Eigentümer oder die Manager kontinuierlich Entscheidungen treffen, die die Rechte und Zahlungsansprüche der Financiers berühren. Diese Informationsprobleme können durch bestimmte Vertragsbestandteile wie Kontrollrechte, Mitentscheidungsrechte, Vereinbarung von Kreditsicherheiten, Kündigungsrechte, Bezugsrechte abgebaut werden. Diese Rechte sind deshalb ebenso wichtige Bestandteile von Finanzierungsverträgen wie die Regeln, die festlegen, wer welchen Anteil am Kapitalbedarf aufzubringen hat und wer welchen Teil des Investitionserfolges vereinnahmen kann (Aufteilungsregeln). Ohne diese genannten Rechte ähnelten Finanzierungsbeziehungen in noch stärkerem Maße privaten Partnerbeziehungen: Sie wären schön, aber zerbrechlich und sehr anfällig für Ausbeutungen.

Dies ist ein einführendes Buch, das sich an Studierende im Grundstudium und andere an einem einführenden und problemorientierten Text Interessierte wendet, wie Steuerberater, Wirtschaftsprüfer, Anwälte, Mitarbeiter von Finanzabteilungen und Banken. Es ist so aufgebaut: Im 1. Kapitel wird das Problem der Finanzierung von Unternehmen formuliert und eine erste Systematik von Finanzierungsformen entwickelt. Kapitel 2 und 3 behandeln die wichtigen Fragen, welche Faktoren das Zahlungsvermögen (die Liquidität) von Unternehmen bestimmen, wozu Liquidität gemessen werden muß und auf welchen Wegen man dies tun kann. Fragen der Beschaffung und Messung von Liquidität werden nicht ohne Grund früh und ausführlich behandelt. Einmal scheint Studenten der Einstieg in das Gebiet von diesem Aspekt her leichter zu fallen. Dann hat die Beschäftigung der Literatur mit vollkommenen und vollständigen Kapitalmärkten es mit sich gebracht, Finanzierungsprobleme fast ausschließlich unter Rendite-(«return») und Risiko-(«risk»)Gesichtspunkten zu sehen: Liquiditätsprobleme und deren Ursachen werden damit zu sehr in den Hintergrund gedrängt. Schließlich zeigt die aktuelle Diskussion z. B. zur Gestaltung von Insolvenztatbeständen, wie groß die Meinungsdifferenzen zur Frage der Liquiditätsmessung sind. Kapitel 4 verdeutlicht auf einfachem Wege, wie Finanzierungsverträge das Risiko, das Investoren übernehmen, beeinflussen bzw. umverteilen können. Kapitel 5 erörtert, daß und warum bestimmte institutionelle Regelungen des Angebots an Rechtsformen für die Finanzierungsbeziehung zwischen Kapitalnachfragern und -anbietern von besonderer Bedeutung sind. In den Kapiteln 6 bis 11 werden die wichtigsten Formen und Bestandteile von Finanzierungsverträgen ausführlich diskutiert: Eigen- und Beteiligungsfinanzierung, kurz- und langfristige Fremdfinanzierung, Zwischenformen der langfristigen Finanzierung, Selbstfinanzierung und Dividendenpolitik, Finanzierungs-Leasing-Verträge. Kapitel 12 behandelt die Funktionen, sowie Vor- und Nachteile von Kreditsicherheiten; Kapitel 13 stellt die nicht nur aktuellen, sondern generell wichtigen Einflüsse, die insolvenzrechtliche Regelungen auf Finanzierungsbeziehungen haben, dar.

Ich habe mich bemüht, den Text leicht lesbar zu halten. Für das Verständnis erfahrungsgemäß kritische Passagen sind durch Beispiele unterlegt; weiterführende Literaturangaben nach jedem Kapitel sollen zum Selbststudium anregen. Die einzelnen Kapitel können weitgehend isoliert von vorangehenden oder folgenden Kapiteln genutzt werden. Verweise machen Querverbindungen deutlich.

Meinen Mitarbeitern, den Herren Joachim Gebhard, Otto L. Hieber und Reinhard Rieger danke ich sehr für Anregungen und eine gründliche Durchsicht des Manuskripts. Meiner Sekretärin, Frau Dorothea Voelkel, habe ich besonders dafür zu danken, daß sie unter Zeitdruck das endgültige Manuskript in eine ansprechende Form gebracht hat. Den Herausgebern und dem Verlag gilt mein Dank, weil sie die technische Fertigstellung des Buches in einer ganz unüblichen Zeit ermöglicht haben.

Regensburg, im Februar 1983 Jochen Drukarczyk

Vorwort zur 11. Auflage

Dieses Buch ist eine gründliche Einführung in den Problemkreis Finanzierung und als Textbuch für Veranstaltungen im Bachelor- und Masterstudiengang und für andere an einem einführenden und problemorientierten Text Interessierte wie z. B. Studierende des Rechts, Anwälte, Steuerberater, Wirtschaftsprüfer und Mitarbeiter von Finanzabteilungen und Kreditinstituten konzipiert..

Es präsentiert drei für das Fach Finanzierung wichtige Sachverhalte, bevor einzelne Finanzierungsformen und -instrumente dargestellt und diskutiert werden.

[1] Wie kann man das Zahlungsvermögen (die Liquidität) von Unternehmen abbilden und verlässlich messen?

[2] Wie kann man die Performance eines Unternehmens nach Ablauf einer Periode oder die erzielte Rendite abbilden? Wie kann man die Frage beantworten, ob das Unternehmen „Geld verdient“ hat?

[3] Wie wirken unterschiedliche Formen der Finanzierung der von Unternehmen geplanten Investitionen auf die Aufteilung der Zahlungsströme, auf Risiko und erwartete Rendite der Eigentümer?

Nach der Einführung (Kapitel 1), die zentrale Begriffe klärt, und Kapitel 2, das die Grundlagen der Investitionsrechnung erläutert, folgen die drei Kapitel, also 3, 4 und 5, die der Beantwortung der genannten drei Fragen gewidmet sind. Es folgt eine Fallstudie (Kapitel 6), die die potentielle Bedeutung der oben genannten Fragen vertiefen und Berechnung der dazu notwendigen Kennzahlen und Kriterien erläutern soll. Dann erst werden verschiedene Finanzierungsformen wie Fremdfinanzierung, Finanzierung durch Leasingverträge, Eigen- bzw. Beteiligungsfinanzierung und Innenfinanzierung dargestellt und diskutiert. In allen Kapiteln haben wir großen Wert darauf gelegt, die institutionellen Rahmenbedingen in Deutschland, unter denen Finanzierungsprozesse ablaufen, im Detail zu beschreiben. Weil die Rahmenbedingungen den Erfolg einer Finanzierungsmaßnahme immer mitbestimmen, gibt es keinen Grund eben diese auszublenden.

In der 11. Auflage sind sechs Fallstudien enthalten. Nach unserer Erfahrung erfährt ein Leser bzw. Studierender (eine Studierende), der (die) sich mit Sachverhalt und Lösungsvorschlag auseinandersetzt (1) auf prägnante Art und Weise, worum es eigentlich geht und (2) behält diese Erkenntnisse deutlich länger als über andere Formen der Wissensvermittlung. Bedingung ist, dass man zu Bleistift und Papier oder Laptop greift, um den Berechnungen zu folgen.

Der Fall «Glasspinnerei Straubing AG» erläutert die zahlreichen Details, die bei der mehrperiodigen Liquiditätsplanung zu beachten sind. Aspekte der Performancemessung werden am Fall der «U AG» erläutert. Der Fall «Druck AG» eingesetzt in den Kapiteln 7 und 9 vermittelt einen Eindruck, wie Kreditverträge Eigentümer zu disziplinieren vermögen und wie mittels VC-Kapital und Verkäuferdarlehen ein Finanzierungsproblem bewältigt werden kann, auch wenn die Eigentümer nur ganz bescheidene Eigenmittel haben. Der Fall «Optimale Leasing GmbH» erklärt, wie aufmerksam die Bewertung von Angeboten zum Finanzierungs-Leasing aufgebaut werden muss. Der Fall «Hubler GmbH» erlaubt, die Vorteile von Genussschein-Finanzierungen herauszustellen. Die Fallstudie «Continental Airlines» schließlich verdeutlicht die potentiellen Vorteile von Insolvenzplänen, die ein brauchbares Mittel sind, um eine akute Liquidationsbedrohung zu bewältigen.

Der gesamte Text wurde überarbeitet und aktualisiert. Ausgebaut wurden insbesondere die Kapitel über Liquiditäts- und Performancemessung, über Liquiditäts- und Finanzanalyse der U AG, über Fremdfinanzierung, über Eigen- und Beteiligungsfinanzierung, über Innenfinanzierung und über Finanzierung, Insolvenz und Insolvenzplan.

Wir bedanken uns bei Sabine Tausend und Marina Dreisbusch, die die i. d. R. vielfarbigen Manuskripte in druckfertige Form gebracht haben. Christian Curac, Lehrstuhlmitarbeiter an der WHL, danken wir für wertvolle technische Unterstützung und manche Anregung. Beim Verlag bedanken wir uns für die professionelle Abwicklung. Verbleibende Fehler gehen – wie immer – zu unseren Lasten.

Regensburg und Lahr, im Oktober 2014

Jochen Drukarczyk Sebastian Lobe

Inhaltsverzeichnis

Abkürzungsverzeichnis

α	Beteiligungsquote (Ausschüttung, Erfolg, Kapital, etc.)
β_j	Beta-Wert des Wertpapiers j (des Projektes j)
β^F	Beta-Wert des Unternehmens unter Beachtung der realisierten Verschuldung
β^U	das um Finanzierungseinflüsse bereinigte Beta
λ	Marktpreis des Risikos
$\rho_{j,M}$	Korrelationskoeffizient nach Bravais und Pearson der Renditen j und M
σ_j	Standardabweichung der Rendite des Wertpapiers (Projektes) j
σ_E	Standardabweichung der bilanziellen Rendite bei voller Eigenfinanzierung
σ_{EKR}	Standardabweichung der Eigenkapitalrendite
σ_F	Standardabweichung der bilanziellen Rendite bei teilweiser Fremdfinanzierung
σ_{GKR}	Standardabweichung der Gesamtkapitalrendite
σ_M	Standardabweichung der Rendite des Marktportefeuilles M
σ^2	Varianz
$\tilde{Y}$	unsichere Größe Y
$\bar{Y}$	erwartete unsichere Größe Y
a	Beteiligungsquote oder Anzahl der alten Aktien
aPR_t	Auflösung der Pensionsrückstellung in Periode t
A	Aufwand
A_0	Investitionsauszahlung im Zeitpunkt 0
Ab_t	Abschreibung in Periode t
Ab_t^{EW}	Ertragswertabschreibung (ökonomische Abschreibung)
AfA	Absetzung für Abnutzung (steuerrechtlich relevante Abschreibung)
AG	Aktiengesellschaft
AktG	Aktiengesetz
APV	Adjusted-Present-Value
AR	andere Rückstellungen
AST	Abschlussstichtag

AV	Anlagevermögen
b	Thesaurierungsquote
B	Bezugskurs
B_0	Barwert der erwarteten Rückzahlungen und Zinsen im Zeitpunkt 0
B_E	Barwert der Rentenzahlungen bei Eintritt des Versorgungsfalles
B_Z	Barwert der Rentenzahlungen zum Zeitpunkt der Versorgungszusage
BaFin	Bundesanstalt für Finanzdienstleistungsaufsicht
BC	Bankruptcy Code (USA)
BGB	Bürgerliches Gesetzbuch
BGH	Bundesgerichtshof
BG_t	Buchgewinn bzw. Bilanzgewinn im Zeitpunkt t
BK	langfristige Bankkredite
BKW_0	Bruttokapitalwert im Zeitpunkt 0
BKW^{RG}	Bruttokapitalwert auf Basis von Residualgewinnen
BörsG	Börsengesetz
BR	Bezugsrecht
BS_t	Bilanzsumme in Periode t
BT	Beteiligungen
BUR	Bruttoumsatzrendite (vor Steuern)
BVK	Bundesverband deutscher Kapitalbeteiligungsgesellschaften e. V.
BV_t	Bilanzvermögen in Periode t
$cov(\tilde{r}_j, \tilde{r}_M)$	Kovarianz der Rendite des Wertpapiers (Projektes) j mit der Rendite des Marktportefeuilles M $\tilde{r}_j$, $\tilde{r}_M$
CAPM	Capital Asset Pricing Model
CDAX	Composite DAX (Deutscher Aktienindex)
CF	Cashflow
CP	Commercial Paper
D_t	Ausschüttung der Periode t
DAI	Deutsches Aktieninstitut
DES	debt-equity-swap
Dip	debtor-in-possession
E	Ertrag

E_t	Wert des Eigenkapitals im Zeitpunkt t
E_t^{BW}	Buchwert des Eigenkapitals im Zeitpunkt t
E_t^F	Wert des Eigenkapitals bei partieller Fremdfinanzierung im Zeitpunkt t
EA	erhaltene Anzahlungen
EBIT	earnings before interest and taxes
EBK	erforderliches Betriebskapital
EK	Eigenkapital (Buchwert)
EKR	Eigenkapitalrendite vor Steuern
EKR_S	Eigenkapitalrendite nach Steuern
EONIA	Euro OverNight Index Average
ESt	Einkommensteuer
EStG	Einkommensteuergesetz
ESUG	Gesetz zur weiteren Erleichterung der Sanierung von Unternehmen
EURIBOR	Euro Interbank Offered Rate
EVP	Einzelveräußerungspreis
EvZiS	Erfolg vor Zinsen und Steuern (= EBIT)
F_t	Wert einer Gläubigerposition in Zeitpunkt t
F^a	andere Forderungen
F^{Lei}	Forderungen aus Lieferungen und Leistungen
F_t^{BW}	Buchwert der Verbindlichkeiten im Zeitpunkt t
F_t^{GD}	Anspruch aus Gesellschafterdarlehen (einschließlich Zinsen) im Zeitpunkt t
F_t^S	Anspruch der gesicherten Gläubiger (einschließlich Zinsen) im Zeitpunkt t
F_t^*	belastungsgleiches Fremdkapitalvolumen im Zeitpunkt t
FA	Finanzanlagen
FAS	Financial Accounting Standard
FASB	Financial Accounting Standard Board
FAV	Finanzanlagevermögen
FCF	freier Cashflow
FK	Fremdkapital (Buchwert)
FLM	Finanzierungs-Leverage-Multiplikator
FLV	Finanzierungs-Leasing-Vertrag

FMStG	Gesetz zur Umsetzung eines Maßnahmenpakets zur Stabilisierung des Finanzmarktes (Finanzmarktstabilisierungsgesetz)
FRN	Floating Rate Note
g	Wachstumsrate
G_t	Gewinn in Periode t
GA	geleistete Anzahlungen
GenG	Gesetz betreffend die Erwerbs- und Wirtschaftsgenossenschaften (Genossenschaftsgesetz)
GewESt	Gewerbeertragsteuer
GK	Grundkapital
GKR	Gesamtkapitalrendite vor Steuern
GKR_S	Gesamtkapitalrendite nach Steuern
GKV	Gesamtkostenverfahren
GmbH	Gesellschaft mit beschränkter Haftung
GmbHG	Gesetz betreffend die Gesellschaften mit beschränkter Haftung
GMZ	Grundmietzeit
GP	Grenzpreis
GR	Garantierückstellung
GuV	Gewinn- und Verlustrechnung
GW_t	Goodwill in Periode t
H	gemeindeindividueller Hebesatz
HEV	Halbeinkünfteverfahren
HGB	Handelsgesetzbuch
HV	Hauptversammlung
IAS	International Accounting Standards
ICB	Industrial Classification Benchmark
IFRS	International Financial Reporting Standards
InsO	Insolvenzordnung
i	Fremdkapitalkostensatz bzw. risikolose Kapitalmarktrendite (Basiszinsfuß)
i_{FA}	Zinssatz einer festverzinslichen Finanzanlage
i_s	Zinssatz nach Steuern
i_v	Verschuldungszinssatz
I_t	Realinvestitionen im Zeitpunkt t

IC	Invested Capital
IPO	Initial Public Offering
J_t	gleichbleibender Jahresbetrag in Periode t
JÜ	Jahresüberschuss
k	geforderte Rendite der Eigenkapitalgeber bei Eigenfinanzierung
k^F	von den Eigentümern geforderte Rendite im Fall der Mischfinanzierung des Unternehmens
k.BK	kurzfristige Bankkredite
k.FK	kurzfristiges Fremdkapital
K	Aktienkurs
K_n	Kurs der Aktie nach Kapitalerhöhung
KA	Kasse oder Kundenanzahlungen
KA*	operativ notwendiger Mindestkassenbestand
KE	Kapitalerhöhung
KEGM	Kapitalerhöhung aus Gesellschaftsmitteln
KGaA	Kommanditgesellschaft auf Aktien
KG	Kommanditgesellschaft
KGV	Kurs-Gewinn-Verhältnis
KLB	kurzfristige Liquiditätsbilanz
KSt	Körperschaftsteuer
KöSt	Körperschaftsteuer
KWG	Kreditwesengesetz
L_t	Wert des Sicherungsgutes oder Liquidationswert im Zeitpunkt t
LB	Lagerbestände
LG	Leasinggeber
LIBID	London Interbank Bid Rate
LIBOR	London Interbank Offered Rate
LK	Lieferantenkredite
LN	Leasingnehmer
LO	Leasingobjekt
LR_t	Leasingrate in Periode t
LZ	Laufzeit
max	maximiere

M	Steuermesszahl
MK	Massekosten
MoMiG	Gesetz zur Modernisierung des GmbH-Rechts und zur Bekämpfung von Missbräuchen
MRP	Marktrisikoprämie
n	Anzahl der neuen Aktien oder Ende der Abschreibungsperiode oder Nutzungsdauer
ND	betriebsgewöhnliche Nutzungsdauer
NE_t	Nettoeinzahlung der Periode t
NKW_t	Nettokapitalwert zum Zeitpunkt t
NKW^{Er}	Nettokapitalwert berechnet auf Basis von Ertragsüberschüssen
$NKW_0^{K,E}$	Nettokapitalwert für die Alternative Kauf und Eigenfinanzierung
$NKW_0^{K,F}$	Nettokapitalwert für die Alternative Kauf und Fremdfinanzierung
NKW_0^{L}	Nettokapitalwert für die Alternative FLV
NOCF	Net Operating Cashflow
NOL	net operating losses
NU_t	Nettoumsatzerlöse der Periode t
NUR	Nettoumsatzrendite (nach Steuern)
NWC	Net Working Capital
OCF_t	Operativer Cashflow im Zeitpunkt t
OHG	Offene Handelsgesellschaft
p_{jt}	Eintrittswahrscheinlichkeit für den Zustand j in Periode t
p_t^*	Ausfallwahrscheinlichkeit zum Zeitpunkt t
$p(1_t/z_j)$	Bewertungsfaktor für den Marktwert einer Geldeinheit zum Zeitpunkt 1, die im Zeitpunkt t und im Zustand z_j anfällt
P_t	Preis in Periode t
PE	Private Equity
PR	Pensionsrückstellung
PublG	Gesetz über die Rechnungslegung von bestimmten Unternehmen und Konzernen (Publizitätsgesetz)
PV	Privatvermögen
PWB	Pauschalwertberichtigungen

q_t	Befriedigungsquote bei Insolvenz oder einem PE-Fonds zu bietende Quote zum Zeitpunkt t
r	Interner Zinsfuß
$\tilde{r}_j$	Unsichere Rendite des Wertpapiers (Projektes) j
$\tilde{r}_M$	Unsichere Rendite des Marktportefeuilles M
R	Rücklagen
R_t	an Gläubiger zu leistenden Zahlung oder Rentenzahlung in Periode t
RAP	Rechnungsabgrenzungsposten
RBW_t	Restbuchwert in Periode t
RFZ	risikofreier Zinssatz
RG	Residualgewinn
RHB	Roh-, Hilfs- und Betriebsstoffe
ROA	return on assets
ROE	return on equity
ROI	return on investment
ROIC	return on invested capital vor Steuern
$ROIC_S$	return on invested capital nach Steuern
ROS	return on sales
RS	Rückstellungen
RU	Reporting Unit
Rück	kurzfristige Rückstellungen
$Rück^L$	Rückstellungen für Lizenzen
$Rück^{St}$	Rückstellungen für Steuern
RückAbzinsV	Rückstellungsabzinsungsverordnung
RVE_t	Restverkaufserlös in Periode t
s	Gewinnsteuersatz
s_A	Abgeltungsteuersatz
s_{GE}	Gewerbe(ertrag)steuersatz
s_E	kombinierter Unternehmensteuersatz
s_I	Einkommensteuersatz
s_K	Körperschaftsteuersatz
$s_{K,T}$	Körperschaftsteuersatz auf Thesaurierung

s^{LG}	Gewinnsteuersatz des Leasinggebers
s^{LN}	Gewinnsteuersatz des Leasingnehmers
s^{0}	kombinierter Ertragsteuersatz
S	Steuer oder Skontosatz
S_t	Steuerzahlung in Periode t
S_{GE}	Gewerbe(ertrag)steuerzahlung
SA	Sachanlagen
SAV	Sachanlagevermögen
SBG	steuerliche Bemessungsgrundlagen
SEC	Securities Exchange Commission
SEO	seasoned equity offering
SF	Skontofrist
StA	Stammaktie
t	Zeitindex
T	Ende eines Projekts oder Ende der expliziten Planungsperiode zum Zeitpunkt T
T_t	Tilgung oder Teilwert in Periode t
UGA	Umschlagsgeschwindigkeit der gesamten Aktiva
US-GAAP	United States Generally Accepted Accounting Principles
UV	Umlaufvermögen oder Unternehmensvermögen
V	Vorstand
V_t	Preis eines Projektes bzw. gesamter Marktwert eines Projektes im Zeitpunkt t
V^k	kurzfristige Verbindlichkeiten
V^l	langfristige Verbindlichkeiten
V^B	kurzfristige Bankverbindlichkeiten
V^{Lei}	Verbindlichkeiten aus Lieferungen und Leistungen
V^{USt}	Unternehmensteuervorteil der Fremdfinanzierung
V_t^{BW}	Buchwert aller Vermögensgegenstände ohne Goodwill im Zeitpunkt t
V_t^E	Wert des Unternehmens (Projekts) bei Eigenfinanzierung im Zeitpunkt t
V_t^F	Unternehmensgesamtwert im Zeitpunkt t
V_t^L	Liquidationserlös eines Unternehmens im Zeitpunkt t

V_t^S	Verwertungserlös des Sicherungsgutes im Zeitpunkt t
V_t^{WBK}	Vermögensgegenstände zu Wiederbeschaffungskosten
VA	Vorzugsaktie
VAG	Versicherungsaufsichtsgesetz
VC	Venture Capital
VG	Vermögensgegenstand
WACC	durchschnittlicher gewogener Kapitalkostensatz (Weighted Average Cost of Capital)
W(BR)	Wert des Bezugsrechtes
WG	Wechselgesetz
WP	Wertpapiere
WUV	Wertpapiere des Umlaufvermögens
X_t	Nettoüberschuss der Periode t
z_{jt}	Zustand j in Periode t
Z	Zeitpunkt der Zusage von Altersversorgungsleistungen
Zi	Zinsen
ZPR	Zuführung zu Pensionsrückstellungen
ZZ	Zahlungsziel

Kapitel 1 Einführung

Inhalt

1.1 Zum Begriff «Finanzierung»

In diesem Buch werden die Finanzierungsprobleme von gewinnorientierten Unternehmen dargestellt. Das Ziel gewinnorientierter Unternehmen ist es, für Kapitalgeber und Arbeitnehmer Einkommen zu erzielen i. S. v. zur Finanzierung von Konsumausgaben verwendbaren finanziellen Mitteln. Diese Zielfunktion wird später konkretisiert. An dieser Stelle genügt diese vorläufige Festlegung.

Wie sieht nun das Finanzierungsproblem eines gewinnorientierten Unternehmens aus? Hierzu benötigen wir einige Arbeitsdefinitionen. Diese sind unerlässlich, damit man weiß, worüber gesprochen wird. Wir definieren Finanzierung oder auch Finanzierungsmaßnahme so: Finanzierungsmaßnahmen sind die Aktivitäten von Unternehmen, die auf die Beschaffung finanzieller Mittel ausgerichtet sind. Diese Mittel werden benötigt, um Investitionen zu realisieren, die das Ziel der Einkommenserzielung für Kapitalgeber und Arbeitnehmer (hoffentlich) erfüllen.

Wir können uns ein Unternehmen vorstellen als eingebettet in Finanzierungsmärkte einerseits und in alle sonstigen Märkte wie Gütermärkte, Energiemärkte, Rohstoffmärkte, Arbeitsmärkte andererseits. Die Finanzierungsmärkte in Abbildung 1.1 repräsentieren die Investoren, die als Kapitalgeber für das Unternehmen in Frage kommen. Sie stellen Eigenkapital, Fremdkapital oder Zwischenformen aus Eigen- und Fremdkapital bereit. Die anderen Märkte (Arbeitsmärkte, Rohstoffmärkte, Energiemärkte etc.) repräsentieren die Unternehmen bzw. Individuen, mit denen das Unternehmen Verträge über die Lieferung von Rohstoffen, Arbeitsleistungen, Investitionsgütern, Energie, etc. abschließen kann. Neben den Finanzierungs- und sonstigen Märkten enthält Abbildung 1.1 noch das Feld «Fiskus». Der Fiskus fordert Steuerzahlungen von Unternehmen und gewährt gelegentlich Investitionshilfen in Form von Subventionen.

Entscheidend ist nun, dass die unter Finanzierungsgesichtspunkten relevanten Beziehungen zwischen Unternehmen und den genannten Märkten sowie dem Fiskus vorrangig **Zahlungsbeziehungen** sind. Die in Abbildung 1.1 dargestellten Pfeile stellen die Richtung des Zahlungsflusses dar.

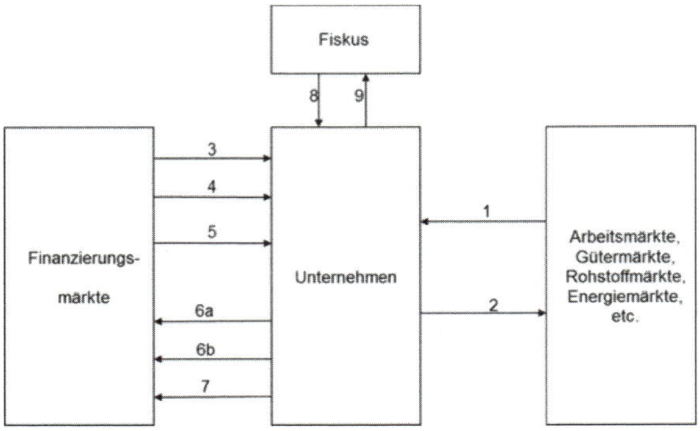

Abbildung 1.1: Zahlungsbeziehungen zwischen Unternehmen, Arbeits-, Güter- und Finanzierungsmärkten und Fiskus

Die Benennungen der einzelnen Pfeile könnten so aussehen:

(1) Einzahlungen von Nichtfinanzierungsmärkten an das Unternehmen (Produkterlöse, Erlöse für Dienstleistungen, erhaltene Mieten etc.);

(2) Auszahlungen des Unternehmens an Nichtfinanzierungsmärkte (Auszahlungen für Grundstücke, Bauten, maschinelle Anlagen, Rohstoffe, Patente, Löhne, Energie etc.);

(3) Einzahlungen von Gläubigern an das Unternehmen (Kredite); es liegt **Fremdfinanzierung** vor;

(4) Einzahlungen von bisherigen Eigentümern an das Unternehmen (Einlagen der bisherigen Gesellschafter einer OHG oder GmbH; Übernahme junger Aktien durch die bisherigen Anteilseigner); es liegt **Eigenfinanzierung** vor;

(5) Einzahlungen von neuen Eigentümern an das Unternehmen (ein Einzelkaufmann nimmt einen Partner gegen Einlage auf; eine GmbH erweitert die Eigenkapitalbasis durch Aufnahme neuer Gesellschafter, die Gesellschaftsanteile gegen Bareinlage übernehmen); es liegt **Beteiligungsfinanzierung** vor;

(6) Auszahlungen des Unternehmens an Gläubiger: a) Zinszahlungen; b) Tilgungszahlungen;

(7) Auszahlungen des Unternehmens an Eigentümer (Entnahme, Dividende, Vorzugsdividende, Kapitalrückzahlungen, Liquidationsdividende);

(8) vom Fiskus erhaltene Zahlungen (Subventionen, Steuererstattungen):

(9) Auszahlungen an den Fiskus (Steuerzahlungen).

Wir benutzen einige Beispiele, um hinter den Pfeilen stehende Finanzierungsmaßnahmen zu erläutern.[1]

---

[1] Es kann auch hybride Formen geben. Man denke z. B. an subventionierte Kredite einer staatlichen Förderbank. Dazu wären dann die Pfeile entsprechend zu kombinieren, also für die Einzahlung etwa (3) und für die Auszahlung (6) a) und b) unter Berücksichtigung der Subventionskomponente z. B. eines nicht marktgerechten Zinssatzes durch (8).

- zu Pfeil 3: Einzahlungen von Gläubigern (Fremdfinanzierung)
  Eine GmbH weise im Zeitpunkt t folgende Bilanz aus (in Tausend €):

Bilanz der GmbH			
Anlagevermögen	100	Eigenkapital	80
Umlaufvermögen	80	Fremdkapital	100
Bilanzsumme	180	Bilanzsumme	180

Die Gesellschafter der GmbH wollen eine Investition durchführen, die einen Kapitalbedarf von 50 auslöst. Dieser Kapitalbedarf soll durch einen Bankkredit in gleicher Höhe finanziert werden. Gewährt die Hausbank nach Prüfung der Kreditwürdigkeit der GmbH diesen Kredit, bildet Pfeil 3 den Mittelzufluss ab. Nach Zufluss der Kreditsumme sieht die Bilanz der GmbH so aus:

Bilanz der GmbH			
Anlagevermögen	100	Eigenkapital	80
Umlaufvermögen (alt)	80	Fremdkapital (alt)	100
Kasse	50	Fremdkapital (neu)	50
Bilanzsumme	230	Bilanzsumme	230

- zu Pfeil 4: Einzahlungen von bisherigen Eigentümern (Eigenfinanzierung)
  Die Bilanz der GmbH vor Investition sehe so aus:

Bilanz der GmbH			
Anlagevermögen	100	Eigenkapital	20
Umlaufvermögen	80	Fremdkapital	160
Bilanzsumme	180	Bilanzsumme	180

Im Startpunkt ist die Belastung der GmbH mit Fremdkapital viel höher als zuvor. Der Quotient aus Buchwert des Eigenkapitals zu Bilanzvermögen, die sog. vertikale Eigenkapitalquote, beträgt nur 11 %. Das Kreditinstitut, das um die Bereitstellung eines weiteren Investitionskredits in Höhe von 50 gebeten wird, könnte unter Verweis auf die hohe Verschuldung der GmbH und die alleinige Haftung des GmbH-Vermögens abwinken. Dann besteht Bedarf an Eigenkapital, den u. a. die Alteigentümer bereitstellen könnten. Legen Alteigentümer den Betrag von 50 in die GmbH in Form von Eigenkapital ein, liegt ein Mittelzufluss gemäß Pfeil 4 vor. Die Bilanz nach Einlage der Eigentümer aber vor Investition der GmbH sieht dann so aus:

Bilanz der GmbH			
Anlagevermögen	100	Eigenkapital	70
Umlaufvermögen (alt)	80	Fremdkapital (alt)	160
Kasse	50		
Bilanzsumme	230	Bilanzsumme	230

Es liegt Eigenfinanzierung vor. Diese vertikale Eigenkapitalquote (gemessen in Buchwerten) ist auf 30 % gestiegen.

- zu Pfeil 5: Einzahlungen von **neuen** Eigentümern (Beteiligungsfinanzierung)

  Angenommen, Kreditfinanzierung der Mittel in Höhe von 50 sei nicht möglich und Alteigentümer wollen oder können das Eigenkapital der GmbH nicht erhöhen. Sie wollen auch auf das vorteilhafte Investitionsprojekt nicht verzichten. Dann bleibt die Möglichkeit, neue Gesellschafter gegen Einlage von Eigenkapital aufzunehmen. Dies ist in der realen Welt nicht immer einfach zu realisieren, wie Kapitel 9 erläutern wird. Gelingt es, neue Gesellschafter zu gewinnen, die eine nominale Einlage von 50 leisten, sieht die Bilanz nach Einlage so aus wie im vorhergehenden Fall. Allerdings halten neue Eigentümer Anteile am Eigenkapital (Buchwert) von 50; die Alteigentümer halten Anteile am Eigenkapital von 20 (Buchwert). Damit haben Neu-Eigentümer im Standardfall die Mehrheit der Stimmrechte in der Gesellschafterversammlung und einen dem Anteil am Eigenkapital entsprechenden Gewinnanspruch.

  Die Pfeile 3 bzw. 4 und 5 stellen die Zufuhr von finanziellen Mitteln von Finanzierungsmärkten zum Unternehmen dar. Wir haben diese Mittel als Fremd- bzw. Eigenkapital bezeichnet. Die so bezeichneten finanziellen Mittel stellen zwei bedeutende Finanzierungsquellen dar. Tabelle 1.1 stellt ihre typischen Eigenschaften im Überblick dar. Auf die Bedeutung dieser Eigenschaften (also z. B. der Haftungsfunktion des Eigenkapitals) kommen wir an anderer Stelle zurück.

Eigenschaften	Fremdkapital	Eigenkapital
Zahlungsanspruch bei Fortführung bzw. Liquidation	vorrangig	nach FK-Gebern: Kapital „haftet“
Verknüpfung mit Geschäftsführungsbefugnissen	i. d. R. nein; Ausnahmen möglich: Gläubiger sitzt im Beirat oder Aufsichtsrat	i. d. R. ja, je nach Rechtsform, aber beschränkbar
Ausstattung mit Stimmrechten	nein	i. d. R. ja; Ausnahme: Vorzugsaktionäre; Genussscheininhaber

Kontrollrechte gegenüber Geschäftsführung	in Kreditverträgen spezifiziert; nehmen zu, wenn wirtschaftliche Lage sich verschlechtert	ja; aber abgestufte Rechte je nach Rechtsform
Symmetrie zwischen Finanzierungsbeitrag und Erfolgsanspruch	nein, da vorrangiger, aber begrenzter Zahlungsanspruch	i. d. R. ja; Ausnahmen häufig: Genussrechte, Vorzugsaktien etc.
Haftung für Verluste	erst nach Verbrauch des Eigenkapitals	vorrangiger Verlustträger; «Verlustpufferfunktion des Eigenkapitals»
Kündigungsrechte	a) vertragliche Rechte b) bei Verschlechterung der Vermögens- und/oder Ertragslage	häufig keine; Ausnahmen möglich; Rückgaberechte von Anteilen bei Fonds; Austritt aus GmbH etc.

Tabelle 1.1: Wichtige Eigenschaften von Fremd- bzw. Eigenkapital

1.2 Eine Systematisierung der Finanzierungsformen

Abbildung 1.2 zerlegt «Finanzierung» in zwei große Teilbegriffe, die in der Literatur ständig benutzt werden: Außenfinanzierung und Innenfinanzierung. **Außenfinanzierung** liegt immer vor, wenn sich der Strom der finanziellen Mittel, die dem Unternehmen zufließen, durch die Pfeile 3, 4 oder 5 darstellen lassen. **Innenfinanzierung** muss folglich vorliegen – wir lassen die Pfeile 8 und 9 zwischen Unternehmen und Fiskus hier unbeachtet – wenn der Mittelzufluss, der durch Pfeil 1 repräsentiert wird, den Mittelabfluss, den Pfeil 2 verkörpert, übersteigt. Innenfinanzierung ist somit im Kern ein einfacher Sachverhalt: Das Unternehmen erzielt für erstellte Güter und/oder erbrachte Dienstleistungen in einer Periode (z. B. in 2005) mehr Geld, als es für Produktionsfaktoren (Rohstoffe, Betriebsstoffe, Energie, Löhne, bezogene Waren etc.) ausgibt. Diese positive Differenz zeigt noch nicht, ob das Unternehmen Geld verdient. Sie zeigt aber, dass der Mittelzufluss, der mit Innenfinanzierung bezeichnet wird, positiv ist. Nun hat Abbildung 1.2 kaum Ähnlichkeit mit der schlichten Einprägsamkeit von Abbildung 1.1. Während in Abbildung 1.1 alles klar und transparent aussieht, ist dies insbesondere im rechten Teil von Abbildung 1.2 nicht der Fall. Dennoch müssen wir uns mit Abbildung 1.2 etwas intensiver beschäftigen. Hinter dieser Abbildung stecken nämlich einige Beziehungen zwischen Ein- und Auszahlungen und anderen Größen des Rechnungswesens, die wir uns verdeutlichen müssen.

Wir beginnen mit dem unproblematischen linken Teil der Abbildung 1.2. Die fünf unter dem Begriff «Außenfinanzierung» aufgehängten Kästchen stellen verschiedene Möglichkeiten der Außenfinanzierung dar. Die Darstellung geht damit über die Darstellung der Außenfinanzierung in Abbildung 1.1, also die Pfeile 3, 4 und 5 hinaus, erhebt aber nicht den Anspruch, alle Möglichkeiten der Außenfinanzierung aufzulisten.

Betrachten wir den Inhalt der einzelnen Kästchen: Legen Alteigentümer Eigenkapital in ihr Unternehmen, z. B. eine GmbH, ein, sprechen wir von «Eigenfinanzierung». Bringen neue Gesellschafter (Eigentümer) Eigenkapital auf, wollen wir von «Beteili-

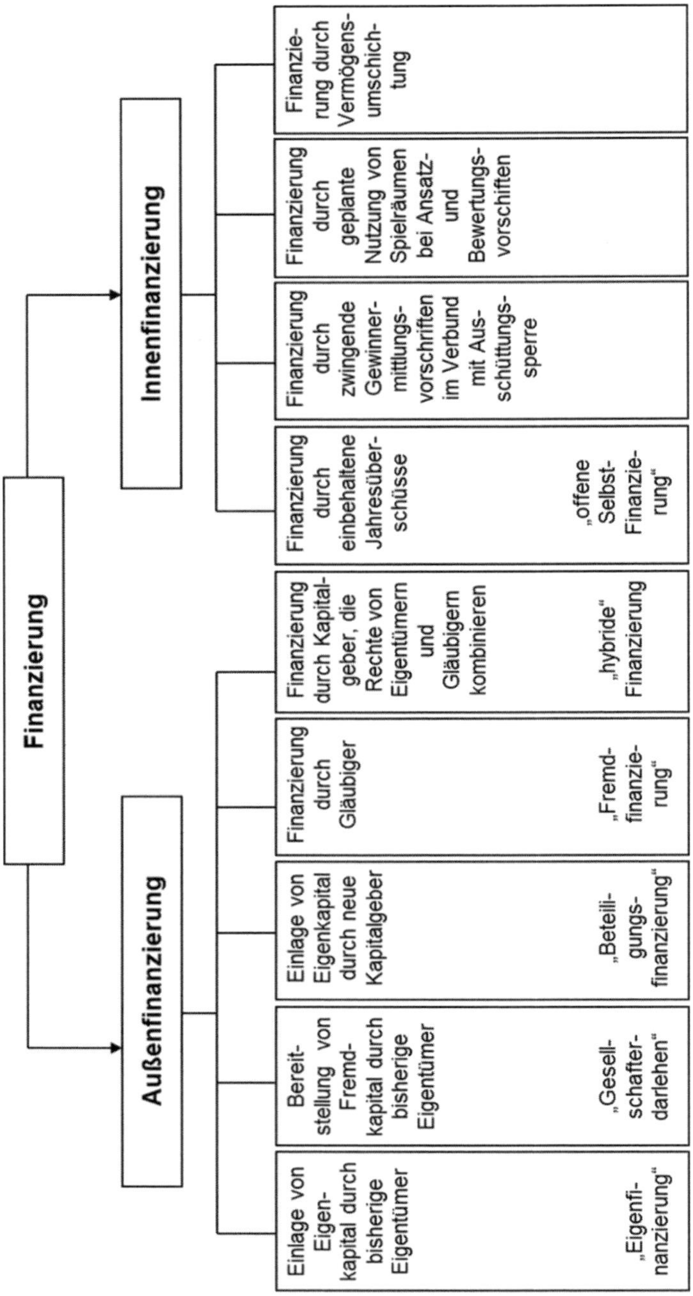

Abbildung 1.2: Finanzierungsquellen eines Unternehmens

gungsfinanzierung» sprechen. Alteigentümer könnten finanzielle Mittel in ihre Gesellschaft auch in Form von Fremdkapital einlegen. In diesem Fall kombinieren die Alteigentümer die Eigentümer- und die Gläubigerposition. Diese Kombination hat, wie später noch gezeigt werden soll, Vorteile. Die von Alteigentümern in Form von Fremdkapital eingelegten Mittel, die wir insbesondere in Gesellschaften mit beschränkter Haftung und Aktiengesellschaften antreffen, heißen **Gesellschafterdarlehen,** ein Begriff, der den Sachverhalt gut trifft.

Legen Fremdkapitalgeber (Banken, Versicherungen, Lieferanten) Mittel in Form von Krediten ein, liegt **Fremdfinanzierung** vor.

Nicht immer kann der Charakter von finanziellen Mitteln, die einem Unternehmen zur Verfügung gestellt werden, eindeutig als Eigenkapital oder als Fremdkapital charakterisiert werden. Die Ursache für diese scheinbare Unschärfe finden wir in Tabelle 1.1: Dort werden Eigen- bzw. Fremdkapital durch bestimmte Eigenschaften definiert, die den Überlassungsvertrag der Mittel kennzeichnen. Lauten die Überlassungsbedingungen z. B. so, dass die bereitgestellten Mittel für Verluste des Unternehmers vorrangig haften, dass sie mit einem Beteiligungsrecht an der Geschäftsführung der Gesellschaft verknüpft sind, dass Ansprüche auf Entnahme von Mitteln immer hinter den Ansprüchen der Fremdkapitalgeber rangieren und dass dem Kapitalgeber kein Kündigungsrecht zusteht, würde man folgern, dass es sich um Eigenkapital handelt. Nicht immer erlauben die Überlassungsbedingungen eine so eindeutige Zuordnung. Der Kapitalgeber könnte über Kündigungsrechte verfügen; sein Beteiligungsanspruch am finanziellen Überschuss der Periode könnte in einer ersten Stufe (wie ein Zinsanspruch) fix und in einer zweiten Stufe abhängig vom Überschuss der Periode, also variabel sein. In solchen Fällen entstehen Zuordnungsunschärfen; es liegen dann Überlassungsbedingungen vor, die Eigenschaften von typischem Eigenkapital und typischem Fremdkapital kombinieren. Solche Überlassungsbedingungen ziehen die Einordnung als **«hybride» Finanzierungsinstrumente** nach sich.

Betrachten wir nun den rechten Teil der Abbildung 1.2. Hier fallen in den der «Innenfinanzierung» zugeordneten Kästchen Begriffe auf wie Jahresüberschuss, Gewinnermittlungsvorschriften, Ansatz- und Bewertungsvorschriften, also Begriffe, die in die Welt der Gewinn- und Verlustrechnung, der Jahresbilanz und somit der bilanziellen Gewinnermittlung gehören. Diese Sachverhalte spielten in Abbildung 1.1 überhaupt keine Rolle; dort ging es nur um die unmittelbare Abbildung von Zahlungsströmen. Das Innenfinanzierungsvolumen einer Periode konnte als Differenz der Ströme 1 und 2 dargestellt werden. In Abbildung 1.2 ist die Darstellung von Innenfinanzierung verändert, weil sie auf Daten der Gewinn- und Verlustrechnung und der Bilanz aufsetzt. Diese Darstellung wirkt komplizierter und der Leser wird sich fragen, ob man nicht bei der einfachen Darstellung von Abbildung 1.1 bleiben könne. Die Antwort lautet: Man kann nicht, soweit man nicht über die Information der Zusammensetzung der Zahlungsflüsse, die durch die Pfeile 1 und 2 gekennzeichnet sind, bereits verfügt. Hat man diese Informationen nicht, muss man sich diese Informationen über die Analyse anderer Informationsinstrumente erst erarbeiten: Hierzu gehören Gewinn- und Verlustrechnung und Bilanz.

Die Verbindungslinien zwischen Gewinn- und Verlustrechnung und den die «Innenfinanzierung» kennzeichnenden Kästchen in Abbildung 1.2 sollen durch ein **Beispiel** erläutert werden.

Benno Schimmerlos sitzt vor einer (hier vereinfachten) Gewinn- und Verlustrechnung (in Tausend €) für das Jahr 2006, denen ein hilfreicher Geist in Tabelle 1.2 einen Vermerk hinzugefügt hat, ob es sich um zahlungsgleiche oder nicht zahlungsgleiche Positionen handelt. «Zahlungsgleich» bzw. «nicht zahlungsgleich» bedeutet, dass die entsprechende GuV-Position in der gleichen Abrechnungsperiode, also in 2006, zu einer (bzw. keiner) gleich hohen Ein- bzw. Auszahlung geführt hat.

Nettoumsatzerlöse (einzahlungsgleich)	3.000
Erhöhung der Bestände an Fertigprodukten (nicht einzahlungsgleich)	300
Löhne, Gehälter, soziale Abgaben (auszahlungsgleich)	700
Aufwendungen für Roh-, Hilfs- und Betriebsstoffe (auszahlungsgleich)	600
Abschreibungen (nicht auszahlungsgleich)	400
Zuführungen zu Garantierückstellungen (nicht auszahlungsgleich)	100
Zuführungen zu Pensionsrückstellungen (nicht auszahlungsgleich)	200
Jahresüberschuss (JÜ)	1.300
Einstellung in Gewinnrücklagen	650
Bilanzgewinn	650
Einstellung Gewinnvortrag	450

Tabelle 1.2: Gewinn- und Verlustrechnung einer AG für 2006

Zusätzlich erfährt Benno Schimmerlos:

- Vorstand und Aufsichtsrat beschließen, 50 % des Jahresüberschusses gemäß § 58 Abs. 2 AktG in Gewinnrücklagen einzustellen.
- Die Eigentümer der AG beschließen auf der Hauptversammlung nur einen Teil des Bilanzgewinns auszuschütten: Die Ausschüttung soll 200 betragen; 450 werden als Gewinnvortrag (oder als Gewinnrücklage) einbehalten.

Benno soll nun das Innenfinanzierungsvolumen, das die AG im abgelaufenen Geschäftsjahr erarbeitet hat, berechnen. Stützte sich Benno auf Abbildung 1.1, käme er zu folgendem Ergebnis:

Die Differenz beträgt 3.000 – 700 – 600 = 1.700. Das Innenfinanzierungsvolumen der Periode 2006 ist somit 1.700.

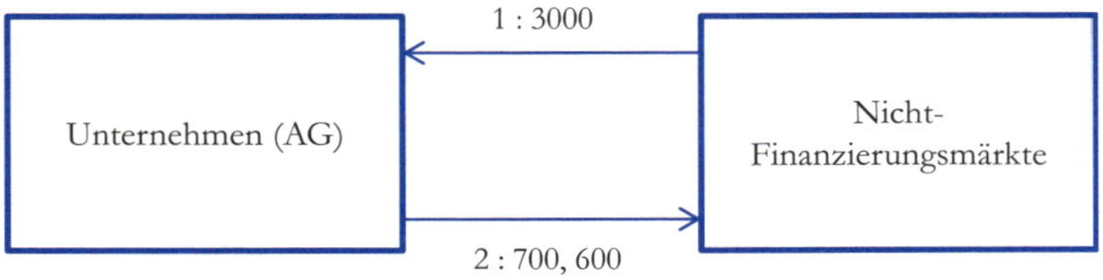

Nun wendet sich Benno Abbildung 1.2 zu. Er muss den Kästchen unter dem Begriff «Innenfinanzierung» die Zahlen zuordnen, die der Beschriftung der Kästchen entsprechen.

Der Jahresüberschuss einer AG ist gemäß AktG der Betrag, der gesellschaftsrechtlich (vor Rücklagenbildung bzw. vor Auflösung von Gewinnrücklagen) den Aktionären in Form einer Ausschüttung (Dividende) höchstens zugeführt werden könnte. Entscheiden Vorstand und Aufsichtsrat nun, die Hälfte des Jahresüberschusses, also 650, einzubehalten (was sie nach § 58 Abs. 2 AktG dürfen) und damit auf der Passivseite der Bilanz der Position «andere Gewinnrücklagen» zuzuführen, treffen sie eine Finanzierungsentscheidung, weil sie die Ausschüttung (Dividende) verkürzen und damit das Volumen an Mitteln, das sie für andere Zwecke verwenden können, z. B. für Investitionen, erhöhen.

Eine Finanzierungswirkung entfaltet auch der Beschluss der Hauptversammlung, Mittel in Höhe von 450 nicht auszuschütten, sondern im Unternehmen und damit im Verfügungsbereich des Managements zu belassen. Damit ist die Wirkung des ersten Kästchens unter dem Begriff «Innenfinanzierung», also die offene Selbstfinanzierung erläutert.

Betrachten wir das zweite Kästchen. Die AG setzt in der GuV Abschreibungen in Höhe von 400 an. Verrechnet ein Unternehmen in einer Periode t Abschreibungen (Ab_t) auf in einer früheren Periode beschaffte Gegenstände des abnutzbaren Anlagevermögens, handelt es sich um eine Aufwandsberechnung, die einer in einer früheren Periode erfolgten Auszahlung folgt: Es liegt ein **nachperiodisierter** Aufwand vor; die Aufwandsverrechnung folgt zeitlich der (früheren) Auszahlung. Der Verrechnung des Aufwands steht in der gleichen Periode keine entsprechende Auszahlung gegenüber. Da in der Gewinn- und Verlustrechnung in Periode t der Periodenaufwand um Ab_t höher ist, ist der Jahresüberschuss (Definition in § 275 HGB) und damit ceteris paribus der Bilanzgewinn um Ab_t geringer. Dieser Sachverhalt ist gemeint, wenn von der **«Finanzierung durch Abschreibungen»** gesprochen wird. Da der Ansatz von Abschreibungen in der Gewinn- und Verlustrechnung zu den zwingenden Gewinnermittlungsvorschriften gehört (§ 253 Abs. 1 Satz 1 HGB), liegt ein den Gehalt von Kästchen 2 erläuterndes Beispiel vor.

Die AG setzt in der GuV zwei Aufwandspositionen an, die als Rückstellungszuführungen zu Garantie- bzw. Pensionsrückstellungen bezeichnet werden. Beide Positionen stellen Aufwand der Periode, jedoch keine Auszahlung dar. Es handelt sich in beiden Fällen um **vorperiodisierten** Aufwand: Die Belastung der Periode mit Aufwand geht der Auszahlung zeitlich voraus. Die Auszahlung, die der Zuführung zur Pensionsrückstellung entspricht, erfolgt erst, wenn die AG Pensionszahlungen an die aus Altersgründen ausgeschiedenen früheren Mitarbeiter leistet. Diese Zahlung kann viele Jahre, ggf. Jahrzehnte nach der aufwandsmäßigen Erfassung in der GuV des Jahres 2006 liegen. Weil die aufwandsmäßige Antizipation den Jahresüberschuss und damit in aller Regel die Ausschüttung verkürzt, liegt eine durch Gewinnermittlungsvorschriften – Pensionsrückstellungen müssen gebildet und jährlich dotiert werden – erzwungene Mittelbindung im Unternehmen vor. Dieser Sachverhalt ist gemeint, wenn von der **«Finanzierung durch Rückstellungen»** gesprochen wird.

Die AG bildet Garantierückstellungen und führt diesen in der betrachteten Periode einen Betrag von 100 zu. Auch hier liegt eine in Bezug auf die potenzielle Auszahlung für ggf. zu erbringende Garantieleistungen vorperiodisierte Aufwandserfassung vor. Diese verkürzt den Jahresüberschuss, damit in aller Regel die Ausschüttung der Periode und entfaltet somit eine Finanzierungswirkung von zunächst unbestimmter Dauer. Sie kann beendet werden durch eine zu erbringende Garantieleistung des Unternehmens, die eine Auszahlung auslöst. Sie kann auch beendet werden, ohne dass der Garantiefall eintritt. Bleiben Garantieansprüche der anspruchsberechtigten Kunden aus, ist die Rückstellung für Garantie aufzulösen: Der Jahresüberschuss der entsprechenden Periode erhöht sich.

Wenden wir uns Kästchen 3 unter dem Begriff «Innenfinanzierung» zu. Finanzierung durch geplante Nutzung von Spielräumen von handelsrechtlichen Ansatz- und Bewertungsvorschriften liegt beispielsweise vor, wenn das Management den Jahresüberschuss durch entsprechende Abschreibungsbemessung und Rückstellungsdotierung vorübergehend reduziert. Die Ansatz- und Bewertungsregeln des HGB lassen Spielräume für die Bilanzierenden: Sie können unter alternativen Abschreibungsverfahren wählen; sie haben Spielräume bei der Schätzung der Nutzungsdauer von abschreibungsfähigen Vermögensgegenständen; sie können außerplanmäßige Abschreibungen vornehmen; sie haben Spielraum bei der Bemessung von Rückstellungen, die «in Höhe des nach vernünftiger kaufmännischer Beurteilung notwendigen Erfüllungsbetrages anzusetzen» sind (§ 253 Abs. 1 Satz 2 HGB). Die Nutzung dieser Spielräume beeinflusst den Jahresüberschuss. In unserem einfachen Beispiel finden diese Gestaltungsmöglichkeiten von Aufwand und Ertrag keinen expliziten Eingang. Wir beachten sie im Folgenden daher nicht.

Wenn wir die bisherigen Ergebnisse zusammentragen, folgt:

Finanzierung durch einbehaltene Jahresüberschüsse „offene Selbst-Finanzierung"	Finanzierung durch zwingende Gewinnermittlungsvorschriften	Finanzierung durch geplante Nutzung von Spielräumen bei Ansatz- und Bewertungsvorschriften	Finanzierung durch Vermögensumschichtung
Gewinnrücklage: 650	Abschreibung: 400	Nicht relevant	?
Gewinnvortrag: 450	Zuführung PR: 200		
	Zuführung GR: 100		
1100	700	0	?

Zur **«Finanzierung durch Vermögensumschichtung»** (auch: Finanzierung durch Kapitalfreisetzung) werden üblicherweise zwei Vorgänge gezählt: 1. die entgeltliche Veräußerung nicht betriebsnotwendiger oder nicht mehr benötigter Vermögensgegenstände; 2. die kontinuierliche Umwandlung von abnutzbaren Vermögensgegenständen in Geld durch Abschreibungsverrechnung. Hier wird «Finanzierung durch Vermögensumschichtung» auf den unter 1. genannten Vorgang beschränkt. Der unter 2. genannte Effekt ist durch «Finanzierung durch zwingende Gewinnermittlungsvorschriften» bereits erfasst.

Im Beispiel findet eine Verringerung des Volumens der Innenfinanzierung statt, weil die AG Bestände an Fertigprodukten aufbaut, also Geld in Vermögensgegenständen bindet. Damit verringert sich das verfügbare Volumen aus Innenfinanzierung um 300. Im Ergebnis beträgt das Innenfinanzierungsvolumen i. S. v. Abbildung 1.2: 1.100 + 700 – 300 = 1.500. Das Innenfinanzierungsvolumen gemäß Abbildung 1.1 hatten wir mit 3.000 – 700 – 600 = 1.700 vor Ausschüttung berechnet. Beachten wir, dass das gemäß Abbildung 1.2 berechnete Volumen die Dividende (200) nicht berücksichtigt, erhalten wir über beide Definitionen identische Ergebnisse: Das Innenfinanzierungsvolumen der AG in der betrachteten Periode beträgt 1.500.

1.3 Ein- und Auszahlungen vs. Erträge und Aufwendungen

Das Beispiel im vorherigen Abschnitt hat die Unterschiede zwischen einer Rechnung, die auf Ein- und Auszahlungen (Zahlungsrechnung) aufbaut, und einer Rechnung mit Erträgen und Aufwendungen, wie sie für Gewinn- und Verlustrechnungen typisch ist, angedeutet. In diesem Abschnitt werden wir diese Unterschiede systematisch betrachten. Sie sind wichtig, weil in der Realität sehr häufig Daten in Form von Erträgen und Aufwendungen vorliegen, mit deren Hilfe dann Zahlungsrechnungen – z. B. Finanzpläne oder Unternehmensbewertungen – zu entwickeln sind.

Betrachten wir zunächst die Unterschiede zwischen Auszahlungen der Periode (des Jahres) und den dieser Periode zugeordneten Aufwendungen, dargestellt in Abbildung 1.3:

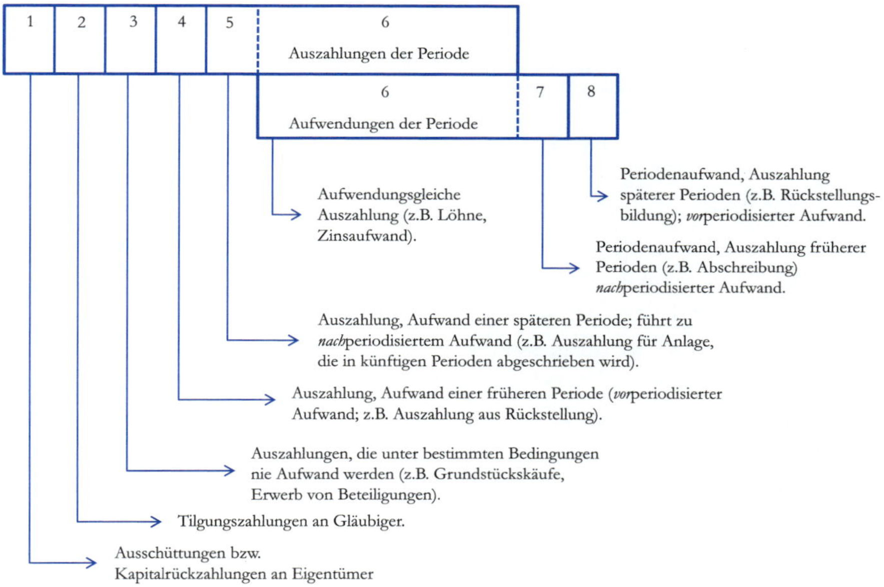

Abbildung 1.3: Beziehungen zwischen Auszahlungen und Aufwendungen

- Die Felder 1, 2, 3 bilden Auszahlungen der Periode ab, die niemals zu Aufwand werden: Auszahlung, nie Aufwand.
- Die Felder 4, 5 bilden Auszahlungen ab, die entweder bereits Aufwand waren (Feld 4) oder in einer späteren Periode zu Aufwand werden: Auszahlung, aber kein Aufwand.
- Feld 6 bildet Auszahlungen ab, die in der gleichen Periode Aufwand darstellen: Auszahlung = Aufwand.
- Die Felder 7 und 8 bilden Aufwendungen ab, die sich entweder von der Auszahlung in einer früheren Periode ableiten (Feld 7) oder in einer späteren Periode zur Auszahlung werden: Aufwand, aber keine periodengleiche Auszahlung.

Die Beziehungen zwischen Einzahlungen der Periode und Erträgen stellt Abbildung 1.4 dar:

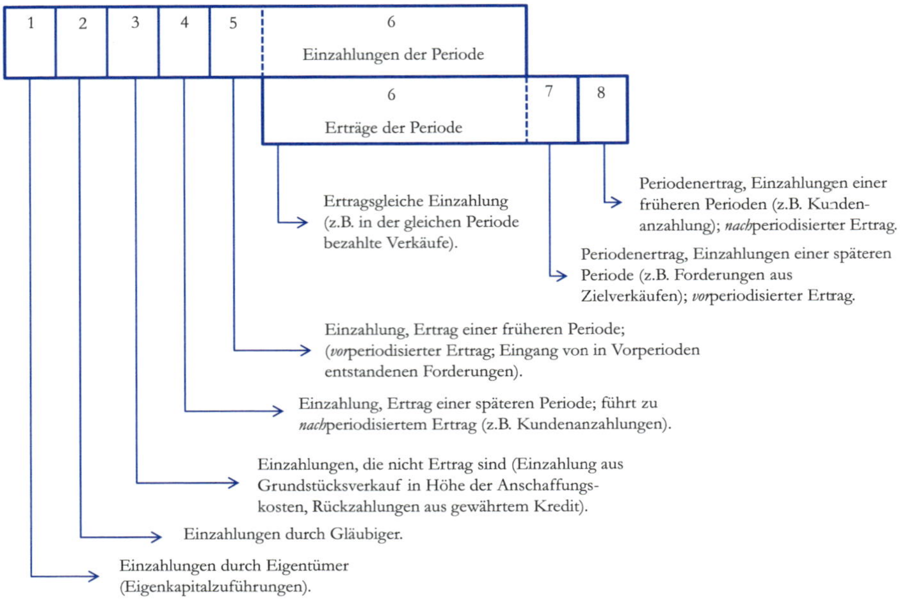

Abbildung 1.4: Beziehungen zwischen Einzahlungen und Erträgen

- Die Felder 1, 2, 3 bilden Einzahlungen der Periode ab, die niemals zu Erträgen in einer Gewinn- und Verlustrechnung werden: Einzahlung, nie Ertrag.
- Die Felder 4 und 5 bilden Einzahlungen ab, die entweder bereits Ertrag waren (Feld 5) oder in einer späteren Periode Ertrag werden: Einzahlung, aber kein Ertrag.
- Feld 6 bildet Einzahlungen ab, die in der gleichen Periode Erträge sind: Einzahlung = Ertrag.
- Die Felder 7 und 8 stellen Erträge der Periode dar, die entweder in einer späteren Periode Einzahlungen werden (Feld 7) oder in einer früheren Periode bereits Ertrag waren.

Für eine Zahlungsrechnung, wie für den in Kapitel 3 zu besprechenden Finanzplan, sind ausschließlich Zahlungen relevant, die dann zu erfassen sind, wenn sie geleistet werden, bzw. zu leisten sind. Gewinn- und Verlustrechnungen sind eine nützliche Datenbasis, wenn ein Finanzplan zu erstellen ist. Man muss aber beachten, (1) dass Gewinn- und Verlustrechnungen nicht alle Zahlungen enthalten, wie die Felder 1, 2 und 3 in den Abbildungen 1.3 und 1.4 gezeigt haben und (2) dass die Erfassung von Aufwendungen und Erträgen in Gewinn- und Verlustrechnungen wegen der Felder 4, 5 und 7, 8 in den Abbildungen 1.3 und 1.4 zu anderen Zeitpunkten (in anderen Perioden) erfolgen kann, als die Zahlungen, aus denen sie sich ableiten.

1.4 Zusammenfassung

Die zentralen Botschaften von Kapitel 1 sind:

- Wir definieren Finanzierung vorläufig als die Beschaffung von finanziellen Mitteln durch Unternehmen, deren Ziel es ist, für Kapitalgeber und Arbeitnehmer Einkommen zu erzielen.
- Es ist nützlich, Finanzierung zu untergliedern in Außen- und Innenfinanzierung. Sowohl die Pfeil-Darstellung in Abbildung 1.1 als auch die in Abbildung 1.2 sind brauchbare Erläuterungen für das, was mit Außen- bzw. Innenfinanzierung gekennzeichnet werden soll.
- Abbildung 1.1 hat den Charme der Einfachheit: Finanzierungsmaßnahmen und deren Folgen können durch Zahlungsflüsse charakterisiert werden. Es sind die Zahlungsbewegungen, die den Kern der Sache ausmachen.
- Abbildung 1.2 verlässt, soweit «Innenfinanzierung» erläutert wird, scheinbar den Bereich der Zahlungsbewegungen. Bei genauer Betrachtung werden auch hier Zahlungsbewegungen zur Definition von Innenfinanzierung herangezogen. Diese sind indessen nicht so eindeutig erkennbar wie in Abbildung 1.1, weil die Ertrags- und Aufwandsrechnung den unmittelbaren Blick auf die zugehörigen Zahlungen erschwert.
- Abbildungen 1.3 und 1.4 verdienen die volle Aufmerksamkeit des Lesers, weil Zahlungswirkungen und Aufwands- bzw. Ertragswirkungen auseinandergehalten werden müssen.

Kapitel 2 Grundlagen der Investitionsrechnung

Inhalt

2.1 Einleitung

Dieses Kapitel können Sie überspringen, wenn Sie mit den Verfahren der Investitionsrechnung vertraut sind. Es hat propädeutischen Charakter und will Ihnen den grundlegenden Kalkül, den Sie in den folgenden Kapiteln verwenden, prägnant beibringen bzw. Ihre Kenntnisse auffrischen. Eine wichtige Einschränkung ist zu Beginn festzuhalten: Im gesamten 2. Kapitel wird unterstellt, dass die künftigen Nettoeinzahlungen, die Investitionsprojekte zu erzielen erlauben, mit Sicherheit anfallen, also risikolos sind. Diese Annahme ist natürlich realitätsfern; aber sie ist didaktisch überaus nützlich, weil sie die Erläuterung der Sachverhalte sehr erleichtert, ohne dass hierfür ein Nachteil in Kauf genommen werden müsste: Wenn später in Kapitel 5 der Kontext «Finanzierung und Risiko» behandelt wird, wird der Leser erkennen, dass die Einführung von Unsicherheit die in Kapitel 2 vorgestellten Basisüberlegungen nicht entwertet.

Im Folgenden werden Entscheidungskriterien zur Beurteilung von Investitionsprojekten eingeführt und ihre Praxisrelevanz anhand von empirischen Studien dargestellt. Die wichtigsten Entscheidungskriterien sind:

- der Nettokapitalwert, der in vielen der folgenden Kapitel verwendet und dem deshalb besondere Aufmerksamkeit entgegengebracht wird;
- die Pay-back-Methode, die in Kapitel 2.2.3 kritisch beleuchtet wird;
- der interne Zinsfuß und bilanzielle Renditen, welche insbesondere in Kapitel 4 ausführlich besprochen werden.

2.2 Kalküle zur Messung der Vorteilhaftigkeit

2.2.1 Vielfalt an Methoden

Empirische Untersuchungen über die von Unternehmen in Deutschland, England und den USA benutzten Methoden zur Berechnung der Vorteilhaftigkeit von Investitionsprojekten belegen eine auf den ersten Blick erstaunliche Methodenvielfalt, die über lange Zeiträume hinweg eine nicht zu übersehende Beharrlichkeit an den Tag legt.

Bröer/Däumler legen 1986 die Ergebnisse einer Befragung von 203 Unternehmen vor, die zweierlei erkennen lassen; erstens, dass Unternehmen Präferenzen für bestimmte Methoden haben: Die Methode des internen Zinsfußes rangiert vor der Kapitalwert-Methode und diese vor der Kostenvergleichsmethode. Zweitens setzen die befragten Unternehmen mehrere Methoden parallel ein. Dies ist auch ratsam, da die Methoden widersprüchliche Ergebnisse liefern können, wie wir in Kapitel 2.2.3 sehen werden.

Folgt man der Untersuchung von Arnold/Hatzopoulos aus dem Jahre 2000, die englische Unternehmen nach den von ihnen benutzten Kriterien zur Beurteilung von Investitionsprojekten befragten, ergibt sich ein ähnliches Bild: 70 % der 96 befragten Unternehmen nutzen die Pay-back-Methode, 81 bzw. 80 % berechnen den internen Zinsfuß und den Nettokapitalwert. Graham/Harvey (2001) befragen 4.400 amerikanische Unternehmen und erhalten 392 auswertbare Fragebögen. Auch sie berichten die bereits angesprochene Methodenvielfalt und den häufigen Rückgriff auf Kalküle, die alternativ erzielbare Renditen nicht oder nicht in angemessener Form berücksichtigen, wie z. B. die Pay-back-Methode. Abbildung 2.1 zeigt eine Auswahl der Ergebnisse:

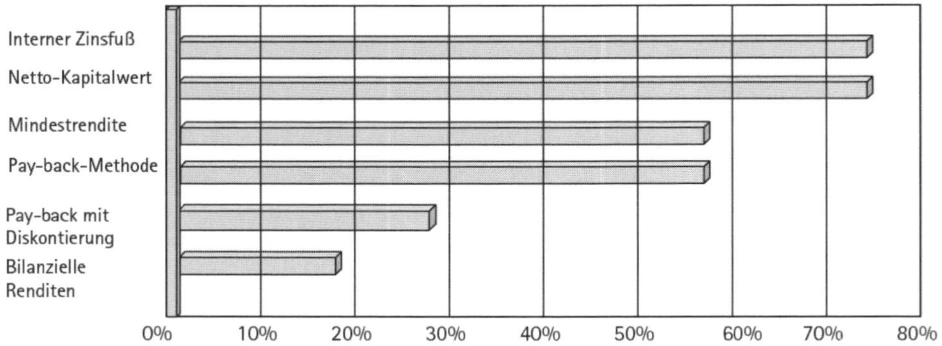

Abbildung 2.1: Prozentsatz der US-Unternehmen, die immer oder meistens das genannte Kriterium benutzen; Studie von Graham/Harvey (2001)

Abbildung 2.1 führt die Pay-back-Methode, die nachfolgend erläutert wird, als eine häufig eingesetzte Methode auf. Die Frage, warum dieser Ansatz nach wie vor benutzt wird, obwohl seit Jahrzehnten auf die Mängel des Ansatzes verwiesen wird, beschäftigt die Literatur.

Graham und Harvey glauben, Ursache sei der veraltete Wissensstand der in Unternehmen Entscheidenden. Man könne den Einsatz dieses Kriteriums insbesondere in kleineren Unternehmen beobachten, deren Finanzmanager keine MBA-Ausbildung genossen hätten. Arnold/Hatzopoulos sind nachsichtiger: Was der wahre Wertbeitrag i. S. d. Beitrages eines Investitionsprojektes sei, sei ein sehr kompliziertes Problem. Der Manager suche daher nach Hinweisen, ob eine Berechnung des Nettokapitalwertes durch andere Aspekte des zu beurteilenden Projektes gestützt werde,[2] und berechne

[2] Vgl. Arnold/Hatzopoulos (2000), S. 609–611.

daher zusätzliche als potenzielle Entscheidungskriterien benutzte Maßgrößen. Beispielsweise kann bei der Wahl zwischen mehreren Projekten mit identischen Nettokapitalwerten und sonstigen identischen Investitionseigenschaften die Amortisationsdauer ausschlaggebend sein. Diese Diskussion ist interessant, soll aber nicht weitergeführt werden. Vielmehr soll hier beantwortet werden, warum es sinnvoll und ratsam ist, beim Einsatz von finanziellen Mitteln für Investitionsprojekte immer die Renditen zu beachten, die man bei alternativen Investmentprojekten erzielen könnte.

2.2.2 Orientierung an Zahlungsströmen

Wenn in diesem Buch von Investitions- oder Finanzierungsprojekten die Rede ist, sind Projekte von auf Einkommenserzielung ausgerichteten Unternehmen gemeint. Eine Investition wird dargestellt durch eine Auszahlung, für die das Unternehmen (bzw. die Eigentümer) einen körperlichen Vermögensgegenstand (z. B. Grundstück, Gebäude, maschinelle Anlage, Nutzfahrzeug etc.), einen immateriellen Vermögenswert (z. B. Rechte zur Nutzung von Verfahren, Organisations-Know-how, Aufbau von Humankapital durch Mitarbeiterentwicklungsprogramme) oder Finanzanlagen (z. B. langfristige Forderungstitel, Beteiligungen u. Ä.) erhält (erhalten). Man kann unterscheiden, ob diese Vermögenswerte ggf. in Bilanzen aktiviert werden – etwa im Sachanlagevermögen, im Finanzanlagevermögen oder im Umlaufvermögen – oder ob sie bilanziell nicht erfasst werden. Dieser Aspekt ist z. B. wegen steuerlicher Wirkungen von Bedeutung, wird im Folgenden aber ausgeklammert.

Auszahlungen für Investitionen werden geleistet, um durch den Einsatz der Vermögensgegenstände und -rechte Einzahlungen zu erzielen. Diese Einzahlungen sind in erster Linie Umsatzerlöse für verkaufte Produkte und/oder Dienstleistungen des Unternehmens. Vermindert man diese um die periodengleichen Auszahlungen für Rohstoffeinsatz, Energie, Arbeitslöhne etc., erhält man die auf die Abrechnungsperiode (1 Woche, 1 Monat, 1 Jahr) bezogenen **Nettoeinzahlungen**. Üblich ist es, die Abrechnungsperiode für langlebige Investitionsprojekte mit dem Kalenderjahr gleichzusetzen und vereinfachend zu unterstellen, dass die Nettoeinzahlung eines Jahres ohne allzu große Auswirkung auf das Ergebnis der Rechnung am Ende des Kalenderjahres anfällt. Bei Ausblendung von Steuerzahlungen und der Unsicherheit über die Ergebnisse künftiger Perioden lässt sich ein Investitionsprojekt dann durch eine Zahlungsreihe abbilden, die mit einer Auszahlung für die Beschaffung des Investitionsprojektes im Entscheidungszeitpunkt 0 beginnt. Für die geplante Nutzungsdauer des Projektes werden diesem die zurechenbaren Nettoeinzahlungen bzw. -auszahlungen, die annahmegemäß am Ende der jeweiligen Periode anfallen, zugeordnet. Nach diesen wichtigen Vorarbeiten stellt sich die Frage, ob sich das Projekt «rechnet». Allein diese Frage wird im Folgenden diskutiert.

2.2.3 Pay-back-Methode vs. Nettokapitalwert

Wir beginnen mit der bei Praktikern beliebten Pay-back-Methode. Sie fragt, wie schnell ein Investitionsprojekt, den im Entscheidungszeitpunkt 0 erforderlichen Kapitaleinsatz einspielt, und weist das Projekt mit der kürzeren «Einspieldauer» als das bessere aus.

Beispiel

Zeitpunkte	0	1	2	3	4
Projekt A	– 900	450	450	100	50
Projekt B	– 900	300	300	300	300

Tabelle 2.1: Zahlungsreihen der Projekte A und B

Projekt A gewinnt das eingesetzte Kapital in zwei Perioden wieder; bei Projekt B beträgt die Amortisationsdauer drei Perioden. Gemäß der Pay-back-Methode gilt Projekt A, wegen der schnelleren Wiedergewinnung, als das bessere.

Diese Methode scheint bemerkenswert einfach. Die Begründung des Vorgehens könnte lauten, dass bei Projekten mit kürzerer Amortisationszeit das «Verdienen» eher beginnt und diese Projekte deshalb vorzuziehen sind.

Die statische Pay-back-Methode hat, solange man Unsicherheitsprobleme ausklammert, zwei schnell erkennbare Mängel:

1. Sie beachtet nicht, was *nach* der projektindividuellen Amortisationszeit passiert.
2. Sie beachtet nicht, dass «Wiedergewinnung» i. S. v. «Summe der Nettoeinzahlungen entspricht eingesetztem Kapital» ökonomisch keine Wiedergewinnung ist, weil der Einsatz von finanziellen Mitteln immer Opportunitätskosten auslöst. Ökonomische Wiedergewinnung liegt erst vor, wenn auch diese Kosten des eingesetzten Kapitals gedeckt sind.

Angenommen, ein Investor dürfte zwischen den folgenden Alternativen C und D wählen:

	2.11.2013	2.11.2014
Projekt C	300	–
Projekt D	–	300

Er wählt C! Warum?

Angenommen, man kann zu einem Zinssatz i = 10 % Geld *leihen*. Was ist D im Zeitpunkt 2.11.2013 wert? Offensichtlich den mit dem Zinssatz i um ein Jahr *abgezinsten* Betrag, also:

$$300 \cdot \frac{1}{1+i} = 300 \cdot \frac{1}{1{,}1} = 300 \cdot 0{,}9091 = 272{,}73.$$

Jetzt ist klar, dass C im Zeitpunkt 2.11.2013 mehr wert ist als D. Und es ist auch klar, wie viel C mehr wert ist als D, nämlich 300 – 272,73 = 27,27.

Angenommen, man kann Geld zu einem Zinssatz von i = 10 % *anlegen*. Was ist C im Zeitpunkt 2.11.2014 wert? Offensichtlich 300 plus Zinsen; die Zinsen betragen 30. Anders ausgedrückt: C wächst im Verlauf eines Jahres auf den Betrag C · (1 + i) an. Um C mit D zu vergleichen, kann man C auch *aufzinsen*.

Es folgt somit:

1. Wenn der Investor Geld leiht, fallen Kapitalkosten (Zinsen) an, die künftige Einzahlungen, die zeitlich vorgezogen werden, abwerten.

2. Wenn man Geld anlegt, kann man am Kapitalmarkt Zinsen oder Alternativerträge erzielen. Wer stattdessen Geld in Investitionsprojekte steckt, verzichtet auf diese Zinsen (Alternativerträge). Es fallen also **Opportunitätskosten** an. Diese Opportunitätskosten muss das Investitionsprojekt mindestens erwirtschaften, wenn es nicht nachteilig sein soll.

3. Es ist folglich nicht korrekt bei $i \neq 0$ %, Zahlungen, die zu verschiedenen Zeitpunkten anfallen, einfach zu addieren, weil sie nicht vergleichbar sind.

Wenn wir diese Erkenntnisse auf unser obiges Beispiel anwenden, könnten wir wie folgt rechnen: Wir beziehen alle Zahlungen des Projektes A bzw. B auf den Zeitpunkt 0; dieser Zeitpunkt ist der Startpunkt des Projektes. Wir diskontieren alle nicht in 0 anfallenden Zahlungen mit dem Zinssatz i auf den Zeitpunkt 0. Erst dann können diese Zahlungen addiert werden.

	0	1	2	3	4
Projekt A	- 900,00	450	450	100	50
	409,09	$450 \cdot 1{,}1^{-1} = 450 \cdot 0{,}9091$			
	371,90		$450 \cdot 1{,}1^{-2} = 450 \cdot 0{,}8264$		
	75,13			$100 \cdot 1{,}1^{-3} = 100 \cdot 0{,}7513$	
	34,15				$50 \cdot 1{,}1^{-4} = 50 \cdot 0{,}6830$

Tabelle 2.2: Bewertung Projekt A

Die Summe der diskontierten Nettoeinzahlungen von Projekt A beträgt 890,27. Wir nennen diesen Betrag **Bruttokapitalwert** (BKW) im Zeitpunkt 0. Die Summe der diskontierten Nettoeinzahlungen ist kleiner als der Preis des Projektes (900): Folglich lohnt Projekt A nicht. Die Aussage der statischen Pay-back-Methode, das Projekt sei vorteilhaft, ist somit gemäß dem Nettokapitalwert falsch.

Betrachten wir Projekt B.

Die Summe der diskontierten Nettoeinzahlungen, der Bruttokapitalwert, beträgt 950,96. Die Summe der mit dem Zinssatz i, also der Alternativrendite, abgezinsten Nettoeinzahlungen (950,96), übersteigt die Anschaffungskosten (den Preis) von Projekt B (900). Das Projekt ist somit vorteilhaft.

	0	1	2	3	4
Projekt B	– 900	300	300	300	300
	272,73 ← 300 · 0,9091				
	247,93 ← 300 · 0,8264				
	225,39 ← 300 · 0,7513				
	204,91 ← 300 · 0,6830				

Tabelle 2.3: Bewertung Projekt B

Daraus folgt, dass

- das Signal der statischen Pay-back-Methode falsch ist: B ist das bessere Projekt. Projekt A verdient noch nicht einmal den Zinssatz i, den der Investor am Kapitalmarkt bei Anlage eines Betrages in Höhe von 900 erzielen könnte, also die Opportunitätskosten;
- die Diskontierung von Nettoeinzahlungen die Kosten des Kapitaleinsatzes berücksichtigt;
- die Summe der diskontierten Nettoeinzahlungen, die Bruttokapitalwert genannt wird, den **ökonomischen Wert** des Projektes repräsentiert. Übersteigt der Bruttokapitalwert die Anschaffungskosten (Errichtungskosten) des Projektes, liegt ein vorteilhaftes Projekt vor.

Die ökonomische Begründung hierfür lautet: Der BKW_0 bezeichnet den Betrag, den man im Zeitpunkt 0 auf dem Kapitalmarkt zum Zinssatz $i = 10\ \%$ anlegen müsste, um exakt die Einzahlungen zu erzielen, die das Investitionsprojekt liefert. Die folgende Tabelle 2.4 belegt diese Idee anhand des BKW des Projektes B.

Dies ist der Grund, warum die Aussage, der BKW zeige den **Wert** des Projektes an, korrekt ist: Für die *gleiche* Reihe an Nettoeinzahlungen muss man alternativ 950,96 anlegen. Wenn der Wert der gleichen Zahlungsreihe (950,96) größer als der Beschaffungspreis des Projektes (900) ist, liegt ein vorteilhaftes Projekt vor.

Die Bewertung eines Projektes besteht darin, den Anschaffungspreis des Projektes (900) mit dem Geldbetrag zu vergleichen, den man für die beste *vorteilsgleiche* Handlungsalternative aufzuwenden hätte. Der Kern der Bewertung besteht somit darin, den Preis der vorteilsgleichen Alternative zu ermitteln. Deren Preis ist der Bruttokapitalwert.

Die Differenz zwischen BKW und Preis bzw. Anschaffungskosten des Projektes heißt **Nettokapitalwert** (NKW). Dieser NKW ist der in Geldeinheiten gemessene Vermögenszuwachs, den die Durchführung des Projektes im Vergleich zur vorteilsidentischen Alternative verspricht.

	0	1	2	3	4
Anlage auf dem Kapitalmarkt zum Zinssatz i	- 950,96				
Stand des Kapitalkontos vor Entnahme = Wiederanlage in t-1 plus Zinsen		1.046,06	820,66	572,73	300
Entnahme in Höhe der NE des Projektes		300,00	300,00	300,00	300
Stand des Kapitalkontos nach Entnahme		746,06	520,66	272,73	0
Wiederanlage des verbleibenden Betrages		- 746,06	- 520,66	- 272,73	

Tabelle 2.4: Begründung der Bewertung des Projekt B

Brutto- und Nettokapitalwert sind einfach zu interpretierende Kriterien, die die Vorteilhaftigkeit eines Projektes eindeutig anzeigen.

Die Aussage, der Wert eines Projektes ließe sich an der Summe, der mit dem Kapitalmarktzinssatz i diskontierten, dem Projekt zurechenbaren Nettoeinzahlungen ablesen oder die gleichwertige Aussage, der positive Nettokapitalwert zeige die Reichtumsänderung an, die der Investor bei Realisierung des Projektes im Zeitpunkt 0 erfahre, gilt nur unter zu beachtenden Nebenbedingungen. Dieser Kalkül unterstellt einen vollkommenen und unbeschränkten Kapitalmarkt. Vollkommenheit heißt insbesondere, dass Kapitalmarktanlagen und Mittelaufnahmen (Kredite) identische Renditen bzw. Kosten auslösen. Unbeschränktheit darf zwar nicht als beliebige Verschuldungsmöglichkeit interpretiert werden, heißt aber, dass sich der Investor im Rahmen seines Vermögens, also seines gesamten Konsumpotenzials verschulden kann. Überschuldung ist ausgeschlossen. Es ist die Vollkommenheitsannahme, die den isolierten Bewertungskalkül zulässt und ihn löst von den Einzahlungen bereits realisierter Investitions- und Finanzierungsprojekte, von den finanziellen Zielvorstellungen oder Konsumpräferenzen des Investors und von den Realinvestitionen und Finanzierungsmöglichkeiten, die künftige Perioden des Planungszeitraumes bereithalten.

2.3 Zusammenfassung

Kapitel 2 enthält eine Reihe wichtiger Botschaften:

- Empirische Untersuchungen zeigen, dass Praktiker für ihre Investitionsentscheidungen mehrere Entscheidungskriterien verwenden. Der interne Zinsfuß, der Nettokapitalwert, die Pay-back-Methode und Bilanzrenditen sind die am häufigsten verwendeten Methoden.
- Nettoeinzahlungen erhält man, indem die Einzahlungen um die periodengleichen Auszahlungen vermindert werden.

- Der Bruttokapitalwert ist die Summe der diskontierten Nettoeinzahlungen und repräsentiert den ökonomischen Wert eines Projekts.
- Der Nettokapitalwert ist ein gut begründbares Entscheidungskriterium. Er ergibt sich aus der Differenz zwischen Bruttokapitalwert und Projektkosten und bezeichnet den Vermögenszuwachs, den die Durchführung eines Projektes im Vergleich zu einer vorteilsidentischen Alternative verspricht.
- Die Pay-back-Methode ist aufgrund des beschränkten Beobachtungszeitraums und der Nichtbeachtung von Opportunitätskosten dem Nettokapitalwert bei der Beurteilung von Investitionsprojekten unterlegen.

2.4 Literaturhinweise

Arnold, G. C./Hatzopoulos, P. D. (2000): The Theory – Practice Gap in Capital Budgeting: Evidence from the United Kingdom. In: Journal of Business Finance and Accounting, S. 603–626.

Blohm, H./Lüder, K./Schaefer, C. (2013): Investition. 10. Auflage, München.

Bruner, R. F./Eades, K. M./Harris, R. S./Higgins, R. C. (1998): Best Practices in Estimating the Cost of Capital: Survey and Synthesis. In: Financial Practice and Education, S. 13–28.

Bröer, N./Däumler, K.-D. (1986): Investitionsrechnungsmethoden in der Praxis. In: Buchführung, Bilanz, Kostenrechnung, Herne, Band 13, S. 709–720.

Drukarczyk, J./Schüler, A. (2009): Unternehmensbewertung. 6. Auflage, München.

Grabbe, H.-W. (1976): Investitionsrechnung in der Praxis. Köln.

Graham, J. R./Harvey, C. R. (2001): The Theory and Practice of Corporate Finance: Evidence from the Field. In: Journal of Financial Economics, Band 60, S. 187–243.

Kruschwitz, L. (2011): Investitionsrechnung. 13. Auflage, München/Wien.

Moore, J. S./Reichert, A. K. (1983): An Analysis of the Financial Management Techniques Currently Employed by Large U. S. Companies. In: Journal of Business Finance and Accounting, Band 10, S. 623–645.

Wehrle-Streif, U. (1989): Empirische Untersuchung zur Investitionsrechnung. Köln.

Kapitel 3 Liquidität und Darstellung der Liquiditätslage

Inhalt

3.1 Inhalt des Kapitels

Die Sicherstellung der Liquidität i. S. d. dauerhaften Zahlungsvermögens ist eine Überlebensbedingung für Unternehmen: Fehlende Liquidität (oder Illiquidität) bedroht die Barwerte der Nettoeinzahlungen des gesamten Unternehmens und die der Kapitalgeber, wie in Kapitel 11 gezeigt wird. Illiquiditätsprobleme sind also tunlichst zu vermeiden.

Zunächst wird der Begriff der Liquidität erläutert. Dann betrachten wir die Bestimmungsgrößen (Determinanten), die über die Liquiditätslage eines Unternehmens entscheiden. Anschließend wenden wir uns der wichtigen Frage zu, mit welchen Instrumenten die Liquiditätslage eines Unternehmens verlässlich abgebildet werden kann: Wir betrachten unterschiedliche Ausprägungen von Bilanzen bzw. Jahresabschlüsse und Finanzpläne. Die Fallstudie «Glasspinnerei Straubing AG» hat die didaktische Aufgabe, die Verknüpfungen zwischen Bilanz, Gewinn- und Verlustrechnung und Finanzplanung einprägsam aufzuzeigen.

3.2 Liquidität – Begriff und Bestimmungsgrößen

3.2.1 Begriff

Wenn in der Literatur Überlegungen zu den Zielsetzungen von Investoren und Unternehmern angestellt werden, taucht regelmäßig auch die Forderung nach Erhaltung der Liquidität auf. Warum? Werden Unternehmen illiquide, d. h. auf Dauer zahlungsunfähig, wird entweder auf pflichtgemäßen Antrag der Organe des Unternehmens (§ 92 Abs. 2 AktG, § 64 GmbHG) oder auf Antrag von Schuldnern (§ 13 InsO) bzw. Gläubigern (§§ 13, 14 InsO) ein Insolvenzverfahren eröffnet. Ein Insolvenzverfahren bedeutet für Eigentümer, Management und Arbeitnehmer möglicherweise die Liquidation des Unternehmens und damit das Versiegen der Einkommensquelle «Unternehmen». Für Gläubiger bedeutet es regelmäßig hohe Ausfälle an bestehenden Forderungen. Illiquidität gilt es, folglich zu vermeiden.

Einige spektakuläre Insolvenzen in der jüngeren deutschen Geschichte waren die des Baukonzerns *Holzmann* (2002), der trotz Staatshilfe nicht gerettet werden konnte, des Medienkonzerns *Kirch-Group* (2002), dessen langwieriger Rechtsstreit nach 12 Jahren mit der Deutschen Bank durch einen Vergleich i. H. v. 775 Mio. € plus Zinsen und weiteren Kosten 2014 beendet worden ist, des Elektronikherstellers *Grundig* (2003), der Warenhauskette *Hertie* (2008), des Versandhauses *Quelle* (2009), des Technologieunternehmens *Solar Millennium* (2011), der Drogeriekette *Schlecker* (2012) und der Baumarktkette *Praktiker* (2013), deren langjährige PR-Kampagne „20 Prozent auf alles, außer Tiernahrung" ihr wohl zum Verhängnis wurde.

Einen Überblick darüber, wie häufig weltweit Insolvenzen **börsennotierter** Unternehmen vorkommen, zeigt Tabelle 3.1 für den Zeitraum von 1986 bis 2008. Die Daten hierfür entstammen Thomson Reuters Datastream. Die Erfassungsintensität (coverage) in den 80er Jahren ist bekanntermaßen nicht so umfassend wie in den folgenden Jahren. Dies ändert aber nichts Grundlegendes an den hier gezeigten Ergebnissen. Die IPO-Wellen (zu Börsengängen vgl. die Kapitel 6 und 9) in den 90er Jahren und deren langsames Abflachen spiegelt sich in der Anzahl der in die Datenbank eingehenden, also neu aufgenommenen Unternehmen.

Jahr	Anzahl aktiver Unternehmen	Anzahl eingehender Unternehmen	Anzahl ausscheidender Unternehmen	hiervon		
				Insolvenz und Liquidation	Mergers & Acquisitions	andere Gründe
1986	6.197	453	107	7	91	9
1987	7.767	1.732	162	5	137	20
1988	8.909	1.315	173	1	144	28
1989	9.503	777	183	14	131	38
1990	10.223	865	145	16	105	24
1991	11.638	1.576	161	26	106	29
1992	12.427	1.011	222	27	159	36
1993	13.668	1.457	216	33	153	30
1994	15.372	1.978	274	18	192	64
1995	16.782	1.775	365	27	289	49
1996	19.715	3.314	381	22	293	66
1997	22.048	2.898	565	28	447	90
1998	26.160	5.022	910	50	666	194
1999	28.689	3.991	1.462	93	925	444
2000	30.014	3.112	1.787	139	1.006	642
2001	31.554	3.304	1.764	149	797	818
2002	32.319	2.438	1.673	113	542	1.018
2003	33.565	2.765	1.519	63	492	964
2004	34.702	2.623	1.486	30	629	827
2005	35.231	2.054	1.525	9	645	871
2006	35.668	2.145	1.708	6	833	869
2007	34.818	1.058	1.908	5	826	1.077
2008	32.953	514	2.379	3	601	1.775
Summe	509.922	48.177	21.075	884	10.209	9.982

Tabelle 3.1: Aktive, neue aufgenommene und ausscheidende börsennotierte Unternehmen sowie Gründe des Ausscheidens. Globales Sample, 1986-2008 (Quelle: Lobe und Hölzl (2011))

Tabelle 3.2 weist die jährlichen Insolvenzen und Insolvenzraten gesondert aus. 0,1831 % beträgt die geschätzte Insolvenzrate p. a. definiert als Quotient der Mittelwerte von Insolvenzen zu Anzahl der aktiven Unternehmen (38,43/20.992,17). Zieht man hingegen den Mittelwert der Insolvenzraten heran, ergibt sich ein nur unwesentlich kleinerer Wert p. a. von 0,1801 %.

Jahr	Anzahl aktiver Unternehmen	Insolvenz und Liquidation	$\frac{\text{Insolvenz und Liquidation}_t}{\text{Anzahl aktiver Unternehmen}_{t-1}}$
1985	5.851		
1986	6.197	7	0,12 %
1987	7.767	5	0,08 %
1988	8.909	1	0,01 %
1989	9.503	14	0,16 %
1990	10.223	16	0,17 %
1991	11.638	26	0,25 %
1992	12.427	27	0,23 %
1993	13.668	33	0,27 %
1994	15.372	18	0,13 %
1995	16.782	27	0,18 %
1996	19.715	22	0,13 %
1997	22.048	28	0,14 %
1998	26.160	50	0,23 %
1999	28.689	93	0,36 %
2000	30.014	139	0,48 %
2001	31.554	149	0,50 %
2002	32.319	113	0,36 %
2003	33.565	63	0,19 %
2004	34.702	30	0,09 %
2005	35.231	9	0,03 %
2006	35.668	6	0,02 %
2007	34.818	5	0,01 %
2008		3	0,01 %
Summe	482.820	884	

Tabelle 3.2: Jährliche Insolvenzen und Insolvenzraten. Globales Sample (Quelle: Lobe und Hölzl (2011))

Wann ist ein Unternehmen liquide? Setzt man an dem Begriff Zahlungsunfähigkeit an, wird klar, dass die Liquidität eines Unternehmens von den an das Unternehmen gerichteten Zahlungsansprüchen einerseits und dem Zahlungsvermögen des Unternehmens andererseits abhängt. Es ist daher üblich, ein Unternehmen dann als liquide zu bezeichnen, wenn es seinen Zahlungsverpflichtungen gegenüber Gläubigern, Vermietern, Arbeitnehmern, Lieferanten, Versicherungen usw. termingerecht und betragsgenau nachkommen kann. Die Eigenschaft, liquide zu sein, kann an dem Verhältnis des Zahlungsvermögens zu den Zahlungsverpflichtungen gemessen werden. Unter Zahlungsvermögen wird die Fähigkeit des Unternehmens verstanden, ausreichende Zahlungsmittel bereitzustellen. Wählt man also die bestehenden Zahlungsverpflichtungen als Bezugspunkt, ist Liquidität zunächst eine «Ja-Nein-Eigenschaft»: Ein Unternehmen ist liquide oder nicht.

Das ist für bestimmte Fragestellungen zu ungenau, weil es belangvoll sein kann, um wie viel Geldeinheiten ein Unternehmen (eine Person) hinter seinen (ihren) bestehenden Zahlungsverpflichtungen zurückbleibt: Es ist ein Unterschied, ob jemandem, der am 31. 12. 2006 eine Hypothekenrate in Höhe von 1.750 Euro zu leisten hat, 15 Euro oder 1.500 Euro fehlen. Anleihen von Unternehmen am Kapitalmarkt werden von dafür spezialisierten Ratingagenturen in Bonitätsklassen klassifiziert, wobei die Zugehörigkeit zur ersten Klasse AAA ein erwartetes Ausfallrisiko von Null anzeigt, während eine Klassifikation CCC Anleger auf ein höheres Ausfallrisiko wegen einer deutlich geringeren Kreditwürdigkeit und einer damit geringeren Liquidität des Unternehmens aufmerksam macht. Hier liegt nichts anderes als eine abgestufte Liquiditätsbeurteilung von Gesellschaften vor. Eine bloß binäre Ordnung wäre für den gewollten Zweck nicht ausreichend.

In diesen Überlegungen hat Liquidität einen evidenten Bezug zu Geld. Verkürzt könnte man sagen: Liquide ist, wer über hinreichende Zahlungsmittel verfügt, um seinen Zahlungsverpflichtungen nachzukommen und seine Investitionsvorhaben zu realisieren. Diese Verkürzung ist nicht ohne Nachteile. Um dies aufzuzeigen, ist es nützlich, sich eine Wirtschaft *ohne* geordneten Geldverkehr vorzustellen, eine Naturalwirtschaft.

In einer Naturalwirtschaft ist Liquidität an den Besitz von Güterbeständen gebunden, die *tauschgeeignet* sind. Liquide ist, wer hinreichend viele; zum Tausch geeignete Güter besitzt, wer tauschbereit und tauschfähig ist.[3] Wenn Liquidität mit Tauschbereitschaft oder Tauschfähigkeit gleichgesetzt wird, wird ersichtlich, dass die Beschränkung der Eigenschaft, liquide zu sein, auf Geldbesitz zu eng ist. Obwohl Geld – von Ausnahmezeiten abgesehen – ein hochliquides Mittel ist, ist es nicht der einzige *Träger von Liquidität.* Andere Güter können einem Unternehmen in dem Ausmaß Liquidität verleihen, als diese Güter tauschfähig sind: Sie vergrößern das Zahlungsvermögen von Unternehmen.

Liquidität wird auch zur Bezeichnung einer Eigenschaft von Vermögensgütern gebraucht: So etwa wenn gesagt wird, dass die Liquidität von Forderungen größer ist als die von Halbfabrikaten. Wie ist das Attribut «liquide» im Zusammenhang mit Vermögensgütern zu verstehen? Drei Interpretationen sind möglich:

1. Der Besitz von Vermögensgütern versetzt den Eigentümer in die Lage, zu *tauschen.* Er kann ganz ähnlich wie durch den Besitz von Geld andere Vermögensgüter erwerben oder Schulden tilgen. Dies ist die «güterwirtschaftliche Liquidität» von Vermögensgütern.

2. Der Besitz von Vermögensgütern ermöglicht es dem Eigentümer, diese zu *verkaufen,* d. h. ihre «Abtretbarkeit»[4] zu nutzen, um Geld zu beschaffen.

3. Ein Vermögensgut ist umso liquider, je kürzer die «Selbstliquidations-Periode»[5] ist. Mit der Selbstliquidationsperiode ist die Zeitspanne bezeichnet, die verstreicht, damit im Rahmen eines gegebenen Prozesses eine Produktionseinzahlung an die Stelle des Vermögensgutes tritt. In diesem Sinne sind in einer Fischräucherfabrik Bücklinge «liquider» als grüne Heringe.

---

[3] Vgl. Veit (1966), S. 3–48.

[4] Vgl. Stützel (1975), Sp. 2518.

[5] Vgl. Stützel (1975), Sp. 2518.

Wir unterscheiden im Folgenden vier Determinanten der Liquidität eines Unternehmens.

3.2.2 Güterwirtschaftliche Liquidität

Geld ist ein wichtiger Träger von Liquidität, aber nicht der einzige. Andere Güter sind ebenfalls Träger von Liquidität, wenn sie ihrem Besitzer Tauschfähigkeit verleihen. Es handelt sich um die «güterwirtschaftliche Liquidität»[6].

Diese in der Veräußerungsfähigkeit begründete Liquidität besteht in vielfach abgestufter Form: Güter haben *unterschiedliche Liquiditätsgrade*. Der Liquiditätsgrad hängt insbesondere ab von:

(1) den technischen oder institutionellen Eigenschaften des Gutes. Vielseitig verwendbare Drehbänke lassen sich am Markt eher veräußern als hochspezialisierte Aggregate, die nur für eine kleine Anzahl von potenziellen Käufern von Interesse sind. An der Börse im amtlichen Verkehr gehandelte Wertpapiere lassen sich schneller verkaufen als Schuldscheine privater Schuldner;

(2) den Kosten der Käufersuche am Markt und von sonstigen Transaktionskosten wie Kosten der rechtlichen Übertragung, Kosten des Transports, Kosten der Vertragsgestaltung, Kosten der Versicherung des Transports etc.;

(3) der Zeitspanne vom Beginn der Käufersuche bis zur Verwertung am Markt;

(4) der Werteinbuße des Verkäufers bei Verwertung am Markt. Diese Werteinbuße, deren Höhe i. d. R. davon abhängen wird, ob das Gut unter Zeitdruck veräußert werden muss oder nicht, kann bspw. gemessen werden an der Differenz von Veräußerungserlös und dem Wiederbeschaffungspreis eines gleichwertigen Gutes im Zeitpunkt der Veräußerung. Die Differenz ist i. d. R. durch die Notlage bzw. den Zeitdruck des Veräußerers bedingt.

Solche Differenzen zwischen Veräußerungserlös und Wiederbeschaffungspreis für Güter, die keine Börsenpreise haben, werden i. d. R. auch dann bestehen, wenn nicht unter Zeitdruck veräußert werden muss. Sie haben ihre Ursache in unterschiedlichen Entscheidungsfeldern und Zielfunktionen von Verkäufern und potenziellen Nachfragern. Zeitdruck erhöht jedoch in aller Regel diese Differenzen.

Mit Hilfe des Begriffs der «güterwirtschaftlichen Liquidität» lässt sich die Eigenschaft, liquide zu sein, präzisieren. Unternehmen sind umso liquider,

(1) je größer die ihnen gehörende Menge an veräußerungsfähigen Gütern ist;

(2) je schneller diese Veräußerungsfähigkeit der Güter genutzt werden kann;

(3) je kleiner die Werteinbußen (Disagios) und Transaktionskosten sind, die der Veräußerer bei der Liquidisierung dieser Güter hinnehmen muss.

Eine Charakterisierung von Vermögensgegenständen, geordnet nach fallender Liquidierbarkeit (Liquiditätsgrad), könnte etwa aussehen wie in Abbildung 3.1.

---

[6] Vgl. Veit (1966), S. 30–42.

Vermögensgegenstände geordnet nach steigender Liquidierbarkeit (Liquiditätsgrad)

Liquidierbarkeit ↑

a. Bargeld
b. Guthaben bei der Zentralbank
c. Sichtguthaben bei Geschäftsbanken
d. Terminguthaben bei Geschäftsbanken
e. Sparguthaben bei Geschäftsbanken
f. zentralbankfähige Wechsel
g. nicht zentralbankfähige Wechsel
h. Wertpapiere, im amtlichen Börsenverkehr gehandelt
i. Wertpapiere, im Freiverkehr gehandelt
j. Forderungen, verkaufsreife Waren
k. durch Hypotheken, Grundschulden gesicherte Ansprüche
l. unbebaute Grundstücke
m. bebaute Grundstücke
n. Halbfabrikate, nicht marktgängig
o. maschinelle Anlagen etc.

Abbildung 3.1: Vermögensgegenstände nach Liquidierbarkeit

3.2.3 Verliehene Liquidität

Die Liquidität eines Unternehmens kann durch Beleihung beeinflusst werden: Vorhandene Güterbestände können bei Kreditinstituten beliehen werden. Die Liquidität eines Unternehmens hängt insoweit auch von der *Beleihbarkeit* seiner Vermögensgegenstände und der Beleihungsbereitschaft der Kreditinstitute ab. Stützel bezeichnet dies als «verliehene Liquidität»[7]; es liegt eine von der originären Liquiditätsquelle «Vermögensgegenstand» *abgeleitete* Form der Liquiditätsgewinnung vor.

Die Liquiditätsgewinnung durch Beleihung hat prinzipielle Vorteile. Zunächst muss der beliehene Vermögensgegenstand nicht veräußert werden. Je nach Art der vereinbarten Besicherungsform kann der Eigentümer den Vermögensgegenstand i. d. R. weiterhin nutzen. Für Güter relativ niedrigen Liquiditätsgrades gilt, dass sie nicht schnell veräußerbar sind und dass bei Veräußerung hohe Werteinbußen eintreten. Ist Beleihungsfähigkeit gegeben, können liquide Mittel schnell und ohne Werteinbuße (Disagio), aber unter Inkaufnahme von Zinsen beschafft werden. Allerdings wenden Kreditinstitute *Beleihungsgrenzen* an: Die Beleihungsgrenze wird sich am potenziellen Veräußerungserlös des Vermögensgegenstandes ausrichten. Weil Banken die relevanten Absatzmärkte häufig nicht intensiv kennen und Schwankungen des Veräußerungserlöses nicht auszuschließen sind, setzen sie die Beleihungsgrenzen vorsichtig an. Der durch Beleihung beschaffbare Geldbetrag ist deshalb i. d. R. niedriger als der bei Verkauf erzielbare.

Die beiden Determinanten Liquidität – die güterwirtschaftliche und die «verliehene» Liquidität – sind nicht additiv zu verstehen. Liquiditätsgewinnung durch Veräußerungsfähigkeit von Vermögensgütern setzt deren Veräußerung voraus. Liquidität durch Beleihbarkeit kann deshalb nur an die Stelle der güterwirtschaftlichen Liquidität treten. Ein Vermögensgegenstand kann zu Zwecken der Geldbeschaffung *entweder* veräußert *oder* beliehen werden. Beides zugleich ist ohne Konflikt mit Rechtsnormen nicht möglich.

---

[7] Vgl. Stützel (1975), Sp. 2519.

3.2.4 Zukünftige Liquidität

Die Beurteilung der Liquidität eines Unternehmens anhand der güterwirtschaftlichen Liquidität seiner Vermögensgegenstände bzw. deren Beleihbarkeit ist einseitig. Unternehmen werden gegründet, damit sie finanzielle Überschüsse (Nettoeinzahlungen, Einkommen) erzielen. Diese Überschüsse erzielen Eigentümer i. d. R. nicht dadurch, dass sie die gesamten Aktiven des Unternehmens *einzeln* veräußern, sondern durch einen Kombinationsprozess, in dem Produkte und Dienstleistungen erstellt und mit Erfolg am Markt abgesetzt werden. Die zukünftige Liquidität eines Unternehmens hängt somit von seiner Fähigkeit ab, finanzielle Überschüsse zu erzielen.

Instrument zur Messung der zukünftigen Liquidität ist u. a. der *Finanzplan,* der nachfolgend näher dargestellt wird. In einem Finanzplan werden die im Planungszeitpunkt bereits bekannten bzw. erwarteten künftigen Ein- und Auszahlungen des Unternehmens gegenübergestellt. Die wichtigsten Einzahlungen sind Umsatz-, Zins-, Mieteinzahlungen, erhaltene Dividenden und Tilgungen, Verkaufserlöse für Gegenstände des Anlagevermögens etc. Die wichtigsten Auszahlungen sind Lohn- und Gehaltszahlungen, Zinsen, Tilgungen, Leasingraten, Zahlungen für Roh-, Hilfs- und Betriebsstoffe, Energie, Steuerzahlungen, Auszahlungen für Investitionen und Dividenden.

3.2.5 Antizipierte Liquidität

Auch künftige Überschüsse (Gewinne, Nettoeinzahlungen) können durch Kreditinstitute *beliehen* werden: Eine Bank stellt einen Kredit ohne Besicherung durch vorhandene Güterbestände zur Verfügung im Vertrauen auf die künftigen Nettoeinzahlungen, die künftige Liquidität des Unternehmens.

Beleihungen künftigen Einkommens (künftiger Nettoeinzahlungen) bedeuten Bereitstellung von finanziellen Mitteln *jetzt* gegen das Versprechen des Schuldners, Zins- und Tilgungsraten in *Zukunft* pünktlich und betragsgenau zu leisten. Für die beleihenden Institute (Banken) stellt sich damit das Problem der Prüfung der künftigen Zahlungsfähigkeit von Kreditnehmern *(Kreditwürdigkeitsprüfung).* Wegen der besonderen Probleme bei der Prognose künftiger Nettoeinzahlungen ist zu vermuten, dass Banken die Beleihungsgrenzen auch hier «vorsichtig» ansetzen.

Zwischen zukünftiger Liquidität durch Erzielung von Nettoeinzahlungen und deren Beleihbarkeit besteht eine leicht erkennbare Beziehung. Ein Investor, der künftige Nettoeinzahlungen erwartet, muss die Realisierung dieser Nettoeinzahlungen abwarten, ehe er den Mittelzufluss oder den Wiederanlageerfolg hat. Beleiht eine Bank diese künftigen Nettoeinzahlungen, kann der Investor den Mittelzufluss in Höhe des Kredites sofort haben, allerdings gegen Entrichtung eines Zinses. *Beleihung* ist gleichbedeutend *mit Antizipation künftiger Einzahlungen*: Der Kreditnehmer «verkauft» künftige Nettoeinzahlungen an den Kreditgeber unter Vereinbarung eines Preises, den Zins.

3.2.6 Zwischenergebnis

Ein Unternehmen wird als liquide oder zahlungsfähig angesehen, wenn sein Zahlungsvermögen ausreicht, um seinen Zahlungsverpflichtungen jetzt und in zukünftigen Zeitpunkten nachzukommen. Von Bedeutung ist dabei die Frage, von welchen Faktoren das Zahlungsvermögen eines Unternehmens abhängt. Zwei Faktoren sind hierfür ausschlaggebend: (1) die Menge an Vermögensgütern, über die das Unternehmen im Zeitpunkt t verfügen kann, um Liquidität (Geld) zu beschaffen; (2) die Nettoeinzahlungen (finanziellen Überschüsse), die das Unternehmen in Zukunft erzielen kann. Die Liquiditätsbeschaffung auf dem Weg (1) beruht auf der güterwirtschaftlichen Liquidität der vorhandenen Vermögensgegenstände; die Liquiditätsbeschaffung gemäß (2) baut auf der Erzielung von finanziellen Überschüssen auf.

Kreditgewährung durch Gläubiger kann in beiden Fällen an die Stelle der **originären** Liquiditätsbeschaffung über Weg (1) bzw. (2) treten. Im ersten Fall beleihen Gläubiger vorhandene Vermögensgegenstände, wodurch der Verkauf dieser Gegenstände umgangen werden kann. Im zweiten Fall beleihen Gläubiger künftige Nettoeinzahlungen (Einkommen), wodurch das Warten auf dieses Einkommen vermieden werden kann.

Abbildung 3.2 stellt die Ergebnisse zusammen:

	Vermögensgegenstände	Überschüsse
originäre Liquiditätsquellen	**güterwirtschaftliche Liquidität** Welchen Geldbetrag könnte man erzielen, wenn man jeden Vermögensgegenstand des Unternehmens einzeln veräußerte?	**zukünftige Liquidität** Welche Einzahlungen (Geldbeträge) kann man in künftigen Perioden erzielen, wenn man den „Betriebszweck" des Unternehmens verfolgt, d.h. Güter und/oder Dienstleistungen erstellt und absetzt?
derivative (abgeleitete) Liquiditätsquellen	**verliehene Liquidität** Welchen Geldbetrag könnte man erzielen, wenn man [alle] Vermögensgegenstände des Unternehmens beleihen würde, soweit Kreditgeber zu einer solchen Beleihung bereit sind?	**antizipierte Liquidität** Welchen Geldbetrag könnte man erzielen, wenn man [alle] künftigen Nettoeinzahlungen des Unternehmens beleihen würde? Was ist der maximale Kreditbetrag, den Gläubiger im Gegenzug gegen die Abtretung aller künftigen Überschüsse heute zur Verfügung stellen?

Abbildung 3.2: Bestimmungsgrößen der Liquidität

Die oben unterschiedenen Sichtweisen auf die Bestimmungsgrößen der Liquidität sind verknüpft mit Konzeptionen über den **Wert** des Unternehmens. Abbildung 3.3 erläutert dies:

Kapitalgebersicht	Wert des Unternehmens aus güterwirtschaftlicher Sicht: Summe der Veräußerungserlöse aller Vermögensgegenstände	Wert des Unternehmens aus Sicht der „zukünftigen Liquidität": Barwert der künftigen Nettoeinzahlungen (=BKW)
	= Wert des Unternehmens bei *Liquidation*	= Wert des Unternehmens bei *Fortführung*
Sicht potenzieller Beleiher (Kreditinstitute)	Wert des Unternehmen aus Sicht der verliehenen Liquidität: Wie viel Kredit geben Kreditinstitute für die Zugriffsrechte auf alle Vermögensgegenstände? = *Beleihungsvolumen* der Vermögensgegenstände (assets)	Wert des Unternehmens aus Sicht der „zukünftigen Liquidität": Wieviel Kredit gewähren Kreditinstitute gestützt auf erwartete Nettoeinzahlungen? = *Beleihungsvolumen* künftiger Überschüsse

Abbildung 3.3: Verschiedene Sichtweisen auf den Wert des Unternehmens

3.3 Darstellung der Liquiditätslage durch Bilanzen

Dieser Abschnitt 3.3 erläutert verschiedene Bilanzkonzeptionen und ihre ganz unterschiedlich ausgeprägte Fähigkeit, Liquidität zu messen. Wir unterscheiden die theoretische Bilanz, die Liquidationsbilanz und die den im HGB verankerten Prinzipien entsprechende Fortführungsbilanz oder Handelsbilanz. Dann wenden wir uns dem Begriff des Cashflows zu. Dieser schillernde Begriff muss genauer analysiert werden. Dazu sind die Beziehungen zwischen einer (bilanziellen) Aufwands- und Ertragsrechnung und einer Rechnung in Ein- und Auszahlungen zu analysieren. Dies hilft uns, weniger brauchbare Cashflow-Definitionen von brauchbareren zu trennen. Wir entwickeln dann ein planungstaugliches Cashflow-System, das zur Finanzplanung und zur -kontrolle geeignet ist. Es schafft die Verbindung zwischen Bilanz (Jahresabschluss) und Finanzplan und zeigt deutlich, wo und warum Verbindungslinien bestehen. Wir wenden das entwickelte Cashflow-System dann auf eine realistische Fallstudie an, die mit Hilfe des Systems gelöst werden kann.

3.3.1 Konzeptionen von Bilanzvermögen

Wir beginnen mit der Erörterung der Eignung von Bilanzen (Jahresabschlüssen) zur Liquiditätsmessung. Dies ist zu begründen.

Die Entstehungsgeschichte der Bilanzvorschriften zeigt, dass Messung bzw. Ausweis von Liquidität immer ein vom Gesetzgeber gewolltes Ziel der Vorschriften zur Bilanzerstellung war. Unter diesem Aspekt könnte man erwarten, in Bilanzen (Jahresabschlüssen) vereinfachte, aber geeignete Messinstrumente für die Liquidität eines Unternehmens zu haben. Die Vorläufer der Vorschriften §§ 238-245 HGB verdanken ihre Entstehung Missständen auf den Kreditmärkten: Kreditерschleichungen und -betrügereien großen Ausmaßes führten in Frankreich zum Erlass der «Ordonnance de Louis XIV pour le Commerce» vom 23. 3. 1673. Die «Ordonnance» enthielt

- Buchhaltungsvorschriften;
- Strafvorschriften: betrügerische Bankrotteure wurden mit dem Tode bestraft;
- die Aufforderung an den Kaufmann, alle zwei Jahre ein Verzeichnis seines Vermögens und seiner Schulden zu erstellen.

Diese Vorschriften waren u. a. Vorbilder des Allgemeinen Deutschen Handelsgesetzbuches (ADHGB) von 1861. Dieses wiederum war Vorbild für das HGB, das für Kapitalgesellschaften in § 264 Abs. 2 HGB verlangt, dass der Jahresabschluss unter Beachtung der Grundsätze ordnungsmäßiger Buchführung ein den tatsächlichen Verhältnissen entsprechendes Bild der Vermögens-, Finanz- und Ertragslage zu vermitteln hat.

Wie sollte eine Bilanz, die über die Liquiditätslage zuverlässig informieren soll, aufgebaut sein? Welche Bilanzkonzeption ist hier besonders leistungsstark?

Die Konzeption einer Bilanz wird festgelegt durch

- die Grundsatzentscheidung, *ob* Vermögensgegenstände einzeln anzusetzen und zu bewerten sind (**Prinzip der Einzelbewertung**) oder ob das Vermögen im Rahmen einer **Gesamtbewertung**, d. h. einer Unternehmensbewertung zu ermitteln ist,

- die Vorschriften, die regeln, *was* auf der Aktivseite und *was* auf der Passivseite *einzeln* ausgewiesen werden muss, d. h. durch die Definition der Aktiva und Passiva, wenn man sich für das Prinzip der Einzelbewertung entschieden hat («Ansatzvorschriften»),
- die Vorschriften, die regeln, *wie* Aktiva und Passiva zu bewerten sind («Bewertungsvorschriften»),
- Gliederungsvorschriften,
- sonstige Vorschriften, mit denen Positionen der Bilanz bzw. der Gewinn- und Verlustrechnung für den Bilanzleser erläutert werden.

Wir beginnen mit der theoretischen Bilanz.

3.3.2 Theoretische Bilanz

Angenommen, es bestehen Sicherheit und ein vollkommener Kapitalmarkt. Ein Unternehmen hat soeben drei Investitionsobjekte realisiert: zwei maschinelle Anlagen und eine Forschungsaktivität. Die Bruttokapitalwerte (BKW) und Anschaffungsauszahlungen (I_0) seien:

	BKW	I_0
Objekt A	500	300
Objekt B	200	150
Objekt C	100	80
Summe	800	530

Die für die theoretische Bilanz geltenden Ansatz- und Bewertungsvorschriften seien:

- Jeder Vermögensgegenstand, dem Nettoeinzahlungen zurechenbar sind, muss aktiviert werden.
- Die Bewertung des Vermögensgegenstandes erfolgt nicht zu den Anschaffungskosten, sondern zum Barwert der Nettoeinzahlungen, also zum Bruttokapitalwert. Der anzuwendende Diskontierungssatz wird vorgegeben.
- Liquide Mittel werden zum Nominalwert angesetzt.
- Börsengängige Wertpapiere werden zum Marktwert angesetzt.
- Vertraglich fixierte Zahlungsansprüche von Gläubigern werden zum Barwert angesetzt.
- Residualzahlungen der Eigentümer werden zum Barwert angesetzt.

Alle drei Projekte sind vorteilhaft. Die Anschaffungsauszahlungen wurden in Höhe von 500 durch Gläubiger finanziert. Zieht das Unternehmen Bilanz und bewertet es die Vermögensgegenstände mit dem *Bruttokapitalwert,* ist die Bilanzsumme gemäß den unten ausgewiesenen Nettoeinzahlungen 800. Die «Schulden» sind 500 (F_0); das Eigenkapital (= der Wert des Eigenkapitals) ist 300 (E_0), obwohl die Eigentümer an den gesamten Anschaffungsauszahlungen nur 30 finanziert haben.

Was zeigt diese Bilanz?

- Weil das Unternehmen nur diese drei Projekte besitzt und weil die Bruttokapitalwerte alle künftigen, den Projekten zurechenbaren Nettoeinzahlungen abbilden bzw.

enthalten, entspricht die Bilanzsumme von 800 dem Unternehmensgesamtwert. Ein rationaler Investor könnte für das Unternehmen gerade 800 bezahlen, ohne die eigene ökonomische Position zu verändern.

- Dieser Unternehmensgesamtwert ist gleich dem Marktwert des Unternehmens, ebenso wie die Bruttokapitalwerte identisch mit den Marktwerten der Projekte sind: *Jeder* Investor würde bei gleichen Erwartungen höchstens 800 für das Unternehmen bezahlen.
- Die Bilanz zeigt auch, dass das Unternehmen liquide ist: Schulden in Höhe von F_0 = 500 stehen künftige Einzahlungen gegenüber, die heute 800 wert sind. Das Unternehmen kann nicht illiquide werden. Selbst wenn in einer Periode eine Zahlungsstockung eintreten sollte, findet das Unternehmen immer Kapitalgeber, an die es künftige Zahlungen abtreten kann, solange der Wert der Einzahlungen höher ist als die Schulden.

Wir haben somit eine Bilanz vor uns, die den Gesamtwert des Unternehmens und die künftige Liquidität des Unternehmens fehlerfrei misst. Liquiditätsmessung per Bilanz ist also möglich.

Betrachten wir die Berechnung der einzelnen Werte. Die den Investitionsprojekten A, B, C zurechenbaren Ein- und Auszahlungen seien:

	0	1	2	3	4	5
A	– 300	131,90	131,90	131,90	131,90	131,90
B	– 150	50,00	50,00	50,00	50,00	66,85
C	– 80	–	–	60,00	80,41	–
	– 530	181,90	181,90	241,90	262,31	198,75

Auf einem vollkommenen Kapitalmarkt berechnen sich bei einem Zinssatz von i = 10 % die angegebenen Bruttokapitalwerte von 500, 200 und 100 für die einzelnen Projekte. Gläubiger haben einen Finanzierungsbeitrag von 500 geleistet. Wir wollen annehmen, dass die Laufzeit des Kreditvertrages 5 Jahre beträgt, der Vertragszinssatz 10 % ist und Zinsen und Tilgungen in Annuitäten[8] in Höhe von 131,90 pro Periode geleistet werden. Die Zahlungen an Gläubiger sehen demnach so aus:

	0	1	2	3	4	5
Betrag des Fremdkapitals	500	418,10	328,01	228,91	119,90	–
Zinszahlung		50,00	41,81	32,80	22,89	11,99
Tilgung		81,90	90,09	99,10	109,01	119,91
zu leistende Annuität		131,90	131,90	131,90	131,90	131,90

Der Finanzierungsbeitrag der Eigentümer im Zeitpunkt 0 beträgt 30; die den Eigentümern zustehenden Residualzahlungen ergeben sich aus der folgenden Aufstellung:

8 $\text{Annuität} = \text{Kreditsumme} \cdot \frac{i \cdot (1+i)^n}{(1+i)^n - 1}$

	0	1	2	3	4	5
Finanzierungsbeitrag der Eigentümer	–30					
Einzahlungen der Projekte A, B, C		181,90	181,90	241,90	262,31	198,75
vertragliche Zahlungen an Gläubiger		–131,90	–131,90	–131,90	–131,90	–131,90
den Eigentümern zustehende Zahlungen		50,00	50,00	110,00	130,41	66,85

Der Wert der Eigentumsrechte im Zeitpunkt 0 ist somit 300. Dies ist der ökonomische Wert des Eigenkapitals.

Nun betrachten wir die theoretischen Bilanzen am Ende der Perioden 1, 2 und 3. Wir erhalten:

Periode 1			
A	418,1[1)]	Wert des	
B	170,0[1)]	Eigenkapitals	280,0
C	110,0[1)]	Fremdkapitals	418,1[2)]
	698,1		698,1

Periode 2			
A	328,0	Wert des	
B	137,0	Eigenkapitals	258,0
C	121,0	Fremdkapitals	328,0
	586,0		586,0

Periode 3			
A	228,9	Wert des	
B	100,7	Eigenkapitals	173,8
C	73,1	Fremdkapitals	228,9
	402,7		402,7

1) Barwert der den Projekten A, B und C zugerechneten Einzahlungen der Zeitpunkte 2, 3, 4 und 5, diskontiert mit i = 0,10 auf den Zeitpunkt 1.

2) Barwert der in 2, 3, 4 und 5 noch zu erbringenden Zahlungen an die Gläubiger, diskontiert mit i = 0,10 auf den Zeitpunkt 1.

Warum sinkt der Unternehmensgesamtwert im Zeitpunkt 1? Das Unternehmen schüttet im Zeitpunkt 1 Mittel aus: Es leistet an die Gläubiger eine Zahlung in Höhe von 131,90 (50 als Zinszahlung und 81,90 als Tilgung). Es schüttet zudem eine Dividende von 50 an die Eigentümer aus. Nach der Ausschüttung ist das Unternehmen weniger wert. Noch immer zeigen die Bilanzsummen den richtigen Unternehmensgesamtwert in den Zeitpunkten 1, 2, 3; noch immer kann man klar erkennen, dass das Unternehmen liquide ist.

Ist die theoretische Bilanz eine Bilanz, die wir auch in der Realität antreffen? Neuere Konzeptionen der Rechnungslegung – wie IAS, US-GAAP[9] – setzen verstärkt auf den Ansatz von unten zu erläuternden «fair values», die ggf. mit Bruttokapitalwerten gleichgesetzt werden können.

3.3.3 Exkurs: Spielregeln der theoretischen Bilanz in der Rechnungslegung nach US-GAAP

Es wäre nicht zutreffend, wenn der Leser des Buches den Eindruck gewänne, dass die für die theoretische Bilanz geltenden Bewertungsvorschriften für die Jahresabschlüsse in der Realität allenfalls marginale Bedeutung hätten. Für eine Aufwertung der Idee, Vermögensgegenstände zum Barwert zurechenbarer Nettoeinzahlungen (oder Cashflows) anzusetzen, hat insbesondere die amerikanische Rechnungslegung für börsennotierte Gesellschaften gesorgt. Einige der dort vorgeschriebenen und in europäische Regelungen (IFRS[10]) übernommenen Regeln sollen hier dargestellt werden. Zwei Zwecke werden mit dieser Darstellung verfolgt: Zum einen soll die Nähe der Vorschriften zur Bewertungsvorschrift für Aktiva, die für die theoretische Bilanz gilt, unterstrichen werden; zum anderen soll angedeutet werden, warum die Implementierung einer am Ideal der theoretischen Bilanz orientierten Bewertungsvorschrift für prinzipiell abnutzbare Vermögensgegenstände in der Realität auf erhebliche Schwierigkeiten stößt.

Wenn im Folgenden über US-amerikanische «generally accepted accounting principles», also US-GAAP, gesprochen wird, dann muss beachtet werden, dass diese Prinzipien nur für in den USA börsennotierte, der Wertpapieraufsicht der SEC (securities exchange commission) unterliegende Kapitalgesellschaften gelten. Die zentrale Aufgabe der Rechnungslegung gemäß US-GAAP wird denn auch in der Bereitstellung geeigneter Informationen für externe Kapitalgeber gesehen, um diesen begründete Kauf- und Verkaufsentscheidungen über Anteile bzw. Wertpapiere zu ermöglichen: «decision usefulness» ist wichtig. Der Unterschied zur Zwecksetzung der Rechnungslegung i. S. d. HGB ist somit groß: Der handelsrechtliche Jahresabschluss für Kapitalgesellschaften gemäß HGB dient in erster Linie der Ermittlung des Betrages, der maximal an die Eigner ausgeschüttet werden könnte (Jahresüberschuss) bzw. des Betrages, dessen Ausschüttung die Anteilseigner verlangen könnten (Bilanzgewinn). Die Ausschüttungsbemessung ist vorrangig. An zweiter Stelle folgt der Zweck der Informationsvermittlung, ein Aspekt, der durch das Gesetz zur Modernisierung des Bilanzrechts in 2009 gestärkt worden ist. Für die Erstellung des Jahresabschlusses nach US-GAAP spielt die Ermittlung eines ausschüttungsfähigen Betrages gar keine Rolle: Der Normengeber sieht es nicht als seine Aufgabe an, ausschüttungsfähige Beträge zu definieren. Ausschüttungsbegrenzungen werden von Kreditgebern daher in Kreditverträgen verankert.

Wenn die Ermittlung eines ausschüttungsfähigen Betrages keine Aufgabe der periodischen Rechnungslegung ist, dann ist die Konzeption eines allein der Informationsvermittlung verpflichteten Jahresabschlusses von vielen Restriktionen befreit. Der Gesetz-

---

[9] International accounting standards, United States generally accepted accounting principles.

[10] International financial reporting standards.

geber könnte m. a. W. befreit aufspielen, um dem Anleger oder Gläubiger die Informationen zu bieten, die er braucht, um die Performance der abgelaufenen Periode einzuschätzen, Erwartungen über die Zukunft zu bilden, das Management zu entlasten, eine vom Management vorgeschlagene Kapitalerhöhung durch Ausgabe neuer Aktien ggf. abzulehnen, Anteile zu verkaufen oder weitere zu kaufen, Kredite zu verlängern oder zu kündigen.

Wir starten mit der Vorschrift zur Bewertung des **Goodwills**, der im Falle von Käufen dritter Unternehmen i. d. R. resultiert. Goodwill sei definiert als der Unterschiedsbetrag zwischen dem Kaufpreis P, der für die Eigentumsrechte bezahlt wurde, und der Summe der Einzelwerte der erworbenen Vermögensgegenstände abzüglich der übernommenen Schulden. Unternehmen 1 erwirbt die Eigentumsrechte an Unternehmen 2 zum Preis P = 4.000. Unternehmen 2 verfügt über Vermögensgegenstände mit einem Buchwert von 5.000 und über **Verbindlichkeiten** von 2.700. Unternehmen 1 übernimmt auch diese Verbindlichkeiten. Das buchmäßige Eigenkapital beträgt 2.300; Unternehmen U_1 bezahlt somit einen Preis P, der das buchmäßige Eigenkapital um 1.700 übersteigt. Dies ist ein (derivativer) Goodwill. Dieser Goodwill ist gemäß Statement of Financial Accounting Standard (FAS) No. 141 beim erwerbenden Unternehmen zu aktivieren. Man kann den Sachverhalt so interpretieren: Das erwerbende Unternehmen 1 veranschlagt den Bruttokapitalwert der finanziellen Überschüsse, die den Eigentümern des Unternehmens 2 zufließen werden, mindestens auf einen Betrag, der größer bzw. gleich P ist, also das buchmäßige Eigenkapital übersteigt. Aus diesem Grund ist es bereit, den Preis P für die Eigentumsrechte zu entrichten, der den Buchwert des Eigenkapitals übersteigt. Wird das erwerbende Unternehmen verpflichtet, die Differenz als Goodwill auszuweisen, ist es im Ergebnis gezwungen, die gesamten Anschaffungskosten der Eigentumsrechte für Unternehmen 2 auszuweisen. Dass hinter Preis P, den das Unternehmen 1 entrichtet, bei rationalem Verhalten ein Barwertkalkül des Erwerbers steht, ist zunächst nicht entscheidend, aber zugleich zutreffend.

Interessant ist nun, wie der Vermögensgegenstand Goodwill in den Folgeperioden gemäß US-GAAP zu bewerten ist. Das deutsche HGB sieht vor, dass der erworbene Geschäfts- oder Firmenwert (= Goodwill) planmäßig auf die Geschäftsjahre verteilt wird, in denen er voraussichtlich genutzt werden kann (§ 253 Abs. 3 Satz 1 und 2 HGB). Bei dieser Vorschrift ist jedoch ganz unklar, über welche Zeitspanne ein bezahlter Goodwill «genutzt» werden wird. Theoretisch ist der Wert des Goodwills «abgenutzt», also Null, wenn der Wert des Eigenkapitals auf den Buchwert des Eigenkapitals gefallen ist. Wann das sein wird, weiß im Zeitpunkt des Erwerbes des Unternehmens eigentlich niemand. Vielmehr hofft der Erwerber, dass dieses Ereignis nie eintritt, denn es bedeutete, dass er, der Erwerber, die Performance-Stärke, die das erworbene Unternehmen im Zeitpunkt des Erwerbs hatte, nicht hat erhalten können, weshalb der Wert des Eigenkapitals E_t auf den niedrigeren Buchwert des Eigenkapitals E_t^{BW} sinkt. Diesem Umstand trägt § 253 Abs. 3 Satz 3 HGB nun Rechnung, indem «bei voraussichtlich dauernder Wertminderung außerplanmäßige Abschreibungen vorzunehmen (sind, JD und SL), um diese mit dem niedrigeren Wert anzusetzen, der ihnen am Abschlussstichtag beizulegen ist.» Für den Goodwill gilt jedoch ein Zuschreibungsverbot (§ 253 Abs. 5 Satz 2 HGB).

Der amerikanische Financial Accounting Standard Board (FASB) hat über den Kern des «goodwill» schon früher nachgedacht: Er sieht zwei Gründe als entscheidend für das Entstehen von Goodwill an: (1) das zu erwerbende Unternehmen erzielt durch die gewählte Kombination von Produktionsfaktoren und die organisatorische Gestaltung höhere Renditen als man sie bei Nachbildung des Unternehmens erzielen könnte; (2) es resultieren Synergieeffekte aus der Kombination des zu erwerbenden Unternehmens mit dem erwerbenden Unternehmen. Beide Argumente machen gemäß FASB den Kern des Goodwill (core goodwill) aus. Weil der Goodwill künftig erwartete Nettoeinzahlungen (future economic benefits) reflektiert, weil das erwerbende Unternehmen Zugriff auf diese Nettoeinzahlungen (benefits) hat und weil die Kosten des Erwerbs messbar sind, wird der asset-Charakter des Goodwills bejaht; die Aktivierungspflicht des Goodwill ist die Folge.

Damit ist der Einstieg in die Folgebewertung des Goodwills vorgezeichnet: Abgeschrieben werden muss der Goodwill dann, wenn er im Wert gefallen ist. Wertsteigerungen des Goodwills dürfen durch Zuschreibungen nicht erfasst werden, weil ansonsten die an den Erwerb der Vermögensgegenstände gebundene Aktivierung überhaupt aufgegeben werden könnte. Eine Abschreibungsregel für den Goodwill eines früher erworbenen Unternehmens setzt ein Verfahren zur periodischen Bewertung des Goodwills voraus. Die Abschreibung auf den Goodwill (GW) in Periode t hätte dem Ausdruck

$Ab_t(GW) = \max \{0, GW_{t-1} - GW_t\}$ zu entsprechen.

Nun ist der Goodwill eine Restgröße: Hat man eine Vorstellung vom Wert des Eigenkapitals, E_t, und kennt man den Buchwert des Eigenkapitals E_t^{BW}, kann man GW_t definieren als $GW_t = E_t - E_t^{BW}$. Da der Buchwert des Eigenkapitals der Differenz zwischen dem Buchwert aller Vermögensgegenstände ohne Goodwill, V_t^{BW}, und dem Buchwert der Verbindlichkeiten, F_t^{BW}, entspricht, kann man den Goodwill definieren durch $GW_t = E_t - (V_t^{BW} - F_t^{BW})$. An die Stelle des im Erwerbszeitpunkt gezahlten Preises P tritt nun der Wert, den man im Bewertungszeitpunkt t für die Eigentumsrechte des Unternehmens 2 maximal bezahlen könnte; hier wird dann über fiktive oder simulierte Preise geredet. Im deutschen Schrifttum wird dies als Grenzpreis bezeichnet.

Diese Form der Bewertung des Goodwills zu den Zeitpunkten t - 1 bzw. t entspräche vollständig den Bewertungsregeln der theoretischen Bilanz: Man kennt GW_t nur, wenn man zuvor den Wert des Eigenkapitals E_t (und die Buchwerte V_t^{BW} und F_t^{BW}) ermittelt. Der Wert des Eigenkapitals E_t ist ein investitionstheoretisch zu ermittelnder Wert, nämlich der Barwert der künftigen, an die Eigentümer fließenden Nettoeinzahlungen.

Nun ist die Ermittlung von GW_{t-1} und GW_t nicht einfach:

(1) Man benötigt ein brauchbares Bewertungsverfahren für E_t, das auch bei Unsicherheit verlässliche Werte liefert.

(2) Die Werte V_t^{BW} und F_t^{BW} verändern sich in der Zeit durch Neuinvestitionen, Abschreibungen, Tilgungen und Neuaufnahmen von Fremdkapital. Neuinvestitionen erhöhen V_t^{BW} im Vergleich zur Vorperiode; Abschreibungen senken V_t^{BW}. Ebenso senken Tilgungen den Fremdkapitalbestand F_t^{BW} im Vergleich zum Wertansatz in t - 1. Diese Maßnahmen haben ggf. Rückwirkungen auf E_t, auf jeden Fall aber auf die Differenz $V_t^{BW} - F_t^{BW}$ und damit auf die Abschreibung Ab_t (GW). Wie sind diese Rückwirkungen einzuschätzen?

Wir betrachten ein Beispiel: Die Eigentümer des erwerbenden Unternehmens 1 schätzen im Erwerbszeitpunkt die entziehbaren Überschüsse des Unternehmens 2, nachdem dieses in Unternehmen 1 integriert ist, wie folgt ein:

		1	2	3	4	5	6 ff.
(1)	Umsatzerlöse	4.000	4.200	4.400	4.500	4.500	4.500
(2)	Betriebliche Aufwendungen	2.640	2.772	2.904	2.970	2.970	2.970
(3)	Abschreibungen	500	550	600	650	700	840
(4)	Zinsaufwendungen	216	216	216	216	216	216
(5)	Reinvestitionen	600	660	720	780	840	840
(6)	Tilgungen	–	–	–	–	–	–
(7)	Ausschüttungen (7) = (1) - (2) - (4) - (5) - (6)	544	552	560	534	474	474

Fremdkapital kostet 8 %; die Eigentümer rechnen mit einer erwarteten Alternativrendite von 12 %. Der Bruttokapitalwert der Zahlungsreihe in Zeile (7) beträgt dann 4.174.[11] Vor diesem Hintergrund kommt nach Verhandlungen der oben schon genannte Preis von P_0 = 4.000 zustande. Unternehmen 1 übernimmt im Zeitpunkt 0 Vermögensgegenstände zum Buchwert von 5.000 (= V_0^{BW}) und Verbindlichkeiten zum Buchwert von 2.700 (= F_0^{BW}). Der im Zeitpunkt 0 zu aktivierende Goodwill beträgt $P_0 - (V_0^{BW} - F_0^{BW}) = 1.700$.

Nun sei angenommen, dass Unternehmen 1 das erworbene Unternehmen als eigenständige Geschäftseinheit weiterführe. Wie hoch ist der Goodwill am Ende der Periode 1? Wie hoch ist die Abschreibung auf den Goodwill in Periode 1? Der Buchwert des Vermögens in t = 1 beträgt gemäß den Planungen in der Tabelle 5.000 – 500 + 600 = 5.100; F_1^{BW} ist unverändert 2.700. Der Barwert der unveränderten Ausschüttungen im Zeitpunkt t = 1 (*nach* Ausschüttung von 544) beträgt E_1 = 4.130,9. Der Goodwill in t = 1 ist demnach

$$GW_1 = E_1 - (V_1^{BW} - F_1^{BW}) = 4.130{,}9 - (5.100 - 2.700) = 1.730{,}9.$$

GW_1 ist somit größer als GW_0 = 1.700. Es findet folglich **keine** Abschreibung auf den Goodwill statt; auch eine Zuschreibung unterbleibt, weil sie nicht zulässig ist. Das Bilanzvermögen der neuen Geschäftseinheit wird somit mit $V_1^{BW} + GW_0 = 5.100 + 1.700 = 6.800$ ausgewiesen. Nach Abzug von $F_1^{BW} = 2.700$ folgt ein Eigenkapitalausweis von 4.100, der – ausgelöst durch die nicht zulässige Zuschreibung beim Goodwill – im Vergleich zum investitionstheoretisch richtigen Wert von 4.130,9 etwas zu klein ist, aber dennoch nahe am Wert des Eigenkapitals liegt.

Betrachten wir den Goodwill am Ende der Periode 2: Der Wert des Eigenkapitals nach Ausschüttung von 552 ist E_2 = 4.074,6. Der Buchwert des Vermögens V_2^{BW} beträgt 5.210; F_2^{BW} = 2.700. Daraus folgt ein Goodwill GW_2 in Höhe von 1.584,6. Eine Goodwillabschreibung in Höhe von $Ab_2(GW)$ = 1.700 – 1.584,6 = 135,4 ist die Folge. Der Vermögensausweis der neuen Geschäftseinheit am Ende der Periode 2 sieht somit so aus:

---

[11] $4.174 = 544 \cdot 1{,}12^{-1} + 552 \cdot 1{,}12^{-2} + 560 \cdot 1{,}12^{-3} + (534 + 474/0{,}12) \cdot 1{,}12^{-4}$

Goodwill	1.564,6	Eigenkapital	4.074,6
Bilanzvermögen	5.210,0	Fremdkapital	2.700,0
Summe	6.774,6	Summe	6.774,6

Der investitionstheoretische Wert des Eigenkapitals wird nunmehr wieder korrekt ausgewiesen.

Nun soll entgegen der ursprünglichen Planung der Fremdkapitalbestand im Zeitpunkt 3 gesenkt werden. Die neue Geschäftseinheit tilge in Periode 3 Fremdkapital im Umfang von T_3 = 300. Die folgende Tabelle zeigt die Ausschüttungen für die Perioden 3 bis 6 ff., wenn alle anderen Annahmen unverändert bleiben.

		1	2	3	4	5	6 ff.
(1)	Umsatzerlöse			4.400	4.500	4.500	4.500
(2)	Betriebliche Aufwendungen			2.904	2.970	2.970	2.970
(3)	Abschreibungen			600	650	700	840
(4)	Zinsaufwendungen			216	192	192	192
(5)	Reinvestitionen			720	780	840	840
(6)	Tilgungen			300	–	–	–
(7)	Ausschüttungen			260	558	498	498

Nach der Ausschüttung von 260 im Zeitpunkt 3 beträgt der Wert des Eigenkapitals E_3 = 4.203,6. Der Buchwert aller Vermögensgegenstände am Ende der Periode 3 ergibt sich aus Anfangsbestand (5.000) zuzüglich aller Reinvestitionen (1.990) abzüglich der verrechneten Abschreibungen (1.650). V_3^{BW} ist somit 5.330. F_3^{BW} = 2.700 – 300 = 2.400. Der Goodwill GW_3 hat somit einen Wert von 4.203,6 – (5.330 – 2.400) = 1.273,6. Wie gezeigt, ist GW_1 = 1.700. Am Ende der Periode 2 erfolgte eine Goodwillabschreibung in Höhe von 135,4. Am Ende der Periode 3 ist der Goodwill erneut um einen Betrag von 291 abzuwerten:

Goodwill	1.273,6	Eigenkapital	4.203,6
Bilanzvermögen	5.330,0	Fremdkapital	2.400,0
Summe	6.603,6	Summe	6.603,6

Im Ergebnis erfüllt der beim Erwerb eines Unternehmens bezahlte Aufpreis auf das bilanziell bewertete Nettovermögen die Funktion, die Differenz zwischen Preis und Buchwert des Eigenkapitals in jeder Periode auszugleichen. Diese Funktionserfüllung wird im Beispiel allerdings gehemmt durch das Verbot, Zuschreibungen zum Goodwill vorzunehmen. Ansonsten besorgt die Regelung in der hier interpretierten Weise und unter den unterstellten Annahmen eine dem Unternehmenswert sehr nahe kommende Abbildung des Vermögens des Unternehmens. Dies ist die gute Seite der Regelung.

Aus mehreren Gründen kann man bei diesem erfreulichen Ereignis nicht stehen bleiben. Warum dies so ist, wird jetzt erläutert. Der FASB geht davon aus, dass das erworbene Unternehmen nicht als solches weitergeführt wird. «Accounting entities usually integrate acquired entities into their operations».[12] Das bedeutet, dass die Vermögensgegenstände und Schulden und somit auch der Goodwill auf die Unternehmensteile des zu erwerbenden Unternehmens zu übertragen sind, «into which an acquired entity is integrated». Diese Einheiten heißen «Reporting Units»; Bedingung ist, dass diese Reporting Units «constitute a business for which discrete financial information is available». Der einfachste Fall einer Zuordnung wäre, wenn Vermögensgegenstände, Schulden und Goodwill des erworbenen Unternehmens 2 vollständig auf Unternehmen 1 übertragen würden.

Wie ist nun zu entscheiden, ob der aus dem Erwerb resultierende Goodwill außerplanmäßig abgeschrieben werden muss? FAS 142 schreibt hierfür ein jährlich zu wiederholendes, zweistufiges Prüfverfahren vor:[13] Auf Stufe 1 ist zu prüfen, ob der «Fair Value» der Reporting Unit (RU), das ist der *Wert* des Eigenkapitals, den Buchwert des Eigenkapitals der RU übersteigt. Trifft dies zu, erfolgt keine Abschreibung des aktivierten Goodwills. Der Impairment-Test, also die Werthaltigkeitsprüfung ist bestanden. Unterschreitet der Fair Value des Eigenkapitals den Buchwert, ist Stufe 2 des Prüfungsverfahrens in Gang zu setzen: Hier ist zu prüfen, ob der implizite Wert des Goodwills (implied fair value of reporting unit goodwill) den Buchwertansatz des Goodwills mindestens erreicht oder unterschreitet. Unterschreitet der implizite Wert des Goodwills den Buchwert, muss durch außerplanmäßige Abschreibung auf den Goodwill die Gleichheit beider Werte hergestellt werden: Der Goodwill in Höhe des Buchwertes vor Korrektur gilt als «impaired», also beeinträchtigt. Die außerplanmäßige Abschreibung stellt die Aktivierung des Goodwills zum «Fair Value» wieder her.

Das Prüfverfahren ist in Abbildung 3.4 zusammengefasst.

Stufe 1:	Ist Fair Value des Eigenkapitals der RU $\geq$ Buchwert des Eigenkapitals? Als «Fair Value» gilt «the amount at which an asset could be bought in a current transaction between willing parties». ⇓ nein	⇒ ja, kein Impairment
Stufe 2:	Ist der implizite Wert des Goodwills größer als (bzw. so groß wie) sein Buchwert? ⇓ nein	⇒ ja, kein Impairment
	Außerordentliche Abschreibung auf den Goodwill, um Buchwert dem impliziten Wert anzupassen.	

Abbildung 3.4: Zweistufiger Werthaltigkeitstest (Impairment-Test) nach US-GAAP

[12] FASB (2002), FAS 142, S. 2514.

[13] FASB (2002), FAS 142, Rz. 18–29.

Zunächst ist zu klären, wie der Fair Value der Reporting Units zu ermitteln ist. Da Marktpreise für Reporting Units in aller Regel nicht verfügbar sein werden, hält der FASB «a present value technique», also ein Barwertkalkül für die häufig beste Methode, um den Fair Value zu bestimmen.[14]

Dann ist zu klären, was der «implizite Wert des Goodwills» darstellt, der auf Stufe 2 benötigt wird. Dieser implizite Wert ist eine Residualgröße:[15] Man will auf Stufe 2 feststellen, wie hoch der genaue Wertverlust, dessen Existenz auf Stufe 1 angezeigt wurde, ist. Hierzu wird unterstellt, die Eigentumsrechte an den Reporting Units seien zum Testzeitpunkt zu einem Preis, der dem auf Stufe 1 ermittelten Fair Value entspricht, erworben worden. Die Fiktion schließt die Annahme ein, dass der Erwerber auch die Verbindlichkeiten der Reporting Units übernommen hat. Die Summe aus dem Fair Value des Eigenkapitals und dem Wert der Verbindlichkeiten, also der Unternehmensgesamtwert, ist auf die im Testzeitpunkt vorhandenen assets der Reporting Units zuzurechnen. Hierbei sind assets prinzipiell gemäß den Vorschriften zu bewerten, die im Fall eines Neuerwerbes der gesamten Reporting Units gälten; es sind die Fair-Value-Regeln der FAS 141 Ziffern 37-39. Eine positive Differenz entspricht dem impliziten Wert des Goodwills. Die Abschreibung auf den Buchwert des Goodwills stellt die Gleichheit zwischen Buchwert und impliziten Wert des Goodwills her. Sollte die Differenz Unternehmensgesamtwert minus Summe der zugerechneten Werte aller assets negativ sein, ist der Buchwert des Goodwills vollständig abzuschreiben.

Die Neubewertung der assets erfolgt nur zur Erfüllung des Zweckes des Tests auf Stufe 2. Die alten Buchwerte der assets müssen an die Werte, die im Rahmen der Neuerwerbsfiktion zugerechnet werden, also nicht angepasst werden (FAS 142, Ziff. 21.).

Hier soll nicht auf die zahlreichen Zurechnungsprobleme eingegangen werden, die der Impairment-Test aufwirft. Es soll vielmehr erläutert werden, warum die Zuordnung von Vermögensgegenständen, Verbindlichkeiten und Goodwill auf Reporting Units den Ausweis eines investitionstheoretisch richtigen Vermögens viel stärker gefährdet als das oben bereits angetroffene Aufwertungsverbot beim Goodwill.

Die Ursache ist, dass die Reporting Units, auf die Vermögensgegenstände, Verbindlichkeiten und Goodwillbestandteile des erworbenen Unternehmens 2 zugerechnet werden, (1) *eigene* originäre (positive oder negative) Goodwills unbekannter Größe im Zeitpunkt der ersten Zurechnung haben und (2) laufend Entscheidungen ab dem Zeitpunkt der Zuordnung treffen, die den eigenen und/oder den zugerechneten Goodwill beeinflussen. Damit entspricht der Eigenkapitalausweis der Reporting Units bereits im Zeitpunkt der Zuordnung nicht mehr dem investitionstheoretisch richtigen Wert und kein Bilanzleser weiß, ob der gemeinsame Goodwill der Kombination aus Reporting Units vor Zuordnung und der zugerechneten Vermögensteile positiv ist oder nicht und wie weit der *Wert* des Eigenkapitals vom Buchwert des Eigenkapitals entfernt ist. Daraus darf man den Schluss ziehen, dass ein Versuch, Unternehmensgesamtwerte (oder theoretisch korrekte Werte des Eigenkapitals) **bilanziell** auszuweisen, zum Scheitern verurteilt ist, wenn *nur für Teile* des Vermögens – hier Unternehmen 2 – gezahlte Marktpreise aktiviert werden.

---

14 FASB (2002), FAS 142, Rz. 24.

15 FASB (2002), FAS 142, Rz. 20–23.

Angenommen, der originäre, also durch Unternehmen 1 selbst geschaffene Goodwill betrüge im Zeitpunkt des Erwerbs von Unternehmen 2 2.000. Bei einem Verkauf von Unternehmen 1 unter rationalen Investoren («willing parties») wäre ein Preis für die Eigentumsrechte zu erzielen, der um 2.000 über dem Buchwert des Eigenkapitals von Unternehmen 1 liegt. Dieser Goodwill ist *nicht* aktivierungsfähig. Folglich weist das Bilanzvermögen von Unternehmen 1 vor Erwerb von Unternehmen 2 auch nicht den korrekten Unternehmensgesamtwert aus. Werden nun Vermögensgegenstände, Verbindlichkeiten und Goodwill von Unternehmen 2 auf Unternehmen 1 übertragen, ändert sich an der investitionstheoretisch falschen Darstellung des Vermögens nichts: Es wird um 2.000 zu niedrig ausgewiesen. Man kann daraus folgern, dass man das Prinzip der Bewertung, das für die theoretische Bilanz gilt, *generell*, d. h. immer und überall anwenden muss, wenn man einen begründbaren, dem Unternehmensgesamtwert nahekommenden Vermögensausweis bewirken will.

Ebenso nachteilig wirkt sich aus, dass der nicht aktivierte originäre Goodwill von Unternehmen 1 die Folgebewertung des aktivierten Goodwills des erworbenen Unternehmens 2 zu einem nicht sehr belangvollen (aber hohe Kosten verursachenden) Procedere abwertet. Führt man die Plandaten von Unternehmen 1 und Unternehmen 2 nämlich in der neuen Reporting Unit zusammen, sind Goodwill-Abschreibungen auf den aktivierten Goodwill des Unternehmens 2 erst dann möglich, wenn der originäre Goodwill, über den Unternehmen 1 (*vor* Erwerb von Unternehmen 2) verfügte, völlig verspielt (abgewirtschaftet) ist. Eine Goodwillabschreibung, die in der GuV separat auszuweisen ist, erfüllt ihre Warnfunktion gegenüber Kapitalgebern also viel zu spät, weil der nicht aktivierte originäre Goodwill von Unternehmen 1 sich wie eine Nebelbank über den erworbenen Goodwill (von Unternehmen 2) legt und den Blick auf die wahre Lage erst dann preisgibt, wenn der originäre Goodwill völlig aufgezehrt ist – der Nebel sich also lichtet – und Abschreibungen auf den aktivierten Goodwill unausweichlich werden.

3.3.4 Liquidationsbilanz

Die Konstruktionsmerkmale einer Liquidationsbilanz sind im Prinzip einfach:

- Aktivum ist jeder Vermögensgegenstand, der bezogen auf den Zeitpunkt der Bilanzerstellung einen positiven *Einzelveräußerungspreis* (EVP) hat;
- Passivum ist jede Auszahlungsverpflichtung, der das Unternehmen, würde es liquidiert, nachzukommen hätte, und das an die Eigentümer fließende Liquidationsresiduum.

Auch diese Bilanz hat praktische Bedeutung, wenn geprüft wird, ob und ggf. in welchem Umfang ein Unternehmen bei Einzelliquidation seine Schulden bedienen könnte. Ein Anwendungsfall liegt vor, wenn ein Kreditinstitut prüft, ob es seine ausgegebenen Kredite wegen drohender Zahlungsunfähigkeit des Schuldners kündigen soll und als Folge der Kündigung damit rechnen muss, dass das Vermögen des Schuldners wegen dessen Insolvenz liquidiert wird. Für das Kreditinstitut ist dann entscheidend, wie die Relation Liquidationsvermögen zu bestehenden Schulden ist und mit welcher Befriedigungsquote es selbst rechnen könnte.

Kehren wir zu unserem Beispiel aus Abschnitt 3.3.2 zurück. Wie sehen die Liquidationsbilanzen für die Zeitpunkte 1, 2 und 3 aus, wenn wir die hier benötigten Einzelveräußerungspreise für die Projekte A, B, C als bereits ermittelt unterstellen?

Periode 1			
EVP (A)	290	Eigenkapital	1,9[2)]
EVP (B)	130	Fremdkapital	418,1[1)]
EVP (C)	0		
	420		420

Periode 2			
EVP (A)	250	Eigenkapital	32
EVP (B)	110	Fremdkapital	328
EVP (C)	0		
	360		360

Periode 3			
EVP (A)	180	Eigenkapital	–
EVP (B)	40	Fremdkapital	220[3)]
EVP (C)	0		
	220		220

1) Das Fremdkapital wird in Höhe des noch zu tilgenden Auszahlungsbetrages angesetzt. Nach der Auszahlung der ersten Annuität (131,90) ist ein Teilbetrag von 81,90 getilgt: 500 – 81,90 = 418,1.

2) Der Wert des Eigenkapitals ergibt sich als Restgröße: Wert aller Aktiva (420) minus Schulden (418,1) ist gleich 1,9 (Eigenkapital).

3) Der Tilgungsanspruch der Gläubiger am Ende der Periode 3 beträgt 228,9. Bei beschränkter Haftung der Gesellschafter ist der Wert der Ansprüche der Gläubiger bei unterstellter Liquidation nur 220.

Welche Information über die Liquidität liefert die Liquidationsbilanz?

Eine Liquidationsbilanz, die als Aktiva nur einzeln veräußerbare Vermögensgegenstände ausweist und zum EVP am Abschlussstichtag bewertet und Schulden zum Nominal- bzw. Barwert ausweist, beantwortet die Frage, inwieweit das Unternehmen bei *unterstellter Liquidation* seine Schulden unter der Annahme sofortiger Fälligkeit decken könnte.

Diese Information kann zunächst für den (die) *Unternehmenseigentümer* von Bedeutung sein. Die Information lautet, dass die *güterwirtschaftliche Liquidität* der vorhandenen Vermögensgegenstände ausreicht, um die Schulden unter der Annahme der sofortigen Tilgung am Bilanzstichtag zu decken. Diese Information ist nur von sekundärer Bedeutung, wenn die Fortführung des Unternehmens über den Bilanzstichtag hinaus ökonomisch sinnvoller als eine Liquidation ist. Die von der Liquidationsbilanz gelieferte Information ist auch für *Gläubiger* von Bedeutung: Sie erhalten eine wichtige Information über die *Schuldendeckungsfähigkeit* des Schuldners bei verlangter Soforttilgung und Liquidation zum Abschlussstichtag. Wenn die zu EVP bewerteten Vermögensgegenstände des Unternehmens die Schulden übersteigen, erfahren die Gläubiger bei unterstellter sofortiger Fälligkeit aller Schulden keine Kreditausfälle. Diese Information ist für Gläubiger wichtig. Denn die zukünftige Liquidität von Unternehmen ist für

Gläubiger häufig nur unter Aufwendung von erheblichen Informationskosten abzuschätzen. Würde die güterwirtschaftliche Liquidität periodisch ausgewiesen und wäre die güterwirtschaftliche Liquidität eines Unternehmens ausreichend zur Schuldendeckung, brauchten sich die Gläubiger um die zukünftige Liquidität des Unternehmens weniger zu kümmern: Sie sparten Kontrollkosten.

Erscheint andererseits die künftige Liquidität eines Unternehmens gesichert, sind die Gläubiger an der güterwirtschaftlichen Liquidität des Unternehmens nicht vorrangig interessiert; d. h. eine von den Gläubigern als ausreichend angesehene zukünftige Liquidität des Unternehmens relativiert den Wert der Information, die eine Liquidationsbilanz geben kann. Hier sind allerdings zwei Einschränkungen zu machen: Erstens ist zu klären, woher die Informationen der Gläubiger über die ausreichende zukünftige Liquidität des Kreditnehmers in der Realität kommen sollen und wie ein entsprechendes Informationsinstrument beschaffen sein soll. Zweitens sind Gläubiger i. d. R. vorsichtig und risikoscheu. Diese Haltung ist plausibel, weil die Gläubiger keine Geschäftsführungsbefugnisse haben, weniger gut informiert sind als die kreditnehmenden Unternehmen und weil ihr Erfolg nach oben auf den Zins begrenzt ist, ihr Verlust aber die gesamte Kreditsumme erfassen kann. Die Gläubiger haben somit Anlass, die güterwirtschaftliche Liquidität des Kreditnehmers nie ganz aus den Augen zu verlieren. Gläubiger tun dies, indem sie ihre Kredite besichern. Eine Kreditsicherheit ist ein Rückgriff auf die güterwirtschaftliche Liquidität des Sicherungsgegenstandes. Übersteigt der Wert (EVP) des Sicherungsgutes den gewährten Kreditbetrag, ist die zukünftige Liquidität des Schuldners zweitrangig.

Die Information, die die Liquidationsbilanz liefert, ist somit eng, aber eindeutig und nützlich.

3.3.5 Fortführungs- oder HGB-Bilanz

Wir bezeichnen die HGB-Bilanz auch als Fortführungsbilanz. Sie stellt im Gegensatz zur Liquidationsbilanz nicht auf den Fall der Liquidation ab; § 252 Abs. 1 Nr. 2 HGB bestimmt ausdrücklich, dass bei der Bewertung von der *Fortführung* der Unternehmenstätigkeit (going concern) auszugehen ist, sofern dem nicht tatsächliche oder rechtliche Gegebenheiten entgegenstehen.

Zur Kennzeichnung der Konstruktionsmerkmale einer Fortführungsbilanz werden im Folgenden die handelsrechtlichen Vorschriften für große Kapitalgesellschaften gewählt. Nur Grundzüge werden dargestellt.

Als tendenziell geltendes Aktivierungskriterium wird angesehen, dass aktivierungsfähig bzw. -pflichtig die Positionen sind, die folgende Eigenschaften erfüllen:

- sie gehören wirtschaftlich dem Bilanzierenden;
- sie sind selbstständig (einzeln) bewertbar;
- sie sind selbstständig veräußerbar (verkehrsfähig).

Das Gesetz lässt auch Ausnahmen zu. § 248 Abs. 2 HGB erlaubt die Aktivierung selbst geschaffener immaterieller Vermögensgegenstände des Anlagevermögens, ausgenommen selbst geschaffene Marken, Drucktitel, Verlagsrechte, Kundenlisten oder vergleichbare immaterielle Vermögensgegenstände des Anlagevermögens. Zu aktivieren ist nach § 246 Abs. 1 Satz 4 HGB „der Unterschiedsbetrag, um den die für die Übernahme eines Unternehmens bewirkte Gegenleistung den Wert der einzelnen

Vermögensgegenstände des Unternehmens abzüglich der Schulden (...) übersteigt (entgeltlich erworbener Geschäfts- oder Firmenwert)". Er gilt als zeitlich begrenzter Vermögensgegenstand. Ist der Erfüllungsbetrag höher als der Ausgabebetrag einer Verbindlichkeit, darf der Unterschiedsbetrag als aktiver Rechnungsabgrenzungsbetrag aufgenommen werden.

Die Bewertungsvorschriften des HGB differenzieren nach der Zugehörigkeit des «Gegenstandes». Für Gegenstände des Anlagevermögens gilt das Anschaffungskosten- bzw. Herstellungskostenprinzip und, soweit es sich um abnutzbare Gegenstände handelt, das Gebot der planmäßigen Abschreibung (§ 253 Abs. 3 Satz 1 und 2 HGB). Außerplanmäßige Abschreibungen (§ 253 Abs. 3 Satz 3 HGB) sind bei allen Gegenständen des Anlagevermögens im Falle voraussichtlich dauernder Wertminderung vorzunehmen, um diese mit dem niedrigen Wert anzusetzen, der ihnen am Abschlussstichtag beizulegen ist. Der beizulegende Wert entspricht dem Marktpreis (§ 255 Abs. 4 HGB). Soweit kein aktiver Markt besteht, ist der beizulegende Zeitwert mit Hilfe anerkannter Bewertungsmethoden zu ermitteln.

Gegenstände des Umlaufvermögens sind abzuschreiben, um diese mit einem niedrigeren Wert anzusetzen, der sich aus einem Börsen- oder Marktpreis am Abschlussstichtag ergibt (§ 253 Abs. 4 Satz 1 HGB).

Der sich aufgrund einer außerplanmäßigen Abschreibung des Anlagevermögens bzw. einer Abschreibung des Umlaufvermögens ergebende niedrigere Wert darf nicht beibehalten werden, wenn die Gründe für die Abschreibung nicht mehr bestehen (§ 253 Abs. 5 Satz 1 HGB).

Tendenziell geltendes Ansatzkriterium für Passiva ist die Zugehörigkeit zu einer der folgenden Positionen:

- Gezeichnetes Kapital, Kapital- und Gewinnrücklagen,
- Verbindlichkeiten
- Rückstellungen
- Rechnungsabgrenzungsposten der Passivseite.

Das HGB unterscheidet Verbindlichkeiten (= sichere Schulden) und Rückstellungen (= vorperiodisierter Aufwand für künftige, in Bezug auf Höhe und/oder Zahlungszeitpunkt unsichere Schulden). Verbindlichkeiten sind zum Erfüllungsbetrag (§ 253 Abs. 1 Satz 2 HGB) und Rückstellungen in Höhe des «nach vernünftiger kaufmännischer Beurteilung» notwendigen Erfüllungsbetrages (§ 253 Abs. 1 Satz 2 HGB) anzusetzen. Rückstellungen mit einer Restlaufzeit von mehr als einem Jahr müssen abgezinst werden mit einem Zinssatz, der von der Deutschen Bundesbank ermittelt wird (§ 253 Abs. 2 HGB).[16]

Die Bilanz (§ 266 HGB) wird ergänzt durch eine detaillierte Gewinn- und Verlustrechnung (§ 275 HGB) und soweit es sich um Kapitalgesellschaften handelt, um einen Anhang (§ 284 HGB) bzw. einen Lagebericht (§ 289 HGB), in dem Geschäftsverlauf,

[16] Die Ermittlungsmethodik und die Veröffentlichungsmodalitäten sind in der Rückstellungsabzinsungsverordnung (RückAbzinsV) geregelt. Im Anhang zeigt Abbildung 3.11 die monatlich ermittelte Zinsstrukturkurve für Abzinsungszinssätze gemäß § 253 Abs. 2 HGB zwischen Dezember 2008 und März 2014 für Laufzeiten bis zu 50 Jahren.

Geschäftsergebnis und Lage der Gesellschaft so zu erläutern sind, dass ein den tatsächlichen Verhältnissen „entsprechendes Bild vermittelt wird" (§ 289 Abs. 1 Satz 1 HGB).

Die Gliederung der HGB-Bilanz und der Gewinn- und Verlustrechnung für Gesamtkosten- und Umsatzkostenverfahren sieht so aus:

Aktivseite § 266 Abs. 2 HGB	**Passivseite § 266 Abs. 3 HGB**
A. Anlagevermögen	A. Eigenkapital
I. Immaterielle Vermögensgüter	I. Gezeichnetes Kapital
1. Selbst geschaffene gewerbliche Schutzrechte und ähnliche Rechte	II. Kapitalrücklage
2. Erworbene Konzessionen, gewerbliche Schutzrechte und ähnliche Rechte	III. Gewinnrücklagen
3. Geschäfts- oder Firmenwert	1. gesetzliche Rücklage
4. geleistete Anzahlungen	2. Rücklage für eigene Anteile
II. Sachanlagen	3. satzungsmäßige Rücklagen
1. Grundstücke, grundstücksgleiche Rechte und Bauten einschließlich der Bauten auf fremden Grundstücken	4. andere Gewinnrücklagen
2. technische Anlagen und Maschinen	IV. Gewinnvortrag/Verlustvortrag
3. andere Anlagen, Betriebs- und Geschäftsausstattung	V. Jahresüberschuss/Jahresfehlbetrag
4. geleistete Anzahlungen und Anlagen im Bau	
III. Finanzanlagen	B. Rückstellungen
1. Anteile an verbundenen Unternehmen	1. Rückstellungen für Pensionen und ähnliche Verpflichtungen
2. Ausleihungen an verbundene Unternehmen	2. Steuerrückstellungen
3. Beteiligungen	3. sonstige Rückstellungen
4. Ausleihungen an Unternehmen mit denen ein Beteiligungsverhältnis besteht	
5. Wertpapiere des Anlagevermögens	C. Verbindlichkeiten
6. sonstige Ausleihungen	1. Anleihen, davon konvertibel
B. Umlaufvermögen	2. Verbindlichkeiten gegenüber Kreditinstituten
I. Vorräte	
1. Roh-, Hilfs- und Betriebsstoffe	3. erhaltene Anzahlungen auf Bestellungen
2. unfertige Erzeugnisse, unfertige Leistungen	4. Verbindlichkeiten aus Lieferungen und Leistungen
3. fertige Erzeugnisse und Waren	
4. geleistete Anzahlungen	5. Verbindlichkeiten aus der Annahme gezogener Wechsel und der Ausstellung eigener Wechsel
II. Forderungen und sonstige Vermögensgegenstände	
1. Forderungen aus Lieferungen und Leistungen	6. Verbindlichkeiten gegenüber verbundenen Unternehmen
2. Forderungen gegen verbundene Unternehmen	7. Verbindlichkeiten gegenüber Unternehmen, mit denen ein Beteiligungsverhältnis besteht
3. Forderungen gegen Unternehmen, mit denen ein Beteiligungsverhältnis besteht	8. sonstige Verbindlichkeiten, davon aus Steuern, davon im Rahmen der sozialen
4. sonstige Vermögensgegenstände	

III. Wertpapiere 1. Anteile an verbundenen Unternehmen 2. sonstige Wertpapiere IV. Kassenbestand, Bundesbankguthaben, Guthaben bei Kreditinstituten und Schecks C. Rechnungsabgrenzungsposten	Sicherheit
D. Aktive latente Steuern	D. Rechnungsabgrenzungsposten
E. Aktiver Unterschiedsbetrag aus der Vermögensverrechnung	E. Passive latente Steuern

Gesamtkostenverfahren § 275 Abs. 2 HGB	**Umsatzkostenverfahren § 275 Abs. 3 HGB**
1. Umsatzerlöse	1. Umsatzerlöse
2. Erhöhung oder Verminderung des Bestands an fertigen und unfertigen Erzeugnissen	2. Herstellungskosten der zur Erzielung der Umsatzerlöse erbrachten Leistungen
3. andere aktivierte Eigenleistungen	3. Bruttoergebnis vom Umsatz
4. sonstige betriebliche Erträge	4. Vertriebskosten
5. Materialaufwand	5. allgemeine Verwaltungskosten
a) Aufwendungen für Roh-, Hilfs- und Betriebsstoffe und für bezogene Waren	6. sonstige betriebliche Erträge 7. sonstige betriebliche Aufwendungen
b) Aufwendungen für bezogene Leistungen	= **Betriebsergebnis** [1)]
6. Personalaufwand	
a) Löhne und Gehälter	
b) soziale Abgaben und Aufwendungen für Altersversorgung und Unterstützung, davon für Altersversorgung	
7. Abschreibungen	
a) auf immaterielle Vermögensgegenstände des Anlagevermögens und Sachanlagen	
b) auf Vermögensgegenstände des Umlaufvermögens, soweit diese die in der Kapitalgesellschaft üblichen Abschreibungen überschreiten	8. Erträge aus Beteiligungen, davon aus verbundenen Unternehmen
8. sonstige betriebliche Aufwendungen = **Betriebsergebnis** [1)]	9. Erträge aus anderen Wertpapieren und Ausleihungen des Finanzanlagevermögens, davon aus verbundenen Unternehmen
9. Erträge aus Beteiligungen, davon aus verbundenen Unternehmen	10. sonstige Zinsen und ähnliche Erträge, davon aus verbundenen Unternehmen
10. Erträge aus anderen Wertpapieren und Ausleihungen des Finanzanlagevermögens, davon aus verbundenen Unternehmen	
11. sonstige Zinsen und ähnliche Erträge, davon aus verbundenen Unternehmen	11. Abschreibungen auf Finanzanlagen und auf Wertpapiere des Umlaufvermögens
12. Abschreibungen auf Finanzanlagen und auf Wertpapiere des Umlaufvermögens	12. Zinsen und ähnliche Aufwendungen, davon an verbundene Unternehmen
13. Zinsen und ähnliche Aufwendungen, davon an verbundene Unternehmen = **Finanzergebnis** [1)]	= **Finanzergebnis** [1)]

14. **Ergebnis der gewöhnlichen Geschäftstätigkeit**	13. **Ergebnis der gewöhnlichen Geschäftstätigkeit**
15. außerordentliche Erträge	14. außerordentliche Erträge
16. außerordentliche Aufwendungen	15. außerordentliche Aufwendungen
17. **außerordentliches Ergebnis**	16. **außerordentliches Ergebnis**
18. Steuern vom Einkommen und vom Ertrag	17. Steuern vom Einkommen und vom Ertrag
19. sonstige Steuern	18. sonstige Steuern
20. **Jahresüberschuss/-fehlbetrag**	19. **Jahresüberschuss/-fehlbetrag**

[1] Es handelt sich um eine nützliche Zusammenfassung, die nicht vom HGB vorgeschrieben ist.

Es kann aber auch kürzer gehen. So können Kleinstkapitalgesellschaften (§ 267a HGB) eine deutlich abgespeckte GuV mit nur 8 Positionen präsentieren nach § 275 Abs. 5 HGB (Umsatzerlöse, sonstige Erträge, Materialaufwand, Personalaufwand, Abschreibungen, sonstige Aufwendungen, Steuern, Jahresüberschuss/Jahresfehlbetrag). Auch bei der Bilanzpräsentation gibt es wesentliche Kürzungsmöglichkeiten nach § 266 Abs. 1 Satz 3 und 4 HGB. Kleinstkapitalgesellschaften (kleine Kapitalgesellschaften nach § 267 Abs. 1 HGB) können sich auf die mit Buchstaben (und römischen Zahlen) bezeichneten Posten unter Beibehaltung der gesetzlichen Reihenfolge der obigen Tabelle beschränken.

Wir nehmen das in Abschnitt 3.3.2 begonnene Beispiel nun wieder auf, um die Konzeption der Fortführungsbilanz zu erläutern. Für die Projekte A, B, C gelte, dass sie aktivierungspflichtig sind, dass die Nutzungsdauern 6 bzw. 5 bzw. 4 Perioden betragen und dass die Anschaffungskosten linear abgeschrieben werden. Unter Benutzung der sonstigen Daten des Beispiels erhalten wir für die Perioden 1, 2 und 3 die folgenden Jahresüberschüsse, Kassenüberschüsse und Bilanzsummen.

Periode 1

Gewinn und Verlust	
Ergebnis vor Abschreibungen	181,90
Abschreibungen	100,00
Zinsen	50,00
Jahresüberschuss	31,90[1]

Bilanz			
A	250,00	Eigenkapital	30,00
B	120,00	Gewinnrücklagen	–
C	60,00	Fremdkapital	418,10
Kasse	18,10		
	448,10		448,10

[1] Der Jahresüberschuss wird voll ausgeschüttet.

Kassenrechnung	
Ergebnis vor Abschreibungen	181,90
Zinsen	50,00
Tilgungen	81,90
Ausschüttung	31,90
Kassenüberschuss	18,10

Periode 2

Gewinn und Verlust	
Ergebnis vor Abschreibungen	181,90
Abschreibungen	100,00
Zinsen	41,81
Jahresüberschuss	40,09

Bilanz			
A	200,00	Eigenkapital	30,00
B	90,00	Gewinnrücklagen	–
C	40,00	Fremdkapital	328,01
Kasse	28,01[2)]		
	358,01		358,01

Kassenrechnung	
Ergebnis vor Abschreibungen	181,90
Zinsen	41,81
Tilgungen	90,09
Ausschüttung	40,09
Kassenüberschuss	9,91

[2)] Von zinstragenden Finanzanlagen wird zur Vereinfachung abgesehen.

Periode 3

Gewinn und Verlust	
Ergebnis vor Abschreibungen	241,90
Abschreibungen	100,00
Zinsen	32,80
Jahresüberschuss	109,10

Bilanz			
A	150,00	Eigenkapital	30,00
B	60,00	Gewinnrücklagen	–
C	20,00	Fremdkapital	228,91
Kasse	28,91		
	258,91		258,91

Kassenrechnung	
Ergebnis vor Abschreibungen	241,90
Zinsen	32,80
Tilgungen	99,10
Ausschüttung	109,10
Kassenüberschuss	0,90

Betrachten wir Periode 1. Wir nehmen an, dass die Ertragsüberschüsse (vor Abschreibungen) der Periode 1 den Nettoeinzahlungen (vor Zinsen und Tilgungen) gleich sind. Verkürzen wir diese um die Abschreibungen (300 : 6 = 50; 150 : 5 = 30; 80 : 4 = 20) und um die Zinsen (0,1 · 500 = 50), erhalten wir den Jahresüberschuss von 31,90. Die Kassenrechnung zeigt die Veränderung des Kassenbestandes in der Periode, wenn der Jahresüberschuss ausgeschüttet wird. Die Bilanz zeigt die um die Abschreibungen verkürzten Anschaffungskosten der Projekte A, B, C und den Kassenbestand, der aus Vereinfachungsgründen nicht zinstragend angelegt wird. Die Passivseite zeigt die um die Tilgung (81,90) verkürzten Verbindlichkeiten und das nominelle Eigenkapital (30). Dieses bleibt unverändert, da der Jahresüberschuss voll ausgeschüttet wird.

Welche Informationen geben die Fortführungsbilanzen über die Liquidität des Unternehmens?

Die HGB-Bilanz misst die güterwirtschaftliche Liquidität offenbar nicht. Diese Messleistung erbringt die Liquidationsbilanz. Die HGB-Bilanz misst auch die zukünftige Liquidität nicht; diese Messleistung erbringt die theoretische Bilanz. Was also misst die HGB-Bilanz, die Fortführungsbilanz? Sie scheint auf den ersten Blick den beiden anderen Konzeptionen klar unterlegen, da weder ihre Bilanzsumme noch der Betrag des ausgewiesenen Eigenkapitals eine eindeutige ökonomische Interpretation zulässt. Beim Eigenkapital könnte man im Beispiel allenfalls anführen, dass es der Betrag ist, den die Eigentümer im Zeitpunkt der Errichtung aufgebracht haben.

Dieses Interpretationsproblem gilt auch für reale HGB-Bilanzen; es taucht nicht nur im Beispiel auf. Fortführungsbilanzen messen die güterwirtschaftliche Liquidität eines Unternehmens aus mehreren Gründen *nicht*:

- Die Bewertung des Anlagevermögens ist gelöst von den am Markt bei Einzelveräußerung erzielbaren Erlösen.
- Die Bilanz enthält Aktiva, die bei Liquidation u. U. keine positiven Erlöse erzielen: aktivierte selbst erstellte immaterielle Vermögensgegenstände, ein aktiviertes Disagio etc.
- Die Bilanz enthält Aktiva, über die das Unternehmen bei Liquidation nicht verfügen darf, weil ihm die Gegenstände nur «wirtschaftlich», nicht aber juristisch gehören: unter Eigentumsvorbehalt gekaufte Rohstoffe, bestimmte über Finanzierungs-Leasing-Verträge beschaffte Vermögensgegenstände, sicherungsübereignete Anlagen etc.
- Die Bilanz enthält einerseits Passivpositionen, die keine erzwingbaren Ansprüche Dritter darstellen (Kulanzrückstellungen). Sie enthält andererseits Belastungen nicht oder jedenfalls nicht zwingend: alte, vor dem 1.1.1987 zugesagte Pensionsverpflichtungen müssen nicht passiviert werden.
- Passivpositionen sind nicht generell zu ihrem ökonomischen Wert angesetzt. Eine unverzinsliche, in 10 Jahren fällige Verbindlichkeit ist zu ihrem Erfüllungsbetrag anzusetzen (§ 253 Abs. 1 HGB); ihr ökonomischer Wert ist indessen niedriger.

Wie steht es mit der Informationsleistung der HGB-Bilanz hinsichtlich der zukünftigen Liquidität? Ideale Leistungen erbringt, wie oben gezeigt, die theoretische Bilanz; jedenfalls gilt dies unter vereinfachten Bedingungen. Vergleicht man die Fortführungsbilanz mit der theoretischen Bilanz, schneidet Erstere nicht gut ab. Ein Vergleich der Bilanzsummen und Eigenkapitalpositionen für unser Beispiel zeigt dies. Das bedeutet, dass Fortführungsbilanzen so einfache und überzeugende Signale wie die theoretische Bilanz bezüglich des Unternehmensgesamtwertes, des Wertes des Eigenkapitals und der künftigen Liquidität nicht geben können. Das bedeutet noch *nicht,* dass handelsrechtliche Bilanzen keine Informationen bezüglich des Zahlungsvermögens von Unternehmen liefern. Welche Informationen sie ggf. liefern, ist im Folgenden zu untersuchen. Dabei wird der folgende Weg eingeschlagen: Wir betrachten verschiedene Cashflow-Definitionen, wir greifen auf die Beziehungen zwischen Aufwands- und Ertragsrechnung und Zahlungsrechnung zurück, wir nutzen den Informationsgehalt der Gewinn- und Verlustrechnung und entwickeln ein für die Finanzplanung geeignetes mehrstufiges Cashflow-System.

3.4 Cashflow-Definitionen

3.4.1 Vorbemerkungen

Präzise Rechnungen zur Messung künftiger Liquidität arbeiten mit Ein- und Auszahlungen. Bilanzielle Rechnungen operieren mit Erträgen und Aufwendungen, die sich zwar auf Ein- bzw. Auszahlungen zurückführen lassen, aber nicht mit diesen identisch sind. Die «Verwerfungen» zwischen beiden Rechnungen, die uns bereits im 1. Kapitel beschäftigt haben, werden jetzt noch einmal aufgegriffen. Die Unterschiede zwischen beiden Rechnungen sind herauszuarbeiten, um den Saldo zwischen Erträgen und Aufwendungen, den Jahresüberschuss, in eine Zahlungsgröße (Cashflow) transformieren zu können.

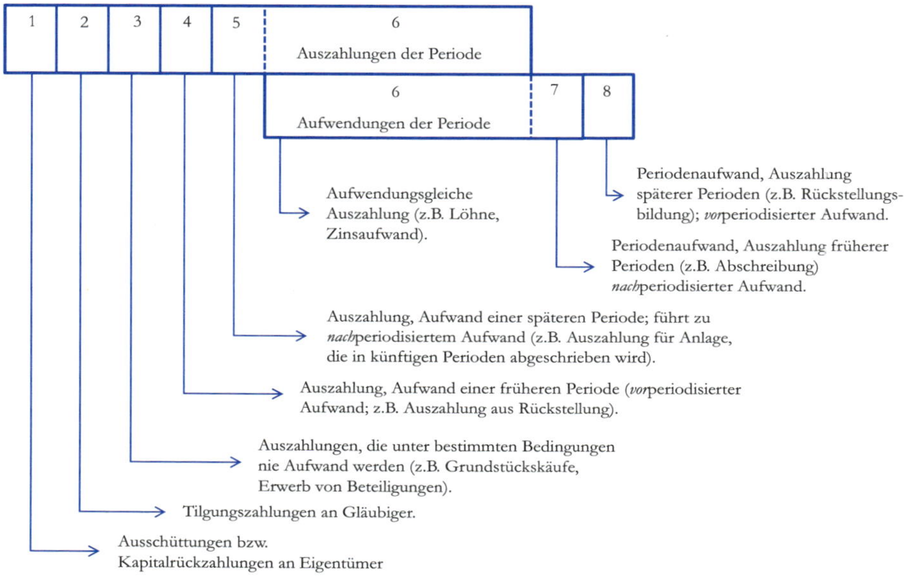

Abbildung 3.5: Beziehungen zwischen Auszahlungen und Aufwendungen

Die relevanten Beziehungen werden in den Abbildungen 3.5 und 3.6 wiederholt, welche bereits in dem 1. Kapitel eingeführt worden sind. Abbildung 3.5 verdeutlicht den Zusammenhang zwischen Auszahlungen und Aufwendungen, Abbildung 3.6 den zwischen Einzahlungen und Erträgen.

In Abbildung 3.5 tauchen je zweimal die Bezeichnungen nach- bzw. vorperiodisierter Aufwand auf. Dies ist kein Versehen, wie sich aus der gleich darzustellenden Matrix ergibt.

Wenn man von den Auszahlungen der Periode, die nie Aufwand sind bzw. werden, absieht – das sind

- Ausschüttungen und Kapitalrückzahlungen an Eigentümer,
- Tilgungszahlungen an Gläubiger,
- sonstige i. d. R. erfolgsneutrale Auszahlungen wie Grundstückskäufe, Beteiligungserwerb etc. –

sind folgende Beziehungen von Bedeutung:

	Auszahlungen der Periode t	**Auszahlungen einer früheren Periode t − 1, t − 2, ... , t − n**	**Auszahlungen einer späteren Periode t + 1, t + 2, ... , t + m**
Aufwand der Periode t	aufwandsgleiche Auszahlung	in Bezug auf die Auszahlung nachperiodisierter Aufwand (Abschreibung)	in Bezug auf die Auszahlung vorperiodisierter Aufwand (Rückstellungsbildung)
Aufwand einer früheren Periode t − 1, t − 2, ... , t − n	vorperiodisierter Aufwand		
Aufwand einer späteren Periode t + 1, t + 2, ... , t + m	nachperiodisierter Aufwand		

Wie sich aus der Matrix ergibt, erfolgt die Nach- bzw. Vorperiodisierung in Bezug auf Auszahlungen *verschiedener* Perioden. Die Bildung einer Rückstellung, bspw. für einen gegen das Unternehmen angestrengten Prozess wegen einer (behaupteten) Patentverletzung, ist vorperiodisierter Aufwand dieser Periode in Bezug auf eine in einem zukünftigen Geschäftsjahr u. U. zu leistende Auszahlung. Eine Auszahlung in der jetzigen Periode aus einem Grund, der in einer früheren Periode bereits zu einer Rückstellungsbildung führte (z. B. Auszahlung wegen eines vom Unternehmen verlorenen Prozesses), war in einer früheren Periode, in Bezug auf die jetzt erfolgende Auszahlung vorperiodisierter Aufwand.

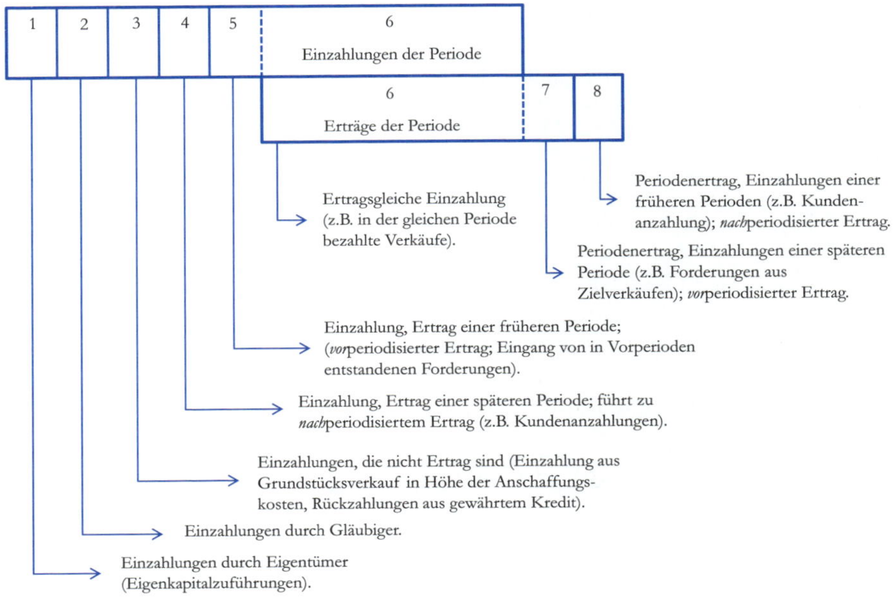

Abbildung 3.6: Beziehungen zwischen Einzahlungen und Erträgen

Anders formuliert: Es gibt einmal Auszahlungen für verlorene Prozesse in Periode t, die aufwandsmäßig schon in früheren Perioden erfasst wurden. Es gibt zum anderen Aufwendungen der Periode t, bedingt durch Prozessrückstellungen, die möglicherweise in einer späteren Periode zu Auszahlungen führen. In beiden Fällen liegt in Bezug auf die Auszahlung *vor*periodisierter Aufwand vor.

In Abbildung 3.6 ist je zweimal die Bezeichnung vor- bzw. nachperiodisierter Ertrag enthalten. Wiederum liegt kein Versehen vor. Wenn man von den Einzahlungen der Periode, die nie Ertrag sind bzw. werden, absieht – das sind

- Eigenkapitalzuführungen,
- Fremdmittelzuführungen,
- sonstige, i. d. R. erfolgsneutrale Einzahlungen wie Einzahlungen aus Grundstücksverkäufen, soweit die aktivierten Anschaffungskosten nicht überschritten werden, etc. –

sind folgende Beziehungen von Bedeutung:

	Einzahlungen der Periode t	**Einzahlungen einer früheren Periode t – 1, t – 2, ... , t – n**	**Einzahlungen einer späteren Periode t + 1, t + 2, ... , t + m**
Ertrag der Periode t	ertragsgleiche Einzahlung	in Bezug auf die Einzahlung nachperiodisierter Ertrag	in Bezug auf die Einzahlung vorperiodisierter Ertrag
Ertrag einer früheren Periode t – 1, t – 2, ... , t – n	vorperiodisierter Ertrag		
Ertrag einer späteren Periode t + 1, t + 2, ... , t + m	nachperiodisierter Ertrag		

Wie sich aus der Matrix ergibt, erfolgt die Nach- bzw. Vorperiodisierung in Bezug auf Einzahlungen *verschiedener* Perioden. Die Begleichung einer Rechnung vom 5.11. des Vorjahres durch einen Kunden am 15.2. des Folgejahres ist eine Einzahlung dieses Jahres, aber ein Ertrag des Vorjahres und somit ein in Bezug auf die Zahlung vorperiodisierter Ertrag. Eine am 28.12. empfangene Kundenanzahlung ist eine Einzahlung der Periode. Wird das Produkt erst am 30.10. des folgenden Geschäftsjahres geliefert und in Rechnung gestellt, liegt ein in Bezug auf die Zahlung nachperiodisierter Ertrag vor.

Diese Überlegungen werden im folgenden Abschnitt benötigt: es geht darum, die Grenzen häufig benutzter Cashflow-Definitionen zu erkennen.

3.4.2 Häufig benutzte Cashflow-Definitionen

Der Begriff Cashflow wird häufig benutzt. Ganz verschiedene Definitionen bevölkern die Literatur. Das erleichtert das Verständnis nicht.

Die Definitionen unterscheiden sich

- in der Abgrenzung der Bereiche, für die der Cashflow ermittelt werden soll:
  - Cashflow der Kerngeschäfte des Unternehmens,
  - Cashflow aller Kerngeschäfte und Nebenaktivitäten,
  - Cashflow aller Kerngeschäfte, Nebenaktivitäten und Finanzanlagen;
- in der Nachhaltigkeit, mit welcher der Cashflow in Zukunft erwartet werden kann:
  - alle Cashflow-Wirkungen werden erfasst,
  - Cashflow-Wirkungen außerordentlicher Geschäfte (Verkauf von Grundstücken oder Flugzeugen, Sale-and-Lease-Back-Geschäfte) werden eliminiert;
- im Ausschluss der Auswirkungen der Kapitalstruktur bzw. der Finanzierung des Unternehmens:
  - Cashflow unter Einbezug von Zinsen, Tilgungen, Pensionszahlungen etc.,
  - Cashflow unter Ausschluss von Zinsen, Tilgungen, Pensionszahlungen (Cashflow bei unterstellter Eigenfinanzierung);
- unter steuerlichen Aspekten:
  - Cashflow vor Steuerzahlungen,
  - Cashflow nach Steuerzahlungen;
- in der Abgrenzung der Außenfinanzierung:
  - Cashflow unter Einbeziehung aller Außenfinanzierungsbeziehungen: Zinsen, Tilgungen, Ausschüttungen, Kapitalrückzahlungen, Kreditaufnahmen, Kapitalerhöhungen etc.,
  - Cashflow unter Ausschluss aller Mittelaufnahmen im Wege der Außenfinanzierung.

Gemäß einer verbreiteten Aufgabenstellung soll der Cashflow die einem Unternehmen im Laufe eines Geschäftsjahres zugeflossenen Nettoeinzahlungen erfassen, **soweit diese aus den Produktions- und Absatztätigkeiten des Unternehmens stammen** (operativer Cashflow). Zahlungsbewegungen zwischen Unternehmen und den Finanzierungsmärkten, d. h. den Eigen- bzw. Fremdmittelgebern, werden – von Zinszahlungen an Gläubiger abgesehen – also nicht erfaßt. Nicht erfasst werden auch Auszahlungen für Investitionen. Diese Definitionen starten in aller Regel mit der Größe Jahresüberschuss.

Betrachten wir einige verbreitete Definitionen:

- Definition 1 (rudimentärster Cashflow)
  Cashflow = Jahresüberschuss + Abschreibungen

Begründen wir zunächst die Korrektur des Jahresüberschusses um die Größe Abschreibungen. Abschreibungen sind in Bezug auf die zugehörige Auszahlung nachperiodisierte Aufwendungen, führen somit im Jahr des Ansatzes nicht zu Auszahlungen. Sie werden daher, weil eine Nettoeinzahlung ermittelt werden soll, dem Jahresüberschuss, den sie zuvor verkürzt haben, hinzugefügt. Diese Korrektur ist gemäß Abbildung 3.5 begründet. Sie ist zugleich ganz unzureichend, weil sie die übrigen Informationen der Abbildung 3.5 unterdrückt.

- Definition 2 (rudimentärer Cashflow)
  Cashflow = Jahresüberschuss + Abschreibungen + Zuführungen zu Pensionsrückstellungen + ggf. Zuführungen zu Garantierückstellungen

Diese Definition ist besser als Definition 1. Rückstellungszuführungen haben in HGB-Jahresabschlüssen ein erhebliches Gewicht. Nicht selten übersteigen sie die Position Abschreibungen. Da es sich um vorperiodisierten Aufwand handelt, der nicht auszahlungsgleich in der betrachteten Periode ist, ist die Korrektur angebracht.

- Definition 3 (verbesserte Version)
  Cashflow = Jahresüberschuss
  \+ Aufwendungen, die nicht Auszahlungen der gleichen Periode sind,
  – Erträge, die nicht Einzahlungen der gleichen Periode sind.

Diese Definition führt zu einer vollständigeren Erfassung des Mittelvolumens, das dem Unternehmen in der abgelaufenen Periode zugeflossen ist. Unter Rückgriff auf die Abbildungen 3.5 und 3.6 erfassen die Korrekturen dieser Definition auch die Felder 7 und 8. Zugleich ist diese Definition noch zu eng: Sie korrigiert den Jahresüberschuss nur um die Aufwandspositionen, die nicht Auszahlung sind, und nur um die Ertragspositionen, die nicht Einzahlung sind. Sie berücksichtigt nicht die Ein- und Auszahlungen aus laufender Betriebstätigkeit, die nicht Aufwand und Ertrag der Periode sind, die folglich durch Aufwands- und Ertragskorrekturen nicht erfasst werden können. Dies entspricht den Feldern 4 und 5 der Abbildungen 3.5 und 3.6.

Wegen der Nichtbeachtung von Einzahlungen im operativen Bereich, die nicht Ertrag der Periode sind und der Nichtberücksichtigung von Auszahlungen, die nicht Aufwand sind, ist eine vollständige Definition erst mit Definition 4 erreicht:

- Definition 4:
  Cashflow = Jahresüberschuss
  \+ Aufwendungen, die nicht Auszahlungen der gleichen Periode sind,
  – Erträge, die nicht Einzahlungen der gleichen Periode sind,
  \+ Einzahlungen aus laufender Betriebstätigkeit, die nicht Ertrag der gleichen Periode sind («wegperiodisierte» Einzahlungen),
  – Auszahlungen aus laufender Betriebstätigkeit, die nicht Aufwand der gleichen Periode sind («wegperiodisierte» Auszahlungen).

In Anlehnung an den Jahresabschluss für große Kapitalgesellschaften ergeben sich die bei Definition 4 notwendigen Korrekturen des Jahresüberschusses aus Tabelle 3.3.

I.	Jahresüberschuss	
II. +	Aufwendungen, die nicht Auszahlungen der Periode sind (1) Abschreibungen, Wertberichtigungen (2) Zuführungen zu Rückstellungen – für Pensionen – für andere Zwecke (3) Verminderung der Bestände an RHB-Stoffen (4) Abschreibung auf Bestände an Halb- und Fertigfabrikaten (5) Einstellung in Pauschalwertberichtigungen (PWB) auf Forderungen (6) Einstellung in Sonderposten mit Rücklageanteil (SR) [1)] (7) Verluste aus dem Abgang von Gegenständen des AV und UV (8) Verminderung der RAP der Aktivseite (9) Verminderung geleisteter Anzahlungen (10) Erhöhung des Bestandes an Verbindlichkeiten aus Lieferungen und Leistungen	
III. –	Erträge, die nicht Einzahlungen der Periode sind (1) Erhöhung der Bestände an Halb- und Fertigfabrikaten (2) Erhöhung des Bestandes an Forderungen aus Lieferungen und Leistungen (3) Zuschreibungen zu Gegenständen des AV und UV (4) Erträge aus anderen aktivierten Eigenleistungen (5) Erträge aus der Auflösung von Rückstellungen (6) Erträge aus der Auflösung von SR [1)] (7) Erträge aus der Herabsetzung der PWB auf Forderungen (8) Verminderung von in Vorperioden erhaltenen Anzahlungen (9) Verminderung der RAP der Passivseite	
IV. +	Einzahlungen, die nicht Ertrag der Periode sind (1) Erhöhung des Bestandes an erhaltenen Anzahlungen (2) Verminderung des Bestandes an Forderungen aus Lieferungen und Leistungen (3) Erhöhung der RAP der Passivseite	
V. –	Auszahlungen, die nicht Aufwand der Periode sind (1) Erhöhung der Bestände an RHB-Stoffen (2) Erhöhung des Bestandes an geleisteten Anzahlungen (3) Verminderung der Verbindlichkeiten aus Lieferungen und Leistungen (4) Auszahlungen zu Lasten früher gebildeter Rückstellungen (5) Erhöhung der RAP der Aktivseite (6) Verminderung der PWB auf Forderungen durch Inanspruchnahme	
	I. + II. + III. + IV. + V. = Cashflow i. S. v. Definition 4	

[1)] Ab dem Jahr 2010 dürfen Sonderposten mit Rücklageanteil nicht mehr gebildet werden. Für vorher gebildete Posten gibt es Übergangsregeln.

Tabelle 3.3: Überleitungsrechnung des Jahresüberschusses zum Cashflow gemäß der umfassenden Definition 4

Diese Aufstellung ist erläuterungsbedürftig. Dies gilt weniger für die Position II. (1) Abschreibungen oder II. (7) Verluste aus dem Abgang von Gegenständen des Anlage- und Umlaufvermögens, sondern insbesondere für die in der Aufstellung enthaltenen *Veränderungen von Beständen.* Warum z. B. enthält die Aufstellung in III. (1) eine Erhöhung der Bestände an Halb- und Fertigfabrikaten? Warum enthält sie in II. (10) eine Erhöhung des Bestandes an Verbindlichkeiten aus Lieferungen und Leistungen?

Betrachten wir die Wirkungen einer Erhöhung der Bestände an Halb- und Fertigfabrikaten. Das Unternehmen produziert z. T. auf Lager. Bei Anwendung des Gesamtkostenverfahrens erfassen die Aufwendungen einer Periode auch die durch die Bestandserhöhungen ausgelösten Aufwendungen. Im Gegenzug werden Erhöhungen der Bestände an fertigen und unfertigen Erzeugnissen mit ihren Herstellungskosten den Umsatzerlösen hinzugerechnet (vgl. § 275 Abs. 2 Nr. 2 HGB). Den Bestandserhöhungen entsprechende Einzahlungen liegen jedoch in der betrachteten Periode nicht vor. Folglich muss die Erhöhung der Bestände bei der Ermittlung des Cashflows als Minusposten abgezogen werden, wenn vom Jahresüberschuss ausgegangen wird.

Betrachten wir eine Erhöhung des Bestandes an Verbindlichkeiten aus Lieferungen und Leistungen. Eine Erhöhung bedeutet, dass vermehrt Käufe von Roh-, Hilfs- und Betriebsstoffen bzw. Waren auf Ziel getätigt wurden. Eine Zahlungswirkung liegt in der betrachteten Periode nicht vor. Eine Erhöhung des Cashflows gemäß II. (10) wäre insoweit nicht zutreffend. Nun wird in V. (1) eine Erhöhung der Bestände an Roh-, Hilfs- und Betriebsstoffen als Cashflow-mindernd erfasst. Beide Positionen heben sich somit auf. Im Ergebnis wird eine Zahlungswirkung von Null ausgewiesen. Die folgende Aufstellung erläutert den Zusammenhang zwischen Bestandsveränderungen, Zahlungswirkungen und Wirkungen i. S. d. Cashflow-Definition 4:

Bestände	**Geschäftsvorfall** a Erhöhung b Verminderung	**Aufwand vs. Ertrag** A	 E	**Zahlungswirkung vor AST**[1)]	**Wirkung im System von Tabelle 3.3**
RHB-Stoffe	a_1 Kauf auf Ziel			keine	– V(1)+II(10) = 0
	a_2 Kauf gegen bar			ja	– V(1)
	b_1 Verbrauch	✓		keine	+ II(3)
	b_2 Abschreibung	✓		keine	+ II(3)
Halb- und Fertigfabrikate	a_1 Produktion auf Lager		✓[2)]	keine	Δ I – III(1) = 0
	b_1 Verkauf bar		✓	ja	Δ I
	b_2 Verkauf auf Ziel		✓	keine	Δ I – III(2) = 0
	b_3 Abschreibung	✓		keine	– Δ I + II(4) = 0
Forderungen aus Lieferungen und Leistungen	a_1 Verkauf auf Ziel		✓	keine	Δ I – III(2) = 0
	b_1 Abschreibung	✓		keine	– Δ I + II(5) = 0
	b_2 Zahlung geht ein			ja	+ IV(2)
Verbindlichkeiten aus Lieferungen und Leistungen	a_1 Kauf auf Ziel			keine	II(10) – V(1) = 0
	b_1 Zahlung erfolgt			ja	– V(3)
geleistete Anzahlungen	a_1 Anzahlung für VG des UV wird geleistet			ja	– V(2)
	b_1 VG für den Anzahlung geleistet wurde, geht zu			keine	II(9) – V(1) = 0

Bestände	Geschäftsvorfall a Erhöhung b Verminderung	Aufwand vs. Ertrag A	 E	Zahlungs-wirkung vor AST[1]	Wirkung im System von Tabelle 3.3
erhaltene Anzahlungen	a_1 Anzahlung geht zu b_1 Lieferung des VG, für den Anzahlung einging, erfolgt		 ✓	ja keine	+ IV(1) Δ I – III(8) = 0
aktive RAP	a_1 Auszahlung vor AST[1], die Aufwand für eine bestimmte Zeit danach ist b_1 Vorperiodenauszahlung wird Aufwand	 ✓		ja keine	– V(5) – Δ I + II(8) = 0
passive RAP	a_1 Einzahlung vor AST[1], die Ertrag für eine bestimmte Zeit danach ist b_1 Vorperiodeneinzahlung wird Ertrag		 ✓	ja keine	+ IV(3) Δ I – III(9) = 0

1) AST = Abschlussstichtag
2) Nur im Gesamtkostenverfahren (GKV)

Die so ermittelte Cashflow-Ziffer zeigt die Einzahlungen an, die das Unternehmen während der Berichtsperiode *ohne Inanspruchnahme der Finanzierungsmärkte* aus laufender Betriebstätigkeit (operativer Bereich, Nebenaktivitäten, Finanzanlagen etc.) erzielt hat. Gelegentlich wird vorgeschlagen, den errechneten Betrag um die auf die Vorzugsaktien zu entrichtende (Vorzugs-)Dividende oder überhaupt um die geplante Ausschüttung zu kürzen. Diese Netto-Cashflow-Ziffer gibt dann den Betrag an, der dem Unternehmen zur Schuldentilgung und zur Investitionsfinanzierung in der abgelaufenen Periode zur Verfügung stand bzw. steht.

Nun ist die Cashflow-Ziffer im Sinne von Definition 4, die ausgehend vom Jahresüberschuss die Nettoeinzahlung mittels der in Tabelle 3.3 aufgelisteten Korrekturen ermittelt, korrekt. Aber sie ist für *Planungszwecke,* d. h. für vorausschauende Cashflow-Schätzungen, nicht recht geeignet. Außerdem ist sie zu undifferenziert. Sie macht nicht erkennbar, wo der Cashflow herkommt, wo m. a. W. die Quellen der Cashflow-Generierung liegen. Das aber ist wichtig, weil das Management die Cashflows steuert. Folglich muss man an einer Planungsrechnung erkennen können, welche Kernbereiche Cashflow-stark sind und welche nicht, ob Nebenaktivitäten Cashflow generieren oder nur Hobbys sind, die die Eigentümer viel Geld kosten, welchen Cashflow-Beitrag die Finanzanlagen leisten, wie sich also der gesamte Cashflow des Unternehmens zusammensetzt. Ein solches leistungsfähigeres Cashflow-System wollen wir jetzt vorstellen.

3.5 Eine planungstaugliche Cashflow-Systematik, Managemententscheidungen und Finanzplanung

3.5.1 Konzept

Die hier vorgeschlagene Systematik hat folgende Eigenschaften:

- Sie zäumt das Pferd nicht von hinten auf, indem sie vom Jahresüberschuss ausgehend sich mehr oder weniger mühsam, die Korrekturen der Tabelle 3.3 nutzend, zum Cashflow vorkämpft. Sie beginnt vielmehr dort, wo die Hauptquelle des Cashflows liegt, nämlich bei den Umsatzerlösen. M. a. W., es wird eine **direkte** Berechnung im Gegensatz zu der vorherigen indirekten Berechnung vorgenommen.

- Sie verzichtet darauf, den Cashflow als undifferenziertes Sammelsurium ganz verschiedener Cashflow-Quellen auszuweisen, in dem Cashflow-Beiträge aus Kerngeschäften, Nebenaktivitäten, Finanzanlagen oder Beteiligungen kaum mehr erkennbar sind. Die vorgeschlagene Systematik differenziert deutlich nach der Herkunft des Cashflows.
- Sie zerlegt die Cashflow-Ermittlung in mehrere Teilbereiche (Segmente):

  (1) den Einzahlungsüberschuss (Auszahlungsüberschuss) aus dem operativen Bereich, den Kerngeschäften;

  (2) den Einzahlungsüberschuss (Auszahlungsüberschuss) der Finanzanlagen (Erträge aus Beteiligungen, Erträge aus Wertpapieren und Ausleihungen des Finanzanlagevermögens, Zinsen und ähnliche Erträge i. S. d. GuV-Positionen § 275 Abs. 2 Nr. 9, 10, 11 HGB);

  (3) die Ein- und Auszahlungen, die durch Finanzierungsentscheidungen des Managements *in früheren Perioden* festgelegt sind;

  (4) die Ein- und Auszahlungen, die das Management in der Planungsperiode bereits ausgelöst hat bzw. auszulösen plant.

  Die Zerlegung in diese Teilbereiche erhöht die Steuer- und Analysemöglichkeiten für das Management selbst sowie für Analysten, Kreditinstitute und Investoren, die sich für die Herkunft und **Zusammensetzung** des Cashflows interessieren.
- Dieses Cashflow-System will denn auch mehr erreichen als die übliche Aufgabenbeschreibung. Diese lautet, dass der Cashflow aus Produktions- und Absatztätigkeit errechnet werden soll. Wir wollen davon absehen, dass die Cashflow-Definitionen 1 bis 4, die oben betrachtet wurden, diese Aufgabe nicht erfüllen. Das hier präsentierte Cashflow-System erfüllt diese Aufgabe: Ergebnis des ersten Segmentes ist der Cashflow aus dem (den) Kerngeschäft(en) des Unternehmens. Wir werden diese Größe als **operativen Cashflow nach Steuern** (Net Operating Cashflow, NOCF) bezeichnen.

  Im zweiten Segment wird der **Cashflow-Beitrag aus Finanzanlagen** abgebildet. Weitere Segmente könnten für Nebenaktivitäten des Unternehmens gebildet werden.

  Im dritten Segment werden die Cashflow-Belastungen, die aus Finanzierungsentscheidungen der Vergangenheit herrühren, erfasst. Damit werden die Auswirkungen der *Finanzierungsseite,* der **Kapitalstruktur** des Unternehmens vom NOCF abgegrenzt: Sie können den NOCF nicht beeinflussen. Das ist, wie wir noch sehen werden, ein erheblicher Vorteil.

  Im letzten Segment schließlich werden die finanziellen Wirkungen der Entscheidungen abgebildet, die das Management in der laufenden Periode trifft bzw. zu treffen plant: Auszahlungen für Investitionsprojekte, Dividendenzahlungen, Aufnahme von Eigenkapital, Krediten, Gesellschafterdarlehen etc. Hier wird der Bereich der **Außenfinanzierung** erfasst. Ergebnis aller vier Segmente ist dann auch der Cashflow nach Außenfinanzierungsmaßnahmen, nach Reinvestition, nach Ausschüttung. Da die *Cashflow-Verwendung* somit in dem System abgebildet wird, muss das Ergebnis unter dem Strich der Veränderung des Kassenbestandes in der Periode entsprechen.

Tabelle 3.4 stellt das neue Cashflow-System dar.[17]

Netto-Umsatzerlöse – Materialaufwand – Löhne und Gehälter, einschl. soziale Abgaben – sonstige betriebliche Aufwendungen + sonstige betriebliche Erträge – Steuern – Δ EBK
NOCF
+ erhaltene Ausschüttungen auf Beteiligungen + erhaltene Zinsen auf Ausleihungen + erhaltene Rückzahlungen auf Ausleihungen + sonstige Zinsen
NOCF + Cashflow-Beitrag aus Finanzanlagen
– Zinsen auf (Alt-)Kredite – Tilgungen auf Altkredite – Leasing-, Pacht-, Mietraten – sonstige finanzierungsbedingte Belastungen
Vorläufig verfügbare Mittel für Investition, Ausschüttung, außerordentliche Tilgungen
+ Ausgabe von Stammaktien + Ausgabe von Genussscheinen + Ausgabe von Unternehmensanleihen, Wandelschuldverschreibungen + Aufnahme anderer Fremdmittel – außerordentliche Tilgung von Fremdmitteln – Rückkauf von Unternehmensanleihen etc. – Zinszahlungen auf Neukredite – Auszahlungen für Realinvestitionen – Auszahlungen für Finanzanlagen – Ausschüttungen (Entnahmen) + Verkauf von Gegenständen des AV
Cashflow-Überschuss/-Defizit + ΔV^B und andere kurzfristig kündbare Verbindlichkeiten – Δ WUV, Forderungen an Banken, etc.
= Δ Kasse i. e. S.

Tabelle 3.4: Ein planungstaugliches Cashflow-System

[17] Die Systematik kann im konkreten Fall erweiterungsbedürftig sein. Für den hier verfolgten Zweck ist der Detaillierungsgrad ausreichend. Die Abkürzungen werden im nächsten Abschnitt erläutert.

3.5.2 NOCF als Indikator der Cashflow-Erzeugung im Kerngeschäft

Um die Herleitung des NOCF zu erklären, benötigen wir einige Vorstellungen über bilanzielle Zusammenhänge und einige neue Begriffe.

Wenn wir Aktiv- und Passivseite von Bilanzen auf typische Positionen verdichten, ergibt sich eine Darstellung wie in Abbildung 3.7:

Anlagevermögen (AV) • Sachanlagen (SA) • Finanzanlagen (FA)	Eigenkapital (EK) • Grundkapital (GK) • Rücklagen (R)
Umlaufvermögen • Lagerbestände (LB) • Wertpapiere (WUV) • Forderungen aus Lief. u. Leist. (F^{Lei}) • andere Forderungen (F^a) • geleistete Anzahlungen (GA) • Kasse, Wechsel, Guthaben (KA)	Langfristiges Fremdkapital (V^l) • Verbindlichkeiten mit LZ ≥ 4 Jahre (V) • Rückstellungen (PR, AR)[1)] Kurzfristiges Fremdkapital (V^k) • Verbindlichkeiten aus Lief. u. Leist. (V^{Lei}) • erhaltene Anzahlungen (EA) • Bankverbindlichkeiten (V^B)

Abbildung 3.7: Typisierte Bilanzstruktur

Es gilt die Bilanzgleichung (I):

(I) $AV + UV = EK + V^l + V^k$.

Ein in der Literatur zur Finanzanalyse häufig gebrauchter Begriff ist «working capital» oder «net working capital» (NWC). NWC ist definiert durch (II):

(II) NWC = Umlaufvermögen – kurzfristiges Fremdkapital

(II) $NWC = UV - V^k$

$= BS - AV - [BS - EK - V^l]$

$= EK + V^l - AV$

(II) zeigt, dass die Höhe des NWC von der langfristigen Finanzierung des Unternehmens abhängt. Angenommen, NWC ist positiv. Das bedeutet, dass das dem Unternehmen langfristig zur Verfügung stehende Kapital ($EK + V^l$) das langfristig gebundene Vermögen AV übersteigt und somit auch einen Teil des UV finanziert.

Angenommen, NWC ist negativ. Das heißt, dass das langfristig gebundene Vermögen (AV) des Unternehmens nur zum Teil durch langfristig zur Verfügung stehendes Kapital ($EK + V^l$) gedeckt ist: Zu einem Teil ist AV durch kurzfristige Fremdmittel (V^k) finanziert, was bedeutet, dass $V^k > UV$ ist: das UV kann also als vollständig fremdfinanziert angesehen werden. In der Definition (II) erscheint NWC als eine Konsequenz der *langfristigen* Finanzierungsentscheidungen des Managements (EK + V^l) und der *langfristigen* Investitionsentscheidungen (AV).

Nun sind bestimmte Bilanzpositionen mit Beschaffung, Produktion und Absatz besonders eng verbunden. Hierzu gehören auf der Aktivseite die Positionen Lagerbestände (LB), Forderungen aus Lieferungen und Leistungen (F^{Lei}), andere Forderungen (F^a), geleistete Anzahlungen (GA), ein Mindestkassenbestand und auf der Passivseite Verbindlichkeiten aus Lieferungen und Leistungen (V^{Lei}) und erhaltene Anzahlungen (EA) sowie bestimmte Rückstellungen (z. B. für Garantie). Während die Positionen LB, F^{Lei}, F^a und GA Kapitalbedarfe auslösen, repräsentieren die Positionen V^{Lei} und EA Finanzierungsbeiträge *Dritter*: V^{Lei} entsprechen den Finanzierungsbeiträgen von Lieferanten, EA entsprechen den Finanzierungsbeiträgen von Kunden, die Vorauszahlungen für noch zu liefernde Produkte geleistet haben.

Von Interesse ist nun im Rahmen einer finanziellen Analyse die *Differenz* der genannten Positionen: Sie wird im Folgenden als «erforderliches Betriebskapital» bezeichnet (EBK). EBK ist definiert durch

(III) $EBK = LB + F^{Lei} + F^a + GA - (V^{Lei} + EA)$

EBK bezeichnet damit die finanziellen Mittel, die erforderlich sind, um bei gegebenem AV, EK und V^l die Aktivitäten des Unternehmens i. e. S. zu finanzieren. Für die Mehrzahl der Unternehmen wird EBK positiv sein. Für Unternehmen, die im großen Umfang Vorauszahlungen der Abnehmer fordern, kann EBK sehr klein bzw. negativ sein. EBK bezeichnet den finanziellen Mittelbedarf, der neben der Finanzierung des AV mindestens erforderlich ist, um das Unternehmen in Gang zu halten. Die Höhe von EBK ist somit neben den spezifischen Branchengepflogenheiten abhängig von der Lagerhaltung für Fertigungsmaterial (Roh-, Hilfs- und Betriebsstoffe), den Zahlungsmodalitäten des Unternehmens und seiner Kreditpolitik gegenüber Abnehmern.

Dem aufmerksamen Leser ist nicht entgangen, dass die Größe ΔEBK in der Definition des NOCF in Tabelle 3.4 vorkommt. Wir wollen die Größe EBK deshalb etwas genauer anschauen.

Nicht einbezogen in die Berechnung von EBK sind Bestandsänderungen an fertigen und unfertigen Erzeugnissen. Der für Erhöhungen dieser Bestände erforderliche Kapitalbedarf schlägt sich in dem in Deutschland verbreiteten Gesamtkostenverfahren in höherem Materialaufwand und in höheren Löhnen und Gehältern nieder und ist insoweit im Cashflow-System erfasst. Eine Verminderung des Bestandes an fertigen und unfertigen Erzeugnissen führt zu höheren Nettoumsatzerlösen, die ebenfalls im neuen Cashflow-System erfasst werden. Veränderungen der Lagerbestände an fertigen und unfertigen Erzeugnissen müssen daher in die Berechnung von EBK nicht mehr einbezogen werden.[18]

---

18 In manchen Ländern ist das Umsatzkostenverfahren (cost of sales method) stark verbreitet. Die Erträge der Periode entsprechen dann den Umsatzerlösen; Lagerbestandserhöhungen erhöhen den Periodenertrag somit nicht. Der Aufwand der Periode wird gemäß diesem Verfahren um Lagerbestandserhöhungen vermindert (bzw. um Lagerbestandsminderungen erhöht). Wird EBK für einen nach dem Umsatzkostenverfahren erstellten Jahresabschluss berechnet, sind auch Lagerbestandsänderungen an fertigen bzw. unfertigen Erzeugnissen zu berücksichtigen: Bestandszunahmen erhöhen EBK, Minderungen senken EBK.

Die Berechnung und Bedeutung von EBK soll mittels der Daten des später zu besprechenden Falles der Glasspinnerei Straubing AG gezeigt werden. Die Jahresabschlüsse für die Jahre 2002-2004 liefern die für die Berechnung von EBK erforderlichen Daten. Auf den Passivseiten der Bilanzen werden neben den Verbindlichkeiten aus Lieferungen und Leistungen Rückstellungen für Lizenzgebühren und Rückstellungen für Steuerzahlungen ausgewiesen. Diese Positionen waren in der Definition von (III) nicht enthalten. Wir beziehen diese Positionen in die Berechnung von EBK hier jedoch ein. Der Grund ist, dass Rückstellungen für Lizenzen aus der Sicht des Unternehmens Glasspinnerei Straubing AG Reflex eines Kredites sind, den der Lizenzgeber dem Unternehmen gewährt. Damit trägt dieser zur Finanzierung des Kapitalbedarfes im Umlaufvermögen bei. EBK *sinkt* somit. Die gleiche Überlegung kann für die Rückstellungen für Steuerzahlungen ins Feld geführt werden: Der Fiskus könnte prinzipiell die für das Geschäftsjahr geschuldeten Steuerzahlungen dem Unternehmen sofort entziehen. Tut er dies nicht, bildet das Unternehmen eine Rückstellung, ordnet also den Steueraufwand der Periode zu und schafft eine ausschüttungssperrende Passivposition. Eine Auszahlung findet nicht statt; der Fiskus gewährt dem Unternehmen einen (kurzfristigen) Kredit. Dieser *verkürzt* EBK.

Tabelle 3.5 zeigt die Berechnung von EBK. Die zur Berechnung notwendigen Daten sind den Bilanzen und GuV-Rechnungen der Glasspinnerei Straubing AG zu entnehmen (Abschnitt 3.6).

	2002	2003	2004
Lagerbestände (LB)[1)]	12.392	19.733	23.529
Forderungen aus Lief. u. Leist. (F^{Lei})[1)]	21.362	26.462	31.564
andere Forderungen (F^a)	–	–	–
Verbindlichkeiten aus Lief. u. Leist. (V^{Lei})	– 24.821	– 30.591	– 18.884
Rückstellungen für Lizenzgebühren u. Löhne	– 4.711	– 4.595	– 7.744
Rückstellungen für Steuerzahlungen	– 15.916	– 21.923	– 19.348
erhaltene Anzahlungen (EA)	–	–	–
EBK	– 11.694	– 10.914	9.117
Δ EBK	–	780	20.031

1) Die ausgewiesenen Vorräte enthalten nur Roh-, Hilfs- und Betriebsstoffe. Alle ausgewiesenen Forderungen gelten vereinfachend als Forderungen aus Lieferungen und Leistungen

Tabelle 3.5: Berechnung von EBK der Jahre 2002-2004 für die Glasspinnerei Straubing AG

Für die Finanzplanung ist insbesondere wichtig, wie sich die Größe EBK im Zeitablauf entwickelt. Die letzte Zeile in Tabelle 3.5 zeigt deshalb ΔEBK, die Veränderung zwischen EBK_t (Endbestand) und EBK_{t-1} (Anfangsbestand). Man erkennt aus Tabelle 3.5, dass in den Jahren 2002 und 2003 die Finanzierungsbeiträge Dritter (Lieferanten, Lizenzgeber, Fiskus) *größer* sind als der Kapitalbedarf zur Finanzierung der Lagerbestände und Forderungen. Deshalb hat EBK in diesen Jahren ein negatives Vorzeichen. 2004 ist die Lage verändert: Insbesondere die deutliche Verkürzung des Bestandes an Verbindlichkeiten aus Lieferungen und Leistungen führt zu einem positiven Wert von EBK. In Höhe der Differenz 9.117 – (–10.914) = 20.031 entstand ein zusätzlicher

Kapitalbedarf. ΔEBK in Höhe von 20.031 geht mit negativem Vorzeichen in die Berechnung des NOCF gemäß Tabelle 3.4 ein und verkürzt den Cashflow aus dem Kerngeschäft des Unternehmens deutlich.

Die Funktion von ΔEBK in der Definition von NOCF erschöpft sich nicht in der Abbildung des zusätzlichen Kapitalbedarfs im Umlaufvermögen. ΔEBK hat außerdem eine wichtige Korrekturfunktion. Wenn Netto-Umsatzerlöse gleich Einzahlungen und Materialaufwand und sonstige betriebliche Aufwendungen gleich Auszahlungen wären, bräuchte eine Korrektur durch ΔEBK nicht zu erfolgen. Weil aber Buchhalter nicht zwischen einem Barverkauf und einem Verkauf auf Ziel bei der Erfassung der Umsatzerlöse differenzieren, muss eine positive oder negative Veränderung der Position «Forderungen aus Lieferungen und Leistungen» (F^{Lei}) beachtet werden. Weil Buchhalter bei der Erfassung des Materialaufwandes nicht danach differenzieren, ob das verarbeitete Material bereits bezahlt ist oder nicht, muss die Veränderung von V^{Lei} beachtet werden. Ebenso muss die Veränderung der Bestände an Roh-, Hilfs- und Betriebsstoffen beachtet werden: + ΔLB bedeutet höheren Finanzbedarf und somit eine Kürzung von NOCF; – ΔLB bedeutet umgekehrt eine Mittelfreisetzung und somit eine Erhöhung des NOCF. Die Korrekturfunktion übernimmt für alle Positionen ΔEBK. Die Idee soll an zwei Beispielen erläutert werden.

Beispiel 1

Ein Unternehmen verkauft am 2.11.2012 Produkte für 10.000 auf Ziel; zahlbar im Februar 2013.

- Netto-Umsatzerlöse in 2012 : + 10.000
- Einzahlung in 2012 : 0
- Forderungen aus Lieferungen und Leistungen in 2012 : + 10.000
- EBK und damit ΔEBK = (10.000 – 0) : + 10.000

  Wie sieht die Wirkung auf den NOCF in 2012 aus?

(1) Netto-Umsatzerlöse : + 10.000

(2) – ΔEBK : – 10.000

Effekt auf NOCF : 0

Beispiel 2

Ein Unternehmen kauft Rohstoffe für 8.000 in 2013, die im gleichen Jahr verbraucht, aber erst 2014 bezahlt werden.

- Materialaufwand in 2013 : + 8.000
- Auszahlung in 2013 : 0
- Verbindlichkeiten aus Lieferungen u. Leistungen in 2013 : + 8.000
- EBK und damit ΔEBK = (–8.000 – 0) : – 8.000

Wie sieht die Wirkung auf den NOCF in 2013 aus?

(1) Materialaufwand : – 8.000

(2) – ΔEBK : + 8.000

Effekt auf NOCF : 0

In die Berechnung von EBK sind nicht einbezogen reine Finanzpositionen der Aktiv- und Passivseite wie z. B.

- Kasse, Guthaben, Wechsel (KA),[19]
- Wertpapiere des UV (WUV) und
- (kurzfristige) Bankverbindlichkeiten (V^B),

weil diese Positionen nicht direkt mit Beschaffung, Produktion und Absatz verbunden sind. Die Differenz der genannten Positionen wird im Folgenden als die «kurzfristige Liquiditätsbilanz» des Unternehmens bezeichnet (KLB). KLB ist definiert durch (IV):

(IV) $KLB = KA + WUV - V^B$.

Die kurzfristige Liquiditätsbilanz ist somit die Differenz zwischen sofort liquidierbaren Aktiva und den kurzfristig fälligen Verbindlichkeiten. Die Definition von (IV) verdeutlicht, dass die KLB eines Unternehmens durch kurzfristige Bankkredite, die dazu benutzt werden, die Kassenposition aufzustocken, nicht verbessert werden kann.

Nun wenden wir uns der Position Steuern zu. Der NOCF in Tabelle 3.4 ist *nach* Steuern definiert. Weil der NOCF den Cashflow-Beitrag des Kerngeschäftes unter der Annahme der Eigenfinanzierung ausweisen soll, sind hier nur die der Produktions- und Absatztätigkeit in den Kerngeschäften zurechenbaren Steuern auszuweisen. Zu diesen zählen in Deutschland die Gewerbesteuer und die Körperschaftsteuer. Außerdem gilt, dass für die Berechnung des NOCF prinzipiell nur die Steuerzahlung ausgewiesen werden sollte, die das Unternehmen in der Periode zu leisten hat, unter der Annahme der vollständigen Eigenfinanzierung. Steuerliche Vorteile, die dem Unternehmen entstehen, weil es auch Fremdkapital einsetzt, wären folgerichtig im dritten Segment der Cashflow-Systematik (Tabelle 3.4) auszuweisen. Weitere Steuerwirkungen sind in den anderen Segmenten ebenfalls zu erfassen.

Auf diese Feinheiten wird hier nur verwiesen. In der später zu besprechenden Fallstudie werden wir eine einfache steuerliche Regelung unterstellen und bei der NOCF-Ermittlung die Steuerzahlungen des Unternehmens ansetzen, die es unter Beachtung seiner gewählten Kapitalstruktur zu leisten hat.

3.5.3 Cashflow-Beitrag aus Finanzanlagen

Im zweiten Segment weist das in Tabelle 3.4 gezeigte Cashflow-System die Cashflow-Wirkungen (Einzahlungen) aus Finanzanlagen aus. Es ist zweckmäßig, diese Einzahlungen von denen aus dem Kerngeschäft zu separieren. Es gibt eine Reihe von Gründen, warum Unternehmen Liquiditätsreserven in Form von Finanzanlagen halten:

- Sie wollen vorbereitet sein auf nicht erwartete Kapitalbedarfe, die sie nicht über Kredite finanzieren wollen.
- Sie sparen langfristige Mittel in Form von Finanzanlagen (Wertpapiere im Umlaufvermögen, Wertpapiere des Anlagevermögens, Beteiligungen) an, um Großinvestitionen zu finanzieren.

---

[19] Man könnte den operativ notwendigen Mindestkassenbestand KA* in die Definition von EBK einbeziehen. KLB wäre dann zu definieren als $KLB = (KA - KA^*) + WUV - V^B$.

- Sie wollen sich finanziellen Bewegungsspielraum schaffen, ohne auf die Ergiebigkeit der Innenfinanzierung oder weitere Kreditfinanzierungen zurückgreifen zu müssen.

Die Anteile der Finanzanlagen an der Bilanzsumme von Unternehmen hängen zwar deutlich von der Branchenzugehörigkeit der Unternehmen ab, sind aber durchweg bemerkenswert hoch, wie die Abbildungen 3.8 und 3.9 zeigen, in denen die Finanzanlagen deutscher Unternehmen von 1971-2011 dargestellt sind.[20]

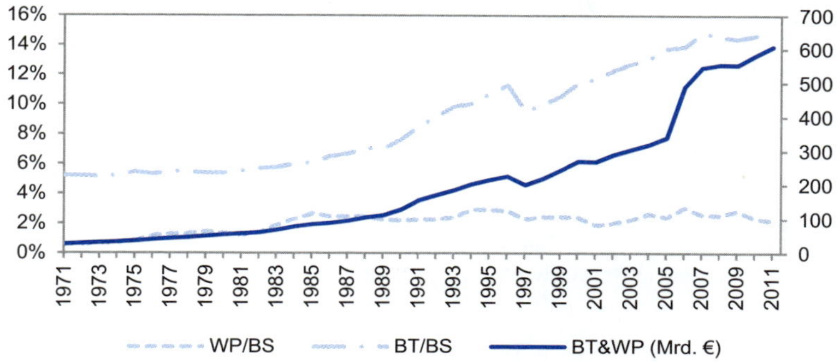

Abbildung 3.8: Finanzanlagen bestehend aus Beteiligungen und Wertpapieren (BT&WP) in Mrd. € skaliert auf der rechten Achse und Wertpapiere (WP) sowie Beteiligungen (BT) jeweilig in Relation zur Bilanzsumme skaliert auf der linken Achse von 1971-2011 für deutsche Unternehmen (Quelle: Deutsche Bundesbank, eigene Berechnungen)

Der Durchschnittswert der Finanzanlagen (Beteiligungen und Wertpapiere) in Relation zu der Bilanzsumme von deutschen Unternehmen lag während des Zeitraums von 1971 bis 2011 bei ca. 11 % und hat sich über den 40-jährigen Zeitraum mehr als verdoppelt. Der rapide Anstieg ist hauptsächlich durch den Anstieg in den Beteiligungen getrieben, da der relative Anteil von Wertpapieren an der Bilanzsumme seit 1985 relativ konstant in der Nähe des langfristigen Durchschnitts von 2 % geblieben ist.

Abbildung 3.9 verdeutlicht, dass bei Kapitalgesellschaften Finanzanlagen eine wesentlich wichtigere Rolle spielen als bei Nichtkapitalgesellschaften, was sich zunächst durch die Unternehmensgröße erklären lässt. Der Durchschnittswert der Finanzanlagen in Relation zur Bilanzsumme lag bei Kapitalgesellschaften (Grafik A) über den Zeitraum von 1997 bis 2010 bei etwa 20 %, wohingegen jener von Nichtkapitalgesellschaften (Grafik B) bei ca. 6 % lag. Der Wertpapieranteil ist sowohl bei Kapital- als auch bei Nichtkapitalgesellschaften im Zeitverlauf relativ konstant geblieben. Der Anteil von Beteiligungen ist dahingegen insbesondere bei Kapitalgesellschaften von 1997 bis 2005 stark angestiegen.

---

20 Als Datengrundlage zu den Abbildungen dienen die Jahresabschlussdaten der Deutschen Bundesbank, die in Kapitel 7 ausführlicher erläutert sind.

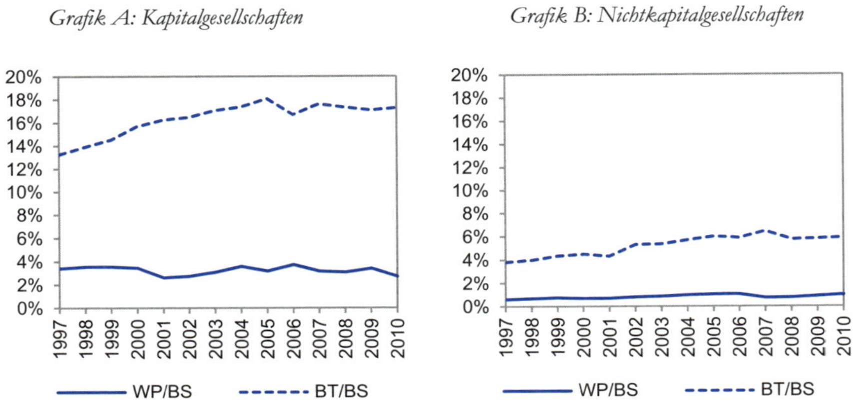

Abbildung 3.9: Wertpapiere (WP) und Beteiligungen (BT) jeweils in Relation zur Bilanzsumme von 1997-2010 für deutsche Kapitalgesellschaften (Grafik A) und Nichtkapitalgesellschaften (Grafik B) (Quelle: Deutsche Bundesbank, eigene Berechnungen)

Auch wenn der Anteil aus Finanzanlagen bei Nichtkapitalgesellschaften i. d. R. wesentlich geringer ausfällt, ist es empfehlenswert, den Cashflow-Beitrag, der durch Finanzanlagen generiert wird, getrennt auszuweisen.

3.5.4 Kapitalstruktur und Cashflow-Verzehr

Der oben ausgewiesene NOCF wird berechnet, als sei das Unternehmen nur mit Eigenkapital ausgestattet. Diese Annahme wird gewählt, um eine transparente Rechnung aufzuziehen: Der NOCF soll nicht belastet sein durch die negativen Wirkungen, die die Finanzierung des Unternehmens in Form von Zinszahlungen, Tilgungsleistungen, Leasingraten, Zahlungen an Genussscheininhaber und Ausschüttungen auslöst. Durch Finanzierungsverträge festgelegte Auszahlungen werden vielmehr im dritten Segment der Cashflow-Systematik erfasst.

Fasst man die ersten drei Bestandteile aus Tabelle 3.4 zusammen, kennt man die *vorläufig verfügbaren* Mittel, die für Investitionen, Sondertilgungen, Ausschüttungen, Rückkäufe von Eigen- und Fremdkapitaltiteln etc. zur Verfügung stehen.

3.5.5 Cashflow und noch zu treffende Investitions- und Finanzierungsentscheidungen

Zum vierten Bestandteil der Cashflow-Ermittlung zählen die Ein- und Auszahlungen, die durch Investitions-, Ausschüttungs- und zusätzliche Finanzierungsentscheidungen der Unternehmensleitung in der Planungsperiode ausgelöst wurden (oder werden).

Hierzu zählen:

+ Ausgabe von Aktien, Genussscheinen, GmbH-Anteilen etc.,
+ Ausgabe von Unternehmensanleihen, Wandelschuldverschreibungen etc.,
+ Aufnahme anderer langfristiger Fremdmittel,
+ Aufnahme kurz- und mittelfristiger Fremdmittel,
+ Verkauf von Gegenständen des Anlagevermögens,

- Auszahlungen für Realinvestitionen,
- Auszahlungen für Finanzinvestitionen,
- außerordentliche Tilgung von Fremdmitteln,
- Rückkauf von Aktien, Genussscheinen,
- Rückkauf von eigenen Fremdkapitaltiteln,
- Ausschüttungen (Entnahmen).

Fasst man alle Bestandteile zusammen, liegt der Cashflow-Überschuss oder das Cashflow-Defizit der Periode vor. Überschüsse schlagen sich als höhere Kassenbestände nieder; Defizite sind entweder durch eine Finanzierungsmaßnahme aufzufüllen oder im Cashflow-System enthaltene geplante Auszahlungen (z. B. für Finanzinvestitionen, Ausschüttungen, außerordentliche Tilgungen) sind zu kürzen.

Damit liegt eine über Herkunft und Verwendung von liquiden Mitteln genau informierende und zu Planungs- *und* Kontrollzwecken einsetzbare Systematik vor. Ihre Leistungsfähigkeit wird anhand der zu lösenden Fallstudie erkennbar werden.

Zunächst sei jedoch folgende **Aufgabe** betrachtet. Die Bilanz der X-AG hat folgendes Aussehen (in T€), latente Steuern fallen nicht an:

	2013	2012		2013	2012
A. Anlagevermögen			A. Eigenkapital		
I. Sachanlagen	2.000	1.700	I. Gezeichnetes Kapital	800	800
II. Finanzanlagen	400	415	II. Kapitalrücklage	350	350
			III. Gewinnrücklage	300	250
B. Umlaufvermögen			IV. Jahresüberschuss	120	100
I. Vorräte			B. Rückstellung für		
1. Roh-, Hilfs- u. Betriebsstoffe	550	380	Pensionen	320	150
			für Garantieleistungen	180	200
2. Geleistete Anzahlungen	80	75	C. Verbindlichkeiten		
			1. Verbindlichkeiten gegenüber Kreditinstituten	1.155	1.115
II. Forderungen aus Lieferungen und Leistungen	250	175			
			2. Erhaltene Anzahlungen auf Bestellungen	160	120
III. Wertpapiere	175	550			
IV. Guthaben bei Kreditinstituten	500	560	3. Verbindlichkeiten aus Lieferung und Leistung	600	800
C. Rechnungsabgrenzungsposten	45	45	D. Rechnungsabgrenzungsposten	15	15
	4.000	3.900		4.000	3.900

Die Gewinn- und Verlustrechnung sieht so aus:

		2013	2012
1.	Umsatzerlöse	5.000	5.500
2.	Erträge aus der Auflösung von Rückstellungen	20	10
3.	Sonstige Erträge	110	100
4.	Materialaufwand	2.200	2.630
5.	Personalaufwand	1.300	1.200
6.	Abschreibungen auf Sachanlagen	500	650
7.	Sonstige betriebliche Aufwendungen	800	850
8.	Erträge aus Wertpapieren und Finanzanlagen	60	50
9.	Abschreibungen auf Finanzanlagen	30	40
10.	Zinsen und ähnliche Aufwendungen	90	80
11.	Ergebnisse der gewöhnlichen Geschäftstätigkeit	270	210
12.	Steuern	150	110
13.	Jahresüberschuss	120	100
14.	Einstellungen aus Jahresüberschuss in Gewinnrücklagen	–	50
15.	Bilanzgewinn	120	50

(1) Berechnen Sie für 2013 den Cashflow i. S. v. Definition 4!

(2) Berechnen Sie für 2013 den NOCF!

(3) Erklären Sie Unterschiede in den Ergebnissen zu (1) und (2)!

Sie können davon ausgehen, dass die Positionen 3, 7, 8, 10 und 12 deckungsgleich mit Zahlungen sind. Position 5 ist um die nicht zahlungswirksamen Zuführungen zu den Pensionsrückstellungen zu kürzen. Position 2 resultiert aus der teilweisen Auflösung der Garantierückstellung.

Lösung

(1) Unter Benutzung von Tabelle 3.3 errechnet sich der Cashflow i. S. v. Definition 4 wie folgt:

I.	Jahresüberschuss		120
+	II.	Aufwendungen, nicht Auszahlungen	
	(1)	Abschreibungen auf SAV	+ 500
	(1)	Abschreibungen auf FAV	+ 30
	(2)	Zuführung zu Pensionsrückstellungen	+ 170
–	III.	Erträge, nicht Einzahlungen	
	(2)	Zuwachs an Forderungen aus Lieferungen und Leistungen	– 75
	(5)	Erträge aus Auflösung von Garantierückstellungen	– 20
+	IV.	Einzahlungen, nicht Ertrag	
	(1)	Zuwachs bei erhaltenen Anzahlungen	+ 40
–	V.	Auszahlungen, nicht Aufwand	

(1)	Erhöhung der RHB-Stoffe	– 170
(2)	Erhöhung des Bestandes an geleisteten Anzahlungen	– 5
(3)	Verminderung des Bestandes an Verbindlichkeiten aus Lieferungen und Leistung	– 200
Cashflow i. S. v. Definition 4		390

(2) Der NOCF für 2013 berechnet sich unter Benutzung von Tabelle 3.4 wie folgt:

Umsatzerlöse	5.000
– Materialaufwendungen	– 2.200
– Personalaufwendungen	– 1.300
– Steuern	– 150
– sonstige betriebliche Aufwendungen	– 800
– ΔEBK	– 410
NOCF	140

Dabei ergibt sich ΔEBK für 2013 aus folgender Rechnung:

	2012	2013
Forderungen aus Lief. u. Leist.	175	250
+ RHB-Stoffe	+ 380	+ 550
+ Geleistete Anzahlungen	+ 75	+ 80
– Verbindlichkeiten aus Lief. u. Leist.	– 800	– 600
– Erhaltene Anzahlungen	– 120	– 160
EBK	– 290	120

$$\Delta EBK = 120 - (-290) = 410$$

(3) Der Cashflow i. S. v. Definition 4 beträgt 390; der NOCF ist 140.

Die Erwartung, die beiden Größen sollten übereinstimmen, wäre ganz unbegründet. Es gibt potentielle Störfaktoren, die für die Differenz verantwortlich sind:

- Erträge aus Wertpapieren und Finanzanlagen 60
- Zinsen und ähnliche Aufwendungen – 90
- Sonstige Erträge[21] 110

Addiert man den Betrag des NOCF mit den Beträgen dieser Positionen, könnte man erwarten, dass die Differenz zwischen Cashflow i. S. v. Definition 4 und NOCF verschwindet. Man erhält

140 + 60 – 90 + 110 = 220

[21] Sonstige Erträge sind im NOCF nicht erfasst, da sie nicht dem Kerngeschäft entstammen.

und damit eine Differenz von 390 – 220 = 170.

Diese Differenz entspricht der Zuführung zu den Pensionsrückstellungen von 170, die wir bei der Ermittlung des Cashflows beachtet haben, nicht aber bei der Ermittlung des NOCF.

Was verbirgt sich hinter der Erhöhung der Rückstellungen von 150 auf 320? Es handelt sich um eine Zuführung zu Pensionsrückstellungen, die in der GuV unter der Position 5 erfasst ist. Wir haben somit bei der Berechnung von NOCF die Personalauszahlungen zu *hoch* angesetzt:

Zuführungen zu Pensionsrückstellungen führen nicht zu Auszahlungen. Die Personalauszahlungen sind folglich 1.300 – 170. Nach Korrektur steigt der NOCF von 140 auf 310 und die Differenz zwischen Cashflow und NOCF ist erklärt:

Cashflow = NOCF + sonstige Erträge – Zinsen + Erträge aus Wertpapieren

390 = 310 + 110 – 90 + 60.

Das Beispiel verdeutlicht den oben zu Tabelle 3.4 gegebenen Hinweis, dass die Definition des NOCF weitere Korrekturen erfordert, wenn die sonstigen betrieblichen Erträge bzw. die sonstigen betrieblichen Aufwendungen in der gleichen Periode nicht zahlungsgleich sind. Im Beispiel sind die Zuführungen zur Pensionsrückstellung in der Position Personalaufwendungen (1.300) enthalten und nicht auszahlungsgleich. Folglich ist – ein entsprechender Informationsstand wird unterstellt – diese Position um 170 zu verkürzen. Der korrigierte NOCF steigt auf 310.

I. d. R. sind einem externen Jahresabschlussleser die Zuführungen zu den Pensionsrückstellungen nicht genau bekannt. Hilfsweise wird sich dieser dann an der Veränderung der Position Pensionsrückstellungen orientieren. Die Veränderung entspricht der Differenz Zuführung zur PR – Auflösungen von PR – Zahlung von Rentenleistungen an Pensionsberechtigte.

3.5.6 Zwischenergebnis

An dieser Stelle ist eine Zusammenfassung der Ergebnisse angebracht. Die Ausgangsfrage war, welche Informationen über die Liquidität eines Unternehmens Bilanzen (Jahresabschlüsse) geben können. Die Aussagen der theoretischen Bilanz und der Liquidationsbilanz waren eindeutig; die Aussagen der Fortführungsbilanz waren zunächst ganz unklar: Die Signale, die Bilanzsummen oder Eigenkapitalpositionen geben, waren diffus. Im Vergleich zur theoretischen Bilanz oder der Liquidationsbilanz waren sie weder Fisch noch Fleisch.

Dann begannen wir, nach den «Innereien» von Fortführungsbilanzen zu fragen, also danach, was *in* Fortführungsbilanzen und GuV-Rechnungen steht. Wir prüfen die verschiedenen Definitionen von Cashflow. Dies brachte eine Reihe von Defiziten an den Tag, die durch das modifizierte Cashflow-System beseitigt werden. Wir erkennen, dass Fortführungsbilanzen (Jahresabschlüsse) Signale zur künftigen Liquidität, die der Qualität der Signale der theoretischen Bilanz nahekommen, nicht liefern können und dass sie Informationen über die güterwirtschaftliche Liquidität analog zur Liquidationsbilanz nicht geben können (und auch nicht wollen). Die Hinweise der HGB-Jahresabschlüsse auf die Liquidität von Unternehmen sind anderer Art: Sie liefern Informationen, mit denen ein externer Analyst Finanzpläne erstellen kann; anhand dieser Finanzpläne lässt sich dann die Liquidität (Bonität) von Unternehmen prinzipiell beurteilen.

3.6 Finanzplanung: Anforderungen, Strukturierung und Fallstudie

3.6.1 Anforderungen an einen Finanzplan

Die Überlegungen zum Cashflow und insbesondere das vorgelegte Cashflow-System deuten an, wohin die Reise führt: Um Liquidität von Unternehmen zu messen, werden Finanzpläne benötigt. Fortführungsbilanzen und Gewinn- und Verlustrechnungen sind Startpunkte für die Entwicklung von Finanzplänen. Der Finanzplan ist ein im Prinzip einfaches Instrument. Er erfasst künftige Ein- und Auszahlungen termingenau und vollständig. Er misst damit das, was zu messen ist, wenn Aussagen über die künftige Liquidität eines Unternehmens zu machen sind.

Um einen Finanzplan mit Daten (den künftigen Ein- und Auszahlungen) zu füllen, ist ein Informationsstand notwendig, den i. d. R. nur Unternehmens*interne* erlangen können, weil sie auf in diesem Zusammenhang relevante Vorpläne wie Absatz-, Beschaffungs-, Personaleinsatzpläne etc. zurückgreifen können. Unternehmensexternen (Warengläubigern, Kreditgläubigern, Anteilseignern etc.) stehen diese Informationen i. d. R. nicht zur Verfügung. Dennoch müssen sie zu Urteilen über die künftige Liquidität von Unternehmen gelangen. Es ist deshalb nützlich, die Schwierigkeiten zu erkennen, die eine Beurteilung, die sich allein auf Jahresabschluss-Informationen stützt, zu überwinden hat. Diese Schwierigkeiten bestehen trotz der erklärten Absicht des Gesetzgebers, den Einblick Außenstehender in die Liquiditätslage von Kapitalgesellschaften zu verbessern.

An Finanzpläne sind bestimmte Anforderungen zu stellen. Finanzpläne sind *zukunftsbezogene* Rechnungen, die für eine bestimmte Zeitspanne (Planungszeitraum) für jede zu definierende Periode (Tag, Woche, Monat, Quartal oder Jahr) Ein- und Auszahlungen gegenüberstellen. Bereits vor Beginn des Planungszeitraumes getroffene Maßnahmen sind nur relevant, wenn diese im Planungszeitraum Ein- und/oder Auszahlungen bewirken.

Für die Erstellung von Finanzplänen gilt das sog. **Bruttoprinzip**. Es verlangt, dass Ein- und Auszahlungen zu den relevanten Zeitpunkten als solche ausgewiesen werden. Saldierungen von Ein- und Auszahlungen (z. B. die Einzahlung eines Kunden wird mit einer Auszahlung an den Kunden, der gleichzeitig Lieferant ist, verrechnet) sind zu unterlassen. Die Begründung für diese Anforderung ist, dass die Information, welche Ein- und Auszahlungen einen Zahlungsmittelüberschuss bzw. -fehlbetrag bewirken, wichtig sein kann. Diese Information würde durch Saldierungen verwischt.

Finanzpläne müssen vollständig sein. **Vollständigkeit** verlangt, dass alle im Planungszeitraum zu erzielenden Einzahlungen und alle zu leistenden (geplanten) Auszahlungen erfasst werden müssen. Oben wurde bei der Ermittlung des NOCF nur auf die Ein- und Auszahlungen abgestellt, die aus dem laufenden Produktions- und Absatzprozess stammten. Aus- und Einzahlungen des nicht dem eigentlichen Betriebszweck zuzurechnenden Bereichs, wurden ebenso wenig erfasst wie die Zahlungsbeziehungen mit den Eigen- und Fremdmittelgebern. Ein Finanzplan, der nicht ausdrücklich und gewollt *Teilfinanzplan* ist, kennt solche Einschränkungen nicht. Die Güte oder der Informationswert eines Finanzplans hängt vielmehr von seiner Vollständigkeit ab. Nur vollständige Finanzpläne erlauben eine zuverlässige Messung der künftigen Liquidität.

Ein Finanzplan hat schließlich **termingenau** zu sein. Ein- und Auszahlungen sind für die Zeitperioden zu erfassen, in denen sie anfallen bzw. zu leisten sind. Die größte zeitliche Präzision ist erreicht bei tagesgenauer Erfassung der Ein- und Auszahlungen. Wegen des hohen Rechenaufwandes und wegen der mit zunehmender Länge des Planungszeitraums wachsenden Prognoseschwierigkeiten wird die tagesgenaue Rechnung i. d. R. nur für kurze Fristen (1-4 Wochen) möglich sein. Die praktische Finanzplanung geht dann auf Wochenplanung und – mit zunehmendem Planungszeitraum – auf Monatsplanung über.

3.6.2 Strukturierung eines Finanzplanes

Die Grundstruktur eines Finanzplanes ist einfach.

In der Grundstruktur (Tabelle 3.6) werden Ein- und Auszahlungen in wenig untergliederter Form ausgewiesen. Für überschlägige Rechnungen mag dies ausreichend sein. Im konkreten Fall hängt die Tiefe der Untergliederung der Ein- und Auszahlungen von der Fragestellung ab. Grundsätzlich gilt, dass der Finanzplan nicht nur Aufstellung der vom Unternehmen passiv erwarteten Einzahlungen und der zu leistenden Auszahlungen ist, sondern der finanzielle Reflex der Aktivitäten der Unternehmensleitung überhaupt. Wenn der Finanzplan Grundlage für Folgeentscheidungen ist, steigt sein Informationswert mit einer zweckentsprechenden Gliederung. Deshalb wird empfohlen, Ein- und Auszahlungen nach ihrer Zurechenbarkeit zu Produktions- und Absatzbereich (= Leistungsbereich), zum Bereich «Finanzergebnis» und zum Bereich «Nicht-Kern-Geschäfte» zu untergliedern.

	Planungsintervalle / Ein- bzw. Auszahlungen	1	2	3	4…
1	Anfangsbestand an Zahlungsmitteln (Überschuss/Fehlbetrag)				
2	Einzahlungen aus … … … Summe Einzahlungen				
3	Auszahlungen für … … … Summe Auszahlungen				
4	Endbestand an Zahlungsmitteln 1+ 2−3 (Überschuss/Fehlbetrag)				
5	Nicht genutzte Kredite (Kontokorrentkredite, sonstige Kreditlinien)				

Tabelle 3.6: Grundstruktur eines Finanzplanes

Insbesondere zwei Faktoren erschweren die Erstellung und Strukturierung eines Finanzplanes:

- die künftigen Ein- und Auszahlungen sind zu prognostizieren und die Zukunft ist unsicher;
- künftige Auszahlungen, die wichtige Bestandteile von Finanzplänen sind, hängen ihrerseits von bilanziellen Größen ab: hierzu gehören insbesondere der Kapitalbedarf im Umlaufvermögen, Steuerzahlungen und Ausschüttungen (Dividenden). Dies ist zunächst zu erklären.

Die steuerliche Gewinnermittlung erfolgt mittels einer bilanziellen Rechnung. Durch Betriebsvermögensvergleich wird im Allgemeinen der zu versteuernde Gewinn eines Unternehmens ermittelt (§ 4 Abs. 1 EStG). Die vielfältigen steuerlichen Details interessieren hier nicht. Es soll lediglich klargestellt werden, dass eine Prognose der Steuerzahlungen für künftige Perioden eine Prognose des steuerlichen Gewinns (und des Steuertarifs) voraussetzt. Neben dem Finanzplan sind deshalb steuerliche (Neben) Rechnungen für die künftigen Perioden des Planungszeitraumes aufzumachen.

Auch die Ausschüttungen (Entnahmen, Dividenden) der Gesellschaft können abhängig vom bilanziellen (steuer-bilanziellen) Gewinn sein. Manche Gesellschaften verfolgen die Politik einer konstanten Ausschüttungsquote. Angenommen, die Ausschüttungsquote sei $\alpha = 0{,}5$ des bilanziell gemessenen Überschusses: Die Gesellschaft schüttet dann 50 % ihres Jahresüberschusses aus. Die Ausschüttung pro Jahr, die als Auszahlung im Finanzplan anzusetzen ist, ist dann abhängig vom Jahresüberschuss. Neben der Finanzplanung sind daher auch die Periodenergebnisse (Bilanzen, Gewinn- und Verlustrechnungen) für künftige Perioden zu ermitteln.

Finanzplanungen, die im Prinzip reine Ein- und Auszahlungsrechnungen sind, sind daher aus den beiden angegebenen Gründen ohne bilanzielle Rechnungen für die jeweiligen Perioden des Planungszeitraums kaum durchführbar. Diese wichtigen Beziehungen zwischen Finanzplanung, Bilanzen und Gewinn- und Verlustrechnungen werden im folgenden Abschnitt an einer Fallstudie erläutert.

3.6.3 Fallstudie Glasspinnerei Straubing AG

Die Glasspinnerei in Straubing ist eine Familienaktiengesellschaft.[22] Das Unternehmen wurde 1947 gegründet. Es produziert Glasfasern, Glasfasermatten und ähnliche Isoliermaterialien, die für die Wärmedämmung eingesetzt werden. Das Unternehmen hat im süddeutschen Raum eine marktbeherrschende Stellung: Im Marktsegment Isolierfasern betrug der Marktanteil ungefähr 90 %. Diese Marktposition soll gehalten werden. In den letzten Jahren wuchs der Umsatz jährlich um durchschnittlich 20 %. Die dazu notwendigen Kapazitätserweiterungen wurden weitgehend durch Selbstfinanzierung und durch Kapitaleinlagen der Eigentümer finanziert. Der Finanzchef des Unternehmens glaubt, dass die künftig notwendigen Kapazitätserweiterungen nicht durch Eigenmittel der Eigentümer-Familie finanziert werden können, da die Mittel der Familie erschöpft sind und die Eigentümer Ausschüttungen erwarten und keine Einlagen leisten wollen.

[22] Die Fragestellung wurde ursprünglich bei IMEDE Genf entwickelt. Sie wird hier in wesentlich abgewandelter und erweiterter Form verwendet.

Glasfasern für Isolierungen werden in einem kontinuierlichen, maschinenintensiven Verfahren hergestellt. Zunächst wird – wie sonst auch bei der Glasherstellung – das exakte Gemenge aus Quarzsand, Kalkstein und anderen mineralischen Zusätzen gemischt. Diese Mischung wird in einem gasbeheizten Ofen geschmolzen. Am Ende des Ofens fließt das Glas durch Düsen aus hitzebeständigem Material, wo diese Rinnsale aus flüssigem Glas unter strenger Temperaturkontrolle von Strömen hochkomprimierter Luft erfasst werden. Dieser Vorgang zerlegt den Glasstrom in Fasern, die dann auf ein Fließband geleitet werden. Auf diesem werden sie in der gewünschten Dicke zusammengelegt. Die Fasern werden dann entweder mit einem Spezialbindemittel behandelt und durch Walzen und Öfen geleitet, wodurch sich halbstarre bis starre Matten ergeben, oder sie werden mit einem mikroskopischen Film aus dickflüssigem Mineralöl überzogen und als Isoliermaterial für Röhren verwendet.

In der Glasspinnerei läuft die Produktion rund um die Uhr an 365 Tagen im Jahr, bis die Auskleidung des Schmelzofens für einen kostengünstigen Betrieb zu dünn wird. Dann stellt man die Fertigung ein und kleidet den Ofen neu aus. Anfangs geschah dies alle zwei Jahre, aber aufgrund jüngster technischer Verbesserungen garantierte der Lizenzgeber eine Nutzungsdauer von vier Jahren. Solange die Produktion ruht, werden auch die Anlagen an anderen Stellen des Fertigungsprozesses verbessert, um die Kapazität zu erhöhen.

Das Produktionsvolumen hatte 2004 17.777 t betragen. Für 2005 erwartet man einen Mengenumsatz von 20.000 t. Die nächste Kapazitätserweiterung soll noch im Jahre 2005 durchgeführt werden. Die zusätzliche Produktionskapazität würde 19 t/Tag betragen, so dass der Maximalausstoß/Tag dann 75 t wäre. Neben einem Ausbau des Ofens sehen die Pläne die Errichtung eines neuen Gebäudes für die Gemengemischung vor, ferner die Weiterführung des Transportbandes bis ins Lagerhaus sowie eine Vergrößerung des Lagerraums für die Fertigprodukte, um dem gestiegenen Ausstoß Rechnung zu tragen. Unter Berücksichtigung der zu erwartenden Preissteigerungen rechnet man mit einer Investitionssumme von 85 Mio. Von diesem Betrag würden 30 Mio. in Gebäude, der restliche Betrag in Anlagen und Ausrüstung investiert werden. Die Nutzungsdauern und damit die Zeitspannen für die steuerliche Abschreibung sind mit 10 bzw. 4 Jahren zu veranschlagen. Die steuerliche Abschreibung erfolgt i. d. R. linear. Unter bestimmten Bedingungen, die von der Glasspinnerei Straubing erfüllt werden, ist auch eine einmalige Abschreibung von 75 % im Anschaffungsjahr möglich. Der restliche Betrag ist dann linear abzuschreiben.

Für den Finanzchef des Unternehmens stellt sich zu Beginn des Jahres 2005 das Problem, den Kapitalbedarf für die nächsten 4 Jahre zu berechnen. Anschließend will er sich um die Finanzierung möglicher Mitteldefizite kümmern. Das Planungsproblem des Finanzchefs ist in Finanzplänen abbildbar. Aber es ist ohne Zuhilfenahme von Informationen aus Bilanzen und Gewinn- und Verlustrechnungen vergangener Perioden und ohne Entwicklung von Planbilanzen und Plan-GuV-Rechnungen nicht lösbar. Abbildung 3.10 erläutert, warum dies so ist.

Der Gang der Rechnung wird in Abbildung 3.10 erläutert. Der Finanzchef geht für seine erste Berechnung des möglichen Kapitalbedarfs von folgenden Annahmen über die Entwicklung der Nettoumsatzerlöse und der relevanten Aufwandspositionen aus:

(1) Das Wachstum des am Markt absetzbaren Produktionsvolumens wird einer wahrscheinlichsten Entwicklung zufolge in den nächsten 4 Jahren jeweils 12,5 % betragen.

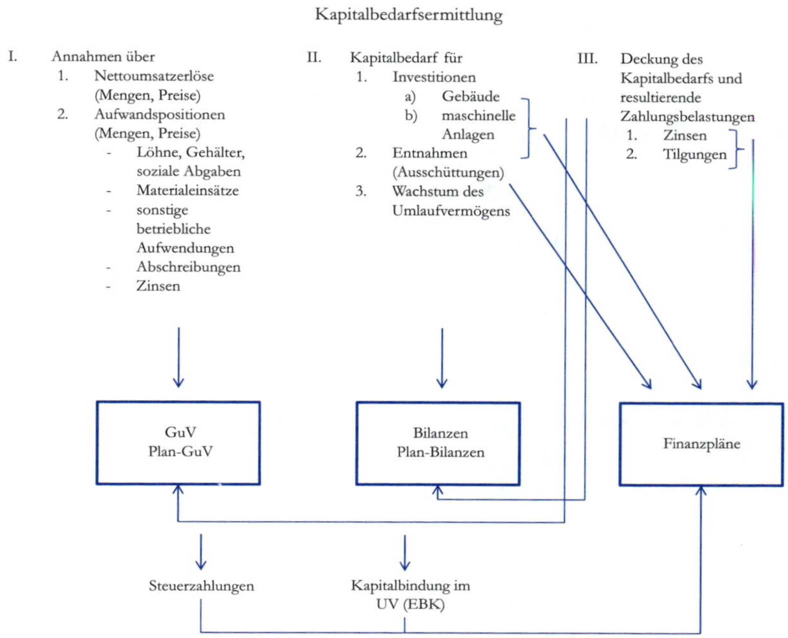

Abbildung 3.10: Verbindungslinien zwischen Finanzplan, Bilanz, GuV, Planbilanzen und Plan-GuV

(2) Der Finanzchef nimmt an, dass die Glasspinnerei ihre Produktpreise 2005 nur um 4,8 % auf € 13.500/t, in den Folgejahren aber um 9 % erhöhen kann.

(3) Bei der Prognose des Materialaufwandes sind (a) die höhere Ausbringung und (b) die höheren Preise für die Einsatzfaktoren zu beachten. In den vergangenen Jahren betrug der Materialeinsatz pro Tonne Endprodukt (in €/t):

2002	2003	2004
3.100	3.120	3.245

Da die Technologie des Produktionsprozesses nicht verändert würde, könnte der Materialeinsatz – konstante Preise vorausgesetzt – bei 3.245 €/t verharren. Die Rohstoffpreise werden 2005 voraussichtlich um 10,9 % und später um 9 % steigen.

(4) Zusätzliche Arbeitskräfte müssen nicht eingestellt werden. Für 2005 wird die Lohnsteigerung aufgrund einer betriebsinternen Absprache 20 %, in den späteren Perioden vermutlich 11 % betragen. Wegen einer Betriebsvereinbarung, die in einer Periode schwacher Performance abgeschlossen worden war, waren Löhne und Gehälter in den vergangenen Jahren nicht bzw. kaum merklich gestiegen. Diese Vereinbarung sieht vor, dass unterbliebene Lohnerhöhungen nachgeholt werden, bei sich verbessernder wirtschaftlicher Lage der Gesellschaft.

(5) Die sonstigen betrieblichen Aufwendungen werden voraussichtlich pro Jahr um 10 % steigen.

(6) Die von den Eigentümern gewünschte Ausschüttung beträgt € 3.120.000 pro Jahr.

Die vereinfachten Bilanzen und die Gewinn- und Verlustrechnungen für die letzten drei Jahre sehen wie folgt aus:

Verkürzte Bilanzen (in T€)

AKTIVA	2002	2003	2004
Anlagevermögen			
Grundstücke	3.716	3.887	4.048
Bauten	30.441	29.615	38.805
Maschinen und Einrichtungen	22.028	18.154	16.302
Anlagen im Bau	678	10.449	3.995
Finanzanlagen			
Beteiligungen	10.993	11.477	11.477
Summe Anlagevermögen	67.856	73.582	74.627
Umlaufvermögen			
Kasse	9.356	14.624	7.816
Forderungen	21.362	26.462	31.564
Vorräte	12.392	19.733	23.529
Summe Umlaufvermögen	43.110	60.819	62.909
Summe Aktiva	110.966	134.401	137.536

PASSIVA	2002	2003	2004
Vorzugsaktien	2.000	3.250	3.250
Stammaktien	14.000	22.750	22.750
Gewinnrücklagen	10.271	10.218	11.168
Eigenkapital	26.271	36.218	37.168
Verbindlichkeiten aus Lieferungen und Leistungen	24.821	30.591	18.884
Rückstellungen für Lizenzen	4.711	4.595	7.744
Rückstellungen für Steuern	15.916	21.923	19.348
Kurzfristige Verbindlichkeiten und Rückstellungen	45.448	57.109	45.976
Langfristige Kredite	24.757	24.640	29.573
Pensionsrückstellungen	7.990	9.934	13.819
Gesellschafterdarlehen	6.500	6.500	11.000
Summe Verbindlichkeiten und Rückstellungen	84.695	98.183	100.368
Summe Passiva	110.966	134.401	137.536

Verkürzte Gewinn- und Verlustrechnung (in T€)			
	2002	2003	2004
Bruttoumsatzerlöse	166.461	212.491	230.060
./. Skonti, Rabatte	2.533	2.913	1.136
Nettoumsatzerlöse	163.928	209.578	228.924
Aufwendungen			
Material	43.277	51.844	57.694
Löhne und Gehälter	37.486	46.676	61.523
Abschreibung	13.048	19.390	21.359
Betriebsergebnis	70.117	91.668	88.348
Sonstige betriebliche Aufwendungen	54.438	75.612	75.781
Ertrag vor Zinsen und Steuern (EBIT)	15.679	16.056	12.567
Zinsaufwendungen	3.038	3.312	3.214
Gewinn vor Steuern	12.641	12.744	9.353
Steuern	7.043	7.724	5.283
Jahresüberschuss	5.598	5.020	4.070
Dividendenzahlung	1.960	5.073	3.120

Bei der Erstellung des Finanzplanes ist zu beachten:

- Der vorläufige Kapitalbedarf ist mit 85 Mio. € sehr hoch. Dies erkennt man, wenn man ihn mit der Bilanzsumme der Glasspinnerei Straubing AG vergleicht (137,5 Mio.).
- Vermutlich wird der Kapitalbedarf des Unternehmens im Umlaufvermögen in der Planungsperiode von 4 Jahren weiter zunehmen, wenn sich die obigen Annahmen über das Umsatzwachstum realisieren.
- Der Finanzplan ist nicht isoliert aufstellbar. Benötigt werden Gewinn- und Verlust-Rechnungen, um steuerliche Überschüsse und Steuern berechnen zu können, sowie Bilanzen, um wichtige Kapital bindende Positionen wie Lagerbestände (LB) und Forderungen aus Lieferungen und Leistungen (F^{Lei}) sowie Mittel freisetzende Positionen wie Verbindlichkeiten aus Lieferungen und Leistungen (V^{Lei}) und kurzfristige Rückstellungen (Rück) zu ermitteln.
- Die Gewinn- und Verlustrechnung ist isoliert nicht aufstellbar: In der GuV sind Zinsen anzusetzen. Die Zinszahlungen hängen ab vom Kapitalbedarf der Gesellschaft, der seinerseits vom Umfang der Innenfinanzierung, von der Ausschüttungsquote und von künftigen Finanzierungsmaßnahmen abhängt.

Wir beginnen die Kapitalbedarfsrechnung mit der Prognose des Umsatzvolumens, der Absatzpreise und damit der Nettoumsatzerlöse. Davon sind abzuziehen Materialaufwand, Löhne, allgemeine Verwaltungskosten und das zusätzliche erforderliche Betriebskapital (ΔEBK). Die Berechnung von ΔEBK ist zu erläutern.

Bezieht man für die vergangenen drei Jahre Lagerbestände (LB)[23], Forderungen aus Lieferungen und Leistungen (F^{Lei}) und Verbindlichkeiten aus Lieferungen und Leistungen (V^{Lei}) auf die Nettoumsatzerlöse (NU_t), erhält man die folgenden Prozentsätze:

	2002	2003	2004	Durchschnitt
$\frac{LB_t}{NU_t} \cdot 100$	7,56	9,42	10,28	9,09
$\frac{F_t^{Lei}}{NU_t} \cdot 100$	13,03	12,63	13,79	13,15
$\frac{V_t^{Lei}}{NU_t} \cdot 100$	15,14	14,60	8,25	12,66

Für die Berechnung von ΔEBK wird daher angenommen, dass in den künftigen Perioden

- die LB 9 % der NU_t,
- die F^{Lei} 13 % der NU_t und
- die V^{Lei} 10 % der NU_t

betragen.

Da im Sachverhalt keine Hinweise enthalten sind, dass das Unternehmen außergewöhnlich hohe oder niedrige LB oder F^{Lei} hat, ist die Beibehaltung der durchschnittlichen Werte zunächst plausibel.

Die Berechnung des NOCF ergibt sich aus den Tabellen 3.7 bis 3.10.

---

[23] In den Bilanzen (s. o.) wird nicht differenziert nach der Art der Vorräte. Im Folgenden wird angenommen, dass es sich um Lagerbestände an Roh-, Hilfs- und Betriebsstoffen handelt.

	2004	2005	2006	2007	2008
(1) Produktion t	17.777	20.000	22.500	25.313	27.375[1)]
(2) Absatzpreise/t	12,88	13,50	14,72	16,04	17,48
(3) Nettoumsatzerlöse	228.924[2)]	270.000	331.200	406.021	478.515
(4) Materialeinsatz in €/t Produktion	3,245	3,599	3,923	4,276	4,660
(5) Materialaufwand	57.694[2)]	72.000	88.290	108.264	127.622
(6) Löhne und Gehälter	61.523[2)]	73.828	81.949	90.963	100.969
(7) sonst. betriebliche Aufwendungen	75.781[2)]	83.359	91.695	100.865	110.951
(8) ΔEBK[3)]	20.031	– 2.492	5.355	6.547	6.342
(9) Steuern	5.283	(noch unbekannt, vgl. Tabelle 3.9)			
(10) NOCF vor Steuern	13.895	43.305	63.912	99.382	132.631

1) Maximalkapazität/Jahr: 365 × 75 t = 27.375 t. Wir abstrahieren davon, dass 2008 ein Schaltjahr war.
2) Vgl. Gewinn- und Verlustrechnung für 2004.
3) Vgl. Tabelle 3.6 und Tabelle 3.8.

Tabelle 3.7: Berechnung des NOCF der Glasspinnerei Straubing AG, ohne Steuern (in T€)

	2004	2005	2006	2007	2008
(1) Nettoumsatzerlöse	228.924	270.000	331.200	406.021	478.515
(2) + LB (= 0,09 × (1))	23.529[1)]	24.300	29.808	36.542	43.066
(3) + F^{Lei} (= 0,13 × (1))	31.564[1)]	35.100	43.056	52.783	62.207
(4) – V^{Lei} (= 0,10 × (1))	18.884[1)]	27.000	33.120	40.602	47.852
(5) – Rückstellungen für Lizenzen[2)]	7.744	8.775	10.764	13.196	15.552
(6) – Rückstellungen für Steuern[2), 3)]	19.348	17.000	17.000	17.000	17.000
(7) = EBK	9.117	6.625	11.980	18.527	24.869
(8) Δ EBK	20.031	– 2.492	5.355	6.547	6.342

1) Vgl. Bilanz für 2004.

2) EBK ist definiert gemäß Formel (III): EBK = LB + F^{Lei} + F^a + GA – (V^{Lei} + EA)
Die Position Rückstellungen für Lizenzen und Rückstellungen für Steuern werden in EBK einbezogen. Wir definieren EBK so: EBK = LB + F^{Lei} – (V^{Lei} + $Rück^L$ + $Rück^{St}$). Die Rückstellung für Lizenzen resultiert aus der Tatsache, dass die Glasspinnerei Straubing Lizenzunternehmerin für das Produktionsverfahren ist. Die Lizenzgebühr setzt an den Unternehmenszahlungen an, ist also fällig, wenn der Abnehmer der Produkte *gezahlt* hat. Zahlungszeitpunkte sind der 31.03. bzw. der 30.09. eines Jahres. Wirtschaftlich verursacht ist die Belastung aber bereits mit der Auslieferung der Produkte. Gemäß HGB sind Rückstellungen für ungewisse Verbindlichkeiten zu bilden (§ 249 Abs. 1 HGB). Wegen der in Zeile (1) angenommenen Steigerung der Nettoumsatzerlöse wird die Höhe dieser Rückstellungen nicht konstant bleiben.
Für das Jahr 2004 beträgt diese Rückstellung 7.744. Bezogen auf die Nettoumsatzerlöse des Jahres 2004 in Höhe von 228.924, bildet diese Rückstellung den Zahlungsanspruch des Lizenzgebers für die Umsätze der Monate Oktober, November, Dezember 2004 ab. Unterstellt man, dass sich die Nettoumsatzerlöse gleichmäßig über das Jahr verteilen, enthält die Rückstellung die auf $228.924 \cdot \frac{3}{12} = 57.231$ entfallenden Lizenzgebühren. Unter diesen Annahmen wäre die Lizenzgebühr pro € Nettoumsatzerlös 0,13 €. Die Rückstellungen für die folgenden Jahre werden so berechnet: $0{,}13 \cdot \frac{1}{4} \cdot NU_t$. In der GuV sind diese Anforderungen unter den sonstigen betrieblichen Aufwendungen erfasst.

3) Die hohe Steuerrückstellung ist gemäß Schreiben des Finanzamtes im Jahre 2005 auf 17.000 zu reduzieren.

Tabelle 3.8: Berechnung des erforderlichen Betriebskapitals (EBK) für 2004-2008

Tabelle 3.8 lässt die Bedeutung des Kapitalbedarfes erkennen, der aus dem Wachstum von EBK resultiert. In den Jahren 2005-2008 entsteht hierdurch ein zusätzlicher Bedarf von ca. 16 Mio. Jede Kapitalbedarfsrechnung, die das Wachstum des Umlaufvermögens unbeachtet lässt, führt damit zu anfechtbaren Ergebnissen.

Um die Steuerzahlungen zu berechnen, sind die Gewinn- und Verlustrechnungen künftiger Perioden zu erstellen. Diese sind in Tabelle 3.9 dargestellt. Der Finanzchef geht von folgenden Annahmen aus:

(1) Er glaubt, dass sich die sofortige Aufnahme eines langfristigen Kredites in Höhe von 20 Mio., dessen Zinssatz 8 % betragen wird, nicht umgehen lässt. Die jährlichen Tilgungszahlungen betragen ab 2006 € 2.000.000. Die erste Zinszahlung ist 2006 fällig.

(2) Die kurzfristigen Mittel sollen 2005 um einen dreijährigen kurzfristigen Kredit in Höhe von € 5.000.000 zu 8 %, der 2008 zu tilgen ist, aufgestockt werden. Die erste Zinszahlung ist 2006 fällig.

(3) Die Abschreibungen auf die bisherigen Anlagen betragen ab 2005 13.259 T€.

(4) Die neuen Gebäude kosten 30 Mio. und haben eine steuerliche Nutzungsdauer von 10 Jahren. Bei linearer Abschreibung beträgt der periodische Aufwand 3 Mio. Wenn eine unbeschränkte Möglichkeit des Verlustvortrages besteht und wenn vereinfachend angenommen wird, dass der Gewinnsteuersatz konstant ist, so ist die beschleunigte Abschreibung mit linearer Abschreibung des Restbetrages über die restliche Nutzungszeit nicht nachteilig. Der Finanzchef unterstellt daher die beschleunigte Abschreibung. Für 2005 beträgt der Abschreibungsaufwand für die Gebäude (in T€) 22.500; die Jahre 2006 – 2014 sind mit 833 zu belasten.

(5) Auch für die abnutzbaren Anlagen, deren steuerliche Nutzungsdauer 4 Jahre beträgt, setzt der Finanzchef die beschleunigte Abschreibung an. Für 2005 beträgt der Abschreibungsaufwand 55.000 · 0,75 = 41.250. Für die Perioden 2006 – 2008 beträgt die Abschreibung 4.583.

(6) Der Gewinnsteuersatz beträgt 50 %.[24] Auf eine Differenzierung in Gewerbeertragsteuer und Körperschaftsteuer (und die damals noch existierenden Gewerbekapital- und Vermögensteuer) wird verzichtet.

---

[24] Dieser Steuersatz ist nach der heute geltenden Unternehmensteuerreform 2008 zu hoch angesetzt. Der historische Sachverhalt dieses wahren Falls spielt in den Jahren 1974-1978. Steuersätze um 50 % und mehr waren damals üblich.

		2005	2006	2007	2008
(1)	Nettoumsatzerlöse	270.000	331.200	406.021	478.515
(2)	Materialaufwand	72.000	88.290	108.264	127.622
(3)	Löhne	73.828	81.949	90.963	100.969
(4)	allgem. Verwaltungsaufwand	83.359	91.695	100.865	110.951
(5)	bisheriger Zinsaufwand	3.214	3.214	3.214	3.214
(6)	Zinsen für langfristigen Kredit		1.600	1.440	1.280
(7)	Zinsen für kurzfristigen Kredit		400	400	400
(8)	Abschreibungen (bisherige)	13.259[1)]	13.259	13.259	13.259
(9)	Abschreibungen auf neue Gebäude	22.500	833	833	833
(10)	Abschreibungen auf neue Anlagen	41.250	4.583	4.583	4.583
(11)	Gewinn/Verlust	– 39.410	45.377	82.200	115.404
(12)	Verlustvortrag	39.410	0	0	0
(13)	Steuern (s = 0,5)	–	2.984	41.100	57.702

1) Die Abschreibung in 2004 beträgt 21.359. Der Bruttobetrag im Anlagevermögen in 2004 ist 1.045 + 21.359 = 22.404. Gemäß Annahme (3) beträgt die Abschreibung auf das zu Beginn des Jahres 2005 vorhandene abnutzbare Anlagevermögen 13.259 T€.

Tabelle 3.9: Gewinn- und Verlustrechnung für die Jahre 2005-2008

Die künftigen Steuerzahlungen sind jetzt berechenbar. Sie sind in Tabelle 3.7, Zeile (9) einzusetzen. Nach Abzug der Steuerzahlungen von Zeile (10) aus Tabelle 3.7 ergibt sich der NOCF nach Steuern. Er beträgt:

		2005	2006	2007	2008
(10)	NOCF vor Steuern	43.305	63.912	99.382	132.631
(9)	Steuern	0	2.984	41.100	57.702
(11)	NOCF nach Steuern	43.305	60.928	58.282	74.929

Tabelle 3.10: Berechnung des NOCF nach Steuern (Fortsetzung Tabelle 3.7)

Der Finanzplan ist jetzt noch zu ergänzen um

– die Zahlungswirkungen, die durch *vergangene* Finanzierungsentscheidungen der Unternehmensleitung ausgelöst sind und
– die Zahlungswirkungen, die durch Investitions-, Ausschüttungs- und Finanzierungsentscheidungen in der Beurteilungsperiode ausgelöst wurden oder werden.

Der gesamte Finanzplan ergibt sich aus Tabelle 3.11.

		2005	2006	2007	2008
(1)	NOCF nach Steuern	43.305	60.928	58.282	74.929
(2)	Tilgungen	(aus Sachverhalt nicht erkenntlich)			
(3)	Zinszahlungen (bisherige)	– 3.214	– 3.214	– 3.214	– 3.214
(4)	erhaltene Rückzahlungen	(aus Sachverhalt nicht erkenntlich)			
(5)	vorläufiger Cashflow	40.091	57.714	55.068	71.715
(6)	langfristige Kreditaufnahmen	20.000			
(7)	durch (6) ausgelöste Tilgungen		– 2.000	– 2.000	– 2.000
(8)	durch (6) ausgelöste Zinszahlungen		– 1.600	– 1.440	– 1.280
(9)	kurzfristige Kreditaufnahmen	5.000			
(10)	durch (9) ausgelöste Zinszahlungen		– 400	– 400	– 400
(11)	durch (9) ausgelöste Tilgungen				– 5.000
(12)	Investitionsauszahlungen	– 85.000			
(13)	Dividende	– 3.120	– 3.120	– 3.120	– 3.120
(14)	Mittelbedarf (–)	– 23.029			
(15)	Mittelüberschuss (+)		+ 50.594	+ 48.108	+ 59.915

Tabelle 3.11: Gesamter Finanzplan für 2005-2008

Tabelle 3.11 weist für 2005 einen Kapitalbedarf von 23,03 Mio. € aus. Dieses Ergebnis ist deshalb erstaunlich, weil die Investitionssumme im Anlagevermögen 85 Mio. beträgt und lediglich 25 Mio. im Wege der Außenfinanzierung beschafft wurden. Die Differenz ist durch Mittelfreisetzung im EBK (2,5 Mio.) und per Innenfinanzierung – unter Beachtung der Annahmen des Finanzchefs – generiert worden. Die Glasspinnerei Straubing ist ein Unternehmen, das einen sehr hohen NOCF generiert. Dies erleichtert die Finanzierung des gewichtigen Investitionsvorhabens erheblich.

In den folgenden Perioden des Planungszeitraums fallen hohe Mittelüberschüsse an, wie Tabelle 3.11 eindringlich belegt. Wenn es dem Finanzchef des Unternehmens gelingt, eine Bank von der Zuverlässigkeit seiner Prognosen und der Richtigkeit seiner Rechnungen zu überzeugen, kann der Mittelbedarf für 2005 im Prinzip kurzfristig finanziert werden. Die kreditierende Bank basiert den Kredit dann auf der zukünftigen Liquidität der Glasspinnerei.

In der Realität wird man zur Vorbereitung von wichtigen Entscheidungen alternative Finanzpläne durchrechnen, für die man die Annahmen über Nettoumsatzerlöse und Auszahlungen für Material, Löhne etc. einerseits und u. U. die Möglichkeiten der Kapitalaufbringung andererseits variieren wird. Im vorliegenden Fall bietet sich das Durchrechnen eines weiteren Finanzplanes aus einem gleich zu erläuternden Grund an.

Betrachten wir die Planbilanz, die sich für das Jahr 2005 ergäbe, wenn die Planungen, wie hier zunächst angenommen, in Gang gesetzt würden. Tabelle 3.12 zeigt die Bilanzen für 2004 und 2005.

AKTIVA	2004	2005
Anlagevermögen		
Grundstücke	4.048	4.048
Bauten	38.805	43.046
Maschinen und Einrichtungen	16.302	20.052
Anlagen im Bau	3.995	3.995
Finanzanlagen	–	–
Beteiligungen	11.477	11.477
Summe Anlagevermögen	74.627	82.618
Umlaufvermögen		
Kasse	7.816	7.787
Forderungen	31.564	35.100
Vorräte	23.529	24.300
Summe Umlaufvermögen	62.909	67.187
Verlustvortrag		39.410
Summe Aktiva	137.536	189.215

PASSIVA	2004	2005
Vorzugsaktien	3.250	3.250
Stammaktien	22.750	22.750
Gewinnrücklagen	11.168	8.048
Eigenkapital	37.168	34.048
Verbindlichkeiten aus Lieferungen u. Leistungen	18.884	27.000
Rückstellungen für Lizenzen	7.744	8.775
Rückstellungen für Steuern	19.348	17.000
Kurzfristige Bankverbindlichkeiten	–	5.000
Kurzfristige Verbindlichkeiten u. Rückstellungen	45.976	57.775
Langfristige Kredit	29.573	49.573
Pensionsrückstellungen	13.819	13.819
Gesellschafterdarlehen	11.000	34.000
Summe Verbindlichkeiten u. Rückstellungen	100.368	155.167
Summe Passiva	137.536	189.215

Tabelle 3.12: Bilanzen 2004 und 2005 (Planbilanz) in T€

Die wichtigsten Veränderungen in der Bilanz 2005 seien zunächst erläutert.

– Die Position «Bauten» im Sachanlagevermögen ist von 38.805 auf 43.046 gestiegen. Diese Zunahme erklärt sich aus der Errichtung eines neuen Gebäudes in Höhe von 30 Mio. Im Einzelnen ergibt sich die Position aus dem Anfangsbestand (38.805) abzüglich der Abschreibungen auf die vorhandenen Bauten, die mit 3.259 angenommen werden, zuzüglich der Erhöhung um die Anschaffungskosten der neuen Bauten (30.000), abzüglich der vom Finanzchef gewählten Form der beschleunigten Abschreibung in Höhe von 75 % der Anschaffungskosten im Jahre der Anschaffung (22.500). Der Endbestand ist somit 43.046.

- Die Position «Maschinen» erhöht sich von 16.302 auf 20.052. Der Ausgangsbestand verkürzt sich um die Abschreibungen auf die vorhandenen Anlagen; diese werden mit 10.000 angenommen. Es wird somit angenommen, dass die bisherigen Abschreibungen in Höhe von 13.259 (siehe Zeile (8) in Tabelle 3.9) in 2005 auf Bauten (3.259) und auf Maschinen (10.000) entfallen. Hinzu kommen neue maschinelle Anlagen mit Anschaffungskosten von 55.000, die um die 75 %-ige Sofortabschreibung in Höhe von 41.250 gekürzt werden. Der Endbestand beträgt 20.052.
- Die kurzfristigen Bankverbindlichkeiten steigen um 5.000 (siehe Tabelle 3.11, Zeile (9)).
- Die langfristigen Kredite steigen um 20.000 (siehe Tabelle 3.11, Zeile (6)).
- Die Gesellschafterdarlehen (Kredite von der Geschäftsleitung) steigen von 11.000 auf 34.000. Durch diese hier zunächst angenommene Maßnahme wird die im gesamten Finanzplan für 2005 ausgewiesene Finanzierungslücke formal geschlossen. Damit soll nicht behauptet werden, die Zufuhr von Gesellschafterdarlehen sei die Lösung des Finanzierungsproblems des Unternehmens, zumal die Eigentümer keine weiteren Mittel ins Unternehmen investieren wollen.
- Die (Gewinn)Rücklagen schrumpfen um 3.120 auf 8.048. Diese Reduktion ergibt sich aus der von den Gesellschaftern pro Periode gewünschten Mindestausschüttung. Da die Planbilanz für 2005 keinen positiven Jahresüberschuss ausweist, sind prinzipiell Gewinnrücklagen aufzulösen, um bilanziell eine Ausschüttung zu ermöglichen. Die verkürzten Bilanzen der Glasspinnerei Straubing trennen nicht zwischen gesetzlicher Rücklage und anderen Formen von Gewinnrücklagen. Die gesetzliche Rücklage gemäß § 150 AktG macht im vorliegenden Fall nur einen geringen Bruchteil der genannten Position aus. Zu beachten ist indessen, dass die Gesellschaft 2005 einen Verlustvortrag ausweist, der die Eigenkapitalziffer übersteigt. Im Sinne der Vorschriften der Handelsbilanz ist die Gesellschaft überschuldet. Eine Ausschüttung an die Gesellschafter ist somit nicht zulässig. Das Problem könnte hier so gelöst werden, dass die zugeführten neuen und alten Gesellschafterdarlehen als allen Gläubigern gegenüber unwiderruflich nachrangig ausgestaltet werden. Damit liegt Quasi-Eigenkapital in Höhe von 34 Mio. vor, das den nicht durch Eigenkapital gedeckten Fehlbetrag klar übersteigt. Diese Konstruktion könnte die Zulässigkeit der Ausschüttung sicherstellen.

  Wäre dies keine tragfähige Lösung, muss die Gesellschaft auf die Inanspruchnahme der Sonderabschreibungsmöglichkeiten bei den Gebäuden *oder* den maschinellen Anlagen verzichten, um den Verlustvortrag zu mindern und bilanziell die Ausschüttung realisieren zu können.
- Der Kassenbestand der Gesellschaft schrumpft um 29 auf 7.787. Der Betrag von 29 ergibt sich aus der Cashflow-Berechnung gemäß dem oben entwickelten System (Tabelle 3.4). Es ist in Tabelle 3.13 abgebildet.

(1)	Nettoumsatzerlöse	270.000
(2)	Materialaufwendungen	– 72.000
(3)	Löhne und Gehälter	– 73.828
(4)	Sonstige betriebliche Aufwendungen	– 83.359
(5)	Steuern	–
(6)	ΔEBK	– (–2.492)
NOCF		43.305
(7)	Zinszahlungen (bisherige)	– 3.214
(8)	Tilgung Altverbindlichkeiten	–
(9)	Erhaltene Rückzahlungen	–
Vorläufiger Cashflow		40.091
(10)	Langfristige Kreditaufnahme	20.000
(11)	Durch (10) ausgelöste Zinszahlungen	–
(12)	Kurzfristige Kredite	5.000
(13)	Durch (12) ausgelöste Zinsen	–
(14)	Durch (10) ausgelöste Tilgungen	–
(15)	Durch (12) ausgelöste Tilgungen	–
(16)	Investitionsauszahlungen	– 85.000
(17)	Erhöhung Gesellschafterdarlehen	23.000
(18)	Ausschüttung	– 3.120
(19)	Δ Kasse	– 29

Tabelle 3.13: Geplanter Cashflow für 2005

Die bislang entwickelte Finanzplanung deckt zwei Probleme auf:

(1) Die AG ist überschuldet i. S. d. Handelsbilanz, da der Verlustvortrag das gesamte bilanzielle Eigenkapital übersteigt.

(2) Das Zahlungsdefizit von ca. 23 Mio. in 2005 muss gedeckt werden. Die Annahme, die Eigentümer führten Gesellschafterdarlehen in Höhe von 23 Mio. zu, war nur vorläufig getroffen worden.

Wir beginnen mit Problem (2). Hier gibt es mehrere Möglichkeiten, das finanzielle Defizit zu reduzieren.

a) Die Investitionsauszahlung in Höhe von 85 Mio. wird in Verhandlungen mit dem (den) Lieferanten gestreckt. Werden z. B. nur 80 % der Beträge in 2005 geleistet, und 20 % in 2006, sinkt die finanzielle Unterdeckung um 17 Mio.

b) Der Bestand an Forderungen aus Lieferungen und Leistungen wird ab 2005 von 13 % auf 9,5 % der Nettoumsatzerlöse zurückgeführt. Die Wirkung auf EBK und ΔEBK zeigt die folgende Tabelle 3.14.

	2004[1]	2005	2006	2007	2008
(1) Nettoumsatzerlöse	228.924	270.000	331.200	406.021	478.515
(2) + LB (= 0,09 × (1))	23.529	24.300	29.808	36.542	43.066
(3) + F^{Lei} (= 0,095 × (1))	31.564	25.650	31.464	38.572	45.459
(4) − V^{Lei} (= 0,10 × (1))	18.884	27.000	33.120	40.602	47.852
(5) − Rückst. für Lizenzen	7.744	8.775	10.764	13.196	15.552
(6) − Rückst. für Steuern	19.348	17.000	17.000	17.000	17.000
(7) = EBK	9.117	− 2.825	388	4.316	8.121
(8) Δ EBK	20.031	− 11.942	3.213	3.928	3.805

[1] Vgl. Tabelle 3.8.

Tabelle 3.14: Entwicklung von EBK bei reduziertem Forderungsbestand

Diese Änderung in den Zahlungsbedingungen für Abnehmer, deren schnelle Durchsetzbarkeit hier zur Vereinfachung unterstellt wird, reduziert den ursprünglichen Kapitaleinsatz für EBK im Jahr 2005 von 6,6 auf –2,8 Mio. €. Der Zuwachs im Vergleich zum Jahr 2004 ist negativ: Es werden 11,9 Mio. € freigesetzt, die den NOCF des Jahres 2005 erhöhen. Zusammen mit der unter a) diskutierten Maßnahme reichte dies aus, um das Finanzdefizit in 2005 zu beseitigen. Die Liquiditätsrechnung für 2005 sähe dann so aus:

c) Der Kassenbestand ist mit 7,8 Mio. € in 2004 recht hoch. Als operativ notwendiger Kassenbestand gelten ca. 2 % der Nettoumsatzerlöse. Das sind 4,6 Mio. €.

d) Die Gesellschaft könnte den im Jahr 2005 anfallenden bilanziellen Verlust partiell für ein Jahr zurücktragen, d. h. mit der positiven Steuerbemessungsgrundlage des Jahres 2004 verrechnen. Unter der Voraussetzung, dass die Rückerstattung der Steuerzahlungen durch den Fiskus im Jahre 2005 erfolgte, wäre auch dies ein Beitrag zum Abbau des finanziellen Defizits.

e) Ein u. U. verbleibendes finanzielles Defizit hat – wie Tabelle 3.11 zeigt – kurzfristigen Charakter, wenn man die der Planung zugrundeliegenden Annahmen teilt. Es könnte bei der gegebenen wirtschaftlichen Lage der Gesellschaft durch Kredite gedeckt werden, die zusätzlich auf den vorhandenen bzw. im Jahr 2005 neu beschafften Vermögensgegenständen gesichert werden könnten.

Betrachten wir nun die Möglichkeit, die bilanzielle Überschuldung abzubauen. Es ist anzumerken, dass es im vorliegenden Fall mindestens offen ist, ob eine «Überschuldung im Rechtssinne» vorliegt. Der Tatbestand der Überschuldung wird in § 19 InsO, also in der Insolvenzordnung definiert. Danach ist eine Kapitalgesellschaft überschuldet, wenn das Vermögen des Schuldners die bestehenden Verbindlichkeiten nicht mehr deckt, es sei denn, die Fortführung des Unternehmens ist nach den Umständen überwiegend wahrscheinlich. Ob das Vermögen der Glasspinnerei Straubing die bestehenden Verbindlichkeiten deckt oder nicht, hängt davon ab, wie das Vermögen zu bewerten ist. Wir wollen uns hier vorrangig damit befassen, wie die Gesellschaft den nicht durch Eigenkapital gedeckten Fehlbetrag beseitigen könnte:

a) Der bilanzielle Verlust entsteht durch die Nutzung der Sonderabschreibungsmöglichkeiten. Er könnte entscheidend zurückgefahren werden, wenn nur *eine* Position linear abgeschrieben würde.

Damit entsteht ein steuerlicher Nachteil: Es entgeht ein Zinsgewinn auf hohe steuerliche Vorteile in Periode 2005 bzw. 2006. Dieser Nachteil ist am kleinsten, wenn die neuen Gebäude linear statt beschleunigt abgeschrieben werden. Der Verlustvortrag sinkt um 19,50 Mio. € auf 39,41 – 19,50 = 19,91. Damit ist der verbleibende Eigenkapitalbestand positiv.

b) Werden die Sonderabschreibungen für beide Positionen beibehalten, kann die bilanzielle Überschuldung durch den verbindlichen Rangrücktritt der Gesellschafterdarlehen in Höhe von 11 Mio. beseitigt werden. In eine Überschuldungsbilanz sind diese nicht einzustellen, wenn der Nachrang unwiderruflich so erfolgt, dass die Gläubiger hinter die in § 39 Abs. 1 Nr. 1-5 InsO bezeichneten Forderungen zurücktreten. Die Gesellschafterdarlehen stellen dann Quasi-Eigenkapital dar und sind folglich nur zu bedienen, wenn nach Bedienung aller Gläubigeransprüche verteilbare Überschüsse vorliegen.

Der Fall zeigt, dass eine Bilanz bzw. eine GuV bzw. ein Finanzplan die wirtschaftliche Lage einer Gesellschaft Außenstehenden (Kreditgebern, nicht geschäftsführenden Eigentümern) in ganz unterschiedlicher Weise präsentieren kann. Nur mittels zusätzlicher Erläuterungen kann ein externer Bilanzleser erkennen, dass die wirtschaftliche Lage der Glasspinnerei Straubing AG im Jahre 2005 auch bei der Entscheidung zugunsten der beschleunigten Abschreibung auf keinen Fall besorgniserregend ist. Die Planbilanz für 2005 in Tabelle 3.12 zählt vermutlich zu den weniger treffenden Darstellungen. Jedenfalls hätte der Finanzchef mit diesem Jahresabschluss mehr Mühe, Kreditgeber für eine Zwischenfinanzierung der im Finanzplan für 2005 ausgewiesenen Finanzierungslücke zu gewinnen als mit einem Abschluss ohne Verlustvortrag, selbst wenn die ökonomischen Sachverhalte, die hinter diesen Informationsinstrumenten stehen, jeweils die gleichen sind. Ein Ausweg besteht darin, den Jahresabschlusslesern zu erläutern, was die präzisen Ursachen für den hohen Verlustvortrag sind. Der Hinweis auf die steuerliche Nutzung einer Sonderabschreibung, die wegen des Maßgeblichkeitsprinzips auf die Handelsbilanz durchschlägt, ist im Prinzip eine gute Erklärung, wenn sie überzeugend begründet wird *und* die alleinige Ursache für den Jahresfehlbetrag ist.

3.7 Zusammenfassung

In diesem Kapitel wurden als Instrumente zur Messung der Liquidität verschiedene Bilanzkonzeptionen und der Finanzplan vorgestellt. Theoretische Bilanzen und Liquidationsbilanzen liefern eindeutig interpretierbare Ergebnisse. Fortführungsbilanzen, wie die handelsrechtliche Bilanz, haben sich von dem Messkonzept der güterwirtschaftlichen Liquidität entfernt, ohne sich aber konsequent der Messung der zukünftigen Liquidität zuzuwenden: in Bezug auf die Liquiditätsmessung sind sie Zwitter, weder Fisch noch Fleisch, weder «statisch» (d. h. auf EVP aufgebaut) noch «dynamisch» (d. h. auf Bruttokapitalwerten aufgebaut).

Wir haben uns eingehend mit verschiedenen Cashflow-Definitionen befasst und deren Mängel herausgestellt. Ein leistungsfähigeres und transparentes Cashflow-System wurde entwickelt. Es verdeutlicht, dass Fortführungsbilanzen (Jahresabschlüsse) wichtige Rohdaten für die Entwicklung von Finanzplänen liefern und dass sie somit auch Informationen über die künftige Liquidität von Unternehmen liefern, auch wenn diese Informationen sehr viel weniger elegant verpackt sind als in einer theoretischen Bilanz.

Das Cashflow-System zeigt auch, warum eine Analyse der zukünftigen Liquidität eines Unternehmens ohne gleichzeitige Entwicklung von Planbilanzen und Plan-Gewinn- und Verlustrechnungen nicht möglich ist. Beide Instrumente geben wichtige Informationen über Kapitalbindung und Steuerbelastung, die für Kapitalbedarfs-Rechnungen benötigt werden. Die Leistungsfähigkeit des Cashflow-Systems wurde an einem praktischen Fall demonstriert.

3.8 Anhang: Strukturkurve der Abzinsungszinssätze gemäß § 253 Abs. 2 HGB

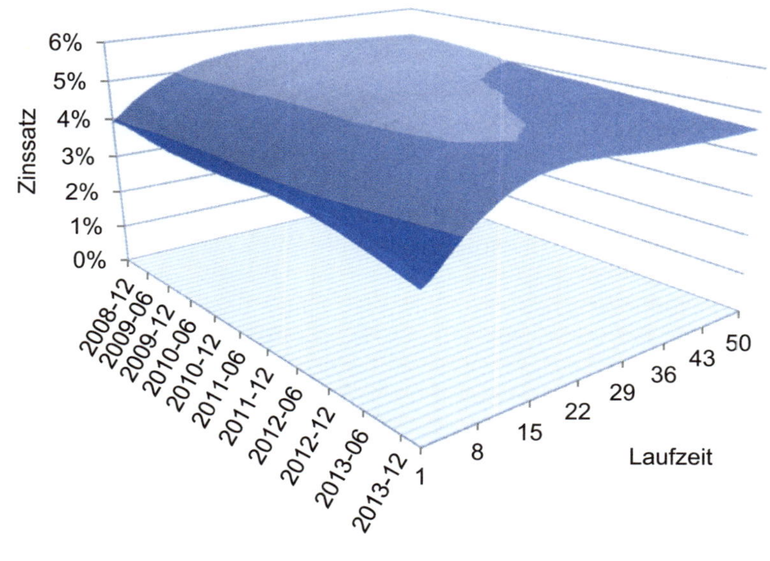

Abbildung 3.11: Monatlich ermittelte Zinsstrukturkurve für Abzinsungszinssätze gemäß § 253 Abs. 2 HGB p. a. zwischen Dezember 2008 und März 2014 für Laufzeiten bis zu 50 Jahren. (Daten: Deutsche Bundesbank, eigene Darstellung)

3.9 Literaturhinweise

Bertonèche, M./Viallet, C. (1980): Improve your financial analysis skills. Working Paper, INSEAD.

Bitz, M./Schneeloch, D./Willstock, W. (2011): Der Jahresabschluss: Nationale und internationale Rechtsvorschriften, Analyse und Politik. 5. Auflage, München.

Busse von Colbe, W. (1976): Cash-Flow. In: Büschgen, H. E. (Hrsg.), Handwörterbuch der Finanzwirtschaft, Stuttgart, Spalte 241–252.

Coenenberg, A. G./Haller, A./Schultze, W. (2012): Jahresabschluss und Jahresabschlussanalyse: Betriebswirtschaftliche, handelsrechtliche, steuerrechtliche und internationale Grundlagen – HGB, IAS/IFRS, US-GAAP, DRS. 22. Auflage, Stuttgart.

Financial Accounting Standards Board (2002): Accounting Standards. Volume II, FAS 142, S. 2514.

Förster, W./Döring, V. (2005): Liquidationsbilanz. 4. Auflage, Köln.

Foster, G. (1986): Financial Statement Analysis. 2. Auflage, Englewood Cliffs.

Gräfer, H./Schneider, G./Gerenkamp, T. (2012): Bilanzanalyse: Traditionelle Kennzahlenanalyse des Einzeljahresabschlusses. Kapitalmarktorientierte Konzernjahresabschlussanalyse. 12. Auflage, Herne/Berlin.

Lobe, S./Hölzl, A. (2011): Ewigkeit, Insolvenz und Unternehmensbewertung: Globale Evidenz. In: Corporate Finance biz, Jahrgang 2, S. 252–257.

Küting, K./Weber, C.-P. (2012): Die Bilanzanalyse. 10. Auflage, Stuttgart.

Moxter, A. (1993): Bilanzlehre. 3. Auflage, Wiesbaden.

Rehkugler, H./Poddig, T. (1998): Bilanzanalyse. 4. Auflage, München/Wien.

Schildbach, T./Stobbe, T./Brösel, G. (2013): Der handelsrechtliche Jahresabschluss. 10. Auflage, Sternenfels.

Stützel, W. (1975): Liquidität, betriebliche. In: Grochla, E./Wittmann, W. (Hrsg.), Handwörterbuch der Betriebswirtschaft. 4. Auflage, Stuttgart, Spalte 2515–2533.

Veit, O. (1966): Reale Theorie des Geldes. Tübingen.

Veit, O. (1948): Volkswirtschaftliche Theorie der Liquidität. Frankfurt am Main.

Witte, E. (1976): Liquidität, betriebswirtschaftliche. In: Büschgen, H. E. (Hrsg.), Handwörterbuch der Finanzwirtschaft, Stuttgart, Spalte 1283–1287.

Kapitel 4 Performancemessung oder: wann schafft ein Unternehmen Wert?

Inhalt

4.1 Einführung

Wir haben in Kapitel 1 betont, dass das finanzielle Ziel von Unternehmen beschrieben werden kann als Einkommenserzielung für die Financiers (und Arbeitnehmer) des Unternehmens. Folglich ist die Frage, was ein Unternehmen in einer Periode verdient hat, von Bedeutung. Ob ein Unternehmen in einer Periode «Geld verdient» hat, kann man an einem positiven operativen Cashflow nach Steuern (NOCF) oder an einem Cashflow-Überschuss nicht verlässlich erkennen. Warum das so ist, soll dieses Kapitel erläutern.

Das Kapitel ist so aufgebaut: Wir beginnen mit der Darstellung von bilanziellen Renditen, die auch als Rentabilitäten bezeichnet werden. Als Bezugsgröße zur Beurteilung der Signale, die bilanzielle Renditen liefern, benutzen wir den internen Zinsfuß. Wir werden sehen, dass bilanzielle Renditen im Vergleich zu internen Zinsfüßen schlecht abschneiden und deshalb nach den Ursachen für dieses Ergebnis fragen. Anschließend stellen wir das Konzept des Residualgewinns vor. Residualgewinne sind bilanziell gemessene Überschüsse einer Periode, die um in Geldeinheiten gemessene Kapitalkosten verkürzt werden. Die Kapitalkosten stellen den Geldbetrag dar, den Eigentümer bzw. Kapitalgeber bei alternativer Geldanlage (bei gleichem Risiko) hätten erzielen können. Der Vorteil des Residualgewinns vor anderen bilanziell gemessenen Erfolgsgrößen (wie z. B. EBIT, JÜ) ist, dass er den alternativ erzielbaren Überschuss explizit beachtet und damit den Kern der Methoden zur Beurteilung von Investitionsprojekten berücksichtigt. Abbildung 4.1 verdeutlicht den Aufbau des Kapitels.

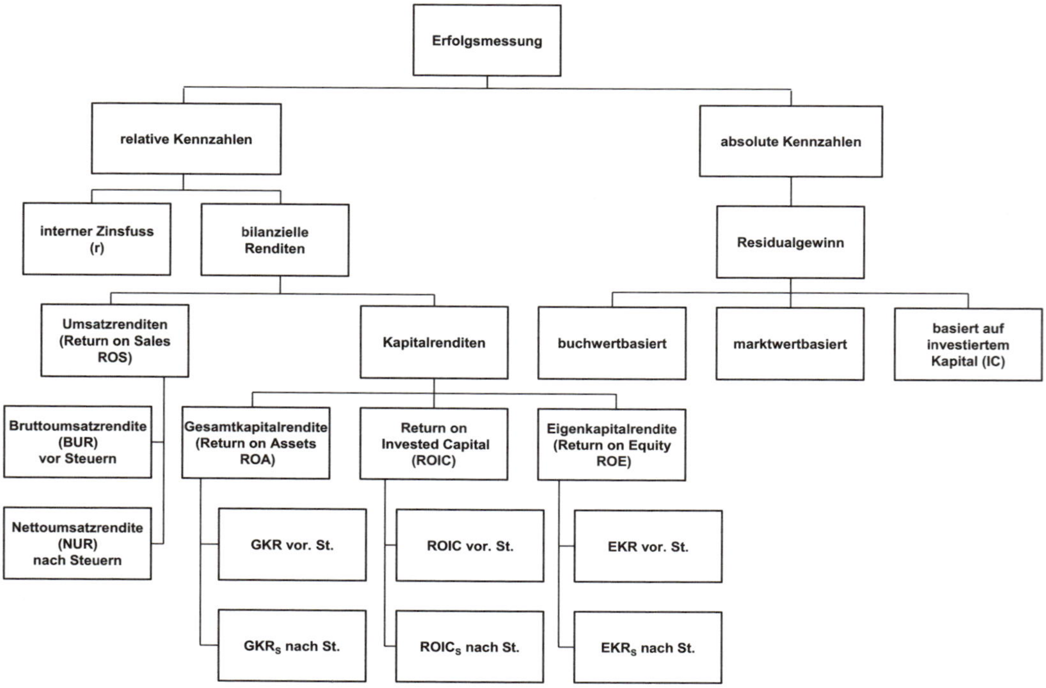

Abbildung 4.1: Überblick über Konzepte zur Messung des Unternehmenserfolgs

4.2 Rendite als interner Zins

Der interne Zinsfuß eines Projektes ist definiert als der Diskontierungssatz, der die erwarteten durch das Projekt ausgelösten Cashflows (Nettoeinzahlungen) auf einen Bruttokapitalwert (BKW_0) in Höhe der Anschaffungsauszahlung (I_0) abzinst. Für den internen Zinsfuß eines Projektes gilt somit

(4.1) $\sum_{t=1}^{n} NE_t(1+r)^{-t} = I_0$

Ein Investitionsprojekt lohnt, wenn der interne Zinsfuß r die Kapitalkosten (i) übersteigt. Als Kapitalkosten gelten hier vereinfachend die Kosten, zu denen ein Betrag in Höhe von I_0 beschafft werden kann oder die Rendite, die bei alternativer Anlage von Mitteln in Höhe von I_0 erzielt werden kann.

Beispiel

Zeitpunkt	0	4
Projekt D	– 8.000	16.000

r (D) = ?

Gesucht ist der Zinssatz, für den gilt: $16.000 \cdot \frac{1}{1+r^4} = 8.000$

$\Rightarrow$ r (D) = 18,92 %.

Beträgt i = 10 %, lohnt Projekt D. Wir erhalten das gleiche Signal bezüglich der Vorteilhaftigkeit von Projekt D, wenn wir den Nettokapitalwert (NKW) des Projektes berechnen:

(4.2) $NKW_0 = \sum_{t=1}^{n} NE_t(1+i)^{-t} - I_0$

Enthält die Zahlungsreihe nur einen Vorzeichenwechsel, geben interne Zinsfuß-Methode und Nettokapitalwert-Methode die gleichen Signale über die Vorteilhaftigkeit *eines* Projektes. Im Folgenden benutzen wir den internen Zinsfuß als Bezugsgröße, um alternative Renditedefinitionen zu beurteilen.

Zur Sicherheit verweisen wir darauf, dass die Methode der internen Zinsfüße keine fehlerfreie Methode ist. Sie hat eine ganze Reihe von Nachteilen: Sie taugt nicht zum Vergleich von sich ausschließenden Projekten, interne Zinsfüße sind im Gegensatz zu Brutto- oder Nettokapitalwerten nicht addierbar. Weist die Zahlungsreihe eines Projektes mehrere Vorzeichenwechsel auf, resultieren gelegentlich mehrere (nicht notwendig reelle) Zinsfüße. Die Liste der Nachteile ließe sich verlängern.

4.3 Bilanzielle Renditen

Dass in Literatur und insbesondere der Praxis der Erfolgsmessung mit Renditen operiert wird, die auf Rechnungslegungs(Jahresabschluss)daten aufbauen, bedarf wegen der Eigenschaften dieser Signale einer besonderen Begründung. Als Gründe sind anzuführen: *Externe* Analysten haben keine Wahl; sie sind auf die Jahresabschlussdaten, die Unternehmen veröffentlichen, angewiesen. Folglich sieht es so aus, als könnten sie nur die üblichen, jahresabschlussbasierten Renditen berechnen. Manager und Controller haben als Insider des Unternehmens ganz andere, bessere Möglichkeiten. Sie könnten beliebig feine Performancesignale entwickeln und müssten sich nicht mit den groben Maßstäben wie Gesamtkapitalrendite oder Eigenkapitalrendite, die wie Triceratopse aus den Anfängen der Renditemessung wirken, begnügen. Dass sie es z. T. nicht tun, hängt mit vielleicht fehlendem Durchblick oder mit der Gewöhnung an die Systematik der Rechnungslegung zusammen, die bei der Renditemessung auf falsche Fährten führen kann.

4.3.1 Anforderungen an bilanzielle Renditen

Kennzahlen sollen Informationen verdichten, d. h. «auf den Punkt bringen» und zielbezogene Aussagen erlauben. Zielbezogene Aussagen von Renditen könnten sein:

(a) wir sind besser (schlechter) als im Vorjahr,

(b) wir sind besser (schlechter) als die Wettbewerber,

(c) wir haben im Unternehmen in der abgelaufenen Periode mehr (weniger) verdient als Eigentümer bei Anlage der investierten Mittel auf dem Kapitalmarkt (bei gleichem Risiko) hätten verdienen können.

Sowohl (a) als auch (b) und (c) sind mögliche Referenzpunkte. (a) wählt die eigene Performance in der Vergangenheit als Bezugspunkt; war diese dünn, sieht eine weniger dünne Leistung schon gut aus; Lösung (a) ist somit unbefriedigend. Die Lösungen (b) und (c) sind weit besser. Was der härteste Bezugspunkt ist, der die meisten Leistungsanreize setzt, kann allgemein nicht gesagt werden. Schlagen die Wettbewerber den Bezugspunkt (c), ist die Wahl von (b) ein anspruchsvollerer Bezugspunkt als (c). Schlagen die Wettbewerber (c) nicht, liefert die Wahl von (c) als Bezugsgröße den höheren Ansporn.

Rendite-Kennzahlen müssen zudem konsistent konstruiert sein. Zähler und Nenner müssen zueinander «passen». Dies ist später zu erläutern.

4.3.2 Gesamtkapitalrendite

Die Idee ist einfach. Die Erfolge *aller* Kapitalgeber einer Periode werden in Beziehung gesetzt zu dem von *allen* Kapitalgebern eingesetzten Kapital. Üblich ist es, den Erfolg der Eigenkapitalgeber mit dem Jahresüberschuss gleichzusetzen und den Erfolg der Fremdkapitalgeber mit den Zinszahlungen zu identifizieren. Das eingesetzte Kapital wird üblicherweise mit der Bilanzsumme (der Summe aller Aktiva) gleichgesetzt. Ob die Bilanzsumme zu Beginn der Periode, zum Ende der Periode oder als Durchschnitt beider Werte anzusetzen ist, wird ganz unterschiedlich beantwortet.[25]

Üblich ist es, die Definitionen der Gesamtkapitalrendite (GKR) vor bzw. nach Steuern zu unterscheiden. Mit (4.3) erhält man die GKR *vor* Steuern: [26]

$$(4.3) \qquad \text{GKR (oder ROA)} = \frac{\text{EvZiS}}{\text{BS}} \text{ oder } \frac{\text{EBIT}}{\text{BS}}.$$

---

[25] Bei expliziter mehrperiodiger Betrachtung und Änderungen der Bilanzsumme im Zeitablauf benutzen wir die Bilanzsumme bzw. den (Eigen)Kapitaleinsatz am Ende der Vorperiode als Bezugsgröße.

[26] ROA = return on assets; auch ROI = return on investment; EBIT = earnings before interest and taxes.

EvZiS (EBIT) bedeutet Erfolg vor Zinsen und Steuern und setzt sich zusammen aus Jahresüberschuss, Zinsaufwendungen, Steuern vom Einkommen und Ertrag und ggf. sonstigen Steuern. BS steht für Bilanzsumme am Ende der Vorperiode.

(4.4) definiert die Gesamtkapitalrendite *nach* Steuern:

$$(4.4) \qquad GKR_S \text{ (oder } ROA_S) = \frac{EvZiS - S}{BS} = \frac{EBIT - S}{BS}.$$

Betrachtet man die Bestimmungsgrößen der GKR in Abbildung 4.2, sieht man, dass es sich um eine Kennzahl handelt, die eine beeindruckende Informationsmenge verdichtet. Der Baum ist auch als DuPont-Analyse bekannt.[27]

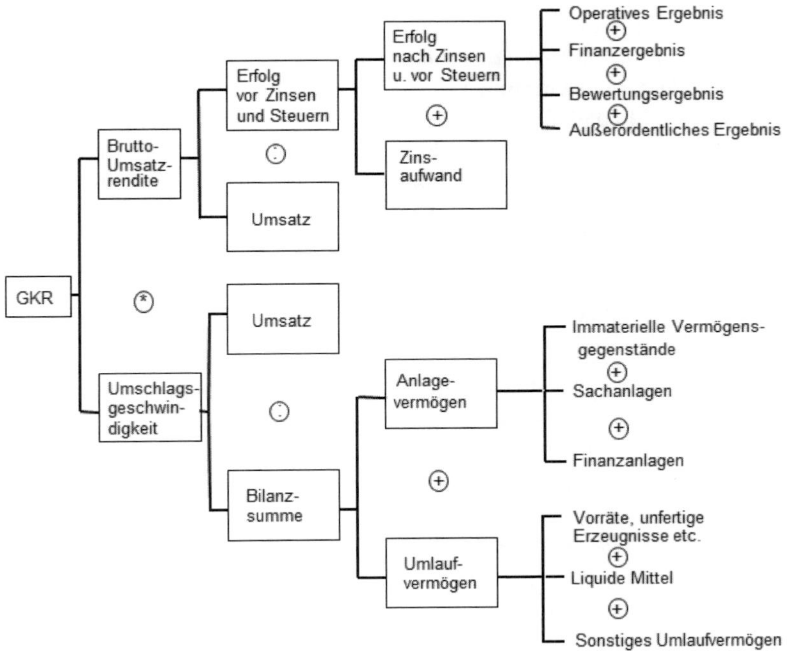

Abbildung 4.2: Bestimmungsgrößen der GKR vor Steuern

Zugleich wird deutlich, über welche Parameter die GKR beeinflusst werden kann: Eine Reduktion des im Umlaufvermögen gebundenen Kapitals senkt unter sonst gleichen Bedingungen die Bilanzsumme, erhöht damit die Umschlagsgeschwindigkeit und schließlich die Gesamtkapitalrendite. Die Umschlagsgeschwindigkeit der gesamten Aktiva (UGA) ist definiert durch

$$UGA = \frac{\text{Nettoumsatzerlöse (NU)}}{\text{Bilanzsumme (BS)}}.$$

Multipliziert man die (Brutto-)Umsatzrendite (BUR), definiert durch

27 DuPont ist eine 1802 gegründet US-Chemiefirma, die diese Analyse ab 1920 für Bonusplan-Berechnungen eingesetzt hat, und seit 1935 ununterbrochen Mitglied des Dow Jones Industrial Average Index ist.

(4.5) $$\text{BUR} = \frac{\text{EBIT}}{\text{NU}}$$

mit der Umschlagsgeschwindigkeit, erhält man die GKR vor Steuern. Es gilt also:

(4.6) $$\text{GKR} = \text{BUR} \cdot \text{UGA} = \frac{\text{EBIT}}{\text{NU}} \cdot \frac{\text{NU}}{\text{BS}}.$$

Multipliziert man die Umsatzrendite **nach** Steuern (NUR), definiert durch

(4.7) $$\text{NUR} = \frac{\text{EBIT - S}}{\text{NU}}$$

mit der Umschlagsgeschwindigkeit (UGA), erhält man die GKR **nach** Steuern:

(4.8) $$\text{GKR}_s = \text{NUR} \cdot \text{UGA} = \frac{\text{EBIT - S}}{\text{NU}} \cdot \frac{\text{NU}}{\text{BS}}.$$

(4.6) und (4.8) sind nicht etwa schwerfällige Schreibweisen für die GKR bzw. GKR_S, sondern zeigen, dass ein bestimmtes Ergebnis für die GKR (bzw. GKR_S) von BUR (NUR) und UGA abhängt. Diese Kennzahlenzerlegung öffnet den Weg zu einer genaueren Ursachenanalyse entlang den Pfaden, die Abbildung 4.2 zeigt. Ist z. B. die GKR im Vergleich zu einem Wettbewerber gesunken, kann man fragen, ob UGA oder BUR oder beides gesunken ist. Ist z. B. die UGA gesunken, wird man – Abbildung 4.2 folgend – zu fragen haben, ob das Umlaufvermögen und/oder das Anlagevermögen überproportional gestiegen ist und warum dies eingetreten ist.

GKR bzw. GKR_S erscheinen somit auf den ersten Blick als prinzipiell brauchbare Kennzahlen.

Nun ist entscheidend, ob die Kennzahl GKR bzw. GKR_S (1) konsistent konstruiert ist und (2) ob die Kennzahl zuverlässige Signale gibt. Wir fragen zunächst nach dem konsistenten Aufbau der Kennzahl. Die Frage, ob und unter welchen Bedingungen GKR zuverlässige Signale gibt, wird unten aufgegriffen.

4.3.3 Modifizierte Gesamtkapitalrendite (ROIC)

Betrachten wir ein einfaches Beispiel, um uns mit dem Konzept der modifizierten Gesamtkapitalrendite vertraut zu machen, die auch ROIC (return on invested capital) genannt wird. Tabelle 4.1 zeigt vereinfachte Jahresabschlussdaten der Unternehmen A und B.

Bilanzen von Unternehmen A (in T€)

	2005	2004		2005	2004
Anlagevermögen			Grundkapital	600	600
Grundstücke	200	200	gesetzl. Rücklage	60	60
Anlagen	1.100	1.010	freie Rücklagen	40	20
Summe	1.300	1.210	Summe	700	680
Umlaufvermögen			Hypothekendarlehen	500	500
Forderungen	200	250	langfr. Darlehen	200	200
Wertpapiere	150	175	Pensionsrückstellungen	130	122
Lagerbestände an Fertigfabrikaten	300	355	Summe	830	822

Kasse	50	52	Verbindlichkeiten aus Lieferungen und Leistungen	370	425
			kurzfristige Bankverbindlichkeiten	100	115
Summe	700	832	Summe	470	540
Bilanzsumme	2.000	2.042	Bilanzsumme	2.000	2.042

Gewinn- und Verlustrechnung für 2005 (in T€)	
Umsätze	3.000
Materialaufwand	555
Abschreibungen	300
Personalaufwand	1.750
Sonst. betriebliche Aufwendungen	36
Sonstige Erträge	15
Zinsen	80
Ergebnis der gewöhnlichen Geschäftstätigkeit	294
Steuern	106
Jahresüberschuss	188

Tabelle 4.1(a): Jahresabschlussdaten des Unternehmens A

Bilanzen von Unternehmen B (in T€)					
	2005	2004		2005	2004
Anlagevermögen			Grundkapital	600	600
Grundstücke	200	200	gesetzl. Rücklage	60	60
Anlagen	1.100	1.010	freie Rücklagen	40	20
Summe	1.300	1.210	Summe	700	680
Umlaufvermögen			Hypothekendarlehen	500	520
Forderungen	200	250	langfr. Darlehen	200	200
Wertpapiere	150	175			
Lagerbestände an Fertigfabrikaten	300	355	Summe	700	720
Kasse	50	52	Verbindlichkeiten aus Lieferungen und Leistungen	70	97
			kurzfr. Bankverbindl.	530	545
Summe	700	832	Summe	600	642
Bilanzsumme	2.000	2.042	Bilanzsumme	2.000	2.042

Gewinn- und Verlustrechnung für 2005 (in T€)	
Umsätze	3.000
Materialaufwand	525
Abschreibungen	300
Personalaufwand	1.750
Sonst. betriebliche Aufwendungen	28
Sonstige Erträge	15
Zinsen	123
Ergebnis der gewöhnlichen Geschäftstätigkeit	289
Steuern	104
Jahresüberschuss	185

Tabelle 4.1(b): Jahresabschlussdaten des Unternehmens B

Unternehmen A und B unterscheiden sich hinsichtlich folgender Aspekte:

- Unternehmen A finanziert sich in 2004 im kurzfristigen Bereich über Verbindlichkeiten aus Lieferungen und Leistungen (425), kurzfristige Bankverbindlichkeiten (115) und eine (in der Vergangenheit bereits gebildete) Pensionsrückstellung (122).

Unternehmen B ist zu Unternehmen A nahezu identisch. Die Unterschiede bestehen zunächst im Bereich der kurzfristigen Finanzierung. B finanziert sich vorrangig über kurzfristige Bankkredite (545) und deutlich weniger als A über Verbindlichkeiten aus Lieferungen und Leistungen (97).

- Unternehmen A bildet Pensionsrückstellungen; Unternehmen B gibt keine entsprechenden Zusagen.
- Daraus resultierende Unterschiede in den GuV-Rechnungen:
  - Der Materialaufwand von Unternehmen B ist niedriger (–30), da B die Skonto-Möglichkeiten, die die Lieferanten bieten, stärker nutzt als Unternehmen A.
  - Die Zinsaufwendungen sind höher, da die kurzfristigen Bankverbindlichkeiten des Unternehmens B höher (+ 430) sind als bei A. Der Zinssatz betrage 10 %.
  - Unternehmen A gewährt Pensionszusagen, die von Jahr zu Jahr anwachsen. Die Zuführung zu Pensionsrückstellungen erhöht im Beispiel die sonstigen betrieblichen Aufwendungen des Unternehmens A.
  - Aus den vorgenannten Punkten folgen Rückwirkungen auf das Ergebnis der gewöhnlichen Geschäftstätigkeit, die hier zugleich als Steuerbemessungsgrundlage fungiert. Daraus resultieren die Unterschiede in der Steuerbelastung der Unternehmen A und B. Der Gewinnsteuersatz beträgt $s = 0{,}36$.

Berechnet man nun GKR bzw. GKR_S für die beiden Unternehmen, erhält man für 2005 unter Benutzung der Bilanzsumme von 2004:

	GKR	GKR_S
A	$\frac{188 + 106 + 80}{2.042} = 0{,}183$	$\frac{188 + 80}{2.042} = 0{,}131$
B	$\frac{185 + 104 + 123}{2.042} = 0{,}202$	$\frac{185 + 123}{2.042} = 0{,}151$

Zu diskutieren ist nun, ob die Bezugsgröße Bilanzsumme 2004 in Höhe von 2.042 für beide Unternehmen sinnvoll ist. Betrachten wir zunächst die Position Verbindlichkeiten aus Lieferungen und Leistungen. Unternehmen A greift stärker als B auf Lieferantenkredite zurück. Die Kosten bestehen in einem Verzicht auf die Skontierung von Lieferantenrechnungen. Dies findet seinen Niederschlag in einem höheren Materialaufwand des Unternehmens A. Nun soll die GKR bzw. GKR_S eine Aussage darüber treffen, wie ein Unternehmen bezogen auf das eingesetzte Kapital am Ende der Vorperiode sein Kapital verzinst. Doppelzählungen sind zu vermeiden. In der Bezugsgröße, also dem Nenner, dürfen folglich nur die Positionen enthalten sein, die noch nicht explizit mit Kosten der Kapitalnutzung bedient wurden, die m. a. W. die Erfolgsgröße noch nicht verkürzten. Die Kredite von Lieferanten aber wurden «bedient», weil Unternehmen A auf den Skontoabzug in weit stärkerem Maße verzichtete als B, wie die Position Materialaufwand zeigt. Folglich haben die Kosten der Kapitalnutzung in Form von Lieferantenkrediten bei Unternehmen A den Erfolg bereits verkürzt. Sie haben sich im geminderten Ergebnis der gewöhnlichen Geschäftstätigkeit niedergeschlagen. Im Nenner dürfen sie folglich nicht erneut angesetzt werden.

Betrachten wir die Pensionsrückstellungen des Unternehmens A. Pensionszusagen kosten Geld; Pensionsrückstellungen verkörpern eine Mittelquelle (Innenfinanzierung), die keinesfalls kostenlos ist. Im Beispiel wächst die Pensionsrückstellung von 122 auf 130. Dies entspricht etwa der vom Gesetzgeber in § 6a EStG geforderten Verzinsung von 6 %.[28] Die Zuführung zur Pensionsrückstellung hat sich im Beispiel in den höheren sonstigen betrieblichen Aufwendungen des Unternehmens A niedergeschlagen.[29] Folglich sind ihre Kosten unter den hier gesetzten Annahmen bereits beachtet. Eine Übernahme der Position Pensionsrückstellungen in die Bezugsgröße in Form der Bilanzsumme bedeutet somit eine Doppelzählung.

Im Ergebnis sind somit die Bilanzsummen um die Positionen Verbindlichkeiten aus Lieferungen und Leistungen und Pensionsrückstellungen zu bereinigen, wenn Doppelzählungen vermieden werden sollen. Dann folgt:

	Korrigierte GKR (ROIC)	Korrigierte GKR_S ($ROIC_S$)
A	$\frac{188 + 106 + 80}{2.042 - 122 - 425} = 0{,}250$	$\frac{188 + 80}{2.042 - 122 - 425} = 0{,}179$
B	$\frac{85 + 104 + 123}{2.042 - 97} = 0{,}212$	$\frac{185 + 123}{2.042 - 97} = 0{,}158$

28 Die Kosten von Pensionszusagen liegen deutlich über 6 %. Hier soll mit dieser vereinfachenden Annahme gearbeitet werden.

29 Zuführungen zu Pensionsrückstellungen sind in aller Regel unter Aufwendungen für Altersversorgung und Unterstützung auszuweisen. Sie werden hier unter sonstigen betrieblichen Aufwendungen ausgewiesen.

Gemessen an der modifizierten Gesamtkapitalrendite, die wir mit ROIC bezeichnen, steht Unternehmen A jetzt besser da als B. In der ersten Rechnung schien die Lage umgekehrt.

Bei der Ermittlung von korrigierten Gesamtkapitalrenditen sind die folgenden beiden Vorgehensweisen möglich:

1. In die Zählergröße (Erfolg) gehen *alle* Entgelte für Leistungen von Kapitalgebern ein:

– verzinsliches Fremdkapital	⇒	Zinsen
– Pensionsrückstellungen	⇒	Kosten der Pensionsrückstellungen
– Verbindlichkeiten aus Lieferungen und Leistungen	⇒	Kosten in Form nicht in Anspruch genommener Skonti
– Eigenkapital	⇒	Erfolg nach den oben aufgeführten Positionen

   Bezugsgröße ist dann die Summe der Beiträge aller Kapitalgeber, für die vereinfachend die Bilanzsumme stehen kann.

2. Die Zählergröße wird ausgehend vom Überschuss, den die GuV ausweist, nicht korrigiert. In der Bezugsgröße (Nenner) sind dann nur die Kapitalbeträge zu erfassen, deren Kosten die Erfolgsgröße, also den Zähler, noch nicht gekürzt haben. Pensionsrückstellungen und Verbindlichkeiten aus Lieferungen und Leistungen gehören im Beispiel dann nicht in die Bezugsgröße (Nenner), die den noch zu verzinsenden Kapitaleinsatz ausweist.

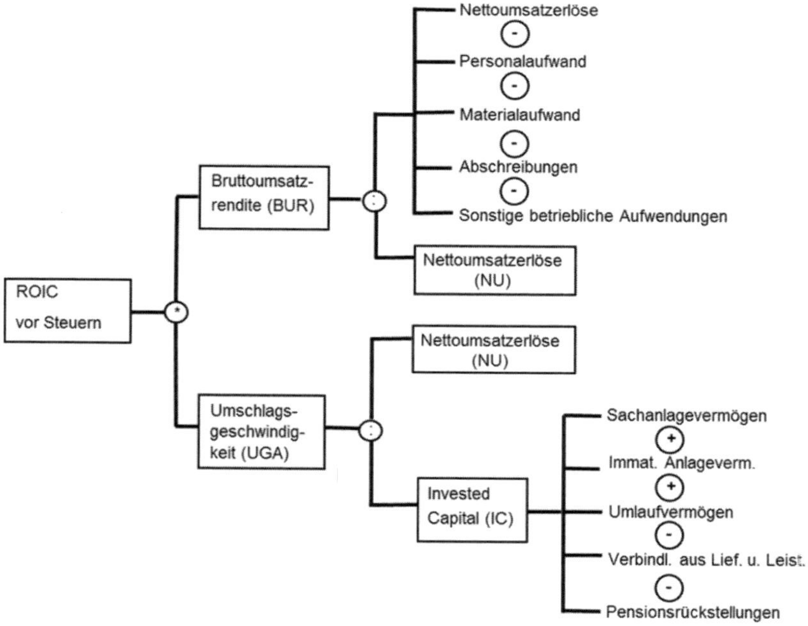

Abbildung 4.3: Einflussgrößen von ROIC

Außenstehende Analysten werden die 1. Lösung häufig nicht realisieren können, weil ihnen die erforderlichen Daten fehlen. Es bleibt somit Lösung 2. Wir nennen die so definierte Rendite – im Unterschied zur üblichen GKR – Rendite auf das eingesetzte, noch mit Kapitalkosten zu belastendes Kapital (ROIC). Abbildung 4.3 zeigt die Bestimmungsgrößen von ROIC vor Steuern. Das Symbol IC steht für (in diesem Sinn) investiertes Kapital.

Verkürzt formuliert ergibt sich ROIC *vor* Steuern aus

$$\text{ROIC} = \frac{\text{EBIT}}{\text{IC}_{t-1}}.$$

ROIC *nach* Steuern ist definiert durch

$$\text{ROIC}_S = \frac{\text{EBIT - S}}{\text{IC}_{t-1}}.$$

4.3.4 Eigenkapitalrendite

Der Eigenkapitalrendite wird i. d. R. große Aufmerksamkeit zuteil, weil man glaubt, dass es insbesondere auf die Position und damit die Rendite der Eigentümer ankäme. Dies ist richtig. Falsch ist aber der implizit enthaltene Hinweis, hohe Eigenkapitalrenditen deuteten auf hohe Vermögenszuwächse der Eigentümer hin.

Die bilanzielle Eigenkapitalrendite *vor* Steuern (EKR)[30] wird gemessen durch

$$\text{(4.9)} \qquad \text{EKR} = \frac{\text{EBIT - Zi}}{\text{EK}}.$$

Die bilanzielle Eigenkapitalrendite *nach* Steuern (EKR_S) ist definiert durch

$$\text{(4.10)} \qquad \text{EKR}_S = \frac{\text{EBIT - Zi - S}}{\text{EK}}.$$

Zwischen GKR und EKR besteht ein Zusammenhang, der im Folgenden zu erläutern ist.

4.3.5 Beziehung zwischen Gesamtkapital- und Eigenkapitalrendite

Die Beziehung zwischen EKR und GKR kann durch (4.11) bzw. (4.12) gekennzeichnet werden:

$$\text{(4.11)} \qquad \text{EKR} = \text{GKR} + (\text{GKR - i}) \cdot \frac{\text{FK}}{\text{EK}}$$

i = Fremdkapitalkosten

FK = Fremdkapital (Buchwert)

EK = Eigenkapital (Buchwert)

Wenn gilt GKR > i, übersteigt die EKR die GKR. Das ist die bekanntere Seite des sogenannten **Leverage-Effektes** (Hebel-Effektes). Durch Einsatz «billigen», den Satz i kostenden Fremdkapitals kann die EKR u. U. gesteigert werden. Diese Aussage

30 In der Literatur wird auch die Abkürzung ROE (return on equity) verwendet.

stimmt zuversichtlich. Zu beachten ist jedoch, dass das **Risiko** der Eigentümer-Position ebenfalls steigt, weil die GKR i. d. R. keine *sichere* Rendite ist, die immer und überall eintritt. Das ist unten zu erläutern.

Die Formel (4.11) ergibt sich aus folgender Überlegung: Die GKR eines Unternehmens ist unabhängig von der Finanzierung, also der Passivseite der Bilanz. Es gilt EBIT = GKR (EK + FK). Wird FK, das den Satz i kostet, teilweise an die Stelle von EK gesetzt, folgt ein Überschuss der Eigentümer, nämlich GKR (EK + FK) – iFK, der auf das reduzierte EK zu beziehen ist. Es gilt

$$EKR = \frac{GKR\ (EK + FK) - iFK}{EK}$$

Formt man elementar um, folgt (4.11).

Den gleichen Sachverhalt kann man auch so darstellen:

$$(4.12) \quad EKR = \frac{EBIT}{BS}\left[\frac{EBIT - Zi}{EBIT} \cdot \frac{BS}{EK}\right] = GKR \cdot FLM$$

FLM bedeutet **Finanzierungs-Leverage-Multiplikator**. Er erfüllt genau die Funktion, die in (4.11) der zweite Term auf der rechten Seite erfüllt.

Beispiel

	Situation A	Situation B	Situation C
Nettoumsätze	1.000	1.000	1.000
Bilanzsumme	100	100	100
bilanzielles EK	100	50	50
Fremdkapital	–	50	50
Zins für Fremdkapital (i)	0,20	0,20	0,20
EBIT	50	50	15
Zinsen (i · FK)	–	10	10
Steuern (s = 0,5)	25	20	2,5
Jahresüberschuss	25	20	2,5
(1) GKR	0,50	0,50	0,15
(2) $\frac{\text{EBIT - Zinsen}}{\text{EBIT}}$	1,0	0,8	0,33
(3) $\frac{\text{BS}}{\text{EK}}$	1	2	2
(4) FLM = (2) · (3) gem. (4.12)	1,00	1,60	0,67
(5) EKR = (1) · (4)	0,5	0,8	0,1
(6) (GKR-i) · $\frac{\text{FK}}{\text{EK}}$	0,00	0,30	-0,05
(7) EKR = (1) + (6) gem. (4.11)	0,5	0,8	0,1

Der Nachteil der EKR ist, dass sie durch die Wahl des Verhältnisses FK/EK (rechnerisch) weitgehend gesteuert werden kann und dass so bewirkte Zuwächse an EKR Vermögensgewinne für Eigentümer nahezulegen scheinen, wo u. U. keine sind. Lässt man steuerliche Aspekte außer Acht, schaffen höhere Fremdmittel-Anteile in aller Regel zugleich höheres Risiko für Eigentümer, das der höheren *erwarteten* Rendite der Eigentümer gegenübergestellt werden muss.

Beispiel

$I_0 = 17$; FK = 10; EK = 7; i = 0,07; drei Zustände z_1, z_2, z_3 mit Wahrscheinlichkeit p_j seien möglich; das Projekt hat eine unendliche Lebensdauer.

z_j	p_j	NE_j	GKR_j	$NE_j - iFK$	EKR_j
1	0,3	4,7	0,276	4,0	0,571
2	0,4	2,7	0,159	2,0	0,286
3	0,3	0,7	0,041	0	0

Bringen die Eigentümer Mittel in Höhe von $I_0 = 17$ selbst auf, erzielen sie die zustandsabhängigen GKR_j, die in der Tabelle ausgewiesen sind. Die *erwartete* Rendite beträgt 15,9 %. Werden Gläubiger mit FK in Höhe von 10 an der Finanzierung beteiligt, steigt die *erwartete* Eigenkapitalrendite der Eigentümer gemäß (4.11) auf 28,6 %.

$$(4.11) \quad EKR = 0{,}159 + (0{,}159 - 0{,}07)\ \frac{10}{7} = 0{,}286$$

Gemäß (4.12) folgt ebenfalls

$$(4.12) \quad EKR = 0{,}159 + \frac{2{,}7-0{,}7}{2{,}7} \cdot \frac{17}{7} = 0{,}286.$$

Zugleich steigt auch das Risiko der Position der Eigentümer: Die Standardabweichung[31] der bilanziellen Rendite bei voller Eigenfinanzierung ist $\sigma_E = 0{,}0911$; bei teilweiser Fremdfinanzierung erreicht die Standardabweichung der bilanziellen Eigenkapitalrendite den Wert $\sigma_F = 0{,}2213$. Man hat folglich Rendite gegen Risiko abzuwägen. Oder: Die ausgewiesene Renditesteigerung ist nicht gratis. Eigentümer müssen dafür bezahlen in Form einer höheren Risikoübernahme.

4.3.6 Umsatzrenditen

Umsatzrenditen werden verbreitet genutzt.[32] Sie sind einfach zu berechnen, da sie eine einfach zu ermittelnde Bezugsgröße nutzen: die Umsatzerlöse der Periode. Dies ist nicht ohne Nachteil, weil der Kapitaleinsatz, der notwendig ist, um eine Umsatzrendite zu erzielen, unbeachtet bleibt. Es ist der Kapitaleinsatz, der Kapitalkosten in Form der erzielbaren Alternativrendite auslöst. Eine zielgerichtete Steuerung allein gestützt auf Umsatzrenditen, erscheint deshalb nicht realisierbar.

Die Bruttoumsatzrendite (BUR) ist definiert durch $BUR = \frac{EBIT}{NU}$.

---

[31] $\sigma = \left[\sum_{j=1}^{n} \left(y_j - \bar{y}\right)^2 \cdot p_j\right]^{1/2}$

[32] In der Literatur wird auch die Abkürzung ROS (return on sales) verwendet.

Die Nettoumsatzrendite ist definiert durch $NUR = \frac{EBIT - S}{NU}$.

Sie ist eine Nach-Steuer-Rendite. Auf die Beziehung zwischen BUR, UGA und GKR wurde in (4.6) bereits hingewiesen. Für die Nettoumsatzrendite gilt analog:

$$
\begin{aligned}
GKR_S &= NUR \cdot UGA \\
&= \frac{EBIT - S}{NU} \cdot \frac{NU}{BS}.
\end{aligned}
$$

4.3.7 Wie hoch sind Bilanzrenditen deutscher Kapitalgesellschaften?

Im Folgenden wird betrachtet, auf welchem durchschnittlichen Niveau sich empirisch die zuvor besprochenen bilanziellen Renditen bei deutschen Kapitalgesellschaften befinden und wie sie sich im Zeitverlauf von 1997 bis 2011 entwickelt haben.

Als Datengrundlage zur Berechnung der bilanziellen Renditen dient der Jahresabschlussdatenpool der Deutschen Bundesbank, in welchen seit 1997 jährlich ca. 140.000 Einzelabschlüsse von nicht-finanziellen deutschen Unternehmen einfließen. Davon sind ca. 70 % für die finale Hochrechnung verwertbar; sie repräsentieren laut Schätzung der Deutschen Bundesbank in etwa zwei Drittel der Unternehmensumsätze in Deutschland. Diese Hochrechnungen werden als Aggregat sowie differenziert nach Wirtschaftsbereich, Umsatzgröße und Rechtsform in der Sonderveröffentlichung 5 der Deutschen Bundesbank publiziert und einmal jährlich in einem Monatsbericht diskutiert.[33]

Eine Verwendung der Jahresabschlussdaten ist für die Berechnung der bilanziellen Renditen ab 1997 möglich, da erst ab diesem Jahr das Datenmaterial nach der Rechtsform in Kapitalgesellschaften und Nichtkapitalgesellschaften gesondert ausgegeben wird. Die Deutsche Bundesbank kategorisiert als Kapitalgesellschaften Aktiengesellschaften,[34] Gesellschaften mit beschränkter Haftung, Kommanditgesellschaften auf Aktien, Genossenschaften, Anstalten des öffentlichen Rechts und Stiftungen. Zu den Nichtkapitalgesellschaften werden gezählt Personengesellschaften, offene Handelsgesellschaften, Gesellschaften des bürgerlichen Rechts, Kapitalgesellschaften & Co KG, Einzelkaufleute, Handwerker und Freiberufler.

Die Unterscheidung zwischen Kapitalgesellschaften und Nichtkapitalgesellschaften ist für die Berechnung der bilanziellen Renditen bei den Daten der Bundesbank von ho-

---

[33] Für die Hochrechnung der Jahresabschlussdaten wird das sog. gebundene Verfahren benutzt, indem als Hochrechnungsfaktor die Relation aus den Umsätzen der vorliegenden Unternehmen und den Umsätzen des Unternehmensregisters des Statistischen Bundesamtes verwendet wird, die der Grundgesamtheit entsprechen. Anhand des Hochrechnungsfaktors wird ein überproportionaler Einfluss von großen Unternehmen auf die Ergebnisse gemindert. Eine Verzerrung der Ergebnisse durch Extremwerte wird zum einen durch den Ausschluss von Jahresabschlüssen mit widersprüchlichen Angaben gewährleistet und zum anderen werden nur Unternehmen in die Hochrechnung einbezogen, die einen Kapitalumschlag haben, der über einem branchenspezifischen Mindestsatz liegt. Weitere Details zur Herkunft, Umfang und Zusammensetzung der Jahresabschlussdaten der Deutschen Bundesbank bieten die Sonderveröffentlichungen 5 und 6 der Deutschen Bundesbank.

[34] Eine weitere Untergliederung in gelistete und nichtgelistete AGs wäre wünschenswert. Dies lassen die Daten jedoch nicht zu.

her Bedeutung, da bei Nichtkapitalgesellschaften der kalkulatorische Unternehmerlohn im Jahresergebnis enthalten ist, wohingegen der Unternehmerlohn bei Kapitalgesellschaften als Personalaufwand verrechnet wird. Dadurch, dass der Unternehmerlohn bei Nichtkapitalgesellschaften nicht von dem Jahresergebnis gesondert subtrahiert werden kann, sind die bilanziellen Renditen positiv verzerrt und fallen weit höher aus, als sie es in der Tat sind. Aus diesem Grund beschränken wir uns auf die bilanziellen Renditen von Kapitalgesellschaften, da sie ein repräsentatives Bild von der durchschnittlichen Profitabilität deutscher Kapitalgesellschaften liefern. Folgende Tabelle 4.2 berichtet die Größe des Samples im Zeitablauf mit mehr als 39.000 Unternehmen im Schnitt.

2003	2004	2005	2006	2007	2008	2009	2010	2011
31.198	31.198	39.491	40.601	39.755	43.861	46.992	47.097	32.210

Tabelle 4.2: Anzahl der Kapitalgesellschaften im Sample der Deutschen Bundesbank

Die jährliche Profitabilität deutscher Kapitalgesellschaften wird anhand bilanzieller Renditen nach Steuern gemessen auf Grundlage der Definitionen, die in den vorausgegangenen Abschnitten gelegt worden sind. Abbildung 4.4 zeigt für den Zeitraum von 1997 bis 2011 die Eigenkapitalrendite (EKR), modifizierte Gesamtkapitalrendite (ROIC), Gesamtkapitalrendite (GKR) und Nettoumsatzrendite (NUR).[35]

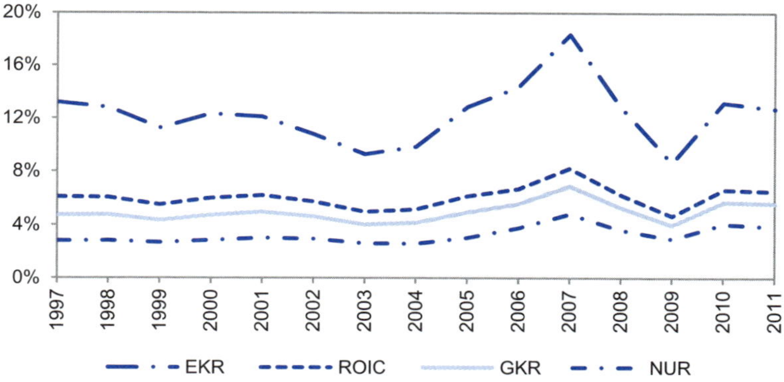

Abbildung 4.4: Bilanzielle Renditen (nach Steuern) deutscher Kapitalgesellschaften von 1997 bis 2011 (Quelle: Deutsche Bundesbank, eigene Berechnungen)

Wir sehen, dass sich die Eigenkapitalrendite im Vergleich zu den anderen Renditen auf dem höchsten Niveau befindet und die höchste Schwankungsbreite aufweist. Die hohe Volatilität sowie das hohe Niveau lassen sich durch den Leverage-Effekt begründen. GKR, die Fremdkapitalkosten i und das Verhältnis von Fremd- zu Eigenkapital FK/EK beeinflussen EKR maßgeblich, wie Formel 4.11 belegt. EKR steigt, umso stärker

[35] Für die Berechnung der Bilanzrenditen in t werden ebenso die Kapitaleinsätze der aktuellen Periode t verwendet, da sich die Zusammensetzung der in der Hochrechnung enthaltenen Unternehmen jährlich verändert und ansonsten die Bilanzrenditen bei Anwendung des Kapitaleinsatzes der Vorperiode t-1 verzerrt wären.

GKR die Fremdkapitalkosten i übertrifft und umso höher der Verschuldungsgrad ist. Die EKR der deutschen Kapitalgesellschaften befindet sich von 1997 bis 2003 in einem Abwärtstrend, steigt über die Folgejahre bis auf 18,3 % in 2007 steil an, sinkt rapide im Zuge der Finanzkrise auf 8,6 % und konvergiert dann in den Folgejahren in Richtung ihres Mittelwertes, der über dem Beobachtungszeitraum bei 12,3 % liegt.

Die weiteren Bilanzrenditen ROIC, GKR und NUR verlaufen nahezu simultan und entsprechen in ihren Hoch- und Tiefpunkten denen der EKR, befinden sich aber auf einem niedrigeren Niveau. Der Mittelwert der modifizierten Gesamtkapitalrendite liegt im Beobachtungszeitraum bei 6 %, der der Gesamtkapitalrendite bei 4,9 %, und der der Nettoumsatzrendite bei 3,2 %. Zusammenfassend lässt sich konstatieren, dass alle Renditen zyklisch schwanken und in 2007 (bei Ausbruch der Finanzkrise) buchhalterisch am profitabelsten waren. Die Finanzkrise hat die Profitabilität deutscher Kapitalgesellschaften zwar deutlich beeinflusst, aber insgesamt nicht so dramatisch, dass eine Abkehr vom langfristigen Durchschnitt erkennbar wäre.

In Abbildung 4.5 wird die Profitabilität von „kleinen und mittelgroßen Kapitalgesellschaften" (Umsatzgröße < 50 Mio. €) in Relation zu der von „großen Kapitalgesellschaften" (Umsatzgröße > 50 Mio. €) gesetzt. Insgesamt lässt sich festhalten, dass die bilanziellen Renditen für beide Gruppen relativ ähnlich verlaufen, jedoch lassen sich marginale Unterschiede erkennen: Zum einen waren große Kapitalgesellschaften Ende der neunziger Jahre wesentlich profitabler als kleine und mittelgroße Kapitalgesellschaften. In den Folgejahren glichen sich die Niveaus jedoch an. Zum anderen scheinen sich rezessive Phasen stärker auf die Profitabilität größerer Unternehmen auszuwirken als auf die kleinerer Unternehmen, wie sich an den stärkeren Einbrüchen erkennen lässt. Des Weiteren scheint sich die Profitabilität der kleineren Unternehmen nach einem Einbruch schneller zu erholen, wie insbesondere der steile Anstieg ab 2009 verdeutlicht.

Grafik A: Kleine u. mittelgroße Kapitalgesellschaften *Grafik B: Große Kapitalgesellschaften*

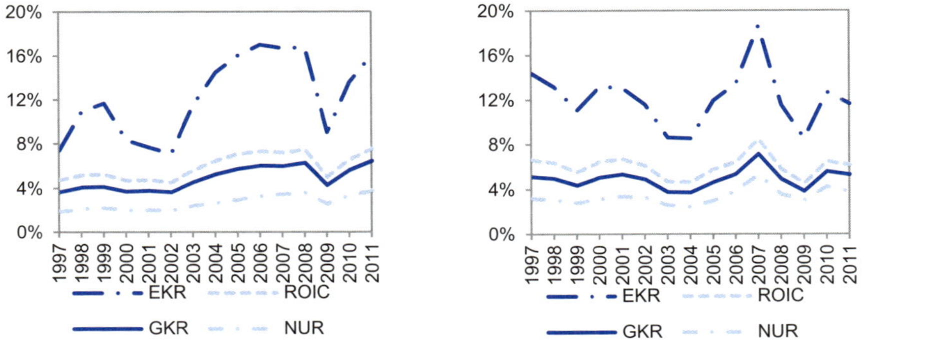

Abbildung 4.5: Bilanzielle Renditen (nach Steuern) von 1997 bis 2011 von kleinen und mittelgroßen Kapitalgesellschaften (Grafik A, Umsatzgröße < 50 Mio. €) und großen Kapitalgesellschaften (Grafik B, Umsatzgröße > 50 Mio. €) (Quelle: Deutsche Bundesbank, eigene Berechnungen)

Ein Vergleich der Abbildungen 4.4 und 4.5 bringt hervor, dass die großen Kapitalgesellschaften einen stärkeren Einfluss auf das Aggregat in Abbildung 4.4 haben als die kleinen und mittelgroßen Kapitalgesellschaften. Dies liegt laut den Angaben der Deutschen

Bundesbank daran, dass Jahresabschlüsse von großen Unternehmen im Jahresabschlussdatenpool im Vergleich zu den kleineren Unternehmen überrepräsentiert sind.

Sie können Ihr erlerntes Wissen über bilanzielle Renditen nun anhand der Fallstudie „Glasspinnerei Straubing AG" testen. Die genaue Fragestellung samt Lösung befindet sich im Anhang in Kapitel 4.6.

4.4 Zur Aussagefähigkeit von bilanziellen Renditen

4.4.1 Problem

Eine entscheidende Frage ist die nach der Verlässlichkeit der Signale von jahresabschlussbasierten Renditen. Geben sie zuverlässige Signale? Kann man an einer positiven GKR ablesen, dass die Manager ihre Sache gut gemacht haben, dass das Unternehmen Geld verdient hat?

Ein Beispiel soll das Problem verdeutlichen: Wir betrachten das Projekt Supermarkt (S).

Projekt S							
Zeitpunkt	0	1	2	3	4	5	6
I_0, NE_t	– 1.000	100	200	250	298	298	296,56

NKW (S) = 0; i = 10 %
r (S) = 10 %

S hat eine Nutzungsdauer von 6 Jahren. Ein positiver Restverkaufserlös am Ende der Nutzungsdauer wird nicht erwartet. Die obige Zahlungsreihe zeigt die Nettoeinzahlungen, die der Betreiber des Projektes S nach Deckung aller relevanten Auszahlungen entnehmen kann: NE_t bezeichnet die entziehbaren Cashflows. Eine Anlage von Mitteln am Kapitalmarkt bringt eine Rendite (i) von 10 %. Das Projekt S hat einen Nettokapitalwert von Null. Anders ausgedrückt: Die ökonomische Rendite (oder der interne Zinsfuß) des Projektes r beträgt genau 10 %. Es handelt sich also um ein Projekt, dessen Realisierung die Eigentümer im Vergleich zur Alternativanlage nicht reicher macht. Das Projekt S ist der Kapitalmarktanlage gleichwertig.

Jetzt wollen wir die periodischen Bilanzrenditen (GKR) für das Projekt S berechnen. Zu diesem Zweck ermitteln wir den bilanziellen Erfolg des Projektes pro Periode und beziehen diesen auf den durch den Buchwert gemessenen Kapitaleinsatz, das Bilanzvermögen BV, zu Beginn der Periode. Wir unterstellen zur Vereinfachung eine vollständige Eigenfinanzierung des Projektes. Der periodische Erfolg im bilanziellen Sinn ist definiert als $NE_t - Ab_t$, wobei Ab_t die handelsrechtliche Abschreibung bezeichnet. Steuern werden nicht beachtet. Der bilanziell gemessene Kapitaleinsatz (BV_{t-1}) zu Beginn der Periode ergibt sich in Höhe der Anschaffungsauszahlung abzüglich der bis zu diesem Zeitpunkt vorgenommenen Abschreibungen.

Tabelle 4.3 weist die Berechnungen aus:

Zeitpunkt	0	1	2	3	4	5	6
(1) I_0, NE_t	– 1.000	100	200	250	298	298	296,56
(2) Ab_t		166,67	166,67	166,67	166,67	166,67	166,67
(3) BV_t		833,33	666,67	500	333,33	166,67	0
(4) $NE_t - Ab_t$		– 66,67	33,33	83,33	131,33	131,33	129,89
(5) $GKR = \frac{(4)}{BV_{t-1}}$		– 0,067	0,040	0,125	0,263	0,394	0,779

Tabelle 4.3: Berechnung der GKR für Supermarkt S

wobei
- NE_t = Nettoeinzahlung in Periode t
- Ab_t = bilanzielle Abschreibung in Periode t
- BV_t = Bilanzvermögen in Periode t
- $NE_t - Ab_t$ = bilanzieller Erfolg, wenn NE_t dem Netto-Ertrag der Periode vor Abschreibungsverrechnung entspricht
- GKR = Gesamtkapitalrendite

Zeile (5) zeigt die sich ergebenden bilanziellen Renditen (Gesamtkapitalrenditen). Mit der ökonomischen Rendite des Projektes S von 10 % haben sie erkennbar wenig zu tun. Sie weisen das Projekt S als in den ersten Perioden der Nutzung negativ bzw. niedrig verzinst und in den späteren Perioden als extrem profitabel aus. Dies sind im Vergleich zur ökonomischen Rendite von 10 % falsche Informationen. Diese falschen Informationen können unerwünschte Folgewirkungen entfalten. Angenommen, ein Geschäftsbereich (unter vielen) eines großen, dezentral organisierten Unternehmens lieferte im Zeitablauf die in (5) dargestellten Informationen an die Zentrale (die Holding, die Obergesellschaft). Welche Folgerungen zöge diese? Vermutlich die, dass die Manager des Geschäftsbereichs Überdurchschnittliches leisten, dass man dies mit Gehaltszulagen honorieren sollte, dass für Erweiterungspläne in diesem Geschäftsbereich Mittel zur Verfügung gestellt werden sollten etc. Alle Folgerungen sind unrichtig: Die Manager erzielen gerade die Alternativrendite, verdienen also keine außergewöhnlichen Belohnungen und sollten auch keine Mittel für (gleich rentable) Erweiterungsinvestitionen erhalten.

Woher kommt die Diskrepanz zwischen ökonomischer Rendite (r) und bilanzieller Gesamtkapitalrendite (GKR)? Ursache ist die übliche, d. h. den handelsrechtlichen Gewinnermittlungsvorschriften entsprechende Messung von Periodenerfolg (Jahresüberschuss) und Vermögen (Kapitaleinsatz). Angenommen, ein Investor würde Projekt S im Jahr 4 (nach der Ausschüttung von 298) erwerben und bis zum Ende von Periode 5 halten. Wie hoch wäre seine Rendite? Die Gesamtkapitalrendite gemäß Zeile (5) ist 39,4 %. Die ökonomische Rendite für die genannte Halteperiode (r_5) errechnet sich aus

$$r_5 = \frac{D_5 + V_5 - V_4}{V_4}.$$

Dabei bezeichnen D_5 die Ausschüttung im Zeitpunkt 5 (298), V_4 den Kaufpreis, den der Investor im Zeitpunkt 4 für das Projekt entrichten muss,[36] und V_5 den Preis, den

36 $V_4 = 298\ (1{,}1)^{-1} + 296{,}56\ (1{,}1)^{-2} = 516.$

er bei Verkauf des Projektes erzielen kann.[37]

$$r_5 = \frac{298 + (269{,}60 - 516)}{516} = 0{,}10$$

Die Rendite für das einperiodige Halten (Eigentum) des Projektes S ist somit 10 %, was die ökonomische Rendite r des Projektes auch korrekt auswies. Die abweichende Gesamtkapitalrendite ist Ergebnis der konventionellen Messung von Erfolg (131,33) und Kapitaleinsatz (333,33).

4.4.2 Abschreibung, investiertes Kapital und Rendite

Wie kann man dem Problem falscher Signale in Form der oben berechneten GKR begegnen? Eine Lösung besteht darin, ein Abschreibungsverfahren zu benutzen, das eine Verzerrung zwischen ökonomischer und bilanzieller Rendite vermeidet. GKR sieht bei Verwendung dieser Abschreibungsform genau so aus wie eine ökonomische Rendite. Weil dieses Abschreibungsverfahren nur verhindern soll, dass GKR und ökonomische Rendite in kaum begründbarer Weise auseinanderfallen, sind handelsrechtliche oder steuerrechtliche Regeln, die die *Verteilung* von Abschreibungen über die Zeit der Nutzungsdauer regeln, zunächst unbeachtlich.

Die genannte Abschreibung heißt **«Ertragswertabschreibung»**: Die Abschreibung pro Periode folgt genau der Verminderung des Ertragswertes (= BKW) von Periode zu Periode. Im Zeitpunkt 0 beträgt der BKW des Projektes S unter Benutzung der internen Rendite r als Diskontierungssatz 1.000. Im Zeitpunkt 1 beträgt der Ertragswert 1.100 *vor* der Ausschüttung der Nettoeinzahlung in Höhe von 100. Nach der Ausschüttung beträgt er 1.100 – 100 = 1.000. Der Ertragswert (BKW) ist somit nicht gefallen. Die Abschreibung (Ab_t^{EW}) beträgt folglich 0. Die folgende Tabelle 4.4 zeigt die Entwicklung der Ertragswertabschreibung während der Lebensdauer des Projektes.

Zeitpunkt	0	1	2	3	4	5	6
(1) I_0, NE_t	–1.000	100	200	250	298	298	296,56
(2) BKW_t[1)]	1.000	1.000	900	740	516	269,6	0
(3) Ab_t^{EW}		0	100	160	224	246,4	269,6
(4) $NE_t - Ab_t^{EW}$		100	100	90	74	51,6	27,0
(5) Rendite $= \frac{NE_t - AB_t^{EW}}{BKW_{t-1}}$		0,10	0,10	0,10	0,10	0,10	0,10

[1)] BKW_t bezeichnet den Ertragswert (Bruttokapitalwert) zu Beginn der Periode nach der Entnahme in Höhe der NE_t

Tabelle 4.4: Ertragswertabschreibung und periodische Rendite

Die Summe der Abschreibungen beträgt im Beispiel 1.000. Die zeitliche Verteilung der Abschreibungen erscheint aufgrund des progressiven Verlaufs zwar ungewöhnlich, könnte aber für die Zwecke interner Rechnungslegung akzeptiert werden.

[37] $V_5 = 296{,}56\ (1{,}1)^{-1} = 269{,}60$.

Die in Zeile (5) ausgewiesenen Renditen gleichen in jeder Periode der ökonomischen Rendite des Projektes in Höhe von r = 0,10. Falsche Signale entstehen somit nicht.

Bei der Herleitung der Rendite i. S. d. Zeile (5) ist zu beachten, dass die Berechnung der Ertragswertabschreibung die Kenntnis bzw. eine nicht zu unzuverlässige Prognose der Nettoeinzahlungen (NE_t) des Projektes über seine gesamte Lebenszeit voraussetzt. Da auch die Nettoauszahlung (I_0) bekannt ist, können die ökonomische Rendite (r) und die periodischen Renditen unmittelbar über die Größen NE_t und I_0 berechnet werden bei flacher Kapitalkostenstrukturkurve. Der Weg über periodische, mit Hilfe der Ertragswertabschreibung berechneten Gesamtkapitalrenditen ist eigentlich entbehrlich. Interessant ist jedoch, dass es eine Form der Abschreibung gibt, die das Problem der verzerrten Gesamtkapitalrenditen nicht entstehen lässt.

4.4.3 Wann wird Wert geschaffen?

4.4.3.1 Bilanzielle und ökonomische Rendite

Was erwarten wir von der Aussage, die GKR (oder ROIC) der Porsche AG in 2005 sei 10,5 % gewesen oder die GKR (oder ROIC) eines Geschäftsbereiches habe 7 % betragen? Wir wollen

- diese Renditen mit den Renditen bei alternativer (risikoäquivalenter) Anlage vergleichen,
- erkennen, ob diese Unternehmen (Geschäftsbereiche) «Überrenditen» erzielen und ggf. mit dem Markteintritt von Konkurrenten rechnen müssen,
- erkennen, ob die Unternehmen (Geschäftsbereiche) eine ungenügende Performance zeigen und deshalb Sanierungskandidaten sind,
- ob die Manager der Unternehmen (Geschäftsbereiche) trotz des vorgelegten Bilanzsummen- oder Umsatzwachstums ihr Geld wert sind.

Für die Beantwortung dieser Fragen stellen die oben gezeigten Differenzen zwischen ökonomischer Rendite und GKR ein großes Problem dar. Was sagen uns GKR bzw. ROIC eigentlich? Ist es sinnvoll, auf diese Signale zu vertrauen?

Nun besteht zwischen GKR und der ökonomischen Rendite r, also dem internen Zinsfuß eines Projektes, die folgende Beziehung:

(4.13) $$r = \frac{\sum_{t=1}^{n} GKR_t \cdot BV_{t-1} \cdot (1+r)^{-t}}{\sum_{t=1}^{n} BV_{t-1} \cdot (1+r)^{-t}}.$$ [38]

---

[38] Der Bruttokapitalwert BKW_0 errechnet sich unter Benutzung von r als Diskontierungssatz aus (4.1). Der Erfolg pro Periode ist $r \cdot BKW_{t-1}$.

Definiert man die GKR als $GKR_t = \frac{NE_t - (BV_{t-1} - BV_t)}{BV_{t-1}}$, ergibt sich als Erfolg der Periode $GKR_t \cdot BV_{t-1}$. Wegen der Benutzung von r gilt $BV_0 = BKW_0$. Der mit r berechnete Barwert der bilanziellen Erfolge muss gleich dem mit r berechneten Barwert der ökonomischen Erfolge sein:

$$\sum_{t=1}^{n} GKR_t \cdot BV_{t-1}(1+r)^{-t} = \sum_{t=1}^{n} r \cdot BV_{t-1} (1+r)^{-t}$$

Daraus folgt (4.13).

Es bezeichnen:

r den internen Zinsfuß des Projektes,

BV_{t-1} das Bilanzvermögen (den Restbuchwert) zu Beginn der Periode,

GKR_t die Gesamtkapitalrendite der Periode t.

Die folgende Tabelle verdeutlicht die Aussage von (4.13) für den Fall des Supermarktes S.

(1)	(2)	(3)	(4)	(5)
Zeitpunkt	GKR_t	BV_{t-1}	$GKR_t \cdot BV_{t-1}\,(1+r)^{-t}$	$BV_{t-1}\,(1+r)^{-t}$
1	–0,067	1.000	–60,91	909,09
2	0,040	833,33	27,55	688,70
3	0,125	666,67	62,61	500,88
4	0,263	500	89,82	341,51
5	0,394	333,33	81,55	206,97
6	0,779	166,67	73,29	94,08
Σ			273,91	2.741,23

r = 273,91/2.741,23 = 0,100

Tabelle 4.5: Zusammenhang zwischen Buchrendite und ökonomischer Rendite am Beispiel des Supermarktes S

Teilt man die Summe der Eintragungen in Spalte (4) durch die Summe der Eintragungen in Spalte (5), erhält man r = 0,10, also die ökonomische Rendite.

(4.13) sagt also – und das Beispiel belegt es –, dass man eine Aussage über die *ökonomische* Rendite eines Projektes dann treffen kann, wenn man *alle* Gesamtkapitalrenditen des Projektes kennt. Nun ist diese Information nicht allzu viel wert. Um die Gesamtkapitalrenditen der Perioden zu kennen, muss man Informationen über die Nettoeinzahlungen (NE_t) und die Kapitalsätze haben. Kennt man diese, kann man den internen Zinsfuß r auch unmittelbar berechnen. Den Umweg über Gesamtkapitalrenditen kann man sich dann sparen.

Man muss beachten, dass Manager (Investoren) eine *periodenbezogene* Rendite benötigen, um sich ein Bild über Erfolg oder Misserfolg des Projektes machen zu können, *bevor* das Projekt sein ökonomisches Lebensende erreicht hat. Manager (Investoren) benötigen Informationen in Form verlässlicher Signale in *jeder* Periode, um korrigierend in die Entwicklung des Projektes eingreifen zu können. Hierzu leistet Formel (4.13) zu wenig. Wir suchen nach einer *periodenbezogenen Größe,* die uns darüber informiert, ob das Projekt einen Schritt in Richtung Verbesserung des Vermögens (Wohlstands) der Eigentümer getan hat oder ob es im Gegenteil Vermögen vernichtet hat. Manager würden sich wünschen, dass diese Information nicht davon abhängt, ob sie in der Lage sind, das ökonomische Schicksal des Projektes bis an sein Lebensende abschätzen zu können. Ob dieser Wunsch erfüllt werden kann, ist offen.

Wir gehen wie folgt vor: Im folgenden Abschnitt wird zunächst belegt, dass man Brutto- und Nettokapitalwerte bei entsprechender Korrektur der Überschüsse auch auf Basis von Aufwands- und Ertragsgrößen ermitteln kann. Dieses Ergebnis nutzen wir dann, um das Konzept des **Residualgewinns** oder des value added vorzustellen. Der Residualgewinn gibt ein Signal pro Periode, ob ein Projekt Beiträge zur Vermögensmehrung der Eigentümer (zur Erhöhung des NKW) in der Periode gebracht hat oder nicht.

4.4.3.2 Nettokapitalwert und Aufwands- und Ertragsrechnung

Betrachten wir noch einmal das Beispiel des Supermarktes. Der Bruttokapitalwert berechnet durch Diskontierung der Nettoeinzahlungen (NE_t) mit der Alternativrendite in Höhe von 10 % ergibt 1.000. Da I_0 ebenfalls 1.000 beträgt, ist der NKW_0 des Projektes Null.

Wollten wir den Kapitalwert des Projektes auf Basis der bilanziellen Erfolge in Höhe von $NE_t - Ab_t$ berechnen, erhalten wir bei linearer Abschreibung die folgenden Ertragsüberschüsse:

Zeitpunkt	0	1	2	3	4	5	6
$NE_t - Ab_t$		–66,67	33,33	83,33	131,33	131,33	129,89

Der Nettokapitalwert von NKW_0^{Er} beträgt 274,11.[39] Wir wissen, dass der Bruttokapitalwert auf Basis der NE_t 1.000 und der Nettokapitalwert 0 ist. Insoweit ist das soeben berechnete Ergebnis falsch. Nun existiert eine Vorgehensweise, die genau zu einem NKW_0^{Er} von Null führt: Voraussetzung ist, dass auf das jeweils gebundene Kapital in Höhe des Buchwertes Kapitalkosten – das sind entgangene Alternativerträge – in Höhe von iBV_{t-1} verrechnet werden. Auf unser Beispiel bezogen folgt:

Zeitpunkt		0	1	2	3	4	5	6
(1)	I_0, NE_t	– 1.000	100	200	250	298	298	296,56
(2)	Abschreibung		166,67	166,67	166,67	166,67	166,67	166,67
(3)	$i \cdot BV_{t-1}$		100	83,33	66,67	50	33,33	16,67
(4)	$NE_t - Ab_t - iBV_{t-1} = RG_t$		–166,67	–50	16,67	81,33	98	113,22

Tabelle 4.6: Berechnung der Residualgewinne

Berechnen wir den Barwert der Eintragungen in Zeile (4), also der um Kapitalkosten verkürzten Ertragsüberschüsse, erhalten wir einen NKW_0 in Höhe von 0. Es gilt also

$$(4.14) \quad NKW_0 = \sum_{t=1}^{n} NE_t \cdot (1+i)^{-t} - I_0 = \sum_{t=1}^{n} \underbrace{(NE_t - Ab_t - i \cdot BV_{t-1})}_{RG_t} \cdot (1+i)^{-t}$$

---

39 Der Index zeigt an, dass es sich um einen Nettokapitalwert, berechnet auf Basis von Erfolgsüberschüssen handelt. Bei der Berechnung wird die Größe I_0 nicht abgesetzt; sie gilt (vorläufig) als durch die Abschreibungsverrechnung berücksichtigt.

Wir erhalten somit mit einer Zahlungsrechnung einerseits und einer auf Residualgewinnen (RG) i. S. v. Zeile (4) basierenden Rechnung andererseits *gleiche* NKW_0 und damit *gleiche* Signale über die Vorteilhaftigkeit von Projekten im Zeitpunkt 0. Das ist auf den ersten Blick ein gutes Ergebnis, weil es zeigt, dass man mit einer Zahlungsrechnung kompatible Bewertungsergebnisse zum Zeitpunkt 0 auch erreichen kann, wenn man mit um Kapitalkosten reduzierten Ertragsüberschüssen rechnet. Barwertkompatible Bewertungsergebnisse sind gestützt auf modifizierte Ertragsüberschüsse also ableitbar.

Die Rechnung in Tabelle 4.6 lässt erkennen, dass Niveau und Struktur der Residualgewinne vom Ansatz der Abschreibungen abhängt. Allerdings ist das Ergebnis gemäß (4.14) unabhängig vom benutzten Abschreibungsverfahren. Voraussetzung ist, dass die Zeitspanne, für die Residualgewinne berechnet werden, die gesamte Lebensdauer des Projektes umfasst. Es muss das sog. Kongruenzprinzip oder die clean-surplus-Bedingung gelten, was bedeutet, dass alle Geschäftsvorfälle, die zu einer Eigenkapitaländerung führen, in der Gewinn- und Verlustrechnung erfasst werden. Ausgenommen sind lediglich Einlagen und Entnahmen der Eigentümer. Für unser Beispiel, in dem reine Eigenfinanzierung unterstellt ist, muss also gelten $BV_t = BV_{t-1} + JÜ_t - D_t$. D_t, die Ausschüttung, entspricht im Beispiel NE_t.

Würde z. B. digital abgeschrieben werden, folgen die in Tabelle 4.7 berechneten Residualgewinne:

Zeitpunkt	0	1	2	3	4	5	6
(1) I_0, NE_t	–1.000	100	200	250	298	298	296,56
(2) Abschreibung		285,71	238,10	190,47	142,86	95,24	47,62
(3) $i \cdot BV_{t-1}$		100	71,43	47,62	28,57	14,29	4,76
(4) $NE_t - Ab_t - iBV_{t-1} = RG_t$		–285,71	–109,52	11,91	126,57	188,47	244,18

Tabelle 4.7: Residualgewinne bei digitaler Abschreibung

Der Nettokapitalwert der in Zeile (4) ausgewiesenen Residualgewinne ist Null. Die zeitliche Struktur der ausgewiesenen Abschreibungen hat somit keinen Einfluss auf den Barwert der Residualgewinne im Zeitpunkt 0.

Die Ursache des höheren Nettokapitalwertes NKW_0^{Er} (274,11) bei linearer Abschreibung beruht darauf, dass die in einer Aufwands- und Ertragsrechnung verrechneten Abschreibungen (Ab_t) der Auszahlung (I_0) zeitlich folgen, also *nachperiodisiert* sind. Es liegt eine nachträgliche Aufwandsrechnung, also nachperiodisierter Aufwand, vor.

Wegen $\sum_{t=1}^{n} Ab_t = A_0$ und wegen $\sum_{t=1}^{n} Ab_t \cdot (1+i)^{-t} < A_0$ muss NLW_0^{Er} bei $i > 0$ % den wahren NKW_0 übersteigen.[40] Die in den Tabellen 4.6 bzw. 4.7 angesetzten Kapitalkosten auf das Buchvermögen am Ende der Vorperiode beseitigen diesen Effekt. Es gilt

[40] Für den Fall linearer Abschreibung gilt: $\sum_{t=1}^{n} Ab_t \cdot (1+i)^{-t} = 725{,}89$; $A_0 = 1000$. Folglich muss $NKW_0 - NLW_0^{Er} = 1.000 - 725{,}89 = 274{,}11$ sein.

(4.15) $I_0 = \sum_{t=1}^{n} \left(Ab_t + iBV_{t-1}\right) \cdot (1+i)^{-t}$

mit $BV_0 = I_0$

$BV_{t^*} = I_0 - \sum_{t=1}^{t^*} Ab_t$

$BV_n = 0.$

Der Bruttokapitalwert auf Basis von Residualgewinnen ergibt sich aus

(4.16) $BKW_0^{RG} = \sum_{t=1}^{n} (NE_t - Ab_t - iBV_{t-1}) \cdot (1+i)^{-t} + I_0.$

Die aufgezeigten Zusammenhänge sind auf den ersten Blick von *großem* Interesse:

(1) Es wird gezeigt, dass positive, um Kapitalkosten verkürzte Periodenerfolge Beiträge zu positiven Nettokapitalwerten bedeuten. Projekte (Unternehmen), die ausschließlich positive Beiträge i. S. v. $NE_t - Ab_t - iBV_{t-1}$, also positive Residualgewinne erzielen, sind vorteilhafte Projekte (rentable Unternehmen).

(2) Projekte (Unternehmen), die über lange Zeiträume negative Residualgewinne i. S. v. $NE_t - Ab_t - iBV_{t-1}$ erzielen, sind vermutlich Projekte mit negativem Nettokapitalwert.

(3) Die Formulierung des Periodenerfolgs i. S. v. $RG_t = NE_t - Ab_t - iBV_{t-1}$ zeigt, dass eine positive Differenz in Höhe eines Ertragsüberschusses i. S. einer Gewinn- und Verlustrechnung, also $NE_t - Ab_t > 0$, nichts Verlässliches über eine Mehrung des Vermögens der Eigentümer aussagt. Erst wenn die Differenz $NE_t - Ab_t > iBV_{t-1}$ ist, wenn also das Projekt (das Unternehmen) in Periode t mehr verdient, als die Kapitalkosten (i) auf das eingesetzte Kapital zu Beginn der jeweiligen Periode (BV_{t-1}), erst dann schafft es Vermögen für die Eigentümer bzw. leistet positive Beiträge zum BKW. Damit beachtet dieser Erfolgsmaßstab generell die alternative Rendite, die Eigentümer bei einer anderen Verwendung der finanziellen Mittel, die in BV_{t-1} gebunden sind, erzielen könnten. Erst vor dem Hintergrund dieses Bezugspunktes lässt sich sagen, ob Wert geschaffen oder vernichtet wurde.

(4) Manager tragen ihren unzufriedenen Aktionären gelegentlich vor, sie hofften, im laufenden (oder folgenden) Geschäftsjahr eine «schwarze Null» zu schreiben. Sie wollen sagen, dass sie vermutlich eine ausgeglichene Plan-Gewinn- und Verlustrechnung für den oder die operativen Bereich(e) erzielen werden. Als Beruhigungspille ist eine solche Äußerung – im Gegensatz zur Vermutung der Manager, die diese Formulierung wählen – überhaupt nicht geeignet, weil diese den Konventionen des Rechnungswesens folgenden Rechnungen Kapitalkosten entweder nicht oder nur zum Teil, nämlich die Kosten des Fremdkapitals, berücksichtigen. Ein Periodenergebnis, das die Kapitalkosten unterschreitet, zeigt einen *Vermögensverlust* für die Eigentümer an. Eine «schwarze Null» trägt das Attribut «schwarz» insoweit zu recht: Es handelt sich um ein Ereignis, das die Eigentümer tief traurig stimmen sollte.

(5) Da die Maximierung des BKW_0 oder des NKW_0 von Projekten (Unternehmen) für erwerbswirtschaftliche Unternehmen eine vernünftige Zielsetzung ist, ist eine damit verträgliche Periodenerfolgsmessung von großem Vorteil. Wenn wir die Differenz $NE_t - Ab_t$ als operativen Erfolg eines Unternehmens (Geschäftsberei-

ches) bezeichnen, dann kommt es auf die Höhe des operativen Erfolges nach Kapitalkosten auf das eingesetzte Kapital an. Das Konzept lässt sich somit zur Investitionskontrolle einsetzen. Diese Kontrolle sollte nicht an $NE_t - Ab_t$, also dem operativen Erfolg ansetzen, sondern an $NE_t - Ab_t - iBV_{t-1}$, dem um die Kapitalkosten verkürzten operativen Erfolg. Wir nennen diese Größe *Residualgewinn* oder economic profit.

4.4.3.3 Das Konzept des Residualgewinnes

Das Konzept des Residualgewinns (RG) ist in der Literatur mindestens seit Ende des 19. Jahrhunderts bekannt; es wurde zuletzt von Stewart wiederbelebt. Die Idee greift auf die soeben erläuterten, im Prinzip einfachen Zusammenhänge zurück. Abbildung 4.6 visualisiert diese in einer Baumstruktur:

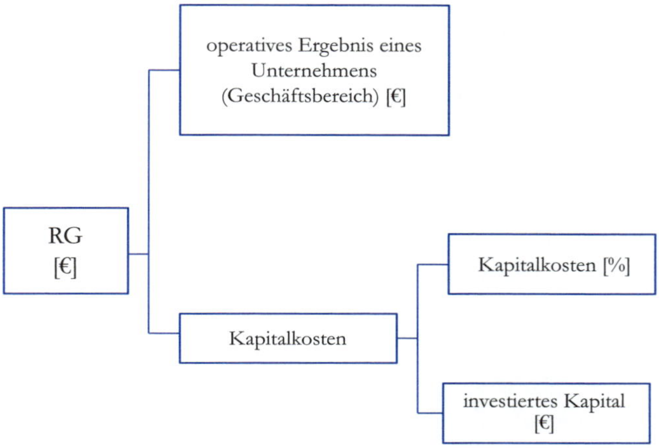

Abbildung 4.6: Konzeption des Residualgewinns

Der Bruttokapitalwert eines Projektes (Unternehmens, Geschäftsbereiches) kann ermittelt werden durch Diskontierung der über die gesamte Lebensdauer des Projektes (Unternehmens) entziehbaren Nettoeinzahlungen (NE_t):

$$BKW_0 = \sum_{t=1}^{T} NE_t \, (1+i)^{-t} .$$

Er kann ebenfalls berechnet werden durch Diskontierung der periodischen Beiträge in Form der Residualgewinne (RG_t), dem das in $t = 0$ investierte Kapital IC_0 hinzuzufügen ist:

$$(4.17) \qquad BKW_0 = \sum_{t=1}^{T} RG_t \, (1+i)^{-t} + IC_0 \, .$$

T bezeichnet das Ende des Projektes (Unternehmens).

Der Nettokapitalwert kann folglich definiert werden durch

$$(4.18) \qquad NKW_0 = \sum_{t=1}^{T} RG_t \, (1+i)^{-t} \, .$$

Nur positive Beiträge RG_t sind geeignet, Vermögenszuwächse zu schaffen. RG_t ist analog zu oben definiert durch $NE_t - Ab_t - i \cdot IC_{t-1}$. IC_{t-1} bezeichnet das zu Beginn der Periode investierte und mit Kapitalkosten zu belegende Kapital.

Man kann die Idee des Konzeptes auch so verdeutlichen: Setzt man das operative Ergebnis eines Unternehmens in einer Periode zu einem konsistent definierten eingesetzten Kapital (IC_{t-1}) in Beziehung, erhält man ROIC (return on invested capital). ROIC ist nun mit den Kosten des Kapitals (i) zu vergleichen, das das Unternehmen zur Erzielung dieser operativen Erfolge einsetzt. Ist ROIC > i (positiver Spread), ist der Residualgewinn der Periode positiv. Gilt ROIC < i (negativer Spread), haben die Eigentümer in der Periode Geld verloren. Die Erfolgsgröße RG_t kann deshalb auch so interpretiert werden:

(4.19) $RG_t = [ROIC - i] \cdot IC_{t-1}$.

Die Anwendung des Konzeptes im praktischen Leben ist weniger einfach als die Erläuterung der Idee. Zu beantworten sind z. B. folgende Fragen:

- Wie ist das investierte Kapital zu Beginn einer Periode (IC_{t-1}) für ein bestehendes Unternehmen (einen Geschäftsbereich) zu messen? Sind Buchwerte überhaupt geeignet?
- Wie ist der operative Erfolg zu definieren?
- Sind unterschiedliche Finanzierungsstrukturen von Unternehmen von Bedeutung? Welchen Einfluss haben sie?
- Welche Unternehmenssteuern sind bei der Berechnung des operativen Ergebnisses zu beachten?
- Wie sind die Kapitalkosten zu messen?
- Kann man von einem positiven (negativen) Residualgewinn wirklich auf eine gleichgerichtete Unternehmenswertänderung schließen?

Bevor wir auf die wichtige letzte Frage eingehen, wollen wir das Beispiel des Supermarktes noch einmal aufnehmen und ein einfaches Steuersystem unterstellen, in dem Überschüsse auf Unternehmensebene mit einem Steuersatz s in Höhe von 30 % besteuert werden. Die Steuerbemessungsgrundlage ist definiert als Differenz $NE_t - Ab_t$. Die alternative Anlagemöglichkeit werde nicht besteuert und betrage unverändert 10 %. Für den Fall einer negativen steuerlichen Bemessungsgrundlage erhält das Projekt (Unternehmen) eine Steuersubvention in Höhe von Steuersatz · Bemessungsgrundlage. Dies ist in Periode 1 der Fall. Tabelle 4.8 zeigt in Zeile (5) die GuV-Überschüsse nach Steuern, die Kapitalkosten in Zeile (6) und die Residualgewinne in Zeile (7). Die Investitionszahlung in t = 0 wurde von 1.000 auf 900 verkürzt, um *vor* Beachtung von Steuern ein vorteilhaftes Investitionsprojekt mit einem $NKW_0 = 100$ zu haben.

Berechnet man GKR nach Steuern, also die Quotienten aus den Eintragungen in (5) und BV_{t-1}, erhielte man erfreuliche Signale. Ganz anders die Residualgewinne: Zwar übersteigen die positiven die negativen Residualgewinne, ohne Rechnung kann man aber nicht mit Sicherheit sagen, ob der Barwert aller Residualgewinne positiv ist. Im Beispiel ist der Diskontierungssatz nach Steuern unverändert 0,10; der Barwert aller Residualgewinne ist – 4,009. Das Projekt wird nach Steuern als nicht vorteilhaft ausgewiesen. Der Barwert der Nettoeinzahlungen nach Steuern, also von $NE_t - S_t$ beträgt 895,99; der Nettokapitalwert ist folglich ebenfalls – 4,009.

Zeitpunkt	0	1	2	3	4	5	6
(1) I_0, NE_t	– 900	100	200	250	298	298	296,6
(2) Abschreibung (Ab_t)		150	150	150	150	150	150
(3) BV_t	900	750	600	450	300	150	0
(4) Steuern (S_t)		15	– 15	– 30	– 44,4	– 44,4	– 44
(5) $NE_t - Ab_t - S_t$		– 35	35	70	103,6	103,6	102,6
$GKR_S = \frac{(5)}{BV_{t-1}}$ (in %)		– 3,8	4,7	11,7	23,0	34,5	68,4
(6) $i \cdot BV_{t-1}$		90	75	60	45	30	15
(7) $RG_t = NE_t - Ab_t - S_t - i \cdot BV_{t-1}$		– 125	– 40	10	58,6	73,6	87,6

Tabelle 4.8: Residualgewinne nach Beachtung von Steuern

4.4.3.4 Residualgewinne und Unternehmenswertänderung

Wir haben im vorigen Abschnitt gesehen, dass im Zeitpunkt t = 0 die Summe aus dem Barwert aller Residualgewinne und dem im Zeitpunkt 0 investierten Kapital, BV_0, gleich dem Unternehmens(gesamt)wert ist, den wir im Folgenden mit V_0 bezeichnen. Wir kennen damit ein nicht mit der Nettoeinzahlung identisches Periodenergebnis, den Residualgewinn, der sich als sinnvoll diskontierbar erweist und, mit dessen Hilfe der Nettokapitalwert im Zeitpunkt 0 berechnet werden kann.

Wir formulieren nun zwei Fragen:

(1) Kann von einem positiven (negativen) Residualgewinn einer Periode t auf eine positive (negative) Differenz zwischen V_t und BV_t geschlossen werden?

(2) Kann von dem Residualgewinn der Periode t auf die Veränderung des Unternehmenswertes von t – 1 auf Periode t geschlossen werden?

Wir beginnen mit Frage 1. An der Differenz zwischen V_t und BV_t, dem Buchwert des eingesetzten bzw. gebundenen Kapitals, besteht lebhaftes Interesse. Wenn wir uns zur Vereinfachung auf den Zeitpunkt t = 0 beschränken, beschreibt die Differenz zwischen V_0, dem Bruttokapitalwert aller künftigen Überschüsse, und BV_0, den Errichtungskosten des Projektes bzw. Unternehmens, den Mehrwert, bewertet zum Zeitpunkt t = 0, den das Projekt (Unternehmen) erwarten lässt. In analoger Weise beschreibt die Differenz $V_t - BV_t$ den erwarteten Mehrwert aus der Sicht der Periode t. Könnte nun von einem positiven Residualgewinn RG_t einer Periode t auf eine positive Differenz zwischen V_t und BV_t geschlossen werden, wäre viel gewonnen: Ein positiver Residualgewinn reichte aus, um eine positive Differenz $V_t - BV_t$ und damit die Gesamtvorteilhaftigkeit des Projektes (Unternehmens) anzuzeigen.

Die einfachen, oben benutzten Beispiele zeigen bereits, dass diese Hoffnung im Regelfall unangebracht ist. Die Residualgewinne wechseln das Vorzeichen in Abhängigkeit von der Struktur der Nettoeinzahlungen, der buchhalterischen Abschreibungsverrechnung und damit der Entwicklung von BV_t und der Höhe der Kapitalkosten. Begründete Schlüsse von dem Residualgewinn einer einzelnen Periode auf die Differenz zwischen V_t und BV_t sind deshalb im Regelfall nicht möglich. Ausnahmen sind denkbar: Angenommen, die Bedingungen seien so, dass der für Periode 1 berechnete positive

Residualgewinn in späteren Perioden nicht unterschritten wird oder den Wert Null nicht unterschreitet, dann wäre ein positiver Residualgewinn ein klares Signal für eine positive Differenz $V_t - BV_t$ für jede Periode t. Genaue Informationen über die Höhe der Differenz lägen nicht vor; aber es wäre unzweifelhaft, dass die Differenz positiv ist. Eine klare Folgerung könnte auch gezogen werden, wenn der Residualgewinn der Periode 1 negativ wäre und zugleich gälte, dass kein Residualgewinn einer späteren Periode in positive Bereiche vordringt. Die Differenz zwischen V_t und BV_t wäre dann in jeder Periode negativ. Will man also vom Residualgewinn einer Periode t auf die Differenz $V_t - BV_t$ schließen, ist das nur möglich, wenn eine überzeugende Verknüpfung zwischen allen Residualgewinnen eines Projektes (Unternehmens) besteht, die es erlaubt, mit dem Residualgewinn einer Periode t als Stellvertreter für alle zu argumentieren. Dieser Fall wird vermutlich selten gegeben sein.

Betrachten wir Frage 2. Frage 2 ist anspruchsvoller als Frage 1: Der Fragesteller in Frage 1 will wissen, ob aus $RG_t > 0$ folgt, dass $V_t - BV_t > 0$ bzw. ob aus $RG_t < 0$ folgt, dass $V_t - BV_t < 0$ ist. Der Fragesteller in Frage 2 will wissen, ob ein Residualgewinn RG_t die Veränderung des Unternehmenswertes, also $\Delta V_t = V_t - V_{t-1}$ anzeigt. Entspricht RG_t der periodischen Unternehmenswertänderung? Es wäre großartig, wenn diese Frage bejaht werden könnte. Aber: man kann aus der Unternehmensbewertung kein Volkslied machen. Die Antwort muss negativ ausfallen. Wenn nämlich ein positiver (negativer) Residualgewinn in einer Periode nicht einmal einen zuverlässigen Schluss auf eine positive (negative) Differenz $V_t - BV_t$ erlaubt, wie soll dann die anspruchsvollere Frage nach der Identität mit der Unternehmenswertänderung beantwortet werden?

Wir benutzen das Beispiel des Supermarktes S und berechnen Unternehmenswerte V_t, Residualgewinne RG_t und die Änderungen des Unternehmenswertes im Zeitablauf. Tabelle 4.9 weist die Ergebnisse aus.

Zeitpunkt		0	1	2	3	4	5	6
(1)	I_0, NE_t	−900	100	200	250	298	298	296,6
(2)	Ab_t		150	150	150	150	150	150
(3)	$NE_t - Ab_t$		−50	50	100	148	148	146,6
(4)	$i \cdot BV_{t-1}$		90	75	60	45	30	15
(5)	RG_t		−140	−25	40	103	118	131,6
(6)	V_t	1.000	1.000	900	740	516	269,6	0
(7)	$\Delta V_t = V_t - V_{t-1}$		0	−100	−160	−224	−246,4	−269,6
(8)	$V_t - BV_t$	100	250	300	290	216	119,6	0
(9)	Barwert der Residualgewinne RG_t	100	250	300	290	216	119,6	0
(10)	= (9) + BV_t	1.000	1.000	900	740	516	269,6	0

Tabelle 4.9: Unternehmenswerte V_t und Residualgewinne RG_t des Supermarktes

Wir haben die Errichtungskosten auf 900 gesenkt, um aus dem Supermarkt S ein profitables Projekt zu machen. Die Alternativrendite der Eigentümer ist $i = 0{,}10$; Steuern werden nicht beachtet. Was zeigt Tabelle 4.9?

- Der Unternehmenswert V_t sinkt im Zeitablauf, weil die Nettoeinzahlungen entnommen (und nicht reinvestiert) werden und die Lebensdauer des Projektes endlich ist.
- Die Unternehmenswertänderungen in Zeile (7) sind ausnahmslos negativ.
- Die Residualgewinne in Zeile (5) sind anfänglich negativ, dann positiv. Ihr Barwert in $t = 0$ beträgt 100 und entspricht dem Nettokapitalwert. Mit den Veränderungen des Unternehmenswertes im Zeitablauf haben die Residualgewinne offenbar nichts zu tun. Residualgewinne zeigen die Unternehmenswertänderungen also nicht an.
- Residualgewinne zeigen im Beispiel nicht einmal die Richtung der Unternehmenswertänderung an: In Periode 1 ist $RG_1 = -140$; die Änderung des Unternehmenswertes von $t = 0$ bis $t = 1$ ist Null. In $t = 3$ ist die Unternehmenswertänderung -160; der Residualgewinn RG_3 ist 40. Bei vordergründiger Betrachtung signalisiert der Residualgewinn eine Werterhöhung; die aber nicht stattfindet.

Frage 2 ist also ebenfalls zu verneinen. Warum zeigen die berechneten Residualgewinne die Unternehmenswertänderung nicht, obwohl die auf $t = 0$ diskontierten Residualgewinne dem Nettokapitalwert des Vorhabens entsprechen? Interpretieren wir $I_0 = 900$ als die von den Eigentümern investierten Mittel in das Projekt S, die folglich in gleicher Höhe einer alternativen Verwendung hätten zugeführt werden können, repräsentiert der Barwert der Residualgewinne in $t = 0$ den Mehrwert, den das Projekt S für die Kapitalgeber zu realisieren verspricht. Die Summe I_0 + Barwert der Residualgewinne – Letzteren können wir als Goodwill (GW) bezeichnen – entspricht dem Bruttokapitalwert des Projektes und damit dem Unternehmenswert V_0.

In $t = 1$ ist diese Interpretation bereits nicht mehr durchzuhalten, weil BV_1 in Höhe von $I_0 - Ab_1 = 750$ nicht mehr dem Betrag entspricht, den Eigentümer bei Ausstieg aus dem Projekt in $t = 1$ alternativ anlegen könnten. 750 entspricht dem **Buchwert** bei linearer Abschreibung ($Ab_1 = 150$), aber nicht dem potenziellen Verkaufserlös (nach Ausschüttung von $NE_1 = 100$). Dieser beträgt im Beispiel 1.000, ist also um 250 höher als der Buchwert BV_1. Die Differenz von 250 wird durch den Barwert der Residualgewinne der Perioden 2 bis 6 dargestellt, so dass der Wert des Unternehmens in $t = 1$ durch $BV_1 + GW_1$, also durch $V_1 = 750 + 250 = 1.000$ korrekt dargestellt wird. Da aber BV_1 keinen ökonomisch begründbaren Wert darstellt, ist auch GW_1 nicht ökonomisch begründbar. Oder warum sollte der Goodwill aus $t = 1$ in Höhe von 100 auf $GW_2 = 250$ steigen, obwohl die Eigenschaften des Projektes keinerlei Änderungen erfahren haben? Die Antwort ist rein technischer Natur: Weil in jeder Periode gilt $V_t = BV_t + GW_t$, muss die Größe GW_t die buchhalterischen Veränderungen von BV_t ausgleichen. Wir erhalten mit einer Residualgewinnrechnung also korrekte Antworten über den Unternehmenswert V_t, die Aufteilung von V_t auf BV_t und GW_t ist aber – vom Zeitpunkt $t = 0$ abgesehen – willkürlich und ökonomisch ohne Informationsgehalt. Ein einzelner Residualgewinn RG_t liefert deshalb keine verlässliche Information über die Unternehmenswertänderung, die zwischen $t - 1$ und t stattgefunden hat.

Dieses Ergebnis bedeutet noch nicht, dass die Basis „Buchwerte“ zur Berechnung von Residualgewinnen ungeeignet ist. Nur die Antworten auf die gestellten Fragen fallen negativ aus.

4.4.4 Marktwerte anstelle von Buchwerten

Ein Ergebnis von Abschnitt 4.4.3 ist, dass Buchwerte BV_t als Bezugspunkte für den Kapitaleinsatz – vom Zeitpunkt 0 abgesehen – einen Hauch von Beliebigkeit in die Residualgewinn-Berechnung tragen. Der einzelne Residualgewinn sagt nichts über die Unternehmenswertänderung der gleichen Periode aus; er sagt auch nichts über die Differenz $V_t - BV_t$ aus.

Man könnte deshalb als Bezugsgröße für die periodische Kapitalkostenberechnung den (Markt)Wert des Projektes (Unternehmens) verwenden. Für dieses Konzept spricht, dass mit dem Bezugspunkt «Marktwert» eine Perspektive gewählt würde, die der Alternative der Kapitalgeber entspricht: Sie können das Projekt (Unternehmen) zum (Markt)Wert veräußern. Folglich entspricht ihr Mitteleinsatz dem erzielbaren Marktwert und ihre Kapitalkosten in Form der Alternativverträge entsprechen $i \cdot V_t$.

Was tritt an die Stelle der buchhalterischen Abschreibung, wenn man Buchwerte als Bezugspunkte aufgibt? An die Stelle der Abschreibung tritt die Marktwertveränderung, die negativ aber auch positiv sein kann. Wir erläutern das Konzept am Beispiel des Supermarktes S. Tabelle 4.10 stellt die Daten zusammen.

Zeitpunkt	0	1	2	3	4	5	6
(1) I_0, NE_t	–900	100	200	250	298	298	296,6
(2) V_t	1.000	1.000	900	740	516	269,6	0
(3) ΔV_t		0	–100	–160	–224	–246,4	–269,6
(4) $i \cdot V_{t-1}$		100	100	90	74	51,6	27
(5) $RG_t = NE_t + \Delta V_t - i \cdot V_{t-1}$		0	0	0	0	0	0

Tabelle 4.10: Residualgewinne auf Basis des (Markt)Wertes

Die Residualgewinne, definiert durch $RG_t = NE_t + \Delta V_t - i \cdot V_{t-1}$, betragen generell Null. Die Ursache hierfür ist, dass die Wertgenerierung in Höhe des Nettokapitalwertes von 100 bereits im Ausgangswert ($V_0 = 1.000$) enthalten ist. Die Kapitalkosten auf das investierte Kapital $I_0 = 900$ und den erwarteten Wertbeitrag von $NKW_0 = 100$ sowie die Wertminderung in Höhe von ΔV_t entsprechen exakt den erwarteten Nettoeinzahlungen, weshalb die erwarteten Residualgewinne Null sind. Diese Null-Linie der erwarteten Residualgewinne hat nun einen didaktischen Vorteil: Jede Abweichung eines realisierten Residualgewinns vom Wert Null ist eindeutig interpretierbar als zusätzlicher, diskontierbarer Beitrag zum bzw. diskontierbare Minderung vom erwarteten Nettokapitalwert in Höhe von 100.

Auf die im vorherigen Abschnitt 4.4.3 gestellten beiden Fragen können jetzt befriedigende Antworten gegeben werden. Ein positiver (negativer) Residualgewinn erhöht (senkt) den erwarteten Nettokapitalwert in $t = 0$, also NKW_0, um den auf $t = 0$ bezogenen Barwert des Residualgewinnes. Für die Unternehmenswertänderung in Periode t gibt ein von Null abweichender Residualgewinn ein klares Signal: die erwartete Unternehmenswertänderung in t, die in Zeile (3) von Tabelle 4.10 dargestellt ist, fällt um den positiven Wert von RG_t geringer aus bzw. erhöht sich um den negativen Wert von RG_t. Der Schluss von RG_t auf die Unternehmenswertänderung in Periode t ist also hier möglich.

4.4.5 Eine am Mitteleinsatz der Investoren orientierte Performancemessung

Das Problem der Kontrolle von Projekten, Geschäftseinheiten bzw. Unternehmen muss im Zusammenhang mit der Planung dieser Projekte (Geschäftseinheiten, Unternehmen) gesehen werden. Die Planung erfolgt auf Basis von Finanzplänen, Plan-Gewinn- und Verlustrechnungen und Plan-Bilanzen. Ob ein Projekt lohnt oder nicht, wird anhand der operativen Cashflows nach Steuern entschieden. Rationale Entscheidungskriterien sind Nettokapitalwerte oder Annuitäten. Angenommen, ein aus der Sicht des Zeitpunktes 0 vorteilhaft erscheinendes Investitionsprojekt, das also einen positiven Nettokapitalwert aufweist, wird in Gang gesetzt. Aufgabe der das Projekt steuernden (kontrollierenden) Manager ist es, periodisch zu prüfen, ob der Gang der Dinge den im Zeitpunkt 0 erwarteten NKW auch zu realisieren verspricht. Dazu braucht man das im Startpunkt des Projektes investierte Kapital, die Alternativrendite, die die Kapitalgeber auf diese Mittel anderweitig hätten erzielen können und eine Erfolgsgröße, die die Zielerreichung des Projektes in der Periode anzeigt. Es gilt, zu verhindern, dass das Projekt eine Performance bringt, die hinter den im Zeitpunkt 0 bestehenden Erwartungen und Planungen zurückbleibt: Das Projekt soll m. a. W. mindestens den im Startpunkt erwarteten NKW erwirtschaften (oder einen größeren NKW). Folglich besteht die Kontrollaufgabe darin, die Erwirtschaftung des erwarteten NKW genau zu verfolgen. Dazu könnte man wie folgt vorgehen:

(1) Man klärt, wie sich das von den Kapitalgebern investierte Kapital (IC) im Zeitablauf entwickelt. Im Startpunkt entspricht das investierte Kapital dem Kaufpreis des Projektes oder den Errichtungskosten (IC_0). In Periode 1 ist das investierte Kapital um die Kapitalkosten (die Alternativrendite i) auf IC_0 (1 + i) gewachsen; es fällt um die Ausschüttung in Höhe der Nettoeinzahlung – soweit eine Ausschüttung erfolgt – und steigt ggf. um neue, zusätzliche Investitionszahlungen (Δ IC). In Periode t gilt also $IC_t = IC_{t-1} (1 + i) + \Delta IC_t - NE_t$.

(2) Man bildet die zeitliche Entwicklung des Bruttokapitalwertes des Projektes ΔV_t ab. Startend mit $BKW_0 = V_0$ wächst dieser in Periode 1 auf $V_1 = V_0 (1+i)$ und fällt um die Nettoauszahlung NE_1, die ausgeschüttet wird. Erfolgen zusätzliche Reinvestitionen, erhöht der Barwert deren Nettoeinzahlungen den ursprünglichen Bruttokapitalwert.

(3) Vergleicht man die Veränderung des BKW und des investierten Kapitals im Zeitablauf, erhält man als Differenz die Änderung des Nettokapitalwertes beim Übergang von t – 1 nach Periode t.

Betrachten wir ein Beispiel: Wir machen aus dem Supermarkt S erneut ein vorteilhaftes Projekt, indem wir die Errichtungskosten, also IC_0, auf 900 senken. Der BKW_0 beträgt 1.000; der NKW_0 ist 100. Die folgende Tabelle zeigt, wie sich bei Kapitalkosten von i = 0,10, Wert des Projektes V_t und investiertes Kapital IC_t entwickeln, wenn die Nettoeinzahlungen NE_t jeweils ausgeschüttet werden.

Zeitpunkt	0	1	2	3	4	5	6
(1) I_0, NE_t	– 900	100	200	250	298	298	296,6
(2) V_t	1.000	1.000	900	740	516	269,6	0
(3) $IC_t = IC_{t-1}(1+i) - NE_t$	900	890	779	606,9	369,6	108,6	– 177,2
(4) $NKW_t = V_t - IC_t$	100	110	121	133,1	146,4	161	177,2
(5) Δ NKW_t		10	11	12,1	13,3	14,6	16,2

Tabelle 4.11: Entwicklung des NKW in der Zeit als Differenz von V_t und IC_t

Zeile (4) zeigt an, wie sich der periodische NKW entwickelte, wenn das Projekt die im Zeitpunkt 0 bestehenden Erwartungen über die Nettoeinzahlungen exakt einlöste. Der NKW_t wächst gemäß NKW_{t-1} (1 + i). Jeder periodische Wertbeitrag in Höhe der Differenz V_t – IC_t ergibt im Fall erwartungskonformer Performance diskontiert auf den Zeitpunkt 0, exakt den NKW_0, der im Zeitpunkt 0 erwartet wurde. Die Veränderungen des NKW_t in der Zeit, die in Zeile (5) explizit ausgewiesen werden, resultieren also nur aus einem **Zinseffekt**. Eine *zusätzliche* Wertgenerierung zeigen sie nicht an. Jede negative Abweichung in den Nettoeinzahlungen oder jede zusätzliche Investition, die – aus der Sicht von t = 0 unerwartet – notwendig würde, senkte V_t der Periode oder erhöhte IC_t und reduzierte damit den NKW der betreffenden und ggf. folgenden Perioden. Damit ist der NKW jeder Periode der Lebensdauer des Projektes eine geeignete Kontrollgröße.

Dieses Konzept hat Vorteile:

- Der Betrag, den Eigentümer (Kapitalgeber) für ein Projekt aufbringen, wird genau erfasst. Man wird den Preis ansetzen, den die Investoren faktisch gezahlt haben. In den Perioden nach t = 0 wird auf den fortgeschriebenen Kapitaleinsatz zurückgegriffen. Diese Fortschreibung beachtet Alternativrendite und Entnahmen.
- Im Konzept kommen Buchwerte und bilanzielle Abschreibungen explizit nicht vor. Zwar kann IC_t, wenn Reinvestitionen ausbleiben, fallen, es fällt jedoch nur, wenn die Ausschüttung in Höhe von NE_t die Kapitalkosten auf IC_{t-1} übersteigen. Ist das nicht der Fall, steigt das investierte Kapital.
- Im Wege der Außenfinanzierung finanzierte Investitionen erhöhen IC_t und damit die Kapitalkosten der Folgeperioden. Lösen diese Investitionen keine gleichwertigen zusätzlichen Nettoeinzahlungen aus, sinkt der NKW in den Folgeperioden.

  Dieses Konzept der Performance-Messung besteht in einer permanenten Gegenüberstellung des Wertes künftig erwarteter Nettoeinzahlungen und des Geldbetrages, über den die Kapitalgeber bei alternativer Anlage unter Beachtung realisierter Entnahmen, verfügen könnten. Diese Differenz ist exakt das, was kontrollierende Eigentümer interessieren sollte. Das Konzept ist unbeeinflusst von Manipulationen der Buchwerte.

4.5 Zusammenfassung

Ziel dieses Kapitels ist es zu zeigen, dass Performancemessung keine einfache Sache ist und warum dies so ist. Das Kapitel beginnt mit einer Darstellung des internen Zinsfußes, der unter bestimmten Prämissen eine akzeptable Abbildung der ökonomischen Rendite ist. Manager, Kreditgeber, Analysten, Anleger benötigen periodenbezogene Signale, die Aussagen über die Entwicklung der Vorteilhaftigkeit eines Projektes in der gerade abgelaufenen Periode erlauben. Damit beginnt das Problem: Wie ist ein brauchbarer Periodenerfolg zu definieren? Wie ist ein brauchbarer Kapitaleinsatz zu definieren? Was sind gute, was sind weniger gute Renditedefinitionen? Wie schauen die Bilanzrenditen deutscher Kapitalgesellschaften im Zeitverlauf aus? Die Lösungsbeiträge unterschiedlicher Konzepte werden dargestellt und beurteilt. Interessant sind die Residualgewinnkonzepte. Das gilt auch, wenn sie auf Buchwerten aufbauen, obwohl der Informationsgehalt eines einzelnen Residualgewinns einer Periode t sehr gering ist: er erlaubt keinen Schluss auf die Höhe der Differenz $V_t - BV_t$, die wir als Goodwill bezeichnet haben; er gibt keinerlei Hinweis auf die Unternehmenswertänderung in der Periode t.

Der Informationsgehalt eines Residualgewinns steigt, wenn Marktwerte als Bezugspunkt gewählt werden. Das ist eigentlich nicht überraschend, weil die Marktwertänderung von t – 1 nach t die Funktion übernimmt, die beim buchwertbezogenen Ansatz der bilanziellen Abschreibung zukommt. Der Bezugspunkt des investierten Kapitals, also IC_t, ist ein aus Kapitalgebersicht korrekter Bezugspunkt, der einen Schuss von Unerbittlichkeit ins Spiel bringt. Das erkennt man am ehesten im Vergleich zum Bezugspunkt Buchwert. Erkennen nämlich die Geschäftsführer, dass eine Maßnahme ein Flop war, greifen sie zur Maßnahme Sonderabschreibung: Der Buchwert wird herabgestuft. Der Residualgewinn der Periode schrumpft entsprechend, aber künftige Abschreibungen und Kapitalkosten auf das reduzierte Buchvermögen sind eher zu übertreffen. IC_t dagegen reagiert auf solche Manöver nicht; nur Ausschüttungen senken das investierte Kapital. Und um Ausschüttungen zu generieren braucht man – von Kapitalherabsetzungen abgesehen – operative Erfolge.

4.6 Anhang: Bilanzielle Renditen der Fallstudie Glasspinnerei Straubing AG

Die vorgestellten bilanziellen Renditen und Zusammenhänge sollen auf die Daten der Glasspinnerei Straubing AG angewendet werden. Die entsprechenden Bilanzen und Gewinn- und Verlustrechnungen sind in Abschnitt 3.6.3 des vorherigen Kapitels dargestellt.

Aufgabenstellung

Berechnen Sie für die Jahre 2004 und 2006 auf Basis der Daten der Glasspinnerei Straubing AG:

- Gesamtkapitalrendite,
- Umsatzrendite,
- jeweils vor und nach Steuern, sowie die Umschlagsgeschwindigkeit,

sowie

- Eigenkapitalrendite vor und nach Steuern,
- Finanzierungs-Leverage-Multiplikator und
- ROIC vor und nach Steuern.

Lösung

Tabelle 4.12 zeigt GKR, EKR und ROIC vor und nach Steuern sowie Brutto- und Nettoumsatzrenditen und Umschlagsgeschwindigkeiten für die Jahre 2004 und 2006. Das Geschäftsjahr 2004 ist das letzte Geschäftsjahr vor der geplanten Kapazitätserweiterung; im Geschäftsjahr 2005 wird die Kapazität erweitert, die notwendigen Finanzierungsmaßnahmen getroffen und der bilanzielle Fehlbetrag in Höhe von 39,4 Mio. € erzielt. Für 2006 zeigen Plan-Gewinn- und Verlustrechnung und Planbilanzen weniger stürmische Verhältnisse als in 2005. Wir wählen deshalb das Jahr 2006, um die relevanten Rentabilitäten zu berechnen.

Für die Berechnung der Kapital-Rentabilitäten werden generell die Kapitaleinsätze am Ende der Vorperiode benutzt. Die GKR für das Jahr 2004 ist also berechnet auf Basis der Bilanzsumme der Periode 2003 in Höhe von 134.401.

Während die Angaben für 2004 leicht nachzuvollziehen sind, erfordern die Berechnungen für das Jahr 2006 einige Erläuterungen. Auslöser hierfür ist, dass der für 2005 erwartete Fehlbetrag in der Gewinn- und Verlustrechnung in Höhe von 39,4 Mio. € das gesamte Eigenkapital der Gesellschaft, das 2004 37,2 Mio. € betrug, auslöschte. Wir wollen annehmen, dass die Eigentümer der Gesellschaft die Finanzlücke im Jahr 2005 durch Einlage eines Gesellschafterdarlehens geschlossen und zugleich einen unwiderruflichen Rangrücktritt gegenüber Drittgläubigern ausgesprochen haben. Damit gelten Gesellschafterdarlehen als Quasi-Eigenkapital und die ansonsten wenig attraktive *bilanzielle* Lage ist beseitigt. Wir erinnern uns, dass die ökonomische Lage der Gesellschaft überhaupt nicht unschön ist; die Gesellschaft sieht den Planungen des Finanzchefs folgend enorm Cashflow-stark aus, wie die erwarteten NOCF in Tabelle 3.10 eindrucksvoll belegen. Deshalb können wir erwarten, dass auch die Rentabilitäten der Gesellschaft eindrucksvoll sein werden.

Betrachten wir die Renditeberechnungen für 2006. Die Bilanzsumme dient als Indikator für das investierte Kapital. Am Ende des Jahres 2005 beträgt sie 189.215, wie Tabelle 3.12 ausweist. Diese Bilanzsumme unterstellte eine Ausschüttung in Höhe von 3,12 Mio. €, die allerdings nicht zulässig war.[41] Das ausgewiesene Finanzdefizit für 2005 von –23.029 wird gedeckt durch eine Kassenminderung von 29 und eine Zufuhr von 23.000 in Form von Gesellschafterdarlehen.

Der bilanzielle Überschuss des Jahres 2006 beträgt vor Steuern 45.377 (Tabelle 3.9). Um die GKR für 2006 zu berechnen, sind die Zinszahlungen des Jahres 2006 zu addieren. Sie betragen 3.214 + 1.600 + 400 = 5.214. Der Bruttoüberschuss ist somit 45.377 + 5.214 = 50.591. Nun hat die Gesellschaft wegen des Fehlbetrages aus 2005 kein «ordentliches» Eigenkapital, sondern nur Quasi-Eigenkapital in Form von durch Rangrücktritt gekennzeichnete Gesellschafterdarlehen. Man kann annehmen, dass die Eigentümer diesen Zustand nicht länger als notwendig akzeptieren wollen. Wir nehmen an, dass sie den Verlustvortrag in Höhe von 39,4 Mio. € ausgleichen durch eine gleich hohe Zufuhr von Eigenkapital.

---

[41] Sie könnte zulässig werden, wenn der unwiderrufliche Rangrücktritt der Gesellschafterdarlehen hinter die Ansprüche aller Drittgläubiger zustande kommt.

		2004	2006
(1) Gesamtkapitalrendite $\left[\frac{EBIT}{BS_{t-1}}\right]$	GKR (ROA)	$\frac{4.070 + 5.283 + 3.214}{134.401} = 9{,}35$	$\frac{45.377 - 39.410 + 5.214}{189.215} = 5{,}91$
(2) Gesamtkapitalrendite nach Steuern	GKR_S	$\frac{4.070 + 3.214}{134.401} = 5{,}42$	$\frac{5.967 + 5.214 - 2.984}{189.215} = 4{,}33$
(3) Bruttoumsatzrendite	BUR (margin)	$\frac{4.070 + 5.283 + 3.214}{228.924} = 5{,}49$	$\frac{5.967 + 5.214}{331.200} = 3{,}38$
(4) Nettoumsatzrendite	NUR	$\frac{4.070 + 3.214}{228.924} = 3{,}18$	$\frac{5.967 + 5.214 - 2.984}{331.200} = 3{,}18$
(5) Umschlags-geschwindigkeit	UGA (TO) [1]	$\frac{228.924}{134.401} = 1{,}703$	$\frac{331.200}{189.215} = 1{,}75$
(6) GKR = BUR · UGA		$5{,}49 \cdot 1{,}703 = 9{,}35$	$3{,}38 \cdot 1{,}75 = 5{,}91$
(7) GKR_S = NUR · UGA		$3{,}18 \cdot 1{,}703 = 5{,}42$	$2{,}47 \cdot 1{,}75 = 4{,}34$
(8) Eigenkapitalrendite vor Steuern	EKR (ROE)	$\frac{4.070 + 5.283}{36.218} = 25{,}82$	$\frac{5.967}{37.168} = 16{,}05$ [2]
(9) Eigenkapitalrendite nach Steuern	EKR_S	$\frac{4.070}{36.218} = 11{,}24$	$\frac{5.967 - 2.984}{37.168} = 8{,}03$
(10) Finanzierungs-Leverage-Multiplikator $\frac{EBIT - Zi}{EBIT} \cdot \frac{BS_{t-1}}{EK_{t-1}}$	FLM	$\frac{12.567 - 3.214}{12.567} \cdot \frac{134.401}{36.218} = 2{,}76$	$\frac{45.377 - 39.410}{50.591 - 39.410} \cdot \frac{189.215}{34.048} = 2{,}97$
(8') Eigenkapitalrendite vor Steuern	EKR	$9{,}35 \cdot 2{,}76 = 25{,}81$	$5{,}91 \cdot 2{,}97 = 17{,}55$
(11) Rentabilität auf investiertes (noch mit Kapitalkosten zu bedienendes) Kapital IC (IC = BS-Pensionsrückstellungen-Verbindlichkeiten aus Lieferungen und Leistungen)	ROIC	$\frac{4.070 + 5.283 + 3.214}{134.401 - 9.934 - 30.591} = 13{,}39$	$\frac{5.967 + 5.214}{189.215 - 13.819 - 27.000} = 7{,}53$
(12) = (11) nach Steuern	$ROIC_S$	$\frac{4.070 + 3.214}{93.876} = 7{,}76$	$\frac{11.181 + 2.984}{148.396} = 5{,}52$

1) TO = Turnover
2) Unter der Annahme, in 2005 würde eine Ausschüttung geleistet.

Tabelle 4.12: Rentabilitäten der Glasspinnerei Straubing AG für 2004 und 2006

Deren Ausgleich realisieren sie durch Gewinneinbehaltung. Von dem bilanziellen Überschuss des Jahres 2006 thesaurieren sie 39,4 Mio. € und stellen damit den Eigenkapitalbestand von Ende 2004 (= 37,2 Mio. €) wieder her. Dies ist der Grund, warum in Tabelle 4.12 der Zähler für die Berechnung der GKR um 39.410 verkürzt wird. Damit fällt die GKR auf bescheidene 5,91 %. Es ist aber zu beachten, dass 87 % des Jahresüberschusses vor Steuern verwendet wurden, um den EK-Bestand des Jahres 2004 wiederherzustellen.

Bei der Berechnung der EKR vor und nach Steuern wurde entsprechend unterstellt, dass der EK-Bestand des Jahres 2004 wiederhergestellt ist.

Betrachten wir die Berechnung des FLM-Faktors für 2006. Es gilt:

$$\frac{EBIT - Zi}{EK_{t-1}} = \frac{EBIT}{BS_{t-1}} \cdot \left[\frac{EBIT - Zi}{EBIT} \cdot \frac{BS_{t-1}}{EK_{t-1}}\right]$$

Zu berücksichtigen ist nun die EK-Zufuhr, die benötigt wird, um den Verlustvortrag auszugleichen.

$$\frac{EBIT - Zi - \Delta EK}{EK_{t-1}} = \frac{EBIT - \Delta EK}{BS_{t-1}} \cdot \left[\frac{EBIT - Zi - \Delta EK}{EBIT - \Delta EK} \cdot \frac{BS_{t-1}}{EK_{t-1}}\right]$$

$$EKR = \frac{45.377 - 39.410}{37.168}$$

$$= \frac{45.377 + 5.214 - 39.410}{189.215} \cdot \left[\frac{50.591 - 5.214 - 39.410}{50.591 - 39.410} \cdot \frac{189.215}{37.168}\right]$$

$$= 0{,}0591 \cdot [\underbrace{0{,}53367 \cdot 5{,}08997}_{2{,}7164}]$$

$$= 0{,}1605$$

Es ist klar, dass die Wiederauffüllung des EK-Bestandes alle Kapitalrenditen des Jahres 2006 erheblich dämpft. Sie sehen schlechter aus als die des Jahres 2004. Dieses Signal ist jedoch verzerrt. Um das zu erkennen, muss man zunächst beachten, welcher Art der Verlust in 2005 war: Es war ein reiner Buchverlust, ausgelöst durch die Entscheidung, die neuen Vermögensgegenstände beschleunigt abzuschreiben und die Steuerlast in 2005 und 2006 zu senken. Diesem buchmäßigen Verzehr von Eigenkapital wird nun in obigen Kalkülen Rechnung getragen durch eine durch Thesaurierung finanzierte Auffüllung des Eigenkapitals, die nicht in die Rentabilitätsrechnung einbezogen wird. Das bremst die Renditen des Jahres 2006. Berechnete man die Renditen für das Jahr 2007, würde man deutlich höhere Renditen als die des Jahres 2006 erkennen.

4.7 Literaturhinweise

Arbeitskreis der Schmalenbach-Gesellschaft e. V. (2003): Wert(e)orientierte Führung in mittelständischen Unternehmen. In: Finanz Betrieb, 5. Jahrgang, S. 525–533.

Bühner, R. (1993): Shareholder Value. In: Die Betriebswirtschaft, 53. Jahrgang, S. 749–769.

Davis, E./Flanders, S./Star, J. (1991): Who are the world's most successful companies? In: Business Strategy Review, S. 1–33.

Davis, E./Kay, J. (1990): Assessing Corporate Performance. In: Business Strategy Review, S. 1–16.

Drukarczyk, J. (1990): Was kosten betriebliche Altersversorgungszusagen? In: Die Betriebswirtschaft, 50. Jahrgang, S. 333–353.

Drukarczyk, J. (1993): Theorie und Politik der Finanzierung. 2. Auflage, München.

Drukarczyk, J./Richter, F. (1995): Unternehmensgesamtwert, anteilseignerorientierte Finanzentscheidungen und APV-Ansatz. In: Die Betriebswirtschaft, 55. Jahrgang, S. 559–580.

Drukarczyk, J./Schöntag, J. (2006): Residualgewinnbasierte Steuerung von Immobiliengesellschaften gestützt auf den APV-Ansatz. In: Bone-Winkel, S./Thomas, M. u. a. (Hrsg.), Stand und Entwicklungstendenzen der Immobilienökonomie, Festschrift für K.-W. Schulte, Köln, S. 93–108.

Drukarczyk, J./Schüler, A. (2000): Approaches to value-based performance measurement. In: Arnold, G./Davies, M. (Hrsg.), Value-Based Management, Chichester, New York, Toronto, Kapitel 14, S. 255–303.

Drukarczyk, J./Schüler, A. (2009): Unternehmensbewertung. 6. Auflage, München.

Ewert, R./Wagenhofer, A. (2014): Interne Unternehmensrechnung. 8. Auflage, Berlin, Heidelberg, New York.

Hauschildt J./Leker, J. (2000): Krisendiagnose durch Bilanzanalyse. 2. Auflage, Köln.

Honold, D. (2009): Residualgewinne – Ein Beitrag zur Kontrollfunktion des Aufsichtsrats. In: Regensburger Beiträge zur betriebswirtschaftlichen Forschung, Band 49, Frankfurt/M., Berlin, Bern, New York, Paris, Wien.

Krotter, S. (2007): Zur Relevanz von Kongruenzdurchbrechungen für die Bewertung und Performance-Messung mit Residualgewinnen. In: Die Betriebswirtschaft, 67. Jahrgang, S. 692–718.

Küting, K./Weber, C.-P. (2012): Die Bilanzanalyse. 10. Auflage, Stuttgart.

Lücke, W. (1955): Investitionsrechnung auf der Basis von Ausgaben oder Kosten? In: Zeitschrift für handelswissenschaftliche Forschung/N.F., 7. Jahrgang, S. 310–324.

Peasnell, K. V. (1982): Some Formal Connections Between Economic Values and Yields and Accounting Numbers. In: Journal of Business Finance & Accounting, 9. Jahrgang, S. 361–381.

Rappaport, A. (1998): Creating Shareholder Value. 2. Auflage, New York, London.

Richter, F. (1999): Konzeption eines marktorientierten Steuerungs- und Monitoringsystems. In: Regensburger Beiträge zur betriebswirtschaftlichen Forschung, Band 12, 2. Auflage, Frankfurt/M., Berlin, Bern, New York, Paris, Wien.

Richter, F./Honold, D. (2000): Das Schöne, das Unattraktive und das Hässliche an EVA & Co. In: Finanz Betrieb, 2. Jahrgang, S. 265–274.

Schöntag, J. (2007): Performance-Messung und wertorientierte Steuerung auf Basis von Residualgewinnen. In: Regensburger Beiträge zur betriebswirtschaftlichen Forschung, Band 47, Frankfurt/M., Berlin, Bern, New York, Paris, Wien.

Schüler, A. (1998): Performance-Messung und Eigentümerorientierung. Eine theoretische und empirische Untersuchung. In: Regensburger Beiträge zur betriebswirtschaftlichen Forschung, Band 19, Frankfurt/M., Berlin, Bern, New York, Paris, Wien.

Stewart, B. G. (1991): The Quest for Value. New York.

Young, S. D./O'Byrne, S. F. (2000): EVA and Value-Based Management. A Practical Guide to Implementation. New York, San Francisco.

Kapitel 5 Finanzierung und Risiko

Inhalt

5.1 Begriff des Risikos

Finanzierungsmaßnahmen beeinflussen neben der Liquidität und Performance eines Unternehmens auch das Risiko des Einkommens bzw. der Zahlungen, die an Gläubiger zu leisten sind und an Eigentümer geleistet werden können.

Was ist mit Risiko gemeint? In der Umgangssprache bezeichnet man mit Risiko den möglichen Eintritt eines nachteiligen Ereignisses. Werden die überhaupt möglichen Ereignisse auf finanzielle Konsequenzen (Ein- und Auszahlungen) reduziert, kann Risiko mit der Möglichkeit des Eintritts eines nachteiligen finanziellen Ergebnisses gleichgesetzt werden. Dem Risiko stehen dann auch Chancen in Form des Eintritts vorteilhafter finanzieller Ergebnisse gegenüber.

Um Risiko und Chance genau definieren zu können, benötigt man eine Trennlinie, eine Art Nullpunkt. Verschiedene Trennlinien sind denkbar:

- Bezugsgröße könnte das vom Unternehmen bzw. von einem Investor eingesetzte Kapital sein. Angenommen, ein Anleger stellt sich ein Aktienportefeuille zusammen. Die Auszahlungen in t_0 betragen 2.500. Er erwartet in Form von Dividenden und Verkaufserlösen nach einer Periode (in t_1) folgende Einzahlungen mit den angegebenen Wahrscheinlichkeiten.

Einzahlung	subjektive Wahrscheinlichkeit
3.100	0,1
2.950	0,5
2.750	0,2
2.400	0,1
2.000	0,1

Tabelle 5.1: Risiko und Chance von Investitionsprojekt 1

Ist Bezugspunkt das eingesetzte Kapital, bestehen die Chancen des Investors darin, eine der möglichen Einzahlungen 2.750 oder 2.950 oder 3.100 mit den jeweils angegebenen Wahrscheinlichkeiten zu erhalten.

- Bezugspunkt für die Definition von Risiko und Chance könnte auch der sichere Erfolg sein, den der Anleger bei *alternativer* sicherer Anlage erzielen könnte. Beträgt der sichere Zinssatz i = 10 % und der sichere Erfolg in t_1 damit 2.750, schrumpfen die Chancen im Vergleich zum zuerst definierten Nullpunkt: nur die Einzahlungen von 2.950 und 3.100 stellen Chancen dar.
- Bezugspunkt zur Trennung von Risiko und Chance könnte schließlich irgendein *Anspruchsniveau* sein: Der Investor will eine Mindesteinzahlung von z. B. 3.000 in t_1. Die Risiko- und Chancenstruktur erscheint erneut verändert: nur der Eintritt des Ereignisses (3.100; 0,1) erscheint als Chance, alle anderen Ereignisse werden als Risiken eingestuft: die mit ihnen verknüpften Nettoeinzahlungen erreichen das gesetzte Anspruchsniveau nicht.

Wir diskutieren hier nicht, ob die Wahl der Trennungslinie eine Frage des persönlichen Geschmackes ist. Was Risiko und was Chance ist, soll in unserem einperiodigen Beispiel auf dem zuerst genannten Weg, durch Vergleich der Nettoeinzahlungen mit dem eingesetzten Kapital gemessen werden. Risiko ist dann identisch mit Verlustgefahr, wobei Verlust definiert ist durch negative Differenzen «Nettoeinzahlung – Kapitaleinsatz». Chancen sind analog definiert durch positive Differenzen «Nettoeinzahlung – Kapitaleinsatz».

Obwohl Individuen zwischen Chancen und Risiken unterscheiden, wird in der Literatur nicht generell zwischen Risiko und Chance differenziert. Das Risiko einer Handlungsmöglichkeit wird in der Regel mit der (gesamten oder partiellen) Streuung oder höheren zentralen Momenten der möglichen finanziellen Ergebnisse gleichgesetzt.[42] Zur Kennzeichnung des Risikos einer Maßnahme werden häufig Streuungsmaße wie Varianz σ^2 und Standardabweichung σ oder relative Streuungsmaße wie der Variationskoeffizient (σ/Erwartungswert) benutzt.

Der Risikodefinition, die auf Streuungsmaßen aufbaut, wird bei der einperiodigen Betrachtung nicht gefolgt. Vielmehr wird eine Darstellungsform für Risiko (Verlustgefahr) und Chance (Gewinnaussicht) gewählt, die prägnant zeigt, um was es bei Risiko

[42] Werden Ergebnisausprägungen nur partiell betrachtet, liegt das Augenmerk häufig auf der Verlustzone. Es wird dann von „Lower Partial Moments" gesprochen. Das zweite zentrale Moment ist die Varianz, das dritte die Schiefe („Skewness") und das vierte die Wölbung („Kurtosis") einer Verteilung.

und Chance geht. Damit wird eine Entscheidung über die Trennungslinie zwischen Risiko und Chance, den Nullpunkt, erforderlich. Als Nullpunkt wählen wir die Höhe des eingesetzten Eigenkapitals des Unternehmens oder des Investors.

Diese Wahl der Risikodarstellung soll nicht bedeuten, dass Streuungsmaße oder höhere zentrale Momente als Risikoindikatoren nicht sinnvoll wären. Im Gegenteil, in vielen Fällen führt an der Benutzung solcher Maße kein Weg vorbei. Bei der Darstellung einfacher Sachverhalte kann jedoch auf diese Maße verzichtet werden.

5.2 Darstellung der Risiko- und Chancenstruktur

Ausgangspunkt der folgenden Überlegungen ist, dass der Anschaffungspreis eines bestimmten Investitionsprojektes zu finanzieren ist. Es wird gefragt, wie die Anschaffungsauszahlung für dieses Projekt aufgebracht werden kann und wie unterschiedliche Formen der Aufbringung das Risiko (Verlustgefahr) und die Chance (Gewinnaussicht) derjenigen, die an der Finanzierung teilnehmen, beeinflussen. Das Investitionsprojekt, dessen Anschaffungspreis zu finanzieren ist, wird nur in Bezug auf seinen Preis und seine unsicheren Einzahlungen und deren Wahrscheinlichkeiten konkretisiert. Die Erfolge des Investitionsprojektes sind unsicher. Das Projekt hat ein durch die Gesamtheit der unsicheren Einzahlungen charakterisiertes *Investitionsrisiko* und *Investitionschancen*. Es soll verdeutlicht werden, wie die bestehenden Investitionsrisiken und -chancen durch unterschiedliche Formen der Vertragsgestaltung auf die an der Finanzierung beteiligten Parteien *aufgeteilt* werden können.

Es wird angenommen, dass das Investitionsprojekt nur eine Periode besteht, d. h. in t_0 errichtet, gegründet, beschafft und in t_1 aufgelöst, liquidiert, verkauft wird. Die Einzahlung in t_1 beinhaltet auch den Liquidationserlös. Diese Betrachtungsweise ist sehr einfach, aber für den verfolgten Zweck vorläufig ausreichend. Das Investitionsprojekt erfordert einen Mitteleinsatz (I_0) von €100.000. Die erwarteten Einzahlungen (in T€) und die Wahrscheinlichkeiten sind in der folgenden Tabelle wiedergegeben.

Umweltzustand	T€	subjektive Wahrscheinlichkeit
1	200	0,3
2	150	0,3
3	110	0,1
4	90	0,2
5	80	0,1

Tabelle 5.2: Risiko und Chance von Investitionsprojekt 2

Eine anschauliche Darstellung der Risiko- und Chancenstruktur erhält man, wenn man auf der Abszisse die (kumulierten) Eintrittswahrscheinlichkeiten und auf der Ordinate die Einzahlungen in fallender Reihenfolge abträgt.

Abbildung 5.1 macht deutlich, dass mit Sicherheit die Mindesteinzahlung von 80 erwartet wird, dass mit einer Wahrscheinlichkeit von 0,9 die Einzahlung von mindestens 90 erreicht wird, etc. Wie schon betont, ist die Trennungslinie zwischen Risiko und Chance im Beispiel durch den Anschaffungspreis und damit durch den Kapitaleinsatz in Höhe von 100 T€ definiert.

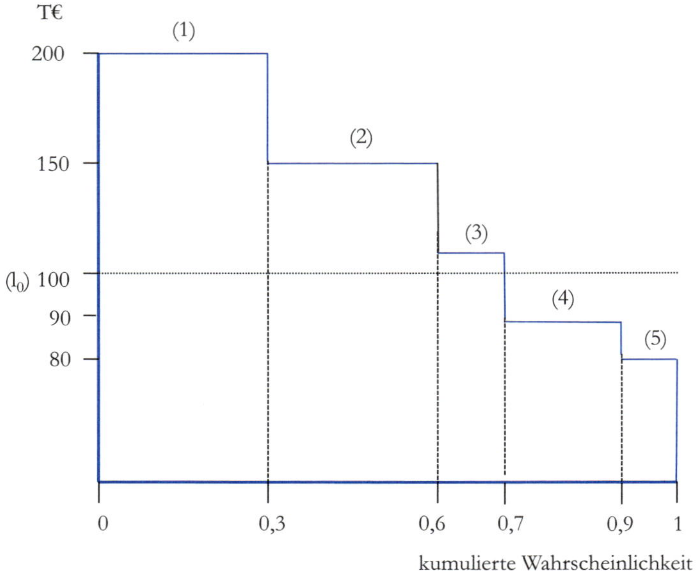

Abbildung 5.1: Risiko- und Chancenstruktur des Investitionsprojekts 2

5.3 Risiko und Chance bei Eigenfinanzierung

Wird das Investitionsprojekt 2 durch *einen* Investor mit eigenen Mitteln finanziert, hat dieser Anspruch auf alle Chancen, trägt jedoch alle Risiken. Risiko- und Chancenstruktur des Investors sind identisch mit dem Risiko und den Chancen des Projektes: Der Investor trägt das gesamte Investitionsrisiko und hat alle Chancen.

Was folgt, wenn mehrere Investoren gemeinsam ein Investitionsprojekt errichten, finanzieren und betreiben? Zunächst bewirkt ein Finanzierungsvertrag, dass die Gesamtposition, bestehend aus den Errichtungskosten für das Projekt und den unsicheren erwarteten Einzahlungen ($\overline{NE_t}$) in *Teilpositionen* zerlegt wird. Eine Teilposition ist definiert durch den Anteil α, den ein Investor zu den gesamten Errichtungskosten beiträgt und den Anteilen, die ihm an den unsicheren erwarteten Erfolgen während der Nutzungsdauer des Projektes zustehen sollen. Wir können nun *symmetrische* und *nicht symmetrische* Finanzierungsverträge unterscheiden. Wir nennen Finanzierungsverträge *symmetrisch,* wenn Kapitalaufbringung und Erfolgsbeteiligung so gestaltet sind, dass eine völlige Entsprechung zwischen Kapitalaufbringung und Erfolgsbeteiligung besteht: Aus einer Kapitalbeteiligung von $\alpha \cdot I_0$ ($0 < \alpha < 1$) folgt eine Erfolgsbeteiligung von $\alpha \cdot \overline{NE_t}$ ($t = 1, 2, \ldots, T$). Bei einer symmetrischen Vertragsgestaltung teilen sich die zu einer Finanzierungsgemeinschaft zusammengeschlossenen Investoren die Erfolge gemäß den von den einzelnen Investoren übernommenen Finanzierungsquoten an den gesamten Errichtungskosten. Solche Verträge, die häufig von einer symmetrischen Verteilung von Geschäftsführungsbefugnissen, Kontrollrechten etc. begleitet sind, gleichen die Interessen der Financiers aneinander an: Weil die Financiers mit ihren individuellen Quoten α an den Zahlungsüberschüssen des Investitionsprojektes beteiligt sind, lohnt es für alle, diese Überschüsse zu maximieren. Weil die Financiers über die gesamte Lebensdauer des Investitionsprojektes an diesem beteiligt sind, lohnen sich Manipulationen an der Zeitstruktur der Zahlungsüberschüsse entweder für alle oder für niemanden. Weil alle Financiers gleiche Kontrollrechte und relativ gleiche, d. h. an den Finanzierungsbeitrag $\alpha \cdot I_0$ gekoppelte Mitentscheidungsrechte (Stimmrechte) besitzen, lohnt es sich nicht, Informationen über die Erfolge (Misserfolge) des Projektes zu manipulieren: Die Manipulationen würden durch die Finanzierungspartner aufgedeckt werden und lohnen daher nicht. Im Gegenteil: Sie reduzieren die Reputation desjenigen, der den Manipulationsversuch startete.

Für *nicht symmetrische* Verträge gilt die ideale Bedingung, dass aus einer Kapitalaufbringung in Höhe von $\alpha \cdot I_0$ auch eine Erfolgsbeteiligung von $\alpha \cdot \overline{NE_t}$ folgt, gerade nicht. Auch sind die Geschäftsführungsbefugnisse, Informations- und Kontrollrechte im Rahmen nicht symmetrischer Verträge nicht an die quotale Kapitalaufbringung gekoppelt. Es gibt Financiers ohne jegliche Geschäftsführungsbefugnisse und ohne intensive Kontrollrechte. Nicht symmetrische Verträge führen regelmäßig dazu, dass der Risiko- und Chancengehalt einer Teilposition kein genaues Abbild der Gesamtposition, also der Risiko- und Chancenstruktur des Investitionsprojektes ist. Es ist der Inhalt des Finanzierungsvertrages, der diese Veränderung herbeiführt.

Betrachten wir zuerst einen Vertrag über die Bereitstellung von Eigenkapital. Ein Investor benötige 100 T€ zur Ingangsetzung des oben beschriebenen Investitionsprojektes, verfüge aber nur über 50 T€ eigene Mittel. Er benötigt einen Finanzierungspartner. Dieser verlange eine Vorab-Rendite von 20 % auf seine einzubringenden Eigenmittel: Berechnungsgrundlage für die Vorab-Rendite von 20 % ist der vom Partner eingebrachte Betrag von 50 T€. Die restlichen Einzahlungen sollen «nach Köpfen» aufgeteilt werden. Berechnungsgrundlage für diese Aufteilung ist die gesamte t_1-Einzahlung, die die Liquidationseinzahlung enthält, die aber um die Vorab-Rendite des Partners zu kürzen ist. Akzeptiert der Investor diese Vertragsbedingungen, sehen die Risiko- und Chancenstrukturen der beiden so aus, wie sie in Abbildung 5.2 dargestellt sind.

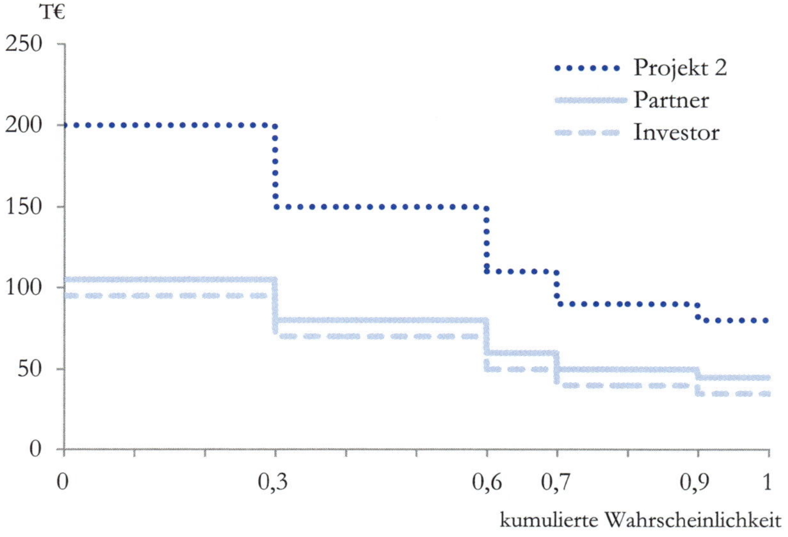

Abbildung 5.2: Risiko- und Chancenstruktur des Projektes 2, des Partners und Investors bei unterschiedlicher Aufteilung der t_1-Einzahlung

Die Nettoeinzahlungen des Investitionsprojektes werden im Sinne dieser Vertragsgestaltung gemäß Tabelle 5.3 aufgeteilt:

Wahrscheinlichkeit	Nettoeinzahlung	Vorab-Rendite des Partners	«Kopf-Anteil» Partner	«Kopf-Anteil» Investor
0,3	200	10	95	95
0,3	150	10	70	70
0,1	110	10	50	50
0,2	90	10	40	40
0,1	80	10	35	35

Tabelle 5.3: Aufteilung der Nettoeinzahlung gemäß einer nicht symmetrischen Finanzierungsvereinbarung

Die Chancen des Investors haben sich unter den genannten Bedingungen deutlich verkleinert, die Risiken (bezogen auf den Kapitaleinsatz) stark erhöht. Der Partner hingegen trägt – wenn er seine Bedingungen durchsetzen kann – ein wesentlich geringeres Risiko. Er verfügt wegen der Gestaltung des Vertrages nahezu ausschließlich über Chancen, obwohl das Investitionsobjekt riskant ist. Es ist dem Partner durch die ausgehandelte Vertragsgestaltung gelungen, die Risiken des Investitionsprojektes zum größeren Teil auf den Investor abzuwälzen. Es liegt ein *nicht symmetrischer* Vertrag vor: Durch Vertragsgestaltungen können gegebene Risiken und Chancen *umverteilt* werden.

5.4 Risiko und Chance bei teilweiser Fremdfinanzierung

Fremdmittelgeber erhalten i. d. R. vertraglich fixierte Zinszahlungen auf die Darlehenssumme und Tilgungszahlungen. Eine darüber hinausgehende Beteiligung an den Chancen von Investitionsprojekten steht ihnen regelmäßig nicht zu. Wenn der Investor unseres Beispiels eine Bank um eine Finanzierungsbeteiligung in Höhe von 50 T€ an dem Investitionsobjekt bittet und der Zinssatz 10 % beträgt, geht die Bank mit der Kreditgewährung kein Risiko ein. Gemäß den bestehenden Einzahlungserwartungen wird der Kreditnehmer sowohl die Zinsen als auch die Rückzahlung des Kredites in t_1 leisten können. Die Chancen- und Risikostruktur für den Investor bei 50 %iger Fremdfinanzierung ergibt sich in einfacher Weise aus Abbildung 5.1: der Mitteleinsatz des Investors wird auf 50 T€ gesenkt. Alle erwarteten Einzahlungen aus dem Investitionsprojekt werden um die an die Bank zu leistende Zins- und Tilgungszahlung (55 T€) gekürzt. Die versprochene und erwartete Rendite des Kredites sind in dieser Konstellation identisch.

Angenommen, es gelänge dem Investor, den Fremdmittelanteil an dem Projekt auf 90 T€ bei unverändertem Zinssatz i = 0,10 % zu erhöhen. Außerdem soll es ihm gelingen, eine persönliche Haftung gegenüber der Bank auszuschließen. Das wäre z. B. dann der Fall, wenn eine vom Investor gegründete GmbH das fragliche Projekt realisierte und wenn der Investor sich erfolgreich weigerte, mit seinem Privatvermögen zu haften. Für die kreditgebende Bank ergibt sich die folgende Risiko- und Chancenstruktur:

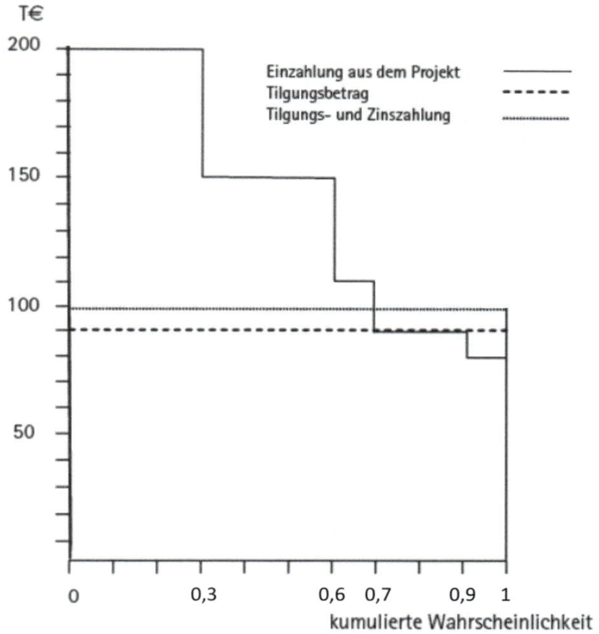

Abbildung 5.3: Risiko- und Chancenstruktur des Kreditgebers bei Projekt 2

Bei einem Finanzierungsanteil von 90 T€ übernimmt die Bank ein Risiko *(Ausfallrisiko),* wie man beim Vergleich der möglichen Nettoeinzahlungen und der Zahlungsforderung der Bank in Tabelle 5.4 leicht sieht.

Umwelt-zustand	Nettoeinzahlung	Wahrscheinlich-keit	unbedingte Forde-rung der Bank	Ausfall der Bank
1	200	0,3	99	0
2	150	0,3	99	0
3	110	0,1	99	0
4	90	0,2	99	−9
5	80	0,1	99	−19

Tabelle 5.4: Aufteilung der Nettoeinzahlung bei risikobehafteter Fremdfinanzierung

Die versprochene (i = 10 %) und die deutlich niedrigere erwartete Rendite von 5,89 % korrespondieren nun nicht mehr.

Wie verändert sich die Chancen- und Risikostruktur des Investors, wenn er 90 % des Anschaffungspreises des Projektes mit Fremdmitteln zum Zinssatz i = 10 % finanziert? Wenn die Umweltzustände 1, 2, 3 eintreten, verzichtet der Investor neben der immer zu leistenden Tilgungszahlung auf die Zinszahlung (9 T€), die an die Bank zu leisten ist. Tritt Umweltzustand 4 ein, «spart» der Investor die Zinszahlung in Höhe von 9 T€, weil er nur mit den Zahlungen aus dem Investitionsprojekt haftet; nur auf diese kann die Bank zur Begleichung ihrer Ansprüche zurückgreifen. Tritt Umweltzustand 5 ein, «spart» der Investor neben der Zinszahlung unter der gesetzten Annahme auch einen Teil der fälligen Kredittilgung (10 T€). Es gelingt ihm insoweit, *Risiko* auf den Gläubiger *abzuwälzen*. Verluste (Risiken), die der Gläubiger (die Bank) trägt, brauchen vom Investor nicht getragen zu werden. Der Erfolg dieser Aktion kann auch an der erwarteten Rendite des Investors abgelesen werden. Bei vollständiger Eigenfinanzierung erzielt der Investor eine erwartete Nettoeinzahlung nach Abzug der eingesetzten Mittel in Höhe von $\overline{NE_t}$ = 42 T€. Bezogen auf die eingesetzten Eigenmittel, errechnet sich eine erwartete Rendite von 0,42 = 42 %.

Werden 90 % des Anschaffungspreises zu i = 10 % fremdfinanziert, erhält der Investor folgende Zahlungen abgebildet in Tabelle 5.5.

Netto-einzahlung	Zinsen und Tilgungszahlungen an Bank	Nettoeinzahlungen an Investor nach Abzug der eingesetzten Mittel (10)
200	99	91
150	99	41
110	99	1
90	99	– 10
80	99	– 10

Tabelle 5.5: Profil der Nettoeinzahlung an den Investor nach Abzug der eingesetzten Mittel bei Fremdfinanzierung

Die erwartete Nettoeinzahlung beträgt 36,7 T€. Bezogen auf den Kapitaleinsatz von 10 T€ errechnet sich eine Rendite von 3,67 = 367 %. Eine Zerlegung dieser Renditeziffer lässt zwei Ursachen dieser immensen Renditesteigerung von 42 % bei Eigen- auf 367 % bei Fremdfinanzierung erkennen:

a) Zunächst bietet sich als Erklärungsbaustein der **Leverage-Effekt** an, erläutert in Kapitel 4 in *additiver* Form

$$EKR = GKR + (GKR - i)\frac{FK}{EK}$$

$$EKR = 0{,}42 + (0{,}42 - 0{,}10)\frac{90}{10} = 3{,}3 \quad (330\,\%)$$

oder *multiplikativer* Form

$$EKR = GKR \cdot FLM = 0{,}42 \cdot \left[\frac{42-9}{42} \cdot \frac{100}{10}\right] = 3{,}3.$$

b) Es ist dem Investor im Beispiel gelungen, sich auf Kosten des Kreditgebers zu bereichern. Treten nämlich die Umweltzustände 4 und 5 ein, braucht er wegen der **beschränkten Haftung** der GmbH seine vertraglichen Verpflichtungen nicht voll zu erfüllen.

$$\text{Ausfallrisiko-Effekt} = \frac{9(0{,}2) + 19(0{,}1)}{10} = \frac{3{,}7}{10} = 0{,}37\% \quad (370\%)$$

Die beiden Bausteine Leverage- und **Ausfallrisiko-Effekt** erklären die hohe Rendite von 367 % vollständig. Es ist primär der Leverage-Effekt, der für die deutliche Renditesteigerung maßgeblich ist aufgrund eines hohen Spreads von 32 % gepaart mit einer extrem hohen Fremdfinanzierung (90 %).

Wie könnte die Bank dem genannten Ausfallrisiko entgehen? Grundsätzlich hat die Bank zwei Möglichkeiten, um das Ausfallrisiko abzuwehren, d. h. den Ausfall ganz zu vermeiden:

1. Sie *rationiert* die Darlehenssumme, d. h., sie gewährt maximal den Betrag, der mit Sicherheit verzinst und getilgt werden kann. Dieser maximale, von keinem Ausfallrisiko betroffene Kreditbetrag beträgt im Beispiel 80.000 € · $(1{,}1)^{-1}$ = 72.727,27 €.
2. Sie richtet ihre Entscheidung über die Kreditgewährung nicht ausschließlich an der künftigen Liquidität, d. h. den Nettoeinzahlungen in t_1 des Kreditnachfragenden aus, sondern zusätzlich an der güterwirtschaftlichen Liquidität von vorhandenen Güterbeständen des Investors: die Bank verlangt *Sicherheiten.* Diese Sicherheit kann darin bestehen, dass der Kreditnehmer auf den Ausschluss der persönlichen Haftung verzichtet: die Bank kann sich dann die ggf. ausgefallenen Zahlungen durch Zwangsverwertung von vorhandenen *privaten* Vermögensgütern beschaffen. Die Sicherheit kann auch durch ein dingliches Recht (z. B. Pfandrecht) konkretisiert werden. Bestellt der Kreditnehmer eine Sicherheit, reduziert sich das Risiko des Kreditgebers.

5.5 Risiko und Chance bei unterschiedlichen Rechten der Gläubiger

Die Finanzierungspraxis kennt eine Vielzahl von Vertragsgestaltungen, deren Ziel die Beeinflussung der Risikoverteilung ist. Die Position eines Fremdmittelgebers ist umso günstiger, das zu tragende Ausfallrisiko umso kleiner, je höher der Prioritätsanspruch innerhalb der Gruppe der Fremdmittelgeber ist: **Negativklauseln** und vorrangige **Besicherung** durch Güterbestände spielen hier eine zentrale Rolle. Darauf ist in Kapitel 7 zurückzukommen.

Negativklauseln sind vertraglich fixierte Vereinbarungen, durch die der Kreditnehmer die Einhaltung bestimmter Sachverhalte zusichert: festgelegte Höchstausschüttungen nicht zu überschreiten, bestimmte Bilanzrelationen einzuhalten, später oder gleichzeitig hinzukommenden Gläubigern keine gleichen oder besseren Rechte einzuräumen etc. Zweck dieser Klauseln und Besicherungsvereinbarungen ist die Reduktion des Risikos für Gläubiger bzw. die Besserstellung eines Kreditgebers im Rahmen der Klasse aller Kreditgeber. Ähnlich, aber ausgeprägter als bei den Eigenmittelgebern besteht bei Gläubigern das Bedürfnis nach besseren Rangrechten und das heißt nach besseren Risikostrukturen. Zentrale Bedeutung kommt hierbei den Bestimmungen der **Insolvenzordnung** zu.

Die Wirkung unterschiedlicher Rangrechte soll mittels einer Variation des vorangegangenen Beispiels (Projekt 2) erläutert werden. Der Darlehensbetrag von 90 werde von zwei Gläubigern aufgebracht: Bank A stellt 50 zu einem Zinssatz von 10 %, Bank B stellt 40 zu einem Zinssatz von 12 % zur Verfügung. Der Zins- und Tilgungsanspruch von A sei bevorrechtigt, d. h. der Anspruch von B kommt erst dann zum Zuge, wenn der von A befriedigt ist. Das Ausfallrisiko von A ist bei den gegebenen Einzahlungserwartungen Null. B erleidet u. U. Ausfälle.

Nettoeinzahlung	prioritätischer Zahlungsanspruch von A	nachgeordneter Zahlungsanspruch von B
200	55	44,80
150	55	44,80
110	55	44,80
90	55	35
80	55	25

Tabelle 5.6: Aufteilung der Nettoeinzahlung bei unterschiedlichen Rechten der Gläubiger Bank A und B

Für A ist die versprochene und erwartete Rendite in Höhe von 10 % identisch. Bei B ist dies nicht der Fall. Versprochen sind i = 12 %, erwartet hingegen nur 2,15 %. Der Eigenkapitalgeber (Investor) kann unter diesen Umständen im Vergleich zu der vorherigen Konstellation eine geringfügig niedrigere Rendite von 361,40 % erwarten. Diese setzt sich zusammen aus GKR = 42 %, einem Leverage-Effekt in Höhe von 280 % und einem Ausfallrisiko-Effekt in Höhe von 39,40 %. Der Leverage-Effekt ist im Vergleich zu der vorherigen Konstellation kleiner (288 %), da die höheren vertraglichen Zinsen von B dämpfend auf die Rendite des Investors wirken. Der Ausfallrisiko-Effekt ist indes höher als in der vorherigen Konstellation (37 %), da die höheren Zinszahlungen samt Tilgung an B in den risikoreichen Zuständen 4 und 5 nicht vollständig bedient werden können.

5.6 Bewertung und Risiko

Das Risiko der Eigentümer, d. h. derjenigen, die Eigenmittel zur Verfügung stellen, wurde in den letzten Abschnitten als Ergebnis des Investitionsrisikos und der durch Finanzierungsformen bewirkten Umverteilung von Risiken *und* Chancen angesehen. Risiko der Eigentümer war definiert als Einkommensrisiko, d. h. als Gefahr, einen Teil der eigenen eingesetzten Mittel nicht wiedergewinnen zu können.

Wie Risiko in einem Kapitalmarkt bewertet werden könnte, skizzieren wir zunächst. Danach wird erläutert, dass bei potenzieller Fremdfinanzierung eines Projektes das Risiko der Eigentümer steigt und wie dies auf die von Eigentümern geforderten Renditen wirkt. In diesem Kontext wird detailliert darauf eingegangen, unter welchen Umständen Fremdfinanzierung theoretisch für den Wert eines Unternehmens relevant sein könnte.

Nicht behandelt wird ein Risiko, das mit **Ruingefahr** oder **Insolvenzrisiko** bezeichnet wird. Gemeint ist die Gefahr, dass der Einkommens-(Gewinn)strom aus einem Unternehmen oder einem anderen Investitionsprojekt überhaupt abbricht, weil Gläubiger die Übernahme des Unternehmens oder dessen Liquidation erzwingen. Hierzu ist gemäß §§ 13, 14 InsO (Insolvenzordnung) jeder Gläubiger bei **Zahlungsunfähigkeit** oder **Überschuldung** des Schuldners berechtigt. Zahlungsunfähigkeit liegt vor, wenn der Schuldner nicht in der Lage ist, die fälligen Zahlungspflichten zu erfüllen (§ 17 Abs. 2 InsO). Überschuldung liegt vor, wenn das Vermögen des Schuldners die bestehenden Verbindlichkeiten nicht mehr deckt, es sei denn, die Fortführung des Unternehmens ist nach den Umständen überwiegend wahrscheinlich (§ 19 Abs. 2 InsO).

Anlass zu insolvenzauslösenden Maßnahmen von Gläubigern ist ein Wechsel in der Betrachtungsweise der Liquidität eines Unternehmens. Vergröbert kann man sagen, dass bei Kreditentscheidungen die künftige Liquidität des Schuldners (Unternehmens) vorrangiger Beurteilungsmaßstab ist, wenn die vom Kreditnachfrager gelieferten Entscheidungsunterlagen (Jahresabschlüsse und Finanzpläne) den Beurteilungsmaßstäben der Kreditgeber entsprechen. Entsprechen sie diesen nicht mehr, steht die güterwirtschaftliche Liquidität der Güterbestände des Unternehmens im Vordergrund. Die Liquidität wird dann daran gemessen, ob die Veräußerungserlöse des «Vermögens» ausreichen, die Schulden zu decken. Details werden in Kapitel 11 behandelt.

5.6.1 Grundzüge des CAPM

Ein **marktorientierter** Bewertungsansatz fragt nach der Höhe der Rendite, die Investoren im Kapitalmarktgleichgewicht bei Anlage in Wertpapieren mit einem (mit dem Bewertungsprojekt) vergleichbarem Risiko erzielen könnten. Diese Renditeerwartungen können dann unter bestimmten Bedingungen als Diskontierungssatz benutzt werden. Eine Kernbotschaft besteht in dem Hinweis, dass die Beurteilung von Projekten mit unsicheren Erfolgen vor dem Hintergrund bereits realisierter Anlageentscheidungen bzw. Projekten erfolgen sollte. Deshalb sei nur das Risiko bewertungsrelevant, das die Anlage bzw. das Projekt im Rahmen des bereits vorhandenen Bestandes an Anlagen bzw. Projekten auslöst.

Die Literatur greift zur Unterfütterung des marktorientierten Ansatzes regelmäßig auf das **Capital Asset Pricing Model** (CAPM) zurück. Das CAPM ist nach heutigem Kenntnisstand von vier Autoren, die ihre Ergebnisse individuell in den sechziger Jahren veröffentlicht haben, entwickelt worden: Jack Lawrence Treynor, William Forsyth Sharpe, John Virgil Lintner, Jr. und Jan Mossin. Sharpe erhielt als einziger 1990 dafür ein Drittel des Nobelpreises.[43] Das CAPM ist bis heute der wichtigste marktorientierte Kalkül, den wir hier in stark verkürzter Form präsentieren:

- Das CAPM in der Grundversion wird als mögliche Erklärung dafür genutzt, wie unsichere Zahlungsströme bewertet werden könnten. Diese Botschaft des Modells wird auf die Bewertung von Investitionsprojekten bzw. Unternehmen angewendet.
- Auf eine Darstellung der Grundlagen des Modells und seiner Herleitung wird verzichtet. Auch auf empirische Tests des Modells wird nicht eingegangen.

Das CAPM definiert die risikoäquivalenten Renditeforderungen von Investoren in einer Welt ohne Steuern unter der Annahme, dass Investoren ihr Vermögen bestmöglich diversifiziert haben und dass die Renditeerwartungen dieses Vermögens durch die ex-ante Sicht der Renditeverteilung des sogenannten Marktportefeuilles $\tilde{r}_M$ gekennzeichnet werden können. Die geforderte Rendite für ein Projekt j hängt unter den Annahmen des Modells ab vom Basiszinsfuß bzw. risikolosen Zinssatz i, dem sogenannten Marktpreis des Risikos λ und dem Kovarianzrisiko der Rendite des Projektes j mit der Rendite $\tilde{r}_M$:

(5.1) $$\bar{r}_j = i + \lambda \operatorname{cov}(\tilde{r}_j, \tilde{r}_M), \text{ mit } \lambda = \frac{\bar{r}_M - i}{\sigma_M^2}$$

[43] Die anderen zwei Drittel gingen zum einen an Merton Howard Miller und zum anderen an Harry Max Markowitz.

λ ist für alle riskanten Wertpapiere (Projekte) gleich groß. Der Ausdruck cov $(\tilde{r}_j, \tilde{r}_M)$ bezeichnet die **Kovarianz** der Rendite des Wertpapiers (Projektes) j mit der Rendite des Marktportefeuilles M und damit die Risikomenge, die ein voll diversifizierter Investor übernehmen muss, wenn er das Wertpapier (das Projekt) erwirbt. Die Kovarianz ergibt sich formal aus dem Produkt der Standardabweichung σ der Renditen j und M und dem Korrelationskoeffizienten ρ nach Bravais und Pearson, der die Stärke und Richtung des linearen Zusammenhangs zwischen den Renditen j und M charakterisiert.

(5.2) $$\text{cov}\,(\tilde{r}_j, \tilde{r}_M) = \sigma_j \cdot \sigma_M \cdot \rho_{j,M}$$

Definiert man den Beta-Wert des Wertpapiers j (des Projektes j) mit

(5.3) $$\beta_j = \frac{\text{cov}\,(\tilde{r}_j, \tilde{r}_M)}{\sigma_M^2}$$

erhält man die Renditeforderung in Beta-Schreibweise:

(5.4) $$r_j = i + \underbrace{(\bar{r}_M - i)}_{\text{Marktrisikoprämie}} \cdot \beta_j$$

Das Produkt aus Marktrisikoprämie und β_j bestimmt die Risikoprämie, die Investoren für die Übernahme des mit dem Projekt j verbundenen Kovarianzrisikos fordern. Der β-Wert zeigt das relative Risiko des Wertpapiers (Projektes) j an. Ein Beta-Wert von beispielsweise 0,7 bringt also ein Risiko zum Ausdruck, das das Marktrisiko unterschreitet. Diese Eigenschaft reduziert die von Investoren geforderte Rendite, wie Formel (5.4) zeigt. Für den gesamten Wertpapiermarkt (Marktportefeuille M) gilt unter Berücksichtigung von (5.2):

$$\beta_M = \frac{\text{cov}\,(\tilde{r}_M . \tilde{r}_M)}{\sigma_M^2} = \frac{\sigma_M^2}{\sigma_M^2} = 1$$

Wie die Botschaften des CAPM auf die Bewertung mehrperiodiger Projekte übertragen werden können, wird in diesem einführenden Text nicht erörtert. Es gibt Bedingungen, unter denen die Verwendung einer Risikoprämie in Höhe von $(\bar{r}_M - i)\beta_j$ für die Bewertung eines Projektes mit mehrperiodiger Nutzungsdauer zulässig ist.[44] Wir werden im Folgenden unterstellen, dass diese Bedingungen erfüllt sind.

5.6.2 Wert der Fremdfinanzierung und Finanzierungsrisiko

5.6.2.1 Ohne Unternehmenssteuern

Wir starten unsere Diskussion mit einem Beispiel: Die erwarteten Überschüsse des Unternehmens (Projektes) betragen 100 pro Periode. Die Errichtungskosten im Zeitpunkt 0 sind 700. Die geforderte Rendite der Eigentümer bei Eigenfinanzierung des Unternehmens (Projekts) j sei $\bar{r}_j = 0{,}12$, im Folgendem kurzum als k bezeichnet. Sie setzt sich zusammen aus einem risikolosen Zinssatz von $i = 0{,}05$ und einem Risiko-

44 Vgl. etwa Drukarczyk/Schüler (2009) S. 68–72.

zuschlag für das mit dem Unternehmen verbundene Investitionsrisiko von 0,07.[45] Im Fall der unendlichen Lebensdauer des Unternehmens folgt

$$V_0^E = 100 \cdot \frac{1}{0{,}12} = 833{,}33.$$

Nun soll die Finanzierung geändert werden. Fremdkapitalgeber werden an der Aufbringung von $I_0 = 700$ beteiligt.

Ändert man die Finanzierung des Unternehmens, ohne die Investitionsseite zu verändern, treten folgende Änderungen ein:

- Der Eigenkapitaleinsatz der Eigentümer sinkt um den Fremdkapitaleinsatz F_0.
- Die entziehbaren Überschüsse der Eigentümer verkürzen sich um Zins- und Tilgungszahlungen.
- Die erwartete Rendite der Eigentümer steigt. Wir erläutern diesen Effekt vorläufig anhand der Buchrenditen der ersten Periode, wählen also als Bezugsgröße den Buchwert des Eigenkapitals: Bei reiner Eigenfinanzierung ist die erwartete Gesamtkapitalrendite 0,14286.[46] Finanzieren Gläubiger $F_0 = 300$ zu Fremdkapitalkosten von $i = 0{,}05$, steigt die erwartete Buchrendite des Eigenkapitals auf 0,2125.[47]
- Das Risiko der Eigentümer steigt. Wenn wir unterstellen, dass Fremdkapitalgeber keinen Anteil am Investitionsrisiko des Projektes (Unternehmens) übernehmen, verbleibt das gesamte Investitionsrisiko bei den Eigentümern und lastet auf deren nunmehr um F_0 verkürzten Kapitaleinsatz. Folglich steigt die Risikomenge pro Einheit eingesetztem Eigenkapital. Um dies darzustellen, vergleichen wir die Streuung der Buchrenditen im Fall $F = 0$ mit dem Fall $F = 300$. Bei ausschließlicher Eigenfinanzierung ist die Streuung der Buchrendite $\sigma_{GKR} = 0{,}01429$. Ist $F = 300$, ist die Streuung der Eigenkapitalrendite (gemessen am Buchwert des Eigenkapitals) $\sigma_{EKR} = 0{,}025$, also deutlich höher.

Wir haben demnach Anlass zu vermuten, dass die Veränderung der Finanzierung des Projektes (Unternehmens) das Risiko der Eigentümer erhöht. Wenn wir das rein eigenfinanzierte Projekt durch Punkt A kennzeichnen, die mit $F = 300$ mischfinanzierte Position durch Punkt B, erhalten wir eine Darstellung wie in Grafik A der Abbil-

---

[45] Die Verteilung der Aktienrenditen des Marktportfolios (eigenfinanzierten Unternehmens) sehe in jeder künftigen Periode so aus: 0,1086 (0,132) in Zustand 1 und 0,0914 (0,108) in Zustand 2. Beide Zustände werden als gleich wahrscheinlich betrachtet. Die erwartete Rendite $\bar{r}_M$ ist somit 0,10; σ_M^2 beträgt 0,0074% und $\beta_j = \text{cov}(\tilde{r}_j, \tilde{r}_M) / \sigma_M^2 = 0{,}0103\%/0{,}0074\% = 1{,}4$. Die geforderte Rendite k ergibt sich aus $k = i + (\bar{r}_M - i)\,\beta_j = 0{,}05 + 0{,}05 \cdot 1{,}4 = 0{,}12$.

[46] In Zustand 1 folgt eine Nettoeinzahlung von 110 ($= V_0^E \cdot r_{j,1}$) und in Zustand 2 von 90 ($= V_0^E \cdot r_{j,2}$). Somit ergibt sich GKR als $\frac{110}{700} \cdot 0{,}5 + \frac{90}{700} \cdot 0{,}5 = 0{,}14286$. Oder einfach über 100/700 = 0,14286.

[47] $EKR = \frac{110 - 0{,}05 \cdot 300}{700 - 300} \cdot 0{,}5 + \frac{90 - 0{,}05 \cdot 300}{700 - 300} \cdot 0{,}5 = 0{,}2125$ oder über die Leverage-Formel

$$EKR = 0{,}14286 + (0{,}14286 - 0{,}05)\frac{300}{400} = 0{,}2125.$$

dung 5.4. Es handelt sich dabei tatsächlich um eine lineare Rendite-Risiko-Relation wie Formel (5.5) klarstellt:[48]

$$\text{(5.5)} \qquad EKR = i + (GKR - i)\frac{\sigma_{EKR}}{\sigma_{GKR}}$$

Bei einem gegebenem Zinssatz i und einer gegebenen Gesamtkapitalrenditeverteilung hat die Volatilität der Eigenkapitalrendite σ_{EKR} einen positiven linearen Einfluss auf EKR. Diese Darstellung ist nichts anderes als eine Seite der zwei Seiten einer Medaille. Rufen wir uns die zweite Seite der Medaille in unser Gedächtnis zurück, den Leverage-Effekt:

$$EKR = GKR + (GKR - i)\frac{FK}{EK}$$

Dieser besagt, dass sich eine Erhöhung des Verschuldungsgrades FK/EK c.p. ebenfalls linear und positiv auf EKR auswirkt. Der schon bekannte Zusammenhang wird in Grafik B der Abbildung 5.4 noch einmal verdeutlicht. Beide Positionen A und B des Beispiels sind ebenfalls markiert.

Setzen wir beide Formeln gleich, können wir nach dem Verschuldungsgrad

$$\text{(5.6)} \qquad \frac{FK}{EK} = \frac{\sigma_{EKR}}{\sigma_{GKR}} - 1$$

bzw. der Volatilität der Eigenkapitalrendite

$$\text{(5.7)} \qquad \sigma_{EKR} = \left(1 + \frac{FK}{EK}\right)\sigma_{GKR}$$

auflösen. Beide Perspektiven bestätigen den linearen Zusammenhang zwischen beiden Parametern. Es sind zwei Seiten einer Medaille, nämlich des Finanzierungsrisikos.

Grafik A: Volatilität

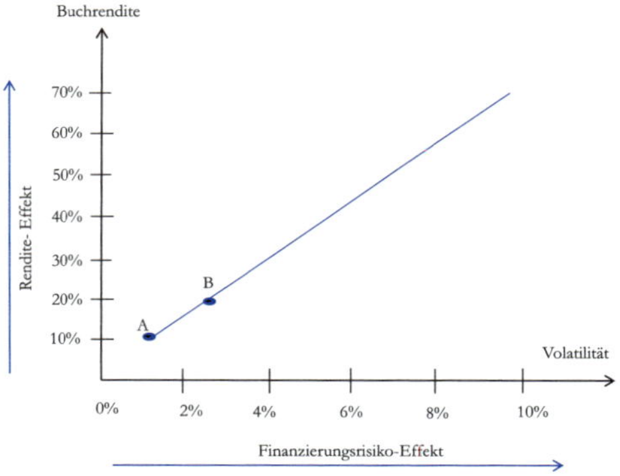

Grafik B: Verschuldungsgrad FK/EK

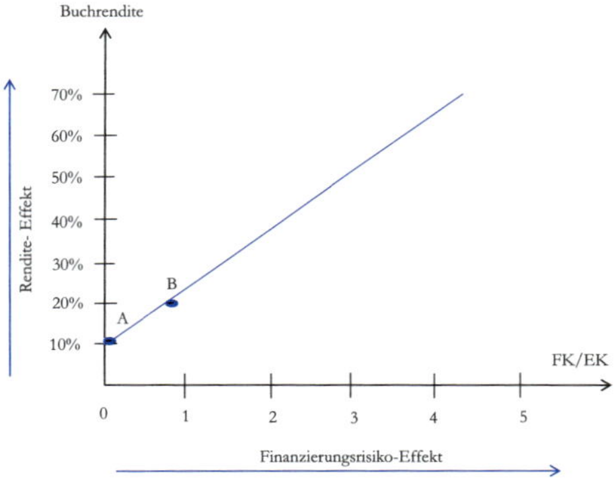

Abbildung 5.4: Buchrendite- und Finanzierungsrisiko-Effekt in Abhängigkeit der Volatilität und des Verschuldungsgrades

---

48 Im Beispiel: $EKR = 0{,}05 + \underbrace{0{,}09286 / 0{,}01429}_{\approx 6{,}5} \cdot \sigma_{EKR}$

Was ist der Nettoeffekt der Bewegung von A nach B? Eine berühmte Antwort von Modigliani/Miller (1958) – beide gewürdigt mit dem Nobelpreis – auf diese Frage ist, dass der Nettoeffekt auf einem funktionierenden Kredit- und Kapitalmarkt Null ist: Rendite- und Risikoeffekt heben sich unter bestimmten Bedingungen auf. Wenn dies zutrifft, kann die Bewegung von A nach B auch keine Wertsteigerung bewirken. Es müsste bei unendlicher Lebensdauer unverändert $V_0^F = 833{,}33$ gelten!

Betrachten wir die Begründung für die Aussage, dass der Nettoeffekt Null sei. Hierzu werden einige Annahmen benötigt:

- Steuern und Transaktionskosten bestehen nicht.
- Illiquiditäts- bzw. Insolvenzrisiken bestehen nicht.
- Unternehmen und Investoren können sich zum risikolosen Zinssatz i verschulden, da die Kreditgeber keine Ausfallrisiken übernehmen.
- Die Investitionsprogramme der Unternehmen werden durch die Veränderungen der Finanzierungsstruktur nicht berührt.
- Es gebe zwei Unternehmen mit identischem Investitionsrisiko und damit identischen erwarteten entziehbaren Überschüssen vor Bedienung der Fremdkapitalgeber, aber mit unterschiedlichen Kapitalstrukturen.

Wir bezeichnen den Wert des nur eigenfinanzierten Unternehmens mit V^E, den des mischfinanzierten Unternehmens mit V^F. V^F setzt sich zusammen aus dem Wert des Eigenkapitals (E^F) und dem Wert des Fremdkapitals (F), also $V^F = E^F + F$. Die Ansprüche der Kapitalgeber der Unternehmen sind in Form von Aktien und Anleihen (Eigen- und Fremdkapitaltitel) verbrieft und werden auf liquiden Märkten gehandelt. Wir betrachten zur Vereinfachung den Fall der unendlichen Rente: Die erwarteten entziehbaren Überschüsse sind mit $\overline{NE}$ gekennzeichnet.

Angenommen, es gälte $V^F > V^E$. Ein am Aktienkapital des fremdfinanzierten Unternehmens beteiligter Investor, der eine Anteilsquote a hält, könnte nun „umsteigen". Er verkauft seine Anteile zum Preis $a\,(V^F - F)$ und verzichtet damit auf erwartete Überschüsse in Höhe von $a\,(\overline{NE} - iF)$ pro Periode.

Identische risikoäquivalente Überschüsse kann der Investor erzielen, wenn er folgende Maßnahmen ergreift:

Maßnahmen des Investors	Investition	erwarteter entziehbarer Überschuss
1. Kauf eines Anteils a am Aktienkapital des eigenfinanzierten Unternehmens	aV^E	$a\,\overline{NE}$
2. private Verschuldung in Höhe von aF	$-aF$	$-aiF$
	$a\,(V^E - F)$	$a\,(\overline{NE} - iF)$

Tabelle 5.7: Duplizierung des Einkommens mittels privater Verschuldung

Mit a ($\overline{NE}$ – iF) erzielt der Investor ein identisches, risikogleiches Einkommen pro Periode wie in der Ausgangsposition mit dem Unterschied, dass er nun *privat* das Cashflow-Potenzial seines Aktienvermögens aV^E beleiht, während im Ausgangszustand das Unternehmen das Potenzial in gleichem Maße beliehen hatte: Das Unternehmen belastet die Bruttoüberschüsse $\overline{NE}$ mit iF; der sich privat zum Satz i verschuldende Investor belastet «seine» entziehbaren Überschüsse a $\overline{NE}$ mit aiF: Er ersetzt «firm leverage» durch «home-made leverage». Sind Ausgangsposition und Endposition identisch, kann man Verkaufserlös und Einstiegspreis vergleichen. Es gilt: $a\ (V^F - F) > a\ (V^E - F)$, da annahmegemäß $V^F > V^E$ gilt. Also lohnt das «Umsteigen»; der umsteigende Investor erzielt einen **Arbitragegewinn**, ohne seine Risikoposition zu verändern. Investoren, die die Wertrelation $V^F > V^E$ erkennen, steigen solange um, bis die Chance für Arbitragegewinne nicht mehr besteht, bis also $V^F = V^E$ gilt.

Nehmen wir nun an, dass $V^E > V^F$ gilt:

Erwartete Überschüsse des Investors: a $\overline{NE}$

Verkaufserlös bei Ausstieg: aV^E

Maßnahmen des Investors	Investition	erwarteter entziehbarer Überschuss
1. Kauf eines Anteils a am Aktienkapital des mischfinanzierten Unternehmens	$a\ (V^F - F)$	$a\ (\overline{NE} - iF)$
2. Anlage von Mitteln in Höhe von aF zu i	aF	aiF
	aV^F	$a\ \overline{NE}$

Tabelle 5.8: Duplizierung des Einkommens mittels risikoloser Geldanlage

Die erwarteten Überschüsse im Endzustand, also nach den Maßnahmen des Investors, sind identisch mit denen des Ausgangszustands: Der Investor kauft die Quote a an Aktien *und* Anleihen des verschuldeten Unternehmens und hebt damit die Zerlegung des erwarteten Zahlungsstromes $\overline{NE}$, die das Management des Unternehmens durch die Wahl der Kapitalstruktur bewirkt hat, wieder auf. Da $\overline{NE}$ für beide Unternehmen annahmegemäß identisch ist, muss die Endposition gleich der Anfangsposition sein. Vergleicht man Verkaufserlös und Einstiegspreis, folgt $aV^E > aV^F$: Der Investor erzielt einen risikolosen **Arbitragegewinn**. Folglich kann ein Wertverhältnis $V^E > V^F$ auf Dauer nicht bestehen bleiben: Der wertmäßige Nettoeffekt der Bewegung von A nach B in Abbildung 5.4 ist Null.

Dies ist der Kern des berühmten Aufsatzes von Modigliani und Miller.[49] Deren Aussage lautet, dass der durch die Investitionsstrategie generierte erwartete Strom an Überschüssen durch die Wahl der Kapitalstruktur in Teilströme zerlegt wird und dass unter den oben genannten Bedingungen bei dieser Zerlegung nichts verloren geht, aber auch nichts gewonnen wird. Die Eigentümer eines Unternehmens könnten diese Zerlegung,

49 Vgl. Modigliani/Miller (1958).

wäre sie erwünscht, immer auch selbst vornehmen, indem sie den Kauf der Anteile eines z. B. voll eigenfinanzierten Unternehmens teilweise privat durch Aufnahme von Fremdkapital finanzieren. Hat das Management des Unternehmens über die Wahl der Kapitalstruktur eine bestimmte Zerlegung der erwarteten Überschüsse vorgenommen, können die Eigentümer diese Zerlegung ganz oder teilweise rückgängig machen, indem sie Aktien und Anleihen in ihrem privaten Portefeuille mischen. Unter den genannten Bedingungen leistet das Management mit der Wahl einer bestimmten Kapitalstruktur nichts, was die Anteilseigner nicht ebenso könnten. Folglich schaffen Kapitalstrukturänderungen unter den gesetzten Bedingungen keinen zusätzlichen Wert. Die kürzeste Formulierung der Botschaft des Modells liefert Miller selbst. Auf die Frage, wie man Radiohörern oder Fernsehzuschauern die Botschaft des Modells prägnant nahebringen könne, sagt Miller nach einigen weniger erfolgreichen Versuchen, dass die Bewegung in Richtung komplexerer Kapitalstrukturen „more pieces, but not more pizza" schaffe: Der Unternehmensgesamtwert – die Pizza – bleibt unverändert. Für das Beispiel folgt:

$$V_0^E = \overline{NE}\,\frac{1}{k} = E_0^F + F_0. \qquad (5.8)$$

Akzeptiert man dieses Ergebnis, sind Folgerungen für die Kosten der Überlassung von Kapital zu ziehen. Betrachten wir zunächst die Kosten des Eigenkapitals, also die von den Eigentümern geforderte Rendite. Im Fall der unendlichen Rente ist die Rendite der Eigentümer definiert durch $(\overline{NE} - iF_0)/E_0^F$. Wegen (5.8) gilt $\overline{NE} = k\,(E_0 + F_0)$. Eingesetzt in die Renditedefinition folgt:

$$k^F = \frac{k\left(E_0^F + F_0\right) - iF_0}{E_0^F} = k + \underbrace{(k - i)\,\frac{F_0}{E_0^F}}_{\text{Risikoprämie 2}} \qquad (5.9)$$

Die von den Eigentümern geforderte Rendite im Fall der Mischfinanzierung des Unternehmens (k^F) übersteigt die im Fall der reinen Eigenfinanzierung geforderte Rendite (k) um eine Risikoprämie in Höhe von $(k - i)F_0/E_0^F$, wobei F_0 bzw. E_0^F **Marktwerte** des Fremd- bzw. Eigenkapitals bezeichnen. Wir bezeichnen diese Risikoprämie für das Finanzierungsrisiko als **Risikoprämie 2**, um sie von der Risikoprämie für das Investitionsrisiko (Risikoprämie 1) abzuheben. Formel (5.9) ähnelt der Leverage-Formel, in der Buchwerte für Fremd- und Eigenkapital (FK, EK), nicht Marktwerte, und bilanzielle Rentabilitäten (GKR, EKR), nicht risiko-äquivalente geforderte Renditen (k, k^F) definiert werden. Wir kennen diese Formel bereits aus Kapitel 4

$$EKR = GKR + (GKR - i)\,\frac{FK}{EK}.$$

Die Botschaft von (5.9) ist, dass eine Verschiebung der Kapitalstruktur von A nach B in Abbildung 5.4 von den Anteilseignern auch privat bewerkstelligt werden könnte, nämlich durch private Verschuldung. In diesem Fall können die Eigentümer eine zusätzliche (private) Leverage-Rendite erwarten. Wenn das Management des Unternehmens die Kapitalstruktur nach B verschiebt, verlangen die Anteilseigner folglich genau diesen risikoäquivalenten Kapitalkostensatz.

Modigliani und Miller betrachten neben den Eigenkapitalkosten k bzw. k^F und den Kosten des Fremdkapitals i eine weitere Kapitalkostenkategorie: die **Weighted Average Cost of Capital (WACC)**. Dieser Kapitalkostensatz ist ein arithmetisches Mittel aus i und k^F, dessen Gewichte die Kapitalanteile, bewertet zu Marktwerten, am Unternehmensgesamtwert sind. In einer Welt ohne Steuern gilt:

$$(5.10) \quad WACC = i\,\frac{F}{V} + k^F\,\frac{E^F}{V}.$$

Setzt man für k^F die rechte Seite von (5.9) ein, folgt

$$WACC = i\frac{F}{V} + \left[k + (k - i)\frac{F}{E^F}\right]\frac{E^F}{V}$$

$$WACC = k.$$

Der gewogene durchschnittliche Kapitalkostensatz (WACC) ist in einer Welt ohne Steuern und unter den sonstigen oben genannten Bedingungen unabhängig von der Kapitalstruktur und entspricht der geforderten Rendite der Eigentümer für den Fall der vollständigen Eigenfinanzierung. Es gelingt somit nicht, die durchschnittlichen Kapitalkosten durch eine Änderung der Kapitalstruktur zu beeinflussen.

5.6.2.2 Mit Unternehmenssteuern

Wir führen nun eine Gewinnsteuer (Körperschaftsteuer) ein und bezeichnen den Steuersatz mit s_K. Die Gewinnsteuer werde unabhängig von der Verwendung des Überschusses auf Unternehmensebene erhoben. Zinszahlungen des Unternehmens verkürzen die steuerliche Bemessungsgrundlage. Anteilseigner und Gläubiger werden *nicht* besteuert: Dividenden, Zinserträge und Kapitalgewinne seien steuerfrei. Jetzt schafft die Verschiebung der Kapitalstruktur von A nach B zusätzlichen Wert. Wir behalten den Fall der unendlichen Rente bei. Zinszahlungen an Gläubiger werden mit Modigliani/Miller als risikolos angenommen. Tilgungszahlungen erfolgen nicht oder werden – sollten sie erfolgen – sofort durch Aufnahme neuen Fremdkapitals zum gleichen Zinssatz i ausgeglichen. Bei Mischfinanzierung erzielt ein Anteilseigner, der eine Quote a am Aktienkapital hält, einen erwarteten Überschuss in Höhe von

$$(5.11) \quad a\,(\overline{NE} - iF)\,(1 - s_K)$$

pro Periode.

Beteiligt sich der Anteilseigner an einem ansonsten identischen, aber vollständig eigenfinanzierten Unternehmen und verschuldet er sich privat in Höhe von aF kann er einen Überschuss in Höhe von

$$(5.12) \quad a\,\overline{NE}\,(1 - s_K) - aiF$$

pro Periode erwarten. Der erwartete Überschuss gemäß (5.11) ist größer als der gemäß (5.12): Die Abzugsfähigkeit der Zinsen von der steuerlichen Bemessungsgrundlage auf Unternehmensebene erhöht den Überschuss um s_K iF pro Periode. Deshalb muss $V^F > V^E$ gelten; es gibt jetzt «more pizza». Wie groß ist die Differenz? Zu bewerten ist der Mehrerfolg des verschuldeten Unternehmens in Höhe von s_K iF pro Periode. Wir behalten die gesetzte Annahme des Ausschlusses von Illiquiditätsrisiken bei. Unter dieser Bedingung können wir die Zinszahlung vorläufig als risikolos einstufen. Werden die Zinszahlungen in jeder Periode geleistet, wird auch der Steuervorteil erzielt; er ist somit auch risikolos, soweit die steuerliche Bemessungsgrundlage in jeder Periode die Zinsabzugsfähigkeit erlaubt. Auch das wollen wir zunächst annehmen. Folglich ist die risikolose Rendite i der adäquate Diskontierungssatz. Es folgt

(5.13) $V^{USt} = s_K iF \frac{1}{i} = s_K F$

und

(5.14) $V^F = V^E + s_K F.$

Im Fall der unendlichen Rente übersteigt der Unternehmensgesamtwert eines mischfinanzierten Unternehmens den eines eigenfinanzierten Unternehmens um den Term $s_K F$. Wegen der Höhe von s_K in der Realität und des nicht unerheblichen Rückgriffs von Unternehmen auf Fremdkapital, ist der hinter Formel (5.14) schlummernde Sachverhalt vermutlich von praktischer Relevanz. Allerdings ist ein Hinweis angebracht, der vor Überschätzungen des empirischen Gewichts von V^{USt} bewahren soll. Erstens, hängt das empirische Gewicht von V^{USt} von den Details des Steuerregimes ab. Zweitens, ist prinzipiell auch die Einkommensteuer zu beachten, die wir in diesem einführenden Text ausgeblendet haben. Die Beachtung der Einkommensbesteuerung kann zu deutlichen Verkürzungen der steuerlichen Vorteile führen.[50]

Wie reagieren die Kosten des Eigenkapitals (k^F) unter diesen steuerlichen Bedingungen? Die geforderte Rendite der Anteilseigner steigt mit zunehmender Verschuldung des Unternehmens, wobei wir zur Vereinfachung beim Fall der unendlichen Rente bleiben:

(5.15) $k^F = k + (k - i)(1 - s_K) \frac{F}{E^F}.$

Diese Formel ist zu erläutern. Bei reiner Eigenfinanzierung gilt

$$V^E = \overline{NE}\,(1 - s_K)\frac{1}{k}.$$

Werden die Investitionen des Unternehmens, die den erwarteten Cashflow in Höhe von $\overline{NE}$ vor Steuern generieren, teilweise fremdfinanziert, ist die von Eigentümern erwartete Zahlung durch $(\overline{NE} - iF)(1 - s_K)$ definiert. Die Rendite der Eigentümer beträgt folglich im Fall der unendlichen Rente

$$\left[\overline{NE}\left(1 - s_K\right) - iF(1 - s_K)\right]\frac{1}{E^F}.$$

Ersetzen wir $\overline{NE}\left(1 - s_K\right)$ durch kV^E bzw. $k\,(V^F - s_K F) = k\,(E^F + F - s_K F)$, erhalten wir die Formel (5.15):

$$k^F = \{k[E^F + F(1 - s_K)] - iF(-s_K)\}\frac{1}{E^F}$$

$$k^F = k + (k + i)\frac{F(1 - s_k)}{E^F}.$$

Die Höhe der geforderten Rendite hängt somit erstens von dem risikolosen Zinssatz i und der Risikoprämie 1 in Höhe von k – i ab. Zweitens bestimmt das Finanzierungsrisiko die Höhe der geforderten Rendite. Zu beachten ist, dass der Barwert der als risikolos eingestuften steuerlichen Vorteile, $s_K F$, die Höhe dieser Risikoprämie dämpft.

---

50 Vgl. etwa Lobe (2006) bzw. Drukarczyk/Schüler (2009).

Die durchschnittlichen Kapitalkosten (WACC) werden häufig gemäß der amerikanischen Text-Book Formula definiert:

$$(5.16) \quad WACC = i\left(1 - s_K\right)\frac{F}{V^F} + k^F\frac{E^F}{V^F}.$$

Setzt man (5.15) in (5.16) ein, erhält man:

$$WACC = i\left(1 - s_K\right)\frac{F}{V^F} + \left[k + \left(k - i\right)\left(1 - s_K\right)\frac{F}{E^F}\right]\frac{E^F}{V^F}$$

$$= i\left(1 - s_K\right)\frac{F}{V^F} + k\frac{E^F}{V^F} + k\left(1 - s_K\right)\frac{F}{V^F} - i(1 - s_K)\frac{F}{V^F}$$

$$(5.17) \quad = k\left(1 - s_K\frac{F}{V^F}\right).$$

Dies ist die zweite in amerikanischen Lehrbüchern anzutreffende Formel für WACC. Man erkennt an ihr besonders deutlich, dass die durchschnittlichen Kapitalkosten mit steigender Fremdkapitalquote des Unternehmens bei Ausschluss von Illiquiditätsrisiken fallen. Jetzt ist WACC steuerbar durch die Wahl der Kapitalstruktur.

Eine dritte Version der Definition von WACC folgt aus (5.17):

$$WACC = \frac{kV^F - ks_k F}{V^F}$$

Da $V^F - s_K F$ gleich V^E und $kV^E = \overline{NE}\,(1 - s_K)$ ist, folgt:

$$(5.18) \quad WACC = \frac{\overline{NE}\,(1 - s_K)}{V^F}.$$

Diese Formulierung macht klar, welche Erfolgsgröße mit WACC zu diskontieren ist: Es ist der entziehbare Überschuss bei unterstellter **reiner Eigenfinanzierung** des Unternehmens. Benutzt man WACC als Diskontierungssatz, sind die Zahlungswirkungen der Positionen der Kapitalstruktur, die nicht Eigenkapital darstellen, bei der Definition der entziehbaren Überschüsse *nicht* zu beachten. Das bedeutet auch, dass die Besteuerung der Prämisse der vollständigen Eigenfinanzierung zu entsprechen hat: Diskontiert werden *eigenfinanzierte* entziehbare Überschüsse nach Steuern. Die mit einer anteiligen Fremdfinanzierung verbundenen *steuerlichen* Vorteile schlagen sich in WACC nieder, wie die Definition (5.17) zeigt. Sie dürfen deshalb in der Definition der entziehbaren Überschüsse nicht nochmals berücksichtigt werden.

5.7 Zusammenfassung

Risiko wurde als Gefahr definiert, Teile der eingesetzten Mittel nicht wiedergewinnen zu können. Chancen sind analog alle Einzahlungen, die über den Mitteleinsatz hinaus erzielt werden. Auf andere Möglichkeiten der Trennung zwischen Risiko und Chance wurde hingewiesen. Ausgehend von einem gegebenen Investitionsrisiko und gegebenen Investitionschancen wurde gezeigt, wie durch Finanzierungsverträge Chancen und Risiken zwischen den Finanzierenden umverteilt werden können. Werden Risiken und Chancen in Bezug auf die erbrachte Finanzierungsleistung gleich verteilt, sprechen wir von symmetrischen Finanzierungsverträgen. Im anderen Fall liegen nicht symmetrische Verträge vor.

Die bestandsökonomische Darstellung erweist sich als didaktisch nützlich. Der marktorientierte Bewertungsansatz, der eine marktmäßig objektivierte Risikoberücksichtigung impliziert, wird auf Basis des CAPM in Grundzügen erläutert. Dann wird analysiert, dass und warum die Finanzierungsform des Investitionsprojektes auf den von Investoren geforderten Kapitalkostensatz zurückwirken kann. Nicht zuletzt wird der Werteinfluss der Fremdfinanzierung offengelegt.

5.8 Literaturhinweise

Brealey, R. A./Myers, S. C./Allen, F. (2014): Principles of Corporate Finance. 11. Auflage, New York.

Drukarczyk, J./Schüler, A. (2009): Unternehmensbewertung. 6. Auflage, München.

Haugen, R. A. (2001): Modern Investment Theory. 5. Auflage, Upper-Saddle River.

Kruschwitz, L. (2011): Investitionsrechnung. 13. Auflage, München, Wien.

Lintner, J. (1965): The Valuation of Risk Assets and the Selection of Risky Investments in Stock Portfolios and Capital Budgets. In: Review of Economics and Statistics, Band 47(1), S. 13–37.

Lobe, S. (2006): Unternehmensbewertung und Terminal Value: Operative Planung, Steuern und Kapitalstruktur. In: Regensburger Beiträge zur betriebswirtschaftlichen Forschung, Band 45, Frankfurt/M., Berlin, Bern, New York, Paris, Wien.

Modigliani, F./Miller, M. H. (1958): The Cost of Capital, Corporation Finance and the Theory of Investment. In: The American Economic Review, Band 48, S. 261–297.

Mossin, J. (1966): Equilibrium in a Capital Asset Market. In: Econometrica, Band 34(4), S. 768–783.

Ross, S. A./Westerfield, R. W./Jaffee, J. (2012): Corporate Finance. 10. Auflage, Boston, New York.

Rudolph, B. (1974): Die Kreditvergabeentscheidung von Banken. Der Einfluß von Zinsen und Sicherheiten auf die Kreditgewährung. Opladen.

Schmidt, R. H./Terberger, E. (1996): Grundzüge der Investition- und Finanzierungstheorie. 3. Auflage, Wiesbaden.

Sharpe, W. F. (1964): Capital Asset Prices: A Theory of Market Equilibrium under Conditions of Risk. In: Journal of Finance. Band 19(3), S. 425–442.

Spremann, K. (2002): Finanzanalyse und Unternehmensbewertung. München.

Swoboda, P. (1994): Betriebliche Finanzierung. 3. Auflage, Heidelberg.

Swoboda, P. (1996): Investition und Finanzierung. 5. Auflage, Göttingen.

Treynor, J. L. (1961): Market Value, Time, and Risk. Working Paper.

Treynor, J. L. (1962): Toward a Theory of Market Value of Risky Assets. Working Paper.

Kapitel 6 Liquiditäts- und Finanzanalyse der U AG – eine Fallstudie

Inhalt

6.1 Einführung

Die Botschaften der Kapitel 2 – 5 sollen nun zusammengefügt werden, um Anwendung einerseits und offene Fragen andererseits zu verdeutlichen. Als Anwendungsfall wird die erstmalige Platzierung von Aktien einer AG gewählt, ein sogenanntes Initial Public Offering (IPO).[51] Die U AG mit Sitz in Süddeutschland platzierte im Herbst 1997 1.212.000 Stammaktien an der Börse. Die Aktien wurden nach dem Bookbuilding-Verfahren – 95 % der deutschen IPOs setzen auf dieses Verfahren – zu einem Kurs von 45 DM (22,98 €) angeboten und gezeichnet. Insgesamt hat das Unternehmen 4 Mio. Aktien ausgegeben zum Nominalwert von 5 DM (2,56 €) pro Aktie. Etwa 70 % der Aktien werden von privaten Großaktionären und einem institutionellen Anleger gehalten. Der Rest wird von Kleinaktionären gehalten.

Das Unternehmen wurde 1911 gegründet, von der Gründerfamilie kontinuierlich ausgebaut und auf profitable Produkte hin ausgerichtet. Heute produziert das Unternehmen vorrangig Bodenbelagklebstoffe, Spachtelmassen und Kleber für Fliesen. Hier liegt seine Kernkompetenz. 70 % des produzierten Volumens an Spachtelmassen und Klebstoffen werden bei Renovierungen und Sanierungen von Gebäuden eingesetzt. Das Unternehmen ist somit weitgehend unabhängig von Baukonjunkturen.

---

[51] Kapitel 9.7.4 erläutert IPOs eingehend.

Wir wollen uns mit Hilfe der Überlegungen aus den vorhergehenden Kapiteln einen Überblick über die ökonomische Lage des Unternehmens von 1994 bis 2012 verschaffen. Es ist zweckmäßig, diesen langen Zeitraum von 19 Jahren aufzuteilen in einen vor und einen nach dem Börsengang.

Liquidität und Rentabilität der Jahre 1994-1997 werden in den Abschnitten 6.2.1 bis 6.2.3 behandelt. Die Bewertung zum Jahr des Börsengangs der U AG wird in den Abschnitten 6.2.4 und 6.2.5 thematisiert. Da durch den Börsengang zusätzliches Eigenkapital gewonnen werden soll, stellt sich die Frage, zu welchem Preis die Aktien emittiert werden sollen. Diese Fragestellung lässt sich aus zwei Blickwinkeln angehen. Zum einen darf angenommen werden, dass die Alteigentümer an einem möglichst hohen Ausgabepreis interessiert sind, während potenzielle Investoren an einem möglichst niedrigen Ausgabepreis interessiert sind. Unabhängig davon aus welchem Blickwinkel man die Preisfindungsfrage auch betrachten mag, empfiehlt es sich, vor einer solchen Entscheidung eine Unternehmensanalyse durchzuführen. Prinzipiell gehört zu einer Unternehmensanalyse eine Analyse der Position, die die Produkte des Unternehmens auf den relevanten Märkten einnehmen, eine Untersuchung der Position der wichtigsten Wettbewerber, eine Prüfung, ob Substitutionsprodukte am Horizont erkennbar sind oder ob sich die Gewohnheiten der Abnehmer so verändern werden, dass wichtige Rückwirkungen auf die Umsätze des Unternehmens zu erwarten sind. Diese wettbewerbsstrategischen Analysen müssen wir hier ausklammern. Zum einen soll die Behandlung des Sachverhaltes auf knappem Raum erfolgen; zum anderen geht es hier vorrangig um eine finanzielle Analyse der vorliegenden Daten. Erst zum Ende des Kapitels 6.2 kommen wir auf das Prognoseproblem zu sprechen.

Eine Analyse, wie sich Liquiditäts- und Rentabilitätslage sowie der Aktienkurs der U AG nach dem Börsengang von 1998 bis 2012 entwickelt haben, bietet Abschnitt 6.3. Insbesondere wird der Einsatz der Residualgewinnmethode demonstriert in Abschnitt 6.3.3.

6.2 Bewertung für das Jahr des Börsengangs

Die Tabellen 6.1, 6.2 und 6.3 zeigen Aktiva, Passiva sowie Gewinn- und Verlustrechnungen, die nach dem Gesamtkostenverfahren berechnet sind, für den Zeitraum 1994-1997. Alle Daten der AG sind (umgerechnet) in Euro und stammen aus den Geschäftsberichten.

Jahr	1994[1)]	1995[1)]	1996[1)]	1997
A. Anlagevermögen	10.016	10.119	9.775	15.978
I. Immaterielle Vermögensgegenstände	52	64	47	5.247
1. Konzessionen, gewerbliche Schutzrechte und ähnliche Rechte	52	64	47	41
2. Geschäfts- oder Firmenwert	0	0	0	5.206[2)]
3. Geleistete Anzahlungen	0	0	0	0

II. Sachanlagen	9.834	9.925	9.598	10.185
1. Grundstücke, grundstücksgleiche Rechte und Bauten	5.868	6.063	6.001	6.143
2. Technische Anlagen und Maschinen	2.646	2.201	1.815	1.953
3. Andere Anlagen, Betriebs- und Geschäftsausstattung	1.209	1.390	1.700	1.933
4. Geleistete Anzahlungen und Anlagen im Bau	111	271	82	156
III. Finanzanlagen	130	130	130	546
1. Anteile an verbundenen Unternehmen	128	128	128	546
2. Ausleihungen an verbundene Unternehmen	0	0	0	0
3. Beteiligungen	0	0	0	0
4. Ausleihungen an Unternehmen mit Beteiligungsverhältnis	0	0	0	0
5. Wertpapiere des Anlagevermögens	2	2	2	0
6. Sonstige Ausleihungen	0	0	0	0
B. Umlaufvermögen	19.719	20.604	23.138	27.115
I. Vorräte	4.910	6.003	5.900	6.771
1. Roh-, Hilfs- und Betriebsstoffe	1.898	1.949	2.276	2.374
2. Unfertige Erzeugnisse und Leistungen	8	4	63	37
3. Fertige Erzeugnisse und Waren	3.004	4.050	3.561	4.360
4. Geleistete Anzahlungen	0	0	0	0
II. Forderungen und sonstige Vermögensgegenstände	10.558	11.564	12.732	11.111
1. Forderungen aus Lieferungen und Leistungen	8.185	7.821	9.354	7.106
2. Forderungen gegen verbundene Unternehmen	1.337	2.646	1.853	2.792
3. Forderungen gegen Unternehmen, mit denen ein Beteiligungsverhältnis besteht	146	24	59	0
4. Sonstige Vermögensgegenstände	890	1.073	1.466	1.213

III. Wertpapiere	1.278	0	0	1.534
1. Anteile an verbundenen Unternehmen	0	0	0	0
2. Eigene Anteile	0	0	0	0
3. Sonstige Wertpapiere	1.278	0	0	1.534
IV. Kassenbestand, Bundesbank- und Postgiroguthaben, Guthaben bei Kreditinstituten	2.974	3.037	4.506	7.699
C. Rechnungsabgrenzungsposten	19	59	0	0
AKTIVA: Bilanzsumme	29.754	30.782	32.913	43.093

[1] Als-ob-AG-Abschlüsse; [2] Aufdeckung stiller Reserven bei der Umwandlung

Tabelle 6.1: Aktiva der U AG (in T€)

Jahr	**1994**	**1995**	**1996**	**1997**
A. Eigenkapital	12.160	12.804	15.329	26.548
I. Gezeichnetes Kapital	6.136	6.136	6.135	10.226
II. Kapitalrücklagen	0	0	0	12.271
III. Gewinnrücklagen	1.699	2.163	4.416	1.802
1. Gesetzliche Rücklage	0	0	0	0
2. Rücklage für eigene Anteile	0	0	0	0
3. Satzungsmäßige Rücklagen	0	0	0	0
4. Andere Gewinnrücklagen	1.699	2.162	4.416	1.802
IV. Gewinnvortrag	0	0	0	0
V. Bilanzgewinn/-verlust	4.325	4.506	4.778	2.250
B. Rückstellungen	3.988	3.743	3.819	3.167
1. Rückstellungen für Pensionen und ähnliche Verpflichtungen	165	187	206	229
2. Steuerrückstellungen	802	683	73	4
3. Sonstige Rückstellungen	3.021	2.873	3.540	2.934

C. Verbindlichkeiten	13.606	14.235	13.765	13.377
1. Anleihen	0	0	0	0
2. Verbindlichkeiten gegenüber Kreditinstituten	6.825	5.987	6.045	4.991
3. Erhaltene Anzahlungen	0	0	0	0
4. Verbindlichkeiten aus Lieferungen und Leistungen	3.441	4.002	3.656	2.991
5. Verbindlichkeiten aus der Annahme gezogener Wechsel und der Ausstellung eigener Wechsel	0	0	0	0
6. Verbindlichkeiten gegenüber verbundenen Unternehmen	41	46	56	46
7. Verbindlichkeiten gegenüber verbundenen Unternehmen, mit denen ein Beteiligungsverhältnis besteht [gegenüber Gesellschaft]	2.079	3.060	2.981	3.697
8. Sonstige Verbindlichkeiten	1.220	1.140	1.027	1.653
davon aus Steuern	0	0	0	0
davon im Rahmen der sozialen Sicherheit	0	0	0	0
D. Rechnungsabgrenzungsposten	0	0	0	0
PASSIVA: Bilanzsumme	29.754	30.782	32.913	43.093

Tabelle 6.2: Passiva der U AG (in T€)

Jahr	**1994[1)]**	**1995[1)]**	**1996[1)]**	**1997**
1. Umsatzerlöse	69.834	74.869	77.401	80.448
2. Erhöhung oder Verminderung des Bestandes an fertigen und unfertigen Erzeugnissen	–262	644	–29	432
3. Andere aktivierte Eigenleistungen	0	0	0	0
4. Sonstige betriebliche Erträge	1.330	954	1.652	1.681
5. Materialaufwand	31.135	35.574	36.179	38.353
6. Personalaufwand	11.379	12.483	12.942	14.045
a) Löhne und Gehälter	9.663	10.554	10.905	11.807
b) soziale Abgaben und Aufwendungen für Altersversorgung und für Unterstützung	1.716	1.929	2.037	2.238

7.	Abschreibungen	2.261	2.022	1.868	2.477
8.	Sonstige betriebliche Aufwendungen	16.500	16.890	18.247	17.876
	= **Betriebsergebnis**	9.627	9.498	9.788	9.812
9.	Erträge aus Beteiligungen	0	0	0	0
10.	Erträge aus anderen Wertpapieren und Ausleihungen des Finanzanlagevermögens, davon aus verbundenen Unternehmen	0	0	0	0
11.	Sonstige Zinsen und ähnliche Erträge	205	228	274	191
12.	Abschreibungen auf Finanzanlagen und auf Wertpapiere des Umlaufvermögens	0	0	0	0
13.	Zinsen und ähnliche Aufwendungen	932	495	446	710
	= **Finanzergebnis**	–727	–267	–172	–519
14.	Ergebnis der gewöhnlichen Geschäftstätigkeit	8.900	9.230	9.616	9.293
15.	Außerordentliche Erträge	0	0	0	0
16.	Außerordentliche Aufwendungen	0	0	0	1.389[2)]
17.	Außerordentliches Ergebnis	0	0	0	–1.389
18.	Steuern vom Einkommen und Ertrag	4.480	4.605	4.699	3.768
19.	Sonstige Steuern	94	119	139	69
20.	**Jahresüberschuss/-fehlbetrag**	4.326	4.506	4.778	4.067

[1)] Als-ob-AG-Abschluss; [2)] Kosten des Börsengangs

Tabelle 6.3: Gewinn- und Verlustrechnung der U AG (in T€, GKV)

6.2.1 Struktur der Aktiva, der Passiva und der GuV-Rechnung

Es empfiehlt sich, Bilanzen und GuV-Rechnungen auf die wesentlichen Positionen zu verdichten, damit Strukturen erkennbar werden. Die Tabellen 6.4 und 6.5 zeigen in verdichteter Form die auf Aktiv- und Passivseite enthaltenen Informationen. Die U AG weist in den GuV-Rechnungen recht stabile Strukturen auf, wie Tabelle 6.6 zeigt. Das bedeutet noch nicht, dass der Ressourceneinsatz effizient ist; aber es erleichtert die Erstellung von Plan-GuV-Rechnungen.

	Jahr	1994	1995	1996	1997
(1)	Konzessionen, gewerbliche Schutzrechte und ähnliche Rechte	0,2	0,2	0,1	0,1
(2)	Geschäfts- oder Firmenwert	0,0	0,0	0,0	12,1
(3)	Sachanlagen	33,0	32,2	29,2	23,6
(4)	Finanzanlagen	0,4	0,4	0,4	1,3
(5)	Vorräte	16,5	19,5	17,9	15,7
(6)	Forderungen und sonstige Vermögensgegenstände	35,5	37,6	38,7	25,8
(7)	Wertpapiere des Umlaufvermögens und liquide Mittel	14,3	9,9	13,7	21,4
(8)	Sonstige	0,1	0,2	0,0	0,0
	Summe (1) bis (8)	100,0	100,0	100,0	100,0

Tabelle 6.4: Struktur der Aktiva in Prozent der Bilanzsumme

	Jahr	1994	1995	1996	1997
(1)	Eigenkapital	40,9	41,6	46,6	61,6
(2)	Rückstellungen	13,4	12,2	11,6	7,4
(3)	Verbindlichkeiten (verzinslich)	30,1	29,5	27,6	20,3
(4)	Verbindlichkeiten aus Lieferungen und Leistungen	11,6	13,0	11,1	6,9
(5)	Sonstige Verbindlichkeiten	4,1	3,7	3,1	3,8
	Summe (1) bis (5)	100,0	100,0	100,0	100,0

Tabelle 6.5: Struktur der Passiva in Prozent der Bilanzsumme

	Jahr	1994	1995	1996	1997
(1)	Umsatzerlöse	100,0	100,0	100,0	100,0
(2)	Sonstige betriebliche Erträge	1,9	1,3	2,1	2,1
(3)	Materialaufwand	44,6	47,5	46,7	47,7
(4)	Personalaufwand	16,3	16,7	16,7	17,5
(5)	Abschreibungen	3,2	2,7	2,4	3,1
(6)	Sonstige betriebliche Aufwendungen	23,6	22,6	23,6	22,2

(7)	Zinserträge	0,3	0,3	0,4	0,2
(8)	Zinsaufwendungen	1,3	0,7	0,6	0,9
(9)	Steuern vom Einkommen und Ertrag	6,4	6,2	6,1	4,7
(10)	Sonstige Steuern	0,1	0,2	0,2	0,1

Tabelle 6.6: Struktur der GuV-Rechnung in Prozent der Umsatzerlöse

6.2.2 Berechnung des NOCF

Zur Einschätzung der Liquiditätslage ist der Net Operating Cashflow (NOCF) hilfreich. Tabelle 6.7 präsentiert die Berechnung des NOCF in Zeile (8) und den NOCF nach Zinsen und erfolgten Tilgungen in Zeile (14). Tabelle 6.8 liefert die Daten zur Berechnung von EBK. Tabelle 6.7 präsentiert die U AG als Unternehmen, dessen verfügbarer Cashflow vor Auszahlungen mit Ausnahme des Jahres 1996 relativ stabil ist und dessen Volumen im Vergleich zu den Verbindlichkeiten hoch ist. Dies signalisiert für diesen Zeitraum Ertragsstärke.

	Jahr	1994	1995	1996	1997
(1)	Umsatzerlöse	69.834	74.869	77.401	80.448
(2)	Sonstige betriebliche Erträge	1.330	954	1.652	1.681
(3)	Materialaufwand	31.135	35.574	36.179	38.353
(4)	Personalaufwand	11.379	12.483	12.942	14.045
(5)	Sonstige betriebliche Aufwendungen	16.500	16.890	18.247	17.876
(6)	Steuern vom Einkommen und Ertrag	2.812	2.917	3.039	2.936
(7)	Δ EBK	n.b.	–494	2.678	–1.280
(8)	NOCF	9.338	8.453	5.968	10.199
(9)	Erträge aus Beteiligungen	0	0	0	0
(10)	Zinserträge	205	228	274	191
(11)	NOCF + Cashflow-Beitrag aus Finanzanlagen	9.543	8.681	6.242	10.390
(12)	Zinsaufwendungen	932	495	446	710
(13)	Kreditaufnahme/Tilgung[1)]	n.b.	149	–12	–348
(14)	NOCF nach Zinsen und Tilgung	8.611	8.335	5.784	9.332

[1)] Berechnung ohne Verbindlichkeiten aus Lieferungen und Leistungen und ohne sonstige Verbindlichkeiten.

Tabelle 6.7: Berechnung des NOCF vor und nach Zinsen und Tilgungen

	Jahr	1994	1995	1996	1997
(1)	Roh-, Hilfs- und Betriebsstoffe	1.898	1.949	2.276	2.374
(2)	Geleistete Anzahlungen und Anlagen im Bau	111	271	82	156
(3)	Forderungen aus Lieferungen und Leistungen	8.185	7.821	9.354	7.106
(4)	Erhaltene Anzahlungen	0	0	0	0
(5)	Verbindlichkeiten aus Lieferungen und Leistungen	3.441	4.002	3.656	2.991
(6)	Mindestkasse[1)]	1.397	1.497	1.548	1.609
(7)	Steuerrückstellungen	802	683	73	4
(8)	EBK	7.347	6.853	9.531	8.251
(9)	Δ EBK		–494	2.678	–1.280

[1)] Die Mindestkasse wird mit 0,02 · Nettoumsatzerlöse angesetzt.

Tabelle 6.8: Berechnung von Δ EBK

6.2.3 Berechnung von bilanziellen Renditen

Tabelle 6.9 (a) stellt die Daten zusammen, die für die Berechnungen bilanzieller Renditen vor dem Börsengang benötigt werden. In Tabelle 6.9 (b) werden die einschlägigen bilanziellen Renditen GKR, EKR und die Umsatzrendite vor und nach Steuern berechnet, sowie die um Doppelzählungen bereinigten Renditen ROIC vor und nach Steuern. Der Finanzierungs-Leverage-Multiplikator vor Steuern (FLM) fällt 1997 aufgrund der durch die Kapitalerhöhung bedingten Absenkung der Verschuldungsquote.

Jahr	1994	1995	1996	1997[1)]
EBIT	9.831	9.725	10.062	8.614
EBIT - S	5.258	5.001	5.223	4.777
EBIT - Zi	8.899	9.230	9.616	7.904
EBIT - S - Zi	4.326	4.506	4.778	4.067
NU	69.834	74.869	77.401	80.448
BS	29.755	30.782	32.913	43.093
EK	12.160	12.804	15.329	26.548

[1)] Außerordentliche Aufwendungen für den Börsengang in Höhe von 1.389 abgezogen.

Tabelle 6.9 (a): Zur Berechnung bilanzieller Renditen erforderliche Daten

Jahr	1994	1995	1996	1997
GKR	n.b.	32,7 %	32,7 %	26,2 %
GKR nach Steuern	n.b.	16,8 %	17,0 %	14,5 %
BUR	14,1 %	13,0 %	13,0 %	10,7 %
NUR	7,5 %	6,7 %	6,7 %	5,9 %
EKR	n.b.	75,9 %	75,1 %	51,6 %
EKR nach Steuern	n.b.	37,1 %	37,3 %	26,5 %
ROIC vor Steuern	n.b.	37,2 %	37,8 %	29,6 %
ROIC nach Steuern	n.b.	19,1 %	19,6 %	16,4 %
FLM (vor Steuern)	n.b.	2,32	2,30	1,97

Hinweis: Alle Renditeberechnungen mit Kapitaleinsatz im Nenner erfolgen in Bezug auf den Kapitaleinsatz am Ende der Vorperiode.

Tabelle 6.9 (b): Bilanzielle Renditen und FLM der U AG

6.2.4 Quantifizierung von Kapitalkosten

Den Rentabilitätskennzahlen sind geeignete Kapitalkosten gegenüberzustellen. Kapitalkosten stehen für die Renditen, die Kapitalgeber bei vergleichbarem Risiko vor bzw. nach Steuern bei alternativem Kapitaleinsatz außerhalb des Unternehmens erzielen könnten. Wir haben Kapitalkosten bislang vorrangig kennengelernt in Form einer risikolosen Anlage zum Zinssatz i. Diese risikolose Rendite ist um Risikozuschläge für das Investitions- und Finanzierungsrisiko zu erhöhen. Die Begründung wurde in Kapitel 5.6 geliefert.

Wenn man eine Gesamtkapitalrendite oder ROIC mit Kapitalkosten vergleichen will, muss man entweder reine Eigenfinanzierung unterstellen oder – soweit sich diese Annahme nicht empfiehlt – den Rentabilitäten die Kapitalkosten *aller* eingesetzten Kapitalquellen gegenüberstellen. Die Kapitalkosten sind mit dem relativen Anteil der Kapitalquelle an der Summe des insgesamt eingesetzten Kapitals (zu Marktwerten, soweit möglich) zu gewichten, so dass man mit gewogenen durchschnittlichen Kapitalkosten (weighted average cost of capital, WACC) arbeitet. Unternehmen sind in der Realität so gut wie nie nur eigenfinanziert. Die empirischen Passiva von Unternehmen sind z. T. komplexe Mischungen aus Eigenkapital, Fremdkapital und hybriden Formen der Finanzierung.

I. d. R. empfehlen sich Rentabilitätsrechnungen *nach* Steuern. Weil Unternehmenserfolge einerseits und alternativ erzielbare Renditen andererseits von steuerlichen Regeln in *unterschiedlichem* Ausmaß beeinflusst werden können, muss man den Steuereinflüssen besondere Sorgfalt widmen.

Wir gehen im Folgenden vereinfacht vor:

- Wir beachten keinen Solidaritätszuschlag und keine Einkommensteuern.
- Ende 1997 beträgt die risikolose Rendite 0,045.
- Die Marktrisikoprämie nehmen wir mit 0,10 – 0,045 = 0,055 an. Somit ist eine Rendite des Marktportefeuilles von $r_M = 0{,}10$ impliziert.
- Der Beta-Wert des Unternehmens unter Beachtung der realisierten Verschuldung (levered Beta) sei $\beta^F = 0{,}70$.
- Daraus errechnet sich eine geforderte Rendite der Eigentümer in Höhe von

  (6.1) $k^F = i + (r_M - i) \cdot \beta^F$

  $k^F = 0{,}045 + (0{,}10 - 0{,}045) \cdot 0{,}7 = 0{,}0835.$
- Die Kosten des Fremdkapitals betragen im Beispiel in 1997 ungefähr 0,078 vor Steuern.[52] Wie hoch die Unternehmensteuerlast ist, hängt vom geltenden Steuerregime ab.[53] Bis 2000 findet das Anrechnungsverfahren Verwendung, in dem die Steuerlast auf Unternehmensebene von der Ausschüttungspolitik des Unternehmens abhängig ist. Der kombinierte Unternehmensteuersatz ergibt sich aus $s_E = s_{GE} + b \cdot s_{K,T} - s_{GE} \cdot s_{K,T}$. b bezeichnet die angenommene Thesaurierungsquote: b = 0,63. Der Gewerbeertragsteuersatz s_{GE} wird vereinfachend auf Basis eines unterstellten durchschnittlichen Gemeindehebesatzes von 400% ermittelt mit $(0{,}05 \cdot 4)/(1 + 0{,}05 \cdot 4) = 0{,}1667$. Der Körperschaftsteuersatz auf Thesaurierung beträgt $s_{K,T} = 0{,}45$. Die Körperschaftsteuer für Ausschüttung bleibt unbeachtet. Sie führt zu einer Körperschaftsteuergutschrift für den inländischen Eigentümer und unterliegt der Einkommenssteuer. Wir rechnen in diesem Beispiel daher mit einem Steuersatz von $s_E = 0{,}375$. Das ist eine Vereinfachung, die für das Anrechnungsverfahren gelten könnte, allerdings auf eine Differenzierung in Dauerschulden und Nicht-Dauerschulden verzichtet. Nach Steuern betragen die relativen Kosten des Fremdkapitals dann 0,078 (1 – 0,375) = 0,04875.
- Den Anteil des Fremdkapitals am Unternehmensgesamtwert veranschlagen wir auf 15 %.

WACC berechnet sich demnach aus:

$$(6.2) \qquad WACC = i\left(1 - s_K\right)\frac{F}{V^F} + k^F\,\frac{E^F}{V^F}$$

$$WACC = 0{,}078\,(1 - 0{,}375) \cdot 0{,}15 + 0{,}0835 \cdot 0{,}85 = 0{,}0783.$$

---

[52] 710 / (6.045 + 56 + 2.981) = 0,078

[53] Die Besteuerung in Deutschland hat in den letzten Jahren einschneidende Novellen erfahren. Von 2001 bis 2007 gilt das Halbeinkünfteverfahren, während seit 2008 die Unternehmensteuerreform 2008 greift. Das Anrechnungsverfahren ist 1977 eingeführt worden und weist mit 24 Jahren eine vergleichsweise lange Lebensdauer auf im Vergleich zu dem Halbeinkünfteverfahren mit seinen sieben Jahren. Der Unternehmensteuerreform 2008 (inzwischen sieben Jahre) wird vermutlich eine längere Lebenszeit als dem Halbeinkünfteverfahren beschieden sein.

6.2.5 Reinvestition, freier Cashflow und Wert des Eigenkapitals

Der Wert eines Projektes zu einem Zeitpunkt t wird berechnet, indem man die entziehbaren finanziellen Überschüsse mit der bei gleichem Risiko alternativ erzielbaren Rendite diskontiert. Dieser Diskontierungssatz enthält eine Risikoprämie als Entgelt für das mit dem Produktportfolio verbundene Geschäftsrisiko und eine Risikoprämie für das mit der Projektfinanzierung verbundene Finanzierungsrisiko. Der Barwert entspricht dem Wert des Projektes.

Diese Überlegung kann auf die Bewertung von Unternehmen übertragen werden. Die zu lösenden Fragen sind insbesondere:

[1] Welche Überschüsse können dem Unternehmen in den künftigen Perioden seines – prinzipiell unbeschränkten – Lebens entzogen werden? Diese erwarteten Überschüsse müssen definiert sein nach Steuern und nach den Mittelbeträgen, die zu Reinvestitionszwecken im Unternehmen benötigt werden. Diese entziehbaren Beträge, nachfolgend als freier Cashflow bezeichnet, werden in Anlehnung an Jensen[54] (1986) auch «free cash flow» (FCF) genannt.

[2] Welche Überschüsse einem Unternehmen entzogen werden können, ist eine ganz wichtige Frage. Eine gut begründete Antwort verlangt die vorherige Klärung einer Reihe von Teilproblemen. Nehmen wir an, der NOCF einer Periode t sei gegeben. Wir erinnern uns, dass der NOCF definiert ist als finanzieller Überschuss aus dem operativen Geschäft bei fingierter Eigenfinanzierung nach den Steuerzahlungen, die bei Eigenfinanzierung auf Unternehmensebene zu leisten wären. Außerdem ist der NOCF verkürzt um den Mittelbedarf, der zur Finanzierung des Umlaufvermögens (EBK) benötigt wird. Um zu dem entziehbaren Überschuss zu gelangen, ist weiterhin zu klären,

- wie hoch die geplanten Investitionen im Anlagevermögen sind,
- ob Veränderungen des Fremdkapitalbestandes (Erhöhungen, Tilgungen) geplant sind,
- ob die für Investitionen benötigten Mittel im Wege der Thesaurierung oder im Wege der Außenfinanzierung zu beschaffen sind,
- welche steuerlichen Folgen diese Vorentscheidungen auslösen.

[3] Für eine explizite Planungsperiode, die im Einzelfall zwischen 5 und 10 Jahren liegen kann, werden die möglichen entziehbaren Überschüsse detailgenau und ggf. szenarioabhängig ermittelt. Was aber gilt nach dem mit T bezeichneten Ende der expliziten Planungsperiode? Welche Überschüsse sind dann entziehbar? Die Antwort auf diese Frage ist wichtig, weil der auf den Startpunkt der Analyse bezogene Barwert der nach T entziehbaren Überschüsse i. d. R. 60 % und mehr des gesamten Barwertes ausmacht. Man nennt diesen Barwert «Terminal Value».[55]

[4] Wie hoch ist der risikoäquivalente Diskontierungssatz, mit dem die entziehbaren Überschüsse vor dem Zeitpunkt T und nach dem Zeitpunkt T zu diskontieren sind? Ist dieser Diskontierungssatz konstant, also periodenunabhängig oder muss er wegen veränderter Risikoeigenschaften des Zahlungsstromes im Zeitablauf angepasst werden?

---

[54] Michael Cole Jensen, geboren 1939, ist ein reputationsstarker Professor, der an der Harvard University und der University of Rochester gelehrt hat.

[55] Vgl. ausführlich hierzu Lobe (2006).

Wir werden versuchen, einige einfache Überlegungen zum freien Cashflow der U AG anzustellen, wie sie ein Investor während des Jahres 1998 hätte anstellen können. Die folgende Tabelle enthält die wesentlichen Parameter für eine grobe Abschätzung der entziehbaren Überschüsse für 1997 und 1998. Die Tabelle unterstellt ausgehend von den Umsatzerlösen des Jahres 1997 (80,45 Mio. €) eine Steigerungsrate der Umsätze von 10 %. Wir nehmen an, dass die sonstigen Ein- und Auszahlungen der Struktur entsprechen, die den GuV-Rechnungen für die Jahre 1994-1997 in Tabelle 6.6 entnommen werden können. Für die Investitionsauszahlungen in Zeile (6) und (7) werden eigenständige Annahmen getroffen.

Wir wollen nun eine überschlägige Rechnung machen, um den Wert des Eigenkapitals der U AG zum Jahresende von 1997, also des Jahres des Börsenganges, zu schätzen. Dazu benötigen wir eine Reihe vereinfachender Annahmen:

		%	1997[5)]	1998	1999	2000
(1)	Umsatzerlöse	100	80,4	88,5		
(2)	Sonstige betriebl. Erträge	2,1	1,7	1,8		
(3)	Materialaufwand	47,7	38,3	42,1		
(4)	Personalaufwand	17,5	14,1	15,5		
(5)	Sonstige betriebl. Aufwendungen	23	17,9	19,7		
(6)	Investitionen	3[3)]	3,8[6)]	2,7		
(7)	Δ EBK[1)]	1[4)]	–1,3	0,9		
(8)	Steuern[2)]	6	3,8	5,3		
(9)	Freier Cashflow		5,5	4,1		

1) Die Annahme der Eigenfinanzierung schließt nur verzinsliches Fremdkapital aus, nicht aber die Existenz von Steuerrückstellungen oder von Verbindlichkeiten aus Lieferungen und Leistungen.

2) Der in Tabelle 6.6 ausgewiesene Anteil der Steuerzahlungen (bezogen auf die Umsatzerlöse) reflektiert die tatsächlichen Steuerzahlungen unter Beachtung der realisierten Kapitalstruktur. Tabelle 6.10 unterstellt Eigenfinanzierung. Deshalb muss die Steuerbelastung unter sonst gleichen Bedingungen etwas höher angesetzt werden.

3) Vorläufige Annahme; entspricht den verrechneten Abschreibungen.

4) Annahme (wird unten diskutiert).

5) Daten entsprechen denen der GuV von 1997 mit Ausnahme von (6) und (7).

6) ΔAV + Abschreibung + Δfertige Erzeugnisse und Waren = (10.226 – 9.645) + 2.477 + (4.360 – 3.561) = 3.857. Positionen des Finanzanlagevermögens und des Geschäfts- oder Firmenwerts bleiben unbeachtet.

Tabelle 6.10: Entziehbare Überschüsse (freier Cashflow) bei Eigenfinanzierung in Mio. €

- Wir akzeptieren die für 1998 in der Tabelle ausgewiesenen Investitionsauszahlungen in Höhe von 2,7 + 0,9.
- Die Schätzung der Steuerzahlung in Höhe von 5,3 soll zunächst ebenfalls akzeptiert werden.[56]

[56] Die steuerliche Bemessungslage für 1998 sieht etwa so aus: 88,5 + 1,8 – 42,1 – 15,5 – 19,7 – 2,7 = 10,3. Eine Steuerzahlung von 5,3 entspricht einem Steuersatz von ca. 51,5 %. Dieser Steuersatz ist bei unveränderter Thesaurierungsquote b zu hoch, weil innerhalb des Anrechnungsverfahrens nur die Gewerbeertragsteuer und die Körperschaftsteuer auf Thesaurierung zu berücksichtigen sind. Bei einem b von 0,94 wäre der Steuersatz zutreffend.

- Die Einkommensteuer bleibt aus Vereinfachungsgründen unbeachtet.
- Der durchschnittliche Kapitalkostensatz WACC sei 0,078.
- Der erwartete freie Cashflow der Jahre 1999 ff. soll ausgehend von $FCF_{98} = 4{,}1$ mit einer Wachstumsrate g wachsen.
- Verzinsliche Verbindlichkeiten und Rückstellungen wachsen mit der gleichen Rate g.

Der Barwert zum 1. 1. 1998 berechnet sich dann gemäß:

$$(6.3) \quad V_{98} = \left[FCF_{98} + \frac{FCF_{98} \cdot (1+g)}{WACC - g} \right] \cdot (1 + WACC)^{-1}$$

Für alternative Annahmen über g folgen die in der Tabelle 6.11 aufgeführten Unternehmensgesamtwerte (V_{98}) zum 1.1.1998 bzw. zum Ende des Jahres 1997. Diese Unternehmensgesamtwerte setzen sich zusammen aus dem Barwert von V_{99} und dem Barwert des entziehbaren Cashflows in Höhe von 4,1 am Jahresende von 1998.

Welche Informationen enthält diese Tabelle?

(1) g	(2) V_{98} [1]	(3) F_{98} [3] $= 0{,}15 \cdot V_{98}$	(4) $E_{98} = 0{,}85 \cdot V_{98}$	(5) Wert/Aktie in € [4]
1,0	60,3 [2]	9,0	51,3	12,82
2,0	70,7	10,6	60,1	15,02
2,5	77,4	11,6	65,8	16,44
3,0	85,4	12,8	72,6	18,15
3,5	95,3	14,3	81,0	20,26
4,0	107,9	16,2	91,7	22,93

1) Vgl. Formel (6.3).

2) $= \left[4{,}1 + \frac{4{,}1 \cdot 1{,}01}{0{,}078 - 0{,}01} \right] \cdot 1{,}078^{-1} = 60{,}3$

3) F_{98} gilt als verzinsliches Fremdkapital. Die Frage, wie Pensionsrückstellungen und andere Rückstellungen zu behandeln sind, wird nicht behandelt.

4) 4.000.000 Aktien.

Tabelle 6.11: Unternehmensgesamtwert und Wert des Eigenkapitals (in Mio. €, außer (5)) in Abhängigkeit der Wachstumsrate g aus Sicht vom 1.1.1998 mit WACC = 0,078

- Unter den gesetzten Annahmen lässt sich der Preis der Aktie von 45 DM bzw. 22,98 Euro nur dann begründen, wenn die geplante Wachstumsrate g für die entziehbaren Überschüsse der U AG nicht unter 4 % liegt. Niedrigere geplante Wachstumsraten hätten erheblich niedrigere Werte pro Aktie zur Folge.
- Die Rechnung ist überschlägig, wie schon betont worden ist. Bei g = 4 % ist ein erzielbares Fremdkapital von ca. 16 Mio. € impliziert laut Tabelle 6.11. Diese Planung ist aber offensichtlich nicht konsistent mit den Werten für Ende 1997 aus Tabelle 6.2. Beseitigt man diese Inkonsistenz, bedeutet dies, dass die kritische Wachstumsrate noch steigen muss, da der Wert der Steuervorteile der Fremdfinanzierung zu hoch angesetzt worden ist.
- Eine Wachstumsrate von 4 % oder höher, die ohne zeitliche Begrenzung unterstellt wird, lässt auf einen optimistischen Bewerter schließen.

- Positive Wachstumsraten setzen i. d. R. Investitionsauszahlungen voraus, die die Höhe der Abschreibungen übersteigen. Die Berechnung des entziehbaren Überschusses für 1998 ging von Investitionen in Höhe von 4 % der Umsatzerlöse aus. Dieser Betrag übersteigt kaum den Betrag der verrechneten Abschreibungen. Hohe Wachstumsraten der Umsatzerlöse und somit der entziehbaren Überschüsse lassen sich damit kaum realisieren. D. h., dass der Reinvestitionsbedarf im Beispiel zu knapp angesetzt wurde, um Wachstumsraten g von 2, 3, 4 % und ggf. mehr zu realisieren. Höhere Investitionsauszahlungen verkürzen die entziehbaren Überschüsse und senken damit den Unternehmensgesamtwert. Beträgt der erforderliche Reinvestitionsbedarf nicht 4 sondern 5 % der Nettoumsatzerlöse, um eine Wachstumsrate von g = 3 % realisieren zu können, sinkt der entziehbare Überschuss des Jahres 1998 von 4,1 auf 3,2 und V_{98} von 85,4 auf 66,7. Die Höhe der notwendigen Reinvestitionen ist somit von entscheidender Bedeutung für die Höhe des Unternehmenswertes und des Wertes des Eigenkapitals.
- Die Steuerzahlung, die für 1998 geschätzt wurde, ist vermutlich zu hoch. Schätzt man die Abschreibungen auf 3 % der Umsatzerlöse, beträgt die steuerliche Bemessungsgrundlage gemäß Planung (bei fiktiver Eigenfinanzierung) etwa 10,3 Mio. Euro. Steuern sind in Form der Gewerbeertragsteuer und der Körperschaftsteuer zu entrichten. Die ausgewiesene Steuerbelastung (5,3) enthält vermutlich Steuernachzahlungen.
- Diese stark vereinfachte Rechnung legt den Schluss nahe, dass die die Emission begleitenden Institute das Unternehmen im Lichte optimistisch eingefärbter Bedingungen bewertet haben. Wie die Anleger die Bewertung einschätzen, beleuchten wir anhand der Kapitalmarktdaten im Laufe des nächsten Abschnitts.

6.3 Liquidität und Rentabilität nach dem Börsengang

In diesem Abschnitt beantworten wir folgende Fragen: Wie hat sich die U AG nach dem Börsengang entwickelt? Kann die U AG die sehr gute Liquiditäts- und Rentabilitätslage nach dem Börsengang aufrechterhalten? Wie ist die Performance des Unternehmens zu beurteilen? Hat sich eine Investition in die Aktie der U AG zum Börsengang bezahlt gemacht? Wir bereiten die Daten zu dem nun sehr viel längeren Zeitraum von 1998 bis 2012 aus didaktischen Gründen grafisch auf.[57]

6.3.1 Liquiditätslage

Um sich zunächst ein Bild über die Liquiditätslage der U AG nach dem Börsengang zu machen, bietet es sich an, die Entwicklung der Net Operating Cashflows näher zu betrachten. Abbildung 6.1 präsentiert die U AG als ein Unternehmen, dessen NOCF vor Auszahlungen für Investitionen im Anlagevermögen und vor Ausschüttung ab 2000 kaum das Niveau der vergangenen Jahre erreicht. Die Abwärtsentwicklung erreicht ihren Tiefpunkt im Jahr 2007, wird jedoch nie negativ. Danach steigt die Cashflow-Generierung aus dem Kerngeschäft – mit Ausnahme von 2010 – wieder an. Dies ist deshalb von hoher Bedeutung, da die NOCFs zur Bedienung der Eigenkapital- und Fremdkapitalgeber herangezogen werden.

---

[57] Die Fortführung des Zahlenapparats analog zu den Tabellen 6.1–6.9 für 1998–2012 findet sich im Anhang 6.5 unter den Tabellen A.1–A.9 wieder.

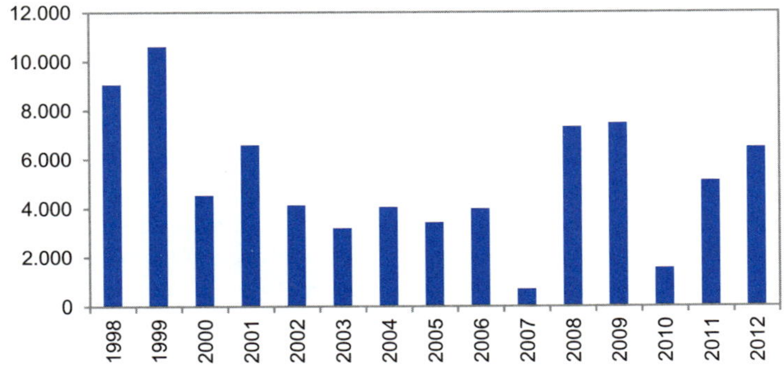

Abbildung 6.1: Verlauf der Net Operating Cashflows der U AG in T€ von 1998 bis 2012

6.3.2 Rentabilitätslage

Wie bereits in Kapitel 4 erläutert, lässt sich allein aus der Betrachtung von positiven Cashflows nicht zuverlässig erkennen, ob ein Unternehmen «Geld verdient» hat. Hierfür sind bilanzielle Renditen, die auch als Rentabilitäten bezeichnet werden, eher geeignet. Diese geben in einer komprimierten Form Auskunft darüber, wie rentabel das Unternehmen mit dem eingesetzten Kapital innerhalb einer Periode gewirtschaftet hat. Wie schon in Kapitel 4.3.1 beschrieben, können wir als zielbezogene Aussagen von Renditen unterscheiden:

(a) das Unternehmen ist besser (schlechter) als im Vorjahr,

(b) das Unternehmen ist besser (schlechter) als die Wettbewerber,

(c) das Unternehmen hat in der abgelaufenen Periode mehr (weniger) verdient als Eigentümer bei Anlage der investierten Mittel auf dem Kapitalmarkt (bei gleichem Risiko) hätten verdienen können.

Alle drei Perspektiven beleuchten wir in dieser Fallstudie. In diesem Abschnitt sind dies (a) in Abbildung 6.2 und (b) in Abbildung 6.3. Die sehr aussagekräftige Perspektive (c) wird im nächsten Abschnitt eingenommen.

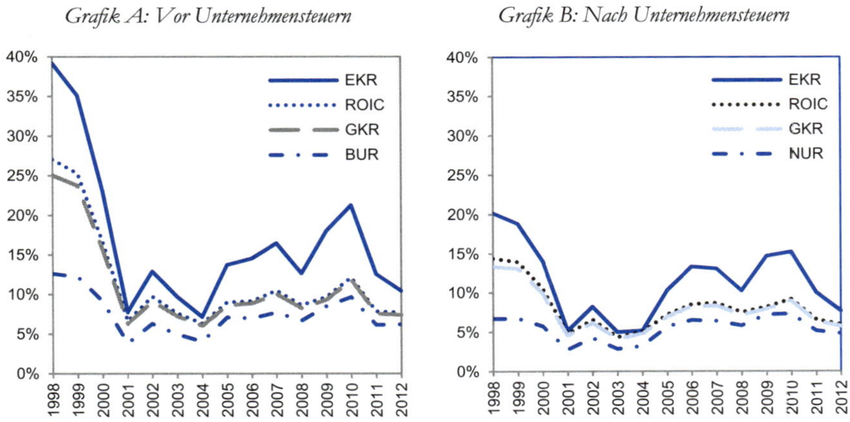

Abbildung 6.2: Buchrenditen der U AG von 1998 bis 2012

Die Zeitreihendarstellung in Abbildung 6.2 gibt den Verlauf der Eigenkapitalrendite (EKR), der modifizierten Gesamtkapitalrendite (ROIC), der Gesamtkapitalrendite (GKR) und der Umsatzrenditen (BUR bzw. NUR) von 1998 bis 2012 wieder, vor Steuern in Grafik A und nach Steuern in Grafik B.

Nach dem Börsengang sinken die Bilanzrenditen bis 2001 rapide ab, pendeln sich dann aber auf einem relativ stabilen Niveau bis 2012 wieder ein. Der Anstieg von EKR zwischen 2004 und 2010 ist neben dem graduellen Anstieg des EBIT der Erhöhung der Fremdkapitalquote und insofern dem Leverage-Effekt geschuldet (vgl. im Anhang die Tabelle A.5).

Um zu erfahren, wie profitabel die U AG im Vergleich zu börsennotierten Wettbewerbern auf Branchenebene und auf Gesamtmarktebene (alle deutschen börsennotierten Unternehmen) ist, werden Buchrenditen der U AG diesen gegenübergestellt. Nach dem ICB-Klassifizierungsstandard gehört die U AG dem Sektor 2350 „Bauwesen und Material" an, dem seit 1997 ca. 25 deutsche Unternehmen im Schnitt zugeordnet sind.

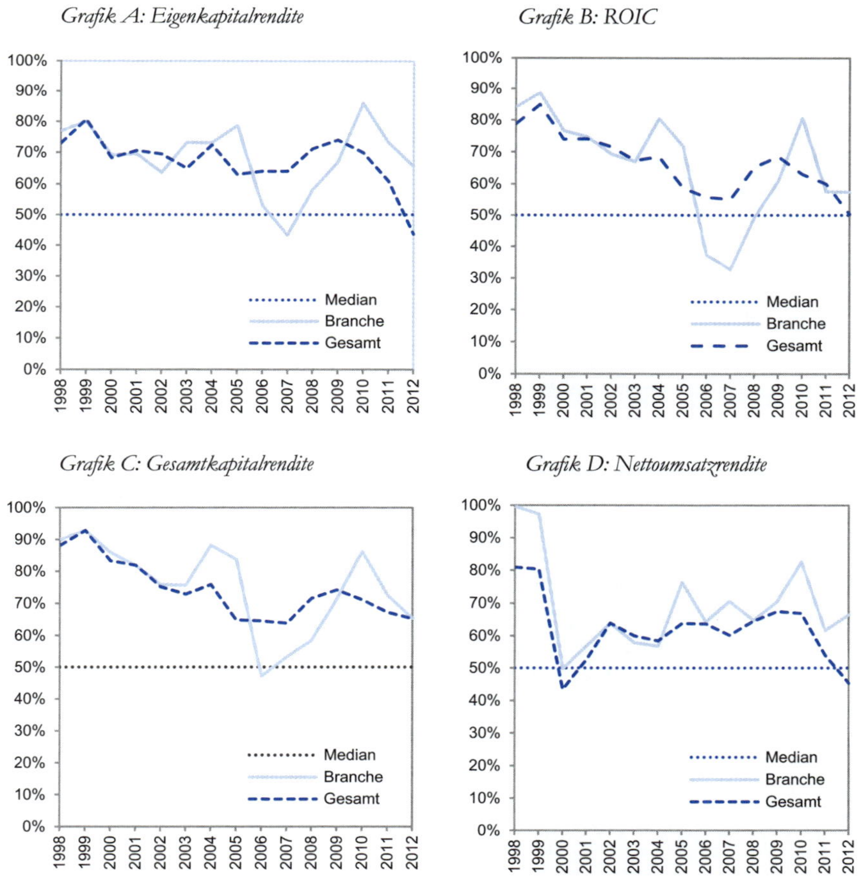

Abbildung 6.3: Perzentilrang der Buchrenditen des U Konzerns nach Unternehmenssteuern innerhalb der Branche und im Vergleich zu allen deutschen börsennotierten Unternehmen von 1998 bis 2012

Abbildung 6.3 zeigt, in welchem Perzentilrang sich Eigenkapitalrendite (Grafik A), ROIC (Grafik B), Gesamtkapitalrendite (Grafik C) nach Steuern und Nettoumsatzrendite (Grafik D) des U Konzerns relativ zu den Unternehmen aus der gleichen Branche und zu allen deutschen börsennotierten Unternehmen befinden.[58] Nimmt die Eigenkapitalrendite des U Konzerns das 81 %-Perzentil der Branche ein – wie im Jahr 1999 – bedeutet dies, dass knapp 81 % der Unternehmen in der Baustoffbranche eine geringere Eigenkapitalrendite als der U Konzern haben, jedoch nur 19 % eine höhere oder gleiche Eigenkapitalrendite im Vergleich zum U Konzern aufweisen.

In den ersten Jahren nach dem Börsengang liegen die Bilanzrenditen des U Konzerns sowohl im Branchen- als auch im Gesamtmarktvergleich im höchsten Quartil. Das bedeutet, dass der U Konzern zu den 25 % der profitabelsten deutschen Unternehmen gehört hat. Auch in den nachfolgenden Jahren zeichnet sich ein sehr erfreuliches Bild ab. In den meisten Jahren von 1998 bis 2012 liegen die Buchrenditen des U Konzerns über dem Median (gepunktete Linie), also der Hälfte des jeweiligen Samples. Die Nettoumsatzrendite lag 1998 sogar im höchsten Perzentil der Branche.

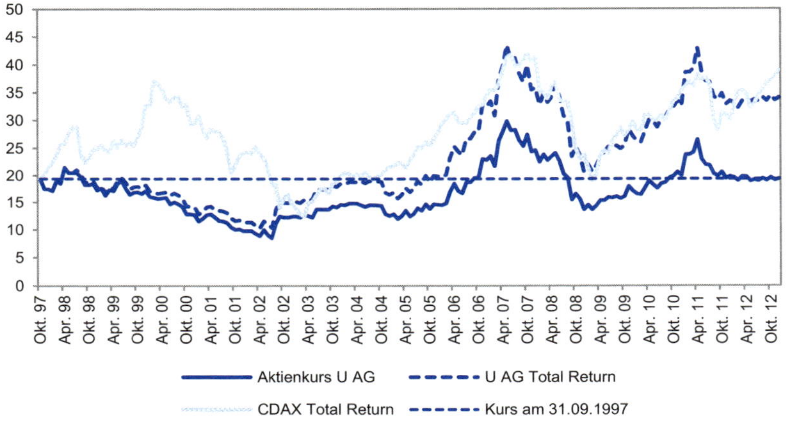

Abbildung 6.4: Verlauf der Aktienkurse der U AG (Schlusskurs) vom 31.09.1997 bis zum 31.12.2012, sowie Total Return Performance-Indizes der U AG und des CDAX (indexiert auf den 31.09.1997)

Im Folgenden wird ausgehend von den fundamentalen Kennzahlen der Bogen zur Bepreisung am Kapitalmarkt geschlagen. Bei Vergleich der Bilanzrenditen (vgl. Abbildung 6.2) und des Aktienkurses (vgl. Abbildung 6.4) über den Zeitraum von 1998 bis 2001 lässt sich erkennen, dass sich beide nach unten bewegen. Abbildung 6.4 stellt den Aktienkursverlauf der U AG auf Basis der Schlusskurse vom 31.09.1997 bis zum 31.12.2012 dar, sowie den Total Return Performance-Index der U AG und des

[58] Im Vergleich zu den vorherigen Buchrenditen handelt es sich bei den Buchrenditen aus Abbildung 6.3 um die des U Konzerns (nicht der AG aus Gründen der Datenverfügbarkeit) und stammen aus der Datenbank von Thomson Reuters Worldscope. Dadurch wird gewährleistet, dass alle Bilanzrenditen konsistent sind und somit eine fundierte Vergleichbarkeit der Kennzahlen ermöglicht. Die Verwendung der Konzernkennzahlen ändert qualitativ nichts an den inhaltlichen Aussagen.

CDAX[59] (indexiert auf den 31.09.1997). Ein Total Return Performance-Index gibt im wesentlichen Kursänderungen sowie die in diesem Zeitraum ausgezahlten und reinvestierten Dividenden vor persönlichen Steuern wieder. Die durchschnittliche Dividendenrendite der U AG seit 1998 beträgt 4,02 %.

Der Aktienschlusskurs zum 31.09.1997 liegt mit 19,41€ rund 15,5 % unter dem Emissionspreis. Die sehr kurzfristige Performance ist also negativ.[60] Hätte man zu Handelsschluss des 31.09.1997 den gleichen Betrag in den CDAX und in Aktien der U AG investiert und bis Ende 2012 gehalten (Buy-and-Hold-Strategie), hätte sich diese Investition inklusive der reinvestierten Dividendenzahlungen fast verdoppelt (vor Einkommensteuer). Die Kursentwicklung der U AG ist enttäuschend, da sich der Kurs rund 15 Jahre später auf einem ähnlichen Niveau wie zu der Schlussnotiz des ersten Handelstages 1997 befindet, also immer noch deutlich unter dem Emissionspreis. Die abfallende längerfristige Performance der U AG im Vergleich zum CDAX in den ersten fünf Jahren bestätigt die empirische Evidenz, dass insbesondere kleine Unternehmen in den Jahren nach ihrem IPO im Durchschnitt schlechter abschneiden als ihre Benchmark. Teoh/Welch/Wong (1998) nennen als mögliche Ursache hierfür ein „earnings management“ bzw. eine Bilanzkosmetik, die im Vorfeld des Börsengangs durchgeführt wird, um einen höheren Ausgabekurs zu rechtfertigen. Die Autoren argumentieren weiter, dass der Aktienkurs im Nachhinein sinkt, falls es den Unternehmen nicht gelingt, die hohen Unternehmenszahlen aufrechtzuerhalten, da die Investoren enttäuscht werden. Es ließe sich argumentieren, dass diese Situation für die U AG zutreffend ist.

6.3.3 Berechnung des Residualgewinns auf Basis der Eigenkapitalkosten

Wir werden in diesem Abschnitt die Residualgewinne aus Sicht der Eigentümer ermitteln.[61] Zur Quantifizierung der Eigenkapitalkosten der U AG nach dem Börsengang verwenden wir das CAPM wie schon in Abschnitt 6.2.4. Wie sich die Marktrisikoprämie in Deutschland für den Zeitraum von 1998 bis 2012 (Mittelwert, gestrichelte Linie) entwickelt hat, ist in Abbildung 6.5 dargestellt.[62] Der Verlauf des jeweils jährlich geschätzten Betas[63] der U AG und des risikolosen Zinssatzes sind ebenfalls in der Abbildung enthalten, sowie die daraus resultierenden periodischen Eigenkapitalkosten der U AG.

---

[59] Der Composite DAX (CDAX) ist ein wertgewichteter Performanceindex aller deutschen börsennotierten Unternehmen. Vgl. hierzu auch Abschnitt 9.7.4.3.

[60] Dies ist bemerkenswert. Loughran/Ritter/Rydqvist (1994, 2013) zeigen in ihrer Table 1 für 49 Märkte weltweit, dass üblicherweise das Gegenteil gilt. D. h., die Differenz zwischen Emissionspreis und Schlusskurs ist i. d. R. positiv und es wird von dem sogenannten Underpricing-Phänomen gesprochen. In Deutschland beträgt das Underpricing demnach für 1978-2011 im Schnitt 24,2 % (736 Firmen). Ein großer Unterschied also im Vergleich zu dem Overpricing von -15,5 % der U AG. In eine vertiefte Diskussion der möglichen Gründe des Overpricing der U AG möchten wir an dieser Stelle jedoch nicht einsteigen.

[61] Wir wollen nicht damit aussagen, dass derart definierte Residualgewinne optimal seien. Wir sind lediglich um eine schnörkellose, gleichwohl konsistente Definition bemüht. Vgl. hierzu auch die Diskussionen etwa in Richter (1999), Schüler (1998), Honold (2009) und Schöntag (2007).

[62] Langfristige Schätzung unter Einbezug aller Daten bis zum jeweils aktuellsten Jahr.

[63] Das Beta wird auf Basis des CAPM mit dem CDAX als Marktindex rollierend für einen Zeitraum von 60 Monaten berechnet. Startpunkt der Schätzung ist 15 Monate nach dem Börsen-

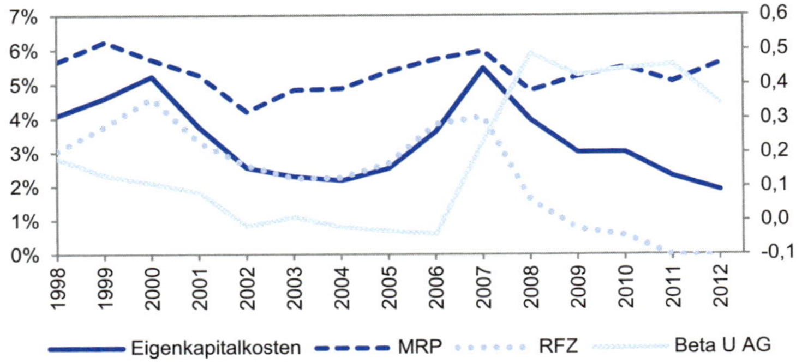

Abbildung 6.5: Geschätzte Betas skaliert auf der rechten Achse und Eigenkapitalkosten der U AG auf Basis der Marktrisikoprämien (MRP) und risikolosen Zinssätzen (RFZ) skaliert auf der linken Achse von 1998 bis 2012

Dem Beta nach zu urteilen, das zwischen -0,02 und 0,52 liegt, handelt es sich bei der U AG um einen defensiven Wert, da die Aktienrendite schwächeren Schwankungen ausgesetzt ist als der Gesamtmarkt (Beta = 1) und somit weitestgehend konjunkturunabhängig ist. Die Baustoffbranche gilt jedoch allgemein als konjunkturabhängig. Zwei Erklärungen für das geringe Beta sind naheliegend. Erstens hat es die U AG durch ihre unternehmensstrategische Positionierung geschafft, weitestgehend konstante Erträge unabhängig von der Konjunktur zu erwirtschaften. Zweitens geht der niedrige Streubesitz der U AG, der seit 1980 zwischen 15 % und 30 % liegt, möglicherweise mit einer kleineren Handelsaktivität an der Börse einher, was zu geringeren Kursschwankungen führt. Das durchschnittliche Bestimmtheitsmaß der Regressionen liegt nur bei 0,07 und bestätigt, dass die Aussagekraft des Betas im Falle der U AG zumindest in den ersten Jahren schwächer ausgeprägt ist.[64]

Die langfristig geschätzte Marktrisikoprämie in Deutschland verläuft über die Jahre hinweg zwischen 4 % und 6 % (vor Steuern). Die jährlichen Eigenkapitalkosten werden mit dem CAPM analog zu Abschnitt 6.2.4 berechnet. Um die Berechnungen zweckadäquat zu gestalten, haben wir als risikofreien Zins die Rendite der einjährigen Bundeswertpapiere (BBK01.WZ9808) angewandt. Bei einer Beurteilung müssen wir jedoch kritisch im Auge behalten, dass aufgrund der sehr geringen Betas, die gemäß der Kapitalkostenlinie von eminenter Bedeutung für die Schätzung sind, die Eigenkapitalkosten im Falle der U AG sehr gering ausfallen. Wie bereits im vorherigen Kapitel erläutert, stellen Eigenkapitalkosten die Rendite dar, die Eigenkapitalgeber bei einer risikoäquivalenten Anlage hätten erzielen können.

Abbildung 6.6 zeigt über den Beobachtungszeitraum von 1998 bis 2012 die periodischen Residualgewinn-Spreads aus der Differenz der Eigenkapitalrendite (nach Steuern, auf Buchwertbasis) und der geschätzten Eigenkapitalkosten. Die Spreads der U AG schrumpfen von 1998 bis 2003 etwa um die Hälfte, bis sie sich dann in den folgenden Jahren auf ein Niveau zwischen 8 % und 12 % einpendeln. Im Vergleich zu

gang, so dass aufgrund des rollierenden Fensters der Zeitraum sukzessive von 15 auf 60 Monate ansteigt.

64 Das Bestimmtheitsmaß der BMW-Aktie über diesen Zeitraum liegt z. B. bei über 0,60.

den Spreads (Median) aller deutschen börsennotierten Unternehmen liegen die der U AG weit darüber. Der Residualgewinn-Spread zeigt die relative Überrendite an. Wird der Eigenkapitalkosten-Spread mit dem Buchwert des Eigenkapitals der Vorperiode multipliziert, erhalten wir einen konsistent definierten Residualgewinn. Zur Erinnerung: Der Barwert aller künftigen Residualgewinne plus dem aktuellen Buchwert des Eigenkapitals ergibt einen aktuellen Wert des Unternehmens aus Sicht der Eigentümer.

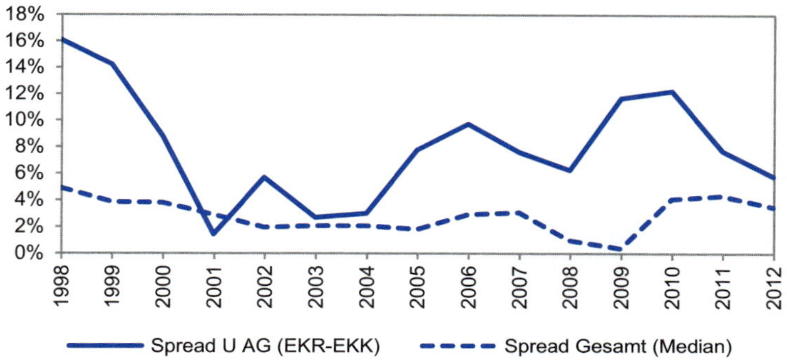

Abbildung 6.6: Spread der Eigenkapitalrendite minus Eigenkapitalkosten der U AG und aller deutschen börsennotierten Unternehmen von 1998 bis 2012

Abbildung 6.7 zeigt die Entwicklung der Residualgewinne von 1998 bis 2012. Zwischen 2001 und 2004 schwächeln die Residualgewinne, schwingen sich dann aber wieder zu neuen Höhen auf. Auf Grundlage des Residualgewinns lässt sich festhalten, dass die U AG rentabel erscheint und deren Eigentümer ihr Vermögen in der Zeitspanne von 1998 bis 2012 vermehrt zu haben scheinen.

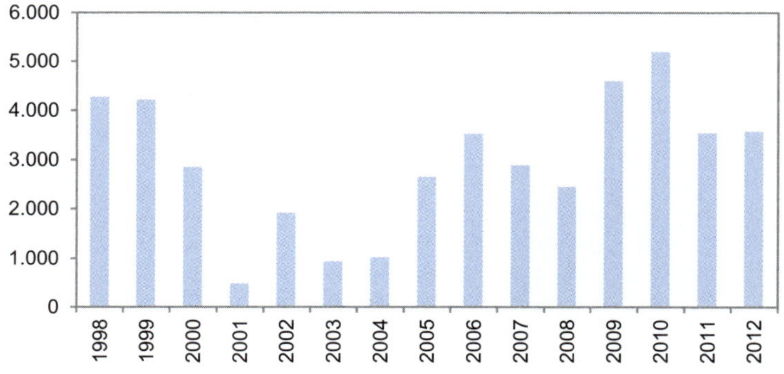

Abbildung 6.7: Verlauf der Residualgewinne auf Basis der Eigenkapitalkosten der U AG in T€ von 1998 bis 2012

6.4 Zusammenfassung

Dieses Kapitel greift Konzepte der Liquiditäts- und Performancemessung, die in den Kapiteln 2 bis 5 entwickelt werden, vor dem Hintergrund der Fallstudie U AG auf und führt sie einen Schritt weiter hin zu Fragen der Unternehmensbewertung bzw. der Bewertung von Eigenkapital. Gleichzeitig soll die aufgezeigte Verbindung mit Bewertungsfragen Studierende stärker motivieren, sich mit Konzeptionen der Liquiditäts- und Performancemessung überhaupt auseinanderzusetzen.

6.5 Anhang: Fortführung der Tabellen 6.1 – 6.9 für 1998-2012

Jahr	1998	1999	2000	2001	2002	2003	2004	2005	2006	2007	2008	2009	2010	2011	2012
A. Anlagevermögen	16.228	17.716	19.485	21.624	21.758	26.039	38.672	42.841	42.703	52.873	57.904	60.119	60.338	66.027	70.531
I. Immaterielle Vermögensgegenstände	4.878	4.477	4.056	3.734	3.244	2.883	3.100	2.528	2.083	1.858	1.329	672	362	378	768
1. Konzessionen, gewerbliche Schutzrechte und ähnliche Rechte	74	77	59	140	53	95	715	546	504	682	556	302	362	378	768
2. Geschäfts- oder Firmenwert	4.804	4.400	3.997	3.594	3.191	2.788	2.385	1.982	1.579	1.176	773	369	0	0	0
3. Geleistete Anzahlungen	0	0	0	0	0	0	0	0	0	0	0	0	0	0	0
II. Sachanlagen	10.448	12.074	11.953	11.942	11.279	12.585	11.877	11.583	11.724	14.854	16.974	16.852	19.386	24.260	26.611
1. Grundstücke, grundstücksgleiche Rechte und Bauten incl. Bauten auf fremden Grundstücken	5.841	8.051	8.030	8.251	8.116	9.383	9.124	8.840	8.530	8.200	7.882	7.557	7.231	10.070	10.084
2. Technische Anlagen und Maschinen	1.816	1.609	1.350	1.221	1.092	1.377	1.092	974	1266	1.890	4.643	4.523	4.403	4.588	6.021
3. Andere Anlagen, Betriebs- und Geschäftsausstattung	2.199	2.414	2.358	2.282	1.961	1.821	1.647	1.483	1.573	2.099	3.002	3.410	4.397	5.404	5.408
4. Geleistete Anzahlungen und Anlagen im Bau	592	0	213	188	110	4	14	286	354	2.665	1.446	1.362	3.355	4.198	4.198
III. Finanzanlagen	902	1.165	3.476	5.948	7.235	10.571	23.695	28.730	28.896	36.162	39.601	42.596	40.589	41.388	43.152
1. Anteile an verbundenen Unternehmen	902	916	2.877	5.339	6.566	5.464	18.949	27.627	27.855	32.800	32.632	32.685	32.834	33.944	34.851
2. Ausleihungen an verbundene Unternehmen	0	0	0	0	0	3.454	3.168	0	0	2.430	3.230	6.040	4.378	4.667	5.025
3. Beteiligungen	0	249	599	609	669	669	669	274	274	274	3.173	3.401	3.377	2.777	3.090

4. Ausleihungen an Unternehmen, mit denen ein Beteiligungsverhältnis besteht	0	0	0	0	0	984	909	829	767	658	566	469	0	0	187
5. Wertpapiere des Anlagevermögens	0	0	0	0	0	0	0	0	0	0	0	0	0	0	0
6. Sonstige Ausleihungen	0	0	0	0	0	0	0	0	0	0	0	0	0	0	0
B. Umlaufvermögen	29.029	32.989	30.846	31.957	30.920	28.112	30.616	30.691	33.417	35.062	34.614	28.843	34.779	35.868	30.028
I. Vorräte	6.621	7.220	7.572	7.870	8.688	9.906	9.196	9.217	9.994	13.397	11.505	10.073	13.174	14.523	13.982
1. Roh-, Hilfs- und Betriebsstoffe	2.213	2.862	2.512	2.590	3.045	2.898	3.383	3.246	3.913	5.019	3.855	3.448	4.701	5.250	4.784
2. Unfertige Erzeugnisse, unfertige Leistungen	52	52	53	21	36	73	109	95	129	151	172	132	208	230	249
3. Fertige Erzeugnisse und Waren	4.356	4.306	5.007	5.258	5.607	6.935	5.704	5.876	5.953	8.228	7.478	6.494	8.264	9.042	8.949
4. Geleistete Anzahlungen	0	0	0	0	0	0	0	0	0	0	0	0	0	0	0
II. Forderungen und sonstige Vermögensgegenstände	15.164	17.527	19.670	19.097	19.347	15.442	20.412	20.529	22.501	20.801	22.459	18.522	21.319	19.837	15.885
1. Forderungen aus Lieferungen und Leistungen	7.556	7.822	8.271	7.228	7.148	7.745	7.741	8.141	9.672	8.946	9.096	8.019	8.210	6.163	6.175
2. Forderungen gegen verbundene Unternehmen	6.202	8.464	9.296	9.127	8.861	5.904	10.708	11.180	10.651	8.987	9.877	7.937	10.846	10.843	6.888
3. Forderungen gegen Unternehmen, mit denen ein Beteiligungsverhältnis besteht	0	663	39	509	1.334	632	591	0	10	0	0	0	0	0	0
4. Sonstige Vermögensgegenstände	1.406	578	2.064	2.233	2.004	1.161	1.372	1.208	2.168	2.868	3.487	2.565	2.263	2.831	2.822

III. Wertpapiere	1.278	719	850	764	1.315	2.145	786	903	903	21	108	235	0	0	0
1. Anteile an verbundenen Unternehmen	0	0	0	0	0	0	0	0	0	0	0	0	0	0	0
2. Eigene Anteile	0	719	850	764	1.315	2.145	786	903	903	21	108	235	0	0	0
3. Sonstige Wertpapiere	1.278	0	0	0	0	0	0	0	0	0	0	0	0	0	0
IV. Schecks, Kassenbestand, Bundesbank- und Postgiro-guthaben, Guthaben bei Kreditinstituten	5.966	7.523	2.753	4.224	1.570	619	222	42	18	843	542	14	287	1509	160
C. Rechnungsabgrenzungs-posten	94	33	130	58	210	127	233	274	231	337	392	189	460	280	370
AKTIVA: Bilanzsumme	45.351	50.738	50.460	53.639	52.888	54.278	69.521	73.806	76.351	88.272	92.910	89.151	95.577	102.175	100.929

Tabelle A.1: Aktiva der U AG (in T€)

Jahr	1998	1999	2000	2001	2002	2003	2004	2005	2006	2007	2008	2009	2010	2011	2012
A. Eigenkapital	29.655	32.475	34.211	33.867	34.885	34.307	34.096	36.366	38.056	39.207	39.371	42.511	46.112	62.179	63.160
I. Gezeichnetes Kapital	10.226	10.226	12.000	12.000	12.000	12.000	12.000	12.805	12.805	12.805	12.805	12.805	12.759	15.116	15.133
II. Kapitalrücklagen	12.271	12.271	10.497	10.497	10.497	10.497	10.497	10.497	10.497	10.497	10.497	10.497	10.497	23.743	23.743
III. Gewinnrücklagen	4.398	7.115	9.522	9.481	9.481	9.481	9.481	9.481	9.481	9.481	9.481	9.481	9.292	9.409	9.409
1. Gesetzliche Rücklage	0	0	0	0	0	0	0	0	0	0	0	0	0	0	0
2. Rücklage für eigene Anteile	0	719	850	764	1.315	2.145	786	903	903	21	108	235	0	0	0
3. Satzungsmäßige Rücklagen	0	0	0	0	0	0	0	0	0	0	0	0	0	0	0
4. Andere Gewinnrücklagen	4.398	6.396	8.672	8.717	8.166	7.336	8.695	8.578	8.578	9.460	9.373	9.246	9.292	9.409	9.409
IV. Gewinnvortrag	0	0	0	0	125	588	346	70	428	1.433	2.584	3.950	7.091	9.301	10.131
V. Bilanzgewinn/-verlust	2.760	2.863	2.192	1.889	2.782	1.741	1.772	3.513	4.845	4.991	4.005	5.778	6.473	4.609	4.760
B. Rückstellungen	4.567	5.650	3.744	3.645	4.801	5.392	4.363	4.982	596	4.880	5.227	5.711	4.917	3.410	3.664
1. Rückstellungen für Pensionen und ähnliche Verpflichtungen	253	276	302	323	350	519	526	559	1.762	644	679	717	692	750	824
2. Steuerrückstellungen	1.312	2.361	306	510	1.154	1.894	804	1.156	2.901	842	700	1.250	405	146	352
3. Sonstige Rückstellungen	3.002	3.013	3.136	2.812	3.297	2.979	3.033	3.267	33.036	3.393	3.848	3.744	3.820	2.515	2.489
C. Verbindlichkeiten	11.129	12.613	12.505	16.127	13.202	14.579	31.062	32.458	33.036	44.186	48.312	40.930	44.261	36.222	33.837
1. Anleihen	0	0	0	0	0	0	0	0	0	0	0	0	0	0	0
2. Verbindlichkeiten gegenüber Kreditinstituten	5.899	8.032	7.851	9.221	9.362	10.616	26.538	28.366	28.002	37.761	42.807	30.065	37.341	29.263	24.521

3. Erhaltene Anzahlungen	0	0	0	0	0	0	0	0	0	0	0	0	0	0	0
4. Verbindlichkeiten aus Lieferungen und Leistungen	2.512	2.839	2.469	3.130	2.279	1.906	2.346	1.847	2.720	3.348	2.753	1.674	2.776	2.980	3.518
5. Verbindlichkeiten aus der Annahme gezogener Wechsel und der Ausstellung eigener Wechsel	0	0	0	0	0	0	0	0	0	0	0	0	0	0	0
6. Verbindlichkeiten gegenüber verbundenen Unternehmen	0	0	2	3	183	154	406	271	296	885	575	6.951	1.900	1.648	2.806
7. Verbindlichkeiten gegenüber verbundenen Unternehmen, mit denen ein Beteiligungsverhältnis besteht [gegenüber Gesellschaft]	0	27	371	0	0	8	12	0	0	0	0	0	0	0	0
8. Sonstige Verbindlichkeiten	2.718	1.715	1.812	3.773	1.378	1.895	1.760	1.974	2.019	2.191	2.176	2.240	2.245	2.331	2.992
davon aus Steuern	0	0	0	186	214	259	0	0	0	0	0	0	0	0	0
davon im Rahmen der sozialen Sicherheit	0	0	0	0	9	414	0	0	0	0	0	0	0	0	0
D. Rechnungsabgrenzungsposten	0	0	0	0	0	0	0	0	0	0	0	0	287	364	267
PASSIVA: Bilanzsumme	45.351	50.738	50.460	53.639	52.888	54.278	69.521	73.806	76.351	88.273	92.910	89.151	95.577	102.175	100.929

Tabelle A.2: Passiva der U AG (in T€)

Jahr	1998	1999	2000	2001	2002	2003	2004	2005	2006	2007	2008	2009	2010	2011	2012
1. Umsatzerlöse	85.655	88.098	86.909	82.962	77.532	77.291	81.137	84.607	93.504	99.270	109026	101746	109165	117.352	121.629
2. Erhöhung oder Verminderung des Bestandes an fertigen und unfertigen Erzeugnissen	200	−282	205	−103	312	972	−1.030	155	48	1566	-744	-731	990	632	-154
3. andere aktivierte Eigenleistungen	0	0	0	0	0	0	0	68	0	0	0	0	0	0	0
4. sonstige betriebliche Erträge	1.133	1.481	7.353	3.812	1.124	1.432	901	1.388	880	1.287	1.337	1.609	2.399	4.058	2.394
5. Materialaufwand	40.706	41.810	43.413	42.748	39.126	39.233	39.010	42.642	47.378	51.966	56.886	51.086	56.597	64.259	64.277
6. Personalaufwand	14.575	15.433	15.922	15.984	16.080	17.862	18.669	18.795	19.397	20.930	22.840	22.591	23.402	24.696	27.015
a) Löhne und Gehälter	12.190	12.972	13.355	13.402	13.520	14.810	15.660	15.683	16.236	17.763	19.357	19.110	19.876	21.045	22.917
b) soziale Abgaben und Aufwendungen für Altersversorgung und für Unterstützung	2.385	2.461	2.567	2.582	2.560	3.052	3.009	3.112	3.161	3.167	3.483	3.482	3.526	3.651	4.098
7. Abschreibungen	2.095	1.969	1.876	1.965	1.894	1.854	1.992	1.895	1.843	1.991	2.082	2.249	2.082	2.071	2.412
8. sonstige betriebliche Aufwendungen	19.155	19.605	25.425	22.015	17.281	17.184	18.156	18.619	20.328	21.505	22.752	20.732	23.275	25.603	24.944
= Betriebsergebnis	10.461	10.480	7.831	3.961	4.587	3.562	3.181	4.267	5.487	5.713	5.060	5.966	7.198	5.413	5.221
9. Erträge aus Beteiligungen	0	0	0	0	0	0	0	1.523	1.617	1.686	1.880	2.358	3.072	2.216	2.040
10. Erträge aus anderen Wertpapieren und Ausleihungen des Finanzanlagevermögens, davon aus verbundenen Unternehmen	0	0	0	0	0	0	0	0	0	0	0	0	0	0	0

11. sonstige Zinsen und ähnliche Erträge	324	283	427	387	293	267	215	261	324	241	347	320	270	183	292
12. Abschreibungen auf Finanzanlagen und auf Wertpapiere des Umlaufvermögens	0	0	321	194	0	0	111	60	0	0	16	0	0	600	0
13. Zinsen und ähnliche Aufwendungen	386	357	439	517	515	446	828	1.313	1.235	1.363	2.317	1.543	1.468	1.429	1.087
= Finanzergebnis	−62	−74	−333	−324	−222	−179	−724	411	706	564	-106	1.135	1.874	372	1.245
14. Ergebnis der gewöhnlichen Geschäftstätigkeit	10.399	10.406	7.498	3.637	4.365	3.383	2.457	4.678	6.193	6.295	4.954	7.101	9.073	5.785	6.465
15. außerordentliche Erträge	0	0	0	0	0	0	0	0	0	0	0	0	0	0	0
16. außerordentliche Aufwendungen	0	0	0	991	0	0	0	0	0	0	0	0	31	0	0
17. außerordentliches Ergebnis	0	0	0	-991	0	0	0	0	-900	0	0	0	-31	0	0
18. Steuern vom Einkommen und Ertrag	5.018	4.801	2.878	826	1.322	1.664	642	1.127	489	1230	670	1243	2.394	1.103	1.379
19. sonstige Steuern	25	24	68	51	261	-22	43	38	-41	74	280	79	176	73	326
20. Jahresüberschuss/-fehlbetrag	5.356	5.581	4.552	1.769	2.782	1.741	1.772	3.513	4.845	4.991	4.005	5.778	6.473	4.609	4.760

Tabelle A.3: Gewinn- und Verlustrechnung der U AG (in T€, GKV)

	Jahr	1998	1999	2000	2001	2002	2003	2004	2005	2006	2007	2008	2009	2010	2011	2012
(1)	Konzessionen, gewerbliche Schutzrechte und ähnliche Rechte	0,2%	0,2%	0,1%	0,3%	0,1%	0,2%	1,0%	0,7%	0,7%	0,8%	0,6%	0,3%	0,4%	0,4%	0,8%
(2)	Geschäfts- oder Firmenwert	10,6%	8,7%	7,9%	6,7%	6,0%	5,1%	3,4%	2,7%	2,1%	1,3%	0,8%	0,4%	0,0%	0,0%	0,0%
(3)	Sachanlagen	23,0%	23,8%	23,7%	22,3%	21,3%	23,2%	17,1%	15,7%	15,4%	16,8%	18,3%	18,9%	20,3%	23,7%	26,4%
(4)	Finanzanlagen	2,0%	2,3%	6,9%	11,1%	13,7%	19,5%	34,1%	38,9%	37,8%	41,0%	42,6%	47,8%	42,5%	40,5%	42,8%
(5)	Vorräte	14,6%	14,2%	15,0%	14,7%	16,4%	18,3%	13,2%	12,5%	13,1%	15,2%	12,4%	11,3%	13,8%	14,2%	13,9%
(6)	Forderungen und sonstige Vermögensgegenstände	33,4%	34,5%	39,0%	35,6%	36,6%	28,4%	29,4%	27,8%	29,5%	23,6%	24,2%	20,8%	22,3%	19,4%	15,7%
(7)	Wertpapiere des Umlaufvermögens und liquide Mittel	16,0%	16,2%	7,1%	9,3%	5,5%	5,1%	1,4%	1,3%	1,2%	1,0%	0,7%	0,3%	0,3%	1,5%	0,2%
(8)	Sonstige	0,2%	0,1%	0,3%	0,1%	0,4%	0,2%	0,3%	0,4%	0,3%	0,4%	0,4%	0,2%	0,5%	0,3%	0,4%
	Summe (1) bis (8)	100%	100%	100%	100%	100%	100%	100%	100%	100%	100%	100%	100%	100%	100%	100%

Tabelle A.4: Struktur der Aktiva in Prozent der Bilanzsumme

	Jahr	1998	1999	2000	2001	2002	2003	2004	2005	2006	2007	2008	2009	2010	2011	2012
(1)	Eigenkapital	65,4%	64,0%	67,8%	63,1%	66,0%	63,2%	49,0%	49,3%	49,8%	44,4%	42,4%	47,7%	48,2%	60,9%	62,6%
(2)	Rückstellungen	10,1%	11,1%	7,4%	6,8%	9,1%	9,9%	6,3%	6,8%	6,9%	5,5%	5,6%	6,4%	5,1%	3,3%	3,6%
(3)	Verbindlichkeiten (verzinslich)	13,0%	15,9%	16,3%	17,2%	18,0%	19,9%	38,8%	38,8%	37,1%	43,8%	46,7%	41,5%	41,1%	30,3%	27,1%
(4)	Verbindlichkeiten aus Lieferungen und Leistungen	5,5%	5,6%	4,9%	5,8%	4,3%	3,5%	3,4%	2,5%	3,6%	3,8%	3,0%	1,9%	2,9%	2,9%	3,5%
(5)	Sonstige Verbindlichkeiten	6,0%	3,4%	3,6%	7,0%	2,6%	3,5%	2,5%	2,7%	2,6%	2,5%	2,3%	2,5%	2,3%	2,3%	3,0%
	Summe (1) bis (5)	100%	100%	100%	100%	100%	100%	100%	100%	100%	100%	100%	100%	100%	100%	100%

Tabelle A.5: Struktur der Passiva in Prozent der Bilanzsumme

	Jahr	1998	1999	2000	2001	2002	2003	2004	2005	2006	2007	2008	2009	2010	2011	2012
(1)	Umsatzerlöse	100%	100%	100%	100%	100%	100%	100%	100%	100%	100%	100%	100%	100%	100%	100%
(2)	Sonstige betriebliche Erträge	1,3%	1,7%	8,5%	4,6%	1,4%	1,9%	1,1%	1,6%	0,9%	1,3%	1,2%	1,6%	2,2%	3,5%	2,0%
(3)	Materialaufwand	47,5%	47,5%	50,0%	51,5%	50,5%	50,8%	48,1%	50,4%	50,7%	52,3%	52,2%	50,2%	51,8%	54,8%	52,8%
(4)	Personalaufwand	17,0%	17,5%	18,3%	19,3%	20,7%	23,1%	23,0%	22,2%	20,7%	21,1%	20,9%	22,2%	21,4%	21,0%	22,2%
(5)	Abschreibungen	2,4%	2,2%	2,2%	2,4%	2,4%	2,4%	2,5%	2,2%	2,0%	2,0%	1,9%	2,2%	1,9%	1,8%	2,0%
(6)	Sonstige betriebliche Aufwendungen	22,4%	22,3%	29,3%	26,5%	22,3%	22,2%	22,4%	22,0%	21,7%	21,7%	20,9%	20,4%	21,3%	21,8%	20,5%
(7)	Zinserträge	0,4%	0,3%	0,5%	0,5%	0,4%	0,3%	0,3%	0,3%	0,3%	0,2%	0,3%	0,3%	0,2%	0,2%	0,2%
(8)	Zinsaufwendungen	0,5%	0,4%	0,5%	0,6%	0,7%	0,6%	1,0%	1,6%	1,3%	1,4%	2,1%	1,5%	1,3%	1,2%	0,9%
(9)	Steuern vom Einkommen und Ertrag	5,9%	5,4%	3,3%	1,0%	1,7%	2,2%	0,8%	1,3%	0,5%	1,2%	0,6%	1,2%	2,2%	0,9%	1,1%
(10)	Sonstige Steuern	0,0%	0,0%	0,1%	0,1%	0,3%	0,0%	0,1%	0,0%	0,0%	0,1%	0,3%	0,1%	0,2%	0,1%	0,3%

Tabelle A.6: Struktur der GuV-Rechnung in Prozent der Umsatzerlöse

	Jahr	1998	1999	2000	2001	2002	2003	2004	2005	2006	2007	2008	2009	2010	2011	2012
(1)	Umsatzerlöse	85.655	88.098	86.909	82.962	77.532	77.291	81.137	84.607	93.504	99.270	109.026	101.746	109.165	117.352	121.629
(2)	Sonstige betriebl. Erträge	1.133	1.481	7.353	3.812	1.124	1.432	901	1.388	880	1.287	1.337	1.609	2.399	4.058	2.394
(3)	Materialaufwand	40.706	41.810	43.413	42.748	39.126	39.233	39.010	42.642	47.378	51.966	56.886	51.086	56.597	64.259	64.277
(4)	Personalaufwand	14.575	15.433	15.922	15.984	16.080	17.862	18.669	18.795	19.397	20.930	22.840	22.591	23.402	24.696	27.015
(5)	Sonstige betriebl. Aufwendungen	19.155	19.605	25.425	22.015	17.281	17.184	18.156	18.619	20.328	21.505	22.752	20.732	23.275	25.603	24.944
(6)	Steuern vom Einkommen und Ertrag	3.286	3.122	2.249	1.364	1.637	1.269	921	1.754	2.322	2.361	1.858	2.663	3.402	2.169	2.424
(7)	Δ EBK	0	-1.004	2.713	-1.934	395	-28	1.218	751	965	3.098	-1.301	-1.185	3.328	-436	-1.112
(8)	NOCF	9.066	10.613	4.539	6.597	4.137	3.203	4.064	3.433	3.994	697	7.328	7.468	1.559	5.119	6.475
(9)	Erträge aus Beteiligungen	0	0	0	0	0	0	0	1523	1617	1686	1880	2358	3072	2216	2040
(10)	Zinserträge	324	283	427	387	293	267	215	261	324	241	347	320	270	185	292
(11)	NOCF + Cashflow-Beitrag aus Finanzanlagen	9.390	10.896	4.966	6.984	4.430	3.470	4.279	5.217	5.935	2.624	9.555	10.146	4.901	7.520	8.807
(12)	Zinsaufwendungen	386	357	439	517	515	446	828	1313	1235	1363	2317	1543	1468	1429	1087
(13)	Kreditaufnahme/Tilgung	-2.835	2.160	165	1.000	321	1.233	16.178	1.681	-339	10.348	4.736	-6.366	2.225	-8.330	-3.584
(14)	NOCF nach Zinsen und Tilgung	6.169	12.699	4.692	7.467	4.236	4.257	19.629	5.585	4.361	11.609	11.974	2.237	5.658	-2.239	4.136

Tabelle A.7: Berechnung des NOCF vor und nach Zinsen und Tilgungen

	Jahr	1998	1999	2000	2001	2002	2003	2004	2005	2006	2007	2008	2009	2010	2011	2012
(1)	Roh-, Hilfs- und Betriebsstoffe	2.213	2.862	2.512	2.590	3.045	2.898	3.383	3.246	3.913	5.019	3.855	3.448	4.701	5.250	4.784
(2)	Geleistete Anzahlungen und Anlagen im Bau	592	0	213	188	110	4	14	286	354	2665	1446	1362	3355	4198	4198
(3)	Forderungen aus Lieferungen und Leistungen	7.556	7.822	8.271	7.228	7.148	7.745	7.741	8.141	9.672	8.946	9.096	8.019	8.210	6.163	6.175
(4)	Erhaltene Anzahlungen	0	0	0	0	0	0	0	0	0	0	0	0	0	0	0
(5)	Verbindlichkeiten aus Lieferungen und Leistungen	2.512	2.839	2.469	3.130	2.279	1.906	2.346	1.847	2.720	3.348	2.753	1.674	2.776	2.980	3.518
(6)	Mindestkasse[1)]	1.713	1.762	1.738	1.659	1.551	1.546	1.623	1.692	1.870	1.985	2.181	2.035	2.183	2.347	2.433
(7)	Steuerrückstellungen	1312	2361	306	510	1154	1894	804	1156	1762	842	700	1250	405	146	352
(8)	EBK	8.250	7.246	9.959	8.025	8.421	8.393	9.611	10.362	11.327	14.425	13.125	11.940	15.268	14.832	13.720
(9)	Δ EBK	0	-1.004	2.713	-1.934	395	-28	1.218	751	965	3.098	-1.301	-1.185	3.328	-436	-1.112

[1)] Die Mindestkasse wird mit 0,02 · Nettoumsatzerlöse angesetzt.

Tabelle A.8: Berechnung von Δ EBK

Jahr	1998	1999	2000	2001	2002	2003	2004	2005	2006	2007	2008	2009	2010	2011	2012
EBIT	10.785	10.763	7.937	3.163	4.880	3.829	3.285	5.991	6.528	7.640	7.271	8.644	10.509	7.214	7.553
EBIT - S	5.742	5.938	4.991	2.286	3.297	2.187	2.600	4.826	6.080	6.336	6.321	7.322	7.939	6.038	5.848
EBIT - Zi	10.399	10.406	7.498	2.646	4.365	3.383	2.457	4.678	5.293	6.277	4.954	7.101	9.041	5.785	6.466
EBIT - S - Zi	5.356	5.581	4.552	1.769	2.782	1.741	1.772	3.513	4.845	4.973	4.004	5.779	6.471	4.609	4.761
NU	85.655	88.098	86.909	82.962	77.532	77.291	81.137	84.607	93.504	99.270	109.026	101.746	109.165	117.352	121.629
BS	45.351	50.738	50.461	53.639	52.888	54.278	69.521	73.806	76.351	88.272	92.910	89.151	95.577	102.175	100.929
EK	29.655	32.475	34.211	33.867	34.885	34.307	34.096	36.366	38.056	39.207	39.371	42.511	46.112	62.179	63.160

Tabelle A.9 (a): Zur Berechnung bilanzieller Renditen erforderliche Daten

Jahr	1998	1999	2000	2001	2002	2003	2004	2005	2006	2007	2008	2009	2010	2011	2012
GKR	25,0%	23,7%	15,6%	6,3%	9,1%	7,2%	6,1%	8,6%	8,8%	10,0%	8,2%	9,3%	11,8%	7,5%	7,4%
GKR nach Steuern	13,3%	13,1%	9,8%	4,5%	6,1%	4,1%	4,8%	6,9%	8,2%	8,3%	7,2%	7,9%	8,9%	6,3%	5,7%
BUR	12,6%	12,2%	9,1%	3,8%	6,3%	5,0%	4,0%	7,1%	7,0%	7,7%	6,7%	8,5%	9,6%	6,1%	6,2%
NUR	6,7%	6,7%	5,7%	2,8%	4,3%	2,8%	3,2%	5,7%	6,5%	6,4%	5,8%	7,2%	7,3%	5,1%	4,8%
EKR	39,2%	35,1%	23,1%	7,7%	12,9%	9,7%	7,2%	13,7%	14,6%	16,5%	12,6%	18,0%	21,3%	12,5%	10,4%
EKR nach Steuern	20,2%	18,8%	14,0%	5,2%	8,2%	5,0%	5,2%	10,3%	13,3%	13,1%	10,2%	14,7%	15,2%	10,0%	7,7%
ROIC vor Steuern	27,0%	25,3%	16,7%	6,6%	9,7%	7,6%	6,3%	9,0%	9,1%	10,5%	8,6%	9,7%	12,1%	7,8%	7,7%
ROIC nach Steuern	14,4%	13,9%	10,5%	4,8%	6,6%	4,4%	5,0%	7,2%	8,5%	8,7%	7,5%	8,2%	9,2%	6,6%	5,9%
FLM (vor Steuern)	1,57	1,48	1,48	1,23	1,42	1,34	1,18	1,59	1,65	1,65	1,53	1,94	1,80	1,66	1,41

Tabelle A.9 (b): Bilanzielle Renditen und FLM der U AG

6.6 Literaturhinweise

Drukarczyk, J./Schöntag, J. (2006): Residualgewinnbasierte Steuerung von Immobiliengesellschaften gestützt auf den APV-Ansatz. In: Bone-Winkel, S./Thomas, M. u. a. (Hrsg.), Stand und Entwicklungstendenzen der Immobilienökonomie, Festschrift für K.-W. Schulte, Köln, S. 93–108.

Drukarczyk, J./Schüler, A. (2003): Kapitalkosten deutscher Aktiengesellschaften – eine empirische Untersuchung. In: Finanz Betrieb, Jahrgang 5, S. 337–347.

Drukarczyk, J./Schüler, A. (2009): Unternehmensbewertung. 6. Auflage, München.

Honold, D. (2009): Residualgewinne – Ein Beitrag zur Kontrollfunktion des Aufsichtsrats. In: Regensburger Beiträge zur betriebswirtschaftlichen Forschung, Band 49, Frankfurt/M., Berlin, Bern, New York, Paris, Wien.

Jensen, M. C. (1986): Agency Costs of Free Cash Flow, Corporate Finance, and Takeovers. In: American Economic Review, Band 76, S. 323–329.

Lobe, S. (2006): Unternehmensbewertung und Terminal Value: Operative Planung, Steuern und Kapitalstruktur. In: Regensburger Beiträge zur betriebswirtschaftlichen Forschung, Band 45, Frankfurt/M., Berlin, Bern, New York, Paris, Wien.

Loughran, T./Ritter, J. R./Rydqvist, K. (1994): Initial Public Offerings: International Insights. In: Pacific-Basin Finance Journal, Band 2, Nr. 2-3. S. 165–199; Table 1 Updated March 1, 2013 unter http://bear.warrington.ufl.edu/ritter/Int.pdf

Mandl, G./Rabel, K. (1997): Unternehmensbewertung. Wien, Frankfurt.

Palepu, K. G./Healy, P. M. (2012): Business Analysis and Valuation: Using Financial Statements. 5. Auflage, Cincinnati.

Richter, F. (1999): Konzeption eines marktorientierten Steuerungs- und Monitoringsystems. In: Regensburger Beiträge zur betriebswirtschaftlichen Forschung, Band 12, 2. Auflage, Frankfurt/M., Berlin, Bern, New York, Paris, Wien.

Schöntag, J. (2007): Performance-Messung und wertorientierte Steuerung auf Basis von Residualgewinnen. In: Regensburger Beiträge zur betriebswirtschaftlichen Forschung, Band 47, Frankfurt/M., Berlin, Bern, New York, Paris, Wien.

Schüler, A. (1998): Performance-Messung und Eigentümerorientierung. Eine theoretische und empirische Untersuchung. In: Regensburger Beiträge zur betriebswirtschaftlichen Forschung, Band 19, Frankfurt/M., Berlin, Bern, New York, Paris, Wien.

Teoh, S. H./Welch, I./Wong, T. J. (1998): Earnings Management and the Long-Run Market Performance of Initial Public Offerings. In: Journal of Finance, Band 53, Nr. 6, S. 1935–1974.

Kapitel **7**

Fremdfinanzierung

Inhalt

7.1 Einleitung: Zur Bedeutung der Fremdfinanzierung

Fremdkapital ist eine bedeutende Finanzierungsquelle. Betrachtet man die Entwicklung der Passivseiten der Unternehmen in Deutschland in den Jahren 1971-2011 in Tabelle 7.1, zeigt sich, dass der durchschnittliche Anteil der Fremdfinanzierung bei deutschen Unternehmen bei rund 61 % liegt. In Deutschland hat Fremdkapital einen besonders ausgeprägten Stellenwert. Für diesen hohen Stellenwert gibt es mehrere Gründe:

a) Der Steuergesetzgeber privilegiert den Einsatz von Fremdkapital, indem er zulässt (bzw. zuließ), dass Zinsaufwendungen total oder partiell und Fremdkapitalbestände die steuerlichen Bemessungsgrundlagen der Ertragsteuern (Gewerbeertragsteuer, Körperschaft- bzw. Einkommensteuer) und Substanzsteuern (Gewerbekapitalsteuer, Vermögensteuer) kürzen.[65] Wenn man den Einsatz von Eigenkapital steuerlich diskriminiert, muss man sich nicht wundern, wenn der Einsatz des steuerlich teueren Kapitals reduziert wird.

b) Wir finden in Deutschland ein Gesellschaftsrecht vor, das den *Gläubigerschutz* schon immer als vorrangiges Ziel auf seine Fahnen geschrieben hatte. Man kann die Auswirkungen an vielen Konstruktionselementen erkennen: Kapitalaufbringungsregeln, Kapitalentzugssperren, Gläubigerorientierung der Rechnungslegung, ausgeklügelter Ausbau des Kreditsicherungsrechts etc. Beachtet man zusätzlich, dass Gläubigeransprüche und Gläubigerrechte sich vertraglich sehr eindeutig formulieren lassen und dass die Sanktionsrechte, die Gläubigern per Vertrag zugestanden werden bzw. durch gesetzliche Regeln (Kreditsicherungsrecht, Insolvenzrecht) zustehen, die Sanktionsrechte außenstehender Eigentümer weit hinter sich lassen, findet man einen institutionellen Rahmen, der Gläubigern die Risikovermeidung erleichtert.

c) Die Beschaffungskosten für im Wege der Beteiligungsfinanzierung beschaffte Eigenmittel bzw. beschaffte Fremdmittel differieren deutlich: Die Beschaffung von Eigenkapital ist teurer. Zwar nivelliert sich diese Kostendifferenz wegen der i. d. R. längeren Bindungsdauer von Eigenmitteln; unerheblich ist sie jedoch nicht.

---

[65] Die Vermögensteuer wird seit dem 1.1.1997 auf Unternehmensebene nicht mehr erhoben. Die Gewerbekapitalsteuer ist seit dem 1.1.1998 abgeschafft.

Die Bedeutung der Fremdfinanzierung zeigt sich deutlich in den Passivstrukturen deutscher Unternehmen.

Tabelle 7.1 zeigt die Eigenkapitalquote (EK), die Fremdkapitalquote unterteilt in die Quote kurz- und langfristigen Fremdkapitals (FK), sowie Rückstellungen (RS) unterteilt in andere Rückstellungen (AR) und Pensionsrückstellungen (PR) in Relation zur Bilanzsumme deutscher Unternehmen, die im Jahresabschlussdatenpool der Deutschen Bundesbank von 1971-2011 enthalten sind. Im Datenpool der Deutschen Bundesbank sind seit 1997 ca. 140.000 Jahresabschlüsse enthalten, von denen zwei Drittel in die Hochrechnung einfließen.[66] Somit liefert Tabelle 7.1 ein sehr repräsentatives Bild über die bilanzielle Kapitalstruktur deutscher Unternehmen im Zeitverlauf. Es sei darauf hingewiesen, dass es sich bei den Jahresabschlusssample um hochgerechnete und aggregierte Daten handelt, in das Unternehmen aus unterschiedlichen Branchen, mit unterschiedlicher Größe und Rechtsform einfließen, so dass sich die Bilanzrelationen branchen- und rechtsformspezifisch stark unterscheiden können.

	EK-Quote	FK-Quote[1)]	FK kurz	FK lang	AR	PR
1971	25,3%	63,9%	43,2%	20,8%	6,4%	3,9%
1972	24,0%	65,1%	43,5%	21,5%	6,5%	3,9%
1973	23,3%	65,4%	44,1%	21,3%	6,8%	4,1%
1974	23,0%	64,8%	43,7%	21,1%	7,1%	4,7%
1975	23,0%	63,7%	42,1%	21,6%	7,5%	5,4%
1976	22,5%	63,6%	42,5%	21,1%	7,8%	5,8%
1977	22,3%	63,1%	42,0%	21,2%	8,0%	6,1%
1978	21,7%	63,6%	43,0%	20,6%	8,0%	6,2%
1979	20,9%	64,0%	44,6%	19,4%	8,3%	6,4%
1980	19,7%	65,5%	46,7%	18,7%	8,0%	6,5%
1981	18,7%	66,2%	47,3%	18,9%	8,2%	6,7%
1982	18,3%	65,4%	46,5%	18,9%	8,9%	7,0%
1983	18,2%	64,4%	45,6%	18,8%	9,5%	7,5%
1984	18,2%	63,4%	45,2%	18,2%	10,2%	7,9%
1985	18,1%	62,9%	44,6%	18,3%	10,4%	8,2%
1986	18,9%	61,4%	43,2%	18,2%	10,8%	8,6%
1987	19,3%	59,5%	42,8%	16,7%	11,7%	9,2%
1988	19,0%	59,5%	43,1%	16,5%	11,9%	9,2%
1989	18,3%	60,6%	44,6%	16,0%	12,1%	8,6%
1990	18,2%	61,1%	45,5%	15,6%	12,0%	8,4%
1991	17,8%	61,2%	46,0%	15,2%	12,4%	8,2%
1992	18,2%	59,8%	44,9%	15,0%	13,0%	8,6%
1993	17,6%	60,3%	44,6%	15,7%	13,1%	8,6%
1994	17,4%	60,3%	45,3%	15,0%	13,2%	8,8%
1995	17,9%	59,8%	45,0%	14,7%	13,3%	8,7%
1996	17,9%	60,0%	45,2%	14,8%	13,0%	8,8%
1997	16,3%	64,5%	47,2%	17,3%	11,1%	7,9%

66 Weitere Details zur Herkunft, Umfang und Zusammensetzung der Jahresabschlussdaten der Deutschen Bundesbank, auf die wir im Folgenden nicht näher eingehen, bieten die Sonderveröffentlichungen 5 und 6 der Deutschen Bundesbank.

1998	17,5%	63,5%	45,9%	17,5%	10,9%	7,8%
1999	18,4%	62,5%	45,3%	17,2%	10,9%	7,8%
2000	18,6%	62,4%	46,3%	16,1%	11,0%	7,7%
2001	19,5%	61,5%	46,1%	15,4%	11,0%	7,6%
2002	21,1%	59,6%	45,1%	14,5%	11,0%	7,9%
2003	21,6%	59,0%	44,6%	14,4%	11,1%	8,0%
2004	22,8%	57,3%	43,8%	13,5%	11,4%	8,1%
2005	23,8%	56,3%	43,6%	12,7%	11,5%	8,1%
2006	24,5%	55,4%	40,1%	15,3%	12,0%	7,0%
2007	24,9%	55,5%	41,1%	14,4%	12,0%	6,6%
2008	24,5%	56,0%	41,2%	14,8%	12,1%	6,5%
2009	25,4%	55,3%	39,4%	15,9%	11,9%	6,6%
2010	26,8%	55,4%	39,9%	15,5%	11,4%	5,5%
2011	27,2%	55,3%	40,5%	14,8%	11,4%	5,2%
Mittel	20,7%	61,2%	44,0%	17,1%	10,5%	7,2%

[1] ohne Rückstellungen

Tabelle 7.1: Passivische Bilanzrelationen deutscher Unternehmen im Zeitraum 1971-2011 (Quelle: Deutsche Bundesbank, eigene Berechnungen)

Wir können beobachten, dass die Fremdkapitalquote, definiert durch kurz- und langfristige Fremdmittel, im Zeitablauf zwischen 55 % und 65 % schwankt und sich ab 2002 bis 2011 ein behutsamer Abwärtstrend abzeichnet, wohingegen bei der Eigenkapitalquote seit der Jahrtausendwende ein deutlicher Anstieg zu konstatieren ist. Bei den Pensionsrückstellungen, die von 1971 bis 1988 auf 9,2 % anstiegen und dann bis 2011 auf 5,2 % sanken, ist zu beachten, dass sie Ansprüche Dritter, nämlich der Arbeitnehmer, darstellen und somit Schuldcharakter haben.

	EK-Quote	FK-Quote[1]	FK kurz	FK lang	AR	PR
1997	22,9%	52,5%	43,2%	9,3%	13,5%	10,8%
1998	23,8%	52,2%	42,3%	9,9%	13,1%	10,6%
1999	24,7%	51,4%	41,8%	9,6%	13,0%	10,6%
2000	24,1%	52,4%	43,2%	9,3%	12,8%	10,2%
2001	25,0%	51,8%	42,6%	9,2%	12,8%	10,1%
2002	26,5%	50,0%	41,4%	8,6%	12,8%	10,3%
2003	26,4%	50,3%	41,3%	9,0%	12,6%	10,4%
2004	27,4%	49,0%	40,3%	8,7%	12,8%	10,5%
2005	27,7%	48,5%	40,4%	8,1%	12,8%	10,5%
2006	28,5%	48,7%	38,0%	10,7%	13,2%	8,5%
2007	29,1%	48,9%	38,9%	10,0%	13,1%	7,9%
2008	28,5%	49,5%	39,1%	10,5%	13,2%	7,7%
2009	29,6%	48,8%	36,9%	12,0%	12,8%	7,9%
2010	30,6%	49,7%	37,6%	12,1%	12,3%	6,5%
Mittel	26,8%	50,3%	40,5%	9,8%	12,9%	9,5%

[1] ohne Rückstellungen

Tabelle 7.2: Passivische Bilanzrelationen deutscher Kapitalgesellschaften im Zeitraum 1997-2010 (Quelle: Deutsche Bundesbank, eigene Berechnungen)

Die Tabellen 7.2 und 7.3 liefern das gleiche Informationsgerüst wie Tabelle 7.1, jedoch sind die im Datenpool enthaltenen Unternehmen nach der Rechtsform in Kapital- und Nichtkapitalgesellschaften gegliedert und nur für den kürzeren Zeitraum von 1997-2010 bei der Deutschen Bundesbank verfügbar. Eine tiefere Untergliederung der Rechtsformen lassen die Daten leider nicht zu.

	EK-Quote	FK-Quote[1)]	FK kurz	FK lang	AR	PR
1997	6,2%	82,7%	53,3%	29,4%	7,5%	3,4%
1998	7,9%	80,7%	51,5%	29,3%	7,5%	3,5%
1999	8,7%	79,7%	50,7%	29,0%	7,8%	3,5%
2000	9,6%	78,4%	51,4%	27,0%	8,1%	3,6%
2001	10,6%	77,3%	51,8%	25,6%	8,0%	3,6%
2002	12,1%	75,4%	51,2%	24,2%	8,1%	3,9%
2003	13,4%	73,7%	50,1%	23,5%	8,6%	3,8%
2004	14,9%	71,7%	49,9%	21,8%	8,9%	3,9%
2005	16,7%	70,2%	49,4%	20,8%	9,0%	3,7%
2006	13,3%	74,1%	45,9%	28,3%	8,8%	2,9%
2007	12,6%	75,3%	47,6%	27,6%	8,6%	2,7%
2008	12,5%	75,4%	47,7%	27,7%	8,7%	2,6%
2009	12,9%	74,8%	47,1%	27,7%	9,1%	2,7%
2010	14,9%	73,1%	47,0%	26,1%	8,8%	2,6%
Mittel	11,9%	75,9%	49,6%	26,3%	8,4%	3,3%

[1)] ohne Rückstellungen

Tabelle 7.3: Passivische Bilanzrelationen deutscher Nichtkapitalgesellschaften im Zeitraum 1997-2010 (Quelle: Deutsche Bundesbank, eigene Berechnungen)

Aus dem Vergleich von Tabelle 7.2 und 7.3 wird ersichtlich, dass die Fremdkapitalquote der Kapitalgesellschaften im Durchschnitt 25 Prozentpunkte niedriger als die von Nichtkapitalgesellschaften ist, während die Eigenkapitalquote der Kapitalgesellschaften im Durchschnitt ca. 15 Prozentpunkte höher ist. Die unterschiedlichen Eigen- und Fremdkapitalquoten lassen sich unter anderem durch die unterschiedlichen Rechtsformen erklären. So haben Kapitalgesellschaften bereits bei der Gründung deutlich höhere Eigenkapitalanforderungen als Nichtkapitalgesellschaften zu erfüllen. Des Weiteren spielen eine nichtrechtsformneutrale Besteuerung, Haftungsregelungen und Branchenzugehörigkeit bei der Beurteilung der Quoten ebenfalls eine wichtige Rolle. Bei näherer Betrachtung der kurz- und langfristigen Fremdmittel fällt auf, dass die langfristige Fremdkapitalquote von Kapitalgesellschaften durchschnittlich bei 9,8 % liegt, bei Nichtkapitalgesellschaften jedoch mit 26,3 % deutlich höher liegt. Ein weiterer Unterschied zwischen den Rechtsformen ist bei Rückstellungen zu erkennen. Hierbei sind insbesondere Pensionsrückstellungen bei Nichtkapitalgesellschaften wesentlich niedriger als bei Kapitalgesellschaften in Relation zur Bilanzsumme.

Sowohl Nichtkapitalgesellschaften als auch Kapitalgesellschaften ist gemein, dass sich zum einen ein moderater Aufwärtstrend bei den Eigenkapitalquoten abzeichnet, der zum anderen jedoch mit einem moderaten Abwärtstrend bei den Fremdkapitalquoten einhergeht. Nichtsdestotrotz erkennen wir eine klare Dominanz der Fremdfinanzierung und als Konsequenz eine im internationalen Vergleich als dünn zu bezeichnende Eigenkapitalquote. Fremdkapital ist also insbesondere in Deutschland eine bedeutende Finanzierungsquelle.

7.2 Risiken der Gläubiger

Von Gläubigern bereitgestellte finanzielle Mittel können nach verschiedenen Gesichtspunkten untergliedert werden, so z. B. nach

- dem Kreditgeber,
- der Fristigkeit der Überlassung der Mittel,
- der Form der Besicherung,
- der Ausgestaltung des Zahlungsanspruchs des Gläubigers.

Unterscheidet man nach Kreditgebern, kann man differenzieren in Kunden, Lieferanten, Banken, Versicherungen, institutionelle und private Anleger, die Darlehen gewähren oder Anleihen zeichnen. Kunden gewähren Kredite durch vor der Lieferung von Waren und/oder Diensten geleistete Anzahlungen. Lieferanten werden Gläubiger, wenn sie Waren, Rohstoffe liefern, Dienste leisten, die Leistungsentgelte aber erst nach einer zu vereinbarenden Zahlungsfrist erhalten. In diesem Sinn sind auch Arbeitnehmer Kreditgeber. Banken, Versicherungen und Darlehen gewährende Investoren stellen bestimmte Beträge an Fremdkapital bereit gegen die vertraglich festgeschriebene Zahlung von Zinsen und Tilgungen. Gleiches gilt für die Erwerber von Anleihen, die die vom emittierenden Unternehmen angebotenen Papiere im Ersterwerb kaufen.

Üblich ist es, finanzielle Mittel nach der Überlassungsdauer zu klassifizieren in kurz-, mittel- und langfristiges Fremdkapital, wobei die Klassengrenzen durch Konventionen festgelegt sind: kurzfristige Mittel stehen i. d. R. bis zu 90 Tage zur Verfügung, langfristige Mittel haben i. d. R. eine Überlassungsdauer von 4 Jahren und mehr.

Von Gläubigern bereitgestellte Mittel, gleichgültig ob sie in Form einer Geld- (Bank) oder einer Sacheinlage (Lieferant) gewährt werden, können gesichert oder nicht gesichert sein. Besteht ein Gläubiger auf Sicherheitenbestellung und vereinbart in einem formlosen oder normierten Sicherungsvertrag zusätzliche Rechte, die ihm bei Zahlungsunfähigkeit bzw. -unwilligkeit des Schuldners zustehen sollen, greift er auf die güterwirtschaftliche Liquidität von Vermögensgegenständen zurück.

In Kreditverträgen sind die Konditionen des Kredites festzulegen. Die Praxis kennt hier zahlreiche Abstufungen in Bezug auf Verzinsung, Tilgungsmodalitäten, Ausgabebetrag, Rückzahlungsbetrag, Nebenbedingungen (Covenants) etc. Ein wichtiges Merkmal ist hier, ob der Kreditvertrag einen *bedingten* Zahlungsanspruch des Kreditgebers oder einen *unbedingten* Anspruch festschreibt. Einem unbedingten Anspruch auf Zahlung hat der Schuldner immer und überall zu folgen. Einem bedingten Zahlungsanspruch muss er nur nachkommen, wenn die Bedingung, die den Anspruch auslöst, erfüllt ist. Wer 0,25 % Zinsen/Woche unter allen Bedingungen, also unbedingt zahlen muss, ist schlechter gestellt als der, der den gleichen Zins nur bei Vollmond zu zahlen hat.

I. d. R. halten Gläubiger **Festbetragsansprüche**, die generell vom Schuldner zu erfüllen sind. Die vertraglich eindeutige Formulierung der Ansprüche sichert aber keine risikolose Position für die Gläubiger. Weil die Entscheidungsbefugnisse bei den Eigentümern bzw. beim Schuldner liegen, die Gläubiger im Regelfall also keine Mitwirkungsrechte während der Laufzeit des Kreditverhältnisses haben, können aus Sicht der Gläubiger Risiken entstehen, die sie vor der Kreditvergabe nicht gesehen haben. Solche Überraschungen können schmerzlich sein, weshalb Gläubiger versuchen, sich zu wappnen.

Im Folgenden werden zunächst die Risiken beschrieben, mit denen Gläubiger konfrontiert sein könnten. Dann betrachten wir Abwehrmittel, die Gläubiger einsetzen können.

Wir betrachten zunächst eine **einperiodige** Kreditlaufzeit. Der einperiodige Kreditvertrag wird wie folgt beschrieben: Ein Kreditgeber stellt einen Finanzierungsbeitrag in t zur Verfügung, der Schuldner realisiert das geplante Investitionsprojekt und erwartet das finanzielle Ergebnis des Projektes im Zeitpunkt t + 1. Investitions- und Finanzierungsentscheidungen zwischen t und t + 1 werden nicht getroffen. Im Zeitpunkt t + 1 wird der vertraglich fixierte und vorrangige Anspruch des Gläubigers vollständig oder teilweise erfüllt. Es wird Haftungsbeschränkung unterstellt.

Zur Vereinfachung setzten wir folgende Annahmen:

- Vertragswidrige Verwendungen des Kreditbetrages finden nicht statt.
- Weitere Kreditaufnahmen bei dritten Gläubigern in t ohne korrespondierende Investition unterbleiben.
- Vertragswidriger Entzug von Nettoüberschüssen X in t + 1 vor Befriedigung der Gläubigeransprüche findet nicht statt.

Als wichtige Ausfallursache bleibt dann eine nicht sachgerechte Einschätzung der Nettoeinzahlungen des Projektes durch den Gläubiger. Man muss somit nach Gründen suchen für einen nicht gleichwertigen Informationsstand von Gläubigern.

Kreditgeber haben im Wesentlichen drei Informationsquellen, um die Qualität eines Schuldners einzuschätzen:

- Daten über den Schuldner und seine Liquiditätslage,
- Analysen der Märkte, auf denen dieser operiert, und
- Analysen der gesamtwirtschaftlichen Entwicklung.

Bezüglich der beiden letztgenannten Quellen hat ein Kreditgeber die Chance, bei entsprechendem Einsatz von Informationsbeschaffungs- und Verarbeitungskapazitäten einen dem Kreditnachfrager gleichwertigen Informationsstand herzustellen. Dies gilt nicht für die erstgenannte Quelle, weil der Kreditnehmer diesen Informationsfluss steuern kann und in der Regel steuern wird. Die vom Kreditnehmer regelmäßig bereitgestellten Informationen bestehen aus (geprüften) Jahresabschlüssen bzw. Steuerbilanzen, Finanz- und Investitionsplänen, Umsatzstatistiken, Angaben über Belegschaftsentwicklung etc. Die Präzision der Erwartungsbildung des Kreditgebers hängt damit auch von der Qualität dieser Informationsunterlagen ab. Ansatz- und Bewertungsvorschriften für Jahresabschlüsse versuchen ein dem subjektiven Ermessen und damit der interessengebundenen Manipulation entzogenes Bild der «finanziellen Lage» des Unternehmens zu entwerfen.

Im Ergebnis ist es plausibel, dass die Erwartungen von Kreditgeber und Eigentümer (Manager) über die finanziellen Folgen von Projekten nicht deckungsgleich sein werden. Falsche i. S. v. zu optimistischen Erwartungen ist deshalb ein erster Grund für Zahlungsausfälle von Gläubigern.

Oben wurde angenommen, dass der Schuldner nach Abschluss des Kontraktes *nicht* mit weiteren Gläubigern kontrahiert. Nimmt er weitere Fremdmittel auf und reduzierte seinen Eigenkapitaleinsatz entsprechend, entsteht für Gläubiger 1 ein nicht antizipiertes Risiko, durch konkurrierende Ansprüche weiterer Gläubiger auf die Einzahlungsüberschüsse des Projektes z. T. abgedrängt zu werden. Hier liegt eine zweite Ursache für Ausfälle des ersten Gläubigers.

Nun betrachten wir eine **mehrperiodige** Kreditlaufzeit. Eine mehrperiodige Kreditlaufzeit kompliziert das Vertragsverhältnis deshalb entscheidend, weil die Zeitspanne zwischen 0 und n gerade nicht entscheidungsfrei ist. In jedem Zeitpunkt 1, 2,..., n – 1 trifft der Schuldner neue Investitions-, Finanzierungs- und Ausschüttungsentscheidungen, die prinzipiell die Risikoposition eines Gläubigers berühren können und regelmäßig berühren werden. Ein Ausweg aus diesem Problem für Gläubiger wären sog. vollständige Kreditverträge, die für jede Zeit-Zustands-Kombination während der Vertragslaufzeit präzise festlegen, welche Aktionen der Schuldner ergreifen bzw. nicht ergreifen darf. Unterstellt man, dass solche Kreditverträge kostengünstig entworfen werden könnten und durchsetzbar wären, wären die gleich zu schildernden Probleme gelöst. Aber die Erwartung, solche Kreditverträge entwerfen und bei vermuteten Vertragsverstößen auch kostengünstig durchsetzen zu können, ist unrealistisch. Wir unterstellen deshalb im Weiteren nicht vollständige Kreditverträge.

Im Folgenden werden einfache zweiperiodige Beispiele entwickelt, um die **Risikoverlagerung** auf die Schultern von Kreditgebern zu verdeutlichen. Ob Risiko für die Gläubiger besteht, beurteilen wir an der Entwicklung des Wertes der Gläubigerposition.

Zur Ermittlung von Positionswerten wird ein einfaches Bewertungsverfahren benutzt: Am Markt gebe es Bewertungsfaktoren, die dem Risiko- und Zeitaspekt von unsicheren Einzahlungen zugleich Rechnung tragen. Dies kann z.B. auf der Grundlage des CAPM erfolgen, welches in Kapitel 5 skizziert worden ist. Der Bewertungsfaktor $p(1_2/z_1)$ gibt den Marktwert einer Geldeinheit, die im Zeitpunkt 2 im Zustand z_1 anfällt, zum Zeitpunkt 1 an: Ist $p(1_2/z_1) = 0{,}3$, ist der Marktwertbeitrag einer Einzahlung von 15 im Zeitpunkt 2 zum Zeitpunkt 1 4,5. Um den Wert einer Einzahlungsverteilung des Zeitpunktes 2 zum Zeitpunkt 1 zu ermitteln, sind alle Einzahlungen mit den zugehörigen Faktoren zu multiplizieren – die Wahrscheinlichkeit des Eintritts eines bestimmten Zustands ist im Bewertungsfaktor schon berücksichtigt – und zu addieren. Das Verfahren ist somit handlich.

Wir wollen im Folgenden vier Fälle unterscheiden:

Fall 1: Risikoverlagerung durch nachträgliche Fremdfinanzierung

Fall 2: Risikoverlagerung durch höheres Investitionsrisiko

Fall 3: Unterlassung vorteilhafter Investitionsprojekte (underinvestment)

Fall 4: Risikoverlagerung durch suboptimale Investitionsprojekte (overinvestment)

Wie sehen die Abläufe im Detail aus?

Fall 1: Risikoverlagerung durch nachträgliche Fremdfinanzierung

Im Zeitpunkt 0 gewähren Gläubiger den Kredit F. Nach übereinstimmenden Erwartungen von Kreditgeber und –nehmer tragen die Gläubiger kein Risiko. In t_1 erhöhen die Eigentümer die Verschuldung und finanzieren damit in t_1 eine zuvor nicht geplante Ausschüttung. Diese Maßnahme belastet die Altgläubiger mit einem Ausfallrisiko, wenn die erreichte Verschuldung den Gläubigern insgesamt ein Ausfallrisiko aufbürdet und die Position der Altgläubiger gegenüber den Neugläubigern *nicht* bevorrechtigt ist. Dieser Fall greift die schon in Kapitel 5.5 besprochene Konstellation auf.

Angenommen, die Position der Altgläubiger im Zeitpunkt 2 *vor* Aufnahme der Neugläubiger sei durch die folgenden Angaben gekennzeichnet:[67]

Zustand	$\tilde{X}_2$	R_2	$\tilde{D}_2$	F_1	E_1	V_1
z_1	6	4	2	3,2	3,6	6,8
z_2	10	4	6			

Die angegebenen Marktwerte F_1, E_1 bzw. V_1 errechnen sich auf Basis der Bewertungsfaktoren $p(1_2/z_1) = 0{,}3$ und $p(1_2/z_2) = 0{,}5$. Der Marktwert des Eigenkapitals in t_1 ergibt sich aus $2 \cdot 0{,}3 + 6 \cdot 0{,}5 = 3{,}6$. Die Position des Gläubigers (der Gläubiger) ist risikolos.

Nun erhöht der Schuldner die Verschuldung im Zeitpunkt 1; die Zahlungsansprüche der Alt- und Neugläubiger zusammen betragen dann 8. Wegen $X_2^{min} = 6$ tragen die Gläubiger jetzt ein Ausfallrisiko: Wegen der beschränkten Haftung der Eigentümer fallen sie im Zeitpunkt 2 bei Eintritt des Zustandes z_1 mit 2 aus.

Zustand	$\tilde{X}_2$	$\tilde{R}_2$	$\tilde{D}_2$	F_1^*	E_1^*	V_1
z_1	6	6	0	5,8	1	6,8
z_2	10	8	2			

Der gesamte Marktwert V_1 beträgt unverändert 6,8 (in den Worten Millers wird dabei die Pizza nicht größer), aber die Aufteilung des gesamten Marktwertes auf Eigentümer, Alt- und Neugläubiger hat sich verändert. Wenn $\tilde{R}_2$ zu *gleichen* Teilen auf Alt- und Neugläubiger aufgeteilt wird, stellen die Neugläubiger in t_1 einen Betrag von $3 \cdot 0{,}3 + 4 \cdot 0{,}5 = 2{,}9$ zur Verfügung. Der Reichtum der Eigentümer besteht dann aus $E_1 = 1$, der t_1-Ausschüttung in Höhe von 2,9 und beträgt somit insgesamt 3,9. Die Eigentümer haben somit gewonnen: Ihr anteiliger Marktwert betrug zuvor nur $E_1 = 3{,}6$.

Wer bezahlt die Zeche? Die Zeche bezahlen die Altgläubiger. Diese hatten bei Abschluss des Kreditvertrages eine sichere Position. Sie hatten somit keinen Anlass, nicht den risikolosen Zinssatz i im Vertrag zu vereinbaren. Jetzt tragen sie ein Ausfallrisiko,

[67] R_2 bezeichnet die in t_2 an die Gläubiger zu leistenden Zahlungen. F_1, E_1, V_1 bezeichnen die Marktwerte des Fremd-, Eigenkapitals und den gesamten Marktwert im Zeitpunkt 1. $\tilde{D}_2$ bezeichnet die Ausschüttung an die Anteilseigner.

das in ihrem anteiligen Marktwert reflektiert ist: Ihnen gehören $F_1/2 = 2{,}9$. Zuvor war der Wert ihrer Position aber 3,2. Die Verminderung des Wertes ihrer Position entspricht genau dem Reichtumszuwachs der Eigentümer. Die postvertragliche Finanzierungsentscheidung der Eigentümer hat in Verbindung mit der Ausschüttung von 2,9 einen Anteil des gesamten Marktwertes von dem Altgläubiger weg zu den Eigentümern verschoben. Es fand eine **Vermögensverschiebung** statt.

Zwei Aspekte des Falles 1 sind von Interesse:

(1) Im Unterschied zum einperiodigen Kredit bringen längere Kreditlaufzeiten deshalb zusätzliche Risiken für Gläubiger, weil der Zeitraum zwischen Beginn und Ende der Laufzeit des Vertrages nicht «entscheidungs-» bzw. «aktionsfrei» ist. Vielmehr werden in aller Regel während der Laufzeit des Vertrages durch die Eigentümer (Manager) weitere Entscheidungen getroffen, die die Position der Gläubiger entweder positiv oder negativ tangiert. Die Altgläubiger sind benachteiligt, wenn sie die schädigende Entscheidung der Eigentümer (Manager) nicht antizipieren und sich folglich nicht schützen. Es sei angemerkt, dass auch nur eine annähernd exakte Antizipation sehr schwierig erscheint.

(2) Im Beispiel bleibt der gesamte Marktwert des Projektes V_1 von der Reichtumsverschiebung zu Lasten der Altgläubiger und zugunsten der Eigentümer unbeeinflusst: Der Konflikt zwischen einem Teil der Gläubiger und den Eigentümern berührt den gesamten Marktwert (vorläufig) nicht. Das könnte sich ändern, wenn die Gläubiger Abwehrmittel nach erfolgter Risikoverlagerung einsetzen. Hierauf ist später zurückzukommen.

Fall 2: Risikoverlagerung durch höheres Investitionsrisiko

Im Zeitpunkt des Vertragschlusses sei die Position der Gläubiger sicher. Sie übernehmen kein Ausfallrisiko. Die relevanten Marktwerte sehen bei unveränderten Bewertungsfaktoren so aus:

Zustand	$\tilde{X}_2$	R_2	$\tilde{D}_2$	F_1	E_1	V_1
z_1	7	5	2	4	1,1	5,1
z_2	6	5	1			

In t_1 treffen die Eigentümer (Manager) neue Investitionsentscheidungen, die das Investitionsrisiko des Unternehmens ändern. Die technologischen Voraussetzungen für solche Maßnahmen sollen hier unbeachtet bleiben. Die Zahlungen und die Marktwerte seien nach dieser Maßnahme:

Zustand	$\tilde{X}_2$	$\tilde{R}_2$	$\tilde{D}_2$	F_1^*	E_1^*	V_1^*
z_1	13	5	8	2	2,4	4,4
z_2	1	1	0			

Der gesamte Marktwert ist um 0,7 auf 4,4 gefallen, was anzeigt, dass der Übergang zu einem Investitionsprogramm mit erheblich höherem Risiko für Eigentümer *und* Gläubiger unvorteilhaft ist. Die Eigentümer indessen verbessern ihre Position. Ihr anteiliger Marktwert ist von 1,1 auf 2,4 gestiegen. Die Zeche zahlen die Gläubiger: Sie tragen erstens die Reduktion des gesamten Marktwertes um 0,7 und die Vermögensverschiebung zugunsten der Eigentümer (1,3). Insgesamt sinkt der Wert ihrer Position um 2.

Zwei Aspekte des Falles 2 sind von Bedeutung:

(1) Es gibt Anreize für Eigentümer zur Durchführung solcher Strategien, die letztlich durch das Prinzip der Haftungsbeschränkung ermöglicht werden. Ob und ggf. wie Gläubiger sich gegen solche Strategien erfolgreich zur Wehr setzen können, wird später diskutiert. Während Fall 1 ein Nullsummenspiel war, in dem der Verlust der Gläubiger gleich dem Gewinn der Eigentümer war, ist Beispiel 2 kein Nullsummenspiel: die Eigentümer gewinnen, obwohl der gesamte Marktwert V_1 als Folge ihrer Strategie sinkt. Eigentümer können m. a. W. selbst dann noch gewinnen, wenn sie eine für alle Beteiligten nachteilige Politik betreiben.

(2) Das Beispiel problematisiert die Zielsetzung der Maximierung des gesamten Marktwertes, also von V, weil Anreize bestehen, eine nicht V maximierende, sondern E maximierende Politik zu betreiben. Diese Anreize bestünden nicht oder in deutlich geringerem Maße, wenn

- das Unternehmen nicht bzw. nur moderat verschuldet wäre;
- Gläubigerstrategien eine Vermögensverschiebung abwehren könnten.

Fall 3: Unterlassung vorteilhafter Investitionsprojekte (underinvestment)

Wir wählen Fall 2 nach Erhöhung des Investitionsrisikos als Ausgangspunkt. Die Eigentümer befinden sich dann in einer besonderen Lage: Sie haben zwar einen Marktwertgewinn von 1,3 erzielt, können aber Folgeentscheidungen nicht mehr beliebig treffen, wenn sie den Reichtumsgewinn oder Teile davon nicht wieder aufgeben wollen. Die Ausgangslage ist wie in Fall 2:

Zustand	$\tilde{X}_2$	$\tilde{R}_2$	$\tilde{D}_2$	F_1	E_1	V_1
z_1	13	5	8	2	2,4	4,4
z_2	1	1	0			

Angenommen, die Eigentümer könnten nun ein zusätzliches Investitionsprojekt realisieren, das $I_1 = 2$ kostet und im Zeitpunkt 2 Einzahlungen von 2 bzw. 6 bringt. Der Marktwertzuwachs ΔV beträgt somit 3,6. Wegen $3{,}6 > 2$ ist das Projekt vorteilhaft. Würde das Projekt realisiert, gälte bei unveränderten Bewertungsfaktoren des Marktes im Zeitpunkt 2:

Zustand	$\tilde{X}_2 + \Delta\tilde{X}_2$	R_2	$\tilde{D}_2$	F_1^*	E_1^*	V_1^*
z_1	13+2	5	10	4	4	8
z_2	1+6	5	2			

Der gesamte Marktwert des Unternehmens stiege von 4,4 auf 8, also um $\Delta V = 3{,}6$.

Den Eigentümern wächst aber lediglich ein Teil von ΔV zu, nämlich nur $E_1^* - E_1 = 4 - 2{,}4 = 1{,}6$. Da das Projekt $I_1 = 2$ kostet, lohnt sich die Finanzierung mit Eigenkapital nicht, da $\Delta E_1 < I_1$. Der Grund hierfür ist, dass die Gläubiger nach Durchführung des Projektes ihre ursprünglich sichere Position wiedergewinnen. F_1^* steigt von $F_1 = 2$ auf 4. Der Vorteil der Eigentümer aus der früheren Strategie der Vermögensverschiebung wäre beseitigt, sobald das Projekt realisiert wäre.

Der Kern des Falles 3 besteht somit darin, dass die Eigentümer (Manager) die Realisierung eines vorteilhaften Projektes *unterlassen*, weil den Gläubigern ein so hoher Teil der Vorteile zufließt, dass die den Eigentümern verbleibenden Residualzahlungen die Finanzierung des Projektes durch sie unvorteilhaft werden lassen. Wir bezeichnen diesen Fall 3 als den der suboptimalen Investition (**Unterinvestition**).

Daraus folgt, dass Strategien der Reichtumsverschiebung zu Lasten von Gläubigern sich auch dann nicht generell lohnen, wenn sich Gläubiger nicht zur Wehr setzen. Sie lohnen sich aber unter spezifischen Bedingungen. So z. B. wenn geplant ist, das Unternehmen zu liquidieren: Wenn die Gläubiger im Liquidationsfall die Reichtumsverschiebung nicht mehr wettmachen können, weil der Liquidationswert (V^L) die Summe der Ansprüche der Gläubiger unterschreitet, ist der Gewinn der Eigentümer aus einer in 1 realisierten Zusatzausschüttung endgültig.

Die Eigentümer kommen auch in den Genuss der Reichtumsverschiebung, wenn sie *vor* Realisierung des Investitionsobjektes die Gläubigeransprüche, soweit sie am Markt gehandelt werden, zum Preis von 2 aufkaufen. Ähnliches gilt, wenn die Gläubiger nach erfolgreicher Risikoverschiebung dazu bewogen werden können, einem Vergleich zuzustimmen. Ein Vergleich bedingt in der Regel eine Abwertung der Zahlungsansprüche der Gläubiger und in Höhe der Abwertung ist der Eigentümergewinn endgültig.

Ist keine der genannten Möglichkeiten realisierbar und planen die Eigentümer, das Unternehmen fortzuführen, gibt es Argumente dafür, dass eine gezielte Gläubigerschädigung unterlassen wird: Die Eigentümer schaffen *Misstrauen*, ohne sicher sein zu können, den Marktwertgewinn endgültig kassieren zu können bzw. sie schränken, wenn sie kassieren wollen, den Spielraum für vorteilhafte Folgeinvestitionen spürbar ein.

Fall 4: Risikoverlagerung durch suboptimale Investitionsprojekte (over-investment)

Es kann sich für Eigentümer lohnen, Investitionsprojekte mit negativem Marktwertbeitrag zu realisieren. Die Ausgangslage sei in Zeitpunkt 2 wie in Fall 1:

Zustand	$\tilde{X}_2$	R_2	$\tilde{D}_2$	F_1	E_1	V_1
z_1	6	4	2	3,2	3,6	6,8
z_2	10	4	6			

Ein Investitionsprojekt erfordere eine Auszahlung von $I_1 = 3$ im Zeitpunkt 1 und liefere Einzahlungen von $\Delta\tilde{X}_2$ von – 4 bzw. 8 in Abhängigkeit von dem sich realisierenden Umweltzustand z_1 bzw. z_2. Der Marktwertbeitrag des Objektes ist somit $\Delta V_1 = 2{,}8$ und kleiner als $I_1 = 3$.

Bei ausschließlicher Eigenfinanzierung lohnte die Realisierung nicht. Bei der gegebenen Anspruchsverteilung unter Financiers könnte das Projekt für Eigentümer lohnend sein:

Zustand	$\tilde{X}_2 + \Delta\tilde{X}_2$	$\tilde{R}_2$	$\tilde{D}_2$	F_1^*	E_1^*	V_1^*
z_1	2	2	0	2,6	7	9,6
z_2	18	4	14			

Der Marktwert der Position der Eigentümer steigt um 3,4 und übersteigt somit I_1 = 3.[68] Der Marktwertanteil der Gläubiger sinkt um 0,6 und gleicht damit für die Eigentümer die isolierte Nachteiligkeit des Projektes aus. Das nicht rentable Projekt wird für die Eigentümer rentabel, weil es ihnen gelingt, die eigene Position zu Lasten der Gläubiger aufzubessern.

Was können wir bezüglich der Ursachen von Risiken für Gläubiger festhalten?

Warum fallen Schuldner bei einperiodigen Kreditverträgen aus? Prinzipiell können drei Gründe ausschlaggebend sein:

(1) Der Gläubiger bewältigt die Informationsprobleme bezüglich der Abschätzung des Investitionsrisikos nicht vollständig und überschätzt die mindestens zu erwartenden Einzahlungen.

(2) Der Schuldner beleiht die Nettoeinzahlungen mehrfach, d. h. informiert Gläubiger 2 nicht über einen mit Gläubiger 1 bereits bestehenden Kreditvertrag.

(3) Es treten Umweltzustände ein, mit denen weder der Schuldner noch der Gläubiger rechnete.

Laufen Kreditverträge über mehrere Perioden, treten zusätzliche Risiken auf:

Eigentümer (Manager) treffen während der Kreditlaufzeit Investitions-, Finanzierungs- und/oder Ausschüttungsentscheidungen, die das Risiko für Gläubiger auch dann erhöhen können, wenn diese aus der Sicht des Kreditvergabezeitpunktes kein Risiko zu übernehmen glaubten.

Risikoverlagerung auf die Gläubiger bedeutet immer, dass der (Markt-)Wert ihrer Position sinkt. Bei unverändertem gesamtem Marktwert begünstigt jede Reduktion des Wertes der Gläubigerposition den Positionswert der Eigentümer. Dass der Positionswert der Eigentümer selbst dann steigen kann, wenn der gesamte Marktwert des Unternehmens *sinkt*, bedeutet, dass für das *Kollektiv* aller Altfinanciers unvorteilhafte Maßnahmen zum Vorteil der Eigentümer wirken können.

Zu beachten ist, dass Strategien der Reichtumsverschiebung der Eigentümer nicht generell zum Erfolg führen, sondern nur unter bestimmten Bedingungen von den Eigentümern auch «kassiert» werden können: Die Möglichkeiten der Vereinnahmung bestehen im Kern in Ausschüttungen, vertraglichen Abwertungen von Gläubigeransprüchen und im Aufkauf der im Wert geminderten Gläubigerpositionen.

[68] Es wird unterstellt, dass I_1 über Eigenfinanzierung aufgebracht wird.

Die wichtigsten Ursachen für Gläubigerverluste sind vermutlich Informationsdefizite auf Seiten der Gläubiger und Risikoverlagerungsstrategien der Eigentümer (Manager).

Es gibt auch eine harmlosere Erklärung für Gläubigerausfälle. Nicht alles ist antizipierbar. Treten Umweltzustände ein, mit denen keiner der Beteiligten rechnete, sind die Ausfälle weder auf Informationsdefizite noch auf Strategien der Eigentümer zurückzuführen.

7.3 Kreditsicherheiten als Instrument der Risikoabwehr

7.3.1 Überblick über Kreditsicherheiten

Kreditverträge sind zeitüberspannende Verträge; die Leistung des Kreditnehmers liegt in der Zukunft und die Zukunft ist unsicher. Folglich kann der Kreditgeber nicht vollständig sicher sein, dass der Kreditnehmer das zu den Zeitpunkten zahlt, was er im Vertrag versprochen hat. Die Vereinbarung von Sicherheiten ist deshalb eine Vorkehrung, die die Kreditgeber in die Lage setzen soll, Forderungs- und Zinsausfälle durch Rückgriff auf «Sicherheiten» auszugleichen: Kreditsicherheiten sind im Prinzip «Greifrechte», die den Zugriff des Gläubigers auf im Vertrag eindeutig beschriebene Vermögensgegenstände ermöglichen. Zugriffsrechte disziplinieren den Schuldner, stärken die Position des Gläubigers und lösen sein ökonomisches Schicksal von dem anderer Gläubiger des Schuldners, die vom Zugriff auf den als Sicherheit dienenden Vermögensgegenstand ausgeschlossen sein sollen.

7.3.2 Beschreibung ausgewählter Kreditsicherheiten

Abbildung 7.1 gibt einen Überblick über häufig eingesetzte Kreditsicherheiten. Diese werden untergliedert in gesetzliche und rechtsgeschäftliche, welche wiederum gesetzlich geregelt oder nicht geregelt sein können. Hiervon sind Bürgschaft, Garantie und Patronatserklärung Personensicherheiten, während es sich bei den übrigen Kreditsicherheiten um Sachsicherheiten handelt.

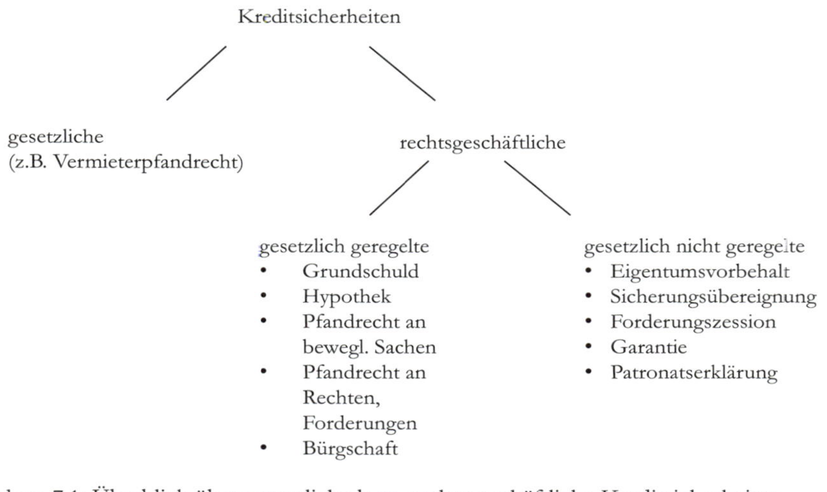

Abbildung 7.1: Überblick über gesetzliche bzw. rechtsgeschäftliche Kreditsicherheiten

7.3.2.1 Personensicherheiten

Durch eine **Bürgschaft** übernimmt eine Person, der Bürge, gegenüber dem Kreditgeber die Verpflichtung, für die Erfüllung der Verbindlichkeiten des Kreditnehmers einzustehen (§ 765 BGB). Hinter den Kreditnehmer tritt somit eine bürgende zweite Person, von der der Kreditgeber die Zahlungen einfordern kann, wenn der Kreditnehmer nicht leistet. Dem Bürgen steht, soweit sie nicht vertraglich ausgeschlossen wird oder gesetzlich (z. B. nach § 349 HGB) ausgeschlossen ist, die Einrede der Vorausklage zu: Der Bürge verweigert die Leistung, solange nicht der Kreditgeber eine Zwangsvollstreckung gegen den Kreditnehmer erfolglos versucht hat. Wird die Einrede der Vorausklage ausgeschlossen, liegt eine **selbstschuldnerische** Bürgschaft vor. Diese hat für den Kreditgeber den Vorteil, dass er bei Zahlungsausfall sofort auf den Bürgen zurückgreifen kann.

Eine Bürgschaft kann unter verschiedenen Aspekten limitiert werden. Die *Höchstbetragsbürgschaft* beschränkt die Sicherheit für den Kreditgeber auf einen bestimmten Betrag, der den Stand der Forderung gegen den Kreditnehmer unterschreiten kann. Die *Bürgschaft auf Zeit* wird nur für eine bestimmte Zeitspanne ausgesprochen. Die **Ausfallbürgschaft** lässt den Rückgriff auf den Bürgen nur in der Höhe des Betrages zu, mit dem der Kreditgeber bei der Verwertung anderer Sicherheiten des Kreditnehmers ausfällt.

Der ökonomische Wert einer Bürgschaft kann auf mehreren Wegen erhöht werden. Verbürgen sich mehrere Bürgen für dieselbe Verbindlichkeit, liegt eine *Mitbürgschaft* vor. Eine *Teilbürgschaft* ist gegeben, wenn von mehreren Bürgen jeder für einen präzise bestimmten Teil der Kreditsumme haftet. Die Zerlegung der Gesamtkreditsumme in Teilbeträge erhöht die Wahrscheinlichkeit, dass die Bürgen bei Inanspruchnahme auch leisten. Durch die *Nachbürgschaft* wird der mögliche Ausfall des Kreditgebers bei Inanspruchnahme des Bürgen weiter reduziert: Sie ist ein Vertrag, durch den eine weitere Person die Bürgschaft für den ersten Bürgen übernimmt.

Der **Garantievertrag** ist nicht gesetzlich geregelt, aber allgemein anerkannt. Durch einen Garantievertrag verpflichtet sich ein Dritter, der Garant, für einen bestimmten Erfolg einzustehen oder die Gewähr für einen möglichen künftigen Schaden zu übernehmen. Im Rahmen einer Kreditbeziehung besteht der garantierte Erfolg darin, dass der Garant dem Kreditgeber garantiert, dass er vom Schuldner den kreditierten Betrag zurückerhält. Die Verpflichtung des Garanten wird ausgelöst, wenn der garantierte Erfolg nicht eintritt. Die Abgrenzung zur Bürgschaft ist für die in der Praxis vorkommenden Verträge nicht immer einfach.

Die **Wechselbürgschaft**, geregelt in den Art. 30ff. WG, enthält die auf dem Wechselformular gegebene Erklärung, für die Einlösung des Wechsels durch einen anderen, der zu benennen ist, zu haften. Die Einrede der Vorausklage ist nicht möglich.

Patronatserklärungen sind nur mit Bedenken unter den Begriff «Personensicherheiten» zu subsumieren. Einmal stellen nicht alle Patronatserklärungen wirkliche Sicherheiten dar; zum anderen werden Patronatserklärungen in der Mehrzahl von Muttergesellschaften, also i. d. R. nicht von natürlichen Personen, sondern juristischen Personen abgegeben. Eine Patronatserklärung ist eine Erklärung der Muttergesellschaft gegenüber dem Kreditgeber einer Tochtergesellschaft, in der die Mutter die Kontrolle oder Maßnahmen zur Förderung oder Erhaltung der Kreditwürdigkeit der Tochter ankündigt oder zusagt, wenn die Tochtergesellschaft selbst dazu nicht in der Lage ist.

Der ökonomische und juristische Wert von Patronatserklärungen ist je nach Ausgestaltung sehr unterschiedlich. Die Werthaltigkeit der Patronatserklärung reicht von einer einfachen Information über die Kenntnisnahme der Kreditaufnahme der Tochtergesellschaft bis zu einem Garantievertrag besonderer Art. Die Formulierung, die Mutter habe von der Kreditaufnahme der Tochtergesellschaft Kenntnis genommen, ist lediglich eine Mitteilung, die keine Verpflichtung der Muttergesellschaft auslöst. Die Erklärung, es sei Politik der Muttergesellschaft, ihre Tochter stets so auszustatten, dass diese jederzeit ihren Verbindlichkeiten nachkommen könne, ist eine Absichtserklärung, für ausreichende Liquidität zu sorgen. Sie bringt jedoch keine rechtlichen, allenfalls moralische Verpflichtungen der Mutter mit sich. Handfester ist die sogenannte harte Patronatserklärung: «Wir verpflichten uns, dafür zu sorgen, dass unsere Tochtergesellschaft während der Laufzeit des Kredites in der Weise geleitet und finanziell ausgestattet wird, dass sie jederzeit in der Lage ist, ihre Verpflichtungen im Zusammenhang mit diesem Kredit zu erfüllen».[69] Die Erklärung wird als Übernahme einer rechtlichen Verpflichtung mit dem Charakter einer bankmäßigen Sicherheit gewertet. Die Mutter verpflichtet sich, die Liquidität der Tochter zu sichern.

7.3.2.2 Sachsicherheiten (Realsicherheiten)

Sachsicherheiten zeichnen sich dadurch aus, dass dem Kreditgeber ein bedingtes Recht an einer beweglichen oder unbeweglichen Sache oder an einem Recht eingeräumt wird, das es ihm gestattet, den haftenden Gegenstand bei Eintritt der Bedingung zu verwerten. Sicherheiten an beweglichen Sachen heißen **Mobiliarsicherheiten**, Sicherheiten an unbeweglichen Sachen **Immobiliarsicherheiten**.

Der **Eigentumsvorbehalt** ist das am weitesten verbreitete Sicherungsmittel der Warenkreditgeber, der Lieferanten. Der Eigentumsvorbehalt besteht darin, dass sich der Verkäufer einer beweglichen Sache das Eigentum an der Sache bis zur Zahlung des vollen Kaufpreises durch den Käufer vorbehält. Das Eigentum an der Sache geht erst mit der vollständigen Zahlung des Kaufpreises auf den Käufer über. Der Verkäufer ist bis zur vollen Zahlung des Kaufpreises Kreditgeber und sichert den Kredit durch das Rückforderungsrecht «seiner» Ware, wenn der Käufer mit der Zahlung in Verzug gerät.

Der Eigentumsvorbehalt als Sicherungsmittel unterscheidet sich von den im Folgenden darzustellenden Sicherungsrechten, weil die Sicherheit hier nicht im Zugriffsrecht auf *fremde* Vermögensgüter besteht, sondern in der nur bedingten Übertragung des Eigentums.

Solange sich die Kaufsache unverändert beim Käufer befindet, ist der (einfache) Eigentumsvorbehalt ein starkes Sicherungsrecht. Die Schwäche dieses Sicherungsrechts wird deutlich, wenn der Käufer die Sache weiterverarbeitet oder weiterveräußert. Lieferanten versuchen dann, ihr Sicherungsrecht durch Vorkehrungen wie Verlängerungsklauseln zu erhalten.

Das **Pfandrecht** ist die Mobiliarsicherheit, die im BGB geregelt ist. Die Bestellung eines Pfandrechts setzt eine Einigung und die Übergabe der Sache an den Kreditgeber (= Pfandnehmer) voraus (§ 1205 BGB). Das Pfandrecht erlischt, wenn das Pfand an den Eigentümer zurückgegeben wird (§ 1253 BGB). Das Besitzerfordernis hat den Vorteil, dass der Kreditnehmer das Pfand nicht beiseiteschaffen oder seinen Wert

---

[69] Scholz/Lwowski (1980), S. 398.

vermindern kann und der Kreditgeber im Sicherungsfall das Pfand sofort verwerten kann; die Herausgabe vom Kreditnehmer muss nicht erst erzwungen werden. Die Konstruktion hat den Nachteil, dass viele als Sicherheiten geeignete Vermögensgegenstände von den Kreditnehmern nicht als Pfand übergeben werden können, weil diese sie entweder im Produktionsprozess selbst benötigen oder weil die Kreditgeber nicht über entsprechende Lagerkapazitäten verfügen. Das Pfandrecht ist daher eine Sicherheit, die nicht willkommene Verfügungen des Sicherungsgebers zwar ausschließt, aber für viele Vermögensgüter sehr umständlich und damit teuer ist. Der Rechtsverkehr war daher bemüht, die Eignung von Vermögensgegenständen zu Sicherungszwecken zu nutzen, *ohne* die Übergabe des Sicherungsgutes zu vollziehen. Resultat dieser Entwicklung sind insbesondere die Sicherungsübereignung und die Forderungszession.

Nicht nur Sachen, sondern auch Rechte können verpfändet werden. § 1273 Abs. 1 BGB bestimmt: „Gegenstand des Pfandrechts kann auch ein Recht sein." Insbesondere **Pfandrechte an Forderungen** spielen in der Praxis eine Rolle. Die Bestellung eines Pfandrechtes an einer Forderung setzt die Einigung über die Bestellung des Pfandrechts und die Anzeige der Verpfändung an den Schuldner der verpfändeten Forderung voraus (Verpfändungsanzeige, § 1280 BGB). Ohne die Verpfändungsanzeige ist die Verpfändung der Forderung nicht wirksam. Die Pflicht zur Verpfändungsanzeige hat die Verbreitung des Pfandrechts an Forderungen nicht gefördert. Zunächst hat die Verpfändungsanzeige an den Schuldner der Forderung ihren guten Sinn: Der Schuldner soll wissen, an wen er ggf. zu leisten hat (§§ 1280, 1281 BGB). Gegen die Verpfändung von Forderungen wird eingewendet, dass die Verpfändungsanzeige eine Publizität bewirke, die der seine Forderungen verpfändende Kreditnehmer als nachteilig ansehe. Außerdem sei der Verwaltungsaufwand bei einer Vielzahl verpfändeter Forderungen hoch. In der Praxis wird deshalb verstärkt die Forderungszession benutzt, die die Benachrichtigung des Drittschuldners nicht generell erfordert.

Die **Forderungszession** oder **Sicherungsabtretung** hat zum Inhalt, dass der Kreditnehmer dem Kreditgeber eine Forderung gegenüber einer anderen Person (Drittschuldner) gemäß § 398 BGB abtritt. Sie wird häufig benutzt, weil eine der Verpfändungsanzeige entsprechende Benachrichtigung des Drittschuldners unterbleiben kann (sog. stille Zession). Erfolgt die Benachrichtigung des Drittschuldners, liegt eine offene Zession vor. Weil auch die Abtretung noch nicht bestehender, erst in Zukunft entstehender Forderungen möglich ist, soweit die abgetretenen Forderungen zweifelsfrei bestimmbar sind, findet sich die Sicherungsabtretung in der Praxis der Kreditbesicherung recht häufig.

Wird eine einzelne Forderung abgetreten, liegt eine **Einzelzession** vor. Die Mantelzession bzw. die **Globalzession** erfassen Forderungsgesamtheiten. Bei Vereinbarung einer Mantelzession tritt der Schuldner bereits entstandene Forderungen gegenüber Drittschuldnern ab und verpflichtet sich, künftig entstehende Forderungen nach deren Entstehen auf den Gläubiger zu übertragen, um so den Gesamtbestand der abgetretenen Forderungen auf einer vertraglich definierten Mindesthöhe zu halten. Die Abtretung der Forderungen wird durch die Übersendung von Zessionslisten realisiert, in denen die abzutretenden Forderungen spezifiziert sind.

Mit der Vereinbarung einer Globalzession tritt der Kreditnehmer sämtliche bestehende *und* künftige Forderungen aus bestimmten Rechtsgeschäften oder gegen bestimmte Drittschuldner an den Kreditgeber ab. Im Unterschied zur Mantelzession gehen künftige Forderungen gegen bestimmte Drittschuldner mit ihrer Entstehung auf den Kreditgeber über und nicht erst mit der Übersendung der Zessionslisten. Dass auch im Rahmen der Globalzession abgetretene Forderungen in Zessionslisten festgehalten und mitgeteilt werden, ist eine Vorkehrung, die vorrangig Kontrollzwecken dient.

Ein Sicherungsvertrag in Form der **Sicherungsübereignung** umgeht die bei der Pfandrechtsbestellung notwendige Übergabe des Sicherungsgutes: Der Kreditnehmer überträgt dem Kreditgeber das Eigentum an einer beweglichen Sache nach §§ 929, 930 BGB durch Einigung und Vereinbarung eines Besitzmittlungsverhältnisses. Der unmittelbare Besitz bleibt beim Kreditnehmer, der die Sache im Rahmen der Vertragsbedingungen nutzen kann. Somit können bewegliche Sachen des Kreditnehmers Sicherungsgut im Rahmen einer Sicherungsübereignung sein: Fuhrpark, Produktionsanlagen, Rohstofflager, Fertigwarenlager. Die Sicherungsgüter werden übereignet, aber nicht übergeben. Die mit der Übergabe bei der Pfandrechtsbestellung verbundene Publizität unterbleibt; sicherungsübereignete Vermögensgegenstände sind als solche für Dritte nicht erkennbar. So nützlich der Ersatz der Übergabe des Sicherungsgutes durch ein Besitzmittlungsverhältnis ist, weil es dem Sicherungsgeber (= Kreditnehmer) nicht die Nutzungsmöglichkeit nimmt, so nachteilig kann die fehlende Übergabe dann sein, wenn der Kreditnehmer in Liquiditätsschwierigkeiten ist und er das Sicherungsgut vertragswidrig veräußert oder verwendet.

Die **Hypothek** (§ 1113 BGB) wird zur Sicherung einer Forderung an einem Grundstück oder Gebäude bestellt. Der Kreditgeber wird durch die Hypothek berechtigt, zur Befriedigung seiner Ansprüche auf Zahlungen eines bestimmten Betrages die Verwertung des Grundstückes (Gebäudes) zu betreiben. Die Belastung eines Grundstückes mit einer Hypothek ist der Belastung einer beweglichen Sache mit einem Pfandrecht ähnlich, weshalb die Hypothek auch als Grundpfandrecht bezeichnet wird. Die Hypothek wird durch Vertrag zwischen Kreditgeber und Eigentümer des zu belastenden Grundstücks bestellt. Die Einigung bedarf der Beurkundung oder Beglaubigung durch Notar oder Gericht; die Einigung wird ergänzt durch die Eintragung der Hypothek ins Grundbuch.

Ein Grundstück kann in der Weise belastet werden, dass an denjenigen, zu dessen Gunsten die Belastung erfolgt, eine bestimmte Geldsumme aus dem Grundstück zu zahlen ist (Grundschuld). So definiert § 1191 BGB den Inhalt der **Grundschuld**. Eine Grundschuld kann im Gegensatz zur Hypothek unabhängig von einer bestehenden Forderung bestellt und geltend gemacht werden, was die Definition des § 1191 BGB im Vergleich zu § 1113 BGB auch klar zum Ausdruck bringt. Die Grundschuld bleibt somit als Sicherheit erhalten, wenn der Kredit teilweise oder ganz getilgt wird.

7.3.3 Welche Kreditgeber halten welche Kreditsicherheiten?

Von Interesse ist, welche Gruppe von Kreditgebern (Kreditinstitute, Lieferanten) welche Sicherheiten hält und wie gut sich diese Sicherheiten z. B. in der Insolvenz bewähren. Die Daten, die im Folgenden referiert werden, stammen aus älteren Untersuchungen, da aktuelle Daten nicht vorliegen. Man darf vermuten, dass diese Daten dennoch ein Bild zeichnen, das heutigen Verhältnissen gerecht wird.

	%
(1) Sicherheiten an Mobilien	
– Eigentumsvorbehalt	12,9
– vertragliches Pfandrecht	2,7
– Sicherungsübereignung	15,3
– andere Sicherungsformen	1,9
Summe	32,8
(2) Sicherheiten an Immobilien	
– Hypothek	8,7
– Grundschuld	38,3
– andere Sicherungsformen	2,2
Summe	49,2
(3) Sicherheiten an Forderungen	
– Verlängerter Eigentumsvorbehalt (Vorausabtretung)	5,0
– Einzel- und Mantelzession	3,6
– Globalzession	8,6
– andere Sicherungsformen	0,8
Summe	18,0

Tabelle 7.4: Durch Sicherheiten belegte Vermögensgegenstände insolventer Unternehmen (in %) (Quelle: Gessner/Rhode/Strate/Ziegert (1978), S. 172.)

Die durch Sicherheiten belegten Vermögensgegenstände *insolventer* Unternehmen waren etwa je zur Hälfte durch Immobiliar- bzw. Mobiliarsicherheiten besetzt.

Tabelle 7.5 zeigt, welche prozentualen Anteile Kreditinstitute, Lieferanten und andere Parteien an den bestellten Sicherheiten halten.

	Kreditinstitute	Lieferanten	andere
(1) Sicherheiten an Mobilien			
– Eigentumsvorbehalt (EV)	–	12,2	0,7
– vertragliches Pfandrecht	1,1	0,5	1,6
– Sicherungsübereignung	12,5	0,8	2,0
(2) Sicherheiten an Immobilien			
– Hypothek	7,1	0,3	1,3
– Grundschuld	32,9	2,2	3,2
(3) Sicherheiten an Forderungen			
– Einzel-, Mantelzession	2,4	0,3	0,9
– Globalzession	4,5	3,4	0,7
– Verlängerter EV (Vorausabtretung)	0,7	2,7	1,6
(4) andere	1,5	0,4	2,4
Summe	62,7	22,8	14,4

Tabelle 7.5: Prozentuale Anteile von Kreditinstituten und Lieferanten an bestellten Kreditsicherheiten (Quelle: Gessner/Rhode/Strate/Ziegert (1978), S. 172.)

7.3.4 Funktionen von Kreditsicherheiten

Für den Kreditgeber hat die Besicherung des Kredits im Prinzip große Vorteile. Wirksame Sicherheiten reduzieren sein Ausfallrisiko erheblich, weil er bei mangelndem Leistungswillen und/oder mangelnder Leistungsfähigkeit des Kreditnehmers auf das als Sicherheit dienende Vermögensgut (Recht) zurückgreifen und es verwerten kann. Das Problem besteht darin, die Sicherheit so zu dimensionieren, dass ihr Verwertungserlös den ausstehenden Betrag samt Zinsen und Verwertungskosten genau dann deckt, wenn es darauf ankommt: vor der Insolvenz oder im Insolvenzverfahren des Schuldners. Die Fähigkeit von Kreditsicherheiten, das Ausfallrisiko des Kreditgebers zu senken, hängt von der Werthaltigkeit des Sicherungsgutes ab. Die Besicherung soll bewirken, dass der Barwert der erwarteten Rückzahlung dem kreditierten Betrag (F_0) entspricht.

Für einen einperiodigen Kreditvertrag berechnet sich der Barwert der erwarteten Rückzahlungen und Zinsen (B_0) aus:

(7.1) $$B_0 = \left[F_0(1 + i)\left(1 - p^*\right) + L_1\, p^*\right](1 + i)^{-1}.$$

F_0 = im Zeitpunkt 0 gewährter Kreditbetrag;

i = Zinssatz;

p^* = Wahrscheinlichkeit, dass der Schuldner im Zeitpunkt 1 die vertragskonforme Leistung nicht erbringt, worauf der Gläubiger auf das Sicherungsgut zurückgreift;

$1 - p^*$ = Wahrscheinlichkeit, dass der Kredit vertragskonform bedient wird;

L_1 = Wert des Sicherungsgutes im Zeitpunkt 1.

Ist $p^* > 0$, ist B_0 nur dann gleich F_0, wenn der ökonomische Wert des Sicherungsgutes im Zeitpunkt 1, also L_1, mindestens den Betrag F_0 $(1 + i)$ erreicht. Die Sicherungskraft der Sicherungsabrede hängt hier also an der Bedingung, dass für den Wert des Sicherungsgutes im Zeitpunkt 1 gilt: $L_1 \geq F_0\,(1 + i)$.

Nun laufen die meisten Kreditverträge in der Realität länger als eine Periode. Abbildung 7.2 erläutert die Struktur des Problems:

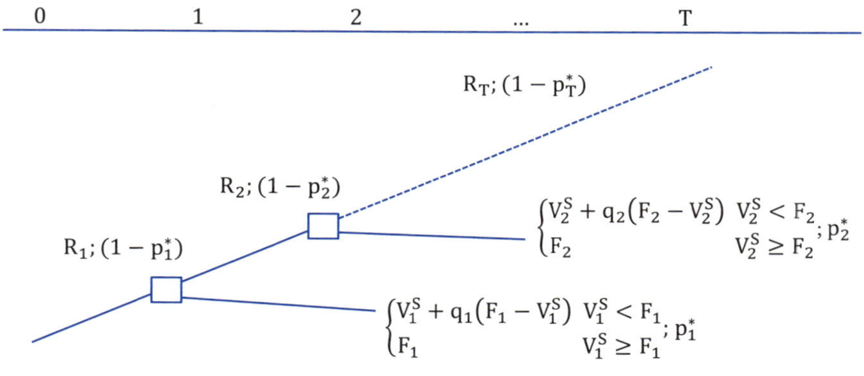

Abbildung 7.2: Zahlungserwartungen eines gesicherten Gläubigers

Zu erläutern ist, wie der gesicherte Gläubiger gestellt ist, wenn die vertragskonforme Zahlung R_t ganz oder teilweise ausbleibt. Die Sicherungsabrede gesteht dem gesicherten Gläubiger dann den Zugriff auf das Sicherungsgut zu. Dieses kann er verwerten; der Erlös sei V_t^S. Ist V_t^S größer als seine noch ausstehende Forderung (einschließlich noch zu leistender Zinsen) F_t, muss er als *Absonderungsberechtigter* die Differenz an den Eigentümer bzw. die Insolvenzmasse abführen. Da der gesicherte Gläubiger F_t erhält, sind seine Ansprüche voll gedeckt. Ist $V_t^S < F_t$, gilt der (gesicherte) Gläubiger in Höhe seines Ausfalls - das ist die Differenz $F_t - V_t^S$ - als ungesicherter Gläubiger. Auf den Betrag $F_t - V_t^S$ erhält er die Befriedigungsquote q_t. Damit ist die beste Strategie für den gesicherten Gläubiger klar: Er muss dafür sorgen, dass in jedem Zeitpunkt während der Laufzeit des Kreditvertrages gilt: $V_t^S \geq F_t$. Dies kann er im Prinzip durch die Dimensionierung des Sicherungsgutes bzw. des Kreditbetrages und durch die Gestaltung der Tilgung des Kredits herbeiführen. Gelingt dies, hat er mehrere Vorteile:

(1) Er muss kein Ausfallrisiko übernehmen. Durch Zugriff auf das ausreichend dimensionierte Sicherungsgut kann er seine Position ohne Verlust glattstellen.

(2) Er muss sich im Gegensatz zu einem ungesicherten Gläubiger weder um die Höhe von p_t^* noch um die erwartete Quote q_t kümmern. Beide Größen sind ihm im Idealfall schlicht gleichgültig. Hier zeigt sich ein weiterer Vorteil von Kreditsicherheiten. Die Beobachtung zeigt, dass Kreditinstitute i. d. R. vor der Kreditvergabe das künftige Zahlungsvermögen der Antragsteller prüfen *und* sich Sicherheiten bestellen lassen. Warum beides? Der Leser weiß, wie eine Prognose der künftigen Zahlungsströme erstellt werden kann. Es versteht sich, dass diese künftigen Zahlungen unsicher sind. Folglich ist die Aufgabe der präzisen Abschätzung der Zahlungsfähigkeit eines potentiellen Kreditnehmers für ein Kreditinstitut eine komplizierte Aufgabe, die umso anspruchsvoller wird, je genauer das Ergebnis sein muss. Mit größerer Genauigkeit aber steigen die Kosten der Ermittlung und Verarbeitung der erforderlichen Daten für das Kreditinstitut. Werden zusätzlich Sicherheiten bestellt und gilt, wie oben angenommen $V_t^S \geq F_t$, dann entfällt ein Großteil dieser Kosten: Kreditsicherheiten sind ein taugliches Mittel, um Informations- und Kontrollkosten einzusparen.

(3) Ein weiterer Vorteil von Sicherheiten kann darin gesehen werden, dass das Finanzierungsverhalten von Kreditnehmern diszipliniert wird. Das ist so zu verstehen: Unternehmen, die mit einem hohen Volumen an Fremdkapital arbeiten, könnten finanziell so geführt werden, dass Kreditgeber Schaden erleiden. Weiß der Kreditnehmer, dass wirksame Sicherheiten, die im Fall seiner Zahlungsunfähigkeit verwertet werden, bestellt sind, lohnt es sich für ihn nicht, finanzielle Strategien zum Nachteil des gesicherten Gläubigers zu betreiben. Weil dies auch der Kreditgeber weiß, muss er das finanzielle Verhalten des Kreditnehmers auch weniger scharf kontrollieren.

Sicherheiten haben auch Nachteile. Die Sicherheiten, die dem Sicherungsnehmer gewährt werden, sind, wie gleich gezeigt wird, nur relativ. Sicherheiten erlauben nicht generell, dass der Kreditgeber in Tiefschlaf verfällt. Die Bestellung von Sicherheiten für einen Gläubiger bedeutet auch, dass *andere* ungesicherte Gläubiger ein größeres Ausfallrisiko zu übernehmen haben. Das Risiko, das gut gesicherte Gläubiger nicht zu tragen haben, müssen andere tragen. Bei der Besprechung insolvenzrechtlicher Regelungen ist hierauf zurückzukommen.

7.3.5 Wie gut halten Kreditsicherheiten im Insolvenzfall?

Wie gut Sicherheiten im Insolvenzfall halten, hängt ab von

- dem ökonomischen Risiko der Entwicklung des Wertes des Sicherungsgutes,
- dem rechtlichen Risiko und
- dem Spielraum, den der Sicherungsvertrag dem Kreditnehmer zu nicht vertragskonformen Maßnahmen lässt.

Mit ökonomischem Risiko wird hier die Unsicherheit bezeichnet, mit der die Höhe des Wertes eines Sicherungsgutes für den potentiellen Insolvenzzeitpunkt belastet ist. Diese Unsicherheit hängt ab von der Art des Sicherungsgutes (Qualität, Marktgängigkeit, relative Preisstabilität): Autoreifen der Marke «Michelin» lassen sich besser versilbern als Reifen unbekannter Herkunft; Preise für Markenreifen schwanken weniger als Preise für Rohkakao. Die ökonomische Unsicherheit hängt aber auch vom Ereignis «Insolvenz des Schuldners» selbst ab. Führt das Insolvenzverfahren zur Liquidation des Unternehmens, werden die Vermögensgüter häufig unter Zeitdruck versilbert. Käufer versuchen, die Zwangslage durch Gebot niedriger Preise auszunutzen. Schuldner des insolventen Unternehmens erfinden Mängeleinreden, um eine Zahlung zu vermeiden. Dies ist ein erster Grund für einen Wertverlust von Sicherungsgütern im Insolvenzverfahren. Bei der Vereinbarung von Sicherungsabreden und der Dimensionierung von Sicherungsgütern ist dieser Aspekt zu beachten.

Neben dem ökonomischen Risiko, das in der möglichen Streuung des Verwertungserlöses des Sicherungsgutes besteht, sind das *rechtliche* Risiko und der Spielraum, den die Konstruktion vieler Sicherungsabreden dem Schuldner zu *nicht* vertragskonformen Maßnahmen lässt, von noch größerer Bedeutung. In empirischen Untersuchungen, die mehrere Tausend in Schuldnerkonkurse verwickelte, mobiliargesicherte Forderungen von Kreditinstituten und Lieferanten erfaßten, ließen sich ca. 90 % der Ausfälle, die gesicherte Kreditgeber erfuhren, durch die in Tabelle 7.6 angeführten vier Ausfallursachen erklären. Ausfallursache 1 belegt, dass sich Schuldner häufig – sei es geplant oder ungeplant – nicht an die Sicherungsvereinbarung halten.

Ausfallursache	bei mobiliargesicherten Lieferantenkrediten	bei mobiliargesicherten Bankkrediten
1. Sicherungsgut war nicht mehr vorhanden	36,6	14,6
2. Verwertungserlös deckte Forderungen nicht	23,7	42,5
3. Anspruch auf Sicherungsgut kollidierte mit Ansprüchen anderer	10,7	26,0
4. Sicherungsgut war nicht eindeutig bestimmbar	15,2	9,8

Tabelle 7.6: Ausfallursachen (in %) bei Mobiliarsicherheiten (Quelle: Drukarczyk (1987), S. 178-181.)

Eine Sicherungsübereignung von Lagerbeständen, gestützt durch eine **Nachschubklausel**, ist nichts wert, wenn der gesondert gekennzeichnete Lagerraum, der das Sicherungsgut enthalten soll, im Insolvenzfall leer ist. Ein durch Forderungsabtretung verlängerter Eigentumsvorbehalt erfüllt seine Funktion nicht, wenn die Forderungen vom Schuldner eingezogen und anderweitig verwendet werden. Der Spielraum, den Sicherungsabreden dem Schuldner zu vom Gläubiger nicht gewollten Verfügungen über das jeweilige Sicherungsgut belassen, ist deshalb bedeutend, weil auf die körperliche Übergabe der Sache bzw. die Verpfändung der Forderung verzichtet wird. An ihre Stelle tritt die Sicherung durch Eigentumsrechte des Gläubigers. Diese sind verletzlich. Als Folgerung drängt sich auf: insbesondere Mobiliarsicherheiten erlauben dem Gläubiger keinen Tiefschlaf; intensive Kontrolle ist angebracht.

Auch Ausfallursache 2 lässt die Vermutung zu, dass hier nicht ausschließlich Schätzfehler der Gläubiger vorliegen, die den Wert von Sicherungsgütern zu hoch veranschlagt haben. Wenn der Wert eines Lagerbestandes oder eines Bündels von Forderungen (V_t^S) den Betrag der ausstehenden Forderung (F_t) nicht erreicht, kann ebenfalls (Teil)Ursache sein, dass der Lagerbestand (Forderungsbestand) nicht die vereinbarte Höhe hatte.

Ausfallursache 3 verweist auf die praktische Bedeutung von Kollisionsrisiken. Ausfallursache 4 zeigt die besonderen Risiken für Gläubiger, die Sicherungsansprüche an Sachgesamtheiten (z. B. Lagerbestände an Halbfabrikaten) haben und deren Sicherungsgut ununterscheidbar in den gesamten Bestand eingegangen ist. Auch hier liegt die Ursache häufig in einer ungenauen Beachtung der Sicherungsabrede durch den Schuldner (z. B. keine besondere Kennzeichnung oder getrennte Lagerung von Sicherungsgütern).

Es wird den Leser nicht verwundern, dass die oben genannten Ausfallursachen zu erheblichen faktischen Ausfällen gesicherter Gläubiger führen. Für mobiliargesicherte Gläubiger liegen Daten über empirische Ausfallquoten vor: Lieferanten verlieren bei mobiliargesicherten Forderungen bei Insolvenz des Schuldners im Durchschnitt rund die Hälfte. Kreditinstitute schneiden bei mobiliargesicherten Forderungen erheblich besser ab: Ihre durchschnittliche Ausfallquote beträgt ca. 16 %. Kreditsicherheiten bieten also teilweise Schutz. Sich als Gläubiger allein auf sie zu verlassen, ist nicht ratsam.

7.4 Negativklauseln (Covenants) als Instrument der Risikoabwehr

7.4.1 Funktionen

Professionelle Kreditgeber (Kreditinstitute, Versicherungen) formulieren Kreditverträge. Eine Verankerung von vertraglichen Vereinbarungen bietet sich also an. Solche vertraglichen Nebenabreden heißen **Negativklauseln** oder **Covenants**. Ihre Funktionsweise lässt sich so beschreiben:

(1) Der Kreditgeber definiert Nebenbedingungen, die das zukünftige Verhalten des Schuldners im Investitions-, Finanzierungs- und Ausschüttungsbereich mit dem Ziel beschränken sollen, das im Zeitpunkt des Vertragsabschlusses für den Kreditgeber bestehende Risikoniveau oder ein kritisches Risikoniveau nicht zu überschreiten.

(2) Dem Schuldner werden definierte Berichtspflichten und Compliance-Prüfungen übertragen, mit der Folge, dass Verletzungen von Nebenbedingungen (Covenants) durch den Schuldner zeitnah offenzulegen sind.

(3) Verletzungen von Covenants ziehen prinzipiell **Neuverhandlungen**, Vertragsanpassungen und ggf. **Sanktionen** nach sich.

Man kann in dieser Funktionsweise einen statischen und einen dynamischen Aspekt erkennen. Der statische Aspekt dient der Definition von in Covenants eingekleideten Frühwarnkriterien, die eine Erhöhung des Risikoniveaus für den Gläubiger anzeigen sollen. Der Zeitpunkt, zu dem die Frühwarnung erfolgen soll, wird u.a. über die Strenge der vertraglichen Nebenbedingung definiert; sie ist damit individuell gestaltbar und hat den potentiellen Vorteil, zeitlich viel früher zu signalisieren als dies z. B. gesetzliche **Insolvenztatbestände** vermögen. Die Frühwarnung durch Covenants wird deshalb häufig als der größte Vorzug des Konzepts angesehen.

Der dynamische Aspekt äußert sich in der auf die Verletzung eines Covenants folgenden Neuverhandlung zwischen Gläubiger und Schuldner. Zum Zeitpunkt des Vertragsabschlusses ist nicht antizipierbar, welche Umweltzustände sich in späteren Zeitpunkten während der Kreditlaufzeit konkretisieren werden. Folglich ist die vertragliche Festlegung von (ebenfalls) zustandsabhängigen Konsequenzen aus Verletzungen von Covenants praktisch nicht möglich bzw. viel zu aufwendig. Was man ex ante nicht lösen kann, muss ex post gelöst werden, wenn der den Covenant verletzende Zustand eingetreten ist. Die Suche nach einer Lösung ist Gegenstand der Neuverhandlungen.

Man kann dieser Konzeption Vorteile zuschreiben. Die vertragliche Festschreibung von Nebenabreden soll das Risiko für den Gläubiger auf dem im Vertragszeitpunkt wahrgenommenen oder einem vorgegebenen Niveau halten. Damit wird das Entscheidungsfeld des Schuldners eingeengt. Vorteilhafte, den Wert des Unternehmens erhöhende Entscheidungen sollen nicht behindert werden. Behindert werden sollen aber Entscheidungen des Managements bzw. des Schuldners, die zu viel Risiko auf die Schultern der Gläubiger verlagern. Wie kann das gelingen?

Man kann die Negativklauseln (Covenants) vor dem Hintergrund der Maßnahmen von Schuldnern sehen, die das Risiko der Gläubiger nach Kreditgewährung erhöhen und damit den Wert der Festbetragsansprüche der Gläubiger senken.

Zu solchen Maßnahmen zählen die oben in Abschnitt 7.2 unterschiedenen vier Fälle:

(1) Erhöhung der Fremdkapitalansprüche mit höherem oder gleichem Rang (Erhöhung des Finanzierungsrisikos).

(2) Erhöhung des Investitionsrisikos durch Übergang zu riskanteren Investitionsstrategien.

(3) Unterinvestition: Unterlassen vorteilhafter Projekte, die also die projektspezifischen Kapitalkosten decken, wenn und weil die Erfolge vorrangig den Gläubigern zuflössen.

(4) Überinvestition: Investition in Projekte, die keine Deckung der projektspezifischen Kapitalkosten erwarten lassen.

7.4.2 Überblick über häufig eingesetzte Covenants

Tabelle 7.7 enthält eine Aufstellung von häufig anzutreffenden Covenants. Diese Covenants werden den Maßnahmen (Entscheidungen) des Schuldners zugeordnet, von denen eine Risikoerhöhung für die Position des Gläubigers ausgehen kann.

Angenommen, ein Kreditgeber will verhindern, dass die Unternehmensverschuldung bestimmte, als kritisch angesehene Quoten übersteigt. Er könnte zu diesem Zweck einen buchwertbasierten Verschuldungsquotienten definieren, der Rückzahlungsansprüche von Kreditgebern in Beziehung setzt zum investierten Kapital. Damit wird eine in Buchwerten definierte obere Verschuldungsgrenze festgesetzt. Überschreitungen des Quotienten hat der Schuldner quartalsweise zu melden. Meldet er nicht, ist dies ein Kündigungsgrund. Meldet er eine Überschreitung, kann der Kreditgeber nach einer angemessenen Reaktion suchen. Das Management des Schuldners hat u. U. Anreize, die Verschuldungsgrenze zu unterlaufen, indem es z. B. Finanzierungs-Leasing-Verträge abschließt. Dem kann man vorbeugen, indem man den Schuldner vertraglich zwingt, den Barwert der Leasingraten mit einem vertraglich festgeschriebenen Diskontierungssatz zu berechnen und den Rückzahlungsansprüchen von Gläubigern hinzuzufügen.

Man kann den kritischen Verschuldungsquotienten auch Cashflow-basiert definieren, indem man den operativen Cashflow einer Periode (vor oder nach Steuern) zur Summe der Rückzahlungsansprüche von Gläubigern in Beziehung setzt und eine kritische Mindestquote (von z. B. 8 %) festschreibt. Dabei ist festzulegen, wie der operative Cashflow zu definieren ist, ob der Kapitalbedarf im Umlaufvermögen abgesetzt ist oder nicht, ob er vor Steuern oder nach Steuern zu definieren ist etc.

Zu kontrollierender Bereich	Beschränkungen der späteren Finanzierungsentscheidungen	Beschränkungen der Ausschüttungen	Beschränkungen des Investitionsverhaltens	Sonstige Klauseln
Inhalt der Covenants	1. Priorität des Anspruchs erhaltende Nebenbedingungen (me-first-rule) 2. Verschuldungsumfang begrenzende Nebenbedingungen, z. B. kritische bilanzielle Verschuldungsgrade; kritische Relationen von operativem Cashflow zu langfristiger oder Gesamtverschuldung 3. Begrenzungen für Finanzierung-Leasing-Geschäfte	1. Beschränkung der periodischen Ausschüttung bzw. des Rückkaufs eigener Aktien; Beschränkung bewirkt, dass Mittel a) aus Verkauf von Gegenständen des Anlagevermögens und b) aus der Aufnahme von Fremdmitteln nicht den Anteilseignern zufließen 2. Überschüssige Mittel müssen entweder investiert oder zur Tilgung verwendet werden	1. Verkauf von zur Fortführung benötigten Vermögensgegenständen wird begrenzt 2. Aufkäufe dritter Unternehmen und Verschmelzungen werden an die Einhaltung bestimmter Mindeststandards der Finanzierung gebunden 3. Aufrechterhaltung positiver Net Working Capital-Bestände	1. Informationspflichten des Schuldners 2. Definition für die berichteten Daten 3. Garantie wahrheitsgemäßer Berichtserstattung 4. Vertragliche Sanktionen (event of default; Fälligstellung, Zinssatzanpassung etc.) 5. cross-default-clause

Tabelle 7.7: Covenants (Negativklauseln) und beabsichtigte Handlungsbeschränkungen

Der Kreditgeber könnte auch verhindern wollen, dass späteren Kreditgebern des Schuldners bessere Positionen eingeräumt werden als ihm. Er kann solche Strategien prinzipiell abwehren, indem er Besicherungen Dritter an seine vorherige Zustimmung bindet, oder eine «**me-first-rule**» durchsetzt, also einen prioritätischen Ranganspruch oder über eine **pari passu-Klausel** Gleichbehandlung mit den späteren Gläubigern erzwingt.

Interessant ist die Wirkung einer **cross-default-clause**. Sie besagt, dass die Verletzung einer Negativklausel (breach of covenant) im Rahmen eines mit Dritten geschlossenen Kreditvertrages auch für den vorliegenden Kreditvertrag als „breach of covenant" gilt und damit die Sanktionen (z. B. Kündigung, Anpassung der Vertragsbedingungen) auslösen kann. Damit wird ein Gleichschritt der Vertragsgläubiger gegenüber dem Schuldner hergestellt, was die disziplinierende Wirkung auf Schuldner verstärkt.

Die Wirkungsweise von Covenants wird in der Literatur nicht einheitlich eingeschätzt. Während einige dazu neigen, in einem Covenant-gestützten Monitoring von Schuldnern eine marktwirtschaftliche Alternative zum Insolvenzrecht zu sehen, erwarten andere nur einen beschränkten Beitrag zur Begrenzung des Kreditrisikos. Man darf erwarten, dass professionelle Kreditgeber das Monitoring über Covenant-gestützte Kreditverträge mit der abnehmenden Bedeutung traditioneller Sachsicherheiten verstärkt einüben und Erfahrungswissen sammeln werden.

Prinzipiell ist Monitoring über durch Covenants angereicherte Kreditverträge eine erfolgversprechende Strategie:

- Die Covenants sind auf den Einzelfall individuell anpassbar.
- Die mit ihnen verknüpften periodischen (z. B. vierteljährlichen), sanktionsbewehrten Berichtspflichten überspringen das von Kreditgebern regelmäßig vorgebrachte Argument, dass Schuldner Jahresabschlussdaten zu spät vorlegen.
- Dem Erfindungsreichtum der Covenant-Architekten sind nur zwei Grenzen gesetzt: Der Schuldner muss sie als Voraussetzung für das Zustandekommen des Finanzierungsvertrages akzeptieren. Konflikte mit einer richterlichen Kontrolle von Covenants sind zu vermeiden. Beide Bedingungen sind indessen von *jeder* alternativen Sicherungsstrategie zu erfüllen.

7.5 Kreditverträge und Disziplinierung der Eigentümer – eine Fallstudie

7.5.1 Sachverhalt

Zwei Manager einer mittelständischen Aktiengesellschaft wollen die Eigentumsrechte des sie beschäftigenden Unternehmens zum Ende von 2014 erwerben. Der Alteigentümer will sich aus Altersgründen zurückziehen und bietet seinen wichtigsten Managern die Eigentumsrechte zu einem Kaufpreis von 10 Mio. an (100.000 Aktien), von denen er 8 Mio. sofort und bar erhalten will. Über die restlichen 2 Mio. ist er bereit ein Verkäuferdarlehen zu gewähren; dessen Eigenschaften sind gleich darzustellen. Vergleiche mit Transaktionspreisen bzw. Börsenkapitalisierungen vergleichbarer Unternehmen ergaben, dass der vom Alteigentümer geforderte Kaufpreis angemessen ist. Das Unternehmen erzielt seit 1960 moderat steigende Umsatzerlöse und Jahresüberschüsse. Seit 1960 ist kein Jahresfehlbetrag aufgetreten. Der bisherige Eigentümer verfolgte eine konservative Finanzierungsstrategie: Investitionen im Umlauf- und Anlagevermögen werden über die positiven operativen Cashflows finanziert; überschüssige Mittel werden ausgeschüttet. Auf die Finanzierung mittels langfristigem Fremdkapital wurde generell verzichtet. Das Unternehmen, die Druck AG, nutzt lediglich Kredite der Lieferanten und kurzfristige Bankkredite zur Finanzierung des im Jahresverlauf schwankenden Mittelbedarfs zur Finanzierung des Umlaufvermögens. Tabelle 7.8 weist die Gewinn- und Verlustrechnungen für 2009 bis 2013 aus; Tabelle 7.9 präsentiert die Daten der Bilanz zum 31.12.2013. Tabelle 7.10 liefert einige finanzielle Daten der letzten 10 Jahre. Tabelle 7.11 zeigt die monatliche Zusammensetzung und die Schwankungen des erforderlichen Betriebskapitals im Verlaufe des Jahres 2014.

Jahr	2009	2010	2011	2012	2013
Umsatzerlöse	4.870	5.022	5.974	6.985	7.630
Herstellkosten der erbrachten Leistungen	2.918	2.824	3.497	4.152	4.649
Bruttoergebnis vom Umsatz	1.952	2.198	2.476	2.833	2.981
Vertriebs- und Verwaltungsaufwendungen	1.108	1.036	1.235	1.511	1.637
Sonstige Erträge	20	54	36	64	60
Gewinn vor Steuern vom Ertrag	864	1.216	1.277	1.386	1.404
Ertragsteuern	408	486	460	471	421
Jahresüberschuss	456	730	817	915	983

Tabelle 7.8: Gewinn- und Verlustrechnungen der Druck AG in Tausend (2009-2013)

Aktiva			Passiva
Anlagevermögen		**Eigenkapital**	
Bauten, masch. Anlagen	1.055	Gezeichnetes Kapital	100
Sonstige Vermögensgegenstände	37	Gewinnrücklagen	4.858
Umlaufvermögen		**Kurzfristige Verbindlichkeiten**	
Kasse	1.131	Verbindlichkeiten aus Lieferungen	327
Wertpapiere des Umlaufvermögens	1.750		
Forderungen	1.270	Steuerrückstellungen	123
Vorräte	294	Passive Rechnungsabgrenzungsposten	183
Aktive Rechnungsabgrenzungsposten	54		
Bilanzsumme	5.591	Bilanzsumme	5.591

Tabelle 7.9: Bilanz zum 31.12.2013 der Druck AG in Tausend

	Jahr	2004	2005	2006	2007	2008	2009	2010	2011	2012	2013
(1)	Umsatzerlöse	3.844	4.178	4.263	4.395	4.675	4.870	5.022	5.974	6.985	7.630
(2)	Jahresüberschuss	319	334	371	374	379	456	730	817	915	983
(3)	Ausschüttungen	300	100	140	140	220	220	240	610	687	740
(4)	JÜ pro Aktie	3,19	3,34	3,71	3,74	3,79	4,56	7,30	8,17	9,15	9,83
(5)	Umsatzrendite nach Steuern NUR (in %)	8,3	8,0	8,7	8,5	8,1	9,4	14,5	13,7	13,1	12,9

Tabelle 7.10: Ausgewählte finanzielle Daten der Druck AG der letzten 10 Jahre in Tausend (2004-2013)

		Jan.	Feb.	März	April	Mai	Juni	Juli	Aug.	Sept.	Okt.	Nov.	Dez.
(1)	Kassenbestand + Guthaben + WUV[1)]	2.768	2.857	2.698	2.392	2.164	2.049	2.177	383	1.025	1.915	2.876	2.881
(2)	Forderungen	740	380	367	402	359	302	1.716	3.052	3.082	2.161	1.199	1.270
(3)	Vorräte	562	833	1.105	1.376	1.647	1.919	1.377	835	263	294	304	294
(4)	Kurzfristige Verbindl.	593	610	621	573	711	672	536	608	587	692	670	633
(5)	EBK	3.477	3.460	3.549	3.597	3.459	3.598	3.734	3.662	3.783	3.678	3.700	3.812

1) WUV ≡ Wertpapiere des Umlaufvermögens

Tabelle 7.11: Entwicklung des monatlichen erforderlichen Betriebskapitals (EBK) in Tausend der Druck AG im Jahr 2014

7.5.2 Nebenbedingungen der Kreditverträge

Betrachten wir die Bedingungen, unter denen der Alteigentümer ein Verkäuferdarlehen von 2 Mio. und eine Bank ein Darlehen von maximal 3 Mio. zu gewähren bereit sind. Der Alteigentümer erklärt sich bereit, eine nachrangige Position zu übernehmen und eine beliebige Tilgungsstruktur zu akzeptieren unter der Prämisse, dass die Rückzahlung in längstens 5 Jahren abgeschlossen ist. Zusätzlich soll gelten:

a) Das Management wird neben dem geplanten Bankkredit keine weiteren langfristigen Verbindlichkeiten oder Leasingverbindlichkeiten schaffen, bevor nicht das Verkäuferdarlehen getilgt ist. Zulässig sind kurzfristige Kredite zur Finanzierung des Umlaufvermögens, wobei Bedingung b) zu beachten ist.

b) Der mit Eigenkapital finanzierte Anteil am erforderlichen Betriebskapital soll mindestens 1,5 Mio. betragen.

c) Die Vergütungen der Vorstandsmitglieder bleiben unverändert bis zur vollständigen Tilgung des Verkäuferdarlehens. Dividendenzahlungen sind zulässig nach Rückführung des Darlehens.

d) Die Aufnahme neuer Eigentümer ist bis zur vollständigen Rückführung des Darlehens ausgeschlossen.

e) Eine Vertragsverletzung bewirkt die sofortige Fälligkeit des Darlehens.

Vertraglich soll das Darlehen eingekleidet werden in ein mit 4 % zu verzinsendes – die sog. prime rate beträgt 5,25 % – nominales Darlehen in Höhe von 3 Mio. (Disagio: 33 $^1/_3$ %). Kombiniert wird dies mit einer «Beschleunigungsklausel», deren Zweck die Schaffung eines Anreizes zur schnellen Rückführung des Verkäuferdarlehens ist. Zahlungen an den Alteigentümer, die im Zeitablauf erbracht werden, entfalten die im Folgenden angezeigten abnehmenden Tilgungsintensitäten:

Zahlung im Jahr	Zu tilgender Anteil in % des Nominalbetrages von 3 Mio.
2015	58 %
2016	71 %
2017	81 %
2018	91 %
2019	100 %

Würden die Manager das Darlehen in 2019 zurückführen, hätten sie in jedem Jahr der Laufzeit Zinsen in Höhe von $0{,}04 \cdot 3.000.000 = 120.000$ und in 2019 eine Tilgungsleistung von 3.000.000 zu erbringen. Gelänge es den Managern, die vollständige Tilgungsleistung in 2016 zu erbringen, reduzierte sich die Zahlungsbelastung auf die genannten Zinszahlungen in 2015 und 2016 sowie eine Tilgungsleistung von 3 Mio. $\cdot$ 0,71 = 2,13 Mio. im Jahr 2016. Eine schnelle Tilgung ist also sehr attraktiv.

Betrachten wir die Darlehensbedingungen der Bank. Das Kreditvolumen ist 3 Mio.; der Zinssatz liegt 2 Prozentpunkte über der prime rate, die 5,25 % beträgt. Die maximale Laufzeit beträgt 6 Jahre. Vorzeitige Rückzahlungen sind jederzeit möglich. Die jährlichen Mindesttilgungen sind definiert als das Maximum aus Jahresüberschuss oder 500.000. Der Kreditnehmer wird verpflichtet, 20 % des noch ausstehenden Kreditbetrages als Bankguthaben oder als sehr liquide Vermögensposition (z. B. Wertpapiere des Umlaufvermögens) zu halten. Von Interesse sind die Negativklauseln (Covenants). Die Wichtigsten sind:

a) Weitere Verbindlichkeiten mit Laufzeiten, die ein Jahr übersteigen, gelten als diesem Darlehen nachrangig. Sie dürfen folglich nicht besichert werden.

b) Die Summe nachrangiger, längerfristiger Verbindlichkeiten darf den Betrag von 5 Mio. nicht übersteigen.

c) Verkäufe von Vermögensgegenständen des Anlagevermögens setzen die Zustimmung der Bank voraus.

d) Das erforderliche Betriebskapital (EBK) darf den Betrag von 1,5 Mio. nicht unterschreiten.

e) Das Investitionsvolumen im Anlagevermögen pro Periode wird auf 200.000 beschränkt.

f) Bei Vertragsverletzung wird das Darlehen unter Einschluss von Zinszahlungen sofort fällig.

g) Als Vertragsverletzung (breach of contract) gilt auch, wenn der Schuldner eine Vertragsbedingung eines Kreditvertrages mit einem Dritten verletzt (**cross-default-clause**).

7.5.3 Analyse

Der Überblick über die referierten Bedingungen legt den Schluss nahe, dass die finanziellen Bewegungsmöglichkeiten der Eigentümer für die Zeitspanne der Kreditlaufzeiten stark eingeengt sind:

- die kurzfristige Verschuldung ist wegen der Bedingung bezüglich des erforderlichen Betriebskapitals (EBK) begrenzt;
- die langfristige Verschuldung ist begrenzt; die Ansprüche dritter Kreditgeber rangieren nach denen der Bank;
- Ausschüttungen sind nicht zulässig;
- das Volumen für Investitionen ist gekappt;
- Vertragsverletzungen haben die sofortige Fälligkeit des Darlehens zur Folge. Das kann eine hohe Wahrscheinlichkeit für Zahlungsunfähigkeit bedeuten.

Damit entsteht erheblicher Leistungsdruck auf die Eigentümer. Versuche, einen Gläubiger zu übervorteilen, sind aussichtslos, da die cross-default-clause die Interessen der Gläubiger bündelt.

Relevanz haben die Bedingungen vor dem Hintergrund des Kapitalbedarfs von 9,60 Mio.; 0,40 Mio. setzen die Manager ein. Das Verkäuferdarlehen kann mit 2,0 Mio., das Darlehen der Bank mit 3,0 Mio. angesetzt werden. Es bleibt also eine Finanzierungslücke von 4,60 Mio. Diese Lücke kann durch langfristige Fremdmittel nicht geschlossen werden, da die von der Bank definierte Obergrenze von 5 Mio. für nachrangige langfristige Verbindlichkeiten durch das Verkäuferdarlehen bereits in Höhe von 2 Mio. ausgeschöpft ist. Die Obergrenze für weitere langfristige Verbindlichkeiten liegt somit bei 3 Mio. Somit muss der Restbetrag von mindestens 1,60 Mio. kurzfristig finanziert werden. Das kann gelingen, wenn die Nebenbedingungen von Verkäufer und Bank bezüglich EBK nicht verletzt werden. Diese fordern im Gleichklang ein EBK von mindestens 1,5 Mio. Das ist realisierbar, wie Tabelle 7.11 erkennen lässt.

Zu klären ist, wie ein Venture Capital-Geber beteiligt werden könnte und auf welche Weise diesem eine Rendite von etwa 20–25 % geboten werden könnte. Dies zu realisieren ist über ein fremdkapitalähnliches Finanzierungsinstrument nicht möglich, weil die Cash-Generierung des Unternehmens zu gering ist. Folglich müssten dem Venture Capital-Geber Eigentumsrechte, also Aktien übereignet werden. Dies ist, wie die Bedingungen des Alteigentümers zeigen, erst dann möglich, wenn das Verkäuferdarlehen restlos getilgt ist. Und das Verkäuferdarlehen kann erst getilgt werden, wenn zuvor die vorrangige Verbindlichkeit der Bank zurückgefahren ist. Es besteht also eine eindeutige Sequenz, in der Gläubiger mit **Tilgungen** bedient werden müssen. Zugleich sind die Spielräume für die neuen Eigentümer klar vorgegeben: Finanzierungsmaßnahmen, Investitionen, Gehaltserhöhungen, Verkäufe von Aktien, Ausschüttungen stoßen auf klar definierte Grenzen, womit Vertragsverstöße zweifelsfrei aufdeckbar und sanktionierbar sind. Covenants sind fast unverzichtbare Bausteine beim Versuch, Eigentümer mit geringen Eigenkapitaleinsätzen zu disziplinieren.

Die weitere Diskussion des Falles wird an dieser Stelle unterbrochen. Die wichtige Frage, ob die Übernahme in Kooperation mit einem Venture Capital-Fonds gelingt, wird in Kapitel 9, welches sich mit Eigen- und Beteiligungsfinanzierung beschäftigt, wieder aufgenommen.

7.6 Langfristige Fremdfinanzierung

7.6.1 Schuldscheindarlehen

Schuldscheindarlehen sind langfristige Finanzierungsinstrumente, die die im folgenden Abschnitt zu behandelnde Unternehmensanleihe klar zurückgedrängt haben. Schuldscheindarlehen haben bei der Deckung des langfristigen Finanzierungsbedarfs von Unternehmen und der öffentlichen Hand (Bund, Deutsche Bahn AG, größere Kommunen) einen festen Platz. Schuldscheindarlehen kann man definieren als anleiheähnliche, langfristige Großkredite, die von bestimmten Unternehmen bei bestimmten Kapitalsammelstellen, die nicht Banken sind, aufgenommen werden. Als Anbieter von Schuldscheindarlehen für private Unternehmen kommen Versicherungsunternehmen und hier insbesondere Lebensversicherungen und Pensionskassen in Frage. Die Sozialversicherungsträger (Rentenversicherungsanstalt, Bundesanstalt für Arbeit) gewähren Schuldscheindarlehen i. d. R. nur an öffentliche Stellen.

Der Kreis der Unternehmen, die Schuldscheindarlehen aufnehmen können, ist größer als der Kreis der Unternehmen, die als emissionsfähig (börsenfähig) gelten. Dennoch sind «schuldscheinfähige» Unternehmen oft nur größere Unternehmen. Ob ein Unternehmen «schuldscheinfähig» ist, richtet sich nach den Anforderungen, die die Versicherungsunternehmen bzw. ihre Aufsichtsbehörde stellen. Versicherungsunternehmen unterliegen bei der Anlage ihrer Mittel den Anlagevorschriften von §§ 54ff. Versicherungsaufsichtsgesetz (VAG) und den Anlagerichtlinien der Bundesanstalt für Finanzdienstleistungsaufsicht (BaFin). Diese legen die Anforderungen an die *Deckungsstockfähigkeit* von Anlagetiteln der Versicherungen fest, wobei mit Deckungsstock das Sondervermögen bezeichnet wird, aus dem ein Versicherungsunternehmen seine künftigen Verpflichtungen zu leisten hat. Deckungsstockfähig sind Schuldscheindarlehen, sofern durch die bisherige und künftig zu erwartende Entwicklung des Unternehmens die vertraglich vereinbarte Verzinsung und Tilgung des Darlehens gewährleistet erscheint *und* das Darlehen durch erstrangige Grundpfandrechte gesichert ist. Fehlt eine der Voraussetzungen, ist eine Ausnahmegenehmigung der Aufsichtsbehörde erforderlich, die hohe Anforderungen an die Bonität des Unternehmens stellt. Zwar können auch (nicht emissionsfähige) Personengesellschaften an den Schuldscheinmarkt herantreten; jedoch wird nur eine relativ kleine Zahl von Unternehmen den Bonitätsanforderungen genügen. Somit ist die Zahl der Kapitalanbieter und die Zahl der (inländischen) Kapitalnachfrager am Schuldscheinmarkt relativ klein und sorgt somit für eine hohe Markttransparenz.

Abbildung 7.3 berichtet Gesamtvolumina von Schuldscheindarlehen im Zeitraum 2004 –2013.

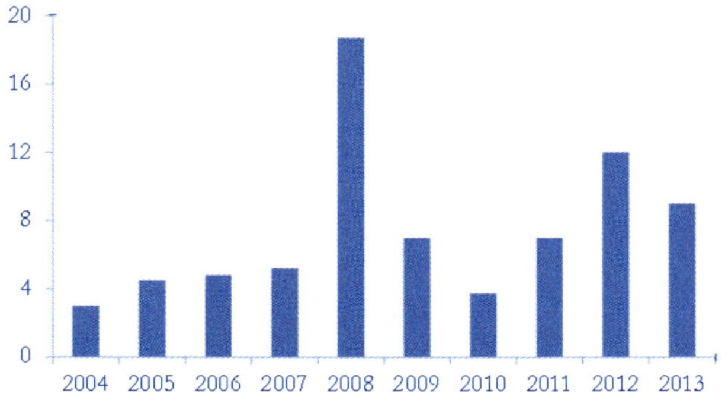

Abbildung 7.3: Gesamtvolumina von Schuldscheindarlehen (in Mrd. €) im Zeitraum 2004-2013 (Quelle: Kraus/Schröder/Schnutenhaus (2014), S. 196.)

In vielen Punkten ist die Ausstattung von Schuldscheindarlehen der von Unternehmensanleihen angepasst. Die Laufzeit liegt meist zwischen 10 und 15 Jahren. Werden steigende Inflationsraten erwartet, besteht eine Tendenz zu kürzeren Laufzeiten. Der Nominalzins bestimmt sich nach dem Kapitalmarktsatz für erstklassige Anlagen. Über ein Agio wird die Effektivrendite eines Vertrages meist so eingestellt, dass sie $^1/_4$ %- bis $^1/_2$ %-Punkt über der aktuellen Kapitalmarktrendite liegt. Die Ursache dürfte darin zu suchen sein, dass die Transaktionskosten für ein Schuldscheindarlehen deutlich unter denen für eine Unternehmensanleihe liegen. Die tilgungsfreien Zeiträume schwanken i. d. R. zwischen 3 und 5 Jahren. Ein vorzeitiges Kündigungsrecht wird dem Darlehensnehmer i. d. R. nicht zugebilligt.

Für den Kreditnehmer, der die Bonitätsanforderungen erfüllt, hat ein Schuldscheindarlehen mehrere Vorteile:

a) Er kann bestimmte Kreditbedingungen wie Bereitstellung in Tranchen, Tilgungsmodalitäten individuell aushandeln; er gewinnt Flexibilität.

b) Schuldscheindarlehen sind auch in den Dimensionen erhältlich, in denen eine Unternehmensanleihe, die ein Mindestvolumen erreichen muss, nicht möglich wäre.

c) Die Nebenkosten (Transaktionskosten) sind relativ niedrig.

Auch Nachteile bestehen: Die Zinsbelastung übersteigt i. d. R. die mit der Ausgabe einer Unternehmensanleihe verbundene Belastung; außerdem ist eine vorzeitige Tilgung des Darlehens i. d. R. nicht möglich.

7.6.2 Unternehmensanleihen

Eine langfristige Schuldverschreibung, die in Teilschuldverschreibungen gestückelt, festverzinslich und börsengängig ist, heißt Anleihe, Unternehmensanleihe, Obligation oder Industrieobligation. Die Unternehmensanleihe war lange Zeit das klassische Instrument der langfristigen Fremdfinanzierung. Kreditnehmer fragen häufig Mittel nach, die die finanzielle Kapazität eines einzelnen Kreditgebers übersteigen: mehrere Kreditgeber müssen sich zusammenschließen. Kreditnehmer fragen zugleich häufig Mittel für Laufzeiten nach, die den Kreditgebern zu lang sind: die in Teilschuldverschreibungen zerlegte («gestückelte») Unternehmensanleihe, die an der Börse gehandelt wird, löst dieses Problem der unterschiedlichen Fristenpräferenzen.

Die Teilschuldverschreibungen sind Wertpapiere, die auf einen bestimmten Nennbetrag lauten (0,01, 100, 500, 1.000 Euro), mit einem festen Nominalzins ausgestattet sind, eine fixierte maximale Laufzeit haben und zu einer Rückzahlung in Höhe des Nominalwertes oder (Ausnahme) zu einem um ein Agio erhöhten Betrag berechtigen. Ein vorzeitiges Kündigungsrecht des ausgebenden Unternehmens ist möglich, aber nicht die Regel. Als Ursache hierfür wird auch das Interesse der Kapitalsammelstellen an nicht vorzeitig kündbaren langfristigen Anlageformen genannt. Zu beachten ist auch, dass das ausgebende Unternehmen die Möglichkeit hat, die Teilschuldverschreibungen am Markt aufzukaufen.

Die technische Abwicklung der Emission einer Unternehmensanleihe erfolgt i. d. R. über ein Bankenkonsortium, das die Konditionen der Anleihe mit der Gesellschaft aushandelt und die Anleihe häufig fest übernimmt, um sie auf eigenes Risiko am Markt zu platzieren.

Da Kapitalsammelstellen (z. B. Versicherungsgesellschaften) eine wichtige Käuferklasse für Teilschuldverschreibungen darstellen, ist die Deckungsstockfähigkeit der Anleihe von Gewicht, weil sie die Platzierungschancen am Markt spürbar erhöht.

Unternehmensanleihen werden an einer oder mehreren Börse(n) zum Handel und zur amtlichen Kursnotierung eingeführt. Nach den Bestimmungen des Börsengesetzes entscheidet über die Zulassung von Wertpapieren zum Börsenhandel die Geschäftsführung (§ 32 BörsG). Zu diesem Zweck sind Zulassungsantrag und Börsenprospekt von einer die Emission abwickelnden Bank an die Geschäftsführung der Börse zu richten. Deren Aufgabe es ist, insbesondere zu prüfen, ob Emittent und die Wertpapiere den Bestimmungen entsprechen, die zum Schutz des Publikums und für einen ordnungsgemäßen Börsenhandel gemäß § 38 BörsG erlassen sind. Die Information der Anleger über die wertbestimmenden Faktoren eines Wertpapieres erfolgt somit über den Börsenprospekt, der *vor* der Einführung des Wertpapiers an der Börse zu veröffentlichen ist. Enthält ein Börsenprospekt unrichtige und/oder unvollständige Angaben, die für die Abschätzung des Wertes eines Wertpapiers erheblich sind, haften diejenigen, die den Prospekt erlassen haben, sowie diejenigen, von denen der Erlass des Prospektes ausgeht, für den Schaden, der dem auf den Prospekt vertrauenden Anleger entsteht (Prospekthaftung, § 21 Wertpapierprospektgesetz).

Nach der Prospektveröffentlichung kann die Einführung der Anleihe in den Börsenhandel erfolgen.

Die Emissionskosten einer Unternehmensanleihe setzen sich im Wesentlichen aus folgenden Einzelpositionen zusammen: Übernahme und Vermittlungsprovision des Konsortiums, Börseneinführungsprovision, Druckkosten für Urkunden, Kosten der Veröffentlichung von Börsenprospekt und Verkaufsangebot, Kosten der Sicherheitenbestellung. Diese Kosten werden auf 2,5 – 4 % des Nominalwertes der Anleihe geschätzt.

Neben diesen einmaligen Kosten sind jährliche Kosten zu beachten für Provision für Zinseinlösung der Banken und Gebühren für den Treuhänder, der die Sicherheiten stellvertretend für die Vielzahl der Anleger hält. Unternehmensanleihen sind i. d. R. durch erstrangige Grundschulden besichert.

Die Bedeutung der Unternehmensanleihe für die langfristige Finanzierung von Unternehmen in Deutschland war lange Zeit rückläufig. Die Gründe für diese Entwicklung sind nicht ganz klar. Zum einen wurde (die inzwischen entfallene) staatliche Genehmigungspflicht für die Emission von Anleihen angeführt. Ob sie jemals ein wirkliches

Hindernis war, ist offen. Zum anderen wurde darauf verwiesen, dass Unternehmen bei der Beschaffung langfristigen Fremdkapitals viele Alternativen offenstehen – z. B. Schuldscheindarlehen, Bankkreditierung, innovative Formen der Fremdfinanzierung – deren technische Abwicklung weniger aufwendig und deren Transaktionskosten z. T. auch geringer sind.

Seit einigen Jahren nimmt die Emissionstätigkeit im Bereich der Festzinsanleihen wieder zu. Abbildung 7.4 vermittelt einen Eindruck von dem durchschnittlichen Renditeniveau deutscher Unternehmensanleihen zwischen 1957 bis 2014.[70] Die Umlaufrendite ist ein marktwertgewichteter Renditeindex von Anleihen.

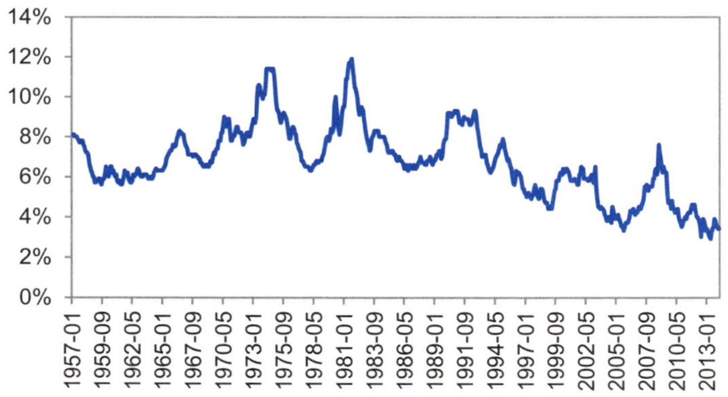

Abbildung 7.4: Umlaufrendite (p. a.) deutscher Unternehmensanleihen (ohne Kreditinstitute) von Januar 1957 bis Februar 2014 (Daten: Deutsche Bundesbank, eigene Darstellung)

Die Rendite, die dem Zeichner der Anleihe versprochen wird, hängt deutlich ab von der Bonität des emittierenden Unternehmens. Diese Bonität wird gemäß den auf dem Rating-Sektor führenden US-amerikanischen Unternehmen Standard & Poor's mit einem globalen Marktanteil von ca. 40 % in 2013, Moody's Investor Service (40 %) sowie Fitch Ratings (15 %) entwickelten Bonitätsskalen zum Ausdruck gebracht. Tabelle 7.12 gibt einen verkürzten Überblick über die möglichen Klassifikationen der beiden bedeutendsten Ratingagenturen.

Die Anleihen von nicht mit AAA gerateten Unternehmen müssen den Zeichnern einen um einen Risikoaufschlag erhöhten Zinssatz bieten. Dieser auch Spread genannte Aufschlag zum Basiszins[71] ist beim Übergang von AAA zu A sehr klein und beträgt etwa 0,03 Prozentpunkte; beim Übergang zum Sektor «Speculative Grade» nimmt der Spread erheblich zu.

[70] In die Berechnung der Umlaufrendite der Deutschen Bundesbank gehen grundsätzlich nur Anleihen mit einer vereinbarten Laufzeit gemäß Emissionsbedingungen von über vier Jahren ein. Die Renditen – nicht die Nominalverzinsung – einzelner Papiere werden mit den zu Marktkursen bewerteten Umlaufsbeträgen gewogen. Basis bilden die Bundesbank-Referenzpreise oder Xetra-Kurse.

[71] Der Basiszins wird aus der Zinsstrukturkurve – geschätzt von der Deutschen Bundesbank – gewonnen. Seine Höhe bestimmt sich nach der Laufzeit und den Marktbedingungen. Im Anhang zeigt Abbildung 7.17, wie der monatlich ermittelte Basiszins zwischen September 1972 und März 2014 für Laufzeiten bis zu 30 Jahren ausgesehen hat.

Standard & Poor's	Moody's		Definition
AAA	Aaa	INVESTMENT GRADE	Beste Qualität, geringstes Ausfallrisiko, außergewöhnlich gute Bonität.
AA+ AA AA–	Aa1 Aa2 Aa3		Hohe Qualität, sehr gute Bonität, aber etwas größeres Risiko als die Spitzengruppe.
A+ A A–	A1 A2 A3		Gute Bonität, aber etwas anfälliger für negative Auswirkungen aufgrund von Veränderungen im Umfeld.
BBB+ BBB BBB–	Baa1 Baa2 Baa3		Mittlere Qualität, aber mangelnder Schutz gegen die Einflüsse sich verändernder Wirtschaftsentwicklung.
BB+ BB BB-	Ba1 Ba2 Ba3	SPECULATIVE GRADE	Spekulative Anlage, nur mäßige Deckung für Zins- und Tilgungsleistungen.
B+ B B–	B1 B2 B3		Sehr spekulativ, geringe Bonität, hohes Risiko eines Zahlungsausfalls.
CCC CC C	Caa Ca C		Niedrigste Qualität, geringster Anlegerschutz, in Zahlungsverzug oder in direkter Gefahr des Verzugs.
D	–		Der Schuldner ist bereits in Zahlungsverzug oder hat Insolvenz angemeldet.

Tabelle 7.12: Bonitätsklassen der Ratingagenturen Standard & Poor's und Moody's Investor Service

7.6.3 Bankkredite

Langfristige Bankkredite haben für die Finanzierung von Unternehmen in Deutschland eine sehr große Bedeutung, wie sich in Abbildung 7.5 sehen lässt, in der die langfristigen Bankkredite deutscher Unternehmen von 1971-2011 dargestellt sind. Langfristige Bankkredite haben einen durchschnittlichen Anteil von 59 % am langfristigen Fremdkapital und entsprechen durchschnittlich 10 % der Bilanzsumme. Von 1971 bis 2000 stieg der relative Anteil an langfristigen Bankkrediten zum langfristigen Fremdkapital graduell an, bis sich ab 2000 ein konstanter Rückgang abzeichnet, obwohl die absolute Summe an langfristigen Bankkrediten ab 2004 rapide gestiegen ist.

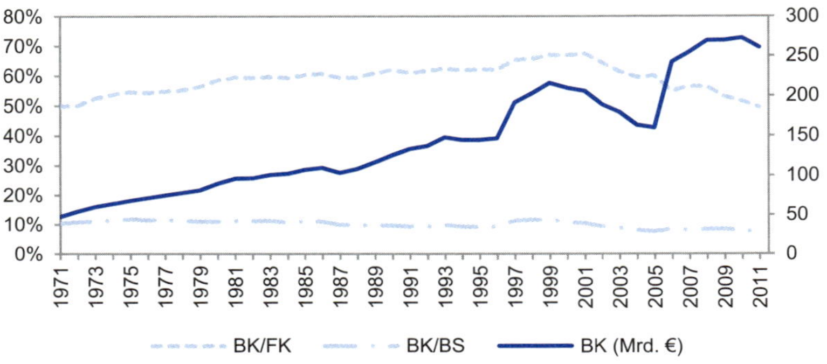

Abbildung 7.5: Langfristige Bankkredite (BK) in Mrd. € skaliert auf der rechten Achse und langfristige Bankkredite in Relation zum langfristigen Fremdkapital sowie zur Bilanzsumme skaliert auf der linken Achse im Zeitraum 1971-2011 für deutsche Unternehmen (Quelle: Deutsche Bundesbank, eigene Berechnungen)

Diese Bedeutung von langfristigen Bankkrediten nimmt mit der Größe des Unternehmens ab. Für Nichtkapitalgesellschaften spielen langfristige Bankkredite – wie Grafik B in Abbildung 7.6 zeigt – eine bedeutendere Rolle als für Kapitalgesellschaften, zu denen große, emissionsfähige Aktiengesellschaften gehören. Der relative Anteil von Bankkrediten an den langfristigen Fremdmitteln liegt bei Nichtkapitalgesellschaften über den Zeitraum von 1997-2010 nahezu konstant bei ca. 70 %, wohingegen im gleichen Zeitraum dieser Anteil bei den Kapitalgesellschaften von ca. 60 % auf knapp 40 % gesunken ist. Der relative Anteil von langfristigen Bankkrediten an der Bilanzsumme ist bei Nichtkapitalgesellschaften nahezu sechsmal höher als bei Kapitalgesellschaften. Wenn von der Bedeutung einer Finanzierungsquelle für die Finanzierung von Unternehmen gesprochen wird, sollten Verhältniskennzahlen wie in den Abbildungen 7.5 und 7.6 herangezogen werden.

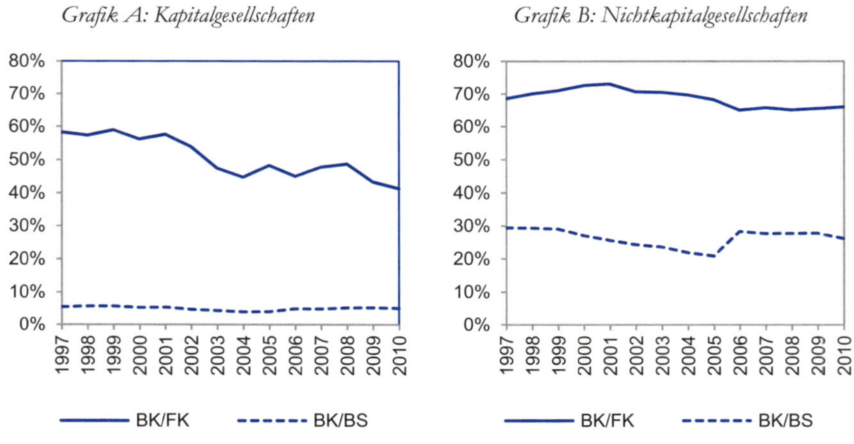

Abbildung 7.6: Langfristige Bankkredite in Relation zum langfristigen Fremdkapital sowie zur Bilanzsumme im Zeitraum 1997-2010 für deutsche Kapitalgesellschaften (Grafik A) und Nichtkapitalgesellschaften (Grafik B) (Quelle: Deutsche Bundesbank, eigene Berechnungen)

Sieht man von der Mittelbereitstellung durch Innenfinanzierung ab – also durch Abschreibungen, Rückstellungsbildung und Gewinnthesaurierung generierte Mittel, über die Kapitel 10 berichtet – ist die Aufnahme von Bankkrediten demnach die bei Weitem wichtigste Quelle der Außenfinanzierung. Die Ausgabe von Anleihen, die Aufnahme von Schuldscheindarlehen und insbesondere die Aufnahme von Eigenkapital durch Einlagen bzw. Ausgabe junger Aktien rangieren mit unterschiedlichem Abstand auf den Folgeplätzen.

Bei der Vergabe von langfristigen Krediten an Unternehmen nehmen Kreditinstitute i. d. R. die folgenden Prüfungen vor:

- Kreditwürdigkeitsprüfung,
- Prüfung der Sicherheiten und der Beleihungsgrenze,
- Prüfung der sonstigen Nebenbedingungen des Kreditvertrages.

Das Kreditwesengesetz verpflichtet Kreditinstitute in § 18 u. a. bei der Vergabe von Krediten, die 750.000 Euro übersteigen, sich die wirtschaftlichen Verhältnisse des Kreditnachfragers offenlegen zu lassen. Hierzu brauchbare Unterlagen sind etwa:

- Jahresabschlüsse und – soweit vorhanden – Geschäftsberichte der letzten Jahre;
- Steuerbilanzen, sowie Steuererklärungen und -bescheide;
- Handelsregisterauszug und Gesellschaftsvertrag;
- bestehende Unternehmensverträge über Gewinnabführung und Beherrschung;
- Vermögensverzeichnis zu Zeitwerten (Kreditstatus);
- Daten über Umsätze, Umsatzstruktur, Auftragsbestand;
- Angaben über aus der Bilanz nicht ersichtliche Verträge (Leasing, langfristige Bezugs- bzw. Lieferverträge);
- Finanzpläne; Investitionspläne;
- Aufstellung der zur Besicherung noch verfügbaren, freien Vermögensgüter.

Die Kreditanalysten der Bank entwickeln aus diesen Daten ein Bild der Vermögens- und Ertragslage des Kreditnachfragers, mit dessen Hilfe abgeschätzt werden soll, wie hoch das Ausfallrisiko eines gewährten Kredits veranschlagt werden kann.

Nur an Unternehmen mit starker Bonität werden langfristige Bankkredite ohne Sicherheiten ausgereicht. In der Regel fordern Banken Sicherheiten, d. h. Vermögensgegenstände oder Rechte, auf die sie bei Zahlungsausfall zurückgreifen können, um ihre Ansprüche aus dem Verwertungserlös mit Vorrang vor Drittgläubigern zu befriedigen.

Diese Sicherheiten werden aus den zuvor in Abschnitt 7.3 besprochenen Gründen durch Negativklauseln (Covenants) begleitet, die oben in Abschnitt 7.4 besprochen wurden.

Abbildung 7.7 schließlich spiegelt das annualisierte effektive Kreditzinsniveau im Zeitraum 2003-2014 wider.[72]

---

[72] Hierbei handelt es sich um eine volumengewichtete Durchschnittsverzinsung des Bestandes zum Monatsende, welche sämtliche Zinszahlungen wie auch ein gewährtes Disagio einbezieht, jedoch keine eventuell anfallenden sonstigen Kosten, wie z.B. für Anfragen, Verwaltung, Erstellung der Dokumente, Garantien und Kreditversicherungen.

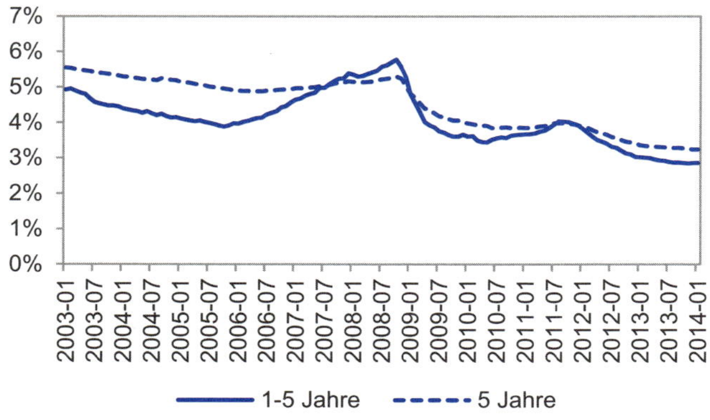

Abbildung 7.7: Effektivzinssätze (p. a.) von Krediten an nichtfinanzielle Kapitalgesellschaften vergeben von Kreditinstituten mit einer Ursprungslaufzeit über 1 bis 5 Jahre und über 5 Jahre von Januar 2003 bis Januar 2014 (Daten: Deutsche Bundesbank, eigene Darstellung)

7.6.4 Gesellschafterdarlehen

Für Eigentümer von Kapitalgesellschaften (GmbH, AG, KGaA) gibt es Gründe, «ihren» Gesellschaften Darlehen zu gewähren. Eigentümer nehmen in diesem Fall eine Gläubigerposition ein. Die Anreize, neben der Eigentümer- auch die Gläubigerposition einzunehmen, sind vielfältig. Zunächst genießen Gesellschafterdarlehen bislang die gleichen steuerlichen Privilegien wie Fremdkapital von Dritten: Zinsen sind bei der Körperschaftsteuer ganz und bei der Gewerbeertragsteuer zu 75 % abzusetzen. Vorteile, die allein Gesellschafterdarlehen zuzusprechen sind, werden im Folgenden knapp aufgezählt:

- Da Gesellschafter selbst Darlehen gewähren, entfallen Kosten für die Kreditwürdigkeitsprüfung und sonstige Beschaffungskosten.
- Die Vertragsbedingungen können in beliebiger Flexibilität gestaltet werden.
- Unerwartete Kündigungen seitens des Darlehensgebers entfallen jedenfalls dann, wenn man eine Ein-Mann-GmbH oder eine konfliktfreie Mehr-Gesellschafter-GmbH unterstellt.
- Gesellschafterdarlehen könnten noch gewährt werden und damit die oben genannten steuerlichen Vorteile auslösen, wenn Dritte keine Kredite mehr gewähren.
- Gesellschafterdarlehen könnten im Vergleich zu einer Erhöhung des Eigenkapitals eine bessere Position bei Insolvenz des Unternehmens bieten. Rechtssprechung und Gesetzgeber haben dies indessen verhindert.
- Gesellschafterdarlehen können den Insolvenztatbestand Zahlungsunfähigkeit beseitigen bzw. in die Zukunft verschieben und so die legale Fortführung der Gesellschaft ermöglichen.

Rechtsprechung und Gesetzgeber haben sich intensiv mit der Frage beschäftigt, unter welchen Bedingungen die Einlage von Gesellschafterdarlehen als **Missbrauch** des Rechts der beschränkten Haftung anzusehen sei, der wegen der erheblich höheren Risikobelastung für Drittgläubiger, das sind bestehende Altgläubiger und Neugläubiger,

Man muss zunächst verstehen, warum das Risiko für Drittgläubiger sich durch Gewährung von Gesellschafterdarlehen erhöhen kann. Wir betrachten die Gruppe schon existierender *Altgläubiger*. Diese können ungesichert, teilweise gesichert oder voll gesichert sein. Wir beschränken uns im Folgenden nur auf ungesicherte Altgläubiger. Ein Gesellschafterdarlehen werde gewährt, um die Zahlungsunfähigkeit der Gesellschaft zu beseitigen und damit auch eine u. U. drohende **Liquidation** in einem Insolvenzverfahren zu umgehen. Die Gewährung des Darlehens soll zur Vereinfachung nur zwei mögliche Ergebnisse haben: Die Gesellschaft erholt sich und kann in der Folge alle Gläubigeransprüche erfüllen; die Gesellschaft erholt sich nicht und wird in der Folgeperiode liquidiert. Der Liquidationsausgang habe die Wahrscheinlichkeit p; der günstige Fall die Wahrscheinlichkeit (1 – p). Die folgende Tabelle 7.13 zeigt die möglichen Positionen der Altgläubiger für folgende Fälle:

1. das Gesellschafterdarlehen ist mit einem Rangrücktritt hinter allen Forderungen von Drittgläubigern versehen (Fall 1);
2. das Gesellschafterdarlehen ist nicht gesichert und ist somit im Insolvenzverfahren eine einfache Insolvenzforderung (Fall 2);
3. das Gesellschafterdarlehen ist voll gesichert und daher mit einem Rangvorsprung von ungesicherten (bzw. teilweise ungesicherten) Gläubigern versehen (Fall 3).

Gläubiger	Liquidation im Zeitpunkt 0	Fall 1: GD mit Rangrücktritt	Fall 2: GD ist ungesicherte Forderung	Fall 3: GD ist vollgesichert
Ungesicherte bzw. teilweise ungesicherte Gläubiger	$q_0 \cdot F_0$	$\begin{cases} F_1;\ (1-p) \\ q_1^1\ F_1;\ p \end{cases}$	$\begin{cases} F_1;\ (1-p) \\ q_1^2\ F_1;\ p \end{cases}$	$\begin{cases} F_1;\ (1-p) \\ q_1^3\ F_1;\ p \end{cases}$
Nominalanspruch einschließlich Zinsen im Zeitpunkt 0 bzw. 1: F_0; F_1	$q_0 = \dfrac{V_0^L - F_0^S - MK}{F_0}$	$q_1^1 = \dfrac{V_1^L - F_1^S - MK}{F_1}$	$q_1^2 = \dfrac{V_1^L - F_1^S - MK}{F_1 + F_1^{GD}}$	$q_1^3 = \dfrac{V_1^L - F_1^S - F_1^{GD} - MK}{F_1}$
Gesellschafter-gläubiger Nominalanspruch im Zeitpunkt 1 F_1^{GD}		$\begin{cases} F_1^{GD};\ (1-p) \\ 0;\ p \end{cases}$ Annahme: q_1 ist kleiner als 1; Anspruch aus GD ist dann wertlos	$\begin{cases} F_1^{GD};\ (1-p) \\ q_1^2\ F_1^{GD};\ p \end{cases}$	$\begin{cases} F_1^{GD};\ (1-p) \\ F_1^{GD};\ p \end{cases}$

Tabelle 7.13: Positionen von ungesicherten Altgläubigern bei alternativer Rechtsausstattung von Gesellschafterdarlehen

Die verwendeten Symbole bedeuten:

q_0 Befriedigungsquote im Zeitpunkt 0,

q_1^j Befriedigungsquote für den Fall j (= 1, 2, 3) im Zeitpunkt 1,

MK Massekosten (Verwertungskosten),

V_0^L Liquidationserlöse im Zeitpunkt 0,

V_1^L Liquidationserlöse im Zeitpunkt 1,

F_0 Anspruch der ungesicherten Gläubiger im Zeitpunkt 0,

F_1 Anspruch der ungesicherten Gläubiger im Zeitpunkt 1 (einschließlich Zinsen),

F_0^S Anspruch der gesicherten Gläubiger im Zeitpunkt 0,

F_1^S Anspruch der gesicherten Gläubiger im Zeitpunkt 1 (einschließlich Zinsen),

F_1^{GD} Anspruch aus Gesellschafterdarlehen im Zeitpunkt 1 (einschließlich Zinsen).

Bezugspunkt für einen möglichen Nachteil der ungesicherten Gläubiger, der durch ein Gesellschafterdarlehen ausgelöst würde, ist die Position, die Altgläubiger bei Sofortliquidation im Zeitpunkt 0 hätten: $q_0 \cdot F_0$.

Wird das Gesellschafterdarlehen gewährt und mit einem Rangrücktritt versehen, haben Altgläubiger die Chance, dass sich das Unternehmen dank des Gesellschafterdarlehens und u. U. begleitender Sanierungsbemühungen erholt. Der *Wert* der Ansprüche steige von $q_0 \cdot F_0$ auf F_1. Tritt aber der Liquidationsfall im Zeitpunkt 1 ein, stehen die Altgläubiger schlechter da, wenn $q_1^1 < q_0$ gilt. Dies kann eintreten, weil

a) Verluste bei Weiterführung den Wert bei Liquidation V_1^L im Vergleich zu V_0^L reduzieren,

b) die gesicherten Ansprüche von Gläubigern um die Zinsen wachsen ($F_1^S = F_0^S$ (1 + i)),

c) die Eigentümer Vermögensgegenstände beiseiteschaffen und somit V_1^L vermindern.

V_1^L muss indessen nicht schrumpfen im Vergleich zu V_0^L: Das Gesellschafterdarlehen könnte zur Beschaffung von Vermögensgegenständen mit positiven Veräußerungserlösen benutzt worden sein und Fortführungsverluste könnten ausbleiben.

Im Fall 2 ist das Gesellschafterdarlehen ungesicherte Forderung. Es tritt damit in Konkurrenz zu den Ansprüchen der Altgläubiger und verkürzt ceteris paribus ihre Quote zusätzlich: $q_1^2 < q_1^1$.

Im Fall 3 ist das Darlehen voll gesichert und reduziert die Teilungsmasse um F_1^{GD}, also den vollen Anspruch des Gesellschafters. Dieser trägt damit kein Ausfallrisiko. Als Folge steigt ceteris paribus das Ausfallrisiko der ungesicherten Gläubiger: q_1^3 ist kleiner als q_1^2.

Gesellschaftergläubiger können also das Risiko der Altgläubiger in der Tat erhöhen: Weil sie die Fortführung ermöglichen, gehen mögliche inkompetente Managemententscheidungen zu Lasten der Altgläubiger. Je nach Rechtsposition des Anspruchs aus dem Gesellschafterdarlehen verkürzt dieser Anspruch die Ansprüche der Altgläubiger: im Fall eines Rangrücktritts nicht, bei voller Besicherung sehr intensiv.

Schließlich sind auch *Neugläubiger* zu beachten. Ihre Positionen sind ausfallbedroht, wenn sie sich nicht angemessen verhalten, weil sie das Risiko, das mit einer Kreditgewährung an diese Gesellschaft verbunden ist, nicht erkennen.

Gesellschaftsrechtler, Rechtsprechung und Gesetzgeber sehen Gesellschafterdarlehen als mögliches Mittel der **Risikoabwälzung** auf Gläubiger an und beschränken die Gewährung bzw. Rückgewähr. Das Problem soll mittels einer interessanten BGH-Entscheidung aus dem Jahre 1979 erläutert werden (BGHZ, 75, 344 vom 26. 11. 1979). Eine Gesellschafterin hatte erzielte Jahresüberschüsse einer GmbH nicht entnommen, sondern thesauriert und in ein Darlehen umgewandelt. Diese Darlehen wurden zudem gesichert durch Sicherungsübereignungen von Maschinen der GmbH. Die

GmbH war nach mehreren Jahren wirtschaftlicher Erfolge in eine «Durststrecke» geraten und hatte schließlich wegen Überschuldung die Eröffnung eines Insolvenzverfahrens beantragt. Der BGH argumentiert, dass Darlehen selbst dann, wenn sie gewährt wurden in einer Phase finanzieller Stabilität der Gesellschaft, wie haftendes Eigenkapital behandelt werden müssten, wenn diese Darlehen an die Stelle einer sonst zur Insolvenzabwendung notwendigen zusätzlichen Stammeinlage getreten sind. Diese Passage muss etwas aufgehellt werden: Nehmen wir an, die Gesellschaft war am 01.03.1974 überschuldet: Das Vermögen deckte die Schulden, das Darlehen der Gesellschafterin eingeschlossen, nicht mehr. Dies wäre 1979 ein Insolvenztatbestand gewesen: Die Gesellschafter müssen die Überschuldung entweder beseitigen (z. B. durch eine Rangrücktrittserklärung der Ansprüche aus dem Gesellschafterdarlehen *hinter* alle anderen Gläubigeransprüche) oder ein Insolvenzverfahren in Gang setzen. Unsere Gesellschafterin tut keines von beiden: Sie wirtschaftet weiter mit der Folge, dass das Ausmaß der Überschuldung wächst. Dieses Handeln ist nicht gesetzeskonform; das wachsende Ausmaß der Überschuldung – also die wachsende Differenz zwischen Schulden und Vermögen – geht hauptsächlich zu Lasten von Drittgläubigern. Legal wäre das Handeln nur, wenn die Gesellschafterin ihr Darlehen als Eigenkapital betrachtete und bei dieser Betrachtung die Überschuldung beseitigt gewesen wäre. Nehmen wir an, bei der dann erfolgten Eröffnung eines Insolvenzverfahrens wäre die Differenz bestehende Verbindlichkeiten abzüglich Vermögen positiv. Dann hätte die Gesellschafterin das gesamte Quasi-Eigenkapital in Höhe des Darlehens verloren. Der BGH lehnt in diesem Fall zu Recht den Anspruch der Gesellschafterin als Gläubigerin ab. Damit wird verdeutlicht, dass die Frage, ob Eigenkapitalersatz vorliegt oder nicht, mittels eines *praktikablen* Konzeptes von «Überschuldung» gelöst werden kann.

Der Gesetzgeber hatte mit der gleichen Intention, nämlich Drittgläubiger vor den Risiken von durch Gesellschafterdarlehen hinausgeschobenen Insolvenzzeitpunkten und deren Folgen zu schützen, § 32a GmbHG erlassen. Mit Inkrafttreten des Gesetzes zur Modernisierung des GmbH-Rechts und zur Bekämpfung von Missbräuchen (MoMiG) zum 01.11.2008 ist diese gesetzliche Regelung jedoch abgeschafft worden. Einschlägige Vorschriften zu Gesellschafterdarlehen finden sich heute in § 39 Abs. 1 Nr. 5 und § 135 InsO. Die erstgenannte Regelung ordnet Forderungen aus der Gewährung von Gesellschafterdarlehen in der Insolvenz dort ein, wo sie nach den in Tabelle 7.13 angestellten Überlegungen am wenigsten Schaden für Drittgläubiger verursachen, nämlich nach den Forderungen aller anderen Insolvenzgläubiger.

7.6.5 Zero-Bonds

Zero-Bonds oder Nullkuponanleihen bieten keine laufenden Zinszahlungen. Zinszahlungen erfolgen ausschließlich zusammen mit der endfälligen Tilgung. Bei der echten Null-Kupon-Anleihe entspricht der Einlösebetrag (Rückzahlungsbetrag) dem Nominalwert der Anleihe. Der Ausgabebetrag entspricht dem mit dem Marktzins für gleich lange Laufzeiten und Emittenten vergleichbarer Bonität abgezinsten Barwert des Einlösebetrages.

Wenn der *Ausgabebetrag* dem Nominalwert entspricht, wird die Anleihe als Aufzinsungsanleihe bezeichnet. Der Rückzahlungsbetrag (Einlösebetrag) entspricht dann dem mit relevantem Marktzins auf den Fälligkeitszeitpunkt aufgezinsten Endwert.

Ein Anleihetyp, der sich die Idee des Zero-Bonds zunutze macht, ist die **Annuitätenanleihe**. In der echten Zero-Bond-Version nimmt der Emittent den abgezinsten Barwert der Rückzahlungen auf, wobei die Rückzahlungen über einen mehrere Perioden umfassenden Zeitraum erfolgen. Weil diese Rückzahlungen gleich hoch sind, also Annuitäten darstellen, heißt die Anleihe Annuitätenanleihe. Ein Beispiel soll die Idee verdeutlichen. Ein Unternehmen mit erstklassigem Kreditrating (z. B. AAA von Standard & Poor's) benötige 100 Mio. Euro rückzahlbar in endfälliger Form nach 15 Jahren. Der Marktzinssatz für Mittel der genannten Laufzeit sei 7,50 % p. a. Wenn der Ausgabebetrag 100 Mio. Euro erreichen soll (von Emissionskosten wird abgesehen), muss die Anleihe einen Rückzahlungsbetrag in Periode 15 von rund 300 Mio. Euro haben. Wählt die Gesellschaft den echten Zero-Bond, für den der Rückzahlungsbetrag (300 Mio.) als Nominalwert fungiert, erhält sie einen Ausgabebetrag von 101,39 Mio. Euro. Bei einer Annuitätenanleihe wären z. B. 10 Jahre der gesamten Laufzeit zahlungsfrei; in den fünf letzten Jahren der Laufzeit würde die Anleihe annuitätisch so zurückgezahlt, dass die Effektivverzinsung von 7,5 % p. a. genau erreicht wird.

Jahr	0	1	2	...	10	11	12	13	14	15
Echter Zero-Bond	+101,39									–300
Annuitäten-anleihe	+101,39					–51,649	–51,649	–51,649	–51,649	–51,649

Tabelle 7.14: Zahlungsstrukturen von Zero-Bond und Annuitätenanleihe im Vergleich

Die BMW AG hat die Variante Annuitätenanleihe 1987 zur Finanzierung des in München errichteten Forschungs- und Ingenieur-Zentrums eingesetzt. Über ihre niederländische Tochter, die BMW Finance N.V., hat sie Mittel in Höhe von 324,4 Mio. DM in fünf Tranchen aufgenommen, wobei die Tranchen Laufzeiten zwischen 10 und 30 Jahren haben. Die einzelnen Tranchen werden jeweils in den letzten 5 Jahren ihrer Laufzeit zurückgeführt. Tranchenvolumina, Laufzeiten und Effektivzinssätze sind so ausgerichtet, dass die Zahlungsbelastungen für die emittierende Tochtergesellschaft von Periode 5 bis 30 auf dem gleichen Niveau verharren. Die folgende Tabelle 7.15 zeigt die Tranchen, Laufzeiten, Effektivzinssätze vor Steuern und Zahlungsbelastungen.

Tranche	Laufzeit in Jahren	Tilgungs-dauer	Effektivzinssatz (%)	Annuitäten (Mio. DM)	Ausgabe-betrag (Mio. DM)
A	10	1993–97	6,250	38,180	117,97
B	15	1998–02	6,625	38,180	83,26
C	20	2003–07	7,000	38,180	56,74
D	25	2008–17	7,125	38,180	39,39
E	30	2013–17	7,250	38,181	27,03
Σ					324,39

Tabelle 7.15: Daten zur Annuitätenanleihe der BMW AG von 1987

7.6.6 Floating Rate Notes (FRN)

Floating Rate Notes (FRN) sind Anleihen mit variabler Verzinsung; eine Neufestsetzung des Zinssatzes erfolgt in regelmäßigen Abständen (3 Monate, 6 Monate) in Bezug auf einen Referenzzinssatz. Die verbreitetsten Referenzzinssätze sind LIBOR (London Interbank Offered Rate), EURIBOR (Euro Interbank Offered Rate) und EONIA (Euro OverNight Index Average).[73] Der Verlauf von EURIBOR und EONIA ist in Abbildung 7.8 abgetragen.

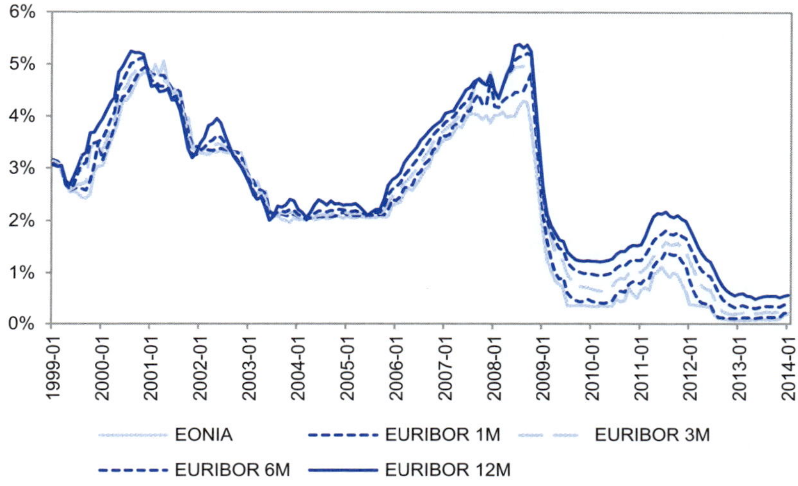

Abbildung 7.8: Zinssätze (p. a.) von EONIA und EURIBOR mit einer Laufzeit von 1, 3, 6 und 12 Monaten zwischen Januar 1999 und Januar 2014 im monatlichen Rhythmus (Daten: Deutsche Bundesbank, eigene Darstellung)

Der Effektivzinssatz eines Zeitabschnitts setzt sich zusammen aus dem Referenzzinssatz und einer Marge, die sich nach der Bonität des emittierenden Unternehmens richtet. Die Margen bewegen sich in einem Rahmen von $1/16$- bis $1/2$ %-Punkt. Zeichner von sog. Floatern tragen wegen der zeitnahen Anpassung an den Marktzinssatz nur geringe Kursrisiken. Dem Risiko sich ändernder Zinssätze sind sie dagegen voll ausgesetzt. Auch die emittierende Gesellschaft ist dem Risiko steigender Zinssätze voll ausgesetzt. Eine Möglichkeit, dieses Risiko zu begrenzen, ist die Vereinbarung von Zins-Caps. Zins-Caps begrenzen die Risiken, die aus Steigerungen des Referenzzinssatzes drohen, ohne die Chance, von sinkenden Referenzzinssätzen zu profitieren, zu schmälern. Kauft die Gesellschaft einen Zins-Cap, erhält sie eine Ausgleichszahlung vom Cap-Verkäufer immer dann, wenn der Referenzzinssatz (zuzüglich Marge) die in der Cap-Vereinbarung festgelegte Obergrenze überschreitet. Die Gesellschaft kennt damit das maximale Zinsrisiko und zahlt hierfür eine Prämie an den Cap-Verkäufer.

---

[73] Die beiden ersten Referenzzinssätze sind seit 2011 bzw. 2012 dem Verdacht ausgesetzt, manipuliert worden zu sein.

7.6.7 Doppelwährungsanleihen

Bei Doppelwährungsanleihen erfolgen Mittelaufbringung und Rückzahlung in unterschiedlichen Währungen. Die Zinszahlungen sind entweder in der Aufbringungs- oder in der Rückzahlungswährung zu leisten. Die genaue Spezifikation wird in den Anleihebedingungen festgelegt. Hierbei können Optionsrechte einer vorzeitigen Terminierung für Schuldner und Gläubiger vereinbart werden. Die Emissionsrendite, das ist die im Emissionszeitpunkt erwartete Rendite, liegt i. d. R. zwischen den Renditen für Anleihen gleicher Laufzeit in den jeweiligen Währungsgebieten. Der Kurs der Anleihe wird von der Bonität des Emittenten, den Zinsänderungen am Markt und der Wechselkursentwicklung der Währung beeinflusst, in der Rückzahlung und (seltener) Zinszahlungen erfolgen.

7.6.8 Commercial-Paper-Programme

Die Mittelbeschaffung über Commercial-Paper-Programme unter den Formen langfristiger Finanzierung darzustellen, ist nicht ganz unproblematisch, da die Laufzeit von Tranchen zwischen 7 Tagen und zwei Jahren schwankt. Weil aber die Rahmenabkommen i. d. R. über längere Fristen vereinbart sind, werden solche Programm-Vereinbarungen hier platziert.

Commercial-Paper (CP)-Programme sind Rahmenvereinbarungen zwischen bonitätsstarken Unternehmen und Kreditinstituten (Konsortien von Kreditinstituten) über die Platzierung von nicht gesicherten, börsennotierten oder nicht börsennotierten Schuldverschreibungen, deren Tranchen eine Laufzeit von zwei Jahren nicht überschreiten. Die Zerlegung des vereinbarten Volumens in einzelne Tranchen ermöglicht die Anpassung der Fremdmittelbeschaffung an den jeweiligen Bedarf sowie die Aushandlung der Laufzeit der jeweiligen Tranche. Die Tranchen sind als Abzinsungspapier ausgestattet, d. h. die Rückzahlung enthält Kapitalbetrag und Zinsen.

Kreditinstitute sind nicht Kreditgeber, sondern Arrangeure, die den Rahmenvertrag aushandeln und die Platzierung von CP betreiben. Dafür erhalten sie Provisionen. Die Kreditinstitute übernehmen keine Platzierungsgarantie, übernehmen Tranchen bei misslungenem Platzierungsversuch nicht selbst und bieten keine Stand-by-Kredite an, wenn eine Platzierung fehlschlagen sollte. Das Platzierungsrisiko liegt deshalb beim Emittenten. Die arrangierenden bzw. platzierenden Kreditinstitute bieten CP institutionellen Anlegern, Unternehmen und privaten (Groß)Anlegern an. Die hohe Mindeststückelung schließt «normale» Privatanleger von dieser Anlage aus. In Deutschland sind Anleger inländische Investmentfonds, Pensionskassen und Versicherungen – sie halten zusammen etwa 65 % der begebenen CP –, Industrieunternehmen (20 %), ausländische (10 %) und inländische private Anleger (5 %).

Die dynamische Entwicklung von CP-Programmen in Deutschland seit Anfang 1991 ist aus mehreren Gründen von Interesse:

(1) CP-Programme gab es an ausländischen Geld- und Kapitalmärkten schon geraume Zeit vor 1991. Die Ursachen, warum sich CP-Programme am deutschen Markt zunächst nicht etablieren konnten, sind einmal die bis 1990 bestehende Genehmigungspflicht für die Emission inländischer Schuldverschreibungen gemäß §§ 795, 808a BGB, die insbesondere schwerfällig und kostenträchtig war, und zum anderen die bis 1990 bestehende Börsenumsatzsteuer, die beim Erwerb der CP angefallen wäre und die Rendite bei der ohnehin kurzen Laufzeit spürbar beeinträchtigt hätte.

(2) CP-Programme sind ein Beispiel für die potentiellen Vorteile der Verbriefung von Fremdkapitaltiteln (Securitization), die die Liquidität der Anleger erhöht.

(3) CP-Programme sind ein Beleg dafür, dass die Vermittlungsfunktion von Kreditinstituten sich verändert. Während bei einem kurz- oder mittelfristigen Bankkredit das Kreditinstitut Mitteleinlagen beschafft, verzinst, mit Mindestreserven unterlegt, an Kreditnehmer ausleiht, die Kreditüberwachung übernimmt, ist die Funktion hier wesentlich verkürzt: Nur Arrangement und Vertriebsleistung werden übernommen. Die Transaktion ist für Kreditinstitute bilanzneutral.

(4) Mittel aus CP-Programmen sollten daher billiger sein als Bankkredite mit gleicher Laufzeit. Referenzgröße für den Zinssatz ist i. d. R. der LIBID (London Interbank Bid Rate), der als Pendant zum LIBOR (London Interbank Offered Rate) bis zu 0,4 %-Punkte unter den Kosten einer volumengleichen, laufzeitgleichen Kreditfinanzierung liegen kann.

Vorrangig große und bonitätsstarke Unternehmen legen CP-Programme auf. Auf die Rechtsform der Unternehmen kommt es aber hier nicht an; auch Nichtkapitalgesellschaften und kleinere Unternehmen kommen als Emittenten grundsätzlich in Frage, wenn sie Bonität belegen können. Der Nachweis über ein Kreditrating ist hier unerlässlich.

7.7 Kurzfristige Fremdfinanzierung

7.7.1 Überblick

Die Möglichkeiten der Beschaffung kurzfristiger Fremdmittel sind vielfältig.

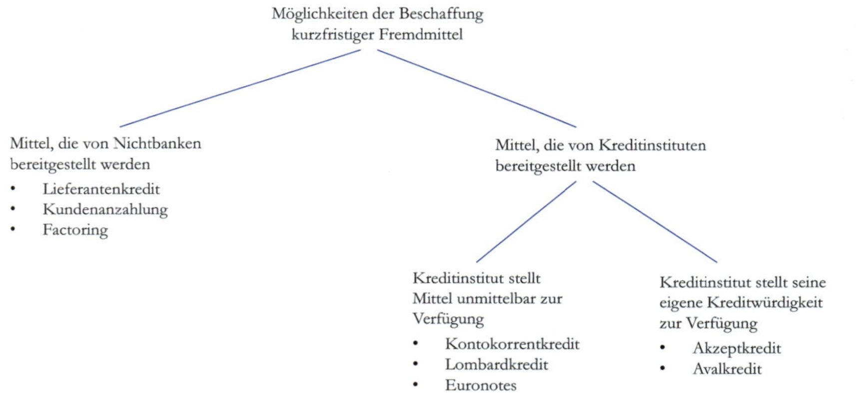

Abbildung 7.9: Beschaffungsmöglichkeiten kurzfristiger Fremdmittel

Kurzfristige Fremdmittel können sowohl von Nichtbanken (Lieferanten, Kunden, Factoring-Gesellschaften) als auch von Kreditinstituten bereitgestellt werden. Letztere stellen i. d. R. die Mittel in Form von Geld zur Verfügung («Geldleihen»); in einigen wenigen Fällen liegt keine «Geldleihe», sondern eine «Kreditleihe» vor: Das Kreditinstitut tritt mit seiner eigenen Kreditwürdigkeit für einen Kunden ein, der diese anstelle des Einsatzes eigener finanzieller Mittel nutzt.

7.7.2 Kredite von Nichtbanken

7.7.2.1 Lieferantenkredit

Der wichtigste Kredit von Nichtbanken ist der Lieferantenkredit. Der Lieferant liefert eine Ware, gewährt dem Abnehmer ein Zahlungsziel von z. B. 30 Tagen und sichert seinen Zahlungsanspruch i. d. R. durch Vereinbarung eines einfachen bzw. verlängerten Eigentumsvorbehalts. Der Abnehmer kann die Ware verarbeiten und weiterverkaufen und somit die Zahlungsverpflichtung ganz oder zum Teil aus seinen Umsatzeinzahlungen decken. Abbildung 7.10 liefert einen empirischen Einblick in die Bedeutung von Lieferantenkrediten. Der Anteil von Lieferantenkrediten am kurzfristigen Fremdkapital ist von 1971 bis 2011 sukzessiv von 40 % auf 21 % gesunken und in Relation zur Bilanzsumme von 17 % auf 9 %. Dies belegt deutlich, dass Lieferantenkredite relativ an Bedeutung verloren haben.

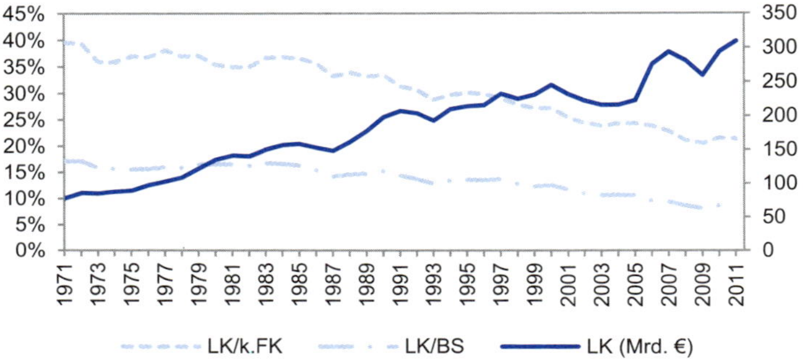

Abbildung 7.10: Lieferantenkredite (LK) in Mrd. € skaliert auf der rechten Achse und Lieferantenkredite in Relation zum kurzfristigen Fremdkapital sowie zur Bilanzsumme skaliert auf der linken Achse im Zeitraum 1971-2011 für deutsche Unternehmen (Quelle: Deutsche Bundesbank, eigene Berechnungen)

Betrachtet man die Bilanzrelationen von Lieferantenkrediten gesondert für Kapital- und Nichtkapitalgesellschaften, lässt sich erkennen, dass die Bilanzrelationen für Kapitalgesellschaften geringer sind als für Nichtkapitalgesellschaften, jedoch ist die Divergenz nicht so stark ausgeprägt wie bei den langfristigen Bankkrediten in Abbildung 7.6.

Der Lieferantenkredit ist bequem, weil er im Vergleich zu einer Kreditgewährung durch Kreditinstitute nahezu formlos gewährt wird. Diese Bequemlichkeit muss i. d. R. bezahlt werden. Lieferanten gewähren i. d. R. Skonto; d. h. wird der Rechnungsbetrag innerhalb einer definierten Frist – z. B. 10 Tage – bezahlt, hat der Abnehmer das Recht, den vereinbarten Skontosatz – z. B. 3 % – vom Rechnungsbetrag in Abzug zu bringen. Dieses Recht verfällt, wenn erst am 11., 12., …, 30. Tag bezahlt wird. Rational handelnde Abnehmer bezahlen bei Nichtinanspruchnahme des Skontosatzes erst am 30. Tag und verlieren somit 3 % auf den Rechnungsbetrag für ein zusätzliches Zahlungsziel von 20 Tagen. Wenn ZZ das Zahlungsziel (30), SF die Skontofrist (10) und S der Skontosatz ist, berechnen sich die annualisierten Kreditkosten i bei einer einfachen Zinsberechnung ohne Schaltjahr aus

$$(7.2) \qquad i = S \cdot \frac{365}{ZZ - SF}$$

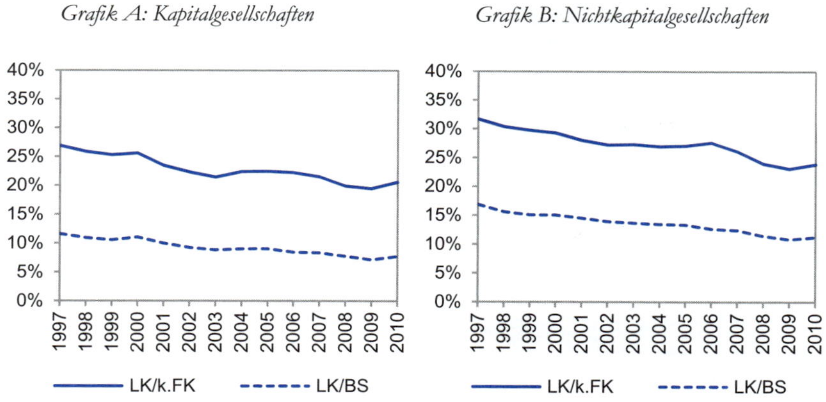

Abbildung 7.11: Lieferantenkredite in Relation zum kurzfristigen Fremdkapital sowie zur Bilanzsumme im Zeitraum 1997-2010 für deutsche Kapitalgesellschaften (Grafik A) und Nichtkapitalgesellschaften (Grafik B) (Quelle: Deutsche Bundesbank, eigene Berechnungen)

und betragen im Beispiel 54,75 % p. a. Die Zeitspanne zwischen ZZ und SF, die sog. Skontobezugsspanne, muss also erheblich sein, damit die Kosten eines Verzichts auf den Skontoabzug in die Nähe der Kosten anderer kurzfristiger Fremdfinanzierungsmöglichkeiten rücken. Die volle Ausnutzung des von Lieferanten gewährten Zahlungszieles ist somit teuer. Dass viele Abnehmer den Lieferantenkredit dennoch (ohne Skontoabzug) nutzen, hat vermutlich verschiedene Ursachen. Hochverschuldete Unternehmen bekommen keine zusätzlichen Bankkredite mehr. Neu gegründete Unternehmen ohne nachgewiesene Ertragskraft und ohne Sicherheiten müssen ebenfalls auf Lieferantenkredite ausweichen und andere Unternehmen senken die Kosten, indem sie die Zahlungsziele kräftig überziehen, indem sie die Frist ZZ – SF deutlich überschreiten.

Eine besondere Form des Lieferantenkredits ist der Einrichtungskredit, der z. B. von Brauereien an Gaststätten und von Mineralölgesellschaften an Tankstellen gewährt wird.

7.7.2.2 Kundenanzahlungen

Kundenanzahlungen sind üblich z. B. im Schiffsbau, Großmaschinenbau und im Baugewerbe. Anzahlungen sind teils vor Aufnahme der Produktion und bei teilweiser Fertigstellung zu zahlen. Kundenanzahlungen erfüllen mehrere Funktionen: Sie reduzieren den Kapitalbedarf und die Höhe der Vorfinanzierungsleistung des Produzenten. Zugleich schützen sie ihn vor dem Risiko hoher Ausfälle bei anderweitiger Verwertung, wenn der Auftraggeber das Produkt nicht abnimmt. Jedoch entsteht mit der Anzahlung für den Auftraggeber das Risiko, dass der Produzent nicht liefert. Zur Deckung dieses Risikos sind Leistungsgarantien verbreitet, die die durch eine Bank gesicherte Zahlung einer Konventionalstrafe versprechen, wenn der Produzent nicht oder nicht pünktlich leistet.

In Abbildung 7.12 wird die Entwicklung der Kundenanzahlungen von 1971 bis 2011 dargestellt. Der Anteil der Kundenanzahlungen an dem kurzfristigen Fremdkapital ist von 1971 bis 2006 von ca. 19 % auf ca. 12 % gesunken. Ab 2007 haben die Kundenanzahlungen jedoch wieder an Relevanz gewonnen und sind auf 15 % angestiegen. Dies kann darauf hindeuten, dass im Zuge der Finanzkrise die Produzenten verstärkt Vorauszahlungen von den Kunden verlangen, um sich gegenüber einem Zahlungsausfall im Vorfeld abzusichern.

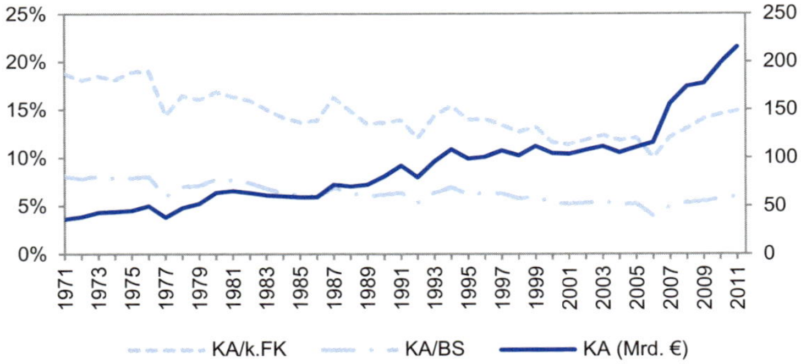

Abbildung 7.12: Kundenanzahlungen (KA) in Mrd. € skaliert auf der rechten Achse und Kundenanzahlungen in Relation zum kurzfristigen Fremdkapital (k.FK) sowie zur Bilanzsumme (BS) skaliert auf der linken Achse im Zeitraum 1971-2011 für deutsche Unternehmen (Quelle: Deutsche Bundesbank, eigene Berechnungen)

Bei der gesonderten Betrachtung von Kapital- und Nichtkapitalgesellschaften lassen sich nur geringe Unterschiede erkennen. Die Relationen der Kundenanzahlungen an der Bilanzsumme sind nahezu identisch, wobei der Anteil an dem kurzfristigen Fremdkapital bei Kapitalgesellschaften etwas höher liegt. Der Aufwärtstrend bei den Kundenanzahlungen ab 2007 ist bei beiden Gruppen zu erkennen, jedoch ist die Delle 2006 bei den Nichtkapitalgesellschaften stärker ausgefallen als bei den Kapitalgesellschaften.

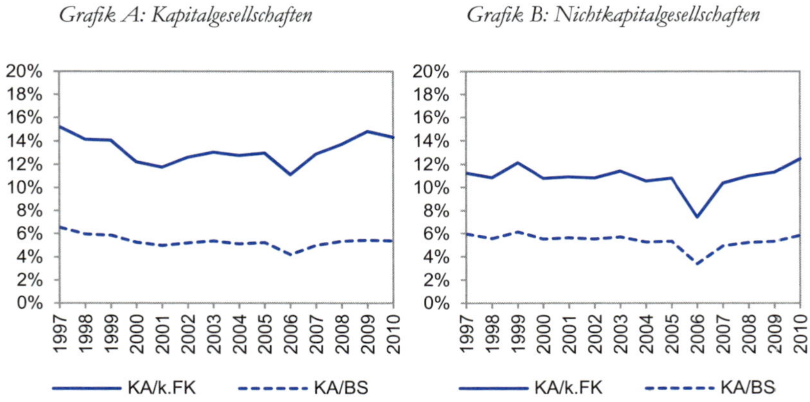

Abbildung 7.13: Kundenanzahlungen in Relation zum kurzfristigen Fremdkapital sowie zur Bilanzsumme im Zeitraum 1997-2010 für deutsche Kapitalgesellschaften (Grafik A) und Nichtkapitalgesellschaften (Grafik B) (Quelle: Deutsche Bundesbank, eigene Berechnungen)

Empirisch betrachtet spielen Kundenanzahlungen bei der kurzfristigen Finanzierung nach wie vor eine wichtige Rolle, wobei die branchenspezifischen Unterschiede sehr groß sind.

7.7.2.3 Factoring

Ein Unternehmen, das Zahlungsziele einräumt, finanziert die Beträge vor, hat die Zahlungseingänge zu überwachen, ein Mahnsystem zu organisieren, ggf. Beitreibungsmaßnahmen einzuleiten und ein Ausfallrisiko zu übernehmen. Alle Funktionen könnten im Prinzip aus dem Unternehmen ausgegliedert werden. Übernimmt ein Vertragspartner diese Funktionen, liegt ein Factoring-System vor:[74] ein Factor

- kauft die Forderungen des Lieferanten an und bevorschusst sie und übernimmt damit die Finanzierungsfunktion,
- kann das Risiko des Forderungsausfalls übernehmen und
- kann das Mahnwesen betreiben und ggf. Beitreibungsmaßnahmen ergreifen.

Übernimmt der Factor alle genannten Funktionen, liegt sog. echtes Factoring vor. Verbleibt das Ausfallrisiko beim Lieferanten, handelt es sich um «unechtes Factoring». Factoring ist in Deutschland im Vergleich zu anderen Ländern spät, nämlich erst Ende der 50er Jahre eingeführt worden. Wie sich der Factoringumsatz deutscher Anbieter im Zeitraum 1977-2012 entwickelt hat, berichtet Abbildung 7.14, gegliedert nach Inlands- und Auslandsgeschäft.

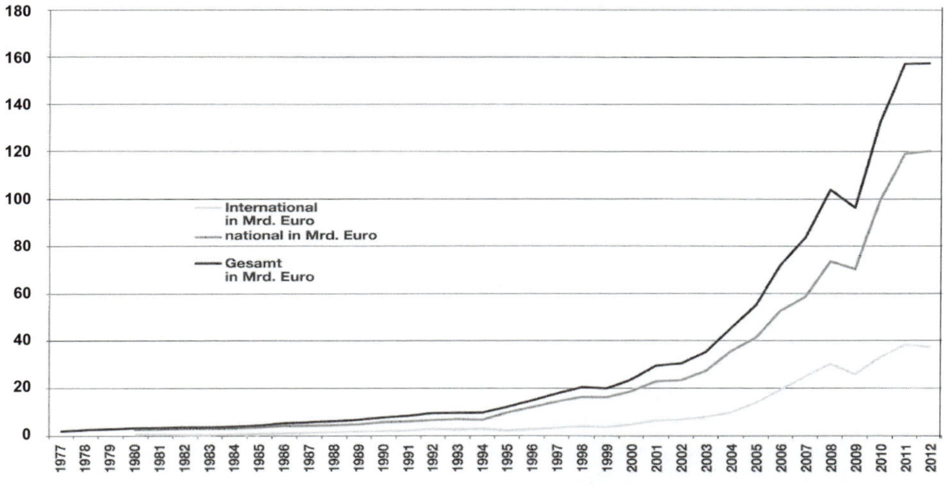

Abbildung 7.14: Umsatzentwicklung (in Mrd. €) des Factorings deutscher Anbieter im Zeitraum 1977-2012 (Quelle: nach Hartmann-Wendels/Moseschus/Wessel (2014), S. 40)

Angesichts dieses beachtlichen Volumens ist es vor dem Hintergrund der internationalen Finanzkrise ab 2007 nicht verwunderlich, dass Factoringunternehmen als «Finanzdienstleistungsinstitute» im Gegensatz zu Kreditinstituten vom Kreditwesengesetz (KWG) eingeordnet werden und somit der Bundesanstalt für Finanzdienstleistungsaufsicht (BaFin) unterstehen. Deren Tätigkeit steht unter Erlaubnisvorbehalt nach § 32

[74] Vgl. Wöhe et al. (2013), S. 356-359.

Abs. 1 KWG. Als Grund wird genannt, dass unsolide Factoringgeschäfte großen Teilen der Wirtschaft sehr schaden könnten.[75] Im Gegenzug erhalten Factoringanbieter die gleiche gewerbesteuerliche Privilegierung wie Banken geregelt durch das Jahressteuergesetz 2009 mit Wirkung zum 25.12.2008.

7.7.3 Kredite von Kreditinstituten

Die folgenden Abbildungen liefern die gewohnten Informationen über die Bilanzrelationen, hier jedoch für kurzfristige Verbindlichkeiten gegenüber Kreditinstituten. Der relative Anteil von kurzfristigen Bankkrediten am kurzfristigen Fremdkapital schwankte bis ca. 1999 um die 20 % herum und sank dann rapide auf 14 %, wobei sich im Jahre 2011 eine leichte Aufwärtsbewegung erkennen lässt. Diese Beschreibung gilt nahezu analog für die Bilanzrelation, jedoch auf einem geringeren Niveau.

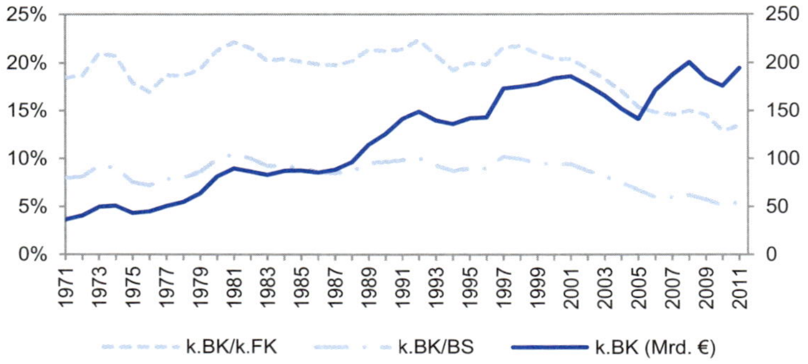

Abbildung 7.15: Kurzfristige Bankkredite (k.BK) in Mrd. € skaliert auf der rechten Achse und kurzfristige Bankkredite in Relation zum kurzfristigen Fremdkapital (k.FK) sowie zur Bilanzsumme (BS) skaliert auf der linken Achse im Zeitraum 1971-2011 für deutsche Unternehmen (Quelle: Deutsche Bundesbank, eigene Berechnungen)

Teilt man die Unternehmen in Kapital- und Nichtkapitalgesellschaften auf, tun sich große Differenzen in den Bilanzrelationen auf. Nichtkapitalgesellschaften finanzieren sich wesentlich stärker durch kurzfristige Bankkredite als dies Kapitalgesellschaften tun – wie die Relationen zum kurzfristigen Fremdkapital und zur Bilanz in Abbildung 7.16 deutlich belegen. Die Relationen sind bei Nichtkapitalgesellschaften nahezu doppelt so hoch im Vergleich zu Kapitalgesellschaften und haben gemein, dass sich bei beiden Rechtsformen ein sukzessiver Abwärtstrend in den Relationen aufzeigt. Eine mögliche Erklärung für die hohe Diskrepanz der Relationen könnte unter anderem sein, dass Nichtkapitalgesellschaften einen schwereren Zugang zum Kapitalmarkt haben und somit stärker auf Bankkredite angewiesen sind.

[75] Der Betrugsfall der Balsam AG im Jahr 1994 belegt dies sehr eindrucksvoll.

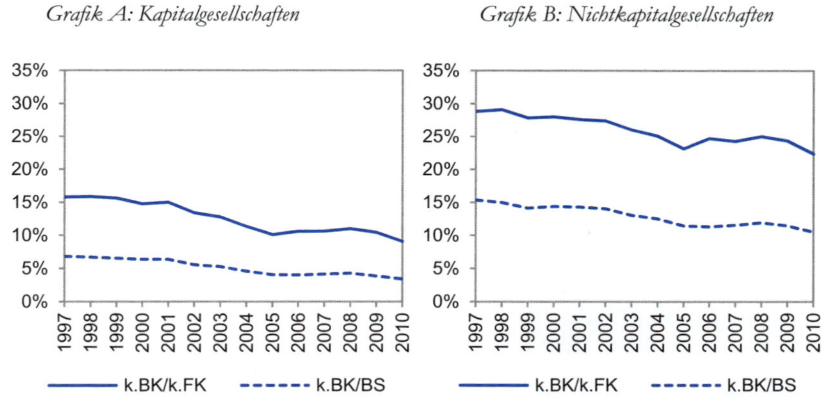

Abbildung 7.16: Kurzfristige Bankkredite in Relation zum kurzfristigen Fremdkapital sowie zur Bilanzsumme im Zeitraum 1997-2010 für deutsche Kapitalgesellschaften (Grafik A) und Nichtkapitalgesellschaften (Grafik B) (Quelle: Deutsche Bundesbank, eigene Berechnungen)

Eine tiefere Untergliederung der kurzfristigen Kredite von Kreditinstituten wird nachfolgend vorgenommen.

7.7.3.1 Kontokorrentkredit

Der wichtigste kurzfristige Kredit, den Kreditinstitute vergeben, ist der Kontokorrentkredit. Ein Kontokorrentkredit ist ein Kredit, der vom Kreditnehmer bis zu einem vertraglich festgelegten Maximalbetrag, der **Kreditlinie**, in Anspruch genommen werden darf. Formal ist ein Kontokorrentkredit kurzfristig, faktisch ist er i. d. R. langfristig, es sei denn, der Kreditnehmer gibt der Bank wegen mangelnder Liquidität oder wegen mehrfacher Verstöße gegen vertragliche Vereinbarungen Anlass zur Kündigung des Kredits.

Die Kosten des Kontokorrentkredits setzen sich zusammen aus

- den Zinsen auf den in Anspruch genommenen Betrag,
- ggf. einer Bereitstellungsprovision auf den nicht in Anspruch genommenen Betrag,
- der Überziehungsprovision für Beträge, die die Kreditlinie übersteigen und
- den Kontoführungsgebühren.

7.7.3.2 Lombardkredit

Basis eines Lombardkredits ist die Verpfändung beweglicher, marktgängiger Vermögensgegenstände. Genutzt wird die güterwirtschaftliche Liquidität eines Vermögensgegenstandes, der durch Übergabe an das Kreditinstitut zugleich als Sicherheit dient. Lombardfähige Vermögensgegenstände sind Effekten, Edelmetalle, Waren, Wechsel und Forderungen. Die von Kreditinstituten angesetzten Beleihungsgrenzen schwanken zwischen ca. 50 % für Waren und 80 % für festverzinsliche Wertpapiere.

7.7.3.3 Euronotes und Commercial Paper

Große Unternehmen, deren Bonität international bekannt und i. d. R. durch ein Bonitätsrating einer der bekannten Rating-Agenturen (Moody's, Standard and Poor's, Fitch) belegt ist, haben Möglichkeiten der kurzfristigen Fremdfinanzierung, die mittelständischen Unternehmen nicht offenstehen. Auf diese soll hier kurz hingewiesen werden.

Euronotes sind Schuldtitel mit kurzen Laufzeiten von 1, 3, 6 und 12 Monaten. Kennzeichnend ist eine Vereinbarung zwischen einer oder mehreren Banken mit dem Kapitalnehmer, die diesem die Möglichkeit einräumt, sich durch revolvierende Platzierungen von Euronotes, also Geldmarktpapieren, bis zu einem definierten Höchstvolumen zu finanzieren. Euronotes werden i. d. R. nicht an Börsen notiert. Sollte die Platzierung der Papiere am Markt nicht gelingen, verpflichten sich die als Underwriter fungierenden Kreditinstitute, die Euronotes zu einem vereinbarten Zinssatz selbst zu übernehmen oder alternative Kredite bereitzustellen (**Stand-by-Linie**). Unter den beteiligten Kreditinstituten unterscheidet man die Funktion des Arrangeurs, der Underwriter und der Placing Agents. Aufgabe des Arrangeurs ist die Vertrags- und Konditionengestaltung sowie die Zusammenstellung der Underwriter. Underwriter sind die Kreditinstitute, die sich verpflichten, die Papiere zu platzieren (Placing Agents) und sie im Falle ausbleibenden Erfolges selbst zu übernehmen. Sie übernehmen damit Risiko, wofür sie eine Risikoprämie erhalten. Für den Kreditnehmer bestehen die Vorteile von Euronotes darin, dass ihre Laufzeiten präzise auf seinen Kapitalbedarf zugeschnitten werden können und, dass er seinen Kapitalbedarf zu geldmarktnahen Sätzen decken kann. Durch die Stand-by-Vereinbarungen mit den beteiligten Kreditinstituten wird ein Risiko bei unzureichender Platzierung so gut wie ausgeschlossen. Käufer von Euronotes sind im Wesentlichen Unternehmen, Investmentfonds, Banken und staatliche Investoren.

Euronotes haben mit dem Aufkommen von Commercial-Paper-Programmen etwas an Bedeutung verloren. Im Unterschied zu Euronotes gehen die beteiligten Kreditinstitute keine Verpflichtung ein, die Papiere im Nichtplatzierungsfall zu übernehmen; sie bieten auch keine Stand-by-Linien an. Das Platzierungsrisiko liegt somit ausschließlich beim Emittenten.

7.7.3.4 Akzeptkredit

Ein Akzeptkredit liegt vor, wenn ein Kreditinstitut einen auf sich selbst gezogenen Wechsel eines Kunden (Ausstellers) akzeptiert, d. h., sich verpflichtet, den Betrag, auf den der Wechsel lautet, an den jeweiligen Inhaber zu zahlen. Der Kunde verpflichtet sich, den Wechselbetrag vor der Fälligkeit des Wechsels bei der Bank bereitzustellen. Der Kunde kann den vom Kreditinstitut akzeptierten Wechsel benutzen, um ihn diskontieren zu lassen oder um ihn an Lieferanten weiterzugeben. Durch das Akzept stellt das Kreditinstitut keine liquiden Mittel zur Verfügung, erhöht aber durch seine Unterschrift die (güterwirtschaftliche) Liquidität des Wechsels, da dieser – die Kreditwürdigkeit des akzeptierenden Kreditinstituts unterstellt – fast wie Geld genutzt werden kann. Das Kreditinstitut leiht nicht Geld, sondern seinen Kredit: es liegt eine **Kreditleihe** vor.

Die Kosten des Akzeptkredites bestehen in der Akzeptprovision. Der Akzeptkredit spielt insbesondere im Außenhandel eine Rolle, wenn die Vertragspartner ihre Kreditwürdigkeit nicht verläßlich einschätzen können (Rembourskredit).

7.7.3.5 Avalkredit

Ein Avalkredit entsteht durch die Bürgschaft oder Garantie einer Bank, für die Verpflichtung eines Kunden, die dieser gegenüber einem Dritten eingegangen ist, einzustehen. Wie beim Akzeptkredit liegt auch hier eine Kreditleihe vor, da keine liquiden Mittel bereitgestellt werden, sondern ein Zahlungs- oder Leistungsversprechen des Kunden durch die Zusicherung des Kreditinstituts, bei Vorliegen zu definierender Bedingungen zu leisten, nachdrücklich gestützt wird. Der Vorteil ist darin zu sehen, dass für den Begünstigten die Sicherheit der (garantierten) Zusage steigt, ohne dass er über die Kreditwürdigkeit oder das sonstige Leistungsvermögen des Vertragspartners eigene, kostenverursachende Informationen beschaffen und auswerten muss. Zu den Anwendungsbereichen des Avalkredits zählen z. B.:

- **Zollaval**: Das Kreditinstitut verbürgt sich gegenüber der Zollverwaltung für einen Importeur, die diesem dann Zahlungsaufschub für Zölle gewährt.
- **Frachtaval**: Unternehmen werden Frachtgebühren z. B. gegenüber der Deutschen Bahn gestundet, wenn ein Kreditinstitut eine entsprechende Bürgschaft gegenüber der Bank, die die Abrechnung für die Deutsche Bahn übernimmt, leistet.
- **Bietungsgarantie**: Bei öffentlichen Ausschreibungen besteht für die Auftraggeber das Risiko, dass das Unternehmen, das den Zuschlag erhält, den Auftrag nicht oder nicht vollständig ausführt. Die Lösung besteht in der Vereinbarung von Konventionalstrafen, die den Auftragnehmer binden, und in der Absicherung durch eine Bietungsgarantie eines Kreditinstituts, das die Konventionalstrafe auch dann leistet, wenn der Auftraggeber nicht leisten will oder nicht (mehr) kann.
- **Gewährleistungsgarantie**: Das Kreditinstitut übernimmt hier die Verpflichtung, dass der Lieferant (Produzent) die Gewährleistung für gelieferte Waren oder erbrachte Leistungen übernimmt.

Für die Bereitstellung von Avalkrediten berechnen Kreditinstitute Avalprovisionen, deren Höhe sich nach Risiko und Laufzeit des Engagements richtet. Sie liegen zwischen 0,5 % und 3 % pro Jahr.

7.8 Zusammenfassung

Fremdfinanzierung ist eine bedeutungsvolle Form der Finanzierung und wird diese Bedeutung behalten. Das gilt insbesondere für die deutsche Volkswirtschaft, die seit jeher durch ihre institutionellen Rahmenbedingungen (Rechnungslegung, Kreditsicherungsrecht, Bankenwettbewerb, Insolvenzrecht etc.) die Gläubigerposition gestützt hat. Abschnitt 7.2 erklärt die Ursachen der Ausfallrisiken von Gläubigern. Abschnitt 7.3 und 7.4 zeigen, dass und wie Gläubiger ihre Position verteidigen können. Zusammen mit den in Kapitel 11 noch zu besprechenden Instrumenten des Insolvenzrechtes stellen Gläubiger eine verteidigungsfähige, kompetente Gruppe von Financiers dar, die Schuldner überwachen und disziplinieren können. Die in Abschnitt 7.5 dargestellte Fallstudie vermittelt einen überzeugenden Eindruck von der Disziplinierungsfähigkeit. Anschließend werden die wichtigsten Formen der lang- und kurzfristigen Finanzierung referiert. Die bestehende Vielfalt ist ebenfalls ein Hinweis auf einen funktionierenden Markt, in dem die Teilnehmer ihren Präferenzen entsprechende Vertragsformen entwickeln. Die Jahresabschlussdaten der Deutschen Bundesbank geben darüber hinaus einen repräsentativen und detaillierten Überblick über die Kapitalstrukturen deutscher

Unternehmen und verdeutlichen, dass diese im Zeitraum 1971-2011 bemerkbaren Veränderungen unterliegen. Zudem unterscheiden sich hier sehr stark Kapital- von Nichtkapitalgesellschaften. Die Bedeutung von Fremdkapital hat insgesamt moderat abgenommen, genießt jedoch nach wie vor einen hohen Stellenwert insbesondere bei Nichtkapitalgesellschaften. Des Weiteren scheint die Bedeutung von kurzfristigen Bankkrediten und Lieferantenkrediten für Kapital- und Nichtkapitalgesellschaften gleichermaßen abzunehmen.

7.9 Anhang: Zinsstrukturkurve der Deutschen Bundesbank zwischen September 1972 und März 2014

Abbildung 7.17: Monatlich ermittelte Zinsstrukturkurve börsennotierter Bundeswertpapiere p. a. – geschätzt von der Deutschen Bundesbank – zwischen September 1972 und März 2014 für Laufzeiten bis zu 30 Jahren. (Daten: Deutsche Bundesbank, eigene Darstellung)

7.10 Literaturhinweise

Bekaert, G./Hodrick, R. (2012): International Financial Management. 2. Auflage, Boston u.a.

Beukner, A.-G. (2001): Rentenmarkt. In: Handwörterbuch des Bank- und Finanzwesens, W. Gerke/M. Steiner (Hrsg.). 3. Auflage, Stuttgart, Sp. 1819–1826.

Brealey, R. A./Myers, S. C./Allen, F. (2014): Principles of Corporate Finance. 11. Auflage, New York.

Claussen, C. P. (1983): Kapitalersetzende Darlehen und Sanierungen durch Kreditinstitute. In: Zeitschrift für das gesamte Handelsrecht und Wirtschaftsrecht, 147, S.195–219.

Drukarczyk, J. (1987): Unternehmen und Insolvenz. Wiesbaden.

Engels, W., Hrsg. (1989): Institutionelle Rahmenbedingungen effizienter Kapitalmärkte. Frankfurt/M.

Fischer, E. O. (2008): Finanzwirtschaft für Anfänger, 5. Auflage, München.

Fleck, H.-J. (1984): Das kapitalersetzende Bankdarlehen in der GmbH. In: Handelsrecht und Wirtschaftsrecht in der Bankpraxis, Festschrift für W. Werner, Hadding, W./Immenga, U. u. a. (Hrsg.), Berlin, New York, S. 107–129.

Franke, G./Hax, H. (2009): Finanzwirtschaft des Unternehmens und Kapitalmarkt. 6. Auflage, Berlin, Heidelberg.

Gebhardt, G. (1993): Anleihen als Instrumente der langfristigen Finanzierung. In: Handbuch des Finanzmanagements, Gebhardt, G./Gerke, W./Steiner, M. (Hrsg.), München, S. 445–475.

Gessner, V./Rhode, B./Strate, G./Ziegert, K. A. (1978): Die Praxis der Konkursabwicklung in der Bundesrepublik Deutschland – eine rechtssoziologische Studie, Bundesministerium der Justiz (Hrsg.), Köln.

Hartmann-Wendels, T./Moseschus, A. M./Wessel, M. (2014): Factoring-Handbuch. Frankfurt/M.

HFA 1/1986 (1986): Zur Bilanzierung von Zero-Bonds. In: Wirtschaftsprüfung, Band 39, S. 248–250.

Kraus, T./Schröder, J./Schnutenhaus, D. (2014): Finanzierungslandschaft im Umbruch: Neue Finanzierungsstrategien für den Mittelstand. In: Corporate Finance, Ausgabe 4, 5. Jg., S. 192-200.

Perridon, L./Steiner, M./Rathgeber, A. (2012): Finanzwirtschaft der Unternehmung. 16. Auflage, München.

Rösler, P. (1993): Kreditfinanzierung über Intermediäre. In: Handbuch des Finanzmanagements, Gebhardt, G./Gerke, W./Steiner, M. (Hrsg.), München, S. 401–428.

Ross, S. A./Westerfield, R. W./Jaffee, J. (2012): Corporate Finance. 10. Auflage, Boston/New York.

Rümker, D. (1982): Bankkredite als kapitalersetzende Gesellschafterdarlehen unter besonderer Berücksichtigung der Sanierungssituation. In: Zeitschrift für Wirtschaftsrecht und Insolvenzpraxis (ZIP), Band 3, S. 1385–1504.

Schneider, D. (1992): Investition, Finanzierung und Besteuerung. 7. Auflage, Wiesbaden.

Scholz, H./Lwowski, H.-J. (1980): Das Recht der Kreditsicherung. 5. Auflage, Berlin.

Spremann, K. (2013): Wirtschaft und Finanzen. 6. Auflage, München.

Swoboda, P. (1994): Betriebliche Finanzierung. 3. Auflage, Heidelberg.

Swoboda, P. (1996): Investition und Finanzierung. 5. Auflage, Göttingen.

van Horne, J. C. (2002): Financial Management and Policy. 12. Auflage, Englewood Cliffs.

von Tippelskirch, A. (2001): Langfristige Fremdfinanzierung durch Kreditinstitute. In: Handbuch der Finanzierung, R.-E. Breuer (Hrsg.). 3. Auflage, Wiesbaden, S. 227–249.

Wagner, F. W./Wenger, E./Höflacher, S. (1990): Zero-Bonds. Wiesbaden.

Westermann, H. P. (1982): Banken als Kreditgeber und Gesellschafter. In: Zeitschrift für Wirtschaftsrecht (ZIP), Band 3, S. 379–391.

Wöhe, G./Bilstein, J./Ernst, D./Häcker, J. (2013): Grundzüge der Unternehmensfinanzierung. 11. Auflage, München.

Zantow, R./Dinauer, J. (2011): Finanzwirtschaft des Unternehmens. 3. Auflage, München.

Kapitel 8 Finanzierungs-Leasing-Verträge

Inhalt

8.1 Fragestellungen

Ein Leasingvertrag ist eine Übereinkunft zwischen zwei Parteien über die zeitweise Überlassung eines beweglichen bzw. unbeweglichen Gegenstandes gegen Entgelt. Üblicherweise werden drei Formen von Leasingverträgen unterschieden:

- Finanzierungs-Leasing-Verträge (financial lease),
- Operating-Leasing-Verträge (operating lease) und
- Sale-and-lease-back-Verträge.

Ein Finanzierungs-Leasing-Vertrag verpflichtet die Leasinggesellschaft (den Leasinggeber LG), ein vom Leasingnehmer (LN) gewünschtes Investitionsprojekt zu beschaffen und zu finanzieren. Der LG stellt das Projekt dem LN während einer vom LN *unkündbaren* **Grundmietzeit** zur Verfügung, an deren Ende dem LG das Herausgaberecht zusteht. Der LN verpflichtet sich, im Vertrag festgelegte **Leasingraten** (LR_t) für jede Periode der Nutzung zu zahlen.

Eigentümer des Leasingprojekts bleibt der LG, der das Projekt daher steuerlich wirksam abschreibt, wenn bestimmte, vom Fiskus vorgegebene Bedingungen eingehalten sind.

Operating-Leasing-Verträge sind von beiden Vertragspartnern i. d. R. kündbare Verträge, wobei i. d. R. kurze Kündigungsfristen zu beachten sind. Auch hier stellt der LG dem LN ein i. d. R. bewegliches Leasingobjekt zur Nutzung zur Verfügung. Es handelt sich um einen der Miete ähnlichen Vertrag, der im Vergleich zum Finanzierungs-Leasing-Vertrag kürzere Laufzeiten und einfachere Kündigungsmöglichkeiten für den LN bietet. Aus Sicht des LG sind während der ökonomischen Nutzungsdauer des Leasinggegenstandes häufig mehrere aufeinander folgende Operating-Leasing-Verträge abzuschließen.

Sale-and-lease-back-Verträge sind i. d. R. Finanzierungs-Leasing-Verträgen sehr ähnlich. Hier ist der LN zunächst Eigentümer des Investitionsprojekts, das Gegenstand des Leasingvertrages sein wird. Der LN überträgt dann dem LG das Eigentum an dem Projekt und verschafft sich die Nutzungsrechte durch Abschluss eines Finanzierungs-Leasing-Vertrages. Der LG leistet an den LN den vereinbarten Kaufpreis; der LN zahlt an den LG die vertraglichen Leasingraten.

Wir behandeln im Folgenden vorrangig Finanzierungs-Leasing-Verträge.

Leasinggesellschaften erfreuen sich seit vielen Jahren hoher jährlicher Umsatzzuwächse. Was macht Leasing-Geschäfte für Leasingnehmer attraktiv? Welche Vorteile können Leasinggesellschaften (Leasinggeber) bieten, die sich Leasingnehmer nicht auch selbst verschaffen können? Warum existieren Leasinggesellschaften? Worin bestehen die Vorteile von Finanzierungs-Leasing-Verträgen?

Diese Vorteile sind nicht auf den ersten Blick zu entdecken. Betrachten wir ein Beispiel: Ein potenzieller Leasinggeber (LG) wirbt für diese Form der Finanzierung von Projekten unter Verweis auf spezifische Vorteile. Diese Vorteile eines Finanzierungs-Leasing-Vertrags seien u. a.:

[1] Der Verschuldungsspielraum des Unternehmens wird nicht eingegrenzt, da wir die Anlage zu 100 % finanzieren und das Leasingprojekt in der Bilanz des LN nicht aktiviert wird und die Leasingverbindlichkeiten nicht zu passivieren sind.

[2] Der LN erziele hohe Steuerersparnisse, die die Leasingalternative im Vergleich zu einer Fremdfinanzierung des Projektes gut aussehen lässt.

Beispiel

Kaufpreis der Anlage (I_0)	60.000 Euro
Nutzungsdauer	6 Jahre
Abschreibung	linear
Restverkaufserlös in t = 6	0
Kosten der Fremdfinanzierung	6 %
Gewinnsteuersatz (s)	25 %
Leasingraten in t = 1 bis t = 6	14.000 Euro

Die unkündbare Grundmietzeit entspricht im Beispiel der Nutzungsdauer.

Tabelle 8.1 weist die Belastung nach Steuern des LN aus der Sicht des potenziellen LG aus:

t	Leasingrate (LR_t)	Steuerersparnis	LR_t nach Steuern
0	-	-	-
1	14.000	3.500	10.500
2	14.000	3.500	10.500
3	14.000	3.500	10.500
4	14.000	3.500	10.500
5	14.000	3.500	10.500
6	14.000	3.500	10.500

Tabelle 8.1: Leasingraten vor und nach Steuern

In dem Prospekt des potenziellen LG heißt es weiter: „Angenommen Sie könnten einen Kredit in der erforderlichen Höhe zu 6 % (vor Steuern) aufnehmen, der sie nach Steuern bei einem Steuersatz von s = 0,25 4,5 % kostete (volle Abzugsfähigkeit der Zinszahlungen unterstellt), dann kostete dessen Verzinsung und Tilgung immer mehr als die in Tabelle 8.1 ausgewiesenen Leasingraten nach Steuern. Diskontiert man nämlich die Leasingraten nach Steuern mit 4,5 %, erhält man einen Barwert in Höhe von 54.157,7 Euro, was bedeutet, dass man mit Raten in der Höhe von LR_t (1 - s) = 10.500 einen in t = 0 aufgenommenen Kredit von 60.000 Euro nicht tilgen und verzinsen kann. Der Finanzierungs-Leasing-Vertrag ist also die bessere Alternative".

Sie überlegen, wie stichhaltig die Argumente sind.

Der potenzielle LG behauptet, der Verschuldungsspielraum des LN würde nicht eingeengt; seine Fähigkeit weitere Kredite aufzunehmen, werde durch den Abschluss eines Finanzierungs-Leasing-Vertrages nicht beeinflusst. Der LN stützt sich auf den Vergleich Finanzierungs-Leasing-Vertrag (FLV) versus Kauf verbunden mit vollständiger Fremdfinanzierung. Bei dieser Alternative erscheint Aktiv- und Passivposition in der Bilanz. Bei FLV wird der Leasinggegenstand – wie unten zu zeigen ist – häufig beim LG aktiviert, womit auch die Verbindlichkeiten aus dem FLV nicht in der Bilanz des LN aufscheinen. Die Folgerung, der Abschluss eines FLV veränderte das Verschuldungspotenzial des LN nicht, hält aber nur, wenn diese Verbindlichkeiten potenziellen Kreditgebern verschwiegen werden. Da Kreditinstitute nach der Bilanz nicht entnehmbaren Zahlungsverpflichtungen generell fragen, führt ein wissentliches Verschweigen bei Aufdeckung zur sofortigen Kündigung des Kredits und in die Nähe des Straftatbestandes Kreditbetrug.[76]

Der potenzielle LG hebt unter (2) Steuerersparnisse hervor. Diese sind erzielbar, wenn a) der Steuergesetzgeber die Kürzung der Steuerbemessungsgrundlage durch gezahlte Leasingraten akzeptiert (was der Fall ist) und b) das Unternehmen zu versteuernde Gewinne erzielt, die den Abzug der Leasingraten zulassen, ohne negativ zu werden. Auch dies soll unterstellt werden.

Die wichtigere Frage ist, ob der Beleg, den der potenzielle LG vorlegt, belastbar ist. Wir wollen hier Zweifel wecken und stellen den Kalkül aus der Sicht des potenziellen LG dar. Der könnte so rechnen, wie in Tabelle 8.2 ausgewiesen:

[76] Große Kapitalgesellschaften i. S. v. § 267 Abs. 3 HGB haben Leasingverpflichtungen im Anhang gemäß § 285 Ziff. 3 i. V. m. § 288 S. 1 HGB zu erläutern.

(1)	(2)	(3)	(4)	(5)	(6) = (3) + (5)
t	LR_t	$LR_t(1\text{-}s)$	Ab_t	sAb_t	$LR_t(1\text{-}s) + sAb_t$
0	-	-	-	-	-
1	14.000	10.500	10.000	2.500	13.000
2	14.000	10.500	10.000	2.500	13.000
3	14.000	10.500	10.000	2.500	13.000
4	14.000	10.500	10.000	2.500	13.000
5	14.000	10.500	10.000	2.500	13.000
6	14.000	10.500	10.000	2.500	13.000

Tabelle 8.2: Kalkül des potenziellen LG

Wie noch zu zeigen ist[77], hätte im Beispiel der potenzielle LG den Leasinggegenstand zu aktivieren und folglich auch das Recht, diesen steuerlich abzuschreiben. Somit sind die Leasingraten auf der Ebene des LG zu versteuern, werden aber verkürzt um die Abschreibungen. Pro Periode hat der potenzielle LG Steuern in Höhe von s $[LR_t - Ab_t] = 1.000$ zu zahlen. Das Ergebnis nach Steuern beträgt somit 13.000 pro Periode. Um einen Barwert zu berechnen und diesen mit $I_0 = 60.000$ zu vergleichen, braucht man einen geeigneten Diskontierungssatz. Wir nehmen vereinfachend und alle Risikoaspekte ausklammernd an, dass der potenzielle LG Mittel zu einer Rendite in Höhe des Zinssatzes für Fremdkapital anlegen könnte (6 %), die nach Steuern dann 4,5 % wäre. Diskontiert man die Eintragungen in Spalte (6) der Tabelle 8.2 mit 4,5 %, erhält man einen Barwert von 67.052,3, der $I_0 = 60.000$ übersteigt. Das bedeutet, dass der Abschluss des FLV für den potenziellen LG vorteilhaft ist. Da der LG vorgetragen hat, der FLV sei auch für den LN vorteilhaft, entsteht die interessante Frage, ob dieser FLV für beide, LG und LN, vorteilhaft sein kann und worauf sich diese Vorteilhaftigkeit für beide zurückführen ließe.

Wir schieben die Antwort auf diese Frage ein wenig auf und werfen einen Blick auf die verschiedenen Formen von Leasingverträgen und wichtige steuerliche Regelungen.

8.2 Formen von Leasingverträgen

Eine Vielzahl von Leasingverträgen ist anzutreffen. Tabelle 8.3 benutzt verschiedene Gliederungskriterien, um einen Überblick zu geben.[78]

Gliederungsprinzip	Vertragsform	Kennzeichnung
Vertragsbedingungen	Operating-Leasing	kürzere Laufzeiten, Kündigungsrechte für LN; Vielfalt an Aufteilungsregeln für den Restverkaufserlös
	Finanzierungs-Leasing	längere Laufzeiten, die i. d. R. die Hälfte der ökonomischen Nutzungsdauer überschreiten; kein Kündigungsrecht des LN während der Grundmietzeit; Kauf- und/oder Verlängerungsoptionen

77 Vgl. unten Abschnitt 4 und 5.

78 Vgl. etwa Rehkugler (2007), S. 275; Zantow (2007), S. 315–322.

Amortisation auf Ebene des LG	Vollamortisation	die vom LN geleisteten Raten während der Grundmietzeit decken Anschaffungs- (Herstellungs-) Kosten des LG, Finanzierungskosten und Nebenkosten
	Teilamortisation	gesamte Kosten des LG werden nur z. T. gedeckt. Restliche Deckung erfolgt über Folgevertrag oder Restverkaufserlös
Wartung des Leasinggegenstandes	Full-Service-Leasing	LG übernimmt Wartung, Reparatur, Versicherung, etc.
	Net-Leasing	LN übernimmt Wartung, Reparatur, Versicherung, etc.
Position des LG	direktes Leasing	LG ist Hersteller des Leasinggegenstandes
	indirektes Leasing	LG ist (nicht erkennbare) Tochtergesellschaft des Herstellers oder eine Leasinggesellschaft

Tabelle 8.3: Überblick über ausgewählte Vertragsformen

Für die Beurteilung der Vorteile eines Leasingvertrages ist neben der Vertragsform die steuerliche Behandlung von ausschlaggebender Bedeutung. Wer – der LN oder der LG – gilt steuerlich als Eigentümer des Leasingobjektes (LO) und wer hat folglich das Recht, steuerliche Abschreibungen auf das Leasingobjekt geltend zu machen? Wem ist der Leasinggegenstand steuerlich zuzurechnen? Der Fiskus hat in mehreren Erlassen 1971, 1972, 1975 und 1991 Regeln für die Gestaltung von Leasingverträgen aufgestellt, die über die steuerliche Zurechnung des Leasinggegenstandes entscheiden. Das Bundesministerium für Finanzen definiert FLV als Vertragsform, die (1) während einer bestimmten Grundmietzeit bei vertragskonformem Verhalten von keiner Vertragspartei gekündigt werden kann und die (2) den LN verpflichtet, während der Grundmietzeit durch die Zahlung von Leasingraten dem LG mindestens die Anschaffungs- oder Herstellkosten sowie alle Nebenkosten einschließlich der Finanzierungskosten zu erstatten. Solche Verträge heißen **Vollamortisationsverträge**. Vollamortisationsverträge können mit Kauf- und Verlängerungsoption sowie ohne Option angeboten werden.

Die Zurechnung des Leasinggegenstandes ist von der Vertragsgestaltung und der faktischen Durchführung abhängig. Leasinggegenstände werden bei FLV ohne Option dem LG dann zugerechnet, wenn die Grundmietzeit (GMZ) mindestens 40 % und höchstens 90 % der betriebsgewöhnlichen Nutzungsdauer (ND) des Gegenstandes beträgt. „Zurechnung" zum LG bedeutet, dass der Gegenstand bei ihm aktiviert wird, er die steuerlichen Absetzungen für Abnutzung (AfA) bzw. Abschreibung geltend macht, die Leasingraten bei ihm Betriebseinnahmen und beim LN Betriebsausgaben sind.

FLV mit Kaufoption führen dann zur Zurechnung beim LG, wenn die Grundmietzeit die oben genannte Bedingung erfüllt und der vereinbarte Optionspreis für den Kauf des Gegenstandes nicht niedriger ist als der (Rest)Buchwert bei unterstellter linearer Abschreibung oder der niedrigere gemeine Wert zum Zeitpunkt der Veräußerung.

FLV mit Mietverlängerungsoption führen zur Zurechnung beim LG, wenn die Grundmietzeit die genannte Bedingung erfüllt und die „Anschlussmiete" so bemessen ist, dass sie den am Restbuchwert (RBW) bzw. gemeinen Wert orientierten periodischen Wertverzehrs deckt.

FLV über auf die spezifischen betrieblichen Bedürfnisse des LN zugeschnittene Gegenstände führen regelmäßig zu einer Zurechnung beim LN.[79]

Teilamortisationsverträge sind FLV, die die oben genannte Bedingung 2) nicht erfüllen: Die Leasingraten des LN während der Grundmietzeit decken nicht die Anschaffungs- bzw. Herstellungskosten sowie alle Neben- und Finanzierungskosten des LG. Teilamortisationsverträge sehen für das Ende der Grundmietzeit unterschiedliche vertragliche Arrangements vor:

Der Vertrag sieht ein *Andienungsrecht* des LG vor. Der LN hat auf Verlangen des LG den Gegenstand zu einem bei Vertragsabschluss bereits festgelegten Preis zu kaufen, hat aber selbst kein Optionsrecht. In einer Stellungnahme hat das BMF 1975[80] entschieden, dass der LN *nicht* als wirtschaftlicher Eigentümer angesehen werden kann; der Leasinggegenstand ist dem LG zuzurechnen.

Der Vertrag sieht die *Veräußerung* des Leasinggegenstandes durch den LG am Ende der Grundmietzeit vor. Unterschreitet der Verkaufserlös die notwendige Restamortisation, hat der LN die Differenz nachzuleisten. Überschreitet der Verkaufserlös die Restamortisation, erhält der LG 25 %, der LN 75 % des Mehrerlöses (*Vertrag mit Aufteilung des Mehrerlöses)*. Diese Vertragsform führt zu einer Zurechnung beim LG. Unterschreitet der Anteil des LG am Mehrerlös jedoch 25 %, erfolgt die Zurechnung beim LN.

Ist der FLV frühestens nach Ablauf einer Grundmietzeit, die 40 % der betriebsgewöhnlichen Nutzungsdauer erreicht, kündbar, hat der LN eine *Abschlusszahlung* zu leisten, auf die der Restverkaufserlös für den Leasinggegenstand ganz oder zum größeren Teil anzurechnen ist. Sind die Vertragsbedingungen so gewählt, dass der Vertrag im Ergebnis einem Vollamortisationsvertrag entspricht, ist der Leasinggegenstand dem LG zuzurechnen.

Die Schreiben des Bundesministeriums der Finanzen differenzieren also in die folgenden Vertragsformen, die in Abbildung 8.1 wiedergegeben sind.

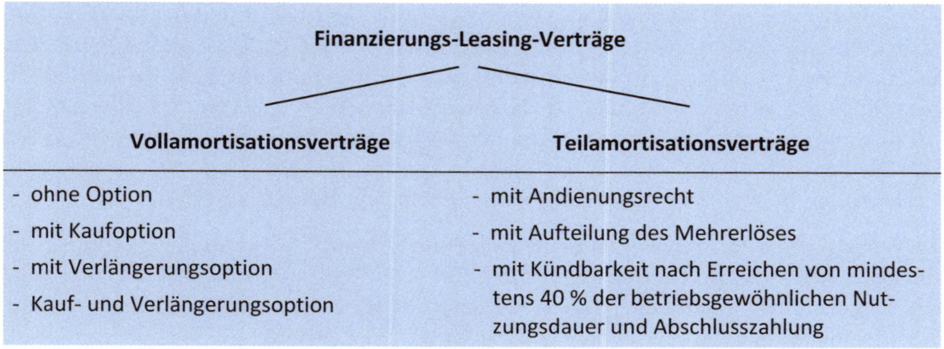

Abbildung 8.1: Finanzierungs-Leasing-Verträge mit Voll- und Teilamortisation

Tabelle 8.4 berichtet in konzentrierter Form die resultierenden Zuordnungsregeln:

[79] BMF vom 19.4.1971, S. 265.

[80] BMF vom 22.12.1975.

Leasing-gegenstand	Vertragstyp	Leasingbedingungen	Zurechnung
Bewegliche Gegenstände	ohne Options-recht	GMZ mind. 40 % und höchstens 90 % der ND des LO	LG
		GMZ unter 40 % oder über 90 % der ND des LO	LN
	mit Kaufoption	GMZ mind. 40 % und höchstens 90 % der ND des LO und Optionspreis mind. i. H. d. RBW nach lin. AfA oder nach gemeinem Wert	LG
		GMZ unter 40 % oder über 90 % der ND des LO **oder** GMZ mind.40 % und höchstens 90 % der ND und Optionspreis unter RBW nach lin. AfA	LN
	mit Mietver-längerungs-option	GMZ mind. 40 % und höchstens 90 % der ND des LO und Anschlussmiete mind. so hoch wie Wertverzehr bei lin. AfA auf RBW oder nach gemeinem Wert	LG
		GMZ unter 40 % oder über 90 % der ND des LO **oder** GMZ mind. 40 % und höchstens 90 % der ND und Anschlussmiete unter Wertverzehr bei lin. AfA auf RBW oder nach gemeinem Wert	LN
	Spezial-Leasing		LN (i. d. R.)
Grund und Boden	ohne Optionsrecht		LG (grunds.)
	mit Kaufoption		LG (grunds.)
	mit Mietver-längerungs-option		LN, wenn ihm Gebäude zugerechnet wird
	Spezial-Leasing		LN (i. d. R.)
Gebäude		GMZ unter 40 % oder über 90 % der ND des Leasing-gebäudes bzw. kürzerer Erbbaurechtszeitraum	LN
	ohne Options-recht	GMZ mind. 40 % und höchstens 90 % der ND des LO	LG
	mit Kaufoption	GMZ mind. 40 % und höchstens 90 % der ND des LO und Gesamtkaufpreis mind. i. H. d. Gebäudewertes nach lin. AfA zzgl. des Buchrestwertes oder nach gemeinem Wert	LG
	mit Mietver-längerungs-option	GMZ mind. 40 % und höchstens 90 % der ND des LO und Anschlussmiete über 75 % des Mietentgelts für ein vergleichbares Grundstück	LG

Tabelle 8.4: Steuerliche Zuordnungsregeln

1962 werden die ersten Leasinggesellschaften in Deutschland gegründet. Das rasante Wachstum, das die Branche in Deutschland vorgelegt hat, zeigt Abbildung 8.2.

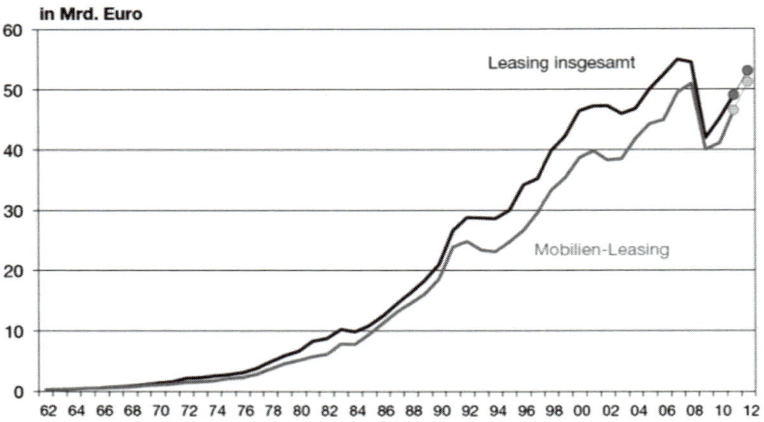

Abbildung 8.2: Leasinginvestitionen in Deutschland im Zeitraum 1962-2012 (Quelle: Städtler (2012), S. 5.)

Betrachtet man dieses Volumen vor dem Hintergrund der internationalen Finanzkrise ab 2007, ist es nicht verwunderlich, dass Leasing zu den Finanzdienstleistungen gezählt wird und somit der Bundesanstalt für Finanzdienstleistungsaufsicht (BaFin) untersteht. Als Grund wird genannt, dass unsolide Leasinggeschäfte großen Schaden anrichten könnten.[81] Im Gegenzug erhalten Leasinganbieter die gleiche gewerbesteuerliche Privilegierung wie Banken, geregelt durch das Jahressteuergesetz 2009 mit Wirkung zum 25.12.2008.

8.3 Finanzierungs-Leasing-Vertrag und vollkommener Kapitalmarkt

Wir wenden uns jetzt wieder der Frage zu, wie die Vorteilhaftigkeit eines FLV berechnet werden kann. Dann wird auch klar werden, ob die Argumentation des potenziellen LG aus Abschnitt 1 hält.

Angenommen, es bestünde ein vollkommener Kapitalmarkt bei Sicherheit. Der Zinssatz i vor Steuern sei 0,10. Investitionsgüter können auf beliebige Arten finanziert werden. Hierzu zählt auch die Möglichkeit, einen Finanzierungs-Leasing-Vertrag abzuschließen. Weiterhin sei angenommen, dass auf dem Markt für Investitionsgüter und auf dem Markt für Leasingverträge vollkommener Wettbewerb herrscht.

Eine Leasinggesellschaft (LG) will einen Leasingvertrag anbieten, dem folgende Daten zugrunde liegen:

- Anschaffungsauszahlung für den Leasinggegenstand 20.000;
- $s = 0{,}5$;
- 5-jährige, unkündbare Grundmietzeit;
- Aktivierung und lineare Abschreibung des Leasinggegenstandes beim LG;

[81] Der Betrugsfall der FlowTex Technologie GmbH & Co. KG im Jahr 2000 belegt dies mit einem Schaden von insgesamt 2,6 Milliarden Euro sehr eindrucksvoll.

– der Restverkaufserlös (RVE) am Ende der Periode 5 steht dem LG zu; der Restverkaufserlös wird zu diesem Zeitpunkt auf 1.000 geschätzt.

Welche Mindest-Leasingraten muss der LG fordern, wenn seine Kapitalkosten nach Steuern i (1–s) = 0,05 betragen? Der LG erhält die Leasingraten nach Steuern, die Steuerersparnisse aufgrund der von ihm verrechneten Abschreibungen und den Restverkaufserlös nach Steuern. Die Mindest-Leasingraten ergeben sich somit aus (8.1).[82]

$$(8.1)\quad \sum_{t=1}^{5} LR_t\,(1 - s)\,(1 + i_s)^{-t} + \sum_{t=1}^{5} sAb_t\,(1 + i_s)^{-t} + RVE_5\,(1 - s)$$

$$(1 + i_s)^{-5} + sRBW_5\,(1 + i_s)^{-5} - I_0 = 0.$$

	(1)	(2)	(3)	(4)	(5)
t	LR_t	Ab_t	$S_t = s\,(LR_t - Ab_t)$	$LR_t - S_t$	$RVE_5\,(1 - s)$
1	5.058	4.000	529	4.529	
2	5.058	4.000	529	4.529	
3	5.058	4.000	529	4.529	
4	5.058	4.000	529	4.529	
5	5.058	4.000	529	4.529	500

Tabelle 8.5: Nettoeinzahlungen des LG nach Steuern

Unter der Annahme uniformer Leasingraten während der Grundmietzeit beträgt die Mindest-Leasingrate $LR_t \cong 5.058$ für t = 1, …, 5 und zwar unabhängig davon, ob der LG die Finanzierung des Objektes durch Eigen- oder Fremdmittel oder eine beliebige Mischung aus Eigen- und Fremdmitteln bewerkstelligt. Eine Proberechnung zeigt, dass LR_t in Höhe von 5.058 dem LG genau eine Verzinsung in Höhe von $i_s = 0{,}05$ liefern. Der Barwert der Nettoeinzahlungen in den Spalten (4) und (5) der Tabelle 8.5 bewertet mit $i_s = 0{,}05$ abzüglich $I_0 = 20.000$ beträgt Null.

Betrachten wir nun den LN. Seine alternativen Handlungsmöglichkeiten zur Finanzierung des Kaufpreises des Projektes sind Eigen- und/oder Fremdfinanzierung. Finanziert der LN mit Eigenmitteln und entsprechen die dem Investitionsprojekt zurechenbaren Nettoeinzahlungen mindestens den vom LG geforderten Leasingraten, stellt sich der Kalkül des LN so dar:

82 RBW_5 bezeichnet den Restbuchwert im Zeitpunkt 5. Im Beispiel beträgt er Null, weil $\sum_{t=1}^{n} Ab_t = I_0$ gilt. Wenn der Restbuchwert am Ende der letzten Periode Null ist, kann er in den Formeln entfallen.

	(1)	(2)	(3)	(4)	(5)
t	Mindest-NE_t	Ab_t	$S_t = s\,(NE_t - Ab_t)$	$NE_t - S_t$	$RVE_5\,(1 - s)$
1	5.058	4.000	529	4.529	–
2	5.058	4.000	529	4.259	–
3	5.058	4.000	529	4.529	–
4	5.058	4.000	529	4.529	–
5	5.058	4.000	529	4.529	500

Tabelle 8.6: Kalkül des LN bei Kauf und Eigenfinanzierung

Der Nettokapitalwert für die Alternative Kauf und Eigenfinanzierung ergibt sich aus

(8.2) $$NKW_0^{K,E} = -I_0 + \sum_{t=1}^{5} \left[NE_t - s\left(NE_t - Ab_t\right)\right] (1 + i_s)^{-t} + RVE_5\,(1 - s)(1 + i_s)^{-5} + sRBW_5\,(1 + i_s)^{-5} = 0.$$

Der Finanzierungs-Leasing-Vertrag (FLV) ist damit ebenso gut wie die Alternative Kauf und Eigenfinanzierung. Denn wird ein LV abgeschlossen, gilt

(8.3) $$NKW_0^{L} = \sum_{t=1}^{5} (NE_t - LR_t)\,(1 - s)\,(1 + i_s)^{-t} = 0.$$

LN erreichen auf vollkommenem Kapitalmarkt somit das Gleiche wie LG. Daran ändert sich auch nichts, wenn der LN die Anschaffungsauszahlung vollständig fremdfinanziert oder in irgendeinem Mischungsverhältnis aus Eigen- und Fremdmitteln finanziert. Bei vollständiger Fremdfinanzierung ($F_0 = I_0$) zum Zinssatz $i = 0{,}10$ ergeben sich die folgenden bewertungsrelevanten Zahlungen:

	(1)	(2)	(3)	(4)	(5)	(6)	(7)
t	Mindest-NE_t	Ab_t	iF_{t-1}	T_t	$S_t = s\,(NE_t - Ab_t - iF_{t-1})$	$NE_t - iF_{t-1} - T_t - S_t$	$RVE_5\,(1 - s)$
1	5.058	4.000	2.000	3.276	-471	253	
2	5.058	4.000	1.672	3.604	-307	89	
3	5.058	4.000	1.312	3.964	-127	-91	
4	5.058	4.000	916	4.360	71	-289	
5	5.058	4.000	480	4.796	289	-507	500

Tabelle 8.7: Kalkül des LN bei Kauf und vollständiger Fremdfinanzierung

Der Nettokapitalwert für den Fall Kauf und vollständige Fremdfinanzierung ergibt sich aus (8.4):

(8.4) $$NKW_0^{K,F} = \sum_{t=1}^{5} (NE_t - iF_{t-1} - T_t - S_t)(1 + i_s)^{-t} + RVE_5(1 - s)(1 + i_s)^{-5} + sRBW_5(1 + i_s)^{-5} = 0.$$

Hierbei ist eine Annuitätentilgung in Höhe von 5.276 pro Periode unterstellt. Außerdem ist angenommen, dass im Verlustfalle dem Unternehmen ein Betrag in Höhe von s · Verlust rückvergütet wird *(Negativsteuer)*.

Der Nettokapitalwert ist erneut gleich Null. Der Abschluss eines Leasingvertrages hat somit auch im Vergleich zu einer vollständigen Fremdfinanzierung des Kaufs des Investitionsprojektes keine Vorteile. Akzeptiert man die Regel, dass ein Vertrag für beide Seiten Vorteile bieten sollte, gibt es für Finanzierungs-Leasing-Verträge unter den gesetzten Bedingungen keine Chancen.

Jetzt ist das Beispiel aus Abschnitt 1 wieder aufzugreifen. Dort hatte der potenzielle LG einen Vorteil aus dem Abschluss eines FLV herzuleiten versucht. Aus dem Beispiel war nicht erkennbar, dass bzw. ob eine Unvollkommenheit der Anwendungsbedingungen vorlag und für das Ergebnis verantwortlich war. Für LG und LN galten der gleiche Steuersatz, die gleichen Anschaffungskosten des Projekts, die gleiche Abschreibungsregel, der gleiche Zinssatz für Fremdkapital und Risiken waren ausgeschlossen. Folglich muss es schwerfallen zu belegen, dass der Abschluss eines FLV eine überlegene Form der Finanzierung ist.

Die Argumentation des potenziellen LG enthält folglich einen Fehler: Sie unterschlägt, dass der LN bei Abschluss eines FLV und bei steuerlicher Zurechnung des Leasinggegenstandes zum LG das Abschreibungsrecht und damit die steuerlichen Vorteile in Höhe von $s \cdot Ab_t$ pro Periode verliert. Die Kosten des Abschlusses eines FLV sind nämlich erstens die Leasingraten nach Steuern, zweitens der Verlust der steuerlichen Vorteile auf die Abschreibung und drittens der Verlust des Restverkaufserlöses für den Leasinggegenstand am Ende der Grundmietzeit, soweit der LN nicht ggf. Gebrauch macht von einer Kauf- oder Verlängerungsoption.

Eine berechtigte Frage ist es daher, welche Eigenschaften von Finanzierungs- oder Gütermärkten in der Realität die Vorteilhaftigkeit von FLV bewirken bzw. begünstigen. Ohne Anspruch auf Vollständigkeit können verschiedene mögliche Ursachen genannt werden. Leasinggesellschaften könnten z. B.

- steuerliche Vorteile haben, die anderen Unternehmen regelmäßig nicht zugänglich sind;
- Zahlungsstrukturen für Leasingraten anbieten, die den Abschluss von Leasingverträgen für LN attraktiver machen und die über andere Finanzierungsverträge (Kredite) nicht erreichbar sind;
- Investitionsprojekte zu günstigeren Preisen (Mengenrabatte) einkaufen als andere Investoren und/oder höhere Restverkaufserlöse erzielen;
- über rationellere Methoden der Wartung von Leasingprojekten verfügen;
- sich günstiger refinanzieren als andere Kreditgeber.

Träfe der eine oder andere der genannten Gründe zu, könnten LG einen Teil der Vorteile an LN weitergeben: Denn Leasingverträge müssen für beide Parteien vorteilhaft sein.

8.4 Finanzierungs-Leasing-Verträge und unterschiedliche Besteuerung von LG bzw. LN

Unter finanziellem Aspekt lassen sich die Handlungsalternativen eines LN so darstellen:

[1] (a) Beschaffung des Investitionsprojektes;

(b) Beschaffung der notwendigen finanziellen Mittel zur Finanzierung des Anschaffungspreises durch die Verpflichtung, eine Reihe von vertraglich bestimmten Leasingraten zu leisten, auf die steuerliche Abschreibungsfähigkeit und den Restverkaufserlös am Ende der Grundmietzeit zu verzichten,

oder

[2] (a) Beschaffung des Investitionsprojektes;

(b) Beschaffung der notwendigen finanziellen Mittel zur Finanzierung des Anschaffungspreises durch eine andere Form der Finanzierung oder Kombination von Finanzierungsformen.

Das Problem reduziert sich somit auf die Frage, ob ein Investitionsprojekt finanziert werden soll über einen Finanzierungs-Leasing-Vertrag oder über eine andere Form der Finanzierung, die auch eine vollständige Fremdfinanzierung sein kann.

Die Überlegungen in Abschnitt 3 haben verdeutlicht, dass auf vollkommenem Kapitalmarkt und bei Sicherheit die Handlungsalternativen 1 und 2 für den LN gleich sind. Es gibt unter diesen Bedingungen keinen Anreiz zu leasen.

Die Bedingungen, unter denen dieses Ergebnis abgeleitet wurde, sind:

[1] LG und LN können Mittel zum Satz i anlegen und aufnehmen: Eigenkapitalkosten sind gleich Fremdkapitalkosten.

[2] Die steuerlichen Abschreibungsmöglichkeiten sind für beide, LG und LN gleich.

[3] Die Gewinnsteuersätze (s) sind für beide, LG und LN gleich.

[4] Risiko- bzw. Unsicherheitsüberlegungen sind ausgeklammert.

Ändert sich das Bild, wenn die eine oder andere Annahme aufgehoben wird?

Angenommen, LG könnten die in ihren Bilanzen aktivierten Leasinggegenstände schneller abschreiben, als LN dies beim Kauf der gleichen Projekte tun könnten. Was wäre die Folge?

Wir nehmen das Beispiel aus dem Abschnitt 3 wieder auf und ändern die Annahme über die Abschreibungsregelung: Der LN darf bei Kauf nur linear abschreiben; der LG darf die digitale Abschreibung benutzen. Nach der digitalen Abschreibungsmethode berechnet sich der Abschreibungsbetrag pro Periode Ab_t gemäß (8.5):

$$(8.5) \quad Ab_t = \frac{I_0}{1 + 2 + \ldots + n} \cdot [n - (t - 1)]$$

I_0: Anschaffungsauszahlung

n: Ende der Abschreibungsperiode.

Für die Periode 1 beträgt der Abschreibungsbetrag somit

$Ab_t = 20.000 : 15\,(5 - (1 - 1)) = 6.666{,}67$.

Die lineare Abschreibung soll – wie im Abschnitt 3 – 4.000 pro Periode betragen. Der LG darf also schneller abschreiben.

Kapitalmarktzinssatz und Gewinnsteuersatz sind unverändert.

Der LG ermittelt die Leasingraten, die ihm eine Rendite nach Steuern von $i_s = 0{,}05$ bringen. Hierzu benutzt er die Gleichung (8.6):

$$(8.6) \quad \sum_{t=1}^{5} LR_t\,(1 - s)\,(1 + i_s)^{-t} + \sum_{t=1}^{5} sAb_t\,(1 + i_s)^{-t} + [RVE_5 - s\,(RVE_5 - RBW_5)](1 + i_s)^{-5} = I_0$$

und erhält das in Tabelle 8.8 ausgewiesene Ergebnis.

	(1)	(2)	(3)	(4)	(5)
t	LR_t	Ab_t	$S_t = s(LR_t - S_t)$	$LR_t - S_t$	$RVE_5\,(1 - s)$
1	4.928,05	6.666,67	-869,31	5.797,36	
2	4.928,05	5.333,33	-202,64	5.130,69	
3	4.928,05	4.000,00	464,03	4.464,02	
4	4.928,05	2.666,67	1.130,69	3.797,36	
5	4.928,05	1.333,33	1.797,36	3.130,69	500

Tabelle 8.8: Nettoeinzahlungen des LG ($RBW_5 = 0$, $RVE_5 = 1.000$)

In den ersten beiden Perioden übersteigt die Abschreibung als Betriebsausgabe die Betriebseinnahme (= LR_t). Die Steuerbemessungsgrundlage ist negativ. Es wird angenommen, dass dieser Verlust mit Überschüssen aus anderen Projekten verrechnet werden kann, so dass sich ein **sofortiger Verlustausgleich** ergibt. Errechnet man den Barwert der in den Spalten (4) und (5) ausgewiesenen Überschüsse mit $i_s = 0{,}05$, erhält man den Betrag von 20.000, der dem Anschaffungspreis entspricht. Der LG erzielt genau eine Rendite von 0,05, den Kapitalmarktzins nach Steuern, wenn er die Mindest-Leasingrate wie in Spalte (1) ausgewiesen ansetzt.

Beim Vergleich des Ergebnisses der Tabelle 8.8 mit dem aus Tabelle 8.5 erkennt man, dass die Mindest-Leasingrate des LG jetzt kleiner ist: 4.928,05 < 5.058. Die schnellere Abschreibungsmöglichkeit des LG ist ein Vorteil, den der LG an den LN ganz oder teilweise weitergeben könnte. Welchen Teil dieses Vorteils er an den LN weitergibt, interessiert hier nicht. Wichtig ist allein, dass der LG dem LN jetzt einen Vorteil gegenüber alternativen Finanzierungsformen bieten kann. Bietet er eine Leasingrate an, die 5.058 unterschreitet, wird die Leasingalternative für den LN vorteilhaft. Damit liegt hier eine Bedingung vor, die zum Abschluss von Finanzierungs-Leasing-Verträgen führen kann, die für beide, LG und LN, vorteilhaft sind. Käme der Vertrag mit einer $LR_t = 5.000$, $t = 1, 2, \ldots, 5$ zustande, erzielte der LG eine Rendite, die über dem Kapitalmarktsatz liegt, und der LN erzielte einen höheren Kapitalwert als bei jeder anderen Form der Finanzierung.

Jetzt soll eine Differenz in den Gewinnsteuersätzen eingeführt werden. Es wird angenommen, dass Leasinggesellschaften (LG) einem niedrigeren Gewinnsteuersatz (s^{LG}) unterliegen als LN: $s^{LG} < s^{LN}$. Die unterschiedlichen steuerlichen Abschreibungsmöglichkeiten werden wieder aufgehoben: Beide, LG und LN, sollen nur linear abschreiben dürfen ($Ab_t = 4.000$). s^{LG} sei 0,40; s^{LN} sei 0,50.

Welche Mindest-Leasingraten muss der LG fordern, wenn seine Überschüsse mit $s^{LG} = 0{,}40$ besteuert werden, das Leasingobjekt linear abgeschrieben wird und die Alternativrendite 0,10 vor Steuern beträgt?

Der LG bestimmt die mindestens zu fordernden Leasingraten gemäß (8.7):

$$(8.7) \quad \sum_{t=1}^{5} LR_t\,(1 - s^{LG})\,(1 + i_s)^{-t} + s^{LG} \sum_{t=1}^{5} Ab_t(1 + i_s)^{-t} + [RVE_5 - s^{LG}\,(RVE_5 - RBW_5)](1 + i_s)^{-5} = I_0.$$

Zu beachten ist, dass i_s im Kalkül des LG gleich $i\,(1-s^{LG}) = 0{,}10\,(1-0{,}4) = 0{,}06$ ist, weil auch die alternativ erzielbare Rendite mit dem Gewinnsteuersatz des LG (s^{LG}) belastet ist.

	(1)	(2)	(3)	(4)	(5)
t	LR_t	Ab_t	$S_t = s(LR_t - Ab_t)$	$LR_t - S_t$	$RVE_5\ (1 - s)$
2	5.069,16	4.000	427,66	4.641,50	
3	5.069,16	4.000	427,66	4.641,50	
4	5.069,16	4.000	427,66	4.641,50	
5	5.069,16	4.000	427,66	4.641,50	
	5.069,16	4.000	427,66	4.641,50	600

Tabelle 8.9: Nettoeinzahlungen des LG ($RBW_5 = 0$, $RVE_5 = 1.000$)

Diskontiert man die in den Spalten (4) und (5) ausgewiesenen Einzahlungen des LG mit $i_s = 0{,}06$, erhält man einen Barwert von 20.000. Um eine Rendite von 6 % nach Steuern zu verdienen, muss der LG jetzt höhere Leasingraten fordern als in dem in Tabelle 8.5 dargestellten Fall, in dem $s^{LG} = 0{,}5$ und die alternativ erzielbare Rendite nach Steuern nur 5 % betrug. Ein zwischen LG und LN aufteilbarer Vorteil ist jetzt nicht erkennbar, weil die vom LG mindestens geforderte LR_t 5.069,16 ist, die vom LN maximal akzeptierbare aber nur 5.058 beträgt.

Das Ergebnis mag zunächst erstaunen, weil die relative steuerliche Entlastung des LG (im Vergleich zum LN) diesen veranlasst, höhere Leasingraten zu fordern. Ursache ist, dass die steuerliche Entlastung im Beispiel auch die Einzahlungen trifft, die der LG aus alternativen Anlagen – z. B. am Kapitalmarkt – beziehen kann. Würden ausschließlich Erträge aus Leasinggeschäften des LG steuerlich privilegiert, nicht dagegen andere Erträge des LG, fallen die mindestens von ihm zu fordernden Raten. Gemäß (8.8) und unter Beachtung

$$(8.8) \quad \sum_{t=1}^{5} LR_t\,(1 - s^{LG})\,(1 + i_s)^{-t} + s^{LG} \sum_{t=1}^{5} Ab_t\,(1 + i_s)^{-t} +$$

$$[RVE_5 - s^{LG}\,(RVE_5 - RBW_5)](1 + i_s)^{-5} = I_0$$

von $i_s = 0{,}05$ errechnen sich Mindest-Leasingraten in Höhe von 4.851,51 pro Periode. Jetzt führen divergierende Gewinnsteuersätze $s^{LG} < s^{LN}$ dazu, dass es einen zwischen beiden aufteilbaren Vorteil gibt.

Neben bestimmten steuerlichen Vorteilen von LG bestehen weitere mögliche Vorzüge. Diese können bestehen in der relativen Einkaufsmacht von Leasinggesellschaften (z. B. bei PKW, LKW, Baumaschinen), im Verwertungs-Know-how für gebrauchte Leasinggegenstände, in besseren Möglichkeiten, Risiken zu diversifizieren oder in höherer organisatorischer Kompetenz bei der Erstellung von Großprojekten.

Eine ebenfalls interessante Frage ist, wie Finanzierungs-Leasing-Verträge bei Geltung des etwas komplizierteren deutschen Steuersystems zu beurteilen sind. Dieser Frage soll im nächsten Abschnitt anhand einer Fallstudie nachgegangen werden.

8.5 Fallstudie: Optimale Leasing GmbH

8.5.1 Sachverhalt

Die A-GmbH und die B-GmbH betreiben eine gemeinsame Tochter, die T-GmbH. A hält 49 %, B 51 % der GmbH-Anteile. Die T-GmbH plante 1998 die Errichtung einer größeren Anlage zur Produktion von Profilstählen. Die Errichtungskosten der Anlage ohne Grund und Boden wurden auf 50 Mio. DM geschätzt. Ohne Kapitalzuführung der Mütter konnte die T-GmbH das Projekt nicht finanzieren. Während die B-GmbH eine Erhöhung des Eigenkapitals der Tochter T durchzuführen bereit wäre, plädiert die A-GmbH für die Lösung des Finanzierungsproblems der Tochter über einen Finanzierungs-Leasing-Vertrag. Die A-GmbH hat bereits ein Angebot der «Optimale Leasing GmbH» (OL-GmbH) eingeholt. Die Berechnungen dieser Gesellschaft weisen den Abschluss eines Finanzierungs-Leasing-Vertrages als klar bessere Lösung aus, was die A-GmbH in ihrem Beharren auf dieser Form der Lösung des Finanzierungsproblems bestärkt.

Die OL-GmbH legt ihren Berechnungen die folgenden Annahmen zugrunde:

[1] Auch bei Abschluss eines FLV wird die T-GmbH zunächst Eigentümerin der Anlage für die ersten drei Perioden der Nutzungsdauer. Für diese Zeitspanne wird die volle Fremdfinanzierung der Anlage zu einem Zinssatz von 7 % durch die OL-GmbH sichergestellt. Diese rechtliche Konstruktion wird gewählt, um die T-GmbH in den Genuss einer staatlichen Subvention («Stahlzulage») zu bringen, eine Förderung, die an das Eigentum der erworbenen Investitionsgüter geknüpft ist. Während dieser drei Perioden wird die Anlage linear abgeschrieben. Diese Form der Abschreibung wird gewählt, um die mögliche Entstehung von *Verlustvorträgen* bei der T-GmbH zu vermeiden.

[2] Ab Beginn der Periode 4 tritt ein FLV an die Stelle des Kreditvertrages. Die jährlichen Leasingraten während der zehnperiodigen unkündbaren Grundmietzeit betragen 5.260.000 DM; die Leasingrate für die letzte Periode beträgt 5.294.300.

Diese Konstruktion sichert die Aktivierung des Projektes beim Leasinggeber; die wirtschaftliche Nutzungsdauer beträgt 15 Jahre.

[3] Zum Ende der Grundmietzeit wird der T-GmbH eine Kaufoption eingeräumt. Als Preis wird ein Betrag in Höhe des sich bei linearer Abschreibung ergebenden Restbuchwertes in Höhe von 6.667.000 DM vereinbart. Zugleich wird unterstellt, dass die Anlage nach Ablauf einer 13-jährigen Nutzung einen Restverkaufserlös in Höhe des Restbuchwertes hätte. Damit bleiben *steuerliche* Folgen bei einer Veräußerung im Fall des Kaufs der Anlage durch den LN ohne Einfluss auf das Ergebnis: Betriebseinnahme und Betriebsausgabe sind gleich.

[4] Bei Kauf der Anlage wird eine Mischfinanzierung unterstellt: Die Anlage soll mit 32 Mio. DM Fremdkapital und 18 Mio. DM Eigenkapital finanziert werden. Der Zinssatz für Fremdmittel beträgt 7 %; die Fremdmittel sind annuitätisch zu tilgen und zu verzinsen. Als Eigenkapitalkosten wird ein Satz von 8 % unterstellt.

[5] Der relevante Hebesatz ist 400 %. Damit beträgt der Steuersatz für die Gewerbeertragsteuer (s_{GE}) 0,1667. Der Körperschaftsteuersatz (s_K) im **Halbeinkünfteverfahren** beträgt 25 %.[83] Es soll ein Einkommensteuersatz von $s_I = 0{,}3$ bzw. $s_I = 0{,}5$ angesetzt werden.

[6] Es wird Vollausschüttung unterstellt. Das bedeutet, dass die T-GmbH alle Überschüsse nach Steuern, Leasingraten, Tilgungen, Zinszahlungen an die Eigentümer ausschüttet.

Die folgenden Tabellen zeigen die Zahlungsbelastungen der T-GmbH bei beiden Finanzierungsformen gemäß den Berechnungen des Leasinggebers.

(1)	(2)	(3)	(4)	(5)	(6)	(7)	(8)	(9)
Jahr	RBW_t	Ab_t	Darlehensstand	Tilgung	Zinsen[1)]	GewESt[2)]	KSt[3)]	Ausschüttungsverkürzung[4)]
0	50.000,0		50.000,0					
1	46.666,7	3.333,3	47.517,5	2.482,5	3.500,0	-847,4	-1.496,5	3.638,6
2	43.333,3	3.333,3	44.861,2	2.656,3	3.326,2	-832,7	-1.456,7	3.693,1
3	40.000,0	3.333,3	42.019,0	2.842,2	3.140,3	-817,2	-1.414,1	3.751,2

1) Der Kreditzinssatz beträgt 7 %. Die Annuität beträgt 5.982,5; n = 13.
2) $GewESt = s_{GE} \cdot (Ab_t + 0{,}5\ Zi)$; $s_{GE} = 0{,}1667$.
3) $KSt = s_K \cdot (Ab_t + Zi + GewESt)$; $s_K = 0{,}25$.
4) (9) = (5) + (6) + (7) + (8).

Tabelle 8.10: Zahlungswirkungen in der dreiperiodigen Eigentümerphase, die dem FLV vorausgeht (in TDM)

83 Im Jahr der geplanten Errichtung der Anlage, 1998, galt das steuerliche Anrechnungsverfahren. Dieses Steuerregime wurde 2001 durch das Halbeinkünfteverfahren abgelöst. Wir behandeln diese Fallstudie, als hätte durchgehend das Halbeinkünfteverfahren gegolten. Die Besteuerungsregeln ergeben sich aus den folgenden Tabellen.

Die Daten in Tabelle 8.10 sind wie folgt zu interpretieren. Die Nettoeinzahlungen vor Finanzierungsbelastungen und Steuern bleiben unbeachtet: Sie sind im Fall des Erwerbs der Anlage und der intendierten Finanzierung die Gleichen wie im Fall des Abschlusses des Leasingvertrages. Diese Überlegung gilt auch für die dreiperiodige Eigentümerphase. Folglich weist die Tabelle 8.10 nur die Zahlungsbelastungen durch Tilgungen, Zinszahlungen, Gewerbeertrag- und Körperschaftsteuer aus. Die Annuität für einen in $t = 0$ gewährten Kredit in Höhe von $F_0 = 50$ Mio. bei $i_V = 0{,}07$ und dreizehnperiodiger Laufzeit beträgt 5,9825 Mio. Davon entfallen in der ersten Periode auf die Zinszahlung 3,5 Mio., auf die Tilgung folglich 2,4825 Mio. Dieser Kredit stellt steuerlich Dauerschulden dar. Die Zinszahlungen sind bei der Berechnung der Gewerbeertragsteuer somit hälftig abzugsfähig. In Periode 1 resultiert – bei Ausblendung der Nettoeinzahlungen der Profilstahlanlage – eine Minderung der Gewerbeertragsteuer in Höhe von s_{GE} $(Ab_1 + 0{,}5\ i_V\ F_{t-1}) = 0{,}1667\ (3.333{,}3 + 0{,}5 \cdot 3.500) = 847{,}4$. Die Minderung der Körperschaftsteuer beträgt $s_K\ (Ab_1 + i_V\ F_{t-1} - S_{GE,1}) = 0{,}25\ (3.333{,}3 + 3.500 - 847{,}4) = 1.496{,}5$.

Die Ausschüttungsminderung berechnet sich somit aus Tilgungs- und Zinszahlung abzüglich der Steuerminderungen.

Tabelle 8.11 zeigt die Barwert-Berechnung der Ausschüttungsverkürzungen nach Einkommensteuer gemäß den Berechnungen der OL-GmbH. Die OL-GmbH benutzt zur Barwert-Berechnung einen Diskontierungssatz von 0,07. Die Berechnung beachtet, dass im HEV Ausschüttungen an die Eigentümer lediglich mit dem halben Einkommensteuersatz besteuert werden.[84]

	(10)	(11)	(12)	(13)
t	Ausschüttungs-verkürzung nach ESt ($s_I = 0{,}3$)[1)]	Barwert-beitrag i = 0,07	Ausschüttungsverkürzung nach ESt ($s_I = 0{,}5$)[2)]	Barwert-beitrag i = 0,07
0				
1	3.092,8	2.890,7	2.729,1	2.550,6
2	3.139,1	2.741,8	2.769,8	2.419,3
3	3.188,5	2.602,8	2.813,4	2.296,6
	Barwert in t = 0	8.235,3	Barwert in t = 0	7.266,5

1) ESt = (9) · (1 – 0,5 · 0,3).
2) ESt = (9) · (1 – 0,5 · 0,5).

Tabelle 8.11: Barwerte der Ausschüttungsverkürzungen in der Eigentümerphase nach Einkommensteuerbelastung von $s_I = 0{,}3$ bzw. $s_I = 0{,}5$

84 Die Eigentümer der T-GmbH sind ebenfalls GmbHs. Die Ausschüttungen der T-GmbH an diese werden dann zu Recht der Einkommensteuer unterworfen, wenn unterstellt wird, dass die Mütter die Ausschüttungen an deren private Gesellschafter weiterleiten.

(1)	(2)	(3)	(4)	(5)	(6)	(7)	(8)	(9)
Jahr	LR_t	GewESt[1)]	KSt[2)]	Ausschüttungsverkürzung[3)]	(5) nach ESt; $s_I = 0{,}3$	Barwertbeitrag in t = 3	(5) nach ESt; $s_I = 0{,}5$	Barwertbeitrag in t = 3
4	5.260,2	-876,7	-1.095,9	3.287,6	2.794,5	2.611,7	2.465,7	2.304,4
5	5.260,2	-876,7	-1.095,9	3.287,6	2.794,5	2.440,8	2.465,7	2.153,6
6	5.260,2	-876,7	-1.095,9	3.287,6	2.794,5	2.281,1	2.465,7	2.012,7
7	5.260,2	-876,7	-1.095,9	3.287,6	2.794,5	2.131,9	2.465,7	1.881,1
8	5.260,2	-876,7	-1.095,9	3.287,6	2.794,5	1.992,4	2.465,7	1.758,0
9	5.260,2	-876,7	-1.095,9	3.287,6	2.794,5	1.862,1	2.465,7	1.643,0
10	5.260,2	-876,7	-1.095,9	3.287,6	2.794,5	1.740,3	2.465,7	1.535,5
11	5.260,2	-876,7	-1.095,9	3.287,6	2.794,5	1.626,4	2.465,7	1.435,1
12	5.260,2	-876,7	-1.095,9	3.287,6	2.794,5	1.520,0	2.465,7	1.341,2
13	5.294,3	-882,4	-1.103,0	3.308,9	2.812,6	1.429,8	2.481,7	1.261,6
	Barwert in t = 3					19.636,5		17.326,2

1) GewESt = $s_{GE} \cdot LR_t$.
2) KSt = $(LR_t - s_{GE} \cdot LR_t) \cdot s_K$.
3) (5) = (2) + (3) + (4).

Tabelle 8.12: Finanzielle Auswirkungen des Abschlusses eines Finanzierungs-Leasing-Vertrages nach vorgeschalteter Kaufphase

Tabelle 8.12 präsentiert die Zahlungsbelastungen für den in t = 4 einsetzenden Finanzierungs-Leasing-Vertrag. Die Leasingrate LR_t kürzt die steuerliche Bemessungsgrundlage der Gewerbeertrag- und der Körperschaftsteuer und generiert die in Spalte (3) und (4) ausgewiesenen Steuerverkürzungen. Spalte (5) zeigt die resultierende Ausschüttungsverkürzung nach Unternehmensteuern. Die Spalten (6) und (8) geben die Ausschüttungsverkürzungen nach hälftiger Einkommenbesteuerung mit $s_I = 0{,}3$ bzw. $s_I = 0{,}5$ an. Barwerte der Ausschüttungsverkürzungen nach Einkommensteuer berechnet die OL-GmbH mit dem schon bekannten Diskontierungssatz von 7 %. Alle Barwert-Berechnungen sind auf das Ende der Periode 3 bezogen.

(1)	(2)	(3)	(4)	(5)	(6)	(7)	(8)	(9)	(10)	(11)	(12)	(13)	(14)
Jahr	RBW_t	Ab_t	Darlehensstand	Tilgung	Zinsen[1]	EK-Zins[2]	GewESt[3]	KSt[4]	Ausschüttungsverkürzung[5]	(10) nach ESt; $s_I = 0{,}3$	Barwertbeitrag in t = 0	(10) nach ESt; $s_I = 0{,}5$	Barwertbeitrag in t = 0
0	50.000,0		32.000,0										
1	46.666,7	3.333,3	30.411,2	1.588,8	2.240,0	1.440,0	-742,2	-1.207,8	3.318,8	2.821,0	2.636,4	2.489,1	2.326,3
2	43.333,3	3.333,3	28.711,1	1.700,0	2.128,8	1.300,4	-733,0	-1.182,3	3.213,9	2.731,8	2.386,1	2.410,4	2.105,3
3	40.000,0	3.333,3	26.892,1	1.819,0	2.009,8	1.169,8	-723,0	-1.155,0	3.120,6	2.652,5	2.165,2	2.340,5	1.910,5
4	36.666,7	3.333,3	24.945,7	1.946,4	1.882,4	1.048,6	-712,4	-1.125,8	3.039,2	2.583,3	1.970,8	2.279,4	1.738,9
5	33.333,3	3.333,3	22.863,1	2.082,6	1.746,2	937,7	-701,1	-1.094,6	2.970,8	2.525,2	1.800,4	2.228,1	1.588,6
6	30.000,0	3.333,3	20.634,7	2.228,4	1.600,4	837,6	-688,9	-1.061,2	2.916,3	2.478,9	1.651,8	2.187,2	1.457,4
7	26.666,7	3.333,3	18.250,3	2.384,4	1.444,4	749,2	-675,9	-1.025,5	2.876,6	2.445,1	1.522,7	2.157,5	1.343,6
8	23.333,3	3.333,3	15.698,9	2.551,3	1.277,5	673,3	-662,0	-987,2	2.852,9	2.425,0	1.411,4	2.139,7	1.245,3
9	20.000,0	3.333,3	12.969,0	2.729,9	1.098,9	610,8	-647,1	-946,3	2.846,2	2.419,3	1.315,9	2.134,7	1.161,1
10	16.666,7	3.333,3	10.048,1	2.921,0	907,8	562,5	-631,2	-902,5	2.857,6	2.429,0	1.234,8	2.143,2	1.089,5
11	13.333,3	3.333,3	6.922,6	3.125,5	703,4	529,5	-614,2	-855,6	2.888,6	2.445,3	1.166,5	2.166,5	1.029,3
12	10.000,0	3.333,3	3.578,3	3.344,2	484.6	512,9	-595,9	-805,5	2.940,3	2.449,3	1.109,7	2.205,2	979,1
13	6.666,7	3.333,3	0,0	3.578,3	250,5	513,7	-576,4	-751,9	3.014,2	2.562,1	1.063,2	2.260,7	938,1
											Barwert in t = 0: 21.434,9		Barwert in t = 0: 18.913,1

1) Der Kreditzinssatz beträgt 7 %. Die Annuität auf 32 Mio. DM beträgt 3.828,8; n = 13

2) Der Zins auf das Eigenkapital wird mit 8 % angesetzt. Als Eigenkapitaleinsatz definiert die OL-GmbH die Differenzen zwischen Restbuchwert und Darlehensstand am Ende der Vorperiode.

3) Die Ersparnis an GewESt berechnet sich gemäß (Ab_t + Zinsen + GewESt) s_k. Die in (8) und (9) ausgewiesenen Steuerminderzahlungen setzen entsprechend hohe steuerliche Bemessungsgrundlagen voraus.

4) (10) = (5) + (6) + (7) + (8) + (9).

Tabelle 8.14: Berechnung der Ausschüttungsverkürzungen bei Kauf der Anlage

Barwertberechnungen der Ausschüttungsverkürzungen nach Einkommensteuer erfolgen unverändert mit 7 %.

Welches Ergebnis präsentiert die OL-GmbH dem Management der T-GmbH bzw. den Managern der A- und B-GmbH?

Tabelle 8.15 stellt die Barwerte der Ausschüttungsverkürzungen zusammen:

	$s_I = 0{,}3$	$s_I = 0{,}5$
Barwerte der Ausschüttungsverkürzung bei Kauf und Mischfinanzierung	21.434,9	18.913,1
Eigenkapitaleinsatz	18.000,0	18.000,0
Summe	39.434,9	36.913,1
Barwerte der Ausschüttungsverkürzung bei Abschluss des Leasingvertrages	24.264,5	21.409,8

Tabelle 8.15: Ergebnisse der Berechnungen der OL-GmbH

Die OL-GmbH folgert, dass der Barwert der Ausschüttungsverkürzungen bei Abschluss des FLV um mehr als 15 Mio. günstiger ist als die Belastungen bei Kauf und Mischfinanzierung, weshalb die Vorteilhaftigkeit ihres Angebots überwältigend sei. Jedenfalls dürfte es den Gesellschaftern der B-GmbH schwerfallen, ihre Präferenz für die Kaufalternative zu verteidigen. Das Management der A-GmbH wird darauf hinweisen, dass es außerordentlich selten sein dürfte, allein durch eine Veränderung der Finanzierung eines Projektes so hohe Vorteile zu erzielen.

Bevor der Leser zum folgenden Abschnitt übergeht, sollte er sich mit der Argumentation der OL-GmbH vertraut machen und überlegen, welche Aspekte des Kalküls er für bedenklich hält und wie er den Kalkül ggf. korrigieren würde.

8.5.2 Lösungsvorschlag

Die OL-GmbH setzt bei ihren Berechnungen einige begründungsbedürftige Annahmen, die im Vorschlag der Gesellschaft nicht explizit enthalten bzw. nicht begründet sind:

[1] Der Restverkaufserlös der Anlage zum Zeitpunkt 13, der bei der Kaufalternative erzielbar ist, ist nicht berücksichtigt. Annahme (3) unterstellt einen Verkaufserlös i. H. d. Restbuchwertes: Dieser beträgt 6.667 TDM. Wegen der Identität von Restbuchwert und Verkaufserlös bei linearer Abschreibung löste ein Verkauf keine Ertragsteuerzahlungen aus; er führt aber zu einer Einzahlung. Nur für den Fall, dass der Restverkaufserlös durch Abbaukosten aufgezehrt wird, ist der Nichtansatz bei der Kaufalternative korrekt. Ansonsten ist der Restverkaufserlös *nach* Steuern in Periode 13 als Einzahlung zu berücksichtigen.

[2] Die OL-GmbH unterstellt für den Fall des Kaufes eine Mischfinanzierung von 32 Mio. Fremd- und 18 Mio. Eigenkapital und setzt in Spalte (7) der Tabelle 8.14 einen Eigenkapitalzins als Auszahlung bzw. entgangene Einzahlung an. Damit konstruiert der potenzielle LG zwei Alternativen, die unter dem Aspekt des **Finanzierungsrisikos** nicht vergleichbar sind. Insoweit ist auch ein Vergleich der

Barwerte der Auszahlungen von fraglichem Wert. Ein korrekter Kalkül sollte bei beiden Alternativen gleiche Auszahlungsbelastungen nach Steuern herstellen. Dann aber kann der Fremdfinanzierungsumfang nicht vorgegeben werden. Er müsste vielmehr so dimensioniert werden, dass **Belastungsgleichheit** in beiden Alternativen hergestellt wird.

[3] Unbegründet ist schließlich der von der OL-GmbH angesetzte Diskontierungssatz (7 %) zur Ermittlung der Barwerte. Dieser Zinssatz ist zwar der hier relevante Kostensatz für Fremdkapital. Aber $i_V = 0{,}07$ ist ein Bruttozinssatz; Anwendung finden muss der Fremdkapitalsatz nach Steuern.

Eine Lösung muss beachten, dass die vorgeschaltete Eigentümerphase auch bei Abschluss eines FLV Voraussetzung für den Erhalt der steuerlichen Subventionierung der Investition ist, auf die die T-GmbH nicht verzichten will. Da hier die Konditionen des von der OL-GmbH unterbreiteten FLV zu beurteilen sind, wird die dreiperiodige Kaufphase für den Fall des Kaufs der Anlage und den Fall der Annahme des Leasingangebotes gleich gestaltet. Damit ist die dreiperiodige Startphase des Projektes bei beiden Finanzierungsalternativen gleich und folglich entscheidungsirrelevant. Tabelle 8.16 zeigt die Zahlungswirkungen in den ersten drei Perioden bei unterstellter linearer Abschreibung und *vollständiger* Fremdfinanzierung.

(1)	(2)	(3)	(4)	(5)	(6)	(7)	(8)	(9)	(10)	(11)
Jahr	RBW_t	Ab_t	Darlehensstand	Tilgung	Zinsen	GewESt[1]	KSt[2]	Ausschüttungsverkürzung[3]	Ausschüttungsverkürzung nach ESt ($s_I = 0{,}3$)[4]	Ausschüttungsverkürzung nach ESt ($s_I = 0{,}5$)
0	50.000,0		50.000,0							
1	46.666,7	3.333,3	47.517,5	2.482,5	3.500,0	-847,4	-1.496,5	3.638,6	3.093,0	2.729,1
2	43.333,3	3.333,3	44.861,2	2.656,3	3.326,2	-832,7	-1.456,7	3.693,1	3.139,1	2.769,8
3	40.000,0	3.333,3	42.019,0	2.842,2	3.140,3	-817,2	-1.414,1	3.751,2	3.188,5	2.813,4

[1] $s_{GE} \cdot (Ab_t + 0{,}5 \cdot i_V F_{t-1})$.
[2] $s_K \cdot (Ab_t + i_V F_{t-1} + GewESt)$.
[3] (9) = (5) + (6) + (7) + (8).
[4] (10) bzw. (11) = (9) · (1 – 0,5 · s_I).

Tabelle 8.16: Finanzielle Auswirkungen bei linearer Abschreibung und vollständiger Fremdfinanzierung in der dreiperiodigen Eigentümerphase

Am Ende der Periode 3 übernähme die OL-GmbH das Investitionsprojekt und das Restdarlehen in Höhe von 42,019 Mio. DM. Es kann angenommen werden, dass der LG das Projekt zu diesem Betrag aktiviert. Eine Verpflichtung zur Buchwertfortführung besteht nicht. Bei der T-GmbH entstünde ein Buchwertgewinn in Höhe von 2,019 Mio. DM, der Ertragsteuerbelastungen auslöst. Entscheidend ist die Finanzierungsleistung der OL-GmbH im Zeitpunkt 3: Der LG stellt zu diesem Zeitpunkt 42,019 Mio. DM zur Verfügung.

Um zu beurteilen, ob das Angebot der OL-GmbH lohnt, nutzen wir die Idee des **belastungsgleichen Fremdkapitalvolumens** in Periode t = 3, das wir mit F_3^* bezeichnen. Das belastungsgleiche Fremdkapitalvolumen F_3^* ist dasjenige, das in Form von Zinszahlungen und Tilgungen genau die Belastungen herstellt, die ein FLV auslöst: Verlust von steuerlichen Vorteilen aus Abschreibungsverrechnung, Belastung durch Leasingraten nach Steuern, Verzicht auf positive Restverkaufserlöse. Da die OL-GmbH ein Kalkül unter Beachtung von Einkommensteuer entwirft, sind alle Nachteile nach Einkommensteuer zu definieren. Der Nachteil in Periode t ist – wenn wir den Restverkaufserlös unbeachtet lassen – $[s^0\ Ab_t + LR_t\ (1 - s^0)]\ (1 - 0{,}5s_I)$, wobei s^0 steht für $s_{GE} + s_K - s_{GE}s_K$, also den kombinierten Ertragsteuersatz im Halbeinkünfteverfahren kennzeichnet.

Die FLV-spezifischen Nachteile sind zu diskontieren mit dem Fremdkapitalkostensatz nach Steuern. Für Dauerschulden folgt:

(8.9) $i_{v,s} = 0{,}07\ (1 - 0{,}5\ s_{GE})\ (1 - s_K)\ (1 - 0{,}5\ s_I).$

Für $s_I = 0{,}30$ folgt $i_{V,s} = 0{,}04091$; für $s_I = 0{,}5$ gilt $i_{V,s} = 0{,}03609$.

Tabelle 8.17 erläutert die Berechnung der FLV-spezifischen Nachteile.

(1)	(2)	(3)	(4)	(5)	(6)
t	Ab_t	s^0Ab_t 1)	$LR_t\ (1 - s^0)$	$[(3) + (4)]\ (1 - 0{,}5\ s_I)$	$[(3) + (4)]\ (1 - 0{,}5\ s_I)$
4	3.333,3	1.250,0	3.287,0	3.857,0	3.403,2
5	3.333,3	1.250,0	3.287,0	3.857,0	3.403,2
6	3.333,3	1.250,0	3.287,0	3.857,0	3.403,2
7	3.333,3	1.250,0	3.287,0	3.857,0	3.403,2
8	3.333,3	1.250,0	3.287,0	3.857,0	3.403,2
9	3.333,3	1.250,0	3.287,0	3.857,0	3.403,2
10	3.333,3	1.250,0	3.287,0	3.857,0	3.403,2
11	3.333,3	1.250,0	3.287,0	3.857,0	3.403,2
12	3.333,3	1.250,0	3.287,0	3.857,0	3.403,2
13	3.333,3	1.250,0	3.308,9	3.857,1	3.419,2

1) $s^0 = s_K + s_{GE} - s_K s_{GE}$; $s^0 = 0{,}25 + 0{,}1667 - 0{,}25 \cdot 0{,}1667 = 0{,}375$.

Tabelle 8.17: Ermittlung des belastungsgleichen Fremdfinanzierungsvolumens F_3^*

Diskontiert man die Eintragungen in (5) bzw. (6), erhält man F_3^*. Für $s_I = 0{,}30$ beträgt F_3^* 31.154,6; der Beleg findet sich im Anhang. Für $s_I = 0{,}50$ erreicht das belastungsgleiche Fremdkapitalvolumen eine Höhe von 28.159,4 TDM. Zur Erinnerung: die Finanzierungsleistung der OL-GmbH in Periode t = 3 ist 42,019 Mio. DM.

Nun ist der Restverkaufserlös in t = 13 zu beachten. Nehmen wir an, der Restverkaufserlös von 6.667 TDM sei in t = 13 mit Sicherheit erzielbar. Dann ist dieser Betrag – Unternehmensteuern fallen nicht an, da $RVE_{13} = RBW_{13}$ – in voller Höhe beleihbar. Die T-GmbH könnte ihn ungekürzt an Kreditgeber abtreten. Einkommensteuern sind dann nicht relevant. Somit folgt: $i_{V,s} = 0{,}07\ (1 - 0{,}5\ s_{GE})\ (1 - s_K) = 0{,}0482$. F_3^* erhöht sich dann um $6.666.700 \cdot 1{,}04813^{-10}$ in beiden Fällen und damit um 4.166.782 DM.

Am Ende der Periode 3 entsteht für die T-GmbH ein Buchgewinn in Höhe von 42.019 – 40.000 = 2.019 TDM, weil der LG einen Vermögensgegenstand (die Profilstahlanlage) zum Buchwert von 40 Mio. DM und Verbindlichkeiten in Höhe von 42,019 Mio. DM übernimmt. Dieser ist zu versteuern mit $s^0 = 0{,}375$.

Damit entsteht ein Steuernachteil von 757,1 TDM. Dies ist eine negative Folge des FLV, die den belastungsäquivalenten Verschuldungsbetrag F_3^* erhöht. Unter der Annahme der Vollausschüttung verkürzte diese Steuerlast die Bruttoausschüttung (vor Einkommensteuern) und löste nach Einkommensteuer eine Minderausschüttung in Höhe von $s^0\ BG_3\ (1–0{,}5\ s_I) = 757{,}1 \cdot 0{,}85$ (bzw. $757{,}1 \cdot 0{,}75$) aus. Diese beträgt 643,6 für $s_I = 0{,}30$ bzw. 567,9 für $s_I = 0{,}50$. Um diese Beträge steigt F_3^*.

Tabelle 8.18 trägt die Daten zusammen.

		$s_I = 0{,}30$	$s_I = 0{,}50$
(1)	Kreditbetrag	42,019	42,019
(2)	F_3^*	31,155	28,159
(3)	$\Delta F_3^*\ s(RVE_{13})$	4,167	4,167
(4)	$\Delta F_3^*\ (BG_3)$	0,644	0,568
(5)	Summe	35,966	32,894

Tabelle 8.18: Ergebnisse

Tabelle 8.18 zeigt, dass das von der OL-GmbH in t = 3 zugestandene Kreditvolumen viel größer ist als das belastungsäquivalente Fremdkapitalvolumen F_3^*. Das bedeutet, dass die OL-GmbH der bessere Financier aus der Sicht der T-GmbH ist. Das Leasingangebot der OL-GmbH ist zwar nicht so überwältigend vorteilhaft, wie die Gesellschaft selbst behauptet, aber es ist ein klar vorteilhaftes Angebot, das sich die T-GmbH nicht entgehen lassen sollte.

8.6 Zusammenfassung

Dieses Kapitel soll die Vielfalt von Leasingverträgen zeigen, die steuerliche Behandlung verdeutlichen und relative Vorteile von Finanzierungs-Leasing-Verträgen aufdecken. Die Frage ist: Welche Vorteile kann dieses Finanzierungsinstrument – neben den sonstigen Dienstleistungsfunktionen des LG – im Vergleich zu anderen Finanzierungsformen bieten? Zunächst wird ein erfundener Werbetext eines (erfundenen) LG analysiert; seine Schwachstellen werden aufgedeckt. Dann wird das Problem im Rahmen eines vollkommenen Kapitalmarktes bei Ausschluss von Unsicherheit systematisch untersucht. Gelten für LG und LN gleiche Abschreibungsregelungen, gleiche Finanzierungskosten und gleiche Steuersätze, kann ein Finanzierungs-Leasing-Vertrag einem LN nichts bieten, was er sich nicht auch selbst beschaffen könnte. Es gibt m. a. W. keine Anreize zu leasen.

Führt man für LG und LN unterschiedliche Abschreibungsmodalitäten und den LG privilegierende Besteuerungsregeln ein, lässt sich zeigen, dass ein auf beide, LG und LN, aufteilbarer Vorteil entstehen kann, der Anreize zum Abschluss von Finanzierungs-Leasing-Verträgen auslöst. Dass LG andere komparative Vorteile haben können, wurde angedeutet.

Die Fallstudie «Optimale Leasing GmbH», die einen realen Hintergrund hat, zeigt wie im konkreten Fall gerechnet werden könnte, um ein Angebot eines LG zu bewerten. Das Konzept des belastungsgleichen Fremdkapitalvolumens erweist sich als nützlich. Der Fall zeigt auch, dass FLV vorteilhaft sein können.

8.7 Anhang: Beleg für die Belastungsgleichheit des Fremdfinanzierungsvolumens

(1)	(2)	(3)	(4)	(5)	(6)	(7)
t	$s^0 Ab_t$	$LR_t(1-s^0)$	$[(2) + (3)]$ $(1-0{,}5\, s_I)$	$F_{t-1} \cdot i_v\, (1-s^*)$ $(1-0{,}5\, s_I)$	Tilgung	F_t
3	-		3.857,0			31.154,6
4	1.250	3.287,6	3.857,0	1.274,4	2.582,6	28.572,0
5	1.250	3.287,6	3.857,0	1.168,9	2.688,1	25.883,9
6	1.250	3.287,6	3.857,0	1.058,9	2.798,1	23.085,8
7	1.250	3.287,6	3.857,0	944,4	2.912,6	20.173,2
8	1.250	3.287,6	3.857,0	825,3	3.031,7	17.141,5
9	1.250	3.287,6	3.857,0	701,3	3.155,7	13.985,8
10	1.250	3.287,6	3.857,0	572,2	3.284,8	10.701,0
11	1.250	3.287,6	3.857,0	437,8	3.419,2	7.281,8
12	1.250	3.287,6	3.857,0	297,9	3.559,1	3.722,7
13	1.250	3.308,9	3.857,1	152,3	3.722,8	0

$s^* = 0{,}5\, s_{GE} + s_K - 0{,}5\, s_{GE} s_K = 0{,}31251$

$i_V = 0{,}07$

$i_{v,s} = 0{,}04091$

Tabelle 8.19: Beleg für die Belastungsgleichheit von $F_3^* = 31.154{,}6$ für $s_I = 0{,}30$

8.8 Literaturhinweise

Berk, J./DeMarzo, P. (2013): Corporate Finance. 3. Auflage, Boston, Kapitel 25.

Brealey, R. A./Myers, S. C./Allen, F. (2014): Principles of Corporate Finance. 11. Auflage, New York.

Bundesminister der Finanzen (1971): Ertragsteuerliche Behandlung von Leasing-Verträgen über bewegliche Wirtschaftsgüter vom 19.4.1971.

Bundesminister der Finanzen (1972): Ertragsteuerliche Behandlung von Finanzierungs-Leasing-Verträgen über unbewegliche Wirtschaftsgüter vom 21.3.1972.

Bundesminister der Finanzen (1975): Steuerrechtliche Zurechnung des Leasing-Gegenstandes beim Leasing-Geber vom 22.12.1975.

Bundesminister der Finanzen (1991): Ertragsteuerliche Behandlung von Teilamortisations-Leasing-Verträgen über unbewegliche Wirtschaftsgüter vom 23.12.1991.

Copeland, T. E./Weston, F. J./Shastri, K. (2004): Financial Theory and Corporate Policy. 4. Auflage, Boston.

Drukarczyk, J./Schüler, A. (2009): Unternehmensbewertung. 6. Auflage, München, Kapitel 7.

Eilenberger, G./Ernst, D./Toebe, M. (2013): Betriebliche Finanzwirtschaft. 8. Auflage, München.

Franks, J. R./Hodges, St. D. (1978): Valuation of Financial Lease Contracts: A Note. In: Journal of Finance, Band 33, S. 657–669.

Gebhard, J. (1990): Finanzierungsleasing, Steuern und Recht. Eine ökonomische Analyse, Wiesbaden.

Haberstock, L. (1982/83): Kredit – Kauf oder Leasing? Ein Vorteilhaftigkeitsvergleich unter Berücksichtigung steuerlicher Auswirkungen. In: Steuerberater-Jahrbuch, S. 444–510.

Kruschwitz, L. (1991): Leasing und Steuern. In: Zeitschrift für betriebswirtschaftliche Forschung, Band 43, S. 99–112.

Levy, H./Sarnat, M. (1979): Leasing, Borrowing, and Financial Risk. In: Financial Management, Band 8, S. 47–54.

Mellwig, W. (1980): Finanzplanung und Leasing. In: Zeitschrift für Betriebswirtschaft, Band 50, S. 1042–1064.

Mellwig, W. (1983): Besteuerung und Kauf/Leasing-Entscheidung. In: Zeitschrift für betriebswirtschaftliche Forschung, Band 35, S. 782–800.

Mellwig, W. (1995): Steuerarbitrage bei Leasingverträgen. In: Unternehmenstheorie und Besteuerung, Elschen, R./Siegel, T./Wagner, F. W. (Hrsg.), Wiesbaden, S. 419–443.

Rehkugler, H. (2007): Grundzüge der Finanzwirtschaft. München, Wien.

Städtler, A. (2012): Gegenwart und Zukunft des Leasing-Marktes. In: Leasing-Handbuch für die betriebliche Praxis, Fittler, H./Mudersbach, M. (Hrsg.), Frankfurt/M., 8. Auflage, S. 1–31.

Swoboda, P./Totter, B. (1977): Finanzierungsleasing in Österreich. Eine empirische Untersuchung. In: Journal für Betriebswirtschaft, Band 3, S. 154–166.

Sykes, A. (1976): The Lease-Buy-Decision. A Survey of Current Practice in 202 Companies, British Institute of Management.

Wilhelm, J. (1985): Die Vorteilhaftigkeit des Leasing aus finanzierungstheoretischer Sicht. In: Zeitschrift für betriebswirtschaftliche Forschung, Band 37, S. 485–499.

Wöhe, G./Bilstein, J./Ernst, D./Häcker, J. (2013): Grundzüge der Unternehmensfinanzierung. 11. Auflage, München.

Zantow, R. (2007): Finanzwirtschaft des Unternehmens. 2. Auflage, München.

Kapitel 9 Eigen- und Beteiligungsfinanzierung

Inhalt

9.1 Zur Definition von Eigenkapital

Eigenkapital präzise zu definieren und von Nicht-Eigenkapital, das wir zunächst mit dem Begriff Fremdkapital belegen wollen, klar abzugrenzen, ist nicht einfach. Eine Ursache dafür ist die Vielzahl der Finanzierungskontrakte, die wir in der Realität vorfinden und die sich unterscheiden in Bezug auf

- die Überschussabhängigkeit der Zahlungsansprüche der Financiers,
- den Rang der Zahlungsansprüche der Financiers bei schwacher Performance bzw. im Insolvenzfall,
- die Mitentscheidungs- und Informationsrechte der Financiers,
- die vertraglich vereinbarte Fristigkeit der Mittelbereitstellung einschließlich der Kündigungsmodalitäten und

- die vereinbarten, bei Vertragsverletzungen einer Partei möglichen Sanktionen der anderen Partei.

Swoboda[85] hat verbreitete Definitionen des Begriffs Eigenkapital in der Literatur zusammengetragen und geprüft, ob sie erlaubten, bestimmte Kapitalformen eindeutig dem Eigen- oder dem Fremdkapital zuzuordnen, ob die Zuordnung durch Veränderungen der vertraglichen Vereinbarungen beeinflussbar sei und schließlich, ob die Definitionen «informativ» seien, d. h. ob die Kenntnis der Definition etwas Wissenswertes über die Finanzierungsbeziehung zwischen Unternehmen und Financier aussage. Swoboda kommt zu einem negativen Ergebnis: Keine der bekannten Definitionen befriedigt seinen Anforderungskatalog. Er folgert, dass das bestimmende Merkmal der finanziellen Ansprüche eines Financiers das von ihm zu tragende Risiko sei. Deshalb müsse man, wenn man vertraglich geregelte Finanzierungsbeziehungen in zwei Klassen (Eigen- versus Fremdkapital) einordnen wolle, den **Risikograd** der Ansprüche als Abgrenzungsmerkmal heranziehen. Diese Aussage ist so zu verstehen, dass die konkreten vertraglichen Vereinbarungen über Höhe, Zeitpunkt, Ergebnis(un)abhängigkeit der laufenden Ansprüche, Rang des Anspruchs im Liquidationszeitpunkt, die Form der Mitentscheidungs- und Informationsrechte sowie der Sanktionspotenziale etc. *gemeinsam* den Risikograd der finanziellen Ansprüche festlegen: alle vertraglichen Eigenschaften der Ansprüche beeinflussen letztlich den Risikograd. Die Übernahme dieser Sichtweise kann zum Ergebnis haben, dass manches, was nach herrschender Auffassung zum Fremdkapital zählt, nun zum Eigenkapital zu zählen ist. Beispiele sind: (1) Die Hausbank gewährt einem Unternehmen einen **Sanierungskredit**, um so die Beantragung eines Insolvenzverfahrens wegen Zahlungsunfähigkeit zu vermeiden. Weil alle Aktiven des Unternehmens durch Sicherungsansprüche von Altgläubigern bereits belegt sind, wird dieser Sanierungskredit ohne Sicherheiten gegeben. Aus steuerlichen und insolvenzrechtlichen Gründen wird die Bank darauf bestehen, Fremdkapital gewährt zu haben. Gemäß den Überlegungen von Swoboda läge wegen des erheblichen Risikos, mit dem die Ansprüche aus dem Sanierungskredit belastet sind, Eigenkapital vor. (2) Die Hausbank verweigert den Sanierungskredit. Daher gewähren die Gesellschafter des Unternehmens, eine GmbH, die Sanierungskredite selbst. Gemäß den Überlegungen Swobodas läge Eigenkapital vor. So denkt auch der Gesetzgeber, wie in Kapitel 7 erläutert wurde.

Die Folgen der Übernahme des Abgrenzungskriteriums «Risikograd» wären somit weitreichend. Auch bringt das Kriterium Probleme mit, auf die Swoboda selbst hinweist. Man muss sich auf ein Risikomaß einigen; man muss festlegen, ab welcher Risikomenge eine Kapitalform zu «Eigenkapital» zählt und somit unabhängig von steuerlichen oder juristischen Klassifikationen nicht mehr unter «Fremdkapital» fällt, und man muss die Risikomenge, die den in einem Finanzierungskontrakt definierten Ansprüchen anhaftet, relativ genau messen können. Die Einordnung von Ansprüchen in eine der beiden Klassen wird damit nicht nur informativ, sondern auch sehr kompliziert und einzelfallabhängig.

Im Folgenden wollen wir der Vielfalt der Kontraktformen in der Realität zunächst aus dem Weg gehen, indem wir «idealtypische» oder «reine» Grenzpositionen definieren, die für Eigenkapital bzw. Fremdkapital stehen. Ansprüche von Eigenkapitalgebern seien gekennzeichnet durch

---

85 Vgl. Swoboda (1985), S. 344.

- eine vertragliche, ausschließliche **Ergebnisabhängigkeit** im *Fortführungsfall* in Verbindung mit einer buchmäßigen Reduktion des Kapitalbestandes bei Verlust und dem Fehlen eines vertraglich festgelegten Rückzahlungszeitpunktes,
- die vertragliche Platzierung des Anspruchs als **Residualanspruch** nach allen gesetzlich und/oder vertraglich vorrangig platzierten Ansprüchen im *(freiwilligen) Liquidationsfall* oder *(erzwungenen) Zerschlagungsfall.*

Der Betrag der von Eigenkapitalgebern geleisteten oder stehengelassenen Mittel bzw. der Wert, der für diese Ansprüche eingebrachten Vermögensgegenstände und Rechte stellt «reines» Eigenkapital dar.

Diese idealtypische Definition muss sich natürlich nicht decken mit den Definitionen, die z. B. der Gesetzgeber oder Parteien in Verträgen wählen, um Eigenkapital zu definieren. Wir wollen aber die folgenden Eigenschaften als wesentlich für die Charakterisierung von Eigenkapital ansehen:

[1] es muss bis zur vollen Höhe am Verlust teilnehmen (= buchmäßige Reduktion im Verlustfall);

[2] es darf erst nach Befriedigung aller nicht nachrangigen Gläubiger zurückgefordert werden (= Nachrangigkeit des Anspruchs der Eigenkapitalgeber);

[3] es sollte dem Unternehmen auf Dauer zur Verfügung stehen, zumindest sollten für die Gläubiger überraschende Abzüge des Eigenkapitals nicht möglich sein;

[4] ein durch Verluste reduzierter Eigenkapitalbestand sollte durch eine Ausschüttungssperre für erzielte Jahresüberschüsse begleitet sein, wenn das Unternehmen für seine Schulden nur mit seinem Vermögen haftet.

Wir wollen auch Ansprüche aus «reinem» Fremdkapital definieren: Ansprüche aus «reinem» Fremdkapital seien gekennzeichnet durch[86]

- eine vertragliche, ausschließliche **Ergebnisunabhängigkeit** ohne buchmäßige Reduktion des Kapitalbestandes im Verlustfall,
- eine vertragliche Festlegung der Verzinsungs- und Rückzahlungsmodalitäten und Zeitpunkte und
- einen vertraglichen vorrangigen Anspruch im Liquidations- bzw. Insolvenzfall.

9.2 Wie viel Eigenkapital braucht ein Unternehmen?

Wir definieren Eigenkapital also als die finanziellen Mittel, die ausschließlich ergebnisabhängig bedient werden, mit keinem vertraglich festgelegten Rückzahlungsanspruch versehen sind und denen im Fall *bilanzieller* Verluste diese buchmäßigen Verluste zugerechnet werden.

Die Frage, wie viel Eigenkapital ein Unternehmen braucht, ist schnell gestellt, aber sehr schwierig zu beantworten. Dies zeigt u. a. auch die Diskussion um die Eigenkapitalausstattung mittelständischer Unternehmen. Während viele Autoren eine «Eigenkapitallücke» festzustellen glauben, meinen andere, von einer Eigenkapitallücke könne keine Rede sein. Wir nähern uns der Frage nach dem notwendigen Bestand an Eigenkapital auf einem von vielen Hindernissen befreiten Weg: Wir schalten zunächst viele praxisrelevante Hindernisse durch geeignete Annahmen aus.

---

86 Vgl. Schneider (1987), S. 186.

Eine Ausgangsthese ist, dass Unternehmen Eigenkapital brauchen, um Risiken abzufedern, die auf die Ansprüche anderer Kapitalgeber (Financiers) ansonsten durchschlagen könnten. Eigenkapital nimmt in dieser Sichtweise eine **Pufferfunktion** ein: Man braucht es, um anderen Kapitalgebern (Financiers), die gemäß den getroffenen vertraglichen Vereinbarungen keine oder deutlich geringere Risiken übernehmen wollen, unerwünschte Risiken nicht aufzuladen. Die Frage nach dem benötigten Eigenkapital stellt sich somit, wenn andere Kapitalgeber an der Finanzierung des Unternehmens beteiligt sind, die nicht Eigenkapital, sondern Mittel mit anderen Eigenschaften – z. B. Fremdkapital – bereitstellen. Bestünden diese anderen Financiers nicht, wäre die Frage nach dem benötigten Eigenkapital schnell beantwortet: Das Unternehmen benötigt so viele finanzielle Mittel (Eigenkapital), damit es alle vorteilhaften Investitionsprojekte finanzieren kann.

Wir setzen einige vereinfachende Annahmen:

- Die Eigenkapitalgeber, die **Restbetragsansprüche** halten, und die Fremdkapitalgeber, die **Festbetragsansprüche**, also ergebnisunabhängige Ansprüche halten, schätzen die zukünftigen Überschüsse von Investitionsprojekten gleich ein. Dies gelte auch dann, wenn diese Überschüsse unsicher sind.
- Die Gesellschaft, die das Projekt realisiert, haftet Gläubigern gegenüber ausschließlich mit dem Vermögen der Gesellschaft. Es besteht also **Haftungsbeschränkung**.
- Die Fremdkapitalgeber sind davon überzeugt, dass die Eigentümer das Projekt, das sie den Gläubigern als Vorhaben präsentieren, auch durchführen, wenn es ihnen gelungen ist, das notwendige Kapital aufzubringen.
- Die Fremdkapitalgeber glauben, dass die Eigenkapitalgeber, also die eigentlichen Investoren, vertragstreu sind. Das bedeutet, dass sie a) die Gläubiger wahrheitsgemäß über den erzielten finanziellen Überschuss (vor Bedienung des Fremdkapitals) informieren, b) dass sie den vorrangigen Bedienungsanspruch der Fremdkapitalgeber respektieren und erfüllen und dass sie ihre volle Arbeitskraft einbringen.

Betrachten wir ein Projekt mit einer Lebensdauer von einer Periode. Die unsicheren Nettoeinzahlungen sehen so aus:

Zustand der Welt	Nettoeinzahlungen	Wahrscheinlichkeit
1	180	0,3
2	110	0,3
3	90	0,2
4	80	0,2

Tabelle 9.1: Einzahlungen des Projekts

Die Anschaffungskosten (I_0) seien 100. Für risikolose Positionen erzielten Gläubiger alternativ 10 %. Sie fordern deshalb für «reines» Fremdkapital von den Eigentümern eine Rendite $i = 0{,}10$, wenn ihnen eine risikolose Position angeboten wird. Gläubiger werden es ablehnen, Fremdkapital in Höhe von $I_0 = 90$ bereitzustellen, da sie bei Eintritt der Zustände 3 oder 4 erhebliche Ausfälle hätten. Diese Überlegung ist der Ausgangspunkt für die Aussage, Eigenkapitalgeber seien die Risikoträger. Je höher der

Anteil des Finanzierungsbeitrages von Gläubigern (F_0) am benötigten Investitionsbetrag ist, umso höher sind die Zins- und Rückzahlungsansprüche der Gläubiger, die aus den Nettoeinzahlungen des Projektes zu leisten sind. Mit steigendem Finanzierungsanteil der Gläubiger steigt ihr Risiko, dass ihre Zahlungsansprüche teilweise unerfüllt bleiben: Die Gläubiger übernehmen ein **Ausfallrisiko**.

Je höher der Eigenkapitalanteil (E_0) an dem Investitionsbetrag I_0 ist, wobei gilt $I_0 = F_0 + E_0$, umso mehr tragen die Eigentümer das Risiko, das mit der Unsicherheit von Nettoeinzahlungen verbunden ist. Mit steigendem Eigenkapitalanteil wird die Gläubigerposition weniger riskant und ist schließlich sicher. In diesem Sinn sind Eigenkapitalgeber Risikoträger im Fall der Unternehmensfortführung. Sie tragen Risiko, weil sie **Restbetragsansprüche** halten.

Da den Gläubigern ein *bevorrechtigter* Anspruch auf Zins- und Rückzahlungen eingeräumt wird, erhalten sie den «sicheren» Teil der Verteilung der Nettoeinzahlungen. Im obigen Beispiel wäre ein Gläubiger in t_0 bereit, bei einem Zinssatz i = 0,10 einen maximalen Finanzierungsbeitrag (F_0) von $80 \ (1{,}10)^{-1} = 72{,}73$ zu leisten, wenn er überhaupt kein Ausfallrisiko übernehmen will. Kommt dieser Kreditvertrag zustande, ist dem Gläubiger die ergebnis*unabhängige* Zahlung von 80 zugesichert, gleichgültig welcher Zustand der Welt sich realisiert. Der Gläubiger trägt kein Risiko.

Das gesamte Risiko tragen die, die die Eigenmittel aufbringen. E_0 muss im Beispiel 100 – 72,73 = 27,27 betragen. Die Eigentümer haben wegen des prioritätischen Anspruchs des Gläubigers nur einen **Residualanspruch**. Bei der hier erläuterten Aufteilung von I_0 auf F_0 und E_0 tragen die Eigentümer das gesamte Risiko. Ihr Risiko minderte sich erst, wenn F_0 den Betrag von 72,73 überstiege. Dann nämlich übernähmen auch die Gläubiger Risiko. Und Risiko, das die Gläubiger übernehmen, muss von den Eigentümern nicht getragen werden. Die Aufteilung des zu finanzierenden Betrages I_0 auf E_0 und F_0 entscheidet somit bei gegebener Verteilung der Nettoeinzahlungen im Zeitpunkt t =1, ob der Gläubiger überhaupt und wenn ja wie viel Risiko übernimmt. Soll die Position des Gläubigers risikolos sein, ist der notwendige Eigenkapitalbetrag im Zeitpunkt 0 also 27,27.

Erweitern wir die Lebensdauer des Projektes auf zwei Perioden. Die Nettoeinzahlungen sind in Abbildung 9.1 dargestellt.

Die Zahlenangaben an den von Zeitpunkt 1 zu Zeitpunkt 2 führenden Kanten geben die bedingten Wahrscheinlichkeiten an, mit der der Eintritt der Nettoeinzahlung $NE_{2,z}$ erwartet werden kann, wenn im Zeitpunkt 1 die Nettoeinzahlung, bei der der Kanten beginnt, eingetreten ist. Auch ohne aufwendige Rechnung sieht man, dass es bei Eigenfinanzierung ein lohnendes Projekt ist. Unterstellen wir, dass die Eigentümer risikoneutral sind und sich folglich am Erwartungswert der Nettoeinzahlungen im Zeitpunkt 1 bzw. Zeitpunkt 2 orientieren, berechnen diese vor dem Hintergrund einer Alternativrendite von 0,10 einen Bruttokapitalwert in Höhe von 226,69[87]. Zu beantworten ist nun, wie viel Eigenkapitaleinsatz notwendig ist, wenn Fremdkapitalgeber an der Projektfinanzierung beteiligt werden sollen. Wir haben angenommen, dass potenzielle Fremdkapitalgeber die Daten, die die Eigentümer ihnen vorlegen, ohne Abstriche übernehmen. Außerdem behalten wir die Annahme bei, dass Fremdkapitalgeber kein Ausfallrisiko übernehmen wollen.

---

[87] $121 \cdot 1{,}1^{-1} + 141{,}9 \cdot 1{,}1^{-2} = 226{,}69$.

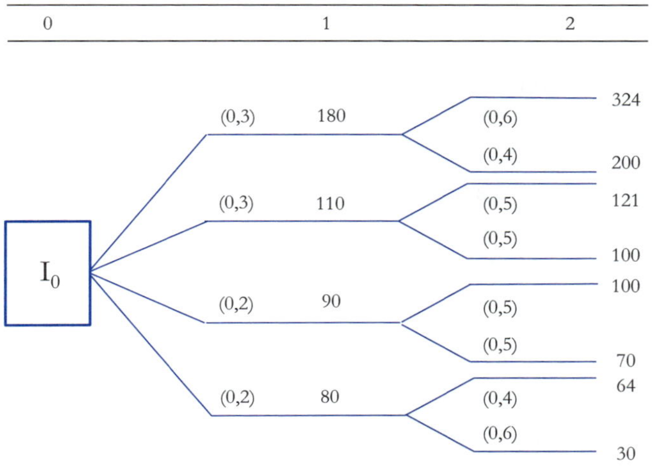

Abbildung 9.1: Projekt mit einer zweiperiodigen Lebensdauer; $I_0 = 100$.

Der notwendige Eigenkapitalbetrag hängt nun von der Gestaltung des Kreditkontraktes, insbesondere der **Tilgungsvereinbarung** ab. Angenommen, der Kreditkontrakt sähe Zinszahlungen in t = 1 und t = 2 verbunden mit einer Endtilgung vor. Dann ist der von Fremdkapitalgebern angebotene Kreditbetrag bescheiden: $F_0 = 30\ (1 + 0{,}1)^{-2} = 24{,}79$. Denn aus der Sicht von t = 0 kann mit einer Wahrscheinlichkeit von 0,12 der Zustand eintreten, dessen Folge ein finanzieller Überschuss von lediglich 30 ist. Der erforderliche Eigenkapitalbetrag ist somit 100 – 24,79 = 75,21.

Ändern wir die Tilgungsstruktur in eine annuitätische Rückführung ab, darf die maximale Annuität offenbar nur 30 betragen. F_0 beträgt dann $F_0 = 30\ (1{,}1)^{-1} + 30\ (1{,}1)^{-2} = 52{,}07$. Der erforderliche Eigenkapitalbetrag ist 100 – 52,07 = 47,93.

Lassen wir eine Tilgung des Kreditvolumens zu, die den Mindesteinzahlungen des Projektes folgt, steigt das verfügbare Kreditvolumen an, wenn – wie angenommen – die Fremdkapitalgeber die von den Eigentümern gelieferten Prognosen über die projektspezifischen Nettoeinzahlungen ohne Abstriche übernehmen. Das in t = 0 verfügbare Fremdkapitalvolumen beträgt unter dieser Annahme $F_0 = 80\ (1{,}1)^{-1} + 30\ (1{,}1)^{-2} = 97{,}52$. Der notwendige Eigenkapitaleinsatz wäre mit $E_0 = 2{,}48$ verschwindend gering und die erwartete Rendite der Eigentümer entsprechend sehr groß. Diese Form des Kreditvertrags setzt voraus, dass exakt spezifiziert werden kann, welche zustandsabhängigen Nettoeinzahlungen in welcher Periode zu Zins- und Tilgungszahlungen zu verwenden sind. Es ist klar, dass die Abfassung solcher Kreditverträge sehr aufwendig wäre, weshalb man sie im wirklichen Leben auch nicht antrifft.

Wir wollen eine weitere Verfeinerung vornehmen. Wir haben bislang angenommen, die Fremdkapitalgeber nähmen die von den Eigentümern gelieferten projektspezifischen Daten (Nettoeinzahlungen) für bare Münze. Das ist eine im ersten Schritt zulässige Annahme. Realistisch ist sie nicht. Warum sollten die Fremdkapitalgeber gegenüber den Eigentümern haftungsbeschränkter Gesellschaften so vertrauensselig sein? Gläubiger wissen über die operativen Risiken der Geschäfte, die die Eigentümer betreiben i. d. R. weniger als die Eigentümer oder Manager; sie wissen auch, dass Verluste von Gläubigern im Kreditgeschäft an der Tagesordnung sind. Und sie wissen auch, dass bei der Vertragsgestaltung höchste Aufmerksamkeit geboten ist. Welche Vorkehrungen Fremdkapitalgeber in Kreditverträgen einbauen können, wurde in Kapitel 7 besprochen. Hier wollen wir auf eine naheliegende Reaktionsmöglichkeit von Fremdkapitalgebern verweisen: Sie prüfen die von Eigentümern vorgelegten Planungen und korrigieren die prognostizierten Nettoeinzahlungen nach unten und modifizieren ggf. auch die Eintrittswahrscheinlichkeiten. Nehmen wir an, die im Beispiel angesprochenen Fremdkapitalgeber korrigieren die Nettoeinzahlungen in den für sie relevanten Umweltzuständen um – ausgehend von 30 – 15 % nach unten. Ein Kontrakt mit annuitätischer Rückführung innerhalb von zwei Jahren werde erwogen. F_0 beträgt dann

$$F_0 = 30 \cdot 0{,}85 \cdot 1{,}1^{-1} + 30 \cdot 0{,}85 \cdot 1{,}1^{-2} = 44{,}26.$$

Der notwendige Eigenkapitalbetrag in $t = 0$ ist somit $100 - 44{,}26 = 55{,}74$.

Fremdkapitalgeber müssen zudem beachten, dass Unternehmen periodisch erhebliche Beträge in Umlauf- und Anlagevermögen reinvestieren, um die Ertragsfähigkeit zu steigern oder wenigstens zu erhalten. Wir wollen unterstellen, dass diese Reinvestition im Zeitpunkt 1 in die Daten des obigen Zustandsbaums noch nicht eingegangen ist. Der für den Kapitaldienst verfügbare Betrag sinkt somit um die Reinvestitionsauszahlung und damit sinkt das Verschuldungspotenzial, die debt capacity des Projekts bzw. Unternehmens. Und es ist nicht ausgeschlossen, dass die Reinvestitionsbedarfe dann besonders groß sind, wenn die operativen Überschüsse dünn ausfallen, weil Kostensenkungsprogramme, Rationalisierungsinvestitionen, Marketingaktivitäten etc. anstehen.

Schließlich ist zu beachten, dass Planungen das Erwartete spiegeln. Die oben berechneten Werte für F_0 und damit E_0 sind nur korrekt, wenn der Zustandsbaum die künftigen Ereignisse vollständig abbildet. Aber was folgt, wenn etwas Unerwartetes eintritt? Sind es unerwartete Chancen, berührt es das berechnete nicht ausfallbedrohte Fremdkapitalvolumen F_0 nicht. Sind es unerwartete Risiken, ist F_0 zu hoch angesetzt worden: Die Gläubiger sind plötzlich «im Risiko», obwohl der Kreditvertrag etwas anderes festschreiben sollte. Das Problem wäre lösbar, wenn die Eigentümer durch zusätzliche Eigenkapitaleinlagen (und ggf. damit verbundene Investitionen) die erforderliche Menge an Eigenkapital, das die Gläubiger risikofrei stellte, bei Bedarf bereitstellten. Dazu besteht erstens keine Verpflichtung; zweitens wäre eine so lautende Verpflichtung oft nicht einlösbar, weil den Eigentümern – z. B. in mittelständischen Unternehmen – das einzulegende Eigenkapital fehlt. Drittens beseitigte die Annahme einer jederzeitigen Einschussbereitschaft der Eigentümer das Problem, über das hier gesprochen wird: Wenn die Eigentümer sich verpflichteten, bei Bedarf jederzeit Eigenkapital einzuschießen und wenn die Fremdkapitalgeber die Einhaltung dieser Verpflichtung jederzeit kostenlos erzwingen könnten, dann brauchte das haftungsbeschränkte Unternehmen (GmbH, AG) überhaupt kein Eigenkapital im Startpunkt. Die Frage nach dem erforderlichen Eigenkapitalbestand auf Unternehmensebene ist vor dem Hintergrund einer geplanten Investitionsstrategie zu sehen, zu dessen Finanzierung Fremdkapitalgeber beitragen, die keine (wesentlichen) Risiken übernehmen wollen und wegen der Haftungsbeschränkung keinen Zugriff auf das private Vermögen der Eigentümer haben und deshalb Eigenkapitalzuführungen auch nicht erzwingen können.

Wir können also folgern, dass man Eigenkapital auch braucht, um unerwartete Risiken abzufedern. Der Abfederungseffekt besteht darin, dass man die **Verschuldungskapazität** eines Projektes (Unternehmens) nicht so intensiv ausnutzen kann, wie die obigen einfachen Berechnungen für F_0 unterstellten. Das realisierte Verschuldungsvolumen muss deutlich unterhalb des berechneten F_0 liegen; und das impliziert höhere Eigenkapitalbestände E_0.

9.3 Zur Eigenkapitalausstattung von Unternehmen: Daten und Problem

Wie hoch sind die bilanziell gemessenen Eigenkapitalanteile an der Bilanzsumme deutscher Gesellschaften? Wie haben sich diese im Zeitablauf entwickelt? Die Daten wurden in Kapitel 7 bereits vorgestellt.

Stellt man die Entwicklung der vertikalen Eigenkapitalquote im Zeitablauf grafisch dar, erhält man das Bild einer sanften Skipiste mit Gegenhang wie Abbildung 9.2 erkennen lässt.

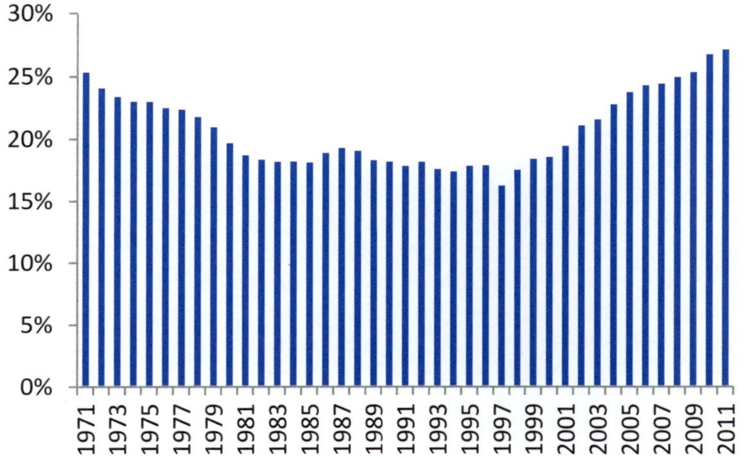

Abbildung 9.2: Eigenkapitalquoten deutscher Unternehmen im Zeitraum 1971-2011 (Quelle: Deutsche Bundesbank, eigene Berechnungen.)

Die Darstellung in Abbildung 9.2 stützt sich auf eine große Zahl von Unternehmen: 54.570 in 1994, 68.496 in 2003, 62.719 in 2007. Es handelt sich um Durchschnittswerte, die bilanzwertgewichtet sind. Große Unternehmen mit höherer Bilanzsumme besitzen ein höheres Gewicht als kleinere Unternehmen mit geringerer Bilanzsumme. 24,1 % beträgt im betrachteten Zeitraum der Quotient Mittelwert des bilanziellen Eigenkapitals zu Mittelwert der Bilanzsumme. Für ein Sample kleinerer Unternehmen würde dieser durchschnittliche Wert nicht erreicht. Das zeigen auch die in Kapitel 7 gelieferten Daten: Die vertikalen Eigenkapitalquoten steigen deutlich mit der Höhe der Bilanzsummen. Hinzu kommt, dass Branchenunterschiede und Rechtsformen erheblichen Einfluss auf die durchschnittliche Eigenkapitalquote in der Realität haben.

Unterstellt man, dass internationale Vergleiche von Eigenkapitalquoten nicht generell an unterschiedlichen Bilanzierungsregelungen und/oder -gewohnheiten scheitern, dann sind die Eigenkapitalquoten deutscher Unternehmen zwar nicht weltweit die niedrigsten, aber doch niedrig. Niedriger bzw. auf vergleichbarem Niveau sind die Eigenkapitalquoten etwa in Schweden, Italien und Japan. Höher sind die Eigenkapitalquoten insbesondere in den USA, in Großbritannien und in Frankreich. Die Eigenkapitalquote amerikanischer Industrie-Aktiengesellschaften liegt trotz der in den letzten Jahren deutlich gestiegenen Verschuldungsgrade immer über den deutschen Werten.

Als mögliche Ursachen für niedrige durchschnittliche Eigenkapitalquoten werden genannt:

a) unterdurchschnittliche Renditen von Unternehmen,

b) relativ intensive Besteuerung von Unternehmen und

c) relativ bescheidene Abschreibungsmöglichkeiten für Unternehmen.

Wir starten mit Punkt a). Dass deutsche Unternehmen in der Vergangenheit unterdurchschnittliche Renditen (Nettoumsatzrenditen, Gesamtkapitalrenditen) erzielten, wird von mehreren Autoren und Institutionen vorgetragen. US-amerikanische bzw. englische Gesellschaften hätten im Durchschnitt nahezu doppelt so hohe Nettoumsatzrenditen erzielt. Wegen der zwischen Nettoumsatzrentabilitäten, Umschlagsgeschwindigkeiten und Gesamtkapitalrenditen bestehenden Beziehung, die in Kapitel 4 erläutert wurde, kann man schließen, dass sich auch die Gesamtkapitalrenditen deutscher und amerikanischer bzw. englischer Gesellschaften unterscheiden. Beteiligungen am Eigenkapital wären in der Bundesrepublik Deutschland weniger attraktiv als in den USA. Anleger hätten daher die Tendenz, in festverzinslichen Anlagen zu investieren, also Fremdkapitaltitel zu erwerben. Sie nehmen damit nicht Eigentümer-, sondern Gläubigerpositionen ein. Albach u. a. stützen diese These: Sie tragen vor, dass Unternehmen mit überdurchschnittlicher Eigenkapitalquote deutlich höhere Umsatzrentabilitäten erzielen als Unternehmen mit unterdurchschnittlicher Eigenkapitalquote. Diese These wird auch von der Deutschen Bundesbank vorgetragen: Sie argumentiert, dass die wichtigste Ursache für eine schwache vertikale Eigenkapitalquote die unzureichende Ertragskraft der Unternehmen sei. Sie verhindere einmal, dass die Unternehmen über einbehaltene Gewinne ausreichende Eigenmittel bildeten und gäbe zum anderen potenziellen Kapitalgebern keine Anreize, diesen Unternehmen Eigenkapital zur Verfügung zu stellen.

Betrachten wir Argument b). Als Ursache für eine niedrige vertikale Eigenkapitalquote wurde eine im internationalen Vergleich relativ intensive Besteuerung deutscher Gesellschaften angeführt, die die Nettorenditen der Eigentümer schwäche. Das Argument hat auf den ersten Blick die gleiche Stoßrichtung wie Argument a): Gewerbeertrag- und Körperschaftsteuer verkürzen die auf Unternehmensebene verbleibenden finanziellen Mittel und bei hier unterstellten, gegebenen Entnahmewünschen der Eigentümer die thesaurierbaren Mittel. Zum anderen sind für Eigenkapitalgeber die Renditen *nach* Steuern (bzw. die finanziellen Überschüsse *nach* Steuern) die Größen, an denen sie ihr Investitionsverhalten ausrichten. Gibt es in einer Volkswirtschaft geringer besteuerte Anlagealternativen oder außerhalb der Volkswirtschaft geringer besteuerte Investitionsmöglichkeiten, kann dies zu einer Umorientierung des Anlageverhaltens führen. Entscheidend ist zunächst, ob die These der relativ intensiven Besteuerung deutscher Gesellschaften stimmt. Hierzu muss man nicht nur die Vielfalt der Steuerarten und die Höhe der Steuersätze, sondern insbesondere auch die Ermittlung der **Steuerbemessungsgrundlagen** beachten.

Ein zweiter Aspekt ist von Bedeutung. Fremdmittel und Zinsen auf Fremdkapital kürzen die steuerlichen Bemessungsgrundlagen der Gewerbeertrag- und Körperschaftsteuer. Die steuerlichen Regelungen privilegieren den Einsatz von Fremdkapital. Es ist eine Folge, dass Eigentümer aus steuerlichen Gründen Fremdfinanzierung bevorzugen. Die Abschaffung der Gewerbekapitalsteuer sowie die Nichterhebung der Vermögensteuer auf gewerbliche Vermögensbestände haben den Anreiz, Fremdkapital einzusetzen, zwar verkleinert, aber nicht beseitigt. Der Gesetzgeber arbeitet zudem intensiv daran, den steuerlichen Anreiz zum Einsatz von Fremdmitteln weiter zu verkürzen.

Argument c) greift einen Teilaspekt des unter b) angesprochenen Problemknäuels auf. Häufig wird die These vorgetragen, Unternehmen könnten auch in Bezug auf steuerliche Abschreibungsmöglichkeiten im internationalen Vergleich benachteiligt sein. Dieses Argument, träfe es zu, wäre zu beachten, weil schnellere steuerliche Abschreibungsmöglichkeiten i. d. R. die Vorteilhaftigkeit von Investitionsprojekten erhöhen. Angenommen, die kumulierten steuerlichen Abschreibungen am Ende der Nutzungsdauer entsprechen dem Anschaffungspreis des Projektes und der Steuersatz s, der auf die steuerliche Bemessungsgrundlage angewendet wird, sei konstant im Zeitablauf. Wie wirkt dann eine Abschreibungsregelung, die in früheren Jahren der Nutzung höhere Abschreibungen erlaubt als eine alternative Regelung? Wenn ΔAb_t den (im Vergleich zu einer alternativen Regelung) höheren Abschreibungsbetrag bezeichnet, spart das Unternehmen in Periode t die Steuerzahlung $s\ \Delta Ab_t$. Über diesen Betrag kann es zusätzlich verfügen; es kann ihn in irgendeiner Form zinsbringend anlegen. Damit sind spätere Erfolge höher, als sie ohne diese Regelung wären. Dieser Zinsgewinn fällt an, auch wenn bedacht wird, dass höhere Abschreibungen in frühen Perioden der Nutzungsdauer bei gegebenem Anschaffungspreis verkürzte Abschreibungen in späteren Perioden der Nutzungsdauer nach sich ziehen. Aus dieser die Vorteilhaftigkeit von Investitionsprojekten im Regelfall erhöhenden Überlegung folgt aber nicht zwingend, dass schnellere Abschreibungsmöglichkeiten auch eine Erhöhung der vertikalen Eigenkapitalquote zur Folge haben.

Beispiel

A und B diskutieren über Argumente von Autoren, die die bescheidene Eigenkapitalquote deutscher Kapitalgesellschaften erklären sollen.

A argumentiert, dass bessere steuerliche Abschreibungsmöglichkeiten zu höheren vertikalen Eigenkapitalquoten führen müssten.

B ist nicht dieser Meinung. Er konstruiert folgendes Beispiel: Eine AG erziele Erträge in Höhe von 1.500 pro Periode für die nächsten 5 Jahre. Im Zeitpunkt t wird ein Investitionsprojekt realisiert, dessen Anschaffungspreis 1.500 ist. Das Projekt erhöht die künftigen Erträge um 1.500 für die nächsten 5 Jahre. Unmittelbar nach Realisierung sieht die Bilanz des Unternehmens so aus:

Bilanz in t			
Grundstücke	500	Grundkapital	650
Anlagen (alt)	500	Gesetzl. Rücklage	150
Projekt	1.500	kurzfr. FK	300
Rohstoffe	100	langfr. FK	1.700
Forderungen	100		
Kasse	100		
	2.800		2.800

Die Gewinn- und Verlustrechnung in t + 1 bei linearer Abschreibung des Projektes über eine Nutzungsdauer von 5 Jahren sieht so aus:

Gewinn- und Verlustrechnung in t + 1	
Erträge aus bisherigen Projekten	1.500
Erträge aus Projekt	1.500
Personalaufwendungen	500
Materialaufwendungen	300
Abschreibungen auf Altanlagen	100
Abschreibungen auf Projekt	300
Zinsaufwendungen	200
Zinserträge	–
Jahresüberschuss	1.600

Der Vorstand habe beschlossen, den Jahresüberschuss zur Hälfte auszuschütten. Auch in der Folgeperiode soll die Hälfte des Jahresüberschusses ausgeschüttet werden. Thesaurierte Mittel werden in Finanzanlagen, die eine Rendite von 10 % bringen, angelegt. Auch sonstige verfügbare Mittel werden in Finanzanlagen angelegt.

a) Entwickeln Sie die Bilanzen für t + 1 und t + 2 nach erfolgter Ausschüttung unter Benutzung der oben angegebenen Daten. Personalaufwendungen, Materialaufwendungen, Abschreibungen auf Altanlagen und Zinsaufwendungen bleiben unverändert. Erträge und Personal-, Material- und Zinsaufwendungen sind ein- bzw. auszahlungsgleich. Die Bestände Rohstoffe, Forderungen, Grundstücke bleiben konstant.

b) Berechnen Sie die Eigenkapitalquoten in den Bilanzen t + 1 und t + 2!

c) Wie hoch ist die Eigenkapitalquote, wenn in t + 1 und t + 2 das neue Projekt in Höhe von 500 abgeschrieben würde?

Lösungshinweise

Bilanz in t + 1			
Grundstücke	500	Grundkapital	650
Anlagen (alt)	400	Gesetzl. Rücklage	150
Projekt	1.200	Gewinnrücklage	800
Rohstoffe	100	kurzfr. FK	300
Forderungen	100	langfr. FK	1.700
Kasse	100		
Finanzanlagen	1.200		
Bilanzsumme	3.600		3.600

Der Cashflow der Periode ergibt sich aus: 3.000 – 500 – 300 – 200 = 2.000. Die Hälfte des Jahresüberschusses von 1.600 wird annahmegemäß ausgeschüttet. Folglich stehen 1.200 für Finanzanlagen zur Verfügung. Diese verzinsen sich zu 10 %.

Die bilanzielle Eigenkapitalquote zum Zeitpunkt t + 1 beträgt 1.600/3.600 = 0,444. In t betrug sie 0,286.

Die Bilanz in t + 2 sieht so aus:

Bilanz in t + 2			
Grundstücke	500	Grundkapital	650
Anlagen (alt)	300	Gesetzl. Rücklage	150
Projekt	900	Gewinnrücklage	1.660
Rohstoffe	100	kurzfr. FK	300
Forderungen	100	langfr. FK	1.700
Kasse	100		
Finanzanlagen	2.460		
Bilanzsumme	4.460		4.460

Der Cashflow der Periode berechnet sich so: 3.000 – 500 – 300 – 200 + 120 = 2.120. Auszuschütten ist die Hälfte des Jahresüberschusses zum Zeitpunkt t + 2; das sind 860. Die Finanzanlagen steigen somit um 1.260 auf insgesamt 2.460.

GuV in t + 2	
Erträge aus bisherigen Projekten	1.500
Erträge aus Projekt	1.500
Personalaufwendungen	500
Materialaufwendungen	300
Abschreibung Altanlagen	100
Abschreibung Projekt	300
Zinsaufwendungen	200
Zinserträge	120
Jahresüberschuss	1.720

Die bilanzielle Eigenkapitalquote in t + 2 beträgt 2.460/4.460 = 0,55.

Angenommen, das neue Projekt mit den Anschaffungskosten I_0 = 1.500 würde schneller abgeschrieben mit Raten von 500 pro Jahr. Was sind die Folgen für Jahresüberschuss, Ausschüttung und Eigenkapitalquote in t + 1 bzw. t + 2?

Wir betrachten zunächst die Gewinn- und Verlustrechnung in t + 1:

GuV in t + 1	
Erträge aus bisherigen Projekten	1.500
Erträge aus Projekt	1.500
Personalaufwendungen	500
Materialaufwendungen	300
Abschreibung Altanlagen	100
Abschreibung Projekt	500
Zinsaufwendungen	200
Zinserträge	0
Jahresüberschuss	1.400

Der Jahresüberschuss sinkt also um ΔAb = 200; die Ausschüttung beträgt 700. Der verbleibende Cashflow nach Ausschüttung ergibt sich aus 3.000 – 500 – 300 – 200 – 700 = 1.300. Er wird zur Finanzanlage, die somit um 100 höher ist als zuvor. Die Bilanzsumme schrumpft um ΔAb = 200 und steigt um 100 wegen der um 100 höheren Finanzanlage. Damit beträgt die Bilanzsumme 3.500. Der Eigenkapitalbestand in der Bilanz der Periode t + 1 ergibt sich aus 650 + 150 + 700 = 1.500. Der Betrag von 700 entspricht dem Anteil des Jahresüberschusses (von 1.400), der thesauriert wird und in Form einer Gewinnrücklage erfasst wird. Somit ist die Eigenkapitalquote 1.500/3.500 = 0,429 und damit etwas *niedriger* als im Fall der geringeren Abschreibung.

In t + 2 sinkt der Jahresüberschuss erneut um ΔAb = 200, steigt um die Zinserträge in Höhe von 130 und beträgt im Ergebnis 1.530. Die Ausschüttung ist somit 765. Der Cashflow nach Ausschüttung ist 3.000 – 500 – 300 – 200 – 765 + 130 = 1.365. Um diesen Betrag wachsen die Finanzanlagen, die dann 2.665 betragen. Die Bilanz sieht folglich so aus:

Bilanz in t + 2			
Grundstücke	500	Grundkapital	650
Anlagen (alt)	300	Gesetzl. Rücklage	150
Projekt	500	Gewinnrücklage	1.465
Rohstoffe	100	kurzfr. FK	300
Forderungen	100	langfr. FK	1.700
Kasse	100		
Finanzanlagen	2.665		
Bilanzsumme	4.265		4.265

Die Eigenkapitalquote in t + 2 beträgt 2.265/4.265 = 0,531 und ist erneut leicht niedriger als im Ausgangsfall.

Kehren wir zur Diskussion um die potenzielle Bedeutung der Höhe der bilanziellen Eigenkapitalquote zurück.

Niedrigere Eigenkapitalquoten als ausländische Wettbewerber sind auf den ersten Blick noch nichts Gefährliches. Deutsche Aktiengesellschaften oder Unternehmen könnten z. B. weit höher diversifiziert sein als englische oder amerikanische. Das bedeutet tendenziell, dass ihr Investitionsrisiko kleiner als das der ausländischen Konkurrenten wäre. Bei geringerem Investitionsrisiko, d. h. geringerer Streuung der Nettoeinzahlungen, könnten sie sich auch höher verschulden. Es wäre auch denkbar, dass deutsche Unternehmen finanziell besser gemanagt werden: Fremdfinanzierung von Kapitalgesellschaften ist unter vielen Aspekten vorteilhaft für die Eigentümer dieser Gesellschaften). Ausschließlich eigenfinanzierte Kapitalgesellschaften verschenken unter steuerlichen Aspekten viel Geld.

Zu beachten ist, dass Fremdkapital periodisch mit Zinsen und Tilgungen zu bedienen ist. Dies ist unter Liquiditätsgesichtspunkten ein Nachteil. Aber diese Eigenschaft hat auch eine positive Seite: Fremdkapitalgeber halten Festbetragsansprüche und sie haben die Macht, diese Ansprüche durchzusetzen – eine Position, die außenstehende Eigentümer von KGaA und Aktiengesellschaften im gleichen Ausmaß nicht haben. Fremdkapital setzt die Manager (Eigentümer) von Unternehmen dem Druck aus, die Festbetragsansprüche zu befriedigen. Dieser Druck kann leistungssteigernd wirken und Manager davon abhalten, Geld in windigen Projekten zu verplempern. Das ist die These von **Jensen zur Kontrollfunktion von Fremdkapital**.

In der Literatur wird argumentiert, dass hohe Fremdkapitalquoten die Gläubiger verstärkt am Risiko der Unternehmen beteiligten, obwohl sie diese Risiken nicht übernehmen wollten. Wir haben in Kapitel 7 Kreditsicherheiten und Negativklauseln dargestellt. Die Funktionen von Kreditsicherheiten wurden diskutiert. Hier sei zunächst angenommen, dass das System der Kreditsicherheiten in der Bundesrepublik Deutschland besonders gut ausgebaut ist, dass es in anderen Staaten (z. B. in Frankreich) weniger einfallsreich entwickelt ist. Dafür gibt es Anhaltspunkte. Was folgt daraus für die Gläubigerpositionen? Kreditsicherheiten senken die Risiken der Gläubiger. Das ist einer ihrer Hauptzwecke. Wenn die Risiken der Gläubiger aber durch Sicherheiten gesenkt werden, dann sind auch höhere Verschuldungsgrade für Unternehmen realisierbar. Ein effizienteres Kreditsicherungssystem könnte also dazu führen, dass Gläubiger trotz niedriger («vertikaler») Eigenkapitalquote nicht mehr Risiko tragen als dann, wenn die bilanzielle Eigenkapitalquote höher, das Kreditsicherungssystem aber schlechter ausgebaut wäre. Ob das Argument allerdings für die Gesamtheit aller Gläubiger eines Unternehmens gilt, wird dann fraglich, wenn deren Ansprüche die Summe der Marktwerte der Sicherheiten übersteigen.

Ein nicht zu unterschätzender Aspekt bei der Gestaltung der Passivseiten von Unternehmen sind die Prinzipien, die das Insolvenzrecht regeln. Wir behandeln diese im Detail in Kapitel 11. Das Insolvenzrecht hat auf den ersten Blick kaum vereinbare Zielsetzungen. Es hat zunächst Sanktionscharakter: Unternehmen, die im Lichte juristischer Definitionen (Insolvenztatbestände) als insolvent gelten, gehen fast automatisch in die Management-Kompetenz der Gläubiger über. Aber – und das ist die scheinbar widersprechende Zielsetzung – enthält es zugleich Regelungen, die dem kompetenten und rechtzeitig agierenden Eigentümer das ökonomische Überleben erleichtern. Die Summe dieser Regelungen beeinflusst Entscheidungen über die Höhe und die Struktur der Unternehmensverschuldung.[88]

Ein weiteres Argument, das hohe Fremdkapitalanteile erklären könnte, ist denkbar. Es könnte sein, dass Unternehmensleitungen ihre Eigenkapitalgeber nachlässig behandeln. Dazu gibt es im Prinzip viele Möglichkeiten: Sie informieren sie zu spät oder nicht über bedeutende Veränderungen der Ertragslage, sie realisieren suboptimale Investitionsstrategien, weil sie falsche Entscheidungskriterien benutzen, sie betreiben eignerunfreundliche Ausschüttungsstrategien, sie betrachten einbehaltene Mittel als «billigste» Finanzierungsquelle, die Manager können Insidergeschäfte zu Lasten uninformierter außenstehender Aktionäre betreiben. Gerichte können Anteilseignern zu niedrige Abfindungen (§ 305 AktG, §§ 327a ff AktG) bzw. Ausgleiche (§ 304 AktG) zusprechen; die Aktionärsmehrheit übervorteilt die -minderheit bei Bezugsrechtsausschlüssen und bei Sacheinlagen etc. Wer außenstehende Eigentümer und Kleinaktionäre abschrecken will, hat also ein reichhaltiges Angebot an Möglichkeiten. Nutzt man diese konsequent, ist der «Markt» nicht weniger konsequent: Unternehmen, die ihre Anteilseigner malträtieren, müssen ihre Aktien oder Beteiligungsangebote zu Discount-Preisen anbieten, damit sich Käufer finden. Das aber heißt, dass die Beschaffung von Eigenkapital teuer

---

88 Vgl. Sauvé/Scheuer (1999).

wird. Damit wird dann wieder ein zusätzlicher Anreiz ausgelöst, «billigeres» Fremdkapital einzusetzen.

Für schnell wachsende Unternehmen mit hohem Forschungs- und Innovationsbedarf können niedrige Eigenkapitalquoten allerdings erhebliche Hemmnisse darstellen. Ist die Verschuldungskapazität ausgereizt, können niedrige Eigenkapitalquoten Manager (Eigentümer) abhalten, kapitalintensive und risikoreiche Forschungs- und Innovationsstrategien überhaupt zu beginnen, weil Fehlschläge den Bestand des Unternehmens gefährden könnten. Dies ist ein ernst zu nehmender Einwand. Das Problem besteht nicht darin, dass in Deutschland Eigenmittel nicht verfügbar wären. Die Mittel fließen nur nicht in ausreichendem Ausmaß dorthin, wo sie benötigt werden. Damit entsteht ein Problem: Es ist zu beantworten, ob und ggf. wie man die Rahmenbedingungen so gestalten kann, dass die Angebotsbereitschaft von Investoren und die Aufnahmebereitschaft von Unternehmen für neues Eigenkapital erhöht werden.

9.4 Rechtsform und Eigenkapital

9.4.1 Einführung

Bevor wir über die Wege sprechen, auf denen Eigenkapitalgeber im Wege der Außenfinanzierung geworben werden können, müssen wir einen Blick auf die Rechtsformen werfen, in denen Unternehmen auftreten. Diese Rechtsformen haben unterschiedliche Eigenschaften, die für die Bewältigung von Finanzierungsmaßnahmen von erheblicher Bedeutung sind: Zu diesen zählen die Form der Haftung, die relative Leichtigkeit des Ein- bzw. Austritts in eine Gesellschaft, der Grad der Abhängigkeit der Eigenkapitalgeber von angestellten Geschäftsführern (Managern).

Betrachten wir die Rechtsformen, die von Eigentümern gewählt werden, finden wir eine bemerkenswerte Vielfalt. Abbildung 9.3 vermittelt einen Überblick.

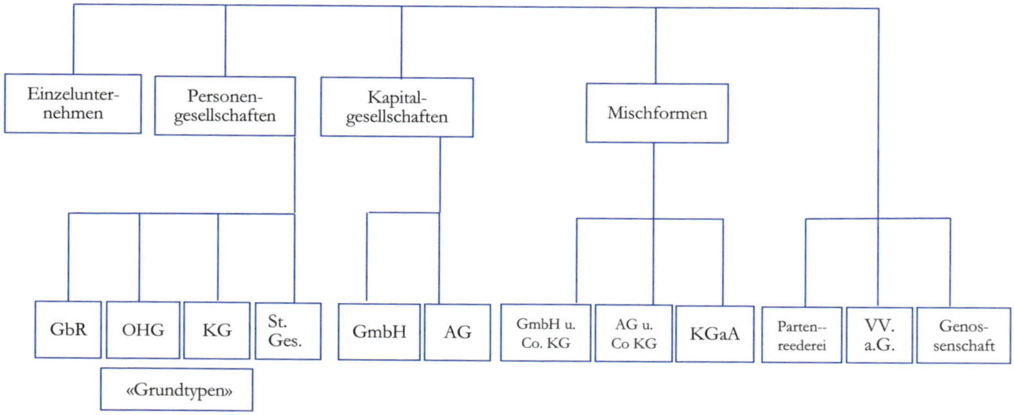

GbR: Gesellschaft bürgerlichen Rechts OHG: Offene Handelsgesellschaft KG: Kommanditgesellschaft St. Ges.: Stille Gesellschaft GmbH: Gesellschaft mit beschränkter Haftung AG: Aktiengesellschaft KGaA: Kommanditgesellschaft auf Aktien VV.a.G.: Versicherungsverein auf Gegenseitigkeit

Abbildung 9.3: Angebot der Rechtsformen

Die Umsatzsteuerstatistik 2011 des Statistischen Bundesamtes liefert einen Überblick zur Verteilung der Rechtsformen. Erstellt man ein Ranking auf Basis der Anzahl der Unternehmen, steht auf Platz eins die Rechtsform Einzelunternehmen (2.211.766) mit einem Gesamtanteil von 69 % an den steuerpflichtigen Unternehmen in Deutschland. Auf Platz zwei liegen Kapitalgesellschaften (508.949) mit einem Gesamtanteil von 16 %. Der Löwenanteil entfällt mit 495.733 auf die Rechtsform GmbH (15,42 %). Aktiengesellschaften sind zahlenmäßig nur mit 7.822 AGs und einem Gesamtanteil von 0,24 % an den steuerpflichtigen Unternehmen vertreten. Auf Platz drei liegen Personengesellschaften (420.002) mit einem Gesamtanteil von 13 %. Die restlichen 2 % verteilen sich auf Mischformen, Körperschaften, Genossenschaften und sonstige Rechtsformen.

Bei einem Ranking der Rechtsformen nach ihren jeweiligen steuerpflichtigen Umsätzen sieht die Reihenfolge jedoch ganz anders aus. Auf dem ersten Platz liegen nun mit einem steuerpflichtigen Gesamtumsatzanteil von 55 % die Kapitalgesellschaften, zu dem GmbHs 37 % und Aktiengesellschaften 16 % beisteuern. Mit einem zahlenmäßigen Anteil von nur 0,24 % erwirtschaften somit AGs 16 % der steuerpflichtigen Umsätze in Deutschland. Dies ist bemerkenswert. Auf Platz zwei liegen Personengesellschaften mit einem Gesamtanteil von 27 %, wobei die GmbH & Co. KG mit 19 % den größten Anteil hat. Auf Platz drei folgen Einzelunternehmen – die zahlenmäßig am stärksten besetzte Rechtsform – mit einem Gesamtanteil von nur 10 %. Die restlichen 8 % der steuerpflichtigen Umsätze verteilen sich auf Mischformen, Körperschaften, Genossenschaften und sonstige Rechtsformen.

Es kann hier keine vollständige Vorstellung des Rechtsformenangebots unter allen wichtigen Aspekten geboten werden.[89] Es werden aber die Eigenschaften von Rechtsformen, die für die *Finanzierungsfragen* besondere Bedeutung haben, herausgestellt. Zu diesen Eigenschaften gehören etwa:

[1] Sind besondere Gründungsvorschriften zu beachten (Mindesteigenkapital, Gründungsprüfung)?

[2] Wer haftet gegenüber den Gläubigern für die Verbindlichkeiten der Gesellschaft? Besteht Haftungsbeschränkung oder nicht?

[3] Sind die Eigentümer unter bestimmten Bedingungen zu zusätzlichen Eigenkapitalzuführungen («Nachschüssen») verpflichtet?

[4] Kann die Gesellschaft zusätzliches Eigenkapital durch die Ausgabe von handelbaren Effekten (Aktien, Anteilscheine, Genussscheine, etc.) beschaffen?

[5] Besteht eine Trennung zwischen Geschäftsführung und Eigentum? Wer hält die Entscheidungsrechte? Und wie regelt der Gesetzgeber die potenziellen Konflikte

---

[89] Die Europäische Gesellschaft (Societas Europaea, SE) – auch als Europäische Aktiengesellschaft bezeichnet – spielt in Deutschland seit 2006 etwa eine zunehmende Rolle, insbesondere für börsennotierte Unternehmen. Laut Umsatzsteuerstatistik des Statistischen Bundesamts 2011 gibt es 72 SE's in Deutschland mit einem Anteil von ca. 1,8 % an den gesamten steuerpflichtigen Umsätzen. Eine Stichtagsbetrachtung des CDAX zum 14.03.2014 zeigt Folgendes (Quelle: Deutsche Börse, eigene Berechnungen): Unter den 493 Mitgliedern befinden sich 29 SE's. Zahlenmäßig entspricht dies einem Anteil von 5,9 % und wertmäßig – gemessen an der Marktkapitalisierung – von 20,5 %. Drei der 30 DAX-Unternehmen geordnet nach absteigender Marktkapitalisierung – BASF SE, Allianz SE und E.ON SE – machen hiervon drei Viertel aus. Angesichts der Nähe der SE zur Aktiengesellschaft braucht hier keine gesonderte Diskussion bezüglich der Finanzierungsfrage stattfinden.

zwischen Geschäftsführung und Eigentümern? Wie wirksam sind die Vorkehrungen gegen Übervorteilungen der Eigentümer?

[6] Sind die Rechte der Gesellschafter (Eigentümer) gesetzlich geregelt oder können sie im Gesellschaftsvertrag beliebig festgelegt werden?

[7] Bestehen gesetzlich geregelte Bilanzierungs- und/oder Publizitätsvorschriften und wenn ja welche?

[8] Sind die Gewinnentnahmen der Eigentümer begrenzt und wenn ja wie?

[9] Wie sind die Modalitäten des Eintritts (Austritts) in die (aus der) bestehende(n) Gesellschaft geregelt?

9.4.2 Einzelunternehmen

Das Einzelunternehmen ist Bestandteil des Gesamtvermögens des Eigentümers. Für das Einzelunternehmen gelten die Definitionen der §§ 1 und 2 (Istkaufmann, Kannkaufmann) des HGB, § 5 HGB und der Grundsatz der Firmenanmeldung (§ 29 HGB). Weiterhin gelten die Dokumentations- und Aufbewahrungsvorschriften für Handelsbücher, Handelsbriefe, Inventare und Bilanzen der §§ 238 - 263 HGB.

Die Leitungsbefugnis liegt unbeschränkt beim Eigentümer, der für die Verbindlichkeiten des Unternehmens persönlich und unbeschränkt haftet. Es bestehen daher keine Mindestvorschriften über die Höhe des Eigenkapitals und keine Gewinnentnahmebeschränkungen. Der Preis der Autonomie sind die beschränkten Eigenfinanzierungsmöglichkeiten, die abhängen von der Höhe des Privatvermögens und den künftigen, nicht entnommenen finanziellen Überschüssen.

9.4.3 Stille Gesellschaft

Mithilfe eines stillen Gesellschafters kann ein Einzelunternehmer seine Kapitalbasis erweitern ohne seine alleinigen Entscheidungsbefugnisse zu schmälern: Der stille Gesellschafter hat keine Geschäftsführungsbefugnisse. Ihm steht lediglich ein Kontrollrecht zu: § 233 HGB legt sein Recht fest, eine «abschriftliche Mitteilung des Jahresabschlusses zu verlangen und die Richtigkeit unter Einsicht der Papiere und Bücher zu prüfen.» Er kann indessen seine Einlage kündigen; hier ist die Frist des § 132 HGB von mindestens 6 Monaten vor dem Schluss des Geschäftsjahres zu beachten.

Für den Fall der Kündigung ist wichtig, welche Auszahlungsforderungen der stille Gesellschafter hat. Je nach Vertragsgestaltung kann er einen *Nominalanspruch* (eingezahlte Einlage - nicht aufgefüllte Verlustanteile + nicht entnommene Gewinnanteile) oder einen Anspruch auf einen Anteil am Wert des Unternehmens haben.

Die gesetzlichen Regelungen zur stillen Gesellschaft finden sich in den §§ 230 - 237 HGB. Stiller Gesellschafter ist, wer sich an dem Handelsgewerbe (§§ 1, 2 HGB) eines anderen mit einer Vermögenseinlage beteiligt, wobei diese in das Vermögen des Inhabers übergeht (§ 230 Abs. 1 HGB). Der stille Gesellschafter muss am Gewinn beteiligt werden; er *kann* am Verlust beteiligt sein (§ 231 Abs. 2 HGB). Ist der stille Gesellschafter am Verlust beteiligt, ist seine Verlustteilnahme auf seine Einlage beschränkt. Ist seine Einlage durch Verlust vermindert, werden künftige jährliche Gewinnanteile zunächst zum Ausgleich der Verluste benutzt (§ 232 Abs. 2 HGB).

Wird über das Vermögen des Betreibers des Handelsgewerbes das Insolvenzverfahren eröffnet, kann der stille Gesellschafter seine Einlage, soweit sie nicht durch Verluste aufgezehrt ist, als Insolvenzforderung geltend machen (§ 236 Abs. 1 HGB): sie wird also nicht wie Eigenkapital behandelt; bei einer positiven Befriedigungsquote verliert der stille Gesellschafter somit nicht eine gesamte Einlage. Allerdings sind die Befriedigungsquoten im Insolvenzfall i. d. R. sehr klein.

Im Rahmen des Vertragsverhältnisses sind drei Situationen erwähnenswert:

[1] die Lage vor der Bildung der stillen Gesellschaft,

[2] die Lage während des Bestehens der stillen Gesellschaft,

[3] die Lage beim Ausscheiden des stillen Gesellschafters.

Zu (1):

Bestünde Sicherheit und ist der stille Gesellschafter nur an den Gewinnen (G_t), nicht aber an den Verlusten beteiligt, ist bei gegebener Beteiligungshöhe von α, mit $0 < \alpha < 1$, die Ermittlung der «fairen» Einlage des stillen Gesellschafters kein Problem. Er zahlt auf vollkommenem Kapitalmarkt maximal

$\sum_{t=1}^{T} \alpha G_t (1+i)^{-t}$ für seine Einlage.

T bezeichnet das Ende der Laufzeit des Beteiligungsverhältnisses. G_T schließt den Rückzahlungsanspruch des stillen Gesellschafters ein.

Bei Unsicherheit ist die Lage viel komplizierter. Der stille Gesellschafter weiß, dass der Inhaber des Handelsgewerbes i. d. R. besser informiert ist als er. Folglich kann der stille Gesellschafter die Zuverlässigkeit der Gewinnprognosen, die ihm der Inhaber unterbreitet, nicht abschließend beurteilen. Er befürchtet, für eine geplante Beteiligungshöhe α eine zu hohe Einlage zu bezahlen.

Der stille Gesellschafter weiß weiterhin, dass der Inhaber am Ende des Geschäftsjahres Rechnung legt und somit Gewinn bzw. Verlust für das jeweils abgelaufene Geschäftsjahr ermittelt. Rechnungslegungsvorschriften sind nie völlig eindeutig. Deshalb kann der Inhaber, wenn sich der stille Gesellschafter zu einer Beteiligung entschlossen hat, die Rechnungslegung in Grenzen manipulieren und Gewinne «verstecken» bzw. Verluste «aufblasen» zum Nachteil des stillen Gesellschafters.

Folglich wird der stille Gesellschafter, der den Informationsvorsprung des Inhabers vor Eintritt in die Gesellschaft kaum aufholen kann, die G_t niedriger veranschlagen als der Inhaber und folglich eine niedrigere Einlage für ein gegebenes α errechnen. Damit verteuert sich die Finanzierung über stille Einlagen für den Eigentümer.

Zu (2):

Ist die Beteiligung des stillen Gesellschafters vollzogen, kann er nicht sicher sein, ob der Eigentümer dann noch die Politik verfolgt, die er *vor* Eintritt des stillen Gesellschafters in die Gesellschaft zu verfolgen vorgab. Einerseits gibt es einen Anreiz für den Inhaber, eine Politik zu verfolgen, die in beider Interesse ist: beide sind an Gewinn und ggf. Verlust beteiligt. Andererseits gibt es aber auch Anreize für den Eigentümer, die Gewinnansprüche des stillen Gesellschafters zu verkürzen:

- Er kann z. B. durch Rechnungslegungsmanipulationen Gewinne auf Zeitpunkte *nach T* verlagern, d. h. auf Zeitpunkte, in denen der stille Gesellschafter nicht mehr beteiligt ist. Das ist dann von Vorteil für den Eigentümer, wenn der Anspruch des stillen Gesellschafters in *T* auf den Nominalwert seiner Einlage beschränkt sein sollte.

- Er kann aufwendige Geschäftsreisen machen und teuere Geschäftsausstattungen anschaffen, die den Gewinn der Gesellschaft kürzen und somit teilweise vom stillen Gesellschafter bezahlt werden.

Ob das Kündigungsrecht des stillen Gesellschafters hier ein wirksames Gegenmittel ist, hängt von der Ausgestaltung ab. Ob das Einsichtsrecht in Bilanzen und Bücher ein wirksames Gegenmittel ist, kann bezweifelt werden.

Zu (3):

Will der stille Gesellschafter «aussteigen», kann er seine Rechte nicht an Dritte verkaufen. Er muss kündigen und Auszahlung seiner Ansprüche in bar verlangen. Hat er nur Anspruch auf seine nominale Einlage (- Verlustanteile + Gewinnanteile), ist dies geradezu ein Anreiz für den Eigentümer, die Gewinnanteile des stillen Gesellschafters während der Vertragszeit zu verkürzen, weil diese Verkürzungen dem Eigentümer nach Ausscheiden des stillen Gesellschafters endgültig zuwachsen. Dieser Anreiz kann nur gebremst werden, wenn der stille Gesellschafter am Unternehmenszuwachs zwischen Start der Beteiligung und dem Zeitpunkt T angemessen beteiligt wird. Je größer die Nachteile sind, die ein aufgeklärter stiller Gesellschafter befürchten muss, umso geringer wird der Preis sein, den er für eine gegebene Beteiligung α wird bezahlen wollen. Eigentümer können deshalb über Vertragsgestaltungen die Finanzierungskosten für stille Beteiligungen erhöhen oder senken.

9.4.4 Offene Handelsgesellschaft (OHG)

9.4.4.1 Rechtsvorschriften

Die gesetzlichen Regelungen finden sich in den §§ 105 - 160 HGB. Die OHG ist eine Personengesellschaft, deren Zweck der Betrieb eines Handelsgewerbes ist unter gemeinschaftlicher Firma und bei der kein Gesellschafter seine Haftung gegenüber Gläubigern der Gesellschaft beschränkt hat (§ 105 HGB). Vielmehr haften alle Gesellschafter den Gläubigern der Gesellschaft gegenüber als Gesamtschuldner persönlich (§ 128 HGB). Jeder Gesellschafter haftet somit mit seinem Privatvermögen.

Das Rechtsverhältnis der Gesellschafter untereinander richtet sich zunächst nach dem Gesellschaftsvertrag, der weitgehend gestaltbar ist (§ 109 HGB). Zur Führung der Geschäfte sind im Prinzip alle Gesellschafter berechtigt und verpflichtet (§ 114 Abs. 1 HGB). Nur wenn der Gesellschaftsvertrag einem oder bestimmten Gesellschaftern die Geschäftsführung überträgt, sind die übrigen Gesellschafter von der Geschäftsführung ausgeschlossen.

Jedem Gesellschafter stehen Kontrollrechte zu: Er kann die Bücher und Papiere der Gesellschaft einsehen und sich eine Bilanz erstellen. Das gilt gerade auch, wenn er von der Geschäftsführung ausgeschlossen ist (§ 118 Abs. 1 HGB). Selbst wenn das Kontrollrecht im Gesellschaftsvertrag beschränkt ist, kann es dennoch geltend gemacht werden, wenn Grund zur Annahme unredlicher Geschäftsführung besteht (§ 118 Abs. 2 HGB).

Am Schluss eines jeden Geschäftsjahres wird mittels Bilanz der Gewinn oder Verlust des Jahres ermittelt (§ 120 Abs. 1 HGB). Der auf einen Gesellschafter entfallende Gewinn wird seinem Kapitalanteil gutgeschrieben; der anteilige Verlust sowie Entnahmen kürzen den Kapitalanteil (§ 120 Abs. 2 HGB).

Die Verteilung des Gewinns bestimmt sich nach dem Gesellschaftsvertrag oder nach der gesetzlichen Regelung (§ 121 Abs. 1 HGB): danach bekommt jeder Gesellschafter 4 % seines Kapitalanteils; der Rest wird nach Köpfen verteilt. Verluste sind, falls der Gesellschaftsvertrag nichts anderes bestimmt, ebenfalls nach Köpfen zu verteilen (§ 121 Abs. 3 HGB).

Das Entnahmerecht ist, soweit eine vertragliche Regelung (§ 109 HGB) dem nicht entgegensteht, gesetzlich geregelt (§ 122 HGB). Es ist dreistufig: Jeder Gesellschafter ist berechtigt, 4 % seines Kapitalanteils zu entnehmen; darüber hinausgehende Gewinnanteile dürfen nur entnommen werden, wenn es «nicht zum offenbaren Schaden der Gesellschaft gereicht» (§ 122 Abs. 1 HGB); nur mit Einwilligung der anderen Gesellschafter darf ein Gesellschafter darüber hinausgehende, seinen Kapitalanteil verkürzende Entnahmen («Kapitalherabsetzungen») vornehmen.

Die Gesellschaft kann durch Beschluss der Gesellschafter aufgelöst werden (§ 131 Abs. 1 Nr. 2 HGB). Der einzelne Gesellschafter kann kündigen auf den Schluss eines Geschäftsjahres (§ 132 HGB). Der kündigende Gesellschafter scheidet aus der Gesellschaft aus und ist dann abzufinden: Er hat Anspruch auf einen Anteil am Unternehmenswert. Dies stellt ein Drohpotenzial dar.

Die Ansprüche gegen einen Gesellschafter wegen Verbindlichkeiten der Gesellschaft verjähren in 5 Jahren nach dem Ausscheiden des Gesellschafters. Beginn der Verjährungsfrist ist die Eintragung des Ausscheidens in das Handelsregister.

9.4.4.2 Vorteile der Rechtskonstruktion

Die Lage eines neu in eine OHG eintretenden Gesellschafters ist der des stillen Gesellschafters nicht unähnlich. Auch er hat Informationsnachteile gegenüber den «alten» Gesellschaftern; auch er kann befürchten, dass die spätere Politik (*nach* seinem Eintritt) nicht die ist, die ihm vor seinem Eintritt als geplant vorgestellt wurde. Dennoch hat er gegenüber dem stillen Gesellschafter Vorteile.

- Er hat nach Eintritt Einblick in alle Unterlagen (§ 118 HGB). Er würde folglich bewusste Fehlinformationen bald erkennen und könnte möglicherweise fristlos kündigen (§ 131 HGB) oder die Auflösung der Gesellschaft durch gerichtliche Entscheidung betreiben (§ 133 HGB).
- Er hat im Prinzip Geschäftsführungsbefugnis (§ 114 HGB) und somit Einfluss auf die künftigen Entscheidungen nach seinem Eintreten. Damit ist die Gefahr von Konflikten über die künftige Geschäftspolitik zwar nicht beseitigt; der neue Gesellschafter wird aber versuchen, seine Rechte zu wahren. Ein Grund für solche Konflikte ist z. B. die volle gesamtschuldnerische Haftung der Gesellschafter: Ein «armer» Gesellschafter, dessen Privatvermögen sehr klein ist, stimmt möglicherweise für eine riskante Politik. Ein «reicher» Gesellschafter, der von negativen Ausgängen («Verlusten») dieser Politik stark betroffen wäre, könnte eine risikoärmere Politik vorziehen.
- Der neue Gesellschafter hat ein Kündigungsrecht (§ 131 Abs. 2 Nr. 3, § 132, § 133 HGB) und sein Anspruch ist nicht wie der des stillen Gesellschafters auf den nominellen Wert seines Kapitalkontos beschränkbar, sondern auf den anteiligen Wert am **Gesamtwert** der Gesellschaft gerichtet. Das Kündigungsrecht ist deshalb u. U. ein wichtiges Druckmittel, um andere Gesellschafter von unfairem Verhalten abzuhalten.

Insgesamt ist somit die Position des neuen Gesellschafters stärker als die des stillen Gesellschafters. Er muss weniger befürchten, durch falsche Informationen und eine für ihn nachteilige Investitionspolitik übervorteilt zu werden. Ceteris paribus kann er deshalb für die gleiche Beteiligungsquote α einen höheren Preis bezahlen als der stille Gesellschafter. Das aber heißt, dass die Finanzierungskosten für die «alten» Gesellschafter niedriger sind, wenn sie einen gleichberechtigten «neuen» Gesellschafter und nicht einen minderberechtigten «stillen» Gesellschafter aufnehmen.

9.4.5 Kommanditgesellschaft

9.4.5.1 Rechtsvorschriften

Die Rechtsvorschriften finden sich in den §§ 161-177a HGB. Eine Gesellschaft, deren Zweck auf den Betrieb eines Handelsgewerbes unter gemeinschaftlicher Firma gerichtet ist, ist eine KG, wenn bei einem oder einigen der Gesellschafter die *Haftung* gegenüber den Gläubigern der Gesellschaft auf eine bestimmte Vermögenseinlage *beschränkt* ist (**Kommanditisten**), während bei den restlichen Gesellschaftern eine solche Haftungsbeschränkung nicht gegeben ist; sie sind **Komplementäre** (§ 161 HGB).

Die Kommanditisten sind von der Geschäftsführung ausgeschlossen (§ 164 HGB). Sie können Handlungen der Komplementäre nur dann widersprechen, wenn die Handlung über den gewöhnlichen Betrieb des Handelsgewerbes hinausgeht.

Jedoch stehen Kommanditisten Kontrollrechte zu (§ 166 HGB): Sie können eine Abschrift der jährlichen Bilanz verlangen und ihre Richtigkeit unter Einsicht von Papieren und Büchern der Gesellschaft prüfen. Die Kontrollrechte sind also schwach.

Der Kommanditist ist an Gewinn und Verlust beteiligt, haftet aber nur bis zur Höhe seiner Einlage (§ 171 Abs. 1 HGB). Von dem Gewinn hat der Kommanditist einen Anspruch auf 4 % seines Kapitalanteils. Der Rest ist den Umständen nach «angemessen» zu verteilen (§ 168 HGB i. V. mit § 121 Abs. 1 und 2 HGB). Hier sind das größere Risiko und der größere Arbeitseinsatz der Komplementäre zu berücksichtigen.

Der Kommanditist kann Ausschüttungen seines Gewinnanteils fordern, wenn sein Kapitalanteil die Kommanditeinlage erreicht. Ansonsten sind zunächst Verluste früherer Jahre auszugleichen.

Wer als Kommanditist in eine bestehende KG eintritt, haftet auch für die vor seinem Eintritt entstandenen Verbindlichkeiten der Gesellschaft (§ 173 HGB).

Die Kommanditistenhaftung erlischt 5 Jahre nach seinem Ausscheiden (§ 159 HGB).

9.4.5.2 Vorteile der Vertragskonstruktion

Die KG ist eine Abart der OHG. Sie ermöglicht es, dass Anleger (Investoren) mit unterschiedlichen Interessen sich an der gleichen Gesellschaft beteiligen. Die vollhaftenden Komplementäre werden i. d. R. gleiche Ziele wie Gesellschafter einer OHG haben: Sie setzen ihr ganzes Vermögen und ihre Arbeitskraft ein. Die Kommanditisten setzen nur ihre Einlage ein. Darüber hinausgehende Ansprüche der Gläubiger der Gesellschaft gegenüber Kommanditisten bestehen nicht. Kommanditisten haben i. d. R. somit kein «unternehmerisches» Interesse, sondern nur eine Beteiligungsabsicht. Ihr Ziel ist die gewinnbringende Geldanlage. Der Ausschluss der Kommanditisten von der Geschäftsführung ist insoweit folgerichtig.

Die Kommanditisten haben den Vorteil, ihre Haftung gegenüber Gläubigern der KG auf die Höhe ihrer Einlage zu beschränken. Der maximale Verlust hängt von der Höhe seiner Einlage ab. Diese Eigenschaft ermöglicht es den Vollhaftern (Komplementären), die Eigenfinanzierungsmöglichkeiten ihrer Gesellschaft zu verbessern: Sie können versuchen, eine Vielzahl von Kommanditisten mit relativ geringen Einlagen zu gewinnen («Publikums-KG»), ohne dass diese sich «unternehmerisch», d. h. in der Geschäftsführung engagieren. Sind die Einlagen der Kommanditisten relativ klein, sinkt in der Tendenz auch der Informationsbedarf eines Kommanditisten, den er vor seiner Entscheidung, sich zu beteiligen, benötigt: Wer sich mit 1.000 Euro an einer KG, die ein Containerschiff betreibt, beteiligt, wird nicht tagelang Bilanzen und GuV-Rechnungen vergangener Jahre analysieren und mehrere detaillierte Gewinnprognosen machen wollen. Die Kehrseite ist, dass Komplementäre diese Haltung von Kommanditisten ausnutzen könnten: Sie locken diese gelegentlich mit manipulierten Informationen und Prospekten an.

9.4.5.3 GmbH & Co. KG

In dieser Rechtsform tritt an die Stelle des sonst notwendigen Vollhafters (Komplementärs) in einer KG eine Gesellschaft mit beschränkter Haftung. Dadurch gelingt es, die unbeschränkte Haftung einer natürlichen Person (Komplementär) durch die beschränkte Haftung der juristischen Person «GmbH» abzulösen. Diese KG hat somit ausschließlich beschränkt haftende Teilhaber. Sie ist deshalb recht beliebt. Dies hängt einmal mit den Vorteilen der Haftungsbeschränkung zusammen, die im nächsten Abschnitt zu erläutern sind. Zum anderen besteht die oben beschriebene Möglichkeit, sehr viele Kommanditisten an einer KG zu beteiligen und somit relativ hohe Eigenkapitalbeträge aufzubringen. Dies wiederum erlaubt die Realisierung großer Projekte, ohne dass das Risiko für den einzelnen Beteiligten zu groß wird: Dafür sorgt die durch diese Konstruktion herbeigeführte vollständige Haftungsbeschränkung.

Diesen verbesserten Eigenfinanzierungsmöglichkeiten könnten tendenziell engere Möglichkeiten der Fremdfinanzierung gegenüberstehen: Haftungsbeschränkung der Eigentümer bedeutet immer höheres Risiko für die Fremdkapitalgeber.

9.4.6 Gesellschaft mit beschränkter Haftung (GmbH)

9.4.6.1 Haftungsbeschränkung und Folgen

Für die Verbindlichkeiten der GmbH haftet den Gläubigern der Gesellschaft nur das Gesellschaftsvermögen: § 13 Abs. 2 GmbHG bestimmt, dass nur das Vermögen der Gesellschaft, nicht das der Gesellschafter, haftet. Die Gesellschafter der GmbH haften damit nur mit den Geldbeträgen, die sie gemäß den von ihnen übernommenen **Stammeinlagen** (§ 5 GmbHG) in die GmbH einzuzahlen haben. Im Gegensatz zu Gesellschaftern einer OHG bzw. zu Komplementären einer KG haftet somit nicht das Unternehmensvermögen (UV) *und* das Privatvermögen (PV) der Gesellschafter bzw. Komplementäre, sondern ausschließlich das UV. Da der Haftungsumfang das Risiko der Gläubiger beeinflusst, sind in haftungsbeschränkten Unternehmen Zahlungen und andere Vermögenstransfers zwischen Unternehmensbereich und Privatbereich der Gesellschafter für die Gläubiger von besonderem Interesse.

Der Gesetzgeber geht von folgenden Überlegungen aus:

- Haftungsbeschränkung bedeutet höheres Risiko für Gläubiger.

- Der Schutz der Gläubiger kann nicht absolut sein. Nur «vernünftige» Schutzvorkehrungen sind zu treffen; Gläubiger sollen auch angehalten werden, sich selbst zu schützen.
- Gläubiger sind i. d. S. bevorrechtigt, indem sowohl bei fortzuführenden als auch bei zu liquidierenden Unternehmen ihre Zahlungsansprüche *vor* denen der Eigentümer rangieren (**Rangordnung der Verlustträger**).
- Bei Rechtsformen ohne begrenzte Haftung der Eigentümer ist eine präzise Trennung zwischen Vermögen des Unternehmens (UV) und Vermögen der Gesellschafter (PV) im Interesse der Gläubiger nicht notwendig. Haftet indessen nur das UV, bedeutet jede Ausschüttung (= Gewinnentnahme) und jede Kapitalrückzahlung an die Gesellschafter eine Kürzung der Haftungsmasse. Zahlungen bzw. Vermögenstransfers zwischen UV und PV sind daher im Gläubigerinteresse nicht mehr belanglos.
- Welche Mindesteinzahlungen Gesellschafter an eine GmbH leisten müssen und welche Zahlungen sie entnehmen dürfen, ist daher gesetzlich geregelt.

In welchem Sinn haften Eigenmittel für die Ansprüche der Gläubiger?

[1] Im *Fortführungsfall* werden die Ansprüche der Gläubiger erfüllt, wenn die Fremdmittel so bemessen sind, dass die Gläubigeransprüche (Zinsen und Tilgungen) aus den künftigen Nettoeinzahlungen des Unternehmens gedeckt werden können. Relevant ist die *zukünftige Liquidität*. Da zukünftige Liquidität durch Handelsbilanzen nur bedingt gemessen werden kann – wie in Kapitel 3 gezeigt wurde –, ist es schwierig, die Höhe des Eigenkapitals zu bestimmen, das die Gläubiger im Fortführungsfall vor Verlusten (= Zahlungsausfällen) schützt.

[2] Der Gesetzgeber versucht dies denn auch gar nicht. Er schreibt bei Gesellschaften mit beschränkter Haftung vielmehr lediglich vor, welches bilanzielle Eigenkapital mindestens vorhanden sein muss, bevor eine GmbH ihre Geschäfte aufnehmen und das Privileg der beschränkten Haftung in Anspruch nehmen kann und welche Beträge die Eigentümer pro Periode maximal entnehmen (ausschütten) können. Der Gesetzgeber überlässt es den Gläubigern, wie viel Fremdmittel diese der Gesellschaft bei gegebenem Eigenkapital zur Verfügung stellen wollen.

[3] Im *Zerschlagungsfall* werden Gläubigeransprüche erfüllt, wenn die Liquidationserlöse der Vermögensgegenstände der GmbH die Schulden decken. Hier ist also die *güterwirtschaftliche Liquidität* der Vermögensgegenstände und Rechte relevant. Auch hier gehen die Ansprüche der Gläubiger denen der Eigentümer immer vor. Das schließt nicht aus, dass Gläubiger im Fall der Insolvenz des Schuldners herbe Verluste realisieren.

9.4.6.2 Rechtsvorschriften

Die GmbH hat selbstständig ihre Rechte und Pflichten (§ 13 GmbHG). Sie ist juristische Person. Das Mindest-Stammkapital beträgt 25.000 Euro (§ 5 Abs. 1 GmbHG). Wegen der beschränkten Haftung der Gesellschaft, deren Bedeutung oben beschrieben wurde, hat der Grundsatz der Sicherung der Kapitalaufbringung und Kapitalerhaltung im Interesse der Gläubiger Bedeutung. Werden Sacheinlagen anstelle von Geldeinlagen geleistet, so haben die Gesellschafter in einem Sachgründungsbericht die Angemessenheit der Leistungen darzulegen (§ 5 Abs. 4 GmbHG). § 19 Abs. 2 verbietet in Satz 1 den Erlass oder die Aufrechnung der von den Gesellschaftern zu leistenden Stammeinlagen. Durch Bilanzierungsvorschriften (§§ 41, 42, 42a GmbHG und §§ 264-289 HGB;

§§ 1-5 PublG) wird verhindert, dass das zur Erhaltung des Stammkapitals erforderliche Vermögen der Gesellschaft an die Gesellschafter verteilt wird: In Höhe des satzungsmäßig bestimmten Stammkapitals ist auf der Passivseite eine ausschüttungssperrende Position «Stammkapital» aufzunehmen (**Ausschüttungssperre**). § 30 GmbHG bestimmt, dass das zur Erhaltung des Stammkapitals erforderliche Vermögen der Gesellschaft an die Gesellschafter nicht ausgezahlt werden darf. Zahlungen, welche entgegen § 30 GmbHG geleistet sind, müssen der Gesellschaft erstattet werden. Der Gewinn wird nach dem Verhältnis der Geschäftsanteile auf die Gesellschafter verteilt.

Die Geschäftsführung der GmbH erfolgt durch einen oder mehrere Geschäftsführer, die Gesellschafter sein können (§ 6 Abs. 3, § 35, § 37 GmbHG). Organ der Eigentümer der Gesellschaft ist die Gesellschafterversammlung (§§ 48-51b GmbHG). Soweit der Gesellschaftsvertrag ihn vorsieht, ist der Aufsichtsrat das dritte Organ der GmbH (§ 52 GmbHG).[90]

Eine **Nachschusspflicht** der Gesellschafter kann im Gesellschaftsvertrag vorgesehen werden. Diese Nachschusspflicht muss in der ursprünglichen Satzung vereinbart sein. Eine spätere Einführung der Nachschusspflicht setzt die Zustimmung aller betroffenen Gesellschafter voraus (§ 53 Abs. 3 GmbHG). Die Nachschusspflicht kann beschränkt sein (§ 28 GmbHG). Der Gesellschafter haftet für eingeforderte Nachschüsse ebenso wie für rückständige Einlagen: Nach § 21 GmbHG kann der säumige Gesellschafter seinen Geschäftsanteil zugunsten der Gesellschaft verlieren (**Kaduzierung**).

Ist die Nachschusspflicht unbeschränkt, ist die Haftung des Gesellschafters im Ergebnis durch das **Abandonrecht** gemildert. Das Gesetz gesteht in § 27 GmbHG das Recht zu, den Geschäftsanteil im Fall subjektiv zu hoher Anforderungen zur Nachschussleistung zur Verfügung zu stellen. Bedingung ist, dass die Stammeinlage vollständig eingezahlt ist. Die Gesellschaft hat den Geschäftsanteil im Wege öffentlicher Versteigerung zu verkaufen.

Der Geschäftsanteil an einer GmbH ist nicht verbrieft. Die Übertragung von Geschäftsanteilen bedarf vielmehr der notariellen Beurkundung. Die Fungibilität (Marktgängigkeit) von GmbH-Anteilen ist somit bedeutend geringer als die der Aktie, für die eine Nachschusspflicht nicht besteht und die in aller Regel formlos übertragen werden kann.

9.4.7 Aktiengesellschaft (AG)

9.4.7.1 Kompetenzverteilung unter den Organen der AG

Die AG ist eine Gesellschaft mit eigener Rechtspersönlichkeit (juristische Person). Für die Verbindlichkeiten der Gesellschaft haftet den Gläubigern nur das Gesellschaftsvermögen (§ 1 Abs. 1 AktG). Die AG hat ein in Aktien zerlegtes Grundkapital. Der Mindestnennbetrag des Grundkapitals ist 50.000 Euro (§ 7 AktG). Die Aktien können Nennbetragsaktien oder Stückaktien sein (§ 8 Abs. 1 AktG). **Nennbetragsaktien** müssen auf mindestens 1 Euro lauten. Stückaktien haben keinen Nennbetrag: **Stückaktien** einer Gesellschaft sind am Grundkapital in gleichem Umfang beteiligt. Der auf die Stückaktie entfallende anteilige Betrag des Grundkapitals darf 1 Euro nicht unterschreiten.

---

[90] Übersteigt die Belegschaft bestimmte Mindestgrößen, ist nach Drittelbeteiligungsgesetz (> 500 Mitarbeiter) bzw. Mitbestimmungsgesetz (> 2.000 Mitarbeiter) ein Aufsichtsrat zwingend, der zu einem Drittel bzw. zur Hälfte mit Arbeitnehmern zu besetzen ist.

Vorstand	Aufsichtsrat	Hauptversammlung
• Der Vorstand leitet die Gesellschaft unter eigener Verantwortung (§ 76 AktG). • Er vertritt die Gesellschaft gerichtlich und außergerichtlich (§ 78 AktG). • Die Vertretungsbefugnis des Vorstands kann nicht eingeschränkt werden (§ 82 Abs. 1 AktG). • Vorstandsmitglieder werden vom Aufsichtsrat auf höchstens 5 Jahre bestellt (§ 84 Abs. 1 AktG). Eine wiederholte Bestellung ist zulässig. • Der Vorstand muss an den Aufsichtsrat berichten über (§ 90 AktG) – geplante Geschäftspolitik; – Rentabilität der Gesellschaft; – Umsatz und Lage der Gesellschaft (mindestens vierteljährlich); – Geschäfte von erheblicher Bedeutung (vor Vornahme der Geschäfte); – aus sonstigen wichtigen Anlässen • Der Vorstand hat besondere Pflichten bei Verlusten, die die Hälfte des Grundkapitals übersteigen, bei Überschuldung und Zahlungsunfähigkeit (§ 92 AktG). • Vorstandsmitglieder haben die Sorgfalt eines ordentlichen und gewissenhaften Geschäftsleiters anzuwenden (§ 93 Abs. 1 AktG). • Bei Pflichtverletzung sind sie als Gesamtschuldner der Gesellschaft zum Ersatz des Schadens verpflichtet (§ 93 Abs. 2 AktG).	• Der Aufsichtsrat setzt sich i. d. R. zusammen aus Vertretern der Anteilseigner und der Arbeitnehmer. • Er besteht aus mindestens 3 und maximal 21 Mitgliedern (§ 95 AktG). • Die Vertreter der Anteilseigner werden von der Hauptversammlung für vier Jahre gewählt (§ 102 AktG). • Die Funktionen des Aufsichtsrates bestehen in der Bestellung des Vorstands, dessen Kontrolle und ggf. dessen Abberufung (§ 111 AktG). • Maßnahmen der Geschäftsführung kann der Aufsichtsrat nicht übernehmen. Satzung oder Aufsichtsrat können festlegen, dass bestimmte Geschäfte nur mit seiner Zustimmung vorgenommen werden dürfen (§ 111 Abs. 4 AktG). • Verweigert der Aufsichtsrat die Zustimmung, kann der Vorstand die Sache der Hauptversammlung zur Entscheidung vorlegen, die nur mit qualifizierter Mehrheit zustimmen kann (§ 111 Abs. 4 AktG). • Für Aufsichtsratsmitglieder gilt die Sorgfaltspflicht nach § 93 AktG. • Der Aufsichtsrat wählt einen Vorsitzenden und mindestens einen Stellvertreter (§ 107 Abs. 1 AktG). Gemäß seinem Selbstorganisationsrecht kann er Ausschüsse bestellen, die Verhandlungen vorbereiten und die Ausführung von Beschlüssen überwachen (§ 107 Abs. 3 AktG). • Die Zahl der Mitgliedschaften in den Aufsichtsräten für eine Person ist auf 10 limitiert, wobei bis zu 5 Aufsichtsratsmandate in Konzerngesellschaften nicht anzurechnen sind (§ 100 AktG).	• Die Hauptversammlung beschließt nur in den von Gesetz und Satzung bestimmten Fällen und auf Verlangen des Vorstands (§ 111 Abs. 4 AktG). • Sie bestimmt insbesondere über (§ 119 Abs. 1 AktG): – die Bestellung der Mitglieder des Aufsichtsrates, soweit sie Vertreter der Aktionäre sind; – die Verwendung des Bilanzgewinns; – die Entlastung von Mitgliedern des Vorstands und des Aufsichtsrates; – die Bestellung des Abschlussprüfers; – Satzungsänderungen; – Maßnahmen der Kapitalbeschaffung und Kapitalherabsetzung; – Bestellung von Prüfern zur Prüfung von Gründungsvorgängen oder der Geschäftsführung; – die Auflösung der Gesellschaft. • Das Stimmrecht wird nach Aktiennennbeträgen, bei Stückaktien nach deren Zahl ausgeübt (§ 134 AktG). • Beschlüsse der Hauptversammlung werden mit einfacher Stimmenmehrheit gefasst (§ 133 AktG). • Gesetz oder Satzung können größere Mehrheiten oder weitere Erfordernisse festlegen (§ 133 AktG).

Tabelle 9.2: Kompetenzverteilung in der Aktiengesellschaft

Drei Eigenschaften stehen bei der AG im Vordergrund:

[1] die Idee, über eine Vielzahl Anlegern (Aktionären), deren Haftung auf ihre Einlage beschränkt ist (keine Nachschüsse), große Beträge an Eigenkapital aufzubringen;

[2] über die Einrichtung von Wertpapiermärkten (Börsen) und die formlose Übertragung von Aktien den jederzeitigen Kauf bzw. Verkauf von Aktien durch Anleger zu ermöglichen, um so individuell bestimmte Halteperioden mit dem langfristigen Eigenmittelbedarf der AG zu vereinbaren (**Fristentransformation**);

[3] die Trennung zwischen Eigentum und Verfügungsmacht (Geschäftsführung). Eigentümer sind die Aktionäre; geleitet wird die AG i. d. R. von einem eigens dazu bestellten Vorstand (§§ 76 - 94 AktG), also von professionellen Managern, die (Mit)Eigentümer sein könnten, es aber i. d. R. in nennenswertem Umfang nicht sind.

Organe der AG sind:

- Vorstand (§§ 76 - 94 AktG),
- Aufsichtsrat (§§ 95 - 116 AktG),
- Hauptversammlung (§§ 118 - 138 AktG).

Umstritten ist, ob der Jahresabschlussprüfer (§§ 316 - 324 HGB) als Organ der AG angesehen werden kann.

Die Kompetenzverteilung unter den Organen der AG ist reich an Details. Tabelle 9.2 stellt die zentralen Regelungen zusammen.

9.4.7.2 Gläubigerschutz und Finanzierung

Aus der auf das Vermögen der Gesellschaft beschränkten Haftung folgt eine Mehrgefährdung der Gläubiger. Der Gesetzgeber sieht daher einige Schutzvorkehrungen vor:

[1] Die Höhe des Mindesteigenkapitals ist vorgeschrieben: § 7 AktG bestimmt 50.000 Euro als Mindestgrundkapital. Ausstehende Einlagen auf das gezeichnete Kapital sind auf der Aktivseite vor dem Anlagevermögen gesondert auszuweisen.

[2] Es ist aus dem Jahresüberschuss eine «gesetzliche Rücklage» zu bilden (§ 150 AktG). Es liegt eine durch Gesetz erzwungene Selbstfinanzierung vor.

[3] Einlagen dürfen den Aktionären nicht zurückgewährt werden (§ 57 Abs. 1 AktG).

[4] Aktionäre haben nur Anspruch auf den Bilanzgewinn, soweit eine Verteilung gemäß § 58 Abs. 4 AktG nicht ausgeschlossen ist.

[5] Zahlungen an die Aktionäre dürfen bei Kapitalherabsetzungen nur geleistet werden, wenn bestimmte Vorschriften zum Schutz der Gläubiger eingehalten werden (§§ 222 ff. AktG).

[6] Ergibt sich ein Verlust in Höhe von 50 % des Grundkapitals, hat der Vorstand unverzüglich die Hauptversammlung einzuberufen (§ 92 Abs. 1 AktG). Es besteht somit Warnpflicht.

[7] Deckt das Vermögen nicht mehr die Schulden oder ist die AG zahlungsunfähig, hat der Vorstand die Eröffnung des Insolvenzverfahrens unverzüglich zu beantragen (§ 92 Abs. 2 AktG; § 15 a InsO). Zweck ist, die Gläubiger vor weiteren Verlusten zu schützen.

Diese Vorschriften sind präziser als die, die wir im GmbH-Gesetz antreffen.

9.4.7.3 Finanzierungsvor- bzw. -nachteile

Die Finanzierungsvor- und -nachteile der AG sind eng mit den oben genannten drei Eigenschaften verbunden.

Die erste wichtige Eigenschaft ist die Haftungsbeschränkung der Gesellschafter auf ihre Einlage. Der maximale Verlust ist begrenzt. Da der Mindesteinsatz der Preis für eine Aktie ist, kann sich ein Anleger an vielen Aktiengesellschaften beteiligen. Er kann diversifizieren und damit sein Risiko senken. Haftungsbeschränkung *und* **Diversifikation** senken das Anlegerrisiko. Wer weniger Risiko trägt, muss sich weniger intensiv informieren. In diesem Sinne braucht ein Anleger, der diversifiziert, also Aktien mehrerer Gesellschaften hält, möglicherweise *weniger* Informationen als z. B. ein stiller Gesellschafter, der sich mit dem gleichen Geldeinsatz an *einem* Einzelunternehmen beteiligt. Und ein Aktionär, der einen bestimmten Geldbetrag in Aktien *einer* AG investiert, benötigt wegen seiner beschränkten Haftung möglicherweise weniger Information als ein Anleger, der sich mit dem gleichen Geldeinsatz als Gesellschafter einer OHG einkaufen will und dort unbeschränkt haftet. Haftungsbeschränkung der Anleger *und* ihre Diversifikationsmöglichkeiten erleichtern es der AG, Eigenmittel einzuwerben.

Die folgende Abbildung 9.4 gibt mit 174 Jahren einen sehr langfristigen Einblick in die Entwicklung eines diversifizierten Marktportfolios (Composite DAX) deutscher Aktien im Zeitraum 1840-2013. Betrachtet werden im Einzelnen nominaler Kurs-, Rendite- und Volatilitätsverlauf (p. a.).

Grafik A: Index (im Jahr 1987 auf 100 normiert)

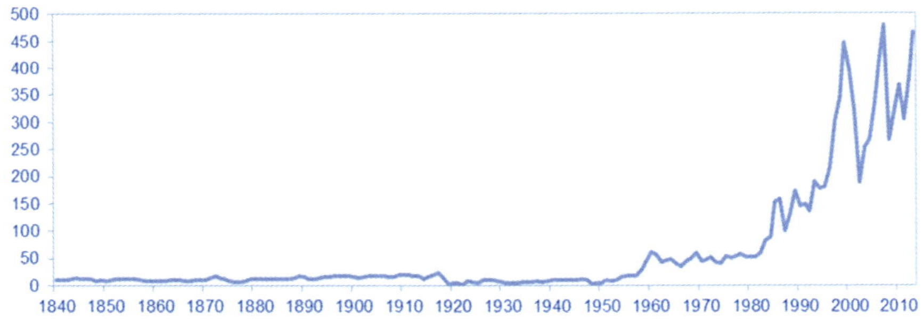

Grafik B: Rendite (p. a.), Darstellung der Ordinate auf 160 % begrenzt

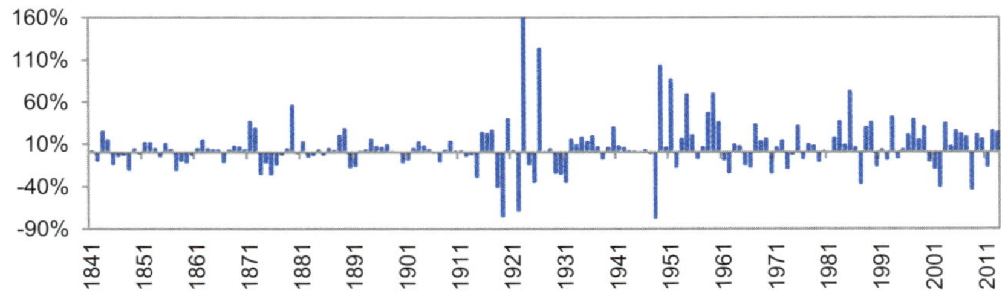

Grafik C: Volatilität (p. a.)

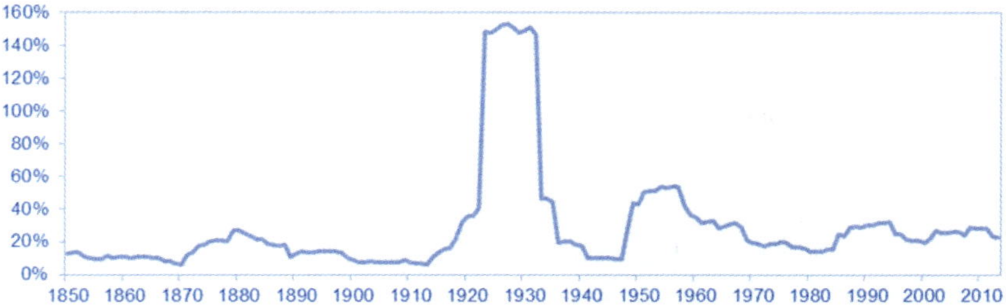

Abbildung 9.4: Wertgewichteter CDAX-Kursindex (p. a.) deutscher Aktien im Zeitraum 1840-2013 (Grafik A), CDAX-Rendite (Grafik B) und im Zehnjahresrhythmus rollierend geschätzte Volatilität (Grafik C) (Quelle: Deutsche Bundesbank)

Im Zeitraum 1840-2013 beträgt der arithmetische (geometrische) Mittelwert der Rendite p. a. 7,19 % (2,17 %). Trotz einer sehr guten Diversifikation lässt sich ein deutliches Auf und Ab erkennen mit Phasen signifikant erhöhter Volatilität. Die Volatilität am deutschen Kapitalmarkt ist im gesamten Zeitraum 1840-2013 mit geschätzten 41,96 % p. a. sehr hoch. Der Einfluss der beiden Weltkriege ist unübersehbar. Abgesehen von diesem Zeitraum (1914-1945) ist die Volatilität aber mit derjenigen internationaler Kapitalmärkte vergleichbar.

Auch die zweite Eigenschaft, die fast tägliche Veräußerbarkeit von Aktien, ist von Bedeutung: Diese Eigenschaft von Aktien senkt Informationsbedarf und Informationskosten der Anleger. Wer weiß, dass er sich jederzeit beim Auftauchen ungünstiger Nachrichten zum Marktpreis von seiner Anlage trennen kann, wird sich vor der Anlage weniger intensiv informieren als jemand, der sich wegen der sehr schwierigen Veräußerung von z. B. OHG-Anteilen auf Jahre engagiert.

Die dritte Eigenschaft ist die Trennung von Geschäftsführung und Eigentum. Ein von den Eigentümern getrennter Vorstand leitet die AG «unter eigener Verantwortung» (§ 76 Abs. 1 AktG). Bei einer sehr großen Zahl von Eigentümern ist eine verselbstständigte Geschäftsführung fast eine Notwendigkeit. Die Koordinationskosten einer Leitung der AG durch die Eigentümer wären deutlich zu hoch. Nur ganz wichtige Entscheidungen setzen deshalb eine Zustimmung der Hauptversammlung voraus (§ 119 AktG).

Den genannten Vorteilen stehen Nachteile gegenüber:

[1] Der Aktienmarkt funktioniert möglicherweise mit weniger Informationen als ein Handel mit GmbH- oder gar OHG-Beteiligungen funktionieren würde. Aber ohne Information geht nichts. Also müssen den Aktionären Informationen, deren Wahrheitsgehalt geprüft ist, zur Verfügung gestellt werden, die sie in die Lage versetzen, Prognosen zu bilden. Prüfungen und Publizität sind teuer.

[2] Die Haftungsbeschränkung der AG (und der Gesellschafter) macht Kreditverträge möglicherweise riskanter. Fremdfinanzierung könnte damit teurer werden.

[3] Die Trennung von Geschäftsführung und Eigentümern senkt nicht nur die Koordinationskosten zwischen den Eigentümern, sondern lässt neue Kosten entstehen. Diese Kosten sind zurückzuführen auf das Verhältnis des Prinzipals, in diesem

Falle die Eigentümer, zu ihrem Agenten, dem mit der Geschäftsführung betrauten Vorstand. Die Trennung ist bei Aktiengesellschaften, deren Aktien börsennotiert und breit gestreut sind, besonders ausgeprägt. Auf diese sehr interessante und wichtige Diskussion kann in diesem einführenden Text nicht eingegangen werden. Wir verweisen den interessierten Leser auf das Literaturverzeichnis.

9.4.8 Kommanditgesellschaft auf Aktien (KGaA)

Die Kommanditgesellschaft auf Aktien ist eine in den §§ 278 - 290 AktG geregelte Mischform, die Elemente der Kommanditgesellschaft und der Aktiengesellschaft verbindet. Das Gesetz definiert sie als Gesellschaft mit eigener Rechtspersönlichkeit, bei der mindestens ein Gesellschafter den Gesellschaftsgläubigern unbeschränkt haftet und die übrigen an dem in Aktien zerlegten Grundkapital beteiligt sind, ohne für die Verbindlichkeiten der Gesellschaft persönlich zu haften (Kommanditaktionäre) (§ 278 Abs. 1 AktG). Es gibt somit zwei Arten von Gesellschaftern: persönlich haftende Gesellschafter oder **Komplementäre**, deren Stellung grundsätzlich den Komplementären einer KG entspricht. Sie haften mit ihrem Privatvermögen unbeschränkt für die Schulden der KGaA und sind anstelle des bei der KGaA fehlenden Vorstands (§ 278 Abs. 3 AktG) zur Geschäftsführung und Vertretung der Gesellschaft berufen. Die Stellung der **Kommanditaktionäre** entspricht der der Aktionäre in der AG; für sie gelten grundsätzlich die Bestimmungen des Aktienrechts.

Die Verfassung der KGaA weicht jedoch in wichtigen Punkten von der der AG ab. Die persönlich haftenden Gesellschafter übernehmen die Funktion des Vorstands. Sie werden nicht vom Aufsichtsrat bestellt. Der Aufsichtsrat ist Vertreter der Kommanditaktionäre (§ 278 Abs. 1 AktG); er ist als reines Kontrollorgan konzipiert.

Organ der Kommanditaktionäre ist die Hauptversammlung. Dort haben die persönlich haftenden Gesellschafter nur insoweit Stimmrechte, als sie über Aktien verfügen. Auch dann ist ihr Stimmrecht ausgeschlossen, wenn über in § 285 Abs. 1 AktG aufgelistete Sachverhalte entschieden wird (z. B. Wahl und Abberufung des Aufsichtsrats, Wahl von Abschlussprüfern). Zugleich bedürfen HV-Beschlüsse der Zustimmung der vollhaftenden Gesellschafter, soweit sie Angelegenheiten betreffen, für die bei einer KG das Einverständnis der persönlich haftenden Gesellschafter und der Kommanditisten erforderlich ist (§ 285 Abs. 2 AktG).

Die zahlenmäßige Bedeutung der KGaA ist bescheiden. In der Bundesrepublik Deutschland existierten 2011 laut Umsatzsteuerstatistik 118 Kommanditgesellschaften auf Aktien.

9.4.9 Genossenschaft

9.4.9.1 Rechtsvorschriften und Organe

Gesellschaften mit

- nicht geschlossener Mitgliederzahl,
- deren Zweck die Förderung des Erwerbes oder der Wirtschaft ihrer Mitglieder mittels gemeinschaftlichen Geschäftsbetriebes ist,

sind Genossenschaften (§ 1 Abs. 1 GenG).

Die Zahl der Genossen muss mindestens 7 betragen (§ 4 GenG). Für die Verbindlichkeiten der Genossenschaft haftet den Gläubigern nur das Vermögen der Genossenschaft (§ 2 GenG).

Drei Organe sind zu unterscheiden: Vorstand, Aufsichtsrat und Generalversammlung. Die Generalversammlung ist oberstes Organ der Genossenschaften: sie wählt die Vertreter in den beiden anderen Organen und widerruft ihre Bestellung. Von Interesse ist die jeweilige Regelung der Nachschusspflicht. Sie findet sich in drei Abstufungen: Genossenschaft ohne Nachschusspflicht, mit beschränkter Nachschusspflicht und mit unbeschränkter Nachschusspflicht.

9.4.9.2 Finanzierungsaspekte

Die Genossenschaft ist unter Finanzierungsgesichtspunkten eine interessante Rechtsform. Das hängt mit dem variablen Mitgliederbestand und den drei möglichen Formen der Nachschusspflicht-Regelung zusammen. Einer Flucht von Genossen bei schlechter wirtschaftlicher Lage der Genossenschaft hat der Gesetzgeber an mehreren Stellen vorgebeugt:

- Kündigungen der Genossen finden nur zum Schluss eines Geschäftsjahres statt. Die Kündigung muss drei Monate vorher schriftlich erfolgen. Im Statut können längere, jedoch maximal fünfjährige Kündigungsfristen vorgesehen werden (§ 65 GenG).
- Die Auseinandersetzung mit dem kündigenden Genossen erfolgt auf Basis der Bilanz. Der Genosse hat Anspruch auf das sich aus der Bilanz ergebende Geschäftsguthaben. An offenen oder stillen Reserven, am Reservefonds oder am höheren Gesamtwert der Genossenschaft ist er nicht beteiligt (§ 73 GenG). Reicht das Vermögen der Genossenschaft nicht aus, um alle Schulden der Genossenschaft zu decken, muss der Ausscheidende an die Genossenschaft seinen Anteil an dem Fehlbetrag leisten, wenn er bei Insolvenz der Genossenschaft Nachschüsse zu leisten gehabt hätte (§ 73 Abs. 2 GenG).
- Wird die Genossenschaft binnen 6 Monaten nach dem Ausscheiden des Genossen aufgelöst, so gilt das Ausscheiden als nicht erfolgt (§ 75 GenG).
- Wenn feststeht, dass die Insolvenzgläubiger auch durch Einziehung der Nachschüsse von den Genossen keine volle Befriedigung erlangen, so sind die Nachschüsse auch von den innerhalb der letzten 18 Monate ausgeschiedenen Genossen zu leisten (§ 115b GenG).

Ist eine Nachschusspflicht vereinbart, gibt es für die Genossen im Gegensatz zu GmbH-Gesellschaftern kaum Möglichkeiten, sich ihr wirkungsvoll zu entziehen. Das Risiko der Gläubiger, Verluste zu erleiden, sinkt damit erheblich. Zugleich hat das Versprechen, Nachschüsse in bestimmter Höhe zu leisten, für die Genossen Vorteile. Die Mittel müssen erst im Insolvenzfall bzw. bei drohender Insolvenz an die Genossenschaft eingezahlt werden, entfalten aber ihre gläubigerschützende Wirkung sofort. Sie vergrößern damit den Verschuldungsspielraum der Genossenschaft.

9.4.10 Was folgt?

Überblickt man Abschnitt 9.4, sind die folgenden Aspekte hervorzuheben: **Haftungsbeschränkung** der Eigentümer ist eine wichtige die Finanzierung des Unternehmens beeinflussende Größe. Sie erleichtert den Eigentümern den Eintritt in eine Gesellschaft; sie setzt Fremdkapitalgeber einem potenziell höheren Ausfallrisiko aus. Rechtsformen, die einem Teil der Financiers Haftungsbeschränkung zugestehen (stille Gesellschaft, Kommanditisten in KG und GmbH und Co. KG, Genossenschaft ohne Nachschusspflicht), können als Versuch verstanden werden, Financiers die Entscheidung für die Teilnahme an der Gesellschaft zu erleichtern, ohne den Fremdkapitalgebern den Vorteil unbeschränkter Haftung ganz zu entziehen.

Ein weiterer Aspekt, der von Einfluss ist, sind Zeitaufwand, Kosten und Risiko des Ein- und Austritts aus Unternehmen. Diese hier als **„Eintritts- bzw. Austrittskosten"** bezeichneten Aufwendungen sind verbunden mit der Form der rechtsformspezifischen Haftung. Doch schließt Haftungsbeschränkung Nachhaftungsprobleme nicht generell aus, wie oben für ausscheidende Kommanditisten oder Genossen angedeutet wurde. Relativer reibungsfreier Ein- und Austritt in eine Gesellschaft erleichtert die Gewinnung von Eigenkapitalgebern und senkt die mit dem Abschluss von Finanzierungsverträgen anfallenden Kosten. Die eleganteste Lösung bietet unter den oben genannten Rechtsformen die AG, wenn ihre Anteile an einem Segment der Börse notiert sind.

Kostengünstige Eintritts- und Austrittsvorgänge einzelner Financiers verleihen einem dritten Aspekt besondere Relevanz: Die **Trennung zwischen den Eigenkapitalgebern und der Geschäftsführung**, dem Management. Diese Eigenschaft ist zwar auch anzutreffen bei der stillen Gesellschaft, der KG, insbesondere der sog. Publikums-KG, bei der GmbH und Co. KG, springt aber dort am deutlichsten hervor, wo die Eintritts- und Austrittsformalitäten am einfachsten zu erfüllen sind: bei der börsennotierten AG. Tabelle 9.2 zeigt anschaulich das Bemühen des Gesetzes, durch die Konstruktion von drei Organen der AG und Strukturierung deren Kompetenzen eine kostengünstige Lösung zu finden, ohne das Ziel der Eigenkapitalgeber, Einkommen zu erzielen, aus den Augen zu verlieren. Ob diese Lösung das Attribut „gelungen" verdient, wird seit Jahrzehnten diskutiert. Auf eine Auswahl wichtiger Beiträge der Literatur haben wir hingewiesen.

9.5 Nicht emissionsfähige Unternehmen und Eigenkapital

9.5.1 Vorbemerkung

Wir unterteilen in den folgenden Abschnitten die in der Realität anzutreffenden Rechtsformen in emissionsfähige und nicht emissionsfähige Unternehmen. Dies ist eine fast grobe Vereinfachung der Realität, weil wir damit nur die beiden Eckpunkte der Skala mit der Betitelung „Zunehmende Nutzung der Marktfähigkeit von Unternehmensanteilen" nutzen. Am einen Ende siedeln wir das Einzelunternehmen oder die OHG an, die neue Gesellschafter aufzunehmen bereit wären. Am anderen Ende der Skala positionieren wir die hinreichend große AG, die durch Ausgabe neuer Aktien neue Eigenkapitalgeber gewinnen kann. Die zahlreichen Zwischenformen der Eigenkapitalfinanzierung, die eine zumindest potenzielle Marktgängigkeit der Anteile nutzen – wie z. B. bei der Ausgabe von Genussscheinen durch mittelständische Unternehmen oder die „Publikums-KG", bei der erhebliche Volumina an Eigenkapital durch Kommanditisten aufgebracht werden, die ihre Beteiligungen an sog. Zweitmärkten handeln können oder Private Equity-Finanzierungen – werden später behandelt. Wir betrachten zunächst den ersten Eckpunkt: Beteiligungen am Einzelunternehmen oder der OHG, die zwar veräußerlich sind, aber keine Marktgängigkeit i. e. S. haben.

9.5.2 Aufnahme eines neuen Gesellschafters – Grundlagen

Bei der Aufnahme neuer Eigentümer (Gesellschafter) in ein bestehendes Unternehmen entstehen prinzipiell drei Probleme, die zu lösen sind:

[1] Wie ist der «Eintrittspreis» für den neuen Eigentümer (Gesellschafter) zu bestimmen?

[2] Wie ist der «Eintrittspreis» aufzuteilen auf den «Kapitalanteil» des Gesellschafters, nach dem sich ein Gewinnbeteiligungsanspruch richtet, und auf den nicht gewinnberechtigten Restbetrag, den man auch mit Aufgeld oder Agio bezeichnen kann?

[3] Welche Regelungen sind in den Gesellschaftsvertrag aufzunehmen (Geschäftsführung, Kontrollrechte, Gewinnermittlung und -verteilung, Kündigung, Abfindung beim Ausscheiden etc.)?

Nur die Problemkreise [1] und [2] werden hier besprochen.

Ein Einzelunternehmer plane wegen fortgeschrittenen Alters, einen gleichberechtigten Partner aufzunehmen. Damit entsteht eine OHG. Der Geschäftsumfang des Unternehmens soll nicht erweitert werden. Der Einzelunternehmer möchte lediglich seine Arbeitsbelastung halbieren. Die künftigen Nettoeinzahlungen werden auf 250 (in 1.000 €) für alle künftigen Perioden geschätzt. Der neue Teilhaber soll 50 % der Anteile und damit die Hälfte aller künftigen Nettoeinzahlungen erhalten.

Der bisherige Alleininhaber wird zunächst berechnen, welchen Preis er mindestens fordern muss, wenn er seine ökonomische Position nicht verschlechtern will. Wir lassen das verminderte Arbeitsleid des Alleineigentümers im Folgenden unbeachtet. Er wird seinen **Grenzpreis** GP_I bestimmen. Dazu muss er wissen, auf welche künftigen Nettoeinzahlungen er bei Aufnahme des Teilhabers verzichtet und wie hoch der Anlagezinssatz (i_I) ist, zu dem er Mittel alternativ bestens anlegen kann. Er verzichtet auf 125 pro Periode. Sein bester Anlagesatz sei $i_I = 0{,}08$. Sein Grenzpreis GP_I ist bei unendlicher Erstreckung der Zahlungsreihe

$$GP_I = \frac{125}{0{,}08} = 1.562{,}50$$

Angenommen, es gelingt dem Inhaber, den neuen Teilhaber zu überzeugen, dass die künftigen Überschüsse des Unternehmens für alle künftigen Perioden 250 pro Periode sein werden. Er überwindet also die Probleme der Informationsübermittlung, die im wirklichen Leben bestehen.

Dann hängt der Grenzpreis des Teilhabers (GP_T) lediglich noch von dessen bester Alternativanlage ab (i_T). Beträgt i_T z. B. 6 %, ergibt sich GP_T aus

$$GP_T = \frac{125}{0{,}06} = 2.083{,}33$$

Der Teilhaber wäre unter diesen Bedingungen bereit, maximal 2.083,33 für einen unbegrenzten Einkommensstrom von 125 pro Periode zu zahlen. Er ist bereit, mehr zu zahlen, als der Inhaber mindestens verlangen muss: $GP_T > GP_I$. Folglich gibt es einen Verhandlungsbereich, der durch die jeweiligen Grenzpreise abgesteckt ist. Der Eintrittspreis für den Teilhaber liegt in diesem Verhandlungsbereich; seine Bestimmung hängt vom Verhandlungsgeschick der beiden Parteien ab.

Angenommen, der Einigungspreis sei 1.800. Für den bisherigen Alleininhaber bedeutet dies, dass er seine finanzielle Position verbessert hat: Er erzielt 125 aus dem Unternehmen und $1800 \cdot 0{,}08 = 144$ aus einer privaten Finanzinvestition, zusammen also 269 und somit 19 mehr, als er aus dem Unternehmen als Alleininhaber erzielte.

Auch für den Teilhaber lohnt sich der Eintritt in das Unternehmen zum Preis von 1.800. Da sein Alternativertragssatz «nur» $i_T = 0{,}06$ ist, müsste er, um einen Einkommensstrom von 125 zu erzielen, 2.083,33 anlegen. Beteiligt er sich, erzielt er die gleiche Zahlungsreihe für einen Preis von 1.800. Er kann die Differenz jetzt alternativ anlegen und erzielt ein Zusatzeinkommen von $(2.083{,}33 - 1.800) \cdot 0{,}06 = 17$, insgesamt also 142 pro Periode.

Nun plane der Alleininhaber, das Unternehmen nach Aufnahme eines Teilhabers zu erweitern. Vor Erweiterung betragen die künftigen Nettoeinzahlungen 250 pro Periode. Nach Erweiterung sollen sie 430 pro Periode betragen. Der zusätzliche Kapitalbedarf für die Unternehmenserweiterung beträgt 1.500.

Der Mindest-Eintrittspreis, den der bisherige Inhaber verlangen muss, hängt von seiner *Zielsetzung* ab.

[1] Angenommen, der bisherige Eigentümer will seine bisherige Einkommensposition (250) halten, hat aber kein Eigenkapital, um die Erweiterungsinvestition zu finanzieren. Er könnte folglich bereit sein, dem Teilhaber die zusätzlichen Erfolge von 180 abzutreten gegen eine Leistung von 1.500. Der Teilhaber erzielt dann eine Rendite von $180/1.500 = 0{,}12 = 12\ \%$ und somit viel mehr, als er alternativ ($i_T = 0{,}06$) erzielen könnte. Der Grund ist die «bescheidene» Zielsetzung des bisherigen Eigentümers, die in der Realität kaum anzutreffen sein wird. Die Beteiligungsquoten zwischen dem bisherigen Inhaber (I) und dem Teilhaber (T) sind für I $250/430 = 0{,}5814$ und für T $180/430 = 0{,}4186$.

[2] Angenommen, der bisherige Eigentümer I wäre zu einer Teilung der Gewinne nach Erweiterung bereit. T muss 1.500 einbringen und erhält 215 pro Periode. Seine Rendite beträgt $215/1.500 = 0{,}1433$ und ist somit noch höher als gemäß der ersten Zielsetzung von I. Dessen Einkommensposition verschlechtert sich von 250 auf 215. Dieses Ergebnis muss begründbar sein. Denkbar wäre das Verhalten von I z. B., wenn die Erweiterung des Unternehmens technisch oder ökonomisch zwingend ist, weil sonst die Überlebenswahrscheinlichkeit des Unternehmens sinkt und alternative Finanzierungsmöglichkeiten nicht bestehen. Möglich ist auch, dass I eine geringere Arbeitsbelastung wünscht und dafür ein geringeres Einkommen in Kauf nimmt. Denkbar ist schließlich, dass I die möglichen Konsequenzen aus seiner unbeschränkten Haftung mildern will: Mit der Aufnahme von T bestehen zwei Vollhafter. Auch eine geminderte Haftungsbelastung kann einen Einkommensverzicht aufwiegen.

[3] Angenommen, I bietet T eine 50 %ige Beteiligung an und verlangt als Eintrittspreis seinen Grenzpreis (GP_I). I gibt dann einen Einkommensstrom von $430/2 = 215$ ab, der bei $i_I = 0{,}08$ 2.687,50 für I wert ist. I verlangt von T einen Eintrittspreis von 2.687,50.

T, dessen alternativer Anlagesatz i_T = 0,06 ist, errechnet einen Grenzpreis von 3.583,33 für diese Beteiligung und ist somit mit einem Preis von 2.687,50 einverstanden.

Nach Erweiterung und Aufnahme von T erzielt I ein Einkommen von 215 pro Periode aus dem Unternehmen und zusätzlich (2.687,50 – 1.500) · 0,08 = 95 aus einer privaten Finanzinvestition. Sein Gesamteinkommen ist nun 310 nach Erweiterung im Vergleich zu 250 vor Erweiterung.

T erzielt 215 aus dem Unternehmen und (3.583,33 – 2.687,50) · 0,06 = 53,75 aus einer privaten Finanzinvestition. Auch seine Position hat sich verbessert, weil die Rendite, die er aus der Unternehmensbeteiligung bezieht – 215/2.687,50 = 0,08 – seine Alternativrendite i_T = 0,06 übersteigt.

Jetzt ist der zweite Problemkreis anzusprechen. Das Problem der Verteilung des von T eingebrachten Eintrittspreises stellt sich, weil sich die Gewinnverteilung nach den Kapitalanteilen der Gesellschafter richtet. Dies entspricht der gesetzlichen Bestimmung des § 121 HGB und den i. d. R. anzutreffenden Vereinbarungen in Gesellschaftsverträgen. Beim Eintritt eines neuen Teilhabers sind die Kapitalkonten in ein Verhältnis zu bringen, das dem gewollten Beteiligungsverhältnis am Gewinn bzw. an den Nettoeinzahlungen entspricht.

Angenommen, die Bilanz des Unternehmens vor Erweiterung und vor Aufnahme von T habe folgendes Aussehen:

AV	1.300	Eigenkapital	1.000
UV	1.200	Verbindlichkeiten	1.700
Kasse	200		
	2.700		2.700

Tabelle 9.3: Bilanz vor Aufnahme von T

Bei der ersten Zielannahme wollte I seine bisherige Einkommensposition halten. T hätte 1.500 einzubringen. T ist mit 180 : 430 = 0,4186, also mit 41,86 % beteiligt. Sein Eigenkapitalkonto muss sich bei gegebenem Eigenkapitalkonto des I (1.000) zu dem von I wie 41,86 : 58,14 verhalten und

somit $1000 \cdot \frac{41{,}86}{58{,}14} = 720$ betragen. Die Nettoeinzahlungen von 430 sind dann im Verhältnis der Kapitalkonten 1.000 : 720 aufzuteilen.

Nach Eintritt des T sieht die Bilanz so aus:

AV	1.300	Eigenkapital I	1.000
UV	1.200	Eigenkapital T	720
Kasse	1.700	Rücklagen	780
		Verbindlichkeiten	1.700
	4.200		4.200

Tabelle 9.4: Bilanz nach Aufnahme von T

Die Rücklagen nehmen den Teil der Einzahlung von T auf, der nicht gewinnberechtigt ist.

Bevorzugt I eine Teilung der Erfolge (430), ist T eine Beteiligung von 50 % anzubieten. Das Eigenkapitalkonto von T muss daher 1.000 betragen. Der Rücklage werden folglich 500 zugeführt.

Gemäß der dritten Annahme verlangt I als Eintrittspreis von T den von ihm (I) errechneten Grenzpreis. Wir unterstellen, dass I den höheren Grenzpreis von T nicht kennt; er könnte sonst den Eintrittspreis noch höher schrauben und damit sein Einkommen weiter steigern.

T zahlt für die 50 %ige Beteiligung dann 2.687,50. Davon werden nur 1.500 für die Unternehmenserweiterung benötigt. 1.187,50 werden von I *außerhalb* des Unternehmens angelegt: Die Zinserträge (= Nettoeinzahlungen) aus dieser Anlage dürfen nicht als Unternehmenserfolge erfasst werden, da T sonst an ihnen zu 50 % beteiligt wäre.

Die Bilanz nach Aufnahme von T sieht so aus:

AV	1.300	Eigenkapital I	1.000
UV	1.200	Eigenkapital T	1.000
Kasse	1.700	Rücklagen	500
		Verbindlichkeiten	1.700
	4.200		4.200

Tabelle 9.5: Bilanz nach Aufnahme von T, wenn Eintrittspreis 2.687,50 ist

Bilanzsumme und der gesamte nominale Bestand an Eigenkapital sind unverändert. Lediglich die gewinnberechtigten Eigenkapitalbestände haben sich verändert.

9.6 Emissionsfähige Unternehmen und Eigenkapital – das Beispiel der AG

9.6.1 Stammaktie und Mitgliedschaftsrechte des Aktionärs

Wie oben in Abschnitt 4.7 ausgeführt ist die AG eine Gesellschaft mit eigener Rechtspersönlichkeit, die ihren Gläubigern nur mit ihrem Gesellschaftsvermögen haftet. Sie hat ein «in Aktien zerlegtes Grundkapital» (§ 1 Abs. 2 AktG). Der Begriff Aktie hat mehrere Bedeutungen:

- Sie ist ein Bruchteil des Grundkapitals (gezeichneten Kapitals) und muss auf eine feste Summe lauten (Nennbetragsaktie) oder Stückaktie sein.
- Der Begriff «Aktie» bezeichnet zugleich die Mitgliedschaft in der AG, die aus Rechten und Pflichten des Aktionärs besteht.
- Schließlich bezeichnet «Aktie» auch die Aktienurkunde. Zur Erleichterung der Übertragung der Mitgliedschaft ist diese in Urkunden verbrieft. Wenn die Satzung nichts anderes bestimmt, werden die Aktien als Inhaberaktien ausgestellt (§ 10 Abs. 1 AktG). Sie können dann durch Einigung und Übergabe übertragen werden.

Die Satzung kann bestimmen, dass Aktien als **Namensaktien** ausgegeben werden (§ 10 Abs. 1 AktG). Sie werden durch Indossament übertragen (§ 68 Abs. 1 AktG) und der AG ist die Übertragung mitzuteilen, die sie im Aktienbuch vermerkt (§ 67 Abs. 1 und § 68 Abs. 3 AktG). Die Eintragung im Aktienbuch ist wichtig: Die Ausübung der Aktionärsrechte hängt von der Eintragung im Aktienbuch ab (§ 67 Abs. 2 AktG).

Die Satzung kann zusätzlich bestimmen, dass die Übertragung der Aktie von der Zustimmung der AG abhängt (§ 68 Abs. 2 AktG). Dann liegen sog. **vinkulierte** Namensaktien vor. Von solchen Übertragungshindernissen sehen wir im Folgenden ab.

Die Stammaktie verkörpert Mitgliedschaftsrechte des Aktionärs:

(1) Recht auf Anteil am Bilanzgewinn;

(2) Recht auf Anteil am Liquidationserlös;

(3) Anspruch auf Rechenschaft und Information;

(4) Stimmrecht;

(5) Bezugsrecht.

Zu (1): Die Chance der Einkommenserzielung liegt für den Aktionär in der Aussicht auf mögliche Kursgewinne und in dem Anspruch, gemäß seiner Beteiligungsquote an den Ausschüttungen (Dividenden) der Gesellschaft beteiligt zu werden. Dieser Anspruch ist erstens ein *Residualanspruch,* d. h., der Aktionär kann seinen Anspruch auf Ausschüttung (Gewinnbeteiligung) erst dann geltend machen, wenn andere Kapitalgeber (Gläubiger, **Vorzugsaktionäre**) ihre Ansprüche befriedigt sehen. Der Anspruch ist zweitens auf den Bilanzgewinn beschränkt (§ 58 Abs. 4 AktG). Er ist somit abhängig davon, was nach den Vorschriften des HGB als Jahresüberschuss errechnet wird und welche Modifikationen dieser Jahresüberschuss durch die § 58 AktG entsprechenden Satzungsbestimmungen im konkreten Fall erfährt. § 58 Abs. 1 AktG bestimmt, dass maximal die Hälfte eines errechneten Jahresüberschusses einbehalten werden darf. Stellen Vorstand und Aufsichtsrat den Jahresabschluss fest, kann die Satzung zur Einbehaltung eines größeren Teils ermächtigen, solange die freien Rücklagen die Hälfte des Grundkapitals nicht übersteigen (§ 58 Abs. 2 AktG) und die Aktien des Unternehmens börsennotiert sind. Sind die Aktien nicht börsennotiert, kann die Satzung der Gesellschaft auch zur Einstellung eines kleineren Teils des Jahresüberschusses ermächtigen. Der Gesetzgeber gibt hier der eigentümergeleiteten «kleinen AG» größere Gestaltungsspielräume. Der Ausschüttungsanspruch des Aktionärs erweist sich somit als mehrfach gefilterter Anspruch. Er ist nicht nur abhängig von den tatsächlich eingetretenen Ergebnissen der abgelaufenen Periode – man könnte sie die «wahre» Gewinnlage der Gesellschaft nennen –, sondern auch davon, wie sich diese Ergebnisse in den Rechnungslegungskonventionen, in der Handhabung von Ansatz- und Bewertungswahlrechten durch die Bilanzierenden niederschlagen und welche Satzungsbestimmungen den ausschüttungsfähigen Betrag zusätzlich modifizieren. Im Vergleich dazu muten die Rechte der Aktionäre zur Verhinderung «zu kleiner» Ausschüttungen gering an: Sie können den Gewinnverwendungsbeschluss unter den Bedingungen gemäß § 254 Abs. 1 AktG anfechten. Aus diesem Grund wurde darüber nachgedacht, ob man die für die Aktiengesellschaft geltenden Kompetenzregelungen bezüglich der Gestaltung der Ausschüttung zugunsten der Aktionäre ändern sollte und wie eine Änderung im Detail aussehen könnte.[91]

[91] Vgl. z. B. Wagner (1988), S. 210; Pütz/Willgerodt (1985), S. 85–116.

Zu (2): Das Recht des Aktionärs auf eine seiner Quote entsprechende Beteiligung am Liquidationserlös des Unternehmens ergibt sich aus § 271 Abs. 1 AktG. Dieser Anspruch ist Residualanspruch: Stammaktionäre haben erst dann Anrechte, wenn die Ansprüche von Fremdmittelgebern immer und Ansprüche der Vorzugsaktionäre je nach Art der gewährten Vorzüge befriedigt sind. Diese Rangposition von Stammaktionären bedeutet i. d. R., dass sie im Falle der Zwangsliquidation des Unternehmens nicht mit Rückzahlungen (Liquidationsdividenden) rechnen können. Stammaktionäre gehen fast regelmäßig leer aus.

Zu (3) und (4): Es handelt sich hier insbesondere um das Recht der Aktionäre auf Teilnahme an der Hauptversammlung (§ 118 Abs. 1 AktG) und damit an den in der Hauptversammlung gefassten Beschlüssen (§ 119 AktG), um das Antragsrecht (§ 126 AktG), um das Auskunftsrecht über Angelegenheiten der Gesellschaft (§§ 131, 132 AktG), um das Recht auf Information über die Lage der Gesellschaft (§ 175 Abs. 2 AktG), um das **Stimmrecht** (§§ 133-137 AktG) und um Anfechtungsrechte (z. B. § 245 AktG). Die Mitwirkungsrechte der Hauptversammlung und damit des einzelnen Aktionärs sind begrenzt. Nach § 119 Abs. 1 AktG beschließt die Hauptversammlung namentlich über die Bestellung der Mitglieder des Aufsichtsrates, die Verwendung des Bilanzgewinns, die Entlastung des Vorstands und Aufsichtsrats, die Bestellung des Abschlussprüfers, Satzungsänderungen, Maßnahmen der Kapitalbeschaffung und -herabsetzung und die Auflösung der Gesellschaft. Über Maßnahmen der Geschäftsführung kann die Hauptversammlung nur entscheiden, wenn der Vorstand es verlangt (§ 119 Abs. 2 AktG).

Das Stimmrecht zählt zu den wichtigsten Mitgliedschaftsrechten eines Aktionärs. Beschränkungen des Stimmrechts lässt das AktG zu bei nichtbörsennotierten Gesellschaften (§ 134 Abs. 1 Satz 2 AktG).[92]

Zu (5): Benötigt eine AG Eigenkapital, kann sie versuchen, den Anlegern junge Aktien zu einem bestimmten Preis, dem Bezugskurs, anzubieten. Es liegt dann eine «Kapitalerhöhung gegen Einlagen» (§§ 182-191 AktG) vor. Über die formalen Voraussetzungen einer Kapitalerhöhung gegen Einlagen wird unten berichtet.

---

[92] Viele deutsche Aktiengesellschaften hatten in der Vergangenheit Stimmrechtsbeschränkungen eingeführt – die Zahlenangaben in Klammern geben den Höchststimmbetrag in % des Grundkapitals bzw. als Aktiennennbeträge an –: Asko (5 %); AVA ($^1/_{1000}$); BASF (nominal 80 Mio. DM); Bayer (5 %); Deutsche Babcock (5 %); Dyckerhoff (12 %); Henkel (10 %); Leifheit (10 %); Linde (10 %); Mannesmann (5 %); Nürnberger Lebensversicherung (15 %); Phoenix (10 %); Rosenthal (5 %); Sabo (10 %); Schering (nominal 12 Mio. DM); Veba (5 %); VW (20 %). Über Nutzen bzw. Schaden solcher Stimmrechtsbeschränkungen entbrannte eine intensive Diskussion (Baums (1990); Adams (1990)). Belegt war, dass der Markt auf solche, die Kontrollintensität einschränkenden Beschlüsse mit Abwertungen der Aktienkurse reagierte, wobei die Abwertungen auf 2–3 % geschätzt wurden. Klar war auch, dass es Umgehungsmöglichkeiten für Stimmrechtsbeschränkungen gibt: Das Management einer AG, das eine Stimmrechtsbeschränkung als Schutz vor unwillkommenen (Groß)-Aktionären oder potenziellen Übernehmern (raider) sähe, wäre schlecht beraten. Unklar war, warum Aktionäre auf Hauptversammlungen den vom Management initiierten Beschlussvorlagen zustimmten, zumal Marktwertverluste (Kurswertverluste) eine fast regelmäßige Folge waren. Die weit überwiegende Zahl von Aktiengesellschaften haben Stimmrechtsbeschränkungen wieder abgeschafft. Eine Ausnahme stellt das sog. VW-Gesetz dar, das – derzeit dem Land Niedersachsen – eine Sperr-Minorität von 20 % (anstelle der im AktG fixierten Quote von 25 %) gewährt.

Werden die neuen (jungen) Aktien nicht ausschließlich den bisherigen (alten) Aktionären angeboten, sondern auch von anderen Anlegern erworben, entstehen für die bisherigen Aktionäre zwei Probleme:

(1) Durch die Aufnahme neuer Aktionäre verschieben sich die Beteiligungsquoten der Altaktionäre: wer 5 % der Aktien der AG vor Kapitalerhöhung besaß, besitzt 5 % nach Kapitalerhöhung nur, wenn er 5 % der neuen Aktien erwirbt. Wenn alle alten Aktionäre ihre Quoten halten wollen, müssen sie die Chance haben, junge Aktien gemäß ihrer bisherigen Quote zu erwerben.

Um ungewollte Verkürzungen der Beteiligungsquoten der Altaktionäre zu verhindern, kennt das AktG das **Bezugsrecht**. § 186 Abs. 1 S. 1 AktG bestimmt: «Jedem Aktionär muss auf sein Verlangen ein seinem Anteil an dem bisherigen Grundkapital entsprechender Teil der neuen Aktien zugeteilt werden». Der Aktionär kann entscheiden, ob er durch Ausübung des Bezugsrechts seine bisherige Quote am Grundkapital halten will oder nicht. Aktionäre, die von ihrem Bezugsrecht keinen Gebrauch machen, können ihr Recht zum Bezug junger Aktien innerhalb einer bestimmten Frist, die zwei Wochen nicht unterschreiten darf, an der Börse an Anleger verkaufen, die junge Aktien erwerben wollen.

(2) Durch die Ausgabe junger Aktien kann sich der Marktwert (= Kurs) der Altaktien der Gesellschaft verringern. Hier wird der Begriff «Kapitalverwässerung» gebraucht. Sinkt der Kurs der Aktien, verschlechtert sich die Vermögensposition der Altaktionäre: Sie werden ärmer. Gegen diese Reichtumseinbuße müssen die Altaktionäre geschützt werden, da sie sonst der Ausgabe junger Aktien nicht zustimmen würden. Ihre Zustimmung aber ist nach § 182 AktG erforderlich. Die zweite wichtige Funktion des Bezugsrechtes ist es daher, diese Werteinbuße auszugleichen.

Es bezeichnet:

K	den Kurs der Altaktie vor Kapitalerhöhung;
B	den Bezugskurs für eine junge Aktie ($B < K$);
a	die Anzahl der alten Aktien;
n	die Anzahl der neuen Aktien gleichen Nominalwertes.

Nach Kapitalerhöhung und einem Mittelzufluss von $B \cdot n$ an das Unternehmen, ergibt sich ein rechnerischer Kurs pro Aktie (K_n) gemäß (9.1)

(9.1) $$K_n = \frac{K \cdot a + B \cdot n}{a+n}.$$

Pro Altaktie entsteht dem Altaktionär eine Vermögenseinbuße in Höhe der Differenz zwischen K und K_n, wobei K_n wegen $B < K$ immer kleiner als K ist. Diese Vermögenseinbuße wird genau durch den Wert des Bezugsrechtes W(BR) ausgeglichen, wenn jeder Aktionär a : n Bezugsrechte besitzen muss, um eine junge Aktie zum Bezugskurs B zu erwerben.
W(BR) ergibt sich aus (9.2):

(9.2) $$W(BR) = K - \frac{K \cdot a + B \cdot n}{a + n} = \frac{K - B}{\frac{a}{n} + 1}$$

Beispiel

Die Bilanz der O. Hieber AG zeigt folgendes Bild:

AV	5.000.000	Gezeichnetes Kapital	2.000.000
UV	4.000.000	Kapitalrücklage	200.000
		Gewinnrücklage	800.000
		Verbindlichkeiten	6.000.000
	9.000.000		9.000.000

Das Grundkapital soll um 1.000.000 durch Ausgabe von 10.000 Aktien (Nennwert 100) zum Bezugskurs B = 200 erhöht werden. Der aktuelle Kurs der Aktien (a = 20.000) sei 600.

Das Bezugsverhältnis ist $\frac{a}{n} = \frac{2}{1}$. Die Kosten der Aktienausgabe bleiben unbeachtet.

Nach Kapitalerhöhung sieht die Bilanz so aus:

AV	5.000.000	Gezeichnetes Kapital	3.000.000
UV	4.000.000	Kapitalrücklage	1.200.000
Kasse	2.000.000	Gewinnrücklage	800.000
		Verbindlichkeiten	6.000.000
	11.000.000		11.000.000

Das Agio, d. i. die Differenz zwischen Bezugskurs und Nennwert der jungen Aktien, ist gemäß § 272 Abs. 2 HGB in die Kapitalrücklage einzustellen. Wie wird die Vermögensposition eines Altaktionärs beeinflusst, der zwei Aktien zum Kurs von 600 vor Kapitalerhöhung besaß? Verkauft er die beiden den Altaktien «anhängenden» Bezugsrechte, erzielt er wegen (9.2)

$$(9.2) \qquad W(BR) = \frac{600 - 200}{\frac{2}{1} + 1} = 133{,}33$$

pro Bezugsrecht, insgesamt also 266,66. Stellte sich der Kurs K_n gemäß (9.1) auf 466,67 ein, ist der Altaktionär so reich wie zuvor: $2 \cdot 466{,}67 + 2 \cdot 133{,}33 = 1.200$. Bezieht der Altaktionär eine junge Aktie zum Preis von 200, besitzt er drei Aktien zum Kurs $K_n = 466{,}67$, also 1.400, und ist damit so reich wie zuvor, den Kassenbestand von 200 im Ausgangszustand eingeschlossen.

Die Annahme, dass sich nach Kapitalerhöhung am Markt der Mischkurs gemäß (9.1) einstellt, ist nicht generell gerechtfertigt. Sie trifft allerdings zu, wenn die dem Unternehmen aus der Kapitalerhöhung zufließenden Eigenmittel zu dem Satz angelegt werden, der der Rendite der Aktie des Unternehmens entspricht. Im Beispiel ist K = 600. Angenommen, das Unternehmen hätte (ohne Kapitalerhöhung) 60 pro Jahr und Aktie ohne zeitliche Begrenzung ausgeschüttet. Wenn der Kapitalmarktzins vergleichbar riskanter Anlagen 10 % beträgt, ergibt sich K aus $\frac{60}{0{,}1} = 600$.

Da das Bezugsverhältnis a : n = 2 : 1 und B = 200 ist, fließen der AG $10.000 \cdot 200 = 2.000.000$ zu. Werden diese Mittel zu 10 % angelegt, beträgt der periodische Erfolg $60 \cdot 20.000 + 200.000 = 1{,}4$ Mio. Dividiert durch a + n = 30.000, ergibt sich ein Erfolg und eine Ausschüttung von 46,667 pro Aktie. Der Kurs der Aktie beträgt somit $\frac{46{,}667}{0{,}1} = 466{,}7$.

Das Gesetz lässt den **Ausschluss des Bezugsrechtes** unter bestimmten Bedingungen zu. § 186 Abs. 3 AktG lautet: «Das Bezugsrecht kann ganz oder zum Teil nur im Beschluss über die Erhöhung des Grundkapitals ausgeschlossen werden. In diesem Fall bedarf der Beschluss neben den in Gesetz oder Satzung für die Kapitalerhöhung aufgestellten Erfordernissen einer Mehrheit, die mindestens drei Viertel des bei der Beschlussfassung vertretenen Grundkapitals umfasst. Die Satzung kann eine größere Kapitalmehrheit und weitere Erfordernisse bestimmen. Ein Ausschluss des Bezugsrechts ist insbesondere dann zulässig, wenn die Kapitalerhöhung gegen Bareinlagen zehn von Hundert des Grundkapitals nicht übersteigt und der Ausgabebetrag den Börsenpreis nicht wesentlich unterschreitet». § 186 Abs. 4 AktG lässt erkennen, dass der Gesetzgeber dem Ausschluss zu Recht besondere Bedeutung beimisst. Er lautet: «Ein Beschluss, durch den das Bezugsrecht ganz oder zum Teil ausgeschlossen wird, darf nur gefasst werden, wenn die Ausschließung ausdrücklich und ordnungsgemäß (§ 124 Abs. 1 AktG) bekanntgemacht worden ist. Der Vorstand hat der Hauptversammlung einen schriftlichen Bericht über den Grund für den teilweisen oder vollständigen Ausschluss des Bezugsrechts vorzulegen; in dem Bericht ist der vorgeschlagene Ausgabebetrag zu begründen».

9.6.2 Vorzugsaktien

Das AktG lässt Aktien verschiedener Gattung zu (§ 11 AktG). Aktien verschiedener Gattung gewähren unterschiedliche Rechte im Hinblick auf

- Gewinnbeteiligung,
- Stimmrecht und
- Beteiligung am Liquidationserlös der Gesellschaft.

Hier sind insbesondere **Vorzugsaktien** zu nennen. Vorzugsaktien bieten dem Investor i. d. R. eine bevorzugte Behandlung bei der Gewinnbeteiligung und/oder eine bevorzugte Position bei der Verteilung des Liquidationserlöses. Letzteres ist allerdings selten, da eine bevorzugte Position bei der Verteilung des Liquidationserlöses immer nur ein Vorzug gegenüber Stammaktionären, nicht aber Gläubigern sein kann. Deshalb ist der ökonomische Wert eines Vorrechts am Liquidationserlös nicht hoch zu veranschlagen. Neben den genannten Vorzügen können Vorzugsaktien einen Nachteil aufweisen: Sie gewähren dem Inhaber häufig **kein Stimmrecht**, eine Ausgestaltung, die durch § 12 Abs. 1 Satz 2 AktG ermöglicht wird. Das Stimmrecht kann für Vorzugsaktien aber nur dann ausgeschlossen werden, wenn die Aktie mit einem nachzuzahlenden Vorzug ausgestattet wird (§ 139 Abs. 1 AktG). Auf dem deutschen Aktienmarkt sind die meisten gehandelten Vorzugsaktien nicht mit Stimmrechten ausgestattet.

Welche Gestaltungen der Dividendenvorrechte sind gebräuchlich? Die Satzungen der Gesellschaften geben hierüber Auskunft.

1. Limitierte Vorzugsdividende

Der zur Ausschüttung verfügbare Bilanzgewinn der Gesellschaft wird bevorzugt zu einer nach oben begrenzten (Maximal-)Ausschüttung von z. B. 7 % auf den Nennwert der Vorzugsaktie verwendet. Erst dann können Ausschüttungen auf Stammaktien vorgenommen werden. Für alternative Bilanzgewinne ergibt sich eine Verteilung der Ausschüttungen je Stamm- (StA) bzw. Vorzugsaktie (VA) gemäß Tabelle 9.6.

	Gewinnanteil je Gattung		Ausschüttung in Euro/Aktie	
Bilanzgewinn	100.000 VA	100.000 StA	VA	StA
0	0	0	0	0
50.000	50.000	0	0,50	0
100.000	100.000	0	1,00	0
200.000	200.000	0	2,00	0
300.000	300.000	0	3,00	0
400.000	350.000	50.000	3,50	0,50
500.000	350.000	150.000	3,50	1,50
600.000	350.000	250.000	3,50	2,50
700.000	350.000	350.000	3,50	3,50

Tabelle 9.6: Ausschüttungen je Stamm- bzw. Vorzugsaktie bei alternativen Bilanzgewinnen für «limitierte Vorzugsdividende».

In grafischer Darstellung sieht diese Verteilungsregel so aus:

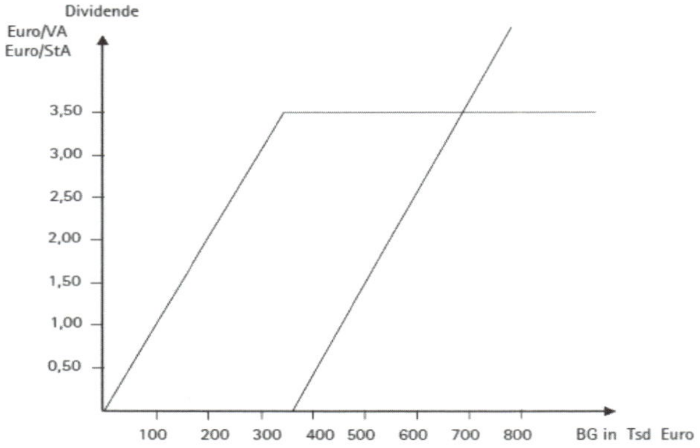

Abbildung 9.5: Ausschüttungsverlauf pro Stamm- bzw. Vorzugsaktie bei limitierter Vorzugsdividende für alternative Bilanzgewinne (BG)

2. Limitierte Vorzugsdividende mit Nachholung

Fällt die limitierte Vorzugsdividende wegen eines zu kleinen Bilanzgewinns ganz oder teilweise aus, ist sie in dem nächsten Jahr, in dem der Bilanzgewinn dies zulässt, nachzuholen (= **kumulative** Vorzugsdividende). Diese Regelung schützt die Vorzugsaktionäre gegen den Ausfall von Ausschüttungen bei stark schwankenden Gewinnen und gegen bilanzpolitische Maßnahmen der Stammaktionäre bzw. des Managements. Sie ist Voraussetzung für Vorzugsaktien, die nicht mit dem Stimmrecht ausgestattet sind (§ 139 Abs. 1 AktG).

Die Nachholung kann allerdings vertraglich begrenzt werden, z. B. durch eine Vertragsklausel folgenden Inhalts: «Der vollständige oder teilweise Ausfall von Ansprüchen von Aktionären mit limitierten Vorzugsdividenden ist in einem Zeitraum von längstens 3 Jahren nachzuholen.» Diese Regel kann bewirken, dass Vorzugsaktionäre über längere Zeit dividendenlos bleiben. Um zu verhindern, dass die Vorzugsaktionäre stimmrechtslos *und* wegen der wirtschaftlichen Lage der Gesellschaft dividendenlos bleiben, sieht der Gesetzgeber in § 140 Abs. 2 AktG vor, dass das vertraglich ausgeschlossene Stimmrecht der Vorzugsaktionäre wieder auflebt, wenn die Vorzugsdividende in einem Jahr nicht oder nicht vollständig gezahlt wird und im Folgejahr nicht vollständig nachgeholt wird. Das Stimmrecht bleibt bestehen, bis alle Rückstände nachgezahlt sind.

3. Prioritätischer Dividendenanspruch in Verbindung mit einer Gleichverteilungsregel

Gilt diese Regelung, erhalten die Vorzugsaktionäre eine definierte prioritätische Dividende, z. B. 2,50 Euro pro Aktie im Nennwert von 50 Euro. Vom verbleibenden Bilanzgewinn erhalten die Stammaktionäre pro Aktie im Nennwert von 50 Euro eine Ausschüttung bis zu 2,50 Euro. Ein verbleibender Bilanzgewinn wird unter allen Aktionären gleich verteilt. Für alternative Bilanzgewinne ergibt sich eine Verteilung gemäß Tabelle 9.7.

	Gewinnanteil je Gattung		Ausschüttung in Euro/Aktie	
Bilanzgewinn	**100.000 VA**	**100.000 StA**	**VA**	**StA**
0	0	0	0	0
50.000	50.000	0	0,50	0
100.000	100.000	0	1,00	0
200.000	200.000	0	2,00	0
300.000	250.000	50.000	2,50	0,50
400.000	250.000	150.000	2,50	1,50
500.000	250.000	250.000	2,50	2,50
600.000	300.000	300.000	3,00	3,00
700.000	350.000	350.000	3,50	3,50

Tabelle 9.7: Ausschüttungen je Stamm- bzw. Vorzugsaktie bei alternativen Bilanzgewinnen für «prioritätischen Dividendenanspruch i. V. m. einer Gleichverteilungsregel»

In grafischer Darstellung ergibt sich das folgende Bild:

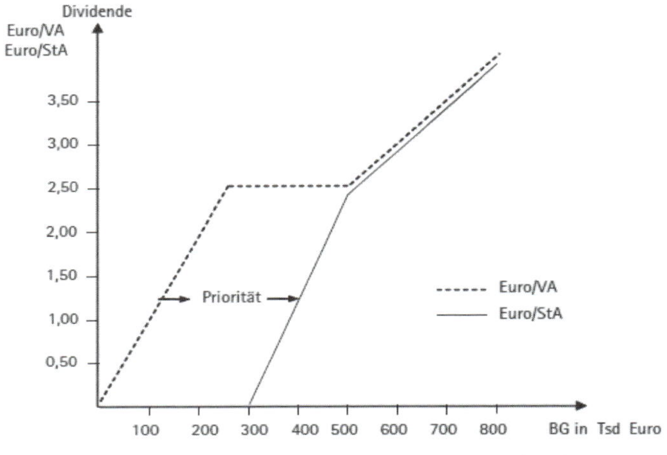

Abbildung: 9.6: Ausschüttungsverlauf pro Stamm- bzw. Vorzugsaktie bei prioritätischem Dividendenanspruch und anschließender Gleichverteilungsregel

Die an den prioritätischen Anspruch angehängte Gleichverteilungsregel nimmt dieser Verteilungsregel die scharfe Limitierung der Regeln (1) und (2) und beteiligt die Vorzugsaktionäre damit stärker an höheren Bilanzgewinnen der Gesellschaft.

4. Prioritätischer Dividendenanspruch in Verbindung mit einer generellen Überdividende

Vom Bilanzgewinn erhalten Vorzugsaktionäre ihren prioritätischen Dividendenanspruch von z. B. 2 % bezogen auf den Nennwert. Anschließend erhalten alle Aktionäre den restlichen Bilanzgewinn zu gleichen Teilen pro Aktie gleichen Nennwerts. Bei dieser Regelung holen die Stammaktionäre den Ausschüttungsvorsprung der Vorzugsaktionäre nie auf. Für alternative Bilanzgewinne sieht die Verteilung unter Stamm- und Vorzugsaktionären so aus:

	Gewinnanteil je Gattung		Ausschüttung in Euro/Aktie	
Bilanzgewinn	**100.000 VA**	**100.000 StA**	**VA**	**StA**
0	0	0	0	0
50.000	50.000	0	0,50	0
100.000	100.000	0	1,00	0
200.000	200.000	50.000	1,50	0,50
300.000	300.000	100.000	2,00	1,00
400.000	350.000	150.000	2,50	1,50
500.000	350.000	200.000	3,00	2,00
600.000	350.000	250.000	3,50	2,50

Tabelle 9.8: Ausschüttungen je Stamm- bzw. Vorzugsaktie bei alternativen Bilanzgewinnen für «prioritätischen Dividendenanspruch bei genereller Überdividende»

In grafischer Darstellung sieht diese Verteilungsregelung so aus:

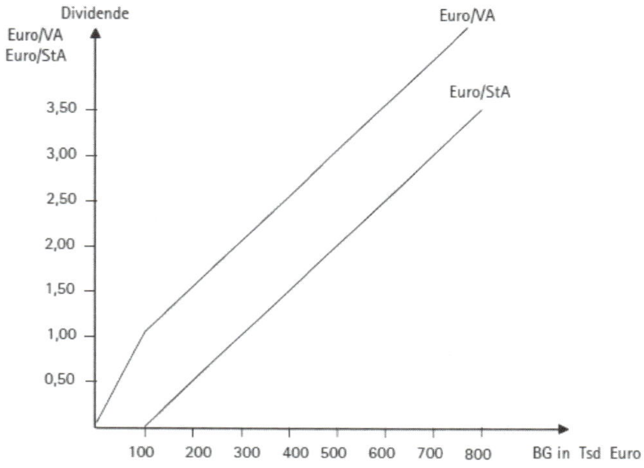

Abbildung 9.7: Ausschüttungsverlauf pro Stamm- bzw. Vorzugsaktie bei prioritätischem Dividendenanspruch und genereller Überdividende.

Auch die Verteilungsregeln (3) und (4) können ausgestattet werden mit einem Nachholungsanspruch für den prioritätischen Anteil.

Eine interessante Frage ist, welche Zwecke Vorzugsaktien erfüllen. Was kann man mit ihnen erreichen, was mit Stammaktien nicht gelingt?

Einzahlungen der Vorzugsaktionäre an das Unternehmen zählen als Eigenkapital. Auszahlungen des Unternehmens an Vorzugsaktionäre werden aus dem Gewinn nach Steuern geleistet. Insofern gibt es keine Unterschiede zwischen Stamm- und Vorzugsaktien. Die Vorzüge der «Vorzugsaktie» müssen somit an anderer Stelle liegen. Dies soll an zwei Beispielen erläutert werden.

Angenommen, der Marktpreis der Aktie einer Gesellschaft liegt unter dem Nennbetrag der Aktie in Höhe von 5 Euro. Die Gesellschaft benötige Eigenkapital. Neue Aktien kann die Gesellschaft nicht ausgeben, da Anteile höchstens zum derzeitigen Marktpreis am Markt platziert werden könnten; das Gesetz verbietet aber Emissionen zu Preisen unterhalb des Nennbetrags der Aktie (§ 9 Abs. 1 AktG). Das Angebot von Vorzugsaktien, versehen mit einer attraktiven Verteilungsregel, könnte einen Marktpreis ermöglichen, der den hier genannten Nennbetrag von 5 Euro erreicht oder übersteigt.

Angenommen, eine Aktiengesellschaft, deren Aktien von den Nachfolgern der Gründerfamilie gehalten werden, benötige zusätzliches Eigenkapital. Die Innenfinanzierung der Gesellschaft sei zu gering, um den Kapitalbedarf für neue Investitionen zu decken. Fremdkapitalgeber wollen zusätzliche langfristige Kredite erst dann zur Verfügung stellen, wenn zuvor die Eigenmittel der Gesellschaft erhöht werden. Dies ist eine nicht selten anzutreffende Situation. Die Eigentümer verfügen nicht über ausreichende eigene Mittel, um das Eigenkapital spürbar aufzustocken. Neue Eigentümer aufzunehmen, wäre möglich. Jedoch fürchten die «alten» Eigentümer, ihre Kontroll- und Entscheidungsrechte mit den Neuen teilen zu müssen. Für Stammaktien kann das Stimmrecht nicht ausgeschlossen werden (§ 12 Abs. 1 Satz 1 AktG). Die früher mögliche Alternative, den Altaktien Mehrstimmrechte zuzuweisen, ist ebenfalls unzulässig (§ 12 Abs. 2 AktG). Einen Ausweg bieten Vorzugsaktien **ohne Stimmrecht**. Die Altaktionäre kaufen im Ergebnis den Vorzugsaktionären ihr Stimmrecht gegen einen festzulegenden Dividendenvorzug ab.

In beiden Beispielen werden Vorzugsaktien als Alternative zu Stammaktien angesehen. Von Praktikern werden Vorzugsaktien oft mit langfristigen Fremdmitteln verglichen, weil die Bedienung beider Instrumente mit vertraglich fixierten Vorzugsdividenden bzw. Zinsen ähnlich zwingenden Charakter habe. Diese Sicht führt gelegentlich zu der Folgerung, dass eine Fremdfinanzierung wegen der steuerlichen Abzugsfähigkeit der Zinsen vorzuziehen sei. Sowohl Vergleich als auch Schlussfolgerung sind nicht überzeugend. Zunächst zum Vergleich: Eine ausgefallene Vorzugsdividende bedeutet nicht generell größeres Unheil. Ausfallende Zinsen bringen für Gesellschaft und Eigentümer hingegen das Risiko harter Auseinandersetzungen mit Gläubigern, an deren Ende schärfere Kreditkonditionen oder gar die Eröffnung eines Insolvenzverfahrens stehen kann. Vertraglich festgeschriebene Vorzugsdividenden einerseits und Zinsen (und Tilgungen) andererseits sind somit gerade *nicht* vergleichbar. Ersteres ist eine *bedingte* Zusage: Die Vorzugsdividende wird gezahlt (bzw. nachgeholt), wenn und nur wenn ein positiver Bilanzgewinn vorliegt. Zinsen sind dagegen *unbedingte* Ansprüche: Sie sind Festbetragsansprüche und somit immer, auch bei Bilanzverlusten, zu zahlen.

Wie ist die Schlussfolgerung zu beurteilen? Wenn jemand glaubt, es sei «billiger», mit Fremdmitteln zu finanzieren, weil die Zinszahlungen der Gesellschaft Steuerbemessungsgrundlagen verkürzen, so kann er sich die Finanzierung seiner Gesellschaft aus Eigen- und Fremdkapital so zusammenstellen, wie er es für richtig hält. Bedingung ist nur, dass er im Interesse der Eigentümer und/oder Gläubiger ausreichendes Eigenkapital hat. Ob dieses Eigenkapital in Vorzugs- oder Stammaktien verbrieft ist, ist insoweit zweitrangig, weil die Ansprüche der Eigentümer, also der Stamm- und der Vorzugsaktionäre denen der Gläubiger immer nachgeordnet sind.

Die oben benutzten Beispiele legen die Folgerung nahe, dass der Einsatz von Vorzugsaktien lohnen könnte für Familien-Aktiengesellschaften oder kleinere Aktiengesellschaften. In der Realität beobachten wir, dass im DAX und CDAX notierte Aktiengesellschaften sich bemühen, ihre Vorzugsaktien zurückzuziehen. Eine Stichtagsbetrachtung des CDAX zum 14.03.2014 zeigt Folgendes:[93] Unter den 493 Mitgliedern befinden sich 25 Gesellschaften mit Vorzugsaktien. Zahlenmäßig entspricht dies einem Anteil von gut 5 % und wertmäßig – gemessen an der Marktkapitalisierung – von 6,7 %. Dieser wertmäßig etwas höhere Anteil spiegelt sich auch in der Besetzung der Marktkapitalisierungsklassen wieder. Die beiden oberen Quintile sind mit jeweils acht überbesetzt, das dritte Quintil ist mit fünf gleichmäßig besetzt, während die unteren mit eins und drei Vorzugsaktien unterbesetzt sind. Im obersten Quintil sind enthalten nach absteigender Marktkapitalisierung: VW AG (DAX), Henkel AG & Co. KGaA (DAX), Porsche AG, BMW AG (DAX), Fuchs Petrolub SE, RWE AG, Jungheinrich AG, Sartorius AG. Interessant ist, dass lediglich noch drei Unternehmen im CDAX neben Stammaktien noch Vorzugsaktien aufweisen, geordnet nach absteigender Marktkapitalisierung: Fuchs Petrolub SE, Hornbach AG, MAN SE.

Für 21 der 25 Vorzugsaktien können wir auf Basis der Geschäftsberichte des Jahres 2012 klassifizieren, welche Dividendenmodelle angewandt werden. Modell 4 (Prioritätischer Dividendenanspruch in Verbindung mit einer generellen Überdividende) wird von 17 AGs eingesetzt, wie z. B. der VW AG. Drei Unternehmen bevorzugen Modell 3 (Prioritätischer Dividendenanspruch in Verbindung mit einer Gleichverteilungsregel), wie z. B. die BMW AG und eines, die CREATON AG, Modell 2 (Limitierte Vorzugsdividende mit Nachholung).

9.6.3 Techniken der Kapitalerhöhung bei der AG

9.6.3.1 Überblick

Für die Verbindlichkeiten der AG haftet nur das Gesellschaftsvermögen. Die Aktionäre haften somit nur mit den Beträgen, die sie in die Gesellschaft eingezahlt haben bzw. nach § 54 Abs. 2 AktG einzuzahlen haben; zu darüber hinausgehenden Nachschüssen sind sie nicht verpflichtet. Die **Haftungsbeschränkung** der AG bedeutete, würden keine zusätzlichen Vorkehrungen getroffen, dass die Aktionäre sich zu Lasten der Gläubiger Vorteile verschaffen könnten: Sie könnten nach Aufnahme von Krediten auf die Idee kommen, die Aktiven zu versilbern, die erzielten Mittel auszuschütten und die Gläubiger mit der «geplünderten» AG allein zurücklassen. Der Gesetzgeber will solche Strategien durch Gläubiger schützende Regelungen unterbinden. Damit sollen die Gläubiger vor nicht legalen Ausbeutungen geschützt und die Kreditwürdigkeit und Verschuldungsfähigkeit der AG erhöht werden.

---

93 Quelle: Deutsche Börse, eigene Berechnungen.

Zu diesen Gläubiger schützenden Regelungen gehören insbesondere die Vorschriften über Aufbringung, Erhaltung, Erhöhung und Herabsetzung des Grundkapitals. Die Vorschriften zur Aufbringung und Erhaltung des Grundkapitals sind wichtige Bausteine in dem Regelungssystem, das den Aktionären die Vorteile der Haftungsbeschränkung gewährt und die möglichen Nachteile für Gläubiger begrenzen soll.

Das AktG unterscheidet folgende Formen einer Kapitalerhöhung:

- die Kapitalerhöhung gegen Einlagen oder auch ordentliche Kapitalerhöhung (§§ 182-191 AktG);
- das genehmigte Kapital (§§ 202-206 AktG);
- die bedingte Kapitalerhöhung (§§ 192-201 AktG);
- die Kapitalerhöhung aus Gesellschaftsmitteln (§§ 207-220 AktG).

Unter ökonomischem Aspekt ist bedeutsam, ob die Kapitalerhöhung (seasoned equity offering, SEO) einen Zufluss von finanziellen Mitteln an das Unternehmen nach sich zieht, ob Sach- anstatt Geldeinlagen erfolgen und ob das Bezugsrecht der Aktionäre ausgeschlossen werden kann.

Form der Kapital-erhöhung (KE)	Zufluss liquider Mittel an Gesellschaft	Zugang von Sacheinlagen an Gesellschaft	Bezugsrechte der Aktionäre
KE gegen Einlage	ja, soweit die HV nicht über die Einbringung von Sachen/Rechten (Sacheinlagen) nach § 183 AktG beschließt	ja, wenn die HV gemäß § 183 AktG über Sacheinlagen beschließt	Grundsatz: § 186 Abs. 1 AktG; Bezugsrecht kann nach § 186 Abs. 3 AktG durch HV mit ¾-Mehrheit ausgeschlossen werden; Ausschluss ist insbesondere zulässig bei Bareinlagen, wenn 10 % des Grundkapitals nicht überschritten werden und wenn der Ausgabebetrag den Börsenpreis nicht wesentlich unterschreitet
genehmigtes Kapital	ja, soweit die Ermächtigung des V durch die HV Sacheinlagen nicht vorsieht	ja, wenn die Ermächtigung des V durch die HV nach § 205 AktG Sacheinlagen vorsieht	die HV kann den V zum Ausschluss des Bezugsrechtes nach § 203 Abs. 2 AktG ermächtigen
bedingte KE	nein, bestehende Ansprüche von Wandelschuldobligationären (§ 192 Abs. 2 Ziff. 1 AktG) und/oder Arbeitnehmern bzw. Mitgliedern der Geschäftsführung (§ 192 Abs. 2 Ziff. 3 AktG) werden durch Bezugsaktien abgelöst	ja, wenn Bezugsaktien gemäß § 192 Abs. 2 Ziff. 2 AktG den Eigentümern eines übernommenen Unternehmens angeboten werden	Bezugsrecht besteht nicht
KE aus Gesellschaftsmitteln	nein	nein	automatischer Rechtserwerb nach § 212 AktG

Tabelle 9.9: Formen der Kapitalerhöhung, Mittelzufluss, Sacheinlagen und Bezugsrechte

Tabelle 9.9 präsentiert die Formen der Kapitalerhöhung, die das AktG zulässt, unter Beachtung dieser Gesichtspunkte.

9.6.3.2 Kapitalerhöhung gegen Einlagen (ordentliche Kapitalerhöhung)

Zweck ist die Beschaffung zusätzlichen Eigenkapitals durch Ausgabe neuer (junger) Aktien. Die geplante Kapitalerhöhung setzt eine Satzungsänderung voraus und ist in der **Tagesordnung** der Hauptversammlung bekanntzumachen (§ 124 Abs. 2 S. 2 AktG). Die Hauptversammlung beschließt über die Erhöhung des Grundkapitals mit einer Mehrheit von 3⁄4 des vertretenen Grundkapitals oder einer «anderen», in der Satzung festgeschriebenen Mehrheit (§ 182 Abs. 1 AktG); auch eine geringere Mehrheit ist somit zulässig.[94] Hat die AG verschiedene Gattungen von Aktien – z. B. Stamm- und Vorzugsaktien – haben die Aktionäre jeder Gattung zusätzlich zum Beschluss der Hauptversammlung einen Sonderbeschluss zu fassen (§ 182 Abs. 2 AktG). Sollen die jungen Aktien zu einem **Bezugskurs**, der über dem Nennbetrag der Aktie liegt, ausgegeben werden, ist der Mindest-Bezugskurs im Beschluss festzusetzen. Der Beschluss über die Erhöhung des Grundkapitals ist zur Eintragung in das **Handelsregister** anzumelden (§ 184 Abs. 1 AktG). Jeder Aktionär hat Anspruch auf den Anteil an den neuen Aktien, der seiner Quote am bisherigen Grundkapital der Gesellschaft entspricht (**Bezugsrecht**, § 186 Abs. 1 AktG). Wie in Abschnitt 9.6.1 erläutert, hat das Bezugsrecht der Aktionäre zwei Funktionen: es soll ungewollte **Stimmrechtsverschiebungen** ausschalten; es soll die **Vermögensnachteile** «alter» Aktionäre ausgleichen, die dann ausgelöst werden, wenn neuen Aktionären «junge» Aktien zu einem Bezugskurs B unterhalb des Börsenkurses der «Altaktie» angeboten werden. Unter bestimmten Bedingungen kann dieses Bezugsrecht mit dem Erhöhungsbeschluss ganz oder zum Teil ausgeschlossen werden (§ 186 Abs. 3 AktG). Mit dem **Bezugsrechtsausschluss** wird ein sehr wichtiges Aktionärsrecht eingeschränkt. Der Gesetzgeber lässt daher einen Ausschluss des Bezugsrechtes nur unter Bedingungen zu:

- der Ausschluss muss ausdrücklich und ordnungsgemäß in der Tagesordnung zur Hauptversammlung bekanntgemacht worden sein (§ 186 Abs. 4 Satz 1, § 124 Abs. 1 AktG);
- der Beschluss bedarf, unabhängig von weniger restriktiven Satzungsbestimmungen, mindestens einer Mehrheit von 3⁄4 des anwesenden Grundkapitals (§ 186 Abs. 3 S. 2 AktG);
- der Vorstand hat der Hauptversammlung einen schriftlichen Bericht über den Grund des Ausschlusses des Bezugsrechtes vorzulegen (§ 186 Abs. 4 S. 2 AktG), der es der Hauptversammlung ermöglichen soll, die Berechtigung des Eingriffs in die Aktionärsrechte zu beurteilen.

Das AktG stellt zugleich klar, wann ein Ausschluss „insbesondere“ zulässig ist: wenn die Kapitalerhöhung gegen Bareinlagen erfolgt, sie 10 % des Grundkapitals nicht übersteigt und der Ausgabebetrag den Börsenpreis «nicht wesentlich» unterschreitet.

Die jungen Aktien werden i. d. R. von einem Konsortium von Kreditinstituten übernommen und dann den Aktionären angeboten. Diese technische Form der Abwicklung gilt nicht als Ausschluss des Bezugsrechtes (§ 186 Abs. 5 AktG). Nach Durchführung der Kapitalerhöhung ist diese zur Eintragung ins Handelsregister anzumelden

---

[94] Für die Ausgabe von Vorzugsaktien ohne Stimmrecht ist nur eine größere Kapitalmehrheit zulässig.

(§ 188 AktG). Mit der Eintragung der Durchführung der Erhöhung ins Handelsregister ist das Grundkapital erhöht (§ 189 AktG).

Zwei Fragen sind bei einer Kapitalerhöhung gegen Einlagen von Interesse: (1) Wie hoch soll der Bezugskurs junger Aktien angesetzt werden? (2) Welche Bedeutung hat der Ausschluss des gesetzlichen Bezugsrechts und unter welchen Bedingungen ist er zulässig?

Zwei Punkte bestimmen das Intervall möglicher Bezugskurse: Der Mindestnennbetrag einer Aktie ist 1 Euro (§ 8 Abs. 2 AktG), und Unterpari-Emissionen sind unzulässig. Werden Stückaktien ausgegeben, darf der auf die Stückaktie entfallende anteilige Betrag des Grundkapitals nicht unter 1 Euro fallen (§ 9 Abs. 1 AktG). Bezugskurse, die über dem Kurs der Altaktie liegen, lassen die Kapitalerhöhung scheitern, da die Anleger die zu «teuren» jungen Aktien nicht aufnehmen. Wo aber im so abgesteckten Intervall soll der Bezugskurs liegen? Welcher Bezugskurs ist im Interesse der Aktionäre? Die Antworten auf diese Frage sind vielfältig. Für niedrige Bezugskurse wird votiert mit den Argumenten, diese Strategie böte Aktionären attraktive Bezugsrechte, reduziere hohe Aktienkurse und erhöhe die Handelbarkeit der Aktie. Für hohe Bezugskurse wird argumentiert, weil bei gegebenem Kapitalbedarf dann die Zahl der neuen Aktien niedriger gehalten werden könne, was die Liquiditätsbelastung des Unternehmens durch künftige Ausschüttungen reduziere.

Betrachtet man den einzelnen Aktionär, erscheint die Diskussion um den richtigen Bezugskurs (bei Vernachlässigung von Steuern) nicht einsichtig. Das soll an einem Beispiel verdeutlicht werden. Dabei wird wie oben in Abschnitt 6.1 unterstellt, dass sich nach Kapitalerhöhung der Kurs der Aktien als «Mischkurs» gemäß (9.1) einstellt:

$$(9.1) \qquad K_n = \frac{a \cdot K + n \cdot B}{a + n}.$$

Der Wert des Bezugsrechtes, das zu jeder Aktie gehört, ergibt sich dann aus

$$(9.2) \qquad W(BR) = \frac{K - B}{\frac{a}{n} + 1}.$$

Eine AG habe einen Mittelbedarf von 60 Mio. Euro. Bisher seien 1.000.000 Altaktien zum Nennbetrag von 100 Euro im Umlauf, das Grundkapital beträgt somit 100 Mio. Euro. Der Kurs der Aktie sei 400. Die folgende Tabelle zeigt alternative Bezugskurse B und ihre Bedeutung für das Bezugsverhältnis, den Kurs K_n und den Wert des Bezugsrechts.

B	Anzahl junger Aktien	Bezugsverhältnis a : n	Gesamtzahl der Aktien	K_n	W(BR)
400	150.000	6,67 : 1	1.150.000	400,00	0
300	200.000	5,00 : 1	1.200.000	383,33	16,67
200	300.000	3,33 : 1	1.300.000	353,85	46,15
150	400.000	2,50 : 1	1.400.000	328,57	71,43
100	600.000	1,67 : 1	1.600.000	287,50	112,50

Tabelle 9.10: Bezugskurse, Bezugsverhältnisse und Wert der Bezugsrechte

Wird die Position eines Aktionärs betrachtet, der 10 Altaktien besitzt und sein Bezugsrecht nicht ausübt, die Rechte also verkauft, erkennt man, dass seine Endposition unabhängig von der Wahl von B immer der Anfangsposition gleicht. Sein Vermögen ist lediglich anders aufgeteilt; er hält Teile seines Vermögens als Kassenbestand anstatt in Aktien.

Unveränderte Endpositionen lassen sich auch belegen für Aktionäre, die ihre Bezugsrechte ausüben, also junge Aktien erwerben. Wichtigste Bedingung ist, dass sich der Kurs der Aktie nach Kapitalerhöhung als Mischkurs K_n i. S. v. (9.1) herausbildet. Die Kapitalerhöhung durch Ausgabe junger Aktien darf vom Kapitalmarkt also nicht als „bad news" interpretiert werden, was Kursabschläge nach sich zöge.

Buchungstechnisch wird durch die Festsetzung alternativer Bezugskurse B das Grundkapital in unterschiedlichem Maße erhöht. Zwar fließen dem Unternehmen bei allen Lösungen 60 Mio. Euro zu; sie werden aber unterschiedlich aufgeteilt auf «Grundkapital» und «**Kapitalrücklage**», weil das Agio, d. i. die Differenz zwischen B und Nennbetrag der Aktie, nach § 272 Abs. 2 Ziff. 1 HGB in die Kapitalrücklage einzustellen ist. Im Beispiel erhöht sich das Grundkapital um den Nennbetrag der Aktie (100), multipliziert mit der Anzahl der jungen Aktien (n); der Rest wird der Kapitalrücklage gutgeschrieben. Das Konto Grundkapital verändert sich also mit der Wahl unterschiedlicher Bezugskurse B und damit der Anzahl der auszugebenden jungen Aktien (n).

Betrachten wir kurz das Problem des **Bezugsrechtsausschlusses**. Folgt man dem Wortlaut des Gesetzes, scheint es, dass die in § 186 Abs. 3 AktG verlangte 3/4-Mehrheit das Bezugsrecht jederzeit ausschließen kann, wenn die AG die oben genannten formalen Erfordernisse beachtet hat. Nun ist zu beachten, dass der Ausschluss des Bezugsrechtes einen Eingriff in die Aktionärsrechte darstellt:

- die Anteils- und Stimmquoten verschieben sich;
- den nicht bezugsberechtigten Anteilseignern entstehen Werteinbußen, deren Höhe von der Relation a : n und dem Ausgabepreis der jungen Aktien (B) abhängt.

Das Aktiengesetz enthält deshalb neben der besonderen, in § 186 Abs. 4 AktG verankerten Berichtspflicht des Vorstands **Anfechtungsrechte**; von Bedeutung sind § 243 Abs. 2 und § 255 Abs. 2 AktG. Nach § 243 Abs. 2 AktG kann die Anfechtung darauf gestützt werden, dass ein Aktionär durch Ausübung des Stimmrechts für sich oder Dritte Sondervorteile zum Schaden der Gesellschaft oder anderer Aktionäre zu erlangen suchte. Sondervorteile können durch den Ausschluss des Bezugsrechts entstehen.

Beispiel

Schlitzohr ist Mehrheitsaktionär der Salz AG; er hält eine Quote von 60 % am Aktienkapital von 100 Mio. Die Hauptversammlung der Salz AG beschließt eine Kapitalerhöhung gegen Einlagen in Höhe von 100 Mio. und schließt das Bezugsrecht gemäß § 186 Abs. 3 AktG aus. Auf der Hauptversammlung waren 79 % des Grundkapitals anwesend; Schlitzohr erreichte mit seinem 60 %-Anteil somit die nach § 186 Abs. 3 AktG erforderliche 3⁄4-Mehrheit des anwesenden Grundkapitals. Zugleich beschloss die Hauptversammlung mit 3⁄4-Mehrheit, dass die jungen Aktien im Nennwert von 100 Mio. Schlitzohr als Gegenleistung für eine Sacheinlage (= Einbringung von Vermögensgegenständen und Rechten) im Wert von 125 Mio. anzubieten seien (§ 183 AktG).[95]

Der Nennwert der Aktien der Salz AG beträgt 100. Der Börsenkurs der Aktie vor Kapitalerhöhung war 250.

Nach Kapitalerhöhung hat die Salz AG ein Grundkapital von 200 Mio. Davon hält Schlitzohr 60 + 100 Mio., also 80 %. Er hat damit eine Mehrheit erreicht, die es den anderen Aktionären unmöglich macht, wichtige Beschlüsse in der Hauptversammlung zu blockieren (= Verlust der Sperrminorität).

Schlitzohr hat auch seinen Anteil am gesamten Wert der Salz AG erheblich gesteigert. Angenommen, der Marktwert des Eigenkapitals der Salz AG vor Kapitalerhöhung errechne sich aus 1.000.000 Aktien · Börsenkurs/Aktie = 250.000.000. Davon besaß Schlitzohr 60 %, also 150.000.000. Nach Kapitalerhöhung beträgt der Wert des Eigenkapitals der Salz AG 250 Mio. + 125 Mio. = 375 Mio. Davon besitzt Schlitzohr 80 % und somit 300 Mio. Der Wert seines Aktienbesitzes ist also um 150 Mio. gestiegen; der Wert seiner Sacheinlage ist aber nur 125 Mio.: Also ist er um 25 Mio. reicher als zuvor.

Das müssen genau die 25 Mio. sein, die die anderen Aktionäre verloren haben. Sie besaßen vor Kapitalerhöhung 0,4 · 250 Mio. = 100 Mio., nach Kapitalerhöhung besitzen sie 0,2 · 375 Mio. = 75 Mio.

Das gleiche Ergebnis lässt sich am Kurs ihrer «Altaktien» ablesen. Die anderen Aktionäre besitzen vor und nach Kapitalerhöhung 400.000 Aktien. Zuvor war der Kurs 250; nach Kapitalerhöhung ergäbe er sich, wie folgt:

$$K_n = \frac{1.000.000 \cdot 250 + 125.000.000}{2.000.000} = 187{,}50.$$

Der neue Aktienkurs liegt um 62,50 niedriger. Der Gesamtverlust beträgt 62,50 · 400.000 = 25 Mio.

Wäre das Bezugsrecht nicht ausgeschlossen worden, wäre das Bezugsverhältnis 1 : 1 gewesen. Wird der Bezugskurs mit 125 angenommen (also dem Preis, den Schlitzohr effektiv pro Aktie bezahlt), ergibt sich ein Wert des Bezugsrechtes gemäß (9.2) in Höhe von 62,50. Wollte Schlitzohr seine Quote von 60 % auf 80 % erhöhen, hätte er 400.000 Bezugsrechte erwerben müssen zum Preis von je 62,50. Zusammen mit seiner Sacheinlage hätte er 150 Mio. und nicht lediglich 125 Mio. bezahlt. Die Bereicherung zu Lasten der Minderheitsaktionäre wäre ausgeblieben. Die wichtige Schutzfunktion des Bezugsrechtes, nämlich Vermögensverluste der Altaktionäre zu verhindern, wird hier deutlich.

Das **Anfechtungsrecht** des § 255 AktG könnte in solchen Fällen nützlich sein: Nach § 255 Abs. 2 AktG kann die Anfechtung gegen einen Beschluss über eine Kapitalerhöhung gegen Einlagen darauf gestützt werden, dass der Mindestbetrag, unter dem die Aktien nicht ausgegeben werden sollen, unangemessen niedrig ist.

95 Ein Sachverhalt, der dem Beispiel nahekommt, sollte um 1972 realisiert werden und war Gegenstand juristischer Aufarbeitung. Vgl. hierzu das Urteil des BGH vom 13.3.1978, II ZR 142/76 in: BGHZ 71, S. 40–53; vgl. auch Lutter (1979), S. 401– 418.

Weil die Rechte und Vermögenspositionen der Minderheitsaktionäre durch Bezugsrechtsausschlüsse entscheidend verkürzt werden können, haben Literatur und Rechtsprechung (BGHZ 71, S. 40) etwa ab 1978 Grundsätze zu entwickeln versucht, die den Bezugsrechtsausschluss einengen. Der BGH etwa argumentiert in einem Urteil, der Ausschluss könne nicht im freien Ermessen der Mehrheit liegen, weshalb der Bezugsrechtsausschluss eine besondere sachliche Begründung erfordere, an die umso strengere Anforderungen zu stellen seien, je schwerer der Eingriff in die Rechte der Minderheit sei. Vorteile für die Mehrheit und Nachteile für die Minderheit seien abzuwägen. Die Gesellschaft, so meint der BGH, müsse «nach vernünftigen kaufmännischen Überlegungen ein dringendes Interesse» an einer bestimmten Maßnahme, zu deren Durchführung der Bezugsrechtsausschluss nötig sei, haben, und der damit allen Aktionären zugutekommende Nutzen müsse die Benachteiligung der Minderheit aufwiegen. Diese Argumentation ist dann unbefriedigend, wenn die Minderheit im angeblichen «Interesse der Gesellschaft» Nachteile in Kauf nehmen muss, die die Mehrheit ausgleichen könnte, aber nicht ausgleicht.

9.6.3.3 Kapitalerhöhung gegen Sacheinlagen

Junge Aktien können im Rahmen einer Kapitalerhöhung auch gegen Sacheinlagen gewährt werden; der Gegenwert für den Wert der Aktien wird nicht in Geld, sondern in Vermögensgegenständen (Sachen, Rechten) geleistet. **Sacheinlagen** sind zulässig bei einer Kapitalerhöhung gegen Einlagen (§ 183 AktG), im Rahmen des genehmigten Kapitals (§ 205 AktG) und bei einer bedingten Kapitalerhöhung (§ 194 AktG). Voraussetzung ist, dass die geplanten Sacheinlagen vor der Einberufung der Hauptversammlung bekanntgemacht werden und ihr Gegenstand, die Person, von der die AG den Gegenstand erwirbt und der Nennbetrag der für die Sache zu gewährenden Aktien im Beschluss der Hauptversammlung über die Kapitalerhöhung festgesetzt werden (§§ 183 Abs. 1, 205, 194 AktG). Der Gesetzgeber will verhindern, dass der Vorstand die Hauptversammlung «überrumpelt».

Sacheinlagen bringen ein Problem mit sich, das bei baren Einlagen nicht entsteht. Wer 1.000 Aktien zum Bezugskurs von 165 Euro erwerben will, muss – abgesehen von den zu erwerbenden Bezugsrechten – 165.000 Euro an die Gesellschaft einzahlen. Bringt er statt dessen eine Sache ein, ist zu prüfen, ob der Wert der Sache den ansonsten bar einzuzahlenden Betrag erreicht. Weil der Gesetzgeber der Aufbringung und Erhaltung des Grundkapitals große Bedeutung beimisst, muss er verhindern, dass die Aufbringung bzw. eine Erhöhung des Grundkapitals durch überbewertete Sacheinlagen unterlaufen wird. Erfolgen Sacheinlagen bei der Gründung der AG, folgt eine in den §§ 23-53 AktG sehr detailliert geregelte **Gründungsprüfung**. Auf diese nehmen die Vorschriften der §§ 183 Abs. 3, 194 Abs. 4 und 205 Abs. 3 AktG Bezug. Sie verlangen, dass bei Sacheinlagen im Rahmen von Kapitalerhöhungen eine Prüfung durch einen oder mehrere Prüfer stattfindet. Für den Prüfungsvorgang gelten auch die Vorschriften der §§ 33 Abs. 3 - 5, 34 Abs. 2 und 3 und 35 AktG zur Gründungsprüfung sinngemäß: Die Prüfer haben zu kontrollieren, ob der Wert der für die Sacheinlage gewährten Aktien dem Wert der Sacheinlage angemessen ist. Über diese Prüfung ist schriftlich zu berichten. Im Bericht sind die Methoden zu erläutern, die bei der Wertermittlung von Sacheinlage und Aktien angewendet werden (§ 34 Abs. 2 AktG).

Das Gericht kann die Eintragung des Beschlusses über die Erhöhung des Grundkapitals ablehnen, wenn der Wert der Sacheinlage nicht unwesentlich unter dem geringsten

Ausgabebetrag der dafür zu gewährenden Aktien zurückbleibt (§ 183 Abs. 3 S. 3 AktG). Diese Vorschrift kann zu Missverständnissen Anlass geben, weil es bei der **Prüfung der Gleichwertigkeit** von Sacheinlage und den dafür gewährten Aktien bei bereits bestehenden Unternehmen nicht auf den Nennwert dieser Aktien, sondern auf den *ökonomischen* Wert dieser Aktien ankommt.

9.6.3.4 Das genehmigte Kapital

Der Vorstand einer AG kann ermächtigt werden, innerhalb einer Zeitspanne von höchstens 5 Jahren das Grundkapital durch Ausgabe neuer Aktien gegen Einlagen zu erhöhen. Eine solche **Ermächtigung** kann durch die Satzung (§ 202 Abs. 1 AktG) oder durch einen Beschluss der Hauptversammlung herbeigeführt werden. Der Beschluss der Hauptversammlung bedarf einer 3/4-Mehrheit des vertretenen Grundkapitals. Die Satzung kann nur eine größere erforderliche Kapitalmehrheit festlegen (§ 202 Abs. 2 Satz 3 AktG). Der Nennbetrag des Kapitals, das Gegenstand der Ermächtigung ist (= genehmigtes Kapital), darf 50 % des Grundkapitals, das zum Zeitpunkt der Ermächtigung vorhanden ist, nicht übersteigen (§ 202 Abs. 3 Satz 1 AktG). Nur mit Zustimmung des Aufsichtsrates sollen die jungen Aktien innerhalb der zulässigen Zeitspanne ausgegeben werden.

Zweck der von der Hauptversammlung ausgesprochenen Ermächtigung ist es, der Unternehmensleitung einen **Handlungsspielraum** zu eröffnen: Sie kann den *Zeitpunkt* der Aktienausgabe während des Zeitfensters im zugelassenen Umfang und – soweit die Ermächtigung der Hauptversammlung keine Bestimmungen enthält – auch die Emissionsbedingungen festlegen. Die Hauptversammlung gibt dem Vorstand, soweit die Ermächtigung nicht näher präzisiert ist, eine Blankovollmacht für fünf Jahre. Der Gesetzgeber versucht, die Nutzung der Ermächtigung an die Zustimmung des Aufsichtsrates (§ 202 Abs. 3 Satz 2 AktG) zu binden.

Die Ermächtigung des Vorstandes erhält zusätzliches Gewicht, wenn sie auch vorsieht, dass der Vorstand über den **Ausschluss des Bezugsrechtes** entscheiden kann (§ 203 Abs. 2 Satz 1 AktG). Es treten für die Aktionäre dann die Probleme auf, die oben geschildert wurden. Das Gesetz sieht eine besondere Informationspflicht des Vorstandes für diesen Fall vor: Gemäß § 186 Abs. 4 AktG hat der Vorstand der Hauptversammlung einen **schriftlichen Bericht** vorzulegen, aus dem die Gründe für den von ihm beantragten Ausschluss des Bezugsrechtes hervorgehen. Im Zusammenhang mit dem genehmigten Kapital entsteht hier jedoch ein Problem: Der um die Ermächtigung nachsuchende Vorstand wird regelmäßig noch nicht wissen, wann er die Ermächtigung zur Kapitalerhöhung nutzt, zu welchem Zweck er das Eigenkapital einsetzen will und ob er von der erteilten Ermächtigung zum Bezugsrechtsausschluss Gebrauch machen wird. Folglich wird er der Hauptversammlung im Zeitpunkt des Beschlusses über das genehmigte Kapital keine präzisen Gründe vorlegen können. Mit Leerformeln ist der Hauptversammlung nicht geholfen. Sie könnte im Vertrauen auf den Vorstand eine Blankovollmacht erteilen. Wegen des besonderen Eingriffs in die Aktionärsrechte, den ein Bezugsrechtsausschluss darstellt, wird in der Literatur gefordert, der mit einer Ermächtigung zum Bezugsrechtsausschluss ausgestattete Vorstand hätte vor Ausgabe der jungen Aktien die Hauptversammlung über die Gründe des geplanten Bezugsrechtsausschlusses zu informieren und ihre Zustimmung einzuholen. Das erscheint folgerichtig: Wer die Nachteile trägt, soll auch mitreden dürfen.

Der Bezugsrechtsausschluss im Verbund mit dem genehmigten Kapital wird z. B. genutzt, um Beteiligungen oder ganze Unternehmen im Wege des Aktientausches zu erwerben oder um die jungen Aktien Arbeitnehmern anzubieten (§ 202 Abs. 4 AktG). In beiden Fällen gehen die jungen Aktien an Dritte; das Bezugsrecht der Altaktionäre muss also ausgeschlossen werden. Besondere Probleme ergeben sich, wenn die Ausgabe junger Aktien aus dem genehmigten Kapital gegen Sacheinlagen erfolgt. Dies ist nach § 205 AktG zulässig, wenn die Ermächtigung des Vorstands dies vorsieht.

9.6.3.5 Bedingte Kapitalerhöhung

Eine bedingte Kapitalerhöhung ist durch zwei Merkmale charakterisiert: (1) Ihre Durchführung hängt vom Eintritt einer im Erhöhungsbeschluss der Hauptversammlung festzulegenden **Bedingung** ab; (2) die jungen Aktien aus einer bedingten Kapitalerhöhung werden generell *Nichtaktionären* angeboten. Ein Bezugsrecht auf die jungen Aktien steht den Altaktionären somit nicht zu.

Die formalen Voraussetzungen einer bedingten Kapitalerhöhung gleichen im Wesentlichen denen der bisher besprochenen Formen der Kapitalerhöhung:

- Bei Einberufung der Hauptversammlung ist der Tagesordnungspunkt «bedingte Kapitalerhöhung» und der wesentliche Inhalt der geplanten Satzungsänderung bekanntzumachen (§ 124 AktG).
- Der Beschluss über die bedingte Kapitalerhöhung bedarf mindestens einer 3/4-Mehrheit des vertretenen Grundkapitals. Die Satzung kann eine höhere Mehrheit verlangen (§ 193 Abs. 1 AktG). Hat die AG mehrere Gattungen von Aktien, so haben die Aktionäre jeder Gattung einen (zusätzlichen) Sonderbeschluss zu fassen (§ 182 Abs. 2 AktG).
- Der Nennbetrag des bedingten Kapitals darf 50 % des aktuellen Grundkapitals bei Beschlussfassung nicht übersteigen (§ 192 Abs. 3 AktG).
- Eine bedingte Kapitalerhöhung mit Sacheinlagen ist zulässig, wenn sie ausdrücklich und ordnungsgemäß bekanntgemacht worden ist (§ 124 AktG) und Gegenstand, Person und Nennbetrag der dafür zu gewährenden Aktien im Beschluss der Hauptversammlung festgesetzt werden (§ 194 Abs. 1 AktG).

§ 192 Abs. 2 AktG formuliert, dass eine bedingte Kapitalerhöhung nur zu folgenden Zwecken beschlossen werden soll:

(1) zur Gewährung von Umtausch- oder Bezugsrechten an Gläubiger von Wandelschuldverschreibungen;

(2) zur Vorbereitung des Zusammenschlusses mehrerer Unternehmen;

(3) zur Gewährung von Bezugsrechten an Arbeitnehmer und Mitglieder der Geschäftsführung der Gesellschaft oder eines verbundenen Unternehmens im Wege des Zustimmungs- oder Ermächtigungsbeschlusses.

In allen Fällen muss die AG über **eigene Aktien** verfügen. Es ist i. d. R. noch unbestimmt, ob und in welchem Umfang von den Bezugsrechten Gebrauch gemacht wird. Müsste die AG die erforderlichen Aktien im Wege der ordentlichen Kapitalerhöhung beschaffen (unter Ausschluss des Bezugsrechts) würde sie i. d. R. über Restposten eigener Aktien verfügen. Die bedingte Kapitalerhöhung bietet deshalb die Möglichkeit, das Grundkapital um genau den Betrag zu erhöhen, der benötigt wird, um Bezugsberechtigte und -willige zu befriedigen.

Inhaber von Wandelschuldverschreibungen können innerhalb von bestimmten Fristen und unter festgesetzten Bedingungen ihre Schuldverschreibungen, die ihre Forderungen gegen die AG verbriefen, gegen Aktien eben dieser AG eintauschen. Die AG benötigt somit eigene Aktien in einem bei Beschlussfassung noch unbekanntem Ausmaß. Wandeln die Inhaber von Schuldverschreibungen ihre Forderungspapiere in Aktien um, fließen der AG im Umwandlungszeitpunkt i. d. R. keine liquiden Mittel zu: Bestehende Fremdkapitalansprüche der Inhaber der Schuldverschreibungen werden in Ansprüche aus Eigenkapital getauscht.

Werden die Bezugsaktien aus der bedingten Kapitalerhöhung benutzt, um die Eigentümer eines übernommenen Unternehmens auszuzahlen (§ 192 Abs. 2 Ziffer 2 AktG), handelt es sich um eine bedingte Kapitalerhöhung mit Sacheinlagen (§ 194 AktG). Damit gelten die generell bei Kapitalerhöhung mit Sacheinlagen festgelegten Erfordernisse. Auch hat eine Prüfung durch einen oder mehrere Prüfer stattzufinden, deren Aufgabe «sinngemäß» der der Gründungsprüfer entspricht (§ 194 Abs. 4 AktG). Das Gericht kann nach § 194 Abs. 4 Satz 3 AktG die Eintragung des Beschlusses ablehnen, wenn der Wert der Sacheinlage «nicht unwesentlich» hinter dem geringsten Ausgabebetrag der dafür zu gewährenden Aktien zurückbleibt.

Werden die Bezugsaktien Arbeitnehmern angeboten, die konkrete Forderungen aus einer bereits eingeräumten Gewinnbeteiligung haben, liegt im Prinzip ebenfalls eine Sacheinlage vor: Die Arbeitnehmer bringen nicht Geld, sondern ein Recht, eine Forderung ein. § 194 Abs. 3 AktG erklärt aber die Einlage von Geldforderungen der Arbeitnehmer aus Gewinnbeteiligungen nicht zur Sacheinlage. Der bei Sacheinlagen erforderliche aufwendige Prüfprozess kann deshalb hier unterbleiben.

Im Beschluss über die bedingte Kapitalerhöhung müssen ihr Zweck, der Kreis der Bezugsberechtigten und der Ausgabebetrag festgestellt werden (§ 193 Abs. 2 AktG). Der Beschluss ist zur Eintragung ins Handelsregister anzumelden (§ 195 AktG).

9.6.3.6 Kapitalerhöhung aus Gesellschaftsmitteln

Eine **Kapitalerhöhung aus Gesellschaftsmitteln** (KEGM) (auch nominelle Kapitalerhöhung) bewirkt keine zusätzliche Geld- oder Sacheinlage in die AG (oder die GmbH, für die die KEGM ebenso zulässig ist). Lediglich Anteile der Gewinnrücklagen und der Kapitalrücklage werden in Grundkapital umgewandelt (§ 207 Abs. 1 AktG). Diese Umwandlung kann unterschiedliche Auswirkungen haben:

- Eine KEGM erhöht für eine ansonsten unveränderte Gesellschaft nur die Zahl der Aktien. Damit sinkt der Kurs der Aktie, der vor der KEGM bestand: Niedrigere Aktienkurse können die Portefeuille-Bildung der Aktionäre erleichtern und die Handelbarkeit der Aktie erhöhen.
- Wenn die Verwaltung der AG den Jahresabschluss feststellt, kann sie höchstens die Hälfte des Jahresüberschusses in andere Gewinnrücklagen einstellen (§ 58 Abs. 2 Satz 1 AktG). Die Satzung kann die Verwaltung zu einem größeren Selbstfinanzierungsspielraum ermächtigen (§ 58 Abs. 2 Satz 2 AktG). Diese Satzungsermächtigung wird außer Kraft gesetzt, wenn die anderen Gewinnrücklagen die Hälfte des Grundkapitals übersteigen oder übersteigen würden (§ 58

Abs. 2 Satz 3 AktG). Um den durch «zu hohe» Rücklagen verlorenen Spielraum zur autonomen Bestimmung der Selbstfinanzierung wiederzuerlangen, kann der Vorstand der Hauptversammlung eine KEGM vorschlagen.

- Andere Gewinnrücklagen sind im Prinzip ausschüttbar, wenn die den Jahresabschluss feststellenden Organe – i. d. R. die Verwaltung – ihre Auflösung beschließen (§ 58 AktG, § 268 Abs. 1 HGB). Sind die anderen Gewinnrücklagen aber in Grundkapital umgewandelt, ist ihre Ausschüttung erheblich schwieriger; sie ist nur im Wege der **Kapitalherabsetzung** möglich. Eine KEGM erhöht somit in der Tendenz die Kreditwürdigkeit einer AG.
- Sind die Kurse der Aktie hoch, sind auf den Nennwert bezogene hohe Dividendensätze nötig, um den Aktionären eine bescheidene Dividendenrendite zu bieten (immer unterstellt, dies sei ein verfolgtes Ziel). Ist der Kurs 600 und der Nennwert der Aktie 100, muss eine auf den Nominalwert bezogene Dividende von 24 % erklärt werden, um dem Aktionär eine kursbezogene Rendite von 4 % bieten zu können. In Literatur und Praxis wird argumentiert, hohe auf den Nennwert bezogene Renditen weckten die Begehrlichkeit anderer Gruppen, wobei insbesondere an die Arbeitnehmer und deren Vertreter gedacht wird. Die empirische Geltung des Arguments soll hier nicht geprüft werden. Träfe es zu, dann wäre es konsequent, den Kurs der Aktie durch KEGM zu senken.

Das Gesetz regelt präzise, welche Rücklagen umwandlungsfähig sind. Die Rücklagen müssen in der letzten Jahresbilanz und ggf. in der Zwischenbilanz als «Kapitalrücklage» oder «andere Gewinnrücklage» ausgewiesen worden sein. Im Grundsatz können andere Gewinnrücklagen in voller Höhe, gesetzliche und Kapitalrücklagen insoweit, als sie zusammen den zehnten Teil oder den in der Satzung fixierten höheren Teil des bisherigen Grundkapitals übersteigen, umgewandelt werden (§ 208 Abs. 1 AktG). Rücklagen können insoweit *nicht* umgewandelt werden als in der Bilanz ein Verlust oder ein Verlustvortrag ausgewiesen ist oder wenn Gewinnrücklagen «zweckbestimmt» sind, d.h., eine Zweckbindung tragen, die ihre Umwandlung ausschließt (§ 208 Abs. 2 AktG).

Mit der Eintragung des Beschlusses über die Erhöhung des Grundkapitals im Handelsregister ist dieses erhöht (§ 211 AktG). Die Aktionäre haben kein Bezugsrecht; die neuen Aktien fallen ihnen automatisch zu (§ 212 AktG). In diesem Zusammenhang wird die Bezeichnung «**Gratisaktien**» gebraucht. Die Aktionäre bekommen indessen kein Geschenk. Das, was ihnen ohnehin gehört, wird nur anders verpackt. Erfolgt eine KEGM im Verhältnis 1:1, hält ein Aktionär, der vor der KEGM n Aktien hatte, nach der KEGM $2 \cdot n$ Aktien. Der ursprüngliche Kurs der Aktie wird sich vermutlich halbieren, womit der Reichtum jedes Aktionärs unverändert wäre. Eine KEGM entspricht der Ausgabe neuer Aktien zum Bezugspreis $B = 0$ mit einem automatischen «Bezugsrecht» der Aktionäre.

Nach der Eintragung des Beschlusses über die Erhöhung des Grundkapitals fordert der Vorstand die Aktionäre auf, die neuen Aktien abzuholen. In der Bekanntmachung ist darauf hinzuweisen, dass die Gesellschaft berechtigt ist, Aktien, die nicht innerhalb eines Jahres abgeholt werden, nach dreimaliger Androhung für Rechnung der Beteiligten zu verkaufen (§ 214 AktG).

Hatte die Hauptversammlung der AG vor der KEGM eine bedingte Kapitalerhöhung beschlossen, erhöht sich das bedingte Kapital nach der KEGM im gleichen Verhältnis wie das Grundkapital (§ 218 Satz 1 AktG).

9.6.4 Zur empirischen Bedeutung von Kapitalerhöhungen durch Ausgabe von Aktien

Von Interesse ist, welche Bedeutung die Gewinnung von Eigenkapital über die Ausgabe von Aktien neben der Innenfinanzierung – behandelt in Kapitel 10 – und der Fremdfinanzierung – behandelt in Kapitel 7 – hat. Tabelle 9.11 informiert über die Zahl börsennotierter deutscher Aktiengesellschaften und die Emissionsvolumina inländischer Emittenten bewertet zu Nennbeträgen und Kurswerten.[96]

Die Zahlen mögen in einzelnen Jahren eine eindrucksvolle Höhe erreichen, wobei zu beachten ist, dass die Daten – insbesondere in den Jahren 1998 – 2001 – auch die Beträge enthalten, die vom Markt für IPOs aufgebracht wurden. Diese Beträge müssten aus der Tabelle 9.11 herausgerechnet werden, wenn allein die Inanspruchnahme des Kapitalmarktes durch *etablierte* Aktiengesellschaften dargestellt werden soll. Im Vergleich zu den Investitionsvolumina, die die börsennotierten Unternehmen pro Jahr durchführen, sind diese Eigenkapitalbeträge jedoch eher bescheiden. Sie werden im Durchschnitt nur etwa 4 – 5 % des gesamten Mittelbedarfs aller börsennotierten Gesellschaften für Investitionen decken, weshalb die Mittelbeschaffung durch Aktienemissionen neben der Innenfinanzierung und der Fremdfinanzierung nur den dritten Platz belegt.[97]

Jahr	Zahl börsen-notierter AG's	Emissions-volumen in Mio. € Nennwert	Emissions-volumen in Mio. € Kurswert	Jahr	Zahl börsen-notierter AG's	Emissions-volumen in Mio. € Nennwert	Emissions-volumen in Mio. € Kurswert
1987	679	994	5.174	2000	1.065[98]	1.442	18.721
1988	706	496	2.485	2001	1.075[98]	1.762	7.971
1989	749	1.546	8.658	2002	1.011	592	3.025
1990	776	1.816	11.233	2003	976	1.487	12.231
1991	799	853	4.858	2004	976	1.562	6.256
1992	790	895	5.301	2005	976	1.077	10.795
1993	796	1.323	7.622	2006	1.103	1.135	5.452
1994	810	1.926	12.839	2007	1.171	1.601	7.112
1995	812	1.406	8.786	2008	1.178	2.674	8.288
1996	802	2.546	14.756	2009	1.150	6.590	16.506
1997	817	1.043	9.611	2010	k. A.	2.079	18.645
1998	883[98]	1.724	22.569	2011	k. A.	4.525	17.867
1999	931[98]	3.372	31.341				

Tabelle 9.11: Börsennotierte Aktiengesellschaften und Emissionsvolumina (in Mio. €)

---

96 Quellen sind die Factbooks des DAI (Deutsches Aktieninstitut) 2004–2011.

97 Von Stützel (1981), S. 199 stammt die schöne Formulierung: „Aber der Größenordnung nach dürfte zwischen dem Anteil von Brauereipferden am gesamten örtlichen Biertransport und dem Anteil der Aktie am gesamten Transport von Geldern aus den Ersparnissen privater Haushalte an die investierenden Unternehmen kein nennenswerter Unterschied bestehen."

98 Zuwachs, ausgelöst durch den „Neuen Markt".

Eine vergleichbare Information liefern auch Brealey/Myers/Allen. Abbildung 9.8 stellt gegenüber das durch Innenfinanzierung generierte Mittelvolumen und das durch Ausgabe von Aktien gewonnene für amerikanische Aktiengesellschaften (ohne Banken und Versicherungen).

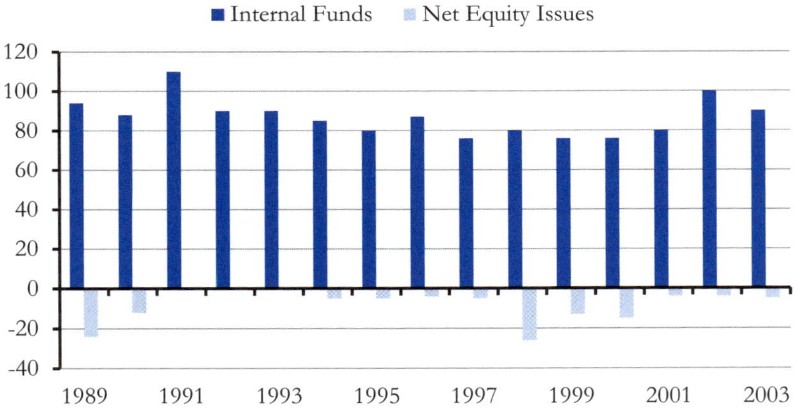

Abbildung 9.8: Innenfinanzierung und Finanzierung durch Ausgabe von Aktien in den USA (Quelle: Brealey/Myers/Allen (2006), S. 362)

Dieses Ergebnis ist so zu lesen, dass etablierte Aktiengesellschaften auf die Alternative, neues Kapital auf dem Wege der Eigenfinanzierung über die Ausgabe junger Aktien zu gewinnen, nur mit gedämpftem Schwung zurückgreifen. Hierfür gibt es Gründe. Etablierte Aktiengesellschaften haben mehrere Möglichkeiten sich finanzielle Mittel für Investitionszwecke zu beschaffen: die Innenfinanzierung über Abschreibungen und die Bildung von Rückstellungen oder über die Thesaurierung von Gewinnen – vgl. Kapitel 10 –, über die vielfältigen Möglichkeiten der Fremdfinanzierung, die in Kapitel 7 behandelt wurden und eben die Möglichkeit junge Aktien auszugeben. Es gibt Konstellationen, in denen eine Aktienausgabe eine vernünftige Option ist. Die Verschuldung sei gemessen an branchenüblichen Standards bereits hoch, die aktuellen Kosten für langfristiges Kapital laden nicht zur Erhöhung des langfristigen Fremdkapitals ein, die Innenfinanzierungsmöglichkeiten sind – unter Beachtung einer angekündigten Ausschüttungspolitik – zu schmal, um die als vorteilhaft eingestuften Investitionsprojekte zu finanzieren. Dann ist die Erhöhung des Eigenkapitals über die Ausgabe von Aktien u. U. eine brauchbare Option, die im Prinzip dem Kapitalmarkt erläutert und vermittelt werden könnte. Eine solche Ankündigung könnte „good news“ sein, also den Kurs der Aktie steigen lassen.

In der Realität tritt sehr, sehr häufig das Gegenteil ein: der Kurs der Aktie fällt, wie intensive US-amerikanische Untersuchungen belegen.[99] Diese empirische, vielfach bestätigte Beobachtung hat eine Reihe von Erklärungsversuchen hervorgebracht:

[1] Der erste baut auf der berechtigten Vermutung auf, dass die Manager des Unternehmens Informationsvorsprünge vor Aktionären haben. Gestützt auf diesen Informationsvorsprung kündigen sie Kapitalerhöhungen durch Ausgabe neuer Aktien dann an, wenn die Aktie am Markt überbewertet ist, d. h. wenn künftige, dem

[99] Vgl. z. B. Asquith/Mullins (1986), S.61–90; Mikkelson/Partch (1986), S. 31–60.

Markt später zugehende Informationen einen Rückgang des aktuellen Kurses der Aktie erwarten lassen. Diese Strategie ist im Interesse der bisherigen Eigentümer. Aber sie ist nicht im Interesse neuer Eigentümer, die die Ankündigung der Kapitalerhöhung als „bad news" interpretieren. Die Folge sind im Zeitablauf sich abschwächende Kurse.

[2] Ankündigungen von Kapitalerhöhungen durch Ausgabe von Aktien kommen am Markt häufig unerwartet an. Wenn der Markt klare Erwartungen über die künftige Investitionsstrategie des Unternehmens sowie dessen Ausschüttungspolitik hat – hierzu tragen die Unternehmen durch Veröffentlichungen in Jahresberichten und andere Verlautbarungen bei – dann können unerwartete Aussagen zu geplanten Kapitalerhöhungen Erwartungsänderungen über das Potenzial der Innenfinanzierung auslösen. Wird dieses schwächer als erwartet eingeschätzt, sind Kursreaktionen die Folge. Tritt diese Kursreaktion ein, trifft dies auch die Alteigentümer des Unternehmens, die sich ansonsten gegen Fehlbepreisungen bei der Ausgabe junger Aktien, die unter dem Begriff „underpricing"[100] behandelt werden, durch das Bezugsrechte nutzende Verfahren wirkungsvoll verteidigen können.

Ein zweiter Grund für die zurückhaltende Nutzung des Weges Eigenkapital über die Ausgabe junger Aktien zu besorgen seitens etablierter Aktiengesellschaften, könnten die Emissionskosten sein. Diese, gemessen als Prozentsatz der Kosten bezogen auf das beschaffte Mittelvolumen, variieren stark in Abhängigkeit von der Höhe des Emissionsvolumens und der Art des gewählten Emissionsverfahrens.[101] Als Daumenregel kann herhalten, dass die Emissionskosten für Eigenkapital bestenfalls 8 % betragen, und damit deutlich höher sind als die Beschaffungskosten für langfristiges Fremdkapital, und in besonderen Fällen wie bei kleinen Gesellschaften Prozentsätze zwischen 8 % und 13 % erreichen. Für das erstmalige Angebot von Aktien (initial public offering, IPO) fallen generell höhere Emissionskosten an.[102]

9.7 Eigenkapital und startende bzw. wachsende junge Unternehmen

9.7.1 Einführung

In den Abschnitten 9.4 bis 9.6 wurden insbesondere Grundlagen technischer Art vorgestellt: Wie funktioniert eine OHG? Was ist eine GmbH oder eine GmbH und Co. KG und was bedeutet Haftungsbeschränkung und wie wird sie in verschiedenen Rechtsformen umgesetzt? Wie können die Verbindungen zwischen dem Einsatz von Eigenkapital und der Verfügung über Entscheidungsrechte aussehen? Wie sieht die Kompetenzverteilung unter den Organen einer AG aus und wo liegen deren Finanzie-

---

100 Mit „underpricing" wird die Ausgabe neuer Aktien zu einem Preis verstanden, der unter dem „true market price" liegt und somit den diese Aktien kaufenden Anlegern zu einer mehr oder weniger markanten Überrendite am ersten Handelstag („first-day-return") verhilft. Einen Überblick über „first-day-returns" geben Ross/Westerfield/Jaffe/Jordon (2008), S. 556–561; Grinblatt,/Titman (2001), S. 16–17.

101 Vgl. z. B. die Angaben bei Ross/Westerfield/Jaffe/Jordan (2008), S. 562–563; Brealey/Myers (2000), S. 421; Grinblatt/Titman (2001), S. 14–18; Berk/DeMarzo (2007), S. 769–770.

102 Vgl. hierzu Abschnitt 9.7.4.3.

rungsvor- bzw. -nachteile? Welche Formen der Kapitalerhöhung sind bei der AG zu unterscheiden? Welches Gewicht hat die Gewinnung von Eigenkapital bei der etablierten AG, die über die Ausgabe von jungen Aktien realisiert wird?

Im Abschnitt 9.7 verändern wir die Perspektive: wir betrachten den Start und das Wachsen von Unternehmen, die entweder nicht die Rechtsform der AG haben oder nicht börsennotiert sind sowie die dann bestehenden Probleme und Lösungswege, um zu einem das Überleben sichernden Bestand an verfügbarem Eigenkapital zu gelangen. Die oben erläuterten Eigenschaften der Rechtsformen, der Kompetenzverteilung, der Haftungsbeschränkung, der Regelungen zur Gewinnermittlung und -verteilung stellen Randbedingungen dar, innerhalb derer die Prozesse der Eigenkapitalgewinnung ablaufen. Vier Stadien der Eigenkapitalgewinnung möchten wir hervorheben: das Stadium der Startfinanzierung (seed-financing oder start-up financing), Finanzierung eines jungen mittelständischen Unternehmens über das Eigenkapital-Surrogat Genussschein, die Finanzierung eines Buy-outs mittels Verkäuferdarlehen und VC-Finanzierung und die Situation der erstmaligen Emission von Aktien, das initial public offering (IPO).

9.7.2 Private Equity und junge Unternehmen

Unter private equity versteht man Beteiligungskapital, das in Form von Eigenkapital oder eigenkapitalähnlichen Mitteln von spezialisierten private-equity-Gesellschaften an Unternehmensgründer bzw. nicht notierte Unternehmen gewährt wird, um deren Start-, Wachstums-, Turnaround-Finanzierung zu unterstützen oder erst zu ermöglichen. Gemäß der vom Bundesverband deutscher Kapitalbeteiligungsgesellschaften e. V. (BVK) benutzten Definition umfasst private equity die in Abbildung 9.9 dargestellten Phasen der Finanzierung.

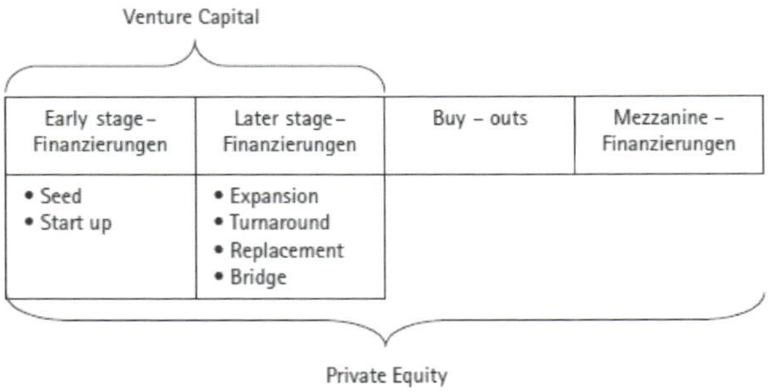

Abbildung 9.9: Einsatzfelder von Private Equity

Grafik A: Beteiligungsgesellschaften im BVK von 1991 bis 2013

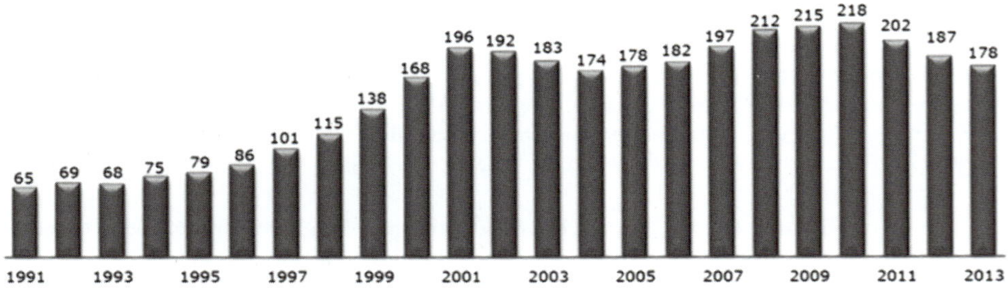

Grafik B: Mittelbeschaffung in Mio. € von 1999 bis 2013

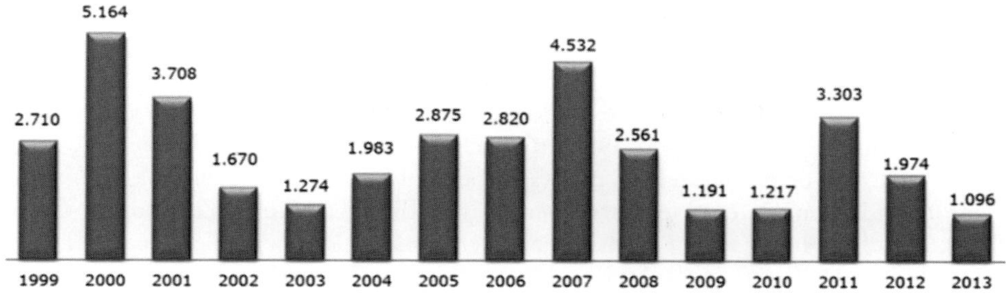

Abbildung 9.10: Anzahl (Grafik A) und Mittelbeschaffung (Grafik B) deutscher BVK-Beteiligungsgesellschaften (Quelle: Bundesverband Deutscher Kapitalbeteiligungsgesellschaften (2014), S. 4–5.)

Abbildung 9.10 informiert über Anzahl und Mittelbeschaffung deutscher BVK-Beteiligungsgesellschaften im Zeitablauf.

Typische Eigenschaften von Verträgen, die ein Angebot von Private Equity (oder Venture Capital) zum Gegenstand haben, sind:

- eine Beteiligung am Eigenkapital ist Bedingung,
- Einflussnahme auf Strategie und Steuerung des Unternehmens ist wichtig,
- die Beteiligungsperiode ist als befristet konzipiert: es muss einen „exit" geben,
- Nachschüsse sind möglich bzw. vorgesehen, wenn definierte Kriterien erfüllt sind,
- als Zielsetzung gilt Wertsteigerung,
- das Schwergewicht der Entlohnung des private equity Liefernden liegt am Ende der Beteiligungsperiode.

Lieferanten von private equity sind vermögende Privatpersonen (business angels), Kapitalbeteiligungsgesellschaften, große etablierte industrielle Aktiengesellschaften, Private-equity-Fonds und Versicherungen.

Venture Capital-Finanzierungen stellen gemäß Abbildung 9.9 eine Teilmenge des Bereiches von private equity dar. Mit Venture Capital–Finanzierungen werden Eigenkapitalzuführungen an ganz junge Unternehmen bezeichnet, die sich in der Seed-, Start-up- oder der First-Stage-Finanzierung befinden. Als Seed-Phase gilt diejenige, in der Marktanalysen betrieben und das Geschäftsmodell auf die Beine gestellt wird. Die Start-up-Phase ist gekennzeichnet durch die Erarbeitung eines detaillierten Businessplans, der geplante Investitionen, deren Finanzierung, Marketing- und Organisationsmaßnahmen abbildet. In der sich anschließenden First-Stage-Finanzierung beginnt die Produktion des Produktes; erste Umsätze finden statt.[103] Nach Ablauf dieser drei Phasen gilt der Bereich der Venture Capital-Finanzierung als abgeschlossen.[104]

[103] Vgl. zu den Phasen der Finanzierung z. B. Ross/Westerfield/Jaffe/Jordan (2008), S. 571–573; Wöhe/Bilstein/Ernst/Häcker (2013), S. 170–172.

[104] Dem Leser mag die Kennzeichnung der drei Phasen etwas konturenlos erscheinen. In der Realität sind diese Begriffe (und der zugehörige Zustand des aufstrebenden Unternehmens) akzeptiert. Vgl. auch Gompers (2006), S. 483–509.

Wenn man VC-Finanzierung als Finanzierungs- und Beratungsbeitrag an Gründerteams oder einzelne Gründer versteht, die die Eierschalen der juristischen und ökonomischen Gründung noch nicht abgeworfen haben, dann wird klar, dass sich das Finanzierungsproblem ganz anders präsentiert als das im Abschnitt 9.5.2 benutzte Beispiel. Im Kern existiert eine **Produktidee** von einem oder einigen Gründern mit meist technischem Hintergrund. Die Erfolgschancen dieser Idee sind sehr schwer zu bewerten. Das Unternehmen bzw. das Vorhaben hat keine Geschichte. Folglich gibt es keine historischen Daten wie Jahresüberschüsse, Bilanzen, GuV-Rechnungen, Cashflows, auf die gestützt man Prognosen ableiten könnte. Der oder die Gründer haben kein oder wenig Eigenkapital. Dass sie ihr verfügbares Eigenkapital einsetzen, signalisiert indessen, dass sie dem Erfolg ihrer Produktidee glauben. Sie haben i. d. R. technisches Wissen, also Humankapital, aber dies ist nicht beleihbar. Fremdfinanzierung scheidet also aus. Das technische Wissen der Gläubiger ist für Dritte schwer zu bewerten. Das gilt auch für auf **early-stage-Finanzierungen** spezialisierte VC-Geber. Das Risiko Geld zu verlieren, ist folglich hoch.

Diese Datenkonstellation hat Folgen für die zu schließenden Finanzierungsverträge. Es reicht jetzt nicht aus, zu beachten, dass Finanzierungsverträge gemeinsam erzielte Erfolge aufteilen und Risiken zuteilen bzw. verlagern können. Finanzierungsverträge müssen im VC-Kontext mehr leisten als dies.

Wir können uns den VC-Geber als Fonds vorstellen, der bei Kapitalsammelstellen wie Banken, Versicherungen, Pensionsfonds und vermögenden privaten Investoren Geld einsammelt unter Verweis auf hohe erzielbare Renditen, um diese Mittel zur **Frühphasenfinanzierung** erfolgsträchtiger Gründerteams einzusetzen. Das Risiko-/Ertragsprofil eines VC-Investments ist ungewöhnlich, wie die empirische Untersuchung von Weidig/Mathonet (2004) zeigt. Abbildung 9.11 verdeutlicht das durchschnittliche Risiko-/Ertragsprofil eines VC-Investments in den USA.[105]

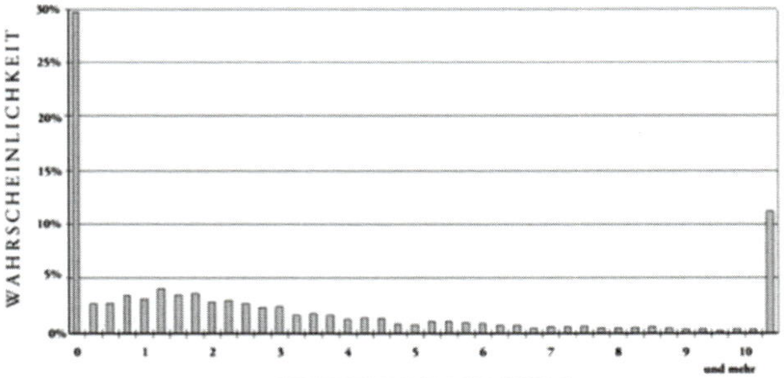

Abbildung 9.11: Risikoprofil von VC-Beteiligungen in den USA

Der Multiplikator (Multiple) ist definiert als Summe aller Rückflüsse aus dem VC-Engagement dividiert durch das insgesamt eingezahlte Kapital. Zeitdifferenzen und Kapitalkosten sind also unbeachtet. Die Wahrscheinlichkeit für einen Totalausfall ist 30 %. Die Wahrscheinlichkeit für die exakte Wiedergewinnung des eingezahlten Kapi-

---

105 In die Analyse wurden 5.000 Engagements von VC-Financiers einbezogen. Vgl. Weidig/Mathonet (2004), S. 10.

tals (im Sinne der pay-back-Idee) ist ca. 3 %. Die Wahrscheinlichkeit für ein Multiple von 10 und mehr ist etwa 12 %. Es sind diese wenigen Fälle, die die zahlreichen Flops kompensieren müssen. Man darf aus diesem empirischen Aspekt einige Folgerungen ziehen:

(1) Der Auswahlprozess, das **Screening**, ist für den VC-Geber sehr wichtig, aber schwer zu bewältigen, da er im Vergleich zum Gründerteam geringeres technologisches Wissen hat und weil die Chanceneinschätzung der Marktakzeptanz ein sehr schwieriges Geschäft ist.

(2) Der VC-Geber muss diversifizieren, um Risiken abzubauen, also zahlreiche VC-Engagements eingehen.

(3) Der VC-Geber muss Finanzierungsverträge schließen, die die **fehlende Symmetrie** der Finanzierungsverhältnisse ausgleichen. Bestünden symmetrische Verträge zwischen Gründerteam und VC-Geber, wären – wie in Kapitel 5 erläutert – die Anreize zur gemeinschaftlichen Steigerung des Wertes des Unternehmens sehr intensiv. Dies käme dem VC-Geber sehr entgegen, da der Schwerpunkt der Wertgenerierung für ihn im Zeitpunkt des Austritts (**Exit**) liegt. Weil die Gründerteams i. d. R. nicht über nennenswerte Beträge an Eigenkapital verfügen, stellt der VC-Geber den Löwenanteil. Der Beitrag zur Wertgenerierung der Gründerteams besteht in ihrem Arbeitseinsatz und der effizienten Umsetzung ihres technologischen Wissens. Die Finanzierungsverträge übernehmen nun die Funktionen a) das Gründerteam zu dem Arbeitseinsatz anzuhalten, den es brächte, wenn es eigenes Eigenkapital im nennenswerten Umfang einsetzte und b) die Gründer zu disziplinieren, wenn die intendierte Anreizfunktion nicht die gewollten Effekte nach sich ziehen sollte. Die Disziplinierung kann in unterschiedlicher Intensität erfolgen:

- Verbreitet sind **Stufenfinanzierungen** (stage financing). Der Vertrag definiert Eckpunkte (**Milestones**), die nach einer definierten Zeitspanne erreicht sein müssen. Sind sie es nicht, erfolgt die zweite, dritte etc. Finanzierungsrunde zu für das Gründerteam unvorteilhaften Bedingungen oder bleibt im schlimmsten Fall ganz aus. Der letztgenannte Fall bedeutet i. d. R., dass das Projekt zum Erliegen kommt und der VC-Geber seine investierten Mittel abschreiben kann. Sanktionen, die die sanktionierende Partei selbst schädigen, verlieren an Wirkung.
- Die immer relevanten Mitwirkungsrechte des VC-Gebers können in Abhängigkeit von der Erreichung der Milestones variiert werden. Bei ausbleibenden Teilerfolgen reduziert sich der Autonomiebereich der Gründer, weil ihnen z. B. neue Geschäftsführer oder Controller zur Seite gestellt werden.

Finanzielle Anreize über die Aufteilungsregel der Nettoeinzahlungen zu schaffen, ist eine reizvolle, aber schwierige Aufgabe.[106] Betrachten wir ein Beispiel: Ein im Aufbau befindliches Unternehmen habe einen Kapitalbedarf von 800.000 Euro. Der VC-Geber hat präzise Vorstellungen, wie riskant das Unternehmen ist. Er ist bereit, den geforderten Betrag zu investieren, wenn er eine Rendite von 30 % erzielt. Der Barwert der erwarteten Einzahlungsüberschüsse in Tabelle 9.12 beträgt 1 Mio. Euro, wenn die Wahrscheinlichkeiten der beiden Szenarien jeweils mit 0,5 angesetzt werden. Wenn der

---

106 Vgl. z. B. Myers (2000), S. 1005-1011; Bigus (2003), S. 77 ff.

VC-Geber 80 % der erwarteten Nettoeinzahlungen und Verkaufserlöse beanspruchen könnte, erreichte er gerade sein Renditeziel. Der Gründer würde mit einem Anteil von 20 % für die Einbringung der Idee und seinen mehrjährigen Arbeitseinsatz entlohnt. Dies ist ein Anreiz sich anzustrengen; der Gründer erzielt einen Barwert (bei gleicher geforderter Rendite von 30 %) von 200.000 Euro. Ob dies ein Anreiz ist, sich maximal anzustrengen, ist aber offen.

in T€	0	1	2	3	4	5
Szenario 1	–800	300	400	500	600	400
Verkaufserlös						1.600
Szenario 2	–800	300	200	100	0	0
Verkaufserlös						600

Tabelle 9.12: Szenarioabhängige Nettoeinzahlungen und Verkaufserlöse bei Exit

Wir wollen annehmen, dass die den Szenarien 1 bzw. 2 zugerechneten Zahlungen allein von der Intensität des Arbeitseinsatzes des Gründers (des Gründerteams) abhängen. Szenario 1 stehe für sehr intensiven, Szenario 2 für moderaten Arbeitseinsatz. Feinere Abstufungen des Arbeitseinsatzes werden nicht beachtet. Der VC-Geber hat Interesse, die finanzielle Beteiligung für den Gründer so auszugestalten, dass der Anreiz für sehr intensiven Einsatz verstärkt wird. Zu diesem Zweck muss man dem Gründer die Teilhabe an den finanziellen Erfolgen bei moderatem Arbeitseinsatz, also dann, wenn der Gründer Szenario 2 wählt, verkürzen. Angenommen der VC-Geber setze eine bevorrechtigte periodische Bedienung in Höhe von 250 durch. Die restlichen Überschüsse stünden dem Gründer (dem Gründerteam) zu. Der Verkaufserlös soll im Verhältnis von 0,8 : 0,2 aufgeteilt werden. Was ändert sich?

Wir unterstellen, dass alle Beteiligten mit erwarteten Cashflows rechnen und einen Diskontierungssatz von 30 % benutzen. Das Projekt weist einen Bruttokapitalwert (BKW) von 1.000 auf und einen Nettokapitalwert von 200. Teilen Gründer und VC-Geber die positiven Cashflows i. S. d. oben genannten 8:2-Regel, während der VC-Geber die Errichtungskosten allein aufbrächte, ist der Bruttokapitalwert unverändert 1.000, von dem 800 auf den VC-Geber entfallen und 200 auf den Gründer. Es profitiert somit allein der Gründer; der VC-Geber realisiert nur eine Rendite in Höhe der Alternativrendite. Realisierte man eine Prioritätsregel, die dem VC-Geber eine Vorwegzahlung von 250 pro Periode einräumte, stünde sich der VC-Geber noch schlechter, wenn es nicht gelingt, die fixe Vorwegbedienung mit dem realisierten Arbeitseinsatz des Gründers zu verknüpfen. Der Gründer erhielte erwartete Zahlungen von 50, 75, 125, 175 und 260, die einen Bruttokapitalwert von 271,03 darstellen. Der dem VC-Geber verbleibende Barwert ist mit 728,97 somit niedriger als 800. Der VC-Geber verdiente nicht einmal die Kapitalkosten.

Folglich muss versucht werden, die den Cashflow-Anteil begrenzende Vorwegbeteiligung des VC-Gebers zu lockern[107], wenn der Gründer vollen Arbeitseinsatz zeigt oder die Vorwegbeteiligung ausschließlich dann anzuwenden, wenn der Gründer den Ar-

107 Vgl. oben in Abschnitt 9.6.2 die Möglichkeiten der Gestaltung der Ausschüttungen auf Vorzugsaktien.

beitseinsatz i. S. v. Szenario 2 wählt. In beiden Fällen muss der Beteiligungsvertrag die Cashflow-Verteilung in Abhängigkeit vom Arbeitseinsatz des Gründers formulieren und dazu bedarf es justiziabler Kriterien, nach denen sich mit hinreichender Präzision entscheiden lässt, welchen Arbeitseinsatz der Gründer an den Tag gelegt hat.

Gelingt diese Differenzierung, liegt es nahe, die Vorwegbeteiligung des VC-Gebers dann zur Geltung zu bringen, wenn der Arbeitseinsatz des Gründers schwach ist. Der VC-Geber hat Interesse den Gründer dann über Einkommenseinbußen zu disziplinieren. Würde z. B. ein Vertrag entworfen, der die 8:2-Regelung beibehält, wenn der Gründer sich voll einsetzt, bei schwächelndem Arbeitseinsatz aber die Vorwegbedienung des VC-Gebers in Höhe von 250 postuliert, ändert sich die Verteilung der Barwertanteile von Gründer und VC-Geber zum Nachteil des Ersteren. Angenommen, die Wahrscheinlichkeiten für Szenario 1 und 2 seien zunächst unverändert 0,5, könnte der VC-Geber einen Bruttokapitalwert in Höhe von 820 erzielen. Der Gründer erzielte einen Barwert von 180.[108] Der Vertrag lohnt jetzt für den VC-Geber und er könnte durch Anhebung der Vorwegbeteiligung zugunsten des VC-Gebers oder durch eine andere Aufteilung des Erlöses aus dem Verkauf weiter gesteigert werden.

Ebenso wichtig erscheint, dass die Vertragsgestaltung einen Anreiz auslösen kann, der beim Gründer einen intensiveren Arbeitseinsatz nach sich zöge und somit die Wahrscheinlichkeit für den Eintritt von Szenario 1 erhöhte. Dann auch stiege der Bruttokapitalwert des Produktes. Der Finanzierungsvertrag leistete einen Beitrag zur Wertsteigerung.

Eine weitere Möglichkeit Anreize für den Gründer zu schaffen, besteht darin, das Kapital in Stufen bereitzustellen. Betrachten wir auch hier wieder ein Beispiel. Der Kapitalbedarf eines jungen Unternehmens werde für die nächsten 6 Jahre auf 10 Mio. Euro geschätzt. In dieser Zeit muss das Unternehmen (1) einen Prototyp entwickeln und (2) das Produkt zur Marktreife bringen. Diese beiden Entwicklungsstufen definiert der VC-Geber als **Meilensteine**, von deren Erreichen er die jeweilige Anschlussfinanzierung abhängig macht. Es entstehen somit drei Finanzierungsrunden:

	Investierter Betrag	Jeweils erworbener Anteil des VC-Gebers	Geschätzter Unternehmenswert nach Einlage	Kumulierter Anteil VC–Geber	Anteil Gründer
Prototyp-Entwicklung	1 Mio.	41,66 %	2,4 Mio.	41,66 %	58,34 %
Marktreife	3 Mio.	25 %	12 Mio.	66,66 %	33,33 %
Produktion	6 Mio.	10 %	60 Mio.	76,66 %	23,33 %

Tabelle 9.13: Anteilsquoten von VC-Geber und Gründer

Der Anteil des Gründers an den künftigen Zahlungsüberschüssen werde im Rahmen der ersten Finanzierungsrunde mit 58,34 % festgelegt. Der Anteil des VC-Gebers in Finanzierungsrunde 2 werde so festgelegt: Der Wert des eigenfinanzierten Unternehmens betrage 12 Mio. Euro. Die Werteffekte aus der beabsichtigten Zufuhr von 3 Mio.

108 Die anteiligen Bruttokapitalwerte addieren sich zu 1.000, dem ursprünglichen Barwert. Ein Mehrwert konnte noch nicht entstehen, da die Wahrscheinlichkeiten für Szenario 1 bzw. 2 als unverändert angenommen wurden.

und deren investive Verwendung seien bereits eingerechnet. Ein Anteil von 0,5834 · 12 = 7,0008 Mio. gehört dem Gründer. Anteile im Wert von 3 Mio. muss er an den VC-Geber im Gegenzug zur Einlage abgeben. Dies sind 42,852 % seiner Anteile (oder 25 % am gesamten Wert des Eigenkapitals). Der Anteil des VC-Gebers steigt also auf 66,66 %.

Der VC-Geber erreicht durch diese stufenweise Finanzierung des Kapitalbedarfs zweierlei:

Erstens hat er die *Möglichkeit*, das Projekt an zwei Stellen *abzubrechen,* wenn es sich nicht vorteilhaft entwickeln sollte. Nach der ersten Runde hat er 1 Mio., nach der zweiten Runde 4 Mio. investiert. Gleichzeitig reduziert sich vermutlich von Runde zu Runde die Anzahl der möglichen Szenarien, d. h. die Unsicherheit nimmt ab: Nach der ersten Runde steht fest, dass ein Prototyp entwickelt werden konnte, nach der zweiten Runde liegt ein vermarktungsreifes Produkt vor.

Zweitens entsteht Druck auf den Gründer. Nur bei termingerechtem Erreichen der Ziele wird die Finanzierung fortgesetzt, d. h. es wird ein weiterer Anreiz gesetzt, sich anzustrengen. Die Verweigerung weiterer Finanzmittel hätte i. d. R. den Verlust des Eigenkapitals des Gründers zur Folge.

Die Aufteilung des gesamten Kapitalbedarfs auf mehrere Runden macht auch aus Sicht des Gründers Sinn: Der VC-Geber bezahlt von Runde zu Runde höhere Preise pro Anteil; die Folge ist, dass der Anteil des Gründers langsamer schrumpft. Das gilt indessen nur, wenn der Wert des Projektes steigt. Auch dies ist ein starker Anreiz für den Gründer, sich voll einzusetzen.

9.7.3 Wachsende, nicht notierte Unternehmen und Eigenkapital-Surrogate

9.7.3.1 Genussschein

Wir wählen aus der Menge von Eigenkapitalsurrogaten den Genussschein aus.[109] Der **Genussschein** ist ein einfallsreiches Finanzierungsinstrument. Sein Einsatz gilt als Mittel, um für nicht emissionsfähige Unternehmen die Beschaffung von Eigenkapital zu erleichtern. Da die Platzierung von Genussscheinen prinzipiell auch Nicht-Kapitalgesellschaften offensteht, kann man das Instrument auch für mittelständische Unternehmen, auch wenn sie nicht die Rechtsform einer GmbH oder AG haben, mit Erfolg einsetzen.

Genussscheine werden gelegentlich als «Aktiensurrogate» bezeichnet. Damit soll zum Ausdruck gebracht werden, dass sie im ökonomischen Sinn Eigenkapitalcharakter haben, ohne jedoch die Rechte der Aktie zu übertragen. Im deutschen Aktiengesetz finden sich keine speziellen Regeln für Genussscheine. Diese Abstinenz des Gesetzgebers öffnet der Freiheit vertraglicher Vereinbarungen die Tür. Die Folge ist, dass es nicht möglich ist, die mit einem Genussschein verbundenen Genussrechte mit der gleichen Präzision darzustellen, wie dies für eine Stamm- oder Vorzugsaktie möglich ist. Welche Rechte ein Genussschein verbrieft, ist vertragsabhängig. Das bedeutet

[109] Zu den Eigenkapital-Surrogaten werden neben dem Genussschein gezählt Wandelanleihe, Gewinnobligation, Gesellschafterdarlehen, Verkäuferdarlehen, partiarisches Darlehen.

zweierlei: (1) Anlegern muss empfohlen werden, die jeweiligen Genussscheinbedingungen sorgfältig zu studieren, bevor sie kaufen; (2) Es können hier nur Grundlinien der Genussscheineigenschaften dargestellt werden.

Stellen wir zunächst die Frage, ob von Genussscheininhabern bereitgestellte Mittel im betriebswirtschaftlichen Sinn Eigen- oder Fremdkapital darstellen. Diese Frage wird in der Literatur unterschiedlich beantwortet. In Abschnitt 9.1 haben wir über die wünschenswerten Eigenschaften von Eigenkapital gesprochen und haben einige charakteristische Merkmale hervorgehoben. Zu diesen zählten:

[1] Eigenkapital muss bis zur vollen Höhe am Verlust teilnehmen (buchmäßige Reduktion im Verlustfall);

[2] es darf erst nach Befriedigung aller nicht nachrangigen Gläubiger zurückgefordert werden (Nachrangigkeit des Anspruchs der Eigenkapitalgeber);

[3] es sollte dem Unternehmen auf längere Sicht zur Verfügung stehen, zumindest sollten den Gläubigern überraschende Abzüge des Kapitals nicht möglich sein;

[4] ein durch Verluste reduzierter Kapitalbestand sollte durch eine Ausschüttungssperre für erzielte Jahresüberschüsse begleitet sein, wenn das Unternehmen für seine Schulden nur mit seinem Vermögen haftet.

Etwas verkürzend kann man sagen, dass diese Definition abstellt auf die buchmäßige Aufzehrbarkeit durch Verluste, auf die Nachrangigkeit des Anspruchs hinter allen Gläubigeransprüchen bei Unternehmensliquidation und auf die Zeitspanne, für die es dem Unternehmen zur Verfügung steht. Ergänzt man die aufgelisteten Eigenschaften um eine ergebnisabhängige Bedienung des Genussscheinkapitals, wobei «Ergebnis» als Jahresüberschuss, Bilanzgewinn, Ausschüttung etc. definiert werden kann, liegt ein Eigenschaftsbündel vor, das nach der Diskussion in diesem Kapitel der idealtypischen Position von Eigenkapital sehr nahe kommt. Dabei spielt es keine Rolle, ob Ansprüche von Genussscheininhabern den Ansprüchen anderer Eigenkapitalgeber (Inhaber von Stamm- oder Vorzugsaktien, GmbH-Anteilen) vor- oder nachgehen oder ihnen gleichgeordnet sind; wichtig ist allein, dass das Genussscheinkapital dem Risiko der buchmäßigen Verlustaufrechnung unbeschränkt ausgesetzt ist. Betrachten wir die Positionen, die der buchmäßigen Verlustaufrechnung bei der AG ausgesetzt sind, nämlich

a) andere und satzungsmäßige Rücklagen,

b) gesetzliche Rücklagen,

c) gezeichnetes Kapital und

d) Genussscheinkapital,

dann ist nicht entscheidend, ob das Genussscheinkapital die Position c) oder d) einnimmt. Wichtig ist allein, dass es – neben der Eigenschaft, ergebnisabhängig bedient zu werden – zu dem aus a) bis d) bestehenden, buchmäßig durch Verluste aufzehrbaren Block von Nominalansprüchen gehört. Im Ergebnis zählt Genussscheinkapital aus ökonomischer Sicht zum Eigenkapital.

Betrachtet man die Genussscheinbedingungen ausgewählter Emittenten, erkennt man die Vielfalt der anzutreffenden Vertragsbedingungen. Diese Vielfalt ist zunächst von **Vorteil**: Vertragliche Lösungen können den individuellen Erfordernissen des Emittenten viel genauer Rechnung tragen, als dies mit einem Finanzierungstitel mit einem hoch standardisierten Rechtskleid (wie z. B. der Stammaktie) möglich ist. Ein **Nachteil** liegt aufseiten der Anleger: Sie müssen viel höhere Informationskosten aufwenden, um die Genussscheinbedingungen zu verstehen, um eine rationale Anlageentscheidung zu treffen. Hier könnte die große Variabilität der anzutreffenden Genussscheinbedingungen in Verbindung mit z. T. schwerfälligen Formulierungen auch nachteilig wirken. Der Genussschein ist eben kein standardisiertes Produkt, sondern eine Anlage mit unternehmensindividuellen Eigenschaften.

Dass die Lektüre der Genussscheinbedingungen von Bedeutung ist, hat u. a. die bewegte Entwicklung des Genussscheins der Klöckner & Co. KGaA gezeigt. § 3 der Genussscheinbedingungen bestimmte, dass die Inhaber der Genussscheine am Verlust der Gesellschaft i. S. d. §§ 7 und 9 beteiligt sind. § 7 Abs. 1 und 2 lautete: «Im Falle einer Herabsetzung des Grundkapitals der Gesellschaft, die ausschließlich dazu dienen soll, Wertminderungen auszugleichen oder sonstige Verluste zu decken, ist zugleich der Gesamtgrundbetrag des Genusskapitals im gleichen Verhältnis und zu entsprechenden Bedingungen herabgesetzt.

Eine Herabsetzung des Grundkapitals hat die Wirkung gemäß Absatz (1) nur, wenn vor der Herabsetzung des Grundkapitals die freien Rücklagen, die gesetzlichen Rücklagen, sowie der Teil des Genusskapitals, um den dieses den Gesamtgrundbetrag übersteigt (Agio), zum Zweck des Verlustausgleichs aufgelöst sind; das Agio darf erst nach Auflösung der Rücklagen zum Verlustausgleich herangezogen werden.» Man muss sich schon anstrengen, um genau zu verstehen, was intendiert ist. Weiter hieß es in § 9 Abs. 4 der Genussscheinbedingungen: «Der von der Gesellschaft im Fall der Kündigung zu leistende Rückzahlungsbetrag setzt sich … zusammen aus dem im Zeitpunkt des Wirksamwerdens der Kündigung geltenden Grundbetrag und dem bei Ausgabe der Genussscheine durch die Erwerber geleisteten Aufgeld (Agio), vorbehaltlich seiner Auflösung gemäß § 7 Abs. 2.»

Im Oktober 1986 gab Klöckner[110] über ein Konsortium von Kreditinstituten, das von der Deutschen Bank AG geführt wurde, Genussscheine im Nominalwert von 100 Mio. DM zum Kurs von 135 % aus. Die Klöckner & Co. KGaA war ein Handelshaus, dessen Geschäftszweck insbesondere bestand im Handel sowie Ex- und Import von Stahl, Schrott, Erzen, Roheisen, NE-Metallen, flüssigen Brennstoffen, chemischen Erzeugnissen, Baubedarf, Baumaschinen etc. Daneben betrieb es die Planung, Lieferung und Finanzierung von Industrieanlagen und Speditionsgeschäfte. Der Umsatz der Gesellschaft betrug 12 Mrd. DM; das Grundkapital betrug 270,3 Mio. DM; die offenen Rücklagen betrugen 123 Mio. DM.

Im Oktober 1988 gab die Klöckner & Co. KGaA zusammen mit der Deutschen Bank bekannt, dass durch Geschäfte im Geschäftsbereich «Internationaler Rohöl- und Produktenhandel» ein Verlustpotenzial entstanden sei, das auf 600–700 Mio. DM geschätzt werden müsse. Diese möglichen Verluste seien unter Missachtung von Kompetenzregeln und unter Umgehung von Kontrollmechanismen entstanden und könnten von der Gesellschaft allein nicht verkraftet werden. Die letztere Aussage erscheint zunächst plausibel: Unter der Annahme, dass das Verlustpotenzial realistisch beziffert wurde, wären gemäß den geltenden Verlustaufrechnungsregeln das Grundkapital, die offenen Rücklagen und das Genussscheinkapital aufgezehrt. Zugleich erklärte die Deutsche Bank AG, dass sie die Kapitalgrundlage für die Fortführung des Geschäfts sicherstellen werde.

---

110 Der Fall ist zwar betagt, aber dennoch sehr lehrreich.

Eine außerordentliche Hauptversammlung der Klöckner & Co. KGaA beschloss im November 1988 eine Kapitalherabsetzung mit anschließender Kapitalerhöhung. Das Grundkapital wurde im Wege **einer vereinfachten Kapitalherabsetzung** von 270,3 Mio. DM auf 100 DM herabgesetzt, was einem Kapitalschnitt von 2.703.000 : 1 entspricht. Nun kommt § 7 der Genussscheinbedingungen ins Spiel. Dieser postuliert eine Herabsetzung des Genussscheinkapitals im gleichen Verhältnis und zu gleichen Bedingungen. Da das Agio in Höhe von 35 Mio. DM vorweg aufzulösen war, wurde das Genussscheinkapital von 100 Mio. DM im Verhältnis 2.703.000:1 und damit auf 37 DM herabgesetzt. Auf einen Genussschein im Nominalwert von 100 DM fiel somit ein rechnerischer Betrag von 37·1/ 1.000.000. Dieser Betrag wurde von der Gesellschaft unter Verweis auf § 7 Abs. 4 Satz 2 der Genussscheinbedingungen eingezogen. Damit waren die Genussscheine *untergegangen*.

Das Kapital der Gesellschaft, die in eine AG umgewandelt wurde, wurde auf 250 Mio. DM erhöht: es wurden 5.000.000 neue Aktien zum Nennwert von 50 DM ausgegeben, die die Deutsche Bank AG zum Kurs von 80 DM übernahm. Im Juni 1989 verkaufte die Deutsche Bank AG die Anteile an die VIAG. Der genaue Verkaufspreis wurde nicht bekannt gegeben. Es wird aber vermutet, dass er bei ca. 600 Mio. DM lag.

Die Behandlung der Ansprüche der Genussscheininhaber in diesem Fall ist in der Literatur und Wirtschaftspresse intensiv und kritisch behandelt worden. Zudem haben die Deutsche Schutzvereinigung für Wertpapierbesitz e. V. und ein Genussscheininhaber Klagen gegen die Klöckner & Co. AG als Rechtsnachfolgerin der Klöckner & Co. KGaA erhoben. Über diese Klagen ist nicht entschieden worden, weil die Deutsche Bank AG im Juli 1989 den Genussscheininhabern ein freiwilliges Zahlungsangebot in Höhe von 112 DM pro Genussschein unterbreitete, worauf die Klagen mit einer Ausnahme zurückgezogen wurden.

Drei Folgerungen können gezogen werden: (1) Der Genussschein ist ein Risikopapier, (2) der Investor sollte die Genussscheinbedingungen genau studieren, (3) im Fall der vollständigen Verrechnung des Genussscheinkapitals mit Verlusten der Gesellschaft und deren Fortführung nach finanzieller Sanierung sollte den Genussschein-Inhabern die aktive Teilnahme an der zu sanierenden Gesellschaft offen stehen.

Von Bedeutung sind **steuerliche Regelungen** für die Attraktivität von Genussscheinen. Unter bestimmten Bedingungen gelingt es, eine steuerliche Behandlung der durch die Ausgabe von Genussscheinen beschafften Mittel als Fremdkapital zu erreichen. Dieses Ergebnis mutet zunächst als Widerspruch zu dem hergeleiteten Schluss an, dass die Mittel ökonomisch (unter den oben definierten Bedingungen) als Eigenkapital einzustufen sind. Es liegt aber kein Widerspruch vor, wenn Betriebswirtschaftslehre und Steuerrecht unterschiedliche Abgrenzungskriterien benutzen, um Eigenkapitalpositionen von Fremdkapitalpositionen zu unterscheiden. Dies ist der Fall.

Entscheidend für die steuerliche Zuordnung ist die Bestimmung des § 8 Abs. 3 KStG. Dort heißt es: «Für die Ermittlung des Einkommens ist es ohne Bedeutung, ob das Einkommen verteilt wird. Auch verdeckte Gewinnausschüttungen sowie Ausschüttungen jeder Art auf Genussrechte, mit denen das Recht auf Beteiligung am Gewinn und am Liquidationserlös der Kapitalgesellschaft verbunden ist, mindern das Einkommen nicht.» Aus dieser Formulierung wird gefolgert, dass man die steuerliche Abzugsfähigkeit der Ausschüttungen auf Genussscheine dann erreicht, wenn man entweder die Beteiligung am Gewinn *oder* am Liquidationserlös ausschließt. Die erste Alternative scheidet natürlich aus, da man ja gerade Kapitalgeber gewinnen will, die Residualansprüche halten. Folglich muss man eine Gewinnbeteiligung bieten. Somit bleibt der Weg, Genussscheininhabern keinen Anteil am Liquidationserlös zu bieten, um mit der herrschenden Meinung die steuerliche Abzugsfähigkeit der Ausschüttungen auf das Genussscheinkapital zu erreichen. Gelingt dies, kann der Vorteil nicht hoch genug eingeschätzt werden, weil man mit dem Instrument Genussschein die folgenden Vorteile kombinieren kann. Der Emittent bietet erstens eine ergebnisabhängige Ausschüttung und gewinnt dadurch Flexibilität: Er zahlt viel, wenn er kann; er zahlt wenig oder nichts, wenn er nicht kann. Zweitens gewinnt er die steuerliche Abzugsfähigkeit für residuale Zahlungen, die ansonsten für Ausschüttungen auf GmbH-Anteile, Stamm- oder Vorzugsaktien nicht gegeben ist. Damit liegt eine sehr attraktive Kombination von Eigenschaften vor. Vor diesem Hintergrund verwundert es, dass von diesem Finanzierungsinstrument nicht weit häufiger Gebrauch gemacht wird. Bei der gegebenen Höhe der Steuersätze für Gewerbeertrag- und Körperschaftsteuer bietet die steuerliche Abzugsfähigkeit der Ausschüttungen auf Genussscheine ökonomisch relevante Vorteile, die in Form höherer Renditen z. T. an die Anleger weitergegeben werden könnten.

Auf ein (kleines) Problem ist hinzuweisen: Es ist nicht ganz unstrittig, wann eine Beteiligung der Genussscheininhaber am Liquidationserlös ausgeschlossen ist. Die Finanzverwaltung argumentiert, dass der (steuerliche) Fremdkapitalcharakter in den Genussscheinbedingungen deutlich zum Ausdruck kommen müsse. Relevant hierfür seien z. B. die Laufzeit, Kündigungsmöglichkeiten und Rückzahlungsbedingungen. So gelten eine beschränkte Laufzeit oder Kündigungsmöglichkeiten für den Genussscheininhaber als Indikatoren für (steuerliches) Fremdkapital. Bei unbefristeten Laufzeiten und fehlenden Kündigungsrechten für den Genussscheininhaber geht die Finanzverwaltung von einer Beteiligung am Liquidationserlös aus. Weil die Verlautbarungen der Finanzverwaltung zu den Kriterien, die über eine Abzugsfähigkeit der Ausschüttungen auf Genussscheinkapital entscheiden, nicht ganz klar sind, behalten sich Emittenten die Kündigung des Vertragsverhältnisses bei Änderung der steuerlichen Behandlung vor.

Eindeutig geklärt ist, wie Ausschüttungen auf Genussscheinkapital den Gewinn aus Gewerbebetrieb kürzen. Die steuerliche Regelung sieht die Hälfte der Zinsen für Schulden, die wirtschaftlich mit Gründung, Erwerb, Erweiterung oder Verbesserung des Betriebs zusammenhängen, als hinzurechnungspflichtig an. Diese Formulierung warf die Frage auf, ob Ausschüttungen auf Genussscheinkapital zu «Zinsen» zählten. Der Gesetzgeber hat die Formulierung des § 8 GewStG in die Hälfte der «Entgelte» für Schulden abgeändert, so dass ab dem Erhebungszeitraum 1990 eindeutig geregelt ist, dass Ausschüttungen auf Genussrechtskapital unter die bis 2008 geltende **hälftige** Hinzurechnungspflicht fallen.

Somit sind die steuerlichen Vorteile des Instruments Genussschein noch immer erheblich. Zusammen mit den Spielräumen zur vertraglichen Ausgestaltung, den fehlenden Mitgliedschaftsrechten, die die Autonomiebereiche der Alteigentümer somit kaum einengen, liegt ein Eigenschaftsbündel vor, das dem Genussschein zu größerer Popularität verhelfen könnte.

9.7.3.2 Fallstudie Hubler GmbH

Die Hubler GmbH ist acht Jahre alt und hat damit die Lebensspanne, der die höchsten Insolvenzwahrscheinlichkeiten zugeschrieben werden können, überstanden. Die GmbH fertigt Getriebeteile und Lager in einem Sinterprozess und anschließender Härtung bei hohen Temperaturen. Die hohe Belastbarkeit der Teile, das Know-how für komplizierte Formen und die hohe Passgenauigkeit der Teile hatten zur Reputation der GmbH beigetragen. Die Wettbewerbsintensität ist hoch; etwa zehn weitere mittelständische Unternehmen gelten als Wettbewerber. Hauptkunden sind Siemens, Bosch, Miele; mit ihnen erzielt die GmbH etwa 60 % der Umsätze. Die GmbH sitzt in einem Vorort von München. Tabelle 9.14 enthält verkürzte Gewinn- und Verlustrechnungen der Jahre 2000-2004. Der Sachverhalt spielt im Jahr 2005. Tabelle 9.14 weist wegen bestehender Verlustvorträge keine Steuerbelastungen aus. Der am Ende der Periode 2004 noch bestehende Verlustvortrag beträgt 370.000.

		2000	2001	2002	2003	2004
(1)	Umsatzerlöse	316	821	1.778	3.019	3.732
(2)	Herstellungskosten der erbrachten Leistungen	530	644	1.325	2.262	2.631
(3)	Bruttoergebnis vom Umsatz	–214	177	453	757	1.101
(4)	Vertriebs- und Verwaltungskosten	189	294	386	198	472
(5)	Zinsen	n. b.	n. b.	n. b.	286	325
(6)	Steuern	–	–	–	–	–
(7)	Jahresüberschuss	–403	–117	67	273	304

Tabelle 9.14: Vereinfachte GuV-Rechnungen der Hubler GmbH (Angaben in T€)

Die Bilanzen der Hubler GmbH für die Jahre 2004 und 2003 sind in Tabelle 9.15 dargestellt. Die Hubler GmbH hatte Ende 2002 folgende Finanzierungsmaßnahmen umgesetzt:

– Bei einer Investmentbank wurden 50.000 Genussscheine zum Ausgabekurs von 10 € platziert. Sie berechtigen zu Anteilen am Gewinn, nicht aber zu Anteilen am Liquidationserlös. Der Gewinnanspruch geht dem des Stammkapitals vor. Eine Ausschüttung auf Genussscheine erfolgt nur, wenn der Jahresüberschuss nach Verrechnung von Verlustvorträgen die geplante Ausschüttung zulässt. Die nicht nachholbare **Mindestausschüttung** beträgt 0,50 €/ Genussschein. Eine Verlustbeteiligung des Genussscheinkapitals erfolgt nachrangig zum Stammkapital. Der Genussscheininhaber hat sich ausbedungen, dass spätere Genussscheine übernehmende Investoren keine höheren Ausschüttungen/Genussschein erhalten. Die Laufzeit beträgt 15 Jahre; ein Kündigungsrecht seitens des Investors besteht nicht.
– Die Hubler GmbH hat bei der Bayerischen Aufbaufinanzierung GmbH ein Hypothekendarlehen in Höhe von 2 Mio. € aufgenommen. Die Laufzeit beträgt 10 Jahre mit konstanten Tilgungsraten von 200.000 pro Jahr. Der Zinssatz beträgt 8,5 %. Eine Vertragsklausel räumt dem Darlehensgeber eine Option auf den Erwerb von 50.000 Genussscheinen zum Ausübungspreis von 10 € ein. Die Option kann bis zum Ende von 2010 ausgeübt werden.
– Die Hubler GmbH hat Verbindlichkeiten gegenüber Kreditinstituten in Höhe von 500.000 durch Ausgabe weiterer 50.000 Genussscheine zu oben genannten Bedingungen abgelöst.

		2000	1999
Aktiva			
A.	Anlagevermögen		
	I. Immat. Vermögensgegenstände		
	Ingangsetzungskosten	65	83
	II. Sachanlagen		
	Grundstücke und Gebäude	828	759
	Technische Anlagen und Maschinen	2.310	1.944
	Betriebs- und Geschäftsausstattung	178	149
	Sachanlagevermögen	3.381	2.935
B.	Umlaufvermögen		
	I. Vorräte	726	369
	II. Forderungen	650	651
	III. Kassenbestand	199	89
	Umlaufvermögen	1.575	1.109
Bilanzsumme		4.956	4.044
Passiva			
A.	Eigenkapital		
	I. Stammkapital	200	200
	II. Genussscheinkapital	1.000	1.000
	III. Verlustvortrag	(370)	(674)
	Eigenkapital	830	526
C.	Verbindlichkeiten		
	I. Langfristige Verbindlichkeiten		
	1. Anleihen	1.600	1.800
	2. Langfristige Kredite (gesichert)	800	300
	3. Gesellschafterdarlehen	800	800
	Langfristige Verbindlichkeiten	3.200	2.900
	II. Kurzfristige Verbindlichkeiten		
	1. Kurzfristig fällige Zahlungen aus langfristigem Verbindlichkeiten	300	200
	2. Verbindlichkeiten aus Lieferung u. Leistung	517	345
	3. Kurzfristige Bankkredite	109	73
	Kurzfristige Verbindlichkeiten	926	618
Bilanzsumme		4.956	4.044

Tabelle 9.15: Bilanzen der Hubler GmbH (Angaben in T€)

Die Hubler GmbH plant, schnell zu wachsen, um sich von den Wettbewerbern abzusetzen. Um einen Umsatz von 5 Mio. zu erreichen, erscheinen Investitionen in Sachanlagen in Höhe von 500.000 erforderlich. Die Produktionshalle ist auf einen Umsatz von 7 Mio. ausgelegt. Jedoch würden zusätzliche Anlagen benötigt, um ein Umsatzvolumen von 7 Mio. zu bewältigen. Die beiden Gesellschafter schätzen den Mittelbedarf auf 1,6 Mio. Zusätzliche Mittel werden auch für die Finanzierung des Umlaufvermögens benötigt. Die Gesellschafter veranschlagen den Bedarf auf 1/6 der Umsatzzuwächse.

Die Gesellschafter haben bereits Finanzierungsmöglichkeiten erkundet. Eine der Hausbanken wäre bereit zu einem Kredit in Höhe von 500.000 mit einer Laufzeit von vier Jahren, besichert durch eine Globalzession. Der Zinssatz läge nicht unter 9 %. Außerdem drängt die Bank auf einen Abbau des im Umlaufvermögen gebundenen Kapitals.

Die Investmentbank, die vor drei Jahren 50.000 Genussscheine übernahm, wäre bereit, weitere 74.000 Genussscheine zu übernehmen, allerdings nur zu 7,25 € pro Genussschein; nach Abzug der Transaktionskosten würden der GmbH lediglich 6,90 € pro Genussschein zufließen.

Die Bayerische Aufbaufinanzierung GmbH bietet ein Finanzierungspaket an: ein durch Grundschulden gesichertes Darlehen von 500.000 zu den Konditionen des bereits ausgereichten Kredits (10 Jahre, Ratentilgung, Zins 8,5 %). Übernahme von 80.000 Genussscheinen zu 6 € pro Genussschein. Zusammen mit einer Mittelfreisetzung von 100.000 durch Verringerung der Vorräte sollten die Mittel (580.000) zum Abbau der langfristigen Kredite beitragen (Volumen 800.000), die über Sicherungsübereignungen auf den maschinellen Anlagen gesichert sind.

Alle Vorschläge ermöglichten die Finanzierung der Erweiterungsinvestitionen in Höhe von 500.000.

Ein Finanzplan sollte auf den folgenden Vorgaben aufbauen:

[1] Die Gesellschafter rechnen mit einem Umsatzwachstum von 20 % pro Jahr für die nächsten vier Jahre.

[2] Die Abschreibungen auf vorhandene Anlagen betragen 216.000.

[3] Der Zinssatz für verzinsliche Fremdmittel kann mit 8,5 % angesetzt werden. Auch Gesellschafterdarlehen sind zu verzinsen, aber nicht zu tilgen.

[4] Die Tilgungen betragen pro Jahr 200.000 für das Hypothekendarlehen und 100.000 für die langfristigen Bankkredite.

[5] Der Steuersatz beträgt vereinfachend $s = 0{,}40$. Alle Zinsen und Ausschüttungen auf Genussscheine werden vereinfachend als steuerlich voll abzugsfähig behandelt.

[6] Neu beschaffte Anlagen werden linear über zehn Jahre abgeschrieben.

[7] Die für das Umsatzziel von 7 Mio. erforderlichen Investitionen sind: 2005: 500; 2006: 300; 2007: 860; 2008: 440. Insgesamt sind somit 2,1 Mio. in Sachanlagevermögen zu investieren.

Wir betrachten im Folgenden nur das Finanzierungspaket der Bayerischen Aufbaufinanzierungsgesellschaft. Tabelle 9.16 präsentiert die Plan-GuV-Rechnungen, die die Erwartungen und Planungen der Gesellschafter spiegeln.

		2004	2005	2006	2007	2008
(1)	Nettoumsatzerlöse[1)]	3.732	4.478	5.374	6.448	7.739
(2)	Herstellungskosten der erbrachten Leistungen (ohne Zinsen, mit Abschreibungen)	2.631	3.135	3.708	4.449	5.340
(3)	Bruttoergebnis vom Umsatz	1.101	1.343	1.666	1.999	2.399
(4)	Zu verzinsendes Fremdkapital	3.609[2)]	3.509[3)]	3.209[4)]	2.909	2.609
(5)	Zinsen ($i_V = 0{,}085$)	325	307	298	273	247
(6)	Ausschüttungen auf Genussscheine	–	180[5)]	180	180	180
(7)	Verwaltungs- und Vertriebsaufwand	472	448	537	645	774
(8)	Steuern: [(3) – (5) – (6) – (7)][6)]	–	15[7)]	260	360	479
(9)	Jahresüberschuss nach Ausschüttungen auf Genussscheine (vor Verlustvortrag)	304	393	391	541	719

[1)] Unterstellte Wachstumsrate 20 %.
[2)] Siehe Bilanz 2004: 3.200 + 300 + 109.
[3)] a) Tilgung Altkredite erfolgt in Höhe von 400 in 2005.
b) Verbindlichkeiten erhöhen sich um 500.
c) Laufende Tilgung des Hypothekendarlehens: 200.
[4)] Die Tilgung pro Jahr beträgt 300.
[5)] 1 € auf 180.000 Genussscheine.
[6)] Gewerbeertrag- und Körperschaftsteuer in Höhe von s = 0,4. Auf die hälftige Hinzurechnung der Zinsen auf «Dauerschulden» wird verzichtet.
[7)] Nach Verrechnung des verbliebenen Verlustvortrages von 370 gilt: $408 - 370 = 38$; $38 \cdot 0{,}40 \cong 15$.

Tabelle 9.16: Plan-GuV und Finanzierungspaket der Bayerischen Aufbaufinanzierungsgesellschaft

Alle Jahresüberschüsse nach Verrechnung des Verlustvortrages und nach Bedienung des Genussscheinkapitals sind ab 2005 positiv. Damit ist eine wichtige Bedingung für Ausschüttungen an Genussscheininhaber erfüllt. Tabelle 9.16 unterstellt, dass pro Genussschein eine Ausschüttung von 1 geleistet wird, soweit die Bedingung positiver Jahresüberschüsse dem nicht entgegensteht. Damit übertreffen die Planer die Mindestausschüttung von 0,50 pro Genussschein deutlich. Auf die Begründung hierfür ist unten zurückzukommen.

Betrachten wir die zugehörige Cashflow-Rechnung in Tabelle 9.17. Gemäß den Erwartungen der Gesellschafter lässt sich das Investitionsprogramm mit dem Angebot der Aufbaufinanzierungsgesellschaft finanzieren, wenn es gelingt, die Genussscheine zum Preis von 10 – wie in Zeile (11) angenommen – zu platzieren. Die Finanzierungsgesellschaft hatte zunächst nur einen Preis von 6 pro Genussschein in Aussicht gestellt.

		2004	2005	2006	2007	2008
(1)	Bruttoergebnis vom Umsatz	1.101	1.343	1.666	1.999	2.399
(2a)	Abschreibungen auf vorhandene Anlagen	216	216	216	216	216
(2b)	Abschreibung auf neue Anlagen	–	–	50[1]	50	50
		–	–	30[2]	30	30
		–	–	–	86[3]	86
(3)	Zuwachs EBK	184	24[4]	149	179	215
(4)	Zinsen	325	307	298	273	247
(5)	Ausschüttungen, Genussscheine	–	180	180	180	180
(6)	Aufwendungen für Verwaltung und Vertrieb	472	448	537	645	774
(7)	Steuern	–	15	260	360	479
	Cashflow nach Fremdkapitalkosten und Steuern	336	585	538	744	886
(8)	Tilgung Hypothek	200	200	200	200	200
(9)	Tilgung gesicherte Kredite	100	400[5]	100[6]	100	100
(10)	Investitionen	–	500	300[7]	860[7]	440[7]
(11)	Ausgabe von Genussscheinen	–	800[8]	–	–	–
(12)	Aufnahme von Fremdkapital		500			
(13)	Finanzierungslücke	–	–	62	416	–
(14)	Finanzierungsüberschuss	36	785	–	–	146

1) Lineare Abschreibung auf Investition von 500, die Ende 2005 vorgenommen wurde.
2) Lineare Abschreibung auf Investition von 300, die Mitte 2006 realisiert wird.
3) Lineare Abschreibung auf Investition von 860, die Mitte 2007 realisiert wird.
4) 1/6 · Zunahme Umsatzerlöse – 100 (Abbau Lagerbestände).
5) Bei Aufnahme des Darlehens der Bayerischen Aufbaufinanzierung-GmbH werden Altkredite in Höhe von 400 abgelöst und durch Kredite von 500 ersetzt.
6) Die Tilgung des neuen Darlehens pro Jahr beträgt 50. Sie beginnt in 2006. Die Tilgung auf Altdarlehen beträgt ebenfalls 50.
7) Fälligkeit der Investitionsauszahlungen in Höhe von 1,6 Mio.
8) Die Genussscheine werden zum Preis von 10 platziert.

Tabelle 9.17: Berechnung der Cashflows für 2004-2008

Entscheidend für die Bepreisung neuer Genussscheine sind die ökonomische Lage der Gesellschaft, die Bedienung der (nicht handelbaren) Genussscheine mit Ausschüttungen, der Rang der einzelnen Verlustträger in der GmbH und andere, die Ausschüttung begrenzende Regelungen. Die *Vorteile* der Genussscheine sind, dass Genussscheinkapital hier nachrangig für Verluste haftet, dass «ältere» Genussscheine nicht schlechter bedient werden dürfen als «jüngere» Emissionen und dass die Ausschüttungen steuerlich abzugsfähig sind. *Nachteilig* ist, dass der Ermessungsspielraum für die Gesellschafter bei der Bestimmung der Ausschüttungen zu groß ist. Lediglich eine Jahresüberschussabhängige Mindestausschüttung von 0,50 pro Genussschein ist festgeschrieben. Das ist zu wenig, um den Genussschein im 2005 gegebenen Umfeld (bei einem Preis von 10 pro Stück) attraktiv erscheinen zu lassen. Wenn die risikolose Alternativrendite für Anleger (i) 6 % oder mehr betragen sollte, werden die Genussscheinregelungen der Hubler GmbH keine Wertschätzungen bei Investoren erreichen, die einen Einsatz von 10 pro Genussschein legitimierten. Folglich müssen die Gesellschafter erstens die Ausschüttungen pro Genussschein anheben – was in Tabelle 9.16 bzw. 9.17 bereits realisiert ist – und eine präzisere Ausschüttungsregel vorschlagen, die Investoren erlaubt, künftige Ausschüttungen zu prognostizieren. Eine solche Vereinbarung könnte darin bestehen, dass die Ausschüttung auf Genussscheine in Abhängigkeit vom Jahresüberschuss vor Bedienung der Genussscheine definiert wird. Wenn höhere Jahresüberschüsse höhere Ausschüttungen nach sich ziehen, haben Investoren verlässlichere Anhaltspunkte, um Ausschüttungen zu prognostizieren und die Gesellschafter haben im Vergleich zur ursprünglichen Regelung entscheidend kleinere Spielräume, um die Ausschüttungen an Genussscheininhaber zu gestalten.

Das Finanzierungspaket der Bayerischen Aufbaufinanzierungsgesellschaft hat einen weiteren Vorteil. Sie ist Fremdkapitalgeber *und* Eigenkapitalgeber; die nachrangige Haftung des Genussscheinkapitals ändert daran nichts. Das bedeutet, dass sie dann, wenn die GmbH in schwieriges Fahrwasser geriete, vorsichtiger agieren wird, als ein ausschließlicher Fremdkapitalgeber. Dies ist ein wertvoller Nebeneffekt. Verstärkt wird er durch die Vorschriften zum Gesellschafterdarlehen. Zwar ist die Finanzierungsgesellschaft nicht Gesellschafter. Falls aber ein Beirat eingerichtet würde, über den sie auf Basisentscheidungen deutlichen Einfluss und damit **Finanzierungsverantwortung** (über)nehmen würde, besteht zumindest das Risiko, dass die Darlehen der Finanzierungsgesellschaft im Fall einer Insolvenz gemäß § 39 Abs. 1, Ziffer 5 InsO klassifiziert würden. Dies verstärkte den Anreiz für die Finanzierungsgesellschaft, die Hubler GmbH vom Abgleiten in eine Insolvenz abzuhalten, erheblich.

9.7.3.3 Verkäuferdarlehen und Private Equity – oder: wie man finanziellen Druck erzeugt

Verkäuferdarlehen sind Darlehen, die ein Verkäufer dem Käufer eines Unternehmens oder Betriebsteils gewährt. Häufig sind sie anzutreffen bei Buy-outs, wenn z. B. führende Angestellte Anteile an dem sie beschäftigenden Unternehmen oder das gesamte Unternehmen erwerben. Das Darlehen kann begleitet sein von einer Minderheitsbeteiligung des Verkäufers, die mit zunehmender Tilgung des Darlehens abschmilzt. Es kann auch versehen sein mit einer in Abhängigkeit künftiger Gewinne zu bedienenden Gewinnbeteiligung, ohne dass der Verkäufer explizit einen Minderheitsanteil hält. Schließlich kann es ausgestattet werden mit Covenants, die das Ziel des Verkäufers auf baldige Rückführung des Darlehens stützen. Die folgende Fallstudie zeigt, wie wirkungsvoll Vertragsbedingungen und Covenants eingesetzt werden können, um im Zusammenwirken mit anderen Gläubigern bzw. Geldgebern einen hohen Arbeitseinsatz des Käufers (oder der Käufer) auch dann zu bewirken, wenn deren Eigenkapitaleinsatz sehr bescheiden ist. Dieser Fall ist in Kapitel 7, Abschnitt 5 vorgestellt worden, um die praktische und theoretische Wirkungsweise von Covenants zu verdeutlichen. Er wird hier wieder aufgegriffen und fortgeführt. Insbesondere wird zu besprechen sein, wie der Einsatz von Private Equity gestaltet werden könnte und welche Auswirkungen er auf die Ziele der übernahmewilligen Manager hätte.

Der Eigentümer einer mittelständischen AG will sich aus der Gesellschaft, die er mehrere Jahre allein geführt und erweitert hatte, zurückziehen. Zwei seiner leitenden Angestellten sind bereit, die Anteile zu erwerben. Über den Kaufpreis besteht Einigkeit: Der Alteigentümer will 10 Mio. Euro für alle Anteile. Den Kaufinteressenten fehlt es an Eigenkapital. Sie haben für ihre Familien Häuser gebaut bzw. erworben und sind somit privat verschuldet. Mehr als 400.000 € werden sie nicht aufbringen können. Der Finanzierungsbedarf ist somit erheblich. Zwei Aspekte begünstigen eine Lösung. Das Unternehmen, die Druck AG, ist bei einer Bilanzsumme von knapp 6 Mio. Euro nicht wesentlich verschuldet. Es bestehen nur kurzfristige Verbindlichkeiten aus Lieferungen und Leistungen in Höhe von rund 400.000 € und Steuerrückstellungen in Höhe von 125.000 €. Der Eigentümer hatte sich immer geweigert, eine nennenswerte Verschuldung über Bankkredite zuzulassen und Investitionsentscheidungen ggf. zeitlich aufgeschoben. Insofern bestehen geradezu ideale Bedingungen für ein Management-Buy-out, weil die Verschuldungskapazität der Druck AG voll genutzt werden kann. Der zweite Grund, der die Finanzierungsaufgabe jedenfalls nicht erschwert, ist die hohe Verlässlichkeit finanzieller Überschüsse. In den letzten 40 Jahren hatte die AG in jedem Jahr positive Jahresüberschüsse ausgewiesen und den jährlichen Investitionsbedarf ohne Rückgriff auf langfristige Kredite finanzieren können. Es lag also nahe, dass die potenziellen Käufer die freie Verschuldungskapazität der Gesellschaft nutzen würden. Bank C hatte eine Darlehenszusage über 3 Mio. € gegeben. Die Laufzeit sollte sechs Jahre betragen, die Tilgung hätte in jährlichen Raten zu erfolgen, die den Betrag von 500.000 € nicht unterschreiten sollten; der Zinssatz betrug 7,25 %. Vorzeitige Tilgungen waren zulässig. Begleitet war das Kreditangebot von einer langen Liste von Covenants:

[1] Vor Auszahlung des Kredits ist zu belegen, dass ein den Bedingungen dieses Kredits entsprechendes Finanzierungspaket besteht. Der Finanzierungsbeitrag der Käufer darf 350.000 € nicht unterschreiten.

[2] Weitere Kredite sind dem Kredit der Bank C nachrangig und daher unbesichert. Nachrangige langfristige Verbindlichkeiten dürfen den Betrag von 5 Mio. € nicht übersteigen.

[3] Das sog. Working Capital (oder EBK), definiert als Differenz zwischen (kurzfristigem) Umlaufvermögen und kurzfristigen Verbindlichkeiten, darf 1,5 Mio. € nicht unterschreiten.

[4] Die Vergütung des Vorstands darf maximal um 5 % pro Jahr steigen. Änderungen im Vorstand bedürfen der vorherigen Zustimmung der Bank.

[5] Ausschüttungen sind beschränkt auf die Höhe des Jahresüberschusses abzüglich aller fälligen Tilgungsraten an Gläubiger.

[6] Investitionen ins Sachanlagevermögen dürfen 150.000 € pro Jahr nicht übersteigen. Verkäufe von Vermögensgegenständen des Anlagevermögens bedürfen der Zustimmung der Bank.

[7] Gewinn- und Verlustrechnungen sind vierteljährlich spätestens 30 Tage nach Quartalsende der Bank einzureichen. Die bisherigen Rechnungslegungsgrundsätze sind beizubehalten.

[8] Vertragsverletzungen gelten als „default“ und berechtigen die Bank, die offene Kreditsumme und die Zinsen sofort fällig zu stellen. Als Vertragsverletzung gilt Nichtleistung fälliger Zins- und/oder Tilgungszahlungen, Verletzung einer Nebenbedingung (Covenant) dieses Vertrages, die Verletzung einer Vertragsbedingung gegenüber einem dritten Kreditgeber und das Vorliegen eines Insolvenztatbestandes.

Die potenziellen Käufer handelten mit dem Verkäufer Bedingungen für ein Verkäuferdarlehen aus. Letzterer hätte eine volle Barzahlung vorgezogen, stimmte aber dann folgender Konstruktion zu: Die Käufer bieten dem Verkäufer eine nicht regelmäßig zu tilgende und mit 4 % zu verzinsende Schuldverschreibung mit dem Nominalwert von 3 Mio. € an, die an die folgenden Bedingungen geknüpft ist:

[1] Sie ist letztrangig hinter genau den Verbindlichkeiten, die im Rahmen der Finanzierung des Kaufpreises entstehen. Als weitere Fremdfinanzierungsmaßnahmen sind nur zugelassen a) kurzfristige Verbindlichkeiten zur Finanzierung des Umlaufvermögens und b) Fremdkapital, das ausschließlich der Ablösung des Verkäuferdarlehens dient.

[2] Solange sie nicht vollständig getilgt ist, sind Dividendenzahlungen ausgeschlossen; das sog. working capital darf nicht unter 1,5 Mio. € sinken, Vergütungen des Managements dürfen nicht erhöht werden.

[3] Sie hat eine Laufzeit von maximal 5 Jahren und ist mit 4 % zu verzinsen. Da die (risikoäquivalenten) Alternativrenditen deutlich höher liegen, wie am Zinssatz für den Kredit der Bank C abgelesen werden kann, wird festgeschrieben, dass diese Schuldverschreibung (im Nominalwert von 3 Mio. €) einer Barzahlung zum Zeitpunkt des Übergangs der Anteile von 2 Mio. € äquivalent ist.[111]

[4] Der Tilgungsmodus enthält eine „Beschleunigungsklausel“: Je früher getilgt wird, umso gewichtiger ist diese hinsichtlich des zu tilgenden Nominalwertes von 3 Mio. €. Es gelten die folgenden Faktoren:

Zeitpunkt: Ende des Jahres	Zu tilgender Anteil am Nominalwert (3 Mio. €)
1 (2015)	58 %
2 (2016)	71 %
3 (2017)	81 %
4 (2018)	91 %
5 (2019)	100 %

Wenn 1 Mio. € des Nominalwertes am Ende der Periode 2 zu tilgen wären, müssten somit nur 710.000 € geleistet werden. Seine volle Verpflichtungswirkung erreicht der Nominalwert der Schuldverschreibung nur, wenn die Tilgung bis auf das Ende des Jahres 5 hinausgeschoben wird.

[111] Unterstellt man gleiche Tilgungsraten über die maximale Laufzeit, erhält man einen Barwert, der in der Nähe von 2,0 Mio. € liegt, nur bei sehr hohen Diskontierungssätzen. Zu beachten ist aber die unter [4] genannte Bedingung, die die an den Verkäufer leistenden Zahlungen erheblich verkürzen könnte.

[5] Anteile an der Gesellschaft dürfen an Dritte erst übertragen werden, wenn das Verkäuferdarlehen vollständig zurückgeführt ist.

[6] Bei Verstoß gegen eine Vertragsbedingung wird der offene Betrag der Schuldverschreibung sofort fällig. Können die Käufer dem innerhalb gebotener Frist nicht Folge leisten, fallen die Anteile an den Verkäufer zurück. Die Vertragsparteien haben sich also für eine Lösung einer Insolvenz entschieden, die sich durch sehr niedrige Transaktionskosten auszeichnet.

Die Finanzierungsbeiträge von Verkäufer und Bank C erlauben eine einer Barzahlung äquivalente Zahlung an den Verkäufer von 5 Mio. €. Es fehlen somit 4,6. Mio. €, um – neben dem Eigenkapitaleinsatz der Käufer – den Kaufpreis leisten zu können. Eine weitere reine Fremdfinanzierung schied aus mehreren Gründen aus: Der Zahlungsanspruch des Kreditgebers hätte nachrangig sein müssen und ist wegen der mit dem Verkäufer abgesprochenen Bedingung 1 in dieser Höhe nicht zulässig. Es bleiben folglich nur Schritte, die die Zufuhr von Eigenkapital oder eigenkapitalähnlichen Mitteln bewirken. Eine Quelle ist somit Private Equity (PE). Die geforderten Renditen von PE-Fonds, die zwischen 20 und 25 % liegen, ließen die Idee 4,6 Mio. Private Equity zu beschaffen, nicht attraktiv erscheinen, da die Käufer befürchten mussten, die Mehrheit der Anteile an der AG an den PE-Fonds zu verlieren. Die vom Verkäufer gesetzten Covenants ließen allerdings eine kurzfristige Finanzierung des Umlaufvermögens zu, verlangten aber, dass das working capital, also der eigenfinanzierte Anteil am Umlaufvermögen, nicht auf Beträge unter 1,5 Mio. € sank. Tabelle 9.18 liefert die Daten für Volumen und Fremdfinanzierung des Umlaufvermögens im Entscheidungsjahr 2014.[112]

		Jan.	Feb.	März	April	Mai	Juni	Juli	Aug.	Sep.	Okt.	Nov.	Dez.
(1)	Kassenbestand + Bankguthaben + Wertpapiere UV	2.768	2.857	2.698	2.392	2.164	2.049	2.177	383	1.025	1.915	2.867	2.881
(2)	Forderungen aus Lief. u. Leist.	740	380	367	402	359	302	1.716	3.052	3.082	2.161	1.199	1.270
(3)	Vorräte	562	833	1.105	1.376	1.647	1.919	1.377	835	263	294	304	294
(4)	Kurzfristige Verbindlichkeiten	(593)	(610)	(621)	(573)	(711)	(672)	(536)	(608)	(587)	(692)	(670)	(633)
(5)	Networking Capital (NWC) oder EBK	3.477	3.460	3.549	3.597	3.459	3.598	3.734	3.662	3.783	3.678	3.700	3.812

Tabelle 9.18: Umlaufvermögen und anteilige Fremdfinanzierung

112 Zum Fall gehörende Daten wurden z. T. bereits in Kapitel 7 bereitgestellt. Sie werden hier wiederholt, um die Lektüre zu vereinfachen.

Sie zeigen, dass die kurzfristige Finanzierung als Umlaufvermögen um 1,75 Mio. € erhöht werden könnte, ohne Covenants zu verletzen. Der Betrag, der von einem PE-Fonds aufzubringen wäre, könnte somit auf 2,85 bis 3,0 Mio. € sinken. Die kurzfristigen Fremdmittel, durch Sicherungsübereignungen bzw. Raumsicherungsverträge gesichert, seien zu 6,5 % erhältlich.

Die potenziellen Käufer entwerfen einen Finanzplan, auf den gestützt sie in Verhandlungen mit einem PE-Fonds eintreten wollen. Ihr Kernproblem ist, wie sie einem rund 3 Mio. € bereitstellendem PE-Fonds eine Rendite von 25 % bieten können, ohne illiquide zu werden bzw. die Mehrheit der Anteile und Stimmen zu verlieren. Die Covenants des Verkäufers schließen aus, dass Anteile an der Druck AG übertragen werden, bevor das Verkäuferdarlehen nicht abgelöst ist. Folglich können dem PE-Fonds zunächst keine Eigentumsrechte übertragen werden; möglich ist hingegen eine vorläufige Gläubigerposition, die, auch wenn sie nachrangig ist[113], starke Einwirkungsmöglichkeiten gewährt.[114] Die Verkäufer setzen in ihrer Planungsrechnung den Zinssatz wegen der Nachrangigkeit mit 9 % an.[115] Der noch fehlende Teil zur Erfüllung der Renditeforderung ist durch Übertragung von Anteilsrechten zu erbringen. Tabelle 9.19 erläutert diese Überlegungen.[116]

	2014	2015	2016	2017	2018	2019	2020	2021	2022	2023
Mittelaufnahme bei PE-Fonds (in T €)	3.000									
Zinszahlungen zu 9 %		270	270	270	270	270	216	162	108	54
Tilgungen (Annahme)		-	-	-	-	600	600	600	600	600
Barwert bei geforderter Rendite von 25 %		216	172,8	138,2	110,6	285	213,9	159,8	118,8	87,8
Barwert, kumuliert		216	388,8	527,0	637,6	922,6	1.136,5	1.296,3	1.415,1	1.502,9

113 Sie muss im Rang nach dem Anspruch der Bank C platziert sein, kann aber vor dem Verkäuferdarlehen platziert werden. Die Begrenzung nachrangiger Verbindlichkeiten auf maximal 5 Mio. €, verlangt von Bank C, wäre eingehalten.

114 Hierzu zählt neben der Sanktionsmöglichkeit durch Insolvenz auch ein Sitz im Aufsichtsrat der AG.

115 Die steuerliche Abzugsfähigkeit der Zinsaufwendungen dämpft den Nachteil des (hohen) Zinssatzes.

116 Die Zahlungen an den PE-Fonds ergeben zum Zeitpunkt 0 einen Barwert von 1.502,9 €. Es müssen also Anteile im Wert von 3.000 - 1.502,9 = 1.497,1 übertragen werden, um die Renditeforderung zu erfüllen. Wäre die Übertragung im Jahr 1 möglich, wären an den PE-Fonds 25,46 % der Eigentumsrechte (Aktien) zu übertragen.

Entwicklung des Wertes des Eigenkapitals (E_t)		7.350	7.720	8.870	10.120	11.110				
An PE-Fonds abzugebende Quote q		0,2546	0,3030	0,3296	0,3612	0,4112				
Verbleibende Quote für Käufer		0,7454	0,6970	0,6704	0,6388	0,5888				

Tabelle 9.19: Barleistungen und Anteilsübertragung an den PE-Fonds

Der Leser erkennt, dass die dem PE-Fonds zu bietende Quote q im Zeitablauf steigt[117], weil der Wert des Eigenkapitals langsamer steigt als die vom PE-Fonds geforderte Rendite. Eile in der Rückführung des Kredites der Bank C und des Verkäuferdarlehens ist somit geboten.

Ein wichtiger Punkt in Tabelle 9.19 ist die Entwicklung des Wertes des Eigenkapitals der AG. Wir benutzen hier eine simple Formel, um detaillierten Kalkülen aus dem Weg zu gehen. Der Wert des Eigenkapitals wird als Vielfaches des Jahresüberschusses verstanden: $E_t = Jü_t \cdot KGV$. Als KGV benutzen wir 10. Aus dem Jahresüberschuss für Jahr 1 in Höhe von 735 T€ folgt dann $E_t = 7.350$ T€. Tabelle 9.20 zeigt die Jahresüberschüsse für die Jahre 2015 bis 2020. Die Zinsaufwendungen im Jahr 1 setzen sich zusammen aus:[118]

- 4 % auf das Verkäuferdarlehen in Höhe von nominal 3 Mio. €,
- 9 % auf das nachrangige Darlehen des PE-Fonds in Höhe von 3 Mio. €,
- 7,25 % auf das Darlehen der C Bank in Höhe von 3 Mio. €,
- 6,25 % auf das Darlehen zur Finanzierung des Umlaufvermögens in Höhe von 1,75 Mio. €.

Der Zinsaufwand im Jahr 1 beträgt somit rund 717 T€. Der Zinsaufwand sinkt in den Folgeperioden wegen der erfolgenden Tilgungen. Hier ist wegen der Covenants folgende Reihenfolge einzuhalten: Kredit Bank C, Verkäuferdarlehen, Kredit des PE-Fonds.

Am Ende des Jahres 4 ist gemäß den Überlegungen, die Tabelle 9.20 zugrundeliegen, der langfristige Kredit der Bank C getilgt. Die Tilgung des Verkäuferdarlehens schließt sich an. Zur Verfügung steht ein Betrag von 593, der gemäß der Vereinbarung mit dem

117 Es gilt $q_t \cdot E_t \cdot (1{,}25)^{-t} = 1.497{,}1$; $q_t = 1.497{,}1 : (E_t \cdot 1{,}25^{-t})$.

118 Die Zinsaufwendungen werden vereinfachend als steuerlich voll abzugsfähig behandelt. Der Steuersatz beträgt 40 %. Für Jahr 2015 folgt:

$$\left.\begin{array}{l} 3.000.000 \cdot 0{,}04 = 120.000 \\ 3.000.000 \cdot 0{,}09 = 270.000 \\ 3.000.000 \cdot 0{,}0725 = 217.000 \\ 1.750.000 \cdot 0{,}0625 = 109.375 \end{array}\right\} 716.875$$

Verkäufer einer Tilgung des Nominalwertes in Höhe von 652 entspricht. Wegen der erfolgten Ablösung des Kredits der Bank C lassen die Covenants Neuverschuldung zu. Tabelle 9.20 sieht genau dies vor. Mit einem Neukredit soll das Verkäuferdarlehen vollständig abgelöst werden: Der Ablösebetrag beträgt (3.000 – 652) · 0,91 = 2.137. Die Tilgung in Höhe von 1.057 – 464 = 593 entspricht gemäß der verabredeten „Beschleunigungsklausel" einer rechnerischen Tilgungsleistung von 652. Zu leisten sind folglich noch 2.137. Jetzt können Aktien der AG an Dritte übereignet werden. Angenommen der Wert des Eigenkapitals entwickle sich wie in Tabelle 9.20 dargestellt, haben die Käufer im Jahr 2018 des Projektes einen Anteil von 36,12 % an den PE-Fonds abzugeben, um dessen Renditeanspruch zu erfüllen.[119] Sie könnten somit die Mehrheitsposition halten.

	2015	2016	2017	2018	2019	2020
(1) Nettoumsatzerlöse	8.012	8.422	8.950	9.600	10.100	10.750
(2) Gewinn vor Zinsen und Steuern	1.942	1.951	2.080	2.219	2.358	
(3) Zinsaufwendungen	717	664	602	532	508[120]	
(4) Gewinn vor Steuern	1.225	1.287	1.478	1.687	1.850	
(5) Steuern (s = 0,40)	490	515	591	675	740	
(6) Jahresüberschuss	735	772	887	1.012	1.110	
(7) + nicht auszahlungsgleicher Aufwand	120	130	142	166	170	
(8) – Erhöhung EBK (NWC)	70	20	29	61	95	
(9) – Investitionen im SAV	60	31	40	60	194	
(10) Cashflow verfügbar für Tilgungen bzw. Ausschüttungen	725	851	960	1.057	991	
(11) Tilgung Kredit Bank C	725	851	960	464	-	
(12) Tilgung Verkäuferdarlehen	-	-	-	593 2.137	-	
(13) Tilgung Kredit PE-Fonds	-	-	-	-	600	600

Tabelle 9.20: Entwurf eines Finanzplans der Käufer

[119] Der PE-Fonds erhält Zahlungen im Barwert von 1.502,9 und einen Anteil am Wert des Eigenkapitals der Druck AG in Periode 4 in Höhe von 10.120 · 0,3612 = 3.655. Der Wert dieses Anteils bezogen auf den Zeitpunkt 0 ist 1.497,1. Der PE-Fonds realisiert somit seine Zielrendite.

[120] Das Zinsniveau ist gefallen. Der (erstrangige) Neukredit kostet 6 % : 717 - (0,0725 · 3.000) - (0,04 · 3.000) + (0,06 · 2.137) = 508.

Welche Folgerungen können gezogen werden? Fremdkapitalgeber können erheblichen Leistungsdruck auf Eigentümer ausüben, wenn sie ihre Vertragsbedingungen (Covenants) klug anlegen und abstimmen. Das trifft hier zu: Die Kreditgeber sind sich einig über die Rangpositionen der langfristigen Kredite, sie verlegen den Eigentümern das Ausweichen über kurzfristige Kredite durch das Verlangen eines Mindestbestandes an NWC; sie beschränken einmütig Ausschüttungen, Reinvestitionen und Erhöhungen der Bezüge des Vorstands. Sie versuchen Verteilungskämpfe unter sich explizit zu vermeiden, indem sie Vertragsverstöße gegen irgendeinen der Gläubiger als „default" werten, der Kündigungen auslösen kann. Dem PE-Fonds wird eine Position angeboten, die – obwohl sie letztlich in Eigenfinanzierung münden wird – zunächst Gläubigerrechte bietet. Das ist von Vorteil in Situationen, die durch sehr hohe Verschuldung gekennzeichnet sind, weil die dem Gläubiger zustehenden Druckmittel (Kündigung, Insolvenzauslösung) als wirksamer einzuschätzen sind als bloße Mitentscheidungsrechte in Leitungsgremien. Dass die künftigen Eigentümer dem PE-Fonds diese Position anbieten, signalisiert, dass sie vollen Arbeitseinsatz zu bringen beabsichtigen.

9.7.4 Erster Börsengang (IPO)

9.7.4.1 Vorbemerkung

In Abschnitt 9.6.4 wurde gezeigt, dass der Hang zur Nutzung des Kapitalmarktes durch etablierte Aktiengesellschaften mit dem Ziel Eigenkapital durch Ausgabe junger Aktien zu besorgen, eher schwach ausgeprägt ist. Diese Beobachtung, die für etablierte Aktiengesellschaften für viele Länder mehrfach bestätigt ist, darf nicht so interpretiert werden, als sei der Eintritt in den Club der Aktiengesellschaften eine Entscheidung, die man auch unterlassen könnte. Mit der Handelbarkeit der Aktie, also einem Wertpapier in standardisiertem Rechtskleid mit fast vernachlässigbaren Erwerbs- bzw. Verkaufskosten, gewinnt das Unternehmen Reputation, kontinuierliche Aussagen zum Wert des Eigenkapitals und eine hohe Liquidität der Anteile. „This enhanced liquidity for the firm's shares allows the company to raise capital on more favourable terms since it no longer needs to compensate investors for the illiquidity associated with a private held firm."[121] Etwas verkürzt kann man sagen, dass der Eintritt in die Klasse der börsennotierten Aktiengesellschaften, die Voraussetzung ist, später zu den „Etablierten" zu gehören. Gehört man dann zu den Etablierten und verfügt über ein hinreichendes Innenfinanzierungspotenzial und eine (Rating-gestützte) Verschuldungskapazität, wird der Kapitalmarkt als unmittelbare Eigenkapitalquelle nur sporadisch benutzt, um z. B. große Investitionsprojekte zu stemmen oder um einen – nach deutlichem Performanceabschwung – notwendigen **Turnaround** zu finanzieren.

9.7.4.2 Eintritt in den Primärmarkt – Grundzüge

Der Primärmarkt ist der Markt für den Erstabsatz der Aktien einer Gesellschaft. Im Vordergrund steht die öffentliche Emission an einem Börsensegment[122], nicht die private Platzierung von Aktien bei ausgewählten Investoren. Die finanziellen Erlöse aus dem Vertrieb der neuen („jungen") Aktien fließen i. d. R. vollständig oder zum größeren Teil dem emittierenden Unternehmen zu. Dort sollen die Mittel eingesetzt

121 So Hanley/Ritter (1992), S. 248.

122 Daher initial public offering (IPO).

werden für Investitionen und ggf. Rückführung von Teilen des Fremdkapitals. Zum Teil fließen die Mittel auch an bisherige Eigentümer, die sich von Teilen ihres Aktienbesitzes trennen. Es empfiehlt sich, für Zeichner junger Aktien vor Zeichnung zu beachten, wie die neuen Mittel eingesetzt werden sollen. Dies ist dem die Emission begleitenden **Wertpapierprospekt** zu entnehmen.

Der Prozess des erstmaligen Angebotes und Absatzes neuer Aktien ist aufwendig und teuer.[123] Selbstemissionen finden in aller Regel nicht statt. Das den IPO planende Unternehmen braucht IPO-Berater, die einschlägige Erfahrungen haben und ihr Wissen weitergeben können, und die Emission begleitende Banken, die in der Regel in Form eines Konsortiums auftreten. Für die Einschaltung von Banken sprechen deren reiche Erfahrungen aus früher arrangierten Börsengängen, ihr auf Emissionen spezialisiertes Personal, ihre Beziehungen zu potenziellen Zeichnern, ihre (zu bezahlende) Bereitschaft zur Übernahme des Emissionsrisikos und ihr Know-how bezüglich der due diligence, also der Durchleuchtung des Unternehmens und der marktnahen Bewertung von Unternehmen bzw. Aktien. In Deutschland ist zu differenzieren zwischen einem **Übernahmekonsortium** – der Verband der beteiligten Banken übernimmt die jungen Aktien zu einem Festpreis und versucht sie auf eigenes Risiko zu platzieren – und einem reinen **Platzierungskonsortium** oder Begebungskonsortium, das das Angebot und den Verkauf der Aktien übernimmt, aber nicht die Garantie, das Übernahmekonsortium, alle Aktien zu dem festgelegten Preis zu platzieren. Dieses Risiko verbleibt bei der emittierenden Gesellschaft.

Ein ernstes Problem ist bei einem erstmaligen Angebot von Aktien die Festlegung des Emissionskurses oder des Angebotspreises. Handelte es sich um eine Aktienemission einer Gesellschaft, deren Aktien bereits notiert und intensiv gehandelt werden, ist die Festsetzung des Bezugskurses eine relativ einfach zu lösende Frage, wenn es sich um eine Emission mit Bezugsrechten für die Altaktionäre handelt. Die Funktionen des Bezugsrechtes wurden in Abschnitt 9.6.3.2 erläutert. Bei Erstemissionen fehlt es an den Informationen aus den Kursverläufen der Altaktie. An deren Stelle muss eine eigene Bewertung des Unternehmens und der Aktie treten, also eine Schätzung. Die Schätzung stellt für die Alteigentümer und ggf. für das Bankenkonsortium ein Risiko dar: zu hohe Emissionskurse lassen den Absatz der jungen Aktie scheitern. Der Emissionsgang wird zum Flop, der Reputationsschäden für die Gesellschaft und die das Konsortium führenden Banken nach sich zieht und hohe Kosten ausgelöst hat ohne einen Nutzen zu bewirken. Zu niedrige Kurse erleichtern zwar den Konsortialbanken ihre Aufgabenerfüllung, bedeuten aber Verluste für die Alteigentümer, weil die Neueigentümer mit gleichen Rechten, aber zu Preisen in die Gesellschaft einsteigen, die unter dem „fairen Marktpreis" liegen. Folglich ist die Emissionskursfindung eine wichtige Angelegenheit. In Deutschland hat das **Bookbuilding-Verfahren** das in früheren Jahren verbreitete Festpreisverfahren abgelöst. Der Kern des Bookbuilding-Verfahrens besteht darin, dass die Einschätzungen wichtiger Investoren in die Festlegung des Emissionspreises einbezogen werden. Man initiiert eine sog. Pre-Marketing-Phase, während der die Analysten des Konsortiums wichtige institutionelle Investoren detailliert über den potenziellen Emittenten, dessen Geschäftsfelder, seine Performance in

---

[123] Vgl. zu einer Beschreibung des Vorgehens in Deutschland etwa Wöhe/Bilstein/Ernst/Häcker (2013), S. 133–153; zum Procedere in den Vereinigten Staaten Ross/Westerfield/Jaffe/Jordan (2008), S. 549–570.

den letzten Jahren und sein Zukunftspotenzial informieren und diskutieren. Die Investoren offenbaren Bewertungseinschätzungen und ggf. potenzielle Ordergrößen. Diese Präsentationen und Diskussionen haben zum Ergebnis, dass sich eine Preisspanne abzeichnet, in die der Emissionspreis zu liegen kommen könnte. Kombiniert mit oder nachgeordnet zu dieser Phase präsentiert der Vorstand sein Unternehmen vor institutionellen Investoren. Ziel dieser sog. **Roadshows** ist es, Investoren von der Attraktivität und dem Kurspotenzial der Aktie zu überzeugen. Investoren haben die Möglichkeit innerhalb der fixierten Preisspanne Gebote für definierte Stückzahlen an Aktien abzugeben, die der Konsortialführer oder Bookrunner im elektronischen Orderbuch erfasst. Gestützt auf die eingegangenen Zeichnungsaufträge wird der einheitliche Emissionspreis festgelegt. Das Verfahren ähnelt einer Auktion, ist aber keine, da es die Zeichner nicht verpflichtet, den Preis zu zahlen, den sie maximal zu zahlen bereit gewesen wären.

Es ist instruktiv, die Anzahl deutscher IPOs mit deren jeweiligem Volumen (soweit Angaben vorhanden) im Zeitablauf zu betrachten. Insgesamt sind 719 Unternehmen im Zeitraum 1981-2013 an die Börse gegangen. Abbildung 9.12 belegt deutlich, dass es wie in den USA auch in Deutschland „hot markets" (Phasen mit erhöhter Emissionstätigkeit) und „cold markets" (Phasen mit zurückhaltender Emissionstätigkeit) gibt. Auffällig ist, dass das Emissionsvolumen der Jahre 2012 und 2013 trotz einer geringen Anzahl von IPOs relativ hoch ist. Der bedeutendste Börsengang in Deutschland ist bis heute der der Deutschen Telekom AG im Jahr 1996 mit rund 10 Mrd. €. Auch auf globaler Ebene ist der IPO der Deutschen Telekom AG sehr bedeutend. Bezüglich des Volumens lag dieser in der Rangliste der zehn weltweit größten IPOs bis September 2014. An erster Stelle steht seit September 2014 mit rd. 20 Mrd. € die Alibaba Group (China).

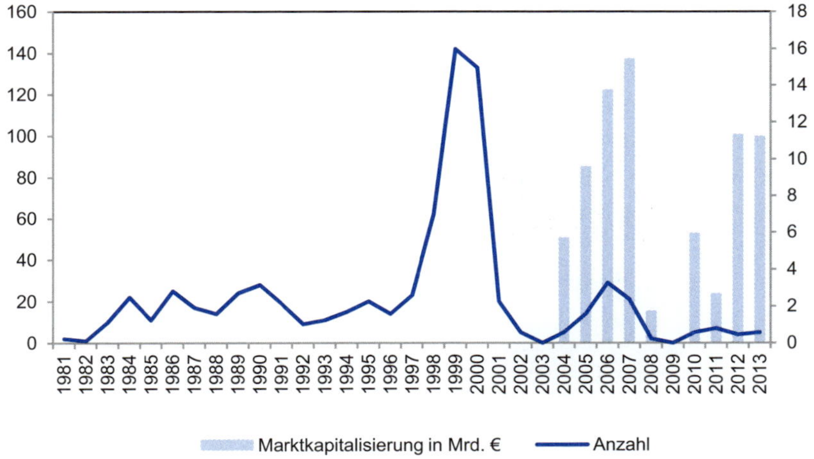

Abbildung 9.12: Anzahl (linke Skala) und Marktkapitalisierung (rechte Skala) der Börsengänge in Deutschland im Zeitraum 1981-2013 (Quelle: Deutsche Börse, eigene Berechnungen.)

Sie hat im Jahr 2010 ungefähr das Zweifache des Volumens des IPO der Deutschen Telekom AG eingesammelt. Die U AG, Protagonist in der realen Fallstudie des Kapitels 6, geht 1997 an den Markt, also zu einem Zeitpunkt, als der Markt sich anheizt.

Zwischen 1997 und 2013 finden 477 deutsche Börsengänge statt, wobei in fast jedem Jahr ein IPO mit Festpreisverfahren erfolgt, genau genommen 20 (ca. 4 %). In den letzten Jahren dominiert somit klar das Bookbuilding-Verfahren mit 453 Fällen (ca. 95 %). Der Rest teilt sich auf sonstige Verfahren auf.

9.7.4.3 Unterbewertung der neuen Aktien

Dass die Bestimmung eines fairen Emissionspreises das wichtigste Problem im Rahmen eines IPO ist, wurde oben bereits gesagt. Sehr zahlreiche Studien belegen, dass junge Aktien im Rahmen des ersten öffentlichen Angebots systematisch unterbewertet werden. Ibbotson[124] belegt, dass Emissionspreise durchschnittlich 11 % unter dem „true market price" lagen. Ross/Westerfield/Jaffe/Jordan (2008) berichten für 7.600 amerikanische Erstemissionen, die im Zeitraum von 1975 bis 2005 stattfanden, ein „underpricing" von durchschnittlich 17,3 %.[125] Die Beobachtung der Unterbewertung junger Aktien am Tag der Erstemission wurde in nahezu allen Ländern mit organisierten Kapitalmärkten gemacht, wobei die „average first-day returns" stark variieren.

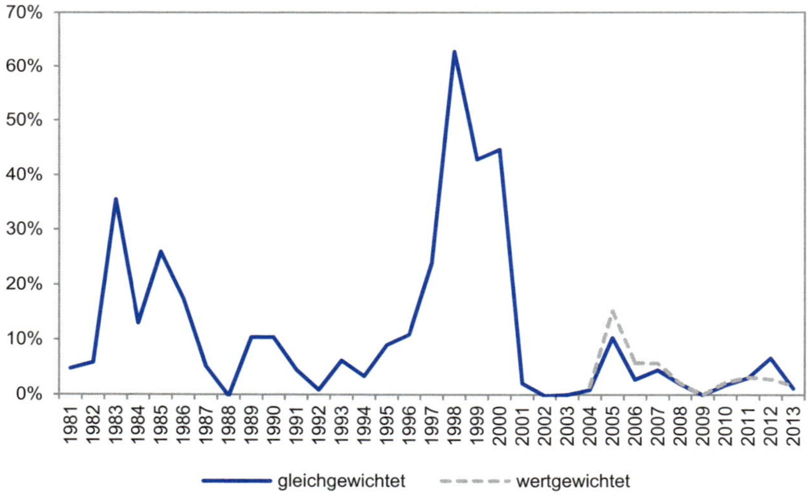

Abbildung 9.13: Unterbewertung junger Aktien am Tag der Erstemission in Deutschland im Zeitraum 1981-2013 (Quelle: Deutsche Börse, eigene Berechnungen).

Auch in Deutschland ist dieses Muster über die letzten 33 Jahre erkennbar in Abbildung 9.13. Der Mittelwert der gleichgewichteten Tagesrenditen pro Kalenderjahr beträgt 11,30 % und ist statistisch hochsignifikant (t-stat. 4,29). Diese Art der Schätzung ist sehr konservativ, gewichtet sie doch jedes Jahr gleich. Auch eine weitere Art des

---

124 Ibbotson (1975), S. 235-272.

125 Vgl. hierzu Ross/Westerfield/Jaffe/Jordan (2008), S. 557.

Gewichtens der Renditen hat keinen entscheidenden Einfluss auf dieses Muster, wie die gestrichelte Linie für die letzten zehn Jahre bei Marktwertgewichtung zeigt.[126] Es ist demnach nicht so, dass dieses Ergebnis nur von kleinen Börsengängen oder bestimmten Jahren getrieben wäre.

Wird der einfache Mittelwert über alle 719 Tagesrenditen ermittelt, ergibt sich ein underpricing von rund 27 %. Dies ist eine Größenordnung, die auch in der Literatur bestätigt wird. Der Wert ist bei dieser einfachen Berechnung deutlich höher, da nicht jedes Jahr gleichgewichtet wird, sondern jede Beobachtung. Insofern ist dieser Ansatz nicht so konservativ, wie der zuerst präsentierte. Er übergewichtet „hot issue markets" – in dieser Zyklusphase gibt es i. d. R. viele Emissionen mit hohem underpricing (z. B. 1998 und 1999) –, aber untergewichtet „cold issue markets".

Während die Beobachtung als unbestritten hingenommen werden kann, ist weniger klar, was die exakte Ursache ist. Einige tragen vor, dass Unterbewertungen der Aktie dann besonders ausgeprägt sind, wenn es sich um junge Unternehmen handelt, über die nur wenige Daten vorliegen, die es erlaubten eine verlässliche Einschätzung der künftigen Performance zu geben. Diese erhöhte Unsicherheit müsste durch niedrigere Emissionskurse aufgefangen werden. Es wird auch vorgetragen, dass Konsortien, die das Risiko der Platzierung übernommen haben, Interesse haben könnten, den Emissionspreis zu drücken. Da IPOs einmalige Ereignisse sind und immer das Argument bereit liegt, dass Marktpreise eben schwer zu antizipieren sind, ist für sie das Risiko von Folgegeschäften ausgeschlossen zu sein oder gar juristisch belangt zu werden beherrschbar. Diesem Argument wird entgegengehalten, dass die Unterbewertung nötig ist, um weniger gut informierte Käufer zum Erwerb anzureizen. Während die durchschnittliche Unterbewertung als bewiesen gilt, ist die Antwort auf das Warum noch zu liefern.

9.7.4.4 Kosten einer erstmaligen Aktienemission

Es besteht Einigkeit, dass die Kosten des ersten Börsengangs hoch sind. Wie hoch sie sind, ist weniger klar. Dies hängt damit zusammen, dass die Kosten von der Größe des Emissionsvolumens abhängen und vom Umfang und der Form der Risikoübernahme des Bankenkonsortiums (underwriter). So etwa sind die Kosten für ein Übernahmekonsortium deutlich höher als die für ein Begebungskonsortium.

Es ist auch zu beachten, dass verschiedene Kostenkategorien eine Rolle spielen. Zu unterscheiden sind

[1] Gebühren für Wirtschaftsprüfer, Rechtsanwälte, Notare, BaFin,

[2] Provisionen für Konsorten,

[3] Zeitaufwand des Managements für die Durchführung des Vorhabens,

[4] Wertverlust durch „underpricing", wobei es von Bedeutung ist, dass diese indirekte Kostenart alle anderen „Kostenarten" übersteigen könnte,

[5] Druckkosten, Registrierkosten.

Ross/Westerfield/Jaffe/Jordan berichten über die Kostenarten (1), (2), und (5) für Emissionen mit Volumina zwischen 10 und 500 Mio. $ in der Zeitspanne zwischen 1990 und 2003 und folgern unter Verweis auf durchschnittliche direkte Kosten von 10,3 %, zu

---

126 Die Daten erlauben keine Auswertung des vorherigen Zeitraums.

denen noch die Kosten des „underpricing" treten, die durchschnittlich nicht unter 20 % liegen, dass „this implies that going public for the first time ist a weighty decision. Although there are many benefits…., the costs cannot be ignored."[127]

9.8 Zusammenfassung

Dieses Kapitel beginnt mit einer Erläuterung der Schwierigkeiten, «Eigenkapital» präzise zu definieren bzw. Ansprüche von Eigenkapitalgebern zu trennen von Ansprüchen von Nicht-Eigenkapitalgebern. Es wird deutlich, dass eine eindeutige Zuordnung von allen Eigenschaften der Ansprüche der Financiers abhängt. Deshalb haben wir einen «idealtypischen» oder «reinen» Eigenkapitalanspruch bzw. Fremdkapitalanspruch als Eckwerte definiert, zwischen denen Ansprüche mit abweichenden Eigenschaften einzuordnen sind. Wir werfen dann die Frage auf, wie viel Eigenkapital ein Unternehmen braucht. Wir zeigen eine Reihe von Aspekten auf, die bei der Formulierung einer vorläufigen Antwort zu beachten sind. Dann beschäftigen wir uns mit der empirischen Eigenkapitalausstattung deutscher Unternehmen, die anhand von Buchwerten gemessen wurde. In Abschnitt 9.4 stellen wir unter der Überschrift Rechtsform und Eigenkapital die wichtigsten Rechtsformen von Unternehmen vor und beleuchten insbesondere die Eigenschaften, die für die Frage der Finanzierung besonders bedeutsam sind. Zugleich werden damit die Rechtsrahmen gekennzeichnet, in denen Finanzierungsprobleme in der Realität zu bewältigen sind. Abschnitt 9.5 fragt, wie nicht emissionsfähige Unternehmen Eigenkapital aufnehmen können unter sehr vereinfachten Bedingungen. Gezeigt werden soll die Art der Kalküle, die Alt- und Neugesellschafter entwickeln, die Veränderungen der Passivseite der Bilanz und die Bedeutung der Frage, ob die von neuen Eigentümern eingebrachten Mittel im Unternehmen selbst investiert werden oder im Privatbereich der Alteigentümer landen. Abschnitt 9.6 behandelt Aktie und Vorzugsaktie und erläutert die zahlreichen Formen der Kapitalerhöhung, die das AktG kennt.

Abschnitt 9.7 greift die Frage auf, wie junge, noch nicht börsenfähige, und wachsende Unternehmen zu mehr Eigenkapital kommen können, wenn die Mittel der Alteigentümer erschöpft sind. Abschnitt 9.7 stellt somit die Frage, die in Abschnitt 9.5 auch gestellt worden war, aber unter realistischeren Bedingungen. Venture Capital, Private Equity und ausgewählte Eigenkapital-Surrogate werden vorgestellt. Mittels zweier Fallstudien wird erläutert, welche Vorteile der Einsatz von Genussscheinen bietet, dessen Reputation hinter seinen potenziellen Vorteilen zurückbleibt: Dieser Finanzierungstitel übernimmt ökonomisch Eigenkapitalfunktionen, wird unter steuerlichen Aspekten wie Fremdkapital behandelt und ist – da die gesetzliche Normierung kaum vorhanden ist – ein durch Vertragsbedingungen gestaltbares Instrument. Die zweite Fallstudie soll zeigen, dass Covenant–gestützte Finanzierungsverträge dann, wenn Gläubiger kooperieren, die Eigentümer auch dann ausreichend disziplinieren, wenn deren eigener Eigenkapitaleinsatz sehr klein ist. Die gute Botschaft ist: es geht auf mittlere Frist auch mit wenig Eigenkapital. Abschnitt 9.7.4 kehrt in den Dunstraum der AG zurück: Welche Eigenschaften hat der erstmalige Gang an die Börse und welche Fragen sind zu beantworten? Der (erstmalige) Börsengang ist zeitaufwendig, komplex und teuer.

---

[127] Ross/Westerfield/Jaffe/Jordan (2008), S. 561.

9.9 Literaturhinweise

Adams, M. (1990): Höchststimmrechte, Mehrfachstimmrechte und sonstige wundersame Hindernisse auf dem Markt für Unternehmenskontrolle. In: Die Aktiengesellschaft, S. 63-78.

Albach, H./Hunsdiek, D./Kokalj, L. (1986): Finanzierung mit Risikokapital. Stuttgart.

Asquith, P./Mullins, D. (1986): Equity Issues and Offering Dilution. In: Journal of Financial Economics, S. 61–90.

Baums, T. (1990): Höchststimmrechte. In: Die Aktiengesellschaft, Band 35, S. 221–242.

BGH, Urteil vom 19.4.1982 – U ZR 55/81 1982. In: Die Aktiengesellschaft, Band 27, S. 252–254.

Berk, J./De Marzo, P. (2007): Corporate Finance. 2. Auflage, Boston.

Bigus, J. (2003): Zur Theorie der Wagnisfinanzierung. Wiesbaden.

Brealey, R. A./Myers, S. C./Allen, F. (2006): Corporate Finance. 8. Auflage, Boston, New York.

Bundesverband Deutscher Kapitalbeteiligungsgesellschaften (2014): BVK-Statistik. Das Jahr in Zahlen 2013. Berlin.

Claussen, C. P. (1984): Der Genußschein und seine Einsatzmöglichkeiten. In: Festschrift Werner, Handelsrecht und Wirtschaftsrecht in der Bankpraxis, Hadding, W. u. a. (Hrsg.). Berlin, New York, S. 81–99.

Donaldson, G. (1962): In Defense of Preferred Stock. In: Havard Business Review, Band 39, S. 123–136.

Dowling, M./Drumm, H-J. (Hrsg.) (2002): Gründungsmanagement. 2. Auflage, Berlin, Heidelberg, New York.

Drukarczyk, J. (1984): Korrekturen in der Kapitalstruktur und Eigentümerinteressen. In: Betriebswirtschaftslehre und ökonomische Krise, Staehle, W./Stoll, E. (Hrsg.). Wiesbaden.

Gerke, W. (2001): Venture Capital. In: Handwörterbuch des Bank- und Finanzwesens, W. Gerke/M. Steiner. 3. Auflage, Stuttgart, S. 2128–2138.

Gompers, P./Lerner, J. (1996): The Use of Covenants; An Empirical Analysis of Venture Partnership Agreements. In: Journal of Law and Economics, S. 463–498.

Grinblatt, M./Titman, S. (2001): Financial Markets and Corporate Strategy. 2. Auflage, Boston.

Hanley, K. W./Ritter, J. R. (1992): Going public. In: The New Palgrave Dictionary of Money and Finance, S. 248–255.

Ibbotson, R. (1975): Price Performance of Common Stock New Issues. In: Journal of Financial Economics, S. 235–272.

Jensen, M. C. (1986): Agency Costs of Free Cash Flow, Corporate Finance, and Takeovers. In: American Economic Review, Band 76, S. 323–329.

Kaplan, S. N./Strömberg, P. (1999): Financial Contracting Theory Meets the Real World. An Empirical Analysis of Venture Capital Contracts. In: Review of Economic Studies, S. 1–35.

Kaserer, Chr./Achleitner, A. K./Von Einem, Chr./Schiereck, D. (2007): Erwerb und Übernahme von Firmen durch Finanzinvestoren (insbesondere Private-Equity-Gesellschaften). Bericht zum Forschungsprojekt 3/06 für das Bundesministerium der Finanzen, München.

Lutter, M. (1979): Materielle und förmliche Erfordernisse eines Bezugsrechtsausschlusses. In: Zeitschrift für Unternehmens- und Gesellschaftsrecht, S. 401–418.

Lutter, M. (1981): Bezugsrechtsausschluß und genehmigtes Kapital. In: Betriebsberater, Band 36, S. 861–864.

Mikkelson, W. H./Partch, M. M. (1986): The Valuation Effects of Security Offerings and the Issuance Process. In: Journal of Financial Economics, S. 31–60.

Myers, S. C./Majluf, N. C. (1994): Corporate Financing and Investment Decisions when Firms have Information that Investors do not have. In: Journal of Financial Economics, S. 99–122.

Myers, S. C. (2000): Outside Equity. In: Journal of Finance, S. 1005–1037.

Pape, U./Beyer, St. (2001): Venture Capital als Finanzierungsalternative innovativer Wachstumsunternehmen. In: Finanz-Betrieb, S. 627–638.

Pütz, P./Willgerodt, H. (1985): Gleiches Recht für Beteiligungskapital, Vorschläge zur Reform von Unternehmensrecht und Kapitalmarkt, Schriften zur Ordnungspolitik, Bd. 1, Baden-Baden.

Ritzer-Angerer, P. (2004): Venture Capital – Finanzierung und Stille Gesellschaft. In Regensburger Beiträge zur betriebswirtschaftlichen Forschung, Band 43, Frankfurt, Berlin, New York.

Rudolph, B. (2006): Unternehmensfinanzierung und Kapitalmarkt. Tübingen.

Sahlman, W. A. (1990): The structure and governance of venture capital organizations. In: Journal of Financial Economics, S. 473–524.

Sahlman, W. A. (1999): Aspects of financial contracting in Venture Capital. In: Journal of Applied Corporate Finance, S. 23–36.

Sauvé, A./Scheuer, M. (1999): Corporate Finance in Germany and France. Frankfurt.

Schneider, D. (1987): Messung des Eigenkapitals als Risikokapital. In: Der Betrieb, S. 185–191.

Smith, C. W. (1977): Alternative Methods for Raising Capital – Rights versus Underwritten Offerings. In: Journal of Financial Economics, S. 273–307.

Spremann, K. (2002): Wirtschaft, Investition und Finanzierung. 5. Auflage, München, Wien.

Stadler, W. (Hrsg.) (2001): Venture Capital und Private Equity. Köln.

Stützel, W. (1981): Die Aktie und die volkswirtschaftliche Risiken-Allokation. In: Geld und Versicherung, Jung, M./Lucius, R. R./Seifert, W. G. (Hrsg.). Karlsruhe, S. 193–211.

Swoboda, P. (1985): Der Risikograd als Abgrenzungskriterium von Eigen- versus Fremdkapital. In: Information und Produktion. Festschrift Wittmann, Stöppler, W. (Hrsg.). Stuttgart, S. 343–361.

Terstege, U. (2001): Bezugsrechte bei Kapitalerhöhungen. Wiesbaden.

Timm, W. (2003): Der Bezugsrechtsausschluß beim genehmigten Kapital. In: Der Betrieb, S. 211–217.

Wagner, F. W. (1988): Allokative und distributive Wirkungen der Ausschüttungskompetenzen von Hauptversammlung und Verwaltung einer Aktiengesellschaft. In: Zeitschrift für Unternehmens- und Gesellschaftsrecht, S. 210–239.

Weidig, T./Mathonet, P.-Y. (2004): The Cash Profiles of Private Equity. Luxembourg.

Wipfli, C. (2001): Unternehmensberatung im Venture Capital-Geschäft. Bern.

Wöhe, G./Bilstein, J./Ernst, D./Häcker, J. (2013): Grundzüge der Unternehmensfinanzierung. 11. Auflage, München.

Zantow, R./Dinauer, J. (2011): Finanzwirtschaft des Unternehmens. 3. Auflage, München.

Zupancic, G. M. (1989): Risikokapitalbeschaffung durch Genußscheine bei großen mittelständischen Unternehmen. Köln.

Kapitel 10 Innenfinanzierung

Inhalt

10.1 Definition und Bedeutung der Innenfinanzierung

In Kapitel 1 haben wir die Finanzierungsquellen eines Unternehmens in zwei große Blöcke unterteilt: Außen- und Innenfinanzierung. In den Kapiteln 7, 8 und 9 wurden Bereiche der Außenfinanzierung besprochen. Jetzt wenden wir uns der Innenfinanzierung zu.

Wenn wir uns auf der Zahlungsebene bewegen, besteht das Innenfinanzierungsvolumen einer Periode vor Steuern, vor Ausschüttungen und vor Auszahlungen für Sach- und/oder Finanzanlagen und vor Kapitaldienst in der Differenz der in Abbildung 1.1 dargestellten Zahlungsbewegungen, für die die Pfeile 1 und 2 stehen. Es ist die Differenz der vom Unternehmen in einer Periode vereinnahmten Leistungsentgelte und der vom Unternehmen in der gleichen Periode gezahlten Faktorentgelte für Rohstoffe, Energie, Arbeitsleistungen, beschaffte Waren, Transporte, Versicherungsleistungen etc., die für die Produktion der Leistungen des Unternehmens in der gleichen Periode und deren Verwertung im Markt ausgelöst werden. Auszahlungen für Sachanlagevermögen wie Grundstücke, maschinelle Anlagen, Gebäude, Finanzanlagen, Steuerzahlungen, Ausschüttungen und Zahlungen für Kapitaldienst stellen, soweit nicht auf Möglichkeiten der Außenfinanzierung zurückgegriffen wird, eine *Verwendung* von *Innenfinanzierungsvolumen* dar.

In Kapitel 1 wurde Innenfinanzierung auch mittels Abbildung 1.2 erläutert. In dieser Abbildung wird Innenfinanzierung ausgehend von Aufwands- und Ertragsrechnungen definiert. Dieter Schneider meint zwar, dass der Pfad betriebswirtschaftlicher Tugend den Zahlungsströmen folge.[128] Dennoch kommt die von einer GuV ausgehenden

[128] Vgl. Schneider (1992), S. 712.

Definition der praktischen Denkweise vermutlich am nächsten. Demnach gelten als Hauptquellen des Innenfinanzierungsvolumens eines Unternehmens

- Aufwandsbildung durch Abschreibungen,
- Aufwandsbildung durch Rückstellungsbildung,
- Gewinneinbehaltung (Thesaurierung).

Bevor in Abschnitt 10.2 auf diese Aspekte im Detail eingegangen wird, soll die an der Gewinn- und Verlustrechnung orientierte Denkweise anhand des Beispiels, das schon in Kapitel 1 benutzt wurde, nochmals beleuchtet werden.

Die Gewinn- und Verlustrechnung einer AG für 2013 sehe wie folgt aus:

Gewinn- und Verlustrechnung einer AG für 2013	
Nettoumsatzerlöse (einzahlungsgleich)	3.000
Erhöhung der Bestände an Fertigprodukten (nicht einzahlungsgleich)	300
Löhne, Gehälter, soziale Abgaben (auszahlungsgleich)	700
Aufwendungen für Roh-, Hilfs- und Betriebsstoffe (auszahlungsgleich)	600
Abschreibungen (nicht auszahlungsgleich)	400
Zuführungen zu Garantierückstellungen (nicht auszahlungsgleich)	100
Zuführungen zu Pensionsrückstellungen (nicht auszahlungsgleich)	200
Jahresüberschuss (JÜ)	1.300
Einstellung in Gewinnrücklagen	650
Bilanzgewinn	650
Einstellung in Gewinnvortrag	450

Zusätzlich gilt:

- Steuern sind ausgeblendet.
- Vorstand und Aufsichtsrat beschließen, 50 % des Jahresüberschusses gemäß § 58 Abs. 2 AktG in Gewinnrücklagen einzustellen.
- Die Eigentümer der AG beschließen auf der Hauptversammlung, nur einen Teil des Bilanzgewinns auszuschütten: Die Ausschüttung soll 200 betragen; 450 werden als Gewinnvortrag (oder als Gewinnrücklage) einbehalten.

Das Innenfinanzierungsvolumen vor Ausschüttung (Dividende) beträgt, berechnet nach den Zahlungsbewegungen 3.000 – 700 – 600 = 1.700. Nach Ausschüttung sind noch 1.500 verfügbar.

Benutzt man Abbildung 1.2, um das Innenfinanzierungsvolumen zu definieren, erhält man ebenfalls 1.500:

- Finanzierung durch Einbehaltung von Teilen des Jahresüberschusses:
  650 + 450 = 1.100

- Finanzierung durch zwingende Gewinnermittlungsvorschriften:

– Abschreibungen:	400
– Zuführung zu Garantierückstellungen:	100
– Zuführung zu Pensionsrückstellungen:	200
– Investition in Fertigprodukte	–300
Summe	1.500

Das Beispiel verdeutlicht, was mit dem Finanzierungseffekt aus Abschreibungen bzw. dem **Finanzierungseffekt aus Rückstellungen** gemeint ist: Wenn man den Jahresüberschuss eines Jahres als die Obergrenze der zulässigen Ausschüttung ansieht, dann verkürzen nicht zahlungsgleiche (nachperiodisierte) Abschreibungen sowie nicht zahlungsgleiche (vorperiodisierte) Zuführungen zu Rückstellungen das Maximum an Ausschüttung und verhindern somit den Abfluss von finanziellen Mitteln unter der nicht unwichtigen Prämisse, dass mindestens Mittel in entsprechender Höhe (über Pfeil 1 in Abbildung 1.1) dem Unternehmen zugeflossen sind. Liegen also Jahresfehlbeträge vor, sind die genannten Finanzierungseffekte zu hinterfragen.

Wie bedeutsam ist Innenfinanzierung in der Realität? Bezeichnet man den Kapitalbedarf einer Periode mit 100, sieht die Mittelaufbringung gemäß den Auswertungen von Tausenden von Jahresabschlüssen, die die Deutsche Bundesbank seit Jahrzehnten vornimmt, im Durchschnitt der letzten sechs Jahrzehnte etwa so aus:

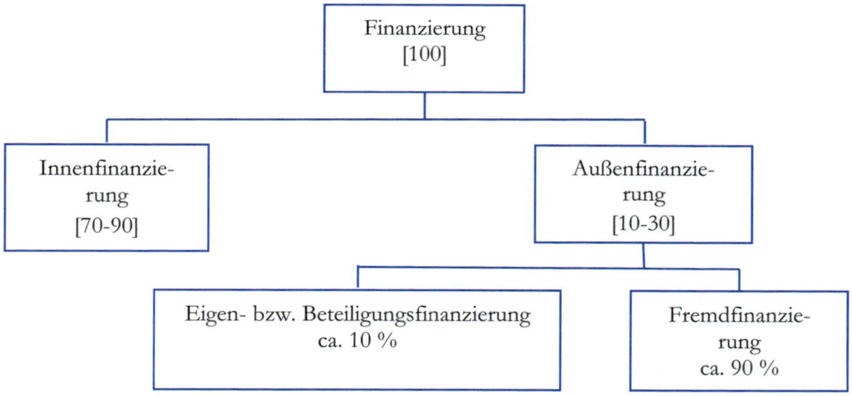

Abbildung 10.1: Relative Bedeutung der Innenfinanzierung für deutsche Unternehmen

Im Durchschnitt werden zwischen 70 % und 90 % der Bruttoinvestition durch Mittel aus Innenfinanzierung gedeckt; Mittel aus der Außenfinanzierung tragen zur Finanzierung der Bruttoinvestition in weit geringerem Maße bei. Unter den Formen der Außenfinanzierung hat die Kreditfinanzierung die größte Bedeutung.

Aus den USA übermitteln Brealey/Myers/Allen die gleiche Botschaft, wie Abbildung 10.2 verdeutlicht: Die Innenfinanzierung hat für reife Unternehmen überragende Bedeutung.

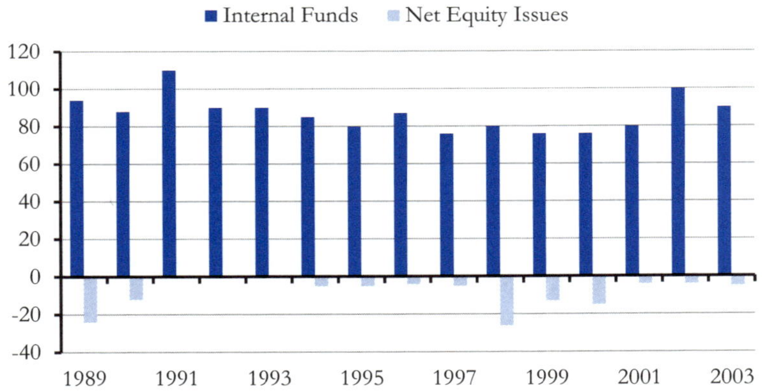

Abbildung 10.2: Bedeutung der Innenfinanzierung für Industrie-Unternehmen in den USA (Quelle: Brealey/Myers/Allen (2006), S. 362.)

10.2 Herkunft und Verwendung des Innenfinanzierungsvolumens

10.2.1 Finanzierung durch Abschreibungen

Will man den Finanzierungseffekt von Abschreibungen darstellen, hat man einmal zu unterscheiden in Personengesellschaften und Kapitalgesellschaften und zum anderen nach der Art des geltenden Steuerregimes. Personengesellschaften sind in Deutschland kein eigenständiges Steuersubjekt. Sie sind i. d. R. gewerbesteuerpflichtig. Der Gewinn der Personengesellschaft unterliegt unabhängig davon, ob er thesauriert oder von den Gesellschaftern entnommen wird, der Einkommensteuer auf Gesellschafterebene.

Bei Kapitalgesellschaften ist zu unterscheiden die Besteuerung auf Unternehmensebene mit Gewerbesteuer (s_{GE}) und Körperschaftsteuer (s_K) und die Besteuerung auf Eigentümerebene (s_A). Im derzeit geltenden Steuerregime wird die *Ausschüttung* der Kapitalgesellschaft mit dem Abgeltungssteuersatz $s_A = 0{,}25$ besteuert.

Wir betrachten im Folgenden die Wirkungen einer steuerlich und handelbilanziell relevanten Abschreibungsverrechnung für die Kapitalgesellschaft.

Angenommen, die Kapitalgesellschaft plante, alle Überschüsse zu thesaurieren, also nichts auszuschütten. Die Wirkung einer Abschreibungsverrechnung in Höhe von Ab_t besteht im Vergleich zum Fall der fehlenden Abschreibung (Null-Abschreibung) ausschließlich in einer Minderung der Steuerzahlung des Unternehmens im Zeitpunkt t: Die Steuerzahlung in Periode t sinkt um s^0 Ab_t, wobei s^0 den kombinierten Ertragsteuersatz bezeichnet und durch $s^0 = s_K + s_{GE}$ definiert ist. Seit 2008 beträgt $s_K = 15$ % und $s_{GE} = M \cdot H$ mit der Steuermesszahl M = 0,035 und dem gemeindeindividuellen Hebesatz $H \in [2; 9]$. Wird von einem durchschnittlichen H von annähernd 4 ausgegangen, ergibt sich $s^0 = 0{,}15 + 0{,}035 \cdot 4 = 0{,}29$. Der Beitrag der Abschreibungsverrechnung zum Innenfinanzierungspotenzial in Periode t besteht im Fall der geplanten vollen Thesaurierung in der Reduktion der Steuerschuld, wenn wir eine den Abzug von Ab_t erlaubende positive Steuerbemessungsgrundlage voraussetzen.

Nehmen wir nun an, die Kapitalgesellschaft wollte finanzielle Mittel in Höhe des Jahresüberschusses ausschütten. Jetzt ist die Wirkung einer zusätzlichen Abschreibung Ab_t etwas komplizierter: Ab_t verkürzt den Jahresüberschuss ($JÜ_t$) und verkürzt die Steuerlast der Periode t, wobei die Reduktion der Steuer wiederum zur Erhöhung der Ausschüttung verwendet werden kann: Die Ausschüttung in Periode t verändert sich um $- Ab_t + s^0 Ab_t = -Ab_t (1 - s^0)$. Das Innenfinanzierungsvolumen vor Steuern steigt um Ab_t; das Innenfinanzierungsvolumen nach Steuern sinkt um $s^0 Ab_t$.

10.2.2 Finanzierung durch Rückstellungen

Wir unterstellen handels- und steuerrechtlich zulässige Rückstellungen, also z. B. Rückstellungen für Garantien, Pensionszusagen, Prozessrisiken, Bergschäden, Steuerrückstellungen. Werden Rückstellungen gebildet, die steuerlich nicht zulässig sind, hat die Rückstellungszuführung nur den ausschüttungsverkürzenden Effekt, wenn – wie oben unterstellt – der Jahresüberschuss die Obergrenze der zulässigen Ausschüttung der Periode definiert.

Ist die Rückstellungsbildung steuerlich zulässig, folgen ein Ausschüttungsminderungseffekt und ein Steuerminderungseffekt. Dieser Steuerminderungseffekt ist prinzipiell von Vorteil, aber von zeitlich begrenzter Dauer. Das ist zu erläutern. Angenommen, es handelt sich um eine Zuführung zu einer Garantierückstellung in Periode t in Höhe von ΔRS. Die Garantiezusage des Unternehmens gelte für maximal n Jahre. Folgende Ausgänge sind möglich:

– Ein Garantieanspruch wird vom Käufer der Ware oder Dienstleistung nicht erhoben. In diesem Fall ist die Zuführung zur Rückstellung in Periode t + n spätestens aufzulösen. D. h., dass die Gewinn- und Verlustrechnung einen dem Auflösungsbetrag entsprechenden Ertrag ebenso ausweist wie die steuerliche Bemessungsgrundlage der Periode. Die Ausschüttungssperrwirkung ist aufgehoben; die in Periode t erzielte Steuerminderzahlung ist in Periode t + n nachzuleisten. Allerdings entsteht ein Zinsvorteil, da die steuerliche Leistung in Höhe von $s^0 \Delta RS_t$ erst in t + n, anstatt in Periode t zu leisten ist.

		t	t + n
(1)	Zuführung zur Garantierückstellung	ΔRS	
(2)	Steuerminderung	$- s^0 \Delta RS$	
(3)	Veränderung JÜ	$- \Delta RS (1 - s^0)$	$+\Delta RS (1 - s^0)$
(4)	Auflösung der Garantierückstellung		$-\Delta RS$
(5)	durch (4) ausgelöste Steuerzahlung		$s^0 \Delta RS$

Tabelle 10.1: Wirkungen der Rückstellungsbildung und -auflösung

– Der Garantieanspruch wird vom Käufer während der Garantiezeit geltend gemacht. Wir nehmen vereinfachend an, dass er in der letzten Periode der Garantiezeit geltend gemacht wird und dass die Garantieleistung exakt dem Betrag entspricht, der in Periode t der Garantierückstellung zugeführt wurde.

		t	t + n
(1)	Zuführung zur Garantierückstellung	ΔRS	
(2)	Steuerminderung	$-s^0\Delta RS$	
(3)	Veränderung d. JÜ	$-\Delta RS\,(1-s^0)$	0
(4)	Inanspruchnahme aus Rückstellungs-grund: Zahlung und Aufwand		$-\Delta RS$
(5)	Auflösung der Garantierückstellung: Ertrag		$+\Delta RS$
(6)	Steuerwirkung		0

Tabelle 10.2: Wirkungen der Rückstellungsbildung bei Inanspruchnahme aus Rückstellungsgrund

In beiden betrachteten Fällen tritt die Steuerminderung bei entsprechend positiver Steuerbemessungsgrundlage in Periode t ein. Im Fall 1, also der Nichtinanspruchnahme des Unternehmens, wird eine gleich hohe Steuerbelastung in Periode t + n nachgeholt; konstante Steuersätze sind hierbei unterstellt. Im Fall 2, also der Inanspruchnahme des Unternehmens, unterbleibt eine Kompensation der Steuerminderzahlung in Periode t + n, weshalb es auf den ersten Blick so aussieht, als sei der steuerliche Vorteil größer als im Fall 1. Das trifft aber nicht zu. Wir können nämlich dem die Rückstellung in t bildenden Unternehmen, das wir im Folgenden mit RS-Unternehmen bezeichnen, ein Unternehmen gegenüberstellen, das auf die Rückstellungsbildung in Periode t verzichtete. Dieses Unternehmen bezeichnen wir im Folgenden als Vergleichsunternehmen oder V-Unternehmen. Dieses V-Unternehmen würde in Periode t + n mit der Inanspruchnahme des Garantieinhabers konfrontiert, die entsprechende Auszahlung leisten, den Aufwand verbuchen und den Steuervorteil in Höhe von $s^0\Delta RS$ – ΔRS entspricht annahmegemäß der Inanspruchnahme – in Periode t + n vereinnahmen. Folglich ist der steuerliche Vorteil der finanziellen Belastung in Höhe von $s^0\Delta RS$ in beiden Fällen der gleiche: Die Vorperiodisierung des Aufwands durch die Rückstellungsbildung in Periode t bewirkt jedoch eine zeitlich vorgezogene Steuerminderzahlung, über die das Unternehmen verfügen kann.

Wir wollen im Folgenden annehmen, dass die Kapitalgesellschaft den Jahresüberschuss der Periode als Obergrenze der Entnahme bzw. Ausschüttung beachtet. Diese Annahme ist realistisch; Kapitalgesellschaften schütten im Durchschnitt deutlich weniger aus, als sie gemäß der oben genannten Obergrenze könnten. Wir wollen unterstellen, dass die Kapitalgesellschaft exakt den um Unternehmensteuern verkürzten Jahresüberschuss ausschüttet. Rückstellungszuführungen verkürzen den Jahresüberschuss um ΔRS und erhöhen ihn um die verringerte Steuerzahlung in Höhe von $s^0\Delta RS$. Was aber treibt das Unternehmen mit den ausschüttungsgesperrten finanziellen Mitteln? Hier gibt es im Prinzip drei **Verwendungsalternativen**:

[1] Das Unternehmen investiert die Mittel und erzielt hoffentlich Erfolge, die die Kapitalkosten der Mittel übersteigen bzw. mindestens erreichen.

[2] Das Unternehmen tilgt Fremdkapital und spart Zinszahlungen.

[3] Das Unternehmen ersetzt Eigenkapital, indem es Eigenkapital an die Eigentümer in dem Umfang zurückführt, in dem die Passivposition Rückstellungen wächst.

Betrachten wir zunächst Fall 1. Das Unternehmen betreibe eine jahresüberschussbezogene Vollausschüttung: Überschüsse nach Gewerbeertrag- und Körperschaftsteuer werden ausgeschüttet. Das V-Unternehmen bildet den Bezugspunkt und bildet keine Rückstellung. Tabelle 10.3(a) bildet die Ausschüttungen und den Cashflow auf der Ebene der Eigentümer ab. Tabelle 10.3(b) bildet den Überschuss nach Unternehmensteuern und den Cashflow auf Eigentümerebene für das die Rückstellung bildende RS-Unternehmen ab. Der Rückstellungszuführung entsprechende Mittel werden hier in fest verzinsliche Finanzanlagen investiert zu einem Zinssatz i_{FA} von 5 %. Nach Unternehmensteuern beträgt deren Rendite i_{FA} $(1 - s^0)$ mit $s^0 = 0{,}29$, also 3,55 %. Ausschüttungen von Kapitalgesellschaften werden mit dem Abgeltungssteuersatz in Höhe von 0,25 besteuert.

V-Unternehmen		0	1	2	...	n
(1)	Überschuss vor GewESt und KöSt	200	200	200	...	200
(2)	Inanspruchnahme aus Rückstellungsgrund					–100
(3)	Unternehmensteuern ($s^0 = 0{,}29$)	–58	–58	–58	...	–29
(4)	Ausschüttungen	142	142	142	...	71
(5)	Abgeltungssteuer ($s_A = 0{,}25$)	-35,5	-35,5	-35,5	...	-17,75
(6)	Cashflow auf Ebene der Eigentümer	106,5	106,5	106,5	...	53,25

Tabelle 10.3(a): Ausschüttungen des V-Unternehmens und Cashflow auf Ebene der Eigentümer.

RS-Unternehmen		0	1	2	...	n
(1)	Überschuss vor GewESt und KöSt	200	200	200	...	200
(2)	Rückstellungsveränderung	(100)				(–100)
(3)	Inanspruchnahme aus Rückstellungsgrund					–100
(4)	Finanzanlage	–100				100
(5)	Zinserträge aus (4) *nach* Steuern		3,55	3,55	...	3,55
(6)	Unternehmensteuern ($s^0 = 0{,}29$)	–29	–58	–58	...	–58
(7)	Ausschüttungen	71	145,55	145,55	...	145,55
(8)	Abgeltungssteuer ($s_A = 0{,}25$)	–17,75	-36,39	–36,39	...	-36,39
(9)	Cashflow auf Ebene der Eigentümer	53,25	109,16	109,16	...	109,16

Tabelle 10.3(b): Ausschüttungen des RS-Unternehmens und Cashflow auf Ebene der Eigentümer.

Welche Cashflow-Reihe ist vorzuziehen? Dazu ist zu prüfen, ob die Eigentümer des V-Unternehmens mit der in t = 0 um 53,25 höheren Zahlung die Nachteile der in den folgenden Perioden niedrigeren Zahlungen ausgleichen können. Wir nehmen an, dass die Eigentümer ebenfalls Geld zu 5 % anlegen können. Die Zinserträge unterliegen der Abgeltungssteuer von s_A= 0,25; die Rendite nach Steuern ist somit 0,05 (1 - 0,25) = 0,0375. Aus der Anlage von 53,25 zu 3,75 % erzielen die Eigentümer dann (gerundet) 2,0 pro Periode[129] und somit weniger als der Vorsprung des Cashflows des RS-Unternehmens vor dem des V-Unternehmens. Die Ursache ist das höhere Investitionsvolumen von 100 im RS-Unternehmen (**Volumeneffekt**). Zwar ist die Rendite nach allen Steuern mit i_{FA} $(1 - s^0)$ $(1 - 0{,}25) = 0{,}0266$ im RS-Unternehmen kleiner als die privat erzielte Rendite der Eigentümer des V-Unternehmens, die 0,0375 beträgt (**Renditeeffekt**). Aber der Volumeneffekt überkompensiert den Renditevorteil. Die Rückstellungsbildung ist unter den genannten Bedingungen also von Vorteil.

Wir betrachten jetzt die zweite oben genannte Verwendungsalternative: Das RS-Unternehmen tilgt Fremdkapital. Rückstellungen ersetzen Fremdkapital; die Bilanzsumme bleibt im Gegensatz zum soeben betrachteten Fall konstant.

Die zum ersten Fall angestellten Überlegungen können auf diesen zweiten Fall übertragen werden. In t = 0 wird im RS-Unternehmen ΔRS gebildet und Fremdkapital in gleicher Höhe abgelöst. Bei Inanspruchnahme des Unternehmens durch den Inhaber des Garantieanspruchs (in Höhe von ΔRS) wird verzinsliches Fremdkapital wieder aufgenommen. Die temporäre Tilgung von Fremdkapital erspart Zinszahlungen in Höhe von $\Delta RS\ i_V\ (1-s^0)$ auf Unternehmensebene, wenn volle steuerliche Abzugsfähigkeit der Zinszahlungen auf Unternehmensebene angenommen wird.[130] Diese Ersparnis erhöht die Ausschüttungen an die Eigentümer und bewirkt nach Einkommensteuern einen um $\Delta RS\ i_V\ (1-s^0)\ (1-s_A)$ höheren Cashflow. Tabelle 10.4 zeigt die Zahlungswirkungen, wenn das keine Rückstellungen bildende V-Unternehmen als Bezugspunkt benutzt wird.

0	1	2	...	n
Ausschüttungsminderung $- \Delta RS\ (1 - s^0)$	$i_V \Delta RS\ (1 - s^0)$	Mehrausschüttungen $i_V \Delta RS\ (1 - s^0)$	...	$i_V \Delta RS\ (1 - s^0)$
Cashflowminderung auf Eigentümerebene	Cashflowerhöhung auf Eigentümerebene			
$- \Delta RS\ (1 - s^0)\ (1 - s_A)$	$i_V \Delta RS\ (1 - s^0)\ (1 - s_A)$	$i_V \Delta RS\ (1 - s^0)\ (1 - s_A)$	...	$i_V \Delta RS\ (1 - s^0)\ (1 - s_A)$

Tabelle 10.4: Ausschüttungsdifferenzen bei Ablösung von Fremdkapital

Auch hier gibt es den **Volumeneffekt** und den **Renditeeffekt**. Letzterer besteht in der Differenz zwischen den Kosten des Fremdkapitals nach allen Steuern und der Rendite nach Steuern, die Eigentümer des V-Unternehmens auf die Mehrausschüttung in t = 0 erzielen könnten. Und der Volumeneffekt überkompensiert den Renditeeffekt.

---

129 53,25 · 0,0375 = 1,9969.

130 Für die Berechnung der Gewerbesteuerzahlung trifft dies nicht vollständig zu.

Nun könnten durch Rückstellungen gebundene Mittel auch Eigenkapital ersetzen: Investitionsvolumen bzw. Bilanzsumme bei RS- und V-Unternehmen sind identisch; die Kapitalstrukturen differieren, weisen aber gleiche Bestände an verzinslichem Fremdkapital auf. Abbildung 10.3 verdeutlicht dies.

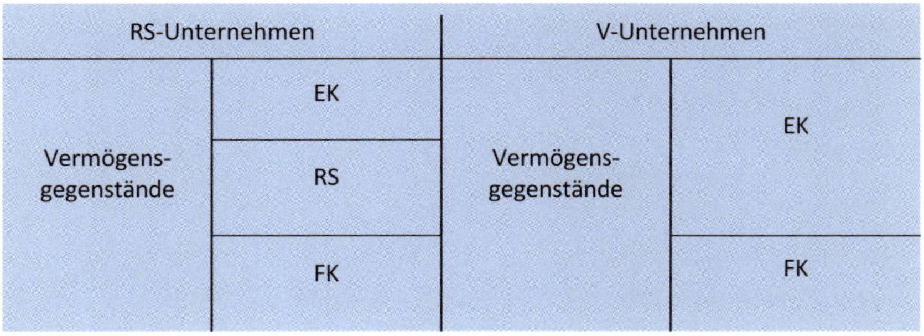

Abbildung 10.3: Kapitalstrukturen im RS- und V-Unternehmen

Für den Transfer von Eigenkapital (EK) in Höhe von RS zu den Eigentümern gibt es mehrere Wege: Das RS-Unternehmen kann höhere Ausschüttungen leisten als das V-Unternehmen; zu diesem Zweck sind ggf. Gewinnrücklagen aufzulösen. Das RS-Unternehmen könnte auch das Eigenkapital herabsetzen und den Eigentümern zurückzahlen; dies hätte den Vorteil, dass die Einkommensteuerbelastung auf Eigentümerebene unterbleibt. Das RS-Unternehmen könnte schließlich Aktien zurückkaufen.

Wir betrachten wieder RS- und V-Unternehmen. Beide Unternehmen investieren in $t = 0$ den Betrag $I_0 = 100$. Die Erfolge aus dieser Investition sind im erwarteten Überschuss vor Unternehmensteuern (200) bereits enthalten. Das RS-Unternehmen finanziert I_0 durch ΔRS; das V-Unternehmen finanziert I_0 durch Gewinneinbehaltung. Die Bilanzsummen von RS- und V-Unternehmen sind somit gleich; die Summe aus Rückstellung und Eigenkapital im RS-Unternehmen gleicht dem Eigenkapital des V-Unternehmens.

Tabelle 10.5(a) zeigt Ausschüttung und Cashflow auf Eigentümerebene des V-Unternehmens. Tabelle 10.5(b) zeigt die Ergebnisse für das RS-Unternehmen.

V-Unternehmen		0	1	2	...	n
(1)	Überschuss vor GewESt und KöSt	200	200	200	...	200
(2)	Inanspruchnahme aus Rückstellungsgrund					−100
(3)	Unternehmensteuern ($s^0 = 0{,}29$)	-58	-58	-58	...	-29
(4)	Investition (= Thesaurierung)	-100				–
(5)	Ausschüttungen	42	142	142	...	71
(6)	Abgeltungssteuer ($s_A = 0{,}25$)	-10,50	-35,50	-35,50	...	-17,75
(7)	Cashflow auf Eigentümerebene	31,50	106,50	106,50	...	53,25

Tabelle 10.5(a): Ausschüttungen und Cashflows des V-Unternehmens

RS-Unternehmen		0	1	2	...	n
(1)	Überschuss vor GewESt und KöSt	200	200	200	...	200
(2)	Rückstellungsveränderung	(100)				(–100)
(3)	Inanspruchnahme aus Rückstellungsgrund					–100
(4)	Unternehmensteuern (s^0 = 0,29)	-29	-58	-58	...	-58
(5)	Investition	-100				
(6)	Thesaurierung					100
(7)	Ausschüttungen	71	142	142	...	42
(8)	Abgeltungssteuer (s_A = 0,25)	-17,75	-35,50	-35,50	...	-10,50
(9)	Cashflow auf Eigentümerebene	53,25	106,50	106,50	...	31,50

Tabelle 10.5(b): Ausschüttungen und Cashflow des RS-Unternehmens

Das V-Unternehmen thesauriert den Betrag $I_0 = 100$ in $t = 0$; das RS-Unternehmen thesauriert den Betrag $\Delta RS = 100$ in $t = n$, um so den im Zeitpunkt n geltend gemachten Garantieanspruch zu finanzieren. Ab dem Zeitpunkt n sind die Kapitalstrukturen beider Unternehmen wieder gleich. Man kann den Tabellen entnehmen, dass die Summe der Unternehmenssteuern, die Summe der Einkommensteuern und folglich die Summe der Cashflows auf Eigentümerebene für beide Unternehmen gleich sind. Aber die Ausschüttungsreihe des RS-Unternehmens ist wertvoller als die des V-Unternehmens, weil der Ausschüttungsvorteil von 21,75 in $t = 0$ anstatt in $t = n$ erfolgt. Der Vorteil von 21,75 ergibt sich aus dem Unternehmenssteuervorteil von $\Delta RS \cdot s^0$, verkürzt um die Ausschüttungsbelastung.[131]

Das Beispiel deutet an, dass die Substitution von Eigenkapital durch Rückstellungen sinnvoll sein kann. Das gilt insbesondere für langfristige (steuerlich zulässige) Rückstellungen wie z. B. für Pensionen, Entsorgung von Kernkraftwerken, Bergschäden oder den sog. Bodensatz von Garantierückstellungen.

10.2.3 Exkurs: Pensionsrückstellungen und Ablösung von langfristigem Fremdkapital

Dieser Exkurs behandelt die Verwendung rückstellungsgesperrter Mittel für die Ablösung von verzinslichem Fremdkapital.

Unternehmen können sich verpflichten, ihren Arbeitnehmern eine Alters-, Invaliden- oder Hinterbliebenenversorgung zu gewähren. Sie können solchen Verpflichtungen in verschiedenen Organisationsformen nachkommen: Wir betrachten den unternehmensinternen Ansparprozess in Form von Rückstellungen. Im Prinzip werden Pensionsrückstellungen für betriebliche Altersversorgung während der Betriebszugehörigkeit gebildet. Wird der Fall nur eines Arbeitnehmers betrachtet, werden während dessen

131 $\Delta RS\ s^0\ (1 - 0{,}25) = 100 \cdot 0{,}29 \cdot 0{,}75 = 21{,}75$.

Betriebszugehörigkeit («Anwartschaftsphase») Zuführungen zu den Pensionsrückstellungen vorgenommen, denen in der Periode der Zuführung keine Auszahlungen gegenüberstehen: Es liegt Periodenaufwand, aber keine Periodenauszahlung vor. Das Unternehmen behält Mittel ein, um nach dem Ausscheiden des Arbeitnehmers die vertraglich festgelegten Altersversorgungsleistungen in der «Rentenphase» zu finanzieren. Abbildung 10.4 verdeutlicht den Sachverhalt (Z: Jahr der Versorgungszusage, R_1: Jahr der ersten Rentenzahlung, R_n: Jahr der letzten Rentenzahlung).

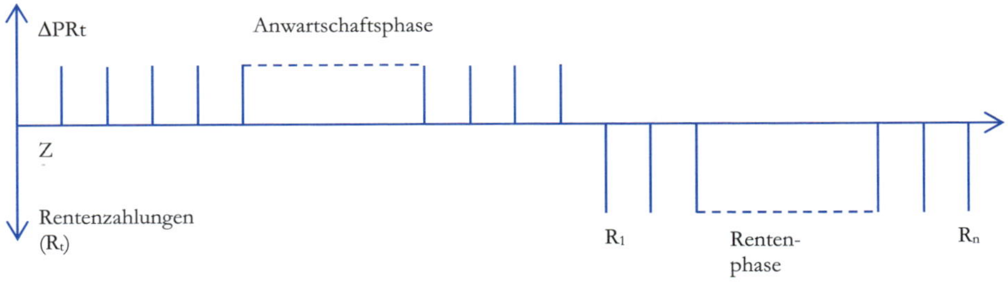

Abbildung 10.4: Phase der Rückstellungsbildung (Anwartschaftsphase) und Rentenphase.

Angenommen, einem dreißigjährigen Angestellten wurde zum 1.1.1982 eine Zusage auf eine betriebliche Altersversorgung in Höhe von 1.200 pro Jahr, zahlbar ab Ende des Jahres 2017 – dem Jahr seines Ausscheidens aus dem Unternehmen – bis zu seinem (annahmegemäß sicheren) Tod im 80. Lebensjahr, also im Jahr 2032 gegeben. Die letzte Zahlung erfolgt also im Jahr 2031. Die Zuführungen zur Pensionsrückstellung erfolgen während der 35-jährigen **Anwartschaftsphase** bis zum Jahre 2016 einschließlich und erreichen dann den Barwert der während der 15-jährigen **Rentenphase** zu leistenden Zahlungen in Höhe von 1.200 pro Jahr. Bei einer im Unternehmen erzielbaren Rendite von 8 % beträgt der Barwert der Rentenzahlungen R_t zu Beginn des Jahres 2017 (= Ende des Jahres 2016)

$$\sum_{t=2017}^{2031} R_t\,(1+i)^{-t+2016} = R_t\,\frac{(1+i)^{15}-1}{(1+i)^{15}\cdot i} = 10.271{,}37 \equiv B_E\,.$$

B_E bezeichnet den Barwert der Rentenzahlungen R_t bei Eintritt des Versorgungsfalles, d. h. zum 1.1.2017. Erfolgen die Zuführungen zu der Pensionsrückstellung in gleichen Jahresbeträgen, ist die jeweils am Ende der Periode vorzunehmende Zuführung (ab 1982), ΔPR, bestimmt durch

$$(10.1)\qquad \Delta PR = B_Z \cdot \frac{(1+i)^{35}\cdot i}{(1+i)^{35}-1}\,,$$

wobei B_Z den Barwert der Rentenzahlungen R_t zum Zeitpunkt der Versorgungszusage, also zum 1.1.1982 angibt. ΔPR beträgt im Beispiel demnach

$$(10.2)\qquad \Delta PR = B_E\,(1+i)^{-35} \cdot \frac{(1+i)^{35}\cdot i}{(1+i)^{35}-1} = 694{,}70 \cdot 0{,}08580 = 59{,}61.$$

Beträgt die erzielbare Rendite bei Wiederanlage der ΔPR entsprechenden Mittel im Unternehmen 11 %, betragen B_E = 8.629,04, B_Z = 223,70 und ΔPR = 25,26. Die

Höhe der internen **Anlagerendite** ist also entscheidend für die Höhe der periodischen Zuführung ΔPR.

Der Gesetzgeber hat steuerliche Regelungen geschaffen, die den Unternehmen Anreize bieten sollen, Vereinbarungen über betriebliche Altersversorgungsleistungen mit ihren Arbeitnehmern abzuschließen. Der Anreiz besteht im Kern darin, dass die periodische Zuführung zu Pensionsrückstellungen, ZPR, die steuerliche Bemessungsgrundlage kürzt (§ 6a EStG). D. h. in der Periode der Zuführung sind auf den Betrag ZPR keine gewinnabhängigen Steuern zu entrichten.

Will man die Auswirkungen von Maßnahmen der betrieblichen Altersversorgung beurteilen, hat man in einem *mehrperiodigen* Kalkül die Steuerwirkungen, die veränderten Investitionsvolumen, die Renditen auf die Reinvestitionen, die Rentenzahlungen und die durch die Steuergesetzgebung implizierten Kapitalkosten (6 %) und die Vertragsgestaltung zu beachten.

Wir wollen diesen Kalkül in einer einfachen Form entwickeln. Der Kalkül wird (1) verdeutlichen, wer die Rentenleistungen an die Arbeitnehmer finanziert, und (2) eine Vorstellung über die Kosten von Kapital vermitteln, das durch die Bildung von Pensionsrückstellungen in Unternehmen angesammelt wird. Wir vergleichen zwei Unternehmen mit *gegebenem* Investitionsprogramm, von denen das Vergleichsunternehmen (V-Unternehmen) keine betrieblichen Altersversorgungszusagen gibt und folglich auch keine entsprechenden Rückstellungen bildet. Das zweite Unternehmen (AV-Unternehmen) macht Zusagen auf Leistungen aus betrieblicher Altersversorgung und bildet entsprechende Rückstellungen. Wir unterstellen für beide Unternehmen das gleiche Investitionsprogramm und damit die gleichen Überschüsse vor Steuern und anderen finanziellen Belastungen. Wenn das Investitionsprogramm in beiden Unternehmen gleich bleibt, muss geklärt werden, was im AV-Unternehmen in der Anwartschaftsphase mit den Rückstellungszuführungen geschieht: Wie werden die im Unternehmen durch Rückstellungsbildung gebundenen Mittel verwendet? Wir wollen unterstellen, dass Fremdmittel getilgt werden. Um die Mechanik der Zahlungsbeziehungen möglichst klar zu zeigen, wird unterstellt, dass Fremdmittel den Satz $i_V = 6$ % kosten. Fremdmittel kosten damit scheinbar so viel wie Mittel, die durch Pensionsrückstellungen im Unternehmen gebunden sind. Für diese hat der Gesetzgeber in § 6a Abs. 3 EStG festgelegt, dass ein Rechnungszinsfuß von 6 % anzuwenden ist. Im Folgenden wird das Problem durch ein Beispiel illustriert. Dem Beispiel liegen folgende Annahmen zugrunde: Einem Arbeitnehmer, der bis zum Ende der Periode 4 in dem Betrieb beschäftigt bleibt, wird eine Rente von 100 zugesagt, die ihm am Ende der Perioden 5, 6, 7 ausgezahlt wird. Der Rechnungszinsfuß ist 6 %. Gemäß den oben erläuterten Überlegungen ergeben sich die gleichbleibenden Jahresbeträge J_t, die Teilwerte T_t, die Zuführungen zu den Pensionsrückstellungen ZPR_t und die Rentenzahlungen R_t aus Tabelle 10.6.

(1)	(2)	(3)	(4)	(5)	(6)
t	J_t	T_t	$ZPR_t = T_t - T_{t-1}$	$ZPR_t = iPR_{t-1}$	R_t
0					
1	61,10	61,10	61,10		
2	61,10	125,87	64,77		
3	61,10	194,52	68,65		
4	61,10	267,30	72,78		
5	-	183,34		16,04	100
6	-	94,34		11,00	100
7	-	0		5,66	100

Tabelle 10.6: Gleichbleibende Jahresbeträge, Teilwerte, Zuführung zu Pensionsrückstellungen in Anwartschafts- und Rentenphase

Der Teilwert T_t wächst von Periode zu Periode um J_t und den Betrag $i \cdot PR_{t-1}$. Da der Teilwert dem Bestand der gebildeten Pensionsrückstellungen entspricht, $T_t = PR_t$, entspricht $i \cdot PR_{t-1}$ den Zinsen auf den Rückstellungsbestand oder den Teilwert zu Beginn der Periode. Mit dem Beginn der Rentenphase – im Beispiel Periode 5 – unterbleiben die Zuführungen J_t: Der «Teilwert» ist so angelegt, dass der Rückstellungsbestand zu Beginn der Rentenphase (= Ende Periode 4) dem Barwert der zu leistenden Rentenzahlungen entspricht. Lediglich in Höhe der Zinsen $i \cdot PR_{t-1}$ fallen in der Rentenphase Zuführungen zu Pensionsrückstellungen an.

Prüfen wir nun, wie die in Tabelle 10.6 abgebildete Zusage auf die Ausschüttungen (Entnahmen) einer GmbH im Vergleich zu einem V-Unternehmen, das ebenfalls GmbH sei, wirkt. Beide Unternehmen sind im Zeitpunkt 0 mit Eigenkapital von 2.000 und Fremdkapital von 1.000 ausgestattet. Die Investitionsrendite (r) beträgt 6 %; die Fremdkapitalkosten (i_V) betragen ebenfalls 6 %. Von Steuern wird zunächst abgesehen. Die Ausschüttung des V-Unternehmens beträgt pro Periode 120; die Ausschüttung des AV-Unternehmens ergibt sich aus Zeile (10) in Tabelle 10.7.

Zeile (10) in Tabelle 10.7 zeigt, dass die Ausschüttungen des AV-Unternehmens in der Anwartschaftsphase genau um den gleichbleibenden Jahresbetrag ($J_t = 61{,}10$) kleiner sind als die Ausschüttungen des V-Unternehmens. In der Rentenphase sind beide Ausschüttungsniveaus wieder gleich. Wie kommt es zu diesem ausschüttungsverkürzenden Effekt?

In der Anwartschaftsphase beträgt der Bruttoerfolg des AV-Unternehmens vor Zinsen $r(EK + F^*_{t-1} + PR_{t-1}) = 180$. Das Symbol r bezeichnet die Investitionsrendite von 6 %. $F^*_{t-1} + PR_{t-1}$ ergeben zusammen in jedem Zeitpunkt den Betrag von 1.000, weil oben angenommen wurde, dass durch Rückstellungsbildung im Unternehmen gebundene Mittel in gleicher Höhe Fremdmittel freisetzen. Es werden somit Fremdmittel in gleicher Höhe getilgt. In Tabelle 10.7 zeigt Zeile (5) den schrumpfenden Fremdkapital-Umfang. Die Zinsen sinken entsprechend, wie Zeile (6) ausweist. Die Ausschüttung in der Anwartschaftsphase ist definiert durch:

		1	2	3	4	5	6	7
I	**Vergleichsunternehmen** $D_t^V = r\,(EK + F_0) - i_V F_0$	120	120	120	120	120	120	120
II	**AV-Unternehmen**							
	(1) Cashflow vor Zinsen ohne AV	180	180	180	180	180	180	180
	(2) Aufwand AV a) J_t	61,10	61,10	61,10	61,10	–	–	–
	b) iPR_{t-1}	–	3,67	7,55	11,67	16,04	11	5,66
	(3) Zuführung zur $PR_t = ZPR_t$	61,10	64,77	68,65	72,77	–	–	–
	(4) Auflösung von $PR_t = aPR_t$	–	–	–	–	83,96	89	94,34
	(5) Verschuldungsumfang $\overset{*}{F}_{t-1} = F_{t-1} - ZPR_t + aPR_t$	938,90	874,13	805,48	732,71	816,67	905,67	1.000
	(6) Zinsen: $i_V \overset{*}{F}_{t-1}$	60	56,33	52,45	48,33	43,96	49	54,34
	(7) Rentenleistung: R_t	–	–	–	–	100	100	100
	(8) Entnahme in der Anwartschaftsphase: $D_t^{AV} = (1) - (3) - (6)$	58,90	58,90	58,90	58,90	–	–	–
	(9) Entnahme in der Rentenphase: $D_t^{AV} = (1) + (4) - (6) - (7)$	–	–	–	–	120	120	120
	(10) D_t^{AV}	58,90	58,90	58,90	58,90	120	120	120

Tabelle 10.7: Entwicklung der Ausschüttungen eines AV-Unternehmens im Vergleich zu einem V-Unternehmen bei gegebenem Investitionsprogramm in einer Welt ohne Steuern.

$$(10.3) \qquad D_t^{AV} = r(EK + F_{t-1}^* + PR_{t-1}) - ZPR - i_V\, F_{t-1}^*$$

Der oben definierte Bruttoerfolg wird um die Zinszahlungen an Gläubiger ($i_V\, F_{t-1}^*$) und um die Zuführung zu den Rückstellungen gekürzt. Für ZPR_t gilt:

$$(10.4) \qquad ZPR_t = J_t + iPR_{t-1}\,.$$

Aber nur J_t reduziert die Ausschüttung, denn iPR_{t-1} entspricht den Kosten, die auf das um PR_{t-1} verkürzte Fremdkapital gerade gespart werden. Betrachtet man die Differenz zwischen den Ausschüttungen des AV-Unternehmens und denen des V-Unternehmens, erhält man:

$$(10.5) \qquad \Delta D_t^{AV} = D_t^{AV} - D_t^V = -J_t - iPR_{t-1} - i_V\, F_{t-1}^* + i_V\, F_{t-1}\,.$$

Da gilt $F_{t-1} = PR_{t-1} + F_{t-1}^*$, d. h., weil die Verschuldung des V-Unternehmens (F_{t-1}) immer gleich der Summe aus $PR_{t-1} + F_{t-1}^*$ auf Seiten des AV-Unternehmens ist, folgt

(10.6) $\Delta D_t^{AV} = -J_t - (i_V - i)PR_{t-1}$.

Für den Fall $i_V = i$ folgt somit, dass das Ausschüttungsniveau des AV-Unternehmens um J_t *sinkt*. Gälte $i_V > i$, könnte man also durch PR_t «teureres» Fremdkapital ersetzen, würde der Nachteil in Form der Ausschüttungsverkürzung gemildert.

In der Rentenphase steigt das Ausschüttungsniveau des AV-Unternehmens auf das Niveau vor der Zusage, also 120, weil die Rentenleistungen finanziert werden a) aus iPR_{t-1} und b) aus der Wiederauffüllung des in der Anwartschaftsphase zurückgeführten Fremdkapitals. Der Verschuldungsumfang des AV-Unternehmens erreicht in Periode 7 – siehe Zeile (5) in Tabelle 10.7 – wieder die Ausgangshöhe von 1.000.

Das Beispiel belegt, wer die Zeche zahlt: Was die Arbeitnehmer gewinnen, verlieren die Eigentümer. Betrachtet man die Barwerte der Ausschüttungen des V- bzw. AV-Unternehmens sowie der Rentenzahlungen (berechnet mit 6 %), folgt:

– Barwert D_t^V = 669,89

– Barwert D_t^{AV} = 458,16 ⎫
– Barwert R_t = 211,73 ⎭ 669,89

Der Leser wird fragen, wo die vielbeschriebenen vorteilhaften Finanzierungseffekte von Pensionsrückstellungen sind. Die Antwort ist einfach: In der hier unterstellten Welt gibt es keine!

Betrachten wir nun eine Welt, in der es eine Gewinnbesteuerung gibt. Der Gewinnsteuersatz betrage 50 % ($s_K = 0{,}5$).[132] Zinsen und Zuführungen zu Pensionsrückstellungen kürzen die steuerliche Bemessungsgrundlage. Alle sonstigen Annahmen werden beibehalten. Nur die Investitionsrendite (r) wird auf 10 % angehoben. Tabelle 10.8 stellt das Ergebnis dar. Aus Zeile (12) erkennt man, dass von vorteilhaften Finanzierungseffekten auch jetzt nichts zu sehen ist. Die Entnahmen der Eigentümer des AV-Unternehmens sind niedriger als die der Eigentümer des V-Unternehmens. Betrachten wir Barwerte (berechnet mit 6 %):

(1)	V-Unternehmen	
	– Barwert D_t^V	669,89
	– Barwert der Steuerzahlungen an den Fiskus	669,89
		1.339,78
(2)	AV-Unternehmen	
	– Barwert D_t^{AV}	564,03
	– Barwert der Steuerzahlungen an den Fiskus	564,03
	– Barwert R_t	211,73
		1.339,79

132 Wir wählen einen hohen Gewinnsteuersatz, um die steuerlichen Wirkungen prägnant herauszustellen.

Wiederum sind die Eigentümer des AV-Unternehmens an der Finanzierung der Rentenleistungen an die Arbeitnehmer beteiligt. Aber ihr Finanzierungsbeitrag ist gesunken: Er betrug oben 211,73; er ist jetzt auf 105,86 gefallen. Den Rest trägt der Fiskus über relative Steuerausfälle.

	1	2	3	4	5	6	7
I Vergleichsunternehmen							
(1) Bruttoerfolg: $r(EK + F_0)$	300	300	300	300	300	300	300
(2) $S_t^V = s_K\,[r(EK + F_0) - i_V F_0]$	120	120	120	120	120	120	120
(3) $i_V\,F_0$	60	60	60	60	60	60	60
(4) $D_t^V = (1) - (2) - (3)$	120	120	120	120	120	120	120
II AV-Unternehmen							
(1) Bruttoerfolg ohne AV	300	300	300	300	300	300	300
(2) Aufwand AV a) J_t	61,10	61,10	61,10	61,10	–	–	–
b) iPR_{t-1}	–	3,67	7,55	11,67	16,04	11	5,66
(3) Zuführung zu $PR_t = ZPR_t =$ (2a) + (2b)	61,10	64,77	68,65	72,77	–	–	–
(4) Auflösung von $PR_t = aPR_t$	–	–	–	–	83,96	89	94,34
(5) Verschuldungsumfang: $F_t^* = F_{t-1}^* - ZPR_t + aPR_t$	938,90	874,13	805,48	732,71	816,67	905,67	1.000
(6) Zinsen: $i_V\,F_{t-1}^*$	60	56,33	62,45	48,33	43,96	49	54,34
(7) Steuern in Anwartschaftsphase: $S_t^{AV} = [(1) - (3) - (6)]\,s_K$	89,45	89,45	89,45	89,45	–	–	–
(8) Steuern in Rentenphase: $S_t^{AV} = [(1) - (2b) - (6)]\,s_K$					120	120	120
(9) Rentenleistung: R_t					100	100	100
(10) Entnahme in Anwartschaftsphase: $D_t^{AV} = (1) - (3) - (6) - (7)$	89,45	89,45	89,45	89,45	–	–	–
(11) Entnahme in Rentenphase: $D_t^{AV} = (1) + (4) - (6) - (8) - (9)$	–	–	–	–	120	120	120
(12) Entnahme: D_t^{AV}	89,45	89,45	89,45	89,45	120	120	120

Tabelle 10.8: Entwicklung der Ausschüttungen eines AV-Unternehmens im Vergleich zu einem V-Unternehmen in einer Welt mit einer einfachen Gewinnbesteuerung

Wie lässt sich die relative Absenkung des Entnahmeniveaus für die Eigentümer des AV-Unternehmens erklären? In der Anwartschaftsphase gilt (10.7):

(10.7) $D_t^{AV} = [r(EK + F_{t-1}^* + PR_{t-1}) - i_V F_{t-1}^* - ZPR_t] (1 - s_K)$.

Für das Vergleichsunternehmen gilt:

(10.8) $D_t^V = [r(EK + F_0) - i_V F_{t-1}] (1 - s_K)$.

Die Differenz beträgt

(10.9) $\Delta D_t^{AV} = D_t^{AV} - D_t^V = [-i_V F_{t-1}^* - ZPR_t + i_V F_{t-1}] (1 - s_K)$.

Da $F_{t-1} - F^*_{t-1} = PR_{t-1}$ und $ZPR_t = J_t + i\, PR_{t-1}$, folgt:

(10.10) $\Delta D_t^{AV} = [i_V PR_{t-1} - J_t - i\, PR_{t-1}] (1 - s_K) = [-J_t + (i_V - i) PR_{t-1}] (1 - s_K)$.

Für den Fall $i_V = i$ folgt, dass D_t^{AV} um $J_t (1 - s_K)$ kleiner ist als D_t^V. $J_t (1 - s_K)$ beträgt im Beispiel 30,55. Um diesen Betrag ist 89,45 kleiner als 120. Im Beispiel finanzieren die Eigentümer also die Hälfte der gleichbleibenden Jahresbeträge J_t. Ein finanzieller Vorteil aus der Gewährung von Pensionszusagen an Arbeitnehmer für *Eigentümer* ist in diesem Modell nicht zu erkennen. Solche Vorteile sind indessen denkbar: Die Fluktuationsrate der Arbeitnehmer könnte sinken; die Wiedergewinnung und Einarbeitung von Arbeitnehmern kostet Geld. Die Fehlzeiten der begünstigten Arbeitnehmer könnten sinken. Ihre Motivation zu arbeiten könnte steigen; die Quantität und insbesondere Qualität von Produkten und Dienstleistungen könnten zunehmen. Ein wichtiger Aspekt ist die folgende Überlegung: Unternehmen, die ihren Arbeitnehmern Rentenleistungen im Alter versprechen und leisten, verstehen diese Zusagen u. U. nicht als bloßes Geschenk, das ohne jegliche Gegenleistung erbracht wird. Eine Gegenleistung, und sei sie auch nicht explizit ausgehandelt, sondern nur implizit, wären reduzierte Lohn- und Gehaltszahlungen an die begünstigten Arbeitnehmer. In diesem Fall wären Lohn- und Gehaltszahlungen und Leistungen aus betrieblicher Altersversorgung zu einem *Paket* verknüpft.

Es gibt Bedingungen, unter denen betriebliche Altersversorgungszusagen für die Eigentümer auch unter finanziellem Aspekt günstig sind. Dies kann hier nur angedeutet werden. Seit 2004 lässt das Gesetz über betriebliche Altersversorgung (BetrAVG) in § 1 Abs. 2 Ziff. 3 auch die sog. **Entgeltumwandlung** zu: Entgeltansprüche des Arbeitnehmers können in eine wertgleiche Anwartschaft auf Versorgungsleistungen umgewandelt werden. Damit wird die oben angesprochene Austauschrate zwischen Lohn und Rentenleistung Vertragsbestandteil. Jetzt lässt sich zeigen, dass Arrangements möglich sind, die für Arbeitnehmer *und* Eigentümer des Unternehmens attraktiv sind.[133]

10.2.4 Finanzierung durch Gewinneinbehaltung

Gewinneinbehaltung (Thesaurierung) ist eine bedeutende Möglichkeit, die Eigenkapitalbasis eines Unternehmens zu stärken. In einer Kapitalgesellschaft werden einbehaltene Gewinne in der Bilanz den Gewinnrücklagen zugeführt. Bei Personengesellschaften werden nicht entnommene Gewinne den Kapitalkonten der Gesellschafter gutgeschrieben.

---

[133] Vgl. z. B. Drukarczyk/Ebinger/Schüler (2005).

Wir betrachten im Folgenden den Fall der AG und definieren den Jahresüberschuss als Höchstbetrag der zulässigen Ausschüttung in einer Periode. Wenn man beantwortet, welcher Anteil des Jahresüberschusses einbehalten wird, hat man zugleich beantwortet, ob und ggf. wie viel in der Periode an die Aktionäre ausgeschüttet werden soll.

Es leuchtet ein, dass die Entscheidung über Gewinneinbehaltung auch davon abhängt, wie viele vorteilhafte Investitionsprojekte das Management in der betrachteten Periode in Gang setzen will. Wir bezeichnen das dafür notwendige Mittelvolumen mit I_t. Daraus folgt eine auf den ersten Blick einfache Entscheidungsregel: Schütte die Mittel an die Aktionäre aus, die auf Unternehmensebene nicht vorteilhaft eingesetzt werden können. Jensen (1986) nennt diesen Betrag **den free cash flow**. Wir benutzen folgende Symbole:

OCF_t	Operativer Cashflow, generiert durch bereits realisierte Investitionen in Periode t
I_t	Realinvestitionen
FA_t	Investition in Finanzanlagen
S_t	Unternehmenssteuern
iF_{t-1}	Zinsen auf Kredite
T_t	Tilgungen

Sind die vorteilhaften Investitionen I_t und FA_t gegeben und lassen wir Unternehmenssteuern unbeachtet, definiert (10.11) den free cash flow (FCF) im Sinne von Jensen, den man auch als **residuale Dividende** D_t bezeichnen kann:

(10.11) $D_t = OCF_t - I_t - FA_t - iF_{t-1} - T_t.$

Ist $D_t > 0$, wird ausgeschüttet. Ist $D_t < 0$, muss die Finanzlücke durch eine Finanzierungsmaßnahme geschlossen werden, wenn der Verzicht auf vorteilhafte Investitionen ausgeschlossen wird. Eine positive Dividende D_t ist gemäß (10.11) kein Signal über Performance oder Ertragskraft, sondern schlicht eine Restgröße, die anzeigt, dass bestimmte finanzielle Mittel auf Unternehmensebene nicht vorteilhaft investiert werden können. Von D_t nach oben oder unten abweichende Ausschüttungen D_t^* scheinen zunächst nicht sinnvoll, aber auch nicht generell schädlich, wenn Steuern und Transaktionskosten unbeachtet bleiben. Wird $D_t^* > D_t$ realisiert, entsteht eine Finanzierungslücke, die durch eine Kapitalerhöhung oder durch Kredite geschlossen werden könnte. Wird eine Dividende $D_t^* < D_t$ gezahlt, muss die Differenz auf Unternehmensebene entweder investiert werden oder – da alle vorteilhaften Projekte annahmegemäß bereits realisiert sind – zur Tilgung von Fremdkapital eingesetzt werden.

Die Frage nach der vernünftigen Ausschüttung wird viel komplizierter, wenn wir a) Maßnahmen der Außenfinanzierung explizit in die Betrachtung einbeziehen und b) Steuern beachten.

Wir bezeichnen neue Kredite mit ΔF_t und durch Kapitalerhöhung gewonnene Mittel mit KE_t. Die residuale Dividende D_t hängt jetzt zusätzlich von ΔF_t und KE_t ab:

(10.12) $D_t = OCF_t - I_t - FA_t - iF_{t-1} - T_t + KE_t + \Delta F_t.$

Der Gestaltungsspielraum für D_t ist folglich viel größer als in (10.11) und wir sehen, dass die Ausschüttungs- bzw. Thesaurierungsentscheidung nicht nur mit der Planung der Investitionen, sondern auch mit der Planung der Kapitalstruktur des Unternehmens eng verbunden ist.

Beachten wir Unternehmen- und Einkommensteuern, wird die Sache nicht einfacher. Überschüsse auf Unternehmensebene werden belegt mit Gewerbesteuer ($s_{GE} = 0{,}14$) und mit Körperschaftsteuer ($s_K = 0{,}15$). Beide Steuerbelastungen sind unabhängig von der Verwendung des Überschusses. Ausschüttungen auf Anteilseignerebene werden besteuert mit dem Satz $s_A= 0{,}25$. Damit liegt eine partielle Doppelbesteuerung vor. Es lohnt folglich nicht, höhere Ausschüttungen als die dem **Residualprinzip** entsprechende Zahlungen zu realisieren, da die Mittel, bevor sie auf Unternehmensebene zurückfließen könnten, der Kürzung durch die Abgeltungssteuer unterliegen. Abweichungen in Richtung einer die residuale Dividende übersteigenden Ausschüttung lohnen unter steuerlichem Aspekt somit nicht.

Macht eine Abweichung der Ausschüttungsgestaltung in der entgegengesetzten Richtung von der residualen Dividende ggf. Sinn? Wir haben die Investitionsauszahlung I_t als Summe der Auszahlungen in einer Periode t für Investitionsprojekte, also Realinvestitionen definiert. Nun könnte man auch Finanzanlagen (FA) benutzen, um Mittel auf Unternehmensebene zu binden. Die Bruttorendite von Finanzanlagen sei i_{FA}. Erträge aus Finanzanlagen werden auf Unternehmensebene mit Gewerbeertragsteuer (s_{GE}) und Körperschaftsteuer (s_K) belegt und können ausgeschüttet werden, um dann der Abgeltungssteuer zu unterliegen: Anteilseigner erhalten also pro Periode $i_{FA}D(1 - s_{GE})\ (1 - s_K)\ (1 - s_A)$, wenn die residuale Dividende D nicht ausgeschüttet, sondern in Finanzanlagen (FA = D) investiert würde. Würde D dagegen ausgeschüttet und würde der Betrag nach Einkommensbesteuerung, also $D\ (1 - s_A)$ in Finanzanlagen auf der Ebene der Ausschüttungsempfänger zur – so sei angenommen – gleichen Bruttorendite i_{FA} angelegt, erhalten die Anteilseigner pro Periode $D\ (1 - s_A)\ i_{FA}(1 - s_A)$. Diese Erträge werden auf *privater* Ebene mit dem Steuersatz s_A belegt. Anteilseigner, deren Erträge mit $s_A = 0{,}25$ besteuert werden, ziehen Finanzanlagen auf privater Ebene vor und plädieren deshalb für die Ausschüttung in Höhe von D. Das Abrücken vom Prinzip der residualen Dividende (die allein auf den Kapitalbedarf für Reinvestitionen I_t abstellt) lohnt bei gleichen Bruttorenditen nicht, da die Unternehmensbesteuerung höher ist als die Abgeltungssteuer.

Viele Unternehmen begründen ihre Ausschüttungsstrategie denn auch nicht mit steuerlichen Argumenten, sondern mit ihrer Präferenz für eine *stabile* **Dividendenpolitik**. Die Argumentation ist: Die besten Informationen über die künftige wirtschaftliche Lage müsste vernünftigerweise das Management haben. Verfolgt das Management eine stabile Dividendenpolitik, dann ist die Dividende in Periode t eine, von der das Management glaubt, sie auch in nächster Zukunft «durchhalten» zu können. Unterstellt man, dass die Prognosefähigkeiten des Managements gut sind, informiert die Dividende in t über die künftigen Dividenden und damit die künftigen Geschäftsaussichten.

Drei Einwände lassen sich hiergegen vorbringen:

[1] Das Management hat nicht immer die lautersten Informationsabsichten.

[2] Die Dividendenpolitik ist ein zu grober Indikator, um künftiges «Wohlergehen» einer Gesellschaft anzuzeigen.

[3] Diese Politik übersieht die Kosten, die wegen der mangelnden Berücksichtigung der steuerlichen Wirkungen einer solchen Politik entstehen.

Fama/French (2001) haben für den amerikanischen Aktienmarkt untersucht, wie sich die Dividendenpolitik der Unternehmen von 1926 bis 1999 entwickelt hat. Sie haben u. a. herausgefunden, dass der Anteil an Unternehmen, die Dividenden ausbezahlen von 66,5 % im Jahre 1978 auf 20,8 % im Jahre 1999 gesunken ist. Dies ist ein drastischer Rückgang in der Bereitschaft der Unternehmen, eine Dividende auszubezahlen.

Wie sich das Dividendenzahlungsverhalten deutscher börsennotierter Unternehmen im Zeitverlauf von 1987 bis 2012 entwickelt hat, soll in den folgenden Abbildungen untersucht werden. In Abbildung 10.5 ist die Gesamtzahl der deutschen börsennotierten Unternehmen von 1987 bis 2012 abgetragen, die in Thomson Reuters Datastream enthalten sind. Die Gesamtzahl ist unterteilt in Unternehmen, die Dividenden im jeweiligen Jahr bezahlt haben und in Unternehmen, die im jeweiligen Jahr keine Dividenden bezahlt haben. Die Anzahl der in der Datenbank enthaltenen Unternehmen ist von 202 in 1987 rapide auf über 1.300 in 2008 angestiegen. Die Zahl der Dividendenzahler hat sich von knapp 200 in 1987 auf über 400 innerhalb von 4 Jahren verdoppelt; dieser Wert ist jedoch trotz steigender Gesamtzahl relativ konstant in der Nähe seines Mittelwertes von 393 im Zeitverlauf verblieben.

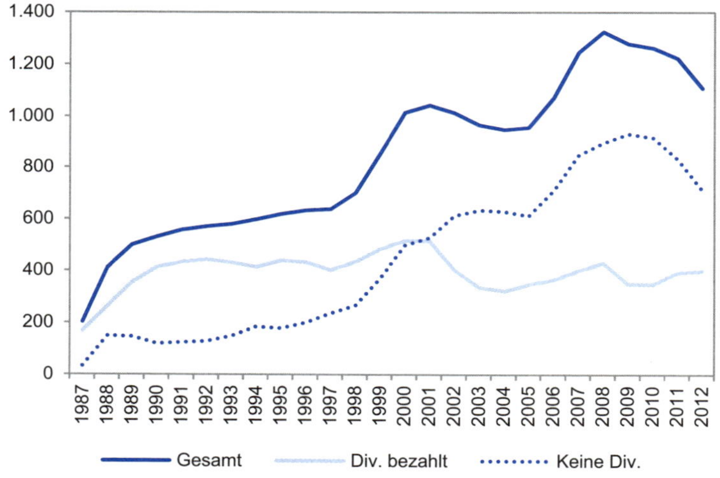

Abbildung 10.5: Gesamtzahl deutscher börsennotierter Unternehmen unterteilt in Unternehmen, welche Dividenden bezahlen oder nicht bezahlen (Quelle: Thomson Reuters Datastream, eigene Berechnung)

Wie sich dies auf die Relation der Unternehmen, die Dividenden bezahlen und die, die keine Dividende bezahlen, entwickelt hat, ist nachfolgend in Abbildung 10.6 abgetragen. Der prozentuale Anteil der Dividendenzahler ist im Zeitverlauf konstant gesunken. Von 1987 bis 1992 haben knapp 80 % der in Datastream enthaltenen deutschen Unternehmen eine Dividende bezahlt. Dieser Anteil ist fortdauernd gesunken und hat in 2010 mit ca. 27 % ihren Tiefpunkt erreicht. Ab 2010 steigt dieser Anteil wieder an, was wohl damit zu begründen ist, dass die Gesamtzahl an Unternehmen wieder gesunken ist.

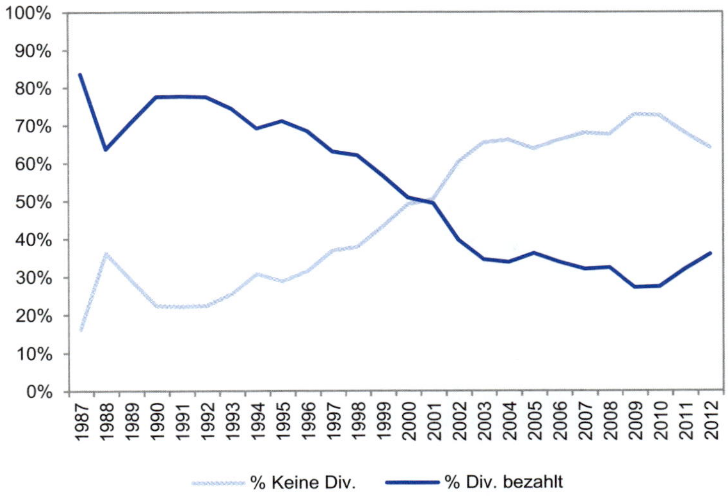

Abbildung 10.6: Prozentualer Anteil der deutschen börsennotierten Unternehmen, welche Dividenden bezahlen oder nicht bezahlen (Quelle: Thomson Reuters Datastream, eigene Berechnung)

Beide Abbildungen verdeutlichen eindrucksvoll, dass ebenfalls wie von Fama/French (2001) für die USA bereits aufgezeigt, immer weniger deutsche Unternehmen bereit sind, Dividenden an ihre Aktionäre auszubezahlen. Dies bedeutet, dass jene Unternehmen diese Mittel für die Innenfinanzierung verwenden können. Welche Vor- und Nachteile dies mit sich bringt, wird nachfolgend kritisch diskutiert.

10.3 Zu Vor- und Nachteilen der Innenfinanzierung

Die Diskussion um mögliche Nachteile der Innenfinanzierung muss insbesondere im Kontext der von Managern geleiteten großen Aktiengesellschaft gesehen werden, die eine Vielzahl von außenstehenden, also am Management der Gesellschaft nicht beteiligte Aktionäre hat. Der Gesellschafter einer mittelständischen GmbH käme wohl nie auf die Idee, in der Innenfinanzierung irgendwelche Nachteile zu entdecken. Weil das Management der AG nicht oder nur mit ganz geringen Einsätzen am Eigenkapital der Gesellschaft beteiligt ist, entsteht die berechtigte Frage, welche Bedeutung die finanziellen Ziele der Eigentümer für das Handeln des Managers in der Aktiengesellschaft haben.

Betrachtet man die Struktur der Aktiengesellschaft (AG) aus der Vogelperspektive, lassen sich eine Reihe positiver Eigenschaften ausmachen. Die AG ist eine Rechtsform, die nützliche Eigenschaften hat:

– Sie haftet mit ihrem Vermögen für Verbindlichkeiten der Gesellschaft;
– die Trennung zwischen Eigentum und Management (= Unternehmensleitung) ist vollständig vollzogen, wenn man wesentlichen Aktienbesitz der Mitglieder des Vorstands ausschließt;
– die Kapitalaufbringung, insbesondere des Eigenkapitals, ist für an der Börse eingeführte Aktiengesellschaften erleichtert, da sie große Kapitalvolumina durch

Ausgabe (Verkauf) klein gestückelter Aktien an viele Investoren aufbringen können.

Für Investoren bestehen im Prinzip Anreize, Aktien zu erwerben. Hierfür gibt es mehrere Gründe:

- Auch Aktienkäufer haften beschränkt, nämlich mit dem Marktwert der Aktie: mehr als diesen können Aktionäre nicht verlieren, da sie zu Nachzahlungen (Nachschüssen) im Regelfall nicht verpflichtet werden können.
- Aktienkäufer haften nicht nur beschränkt; sie investieren in Aktien einer Gesellschaft regelmäßig auch nur Teile der Mittel, die sie insgesamt anlegen, weil es für Aktionäre vernünftig ist, **Portefeuilles** aus mehreren Aktien zu bilden. Portefeuillebildung ist vernünftig, weil das Risiko, verstanden als Streuung der Portefeuillerenditen, dadurch stark reduziert werden kann.
- Aktienkäufer agieren wie «Kapitalisten»: sie beteiligen sich wegen der erwarteten Rendite, nicht wegen der Teilnahme an der Unternehmensleitung. Die meisten Aktionäre sind vermutlich überzeugt, dass die angestellten Manager Unternehmen besser leiten können, als sie es könnten, was nicht ausschließt, dass auf Hauptversammlungen z. T. heftige Worte fallen. Im Prinzip ist die Trennung zwischen Eigentum und Management ein Vorteil, insbesondere dann, wenn auch Manager Konkurrenzdruck ausgesetzt sind und bei mangelnden Leistungen beizeiten ausgetauscht werden.

Neben den Vorteilen der Aktionäre, die in der beschränkten Haftung, dem vermutlich reduzierten Informationsbedarf, den hohen Diversifikationsmöglichkeiten und in der Anstellung professionalisierter Manager bestehen, haben die Aktionäre auch ein Problem: Sie wünschen, dass die Manager in ihrem Interesse handeln, d. h. eine Investitions- und Finanzierungspolitik betreiben, die den **Marktwert** ihrer Aktien und damit den **Marktwert des Eigenkapitals** maximiert. Aber wie sollen sie Manager dazu bewegen, wenn sie als Eigentümer mehr oder weniger einflusslos nur mit den dünnen Kompetenzen von § 119 AktG ausgestattet vor der Tür stehen? Manager haben eigene Zielvorstellungen und diese müssen sich nicht mit denen der Eigentümer decken: Sie divergieren sogar sehr häufig. Für Interessendivergenzen sprechen z. B. folgende Punkte:

- Aktionäre können durch Portefeuille-Bildung das Risiko der Aktien einer Gesellschaft z. T. spürbar abbauen. Manager sind dem Risiko der Gesellschaft in höherem Maße ausgesetzt und sie wollen i. d. R. wiederbestellt werden; sie haben daher die Tendenz zu vorsichtigeren Strategien, als die Aktionäre sie wünschen.
- Thesaurierung von Gewinnen ist oft auch dann im Interesse der Manager, wenn sie nicht im Interesse der Aktionäre ist, weil die unternehmensinterne die außerhalb des Unternehmens erreichbare Rendite bei gleichem Risiko nicht erreicht.
- Es ist generell zu bezweifeln, ob in der großen Aktiengesellschaft die im Kontrollorgan Aufsichtsrat vertretenen Eigentümer, soweit sie nicht Paketbesitzer sind, Maßnahmen, die nicht im Eigentümerinteresse sind, aufdecken und ggf. korrigieren können.

Somit stellt sich das **«ALG»-Problem**, d. h. die mit dem Tatbestand verbundene Frage, dass Manager über «anderer Leute Geld» entscheiden. Es ist naheliegend und vielfach belegt, dass sich die Verhaltensweisen von Entscheidenden ändern, wenn sie über fremde Gelder anstatt über eigene entscheiden.[134]

Die beiden Probleme werden in der Literatur als **«agency problem»** diskutiert: Wie kann man Manager dazu bewegen, als «Agenten» der Eigentümer zu handeln? Wenn sie dies nicht freiwillig tun, sind Kontrollen und/oder entsprechend gestaltete Anreize notwendig. Beides kostet Geld!

In diesem Kontext ist die Diskussion um Vor- bzw. Nachteile der Innenfinanzierung angesiedelt. Etwas vereinfacht lautet die Frage, ob Manager die per Innenfinanzierung gewonnenen Mittel im Interesse der Anteilseigner verwenden. Die Antwort auf diese Frage, die in der Literatur ganz unterschiedlich ausfällt, hängt davon ab, welche **Kontrollmechanismen** man für geeignet hält, ein Auseinanderdriften unterschiedlicher Präferenzen und Ziele von Managern einerseits und Anteilseignern andererseits zu bremsen. Hier sind zunächst **interne** Kontrollsysteme vorstellbar, die die Leistung von Managern (Abteilungen, Geschäftsbereichen) an eigentümerorientierten Maßstäben messen und entsprechend dosierte Anreize in Form von leistungsabhängigen finanziellen Vergütungen, Reputationsgewinnen und Aufstiegschancen bei Erfolg bieten bzw. bei fehlendem Erfolg Sanktionen austeilen in Form von verhindertem Aufstieg, Versetzung oder im Extremfall von Entlassung. Hält man interne Kontrollsysteme für zielkonform, operabel und hinreichend robust gegen Strategien der Manager, das Kontrollsystem zu unterlaufen, scheint es keinen Grund zu geben, an der Vorteilhaftigkeit der Verwendung von Mitteln, die per Innenfinanzierung bereitgestellt werden, intensiver zu zweifeln als an der Vorteilhaftigkeit der Verwendung von Mitteln, die im Wege der Außenfinanzierung aufgebracht werden.

Sieht man die Wirksamkeit von internen Kontrollsystemen dagegen in kritischem Licht – wie z. B. Ball (1987), Jensen (1993) oder Blanchard u. a. (1994) – weil die Leistungsmaßstäbe nicht eigentümerorientiert sind oder weil Koalitionsbildungen ein erwünschtes leistungsorientiertes Klima nicht aufkommen lassen oder weil Sanktionen bei mangelnder Leistung zu lange auf sich warten lassen – gewinnen **externe** Kontrollen an Bedeutung. Externe Kontrollen können in den Prüfprozessen bestehen, die Fremdkapitalgeber bei geplanten Erhöhungen des Verschuldungsgrades in Gang setzen und in den Analysen, die Investmentbanken und die Berater institutioneller Anleger bei Kapitalerhöhungen erstellen und die die Anlageentscheidungen potenter Investoren maßgeblich leiten. Die Beschaffung von Mitteln im Wege der Innenfinanzierung und deren Verwendung ist dem Urteil der potenziellen Kapitalgeber zwar nicht entzogen; sie haben aber keinen Einfluss auf die Bedingungen, zu denen diese Mittel überlassen werden. Weil auch außenstehende Eigentümer auf die Bedingungen der Überlassung von Kapital, das über Gewinnermittlungsstrategien einerseits und Thesaurierungsfreibriefe andererseits im Unternehmen mit Beschlag belegt wird, wenig Einfluss haben, liegt dann – wenn interne Kontrollsysteme versagen – ein nahezu kontrollfreier Raum vor. Die Vermutung, dass diese Mittel nicht generell im Interesse der Eigentümer eingesetzt werden könnten, ist dann nicht weltfremd. Die schärfsten Kritiker der Innenfinanzierung im deutschen Sprachraum sind Pütz/Willgerodt.[135] Sie argumentie-

---

134 Vgl. etwa Ball (1987), Jensen (1993), Blanchard/Lopez-de-Silanes/Shleifer (1994).

135 Vgl. Pütz/Willgerodt (1985), S. 85–116; sowie auch Wagner (1986).

ren: Die Ausnutzung von Ansatz- und Bewertungswahlrechten in Richtung reduzierter Jahresüberschüsse verdunkle die Informationswirkungen von Jahresabschlüssen und setze falsche Signale. Zugleich würden die Gewinnzugriffsrechte der Anteilseigner willkürlich verkürzt. Der *Bevormundung* der Aktionäre stünde eine erhebliche Machtkonzentration des Managements gegenüber. Dieses neige dazu, die finanziellen Mittel zur Erhöhung von Marktzutrittsschranken einzusetzen, mit der Folge verzögerter Anpassungen in der Allokation von Mitteln und eine stärkere Industrieverflechtung zu betreiben. Diese Strategien führten nicht generell dazu, dass die Kursentwicklung der Anteile die reinvestierten Beträge voll reflektierte, womit die Vermutung der Suboptimalität der Verwendung der Mittel nahe liege. Die Ursache für diese Fehlentwicklung ist für Pütz/Willgerodt klar: Firmenspezifische **interne Kapitalmärkte** sind der Kontrolle des öffentlichen Kapitalmarktes weitgehend entzogen.

Die Vorschläge der Autoren lauten, a) die Bildung stiller Reserven, also die Innenfinanzierung im Wege der Gewinnermittlung, drastisch zu beschneiden und b) die Ausschüttungsquoten, also den Quotienten Ausschüttung zu Jahresüberschuss, stark anzuheben.[136]

Dieses Plädoyer für eine stärkere Marktlenkung der Allokation von Mitteln in Unternehmen ist schon deshalb lesenswert, weil derart dezidierte und angriffslustige Formulierungen[137] in ökonomischen Texten eher selten zu finden sind.

Die Anhebung der Ausschüttungsquote muss nicht über Dividendenzahlungen erfolgen, die besteuert werden. Die Auskehrung der Mittel kann auch über den Rückkauf von Aktien erfolgen, wo er ggf. auf Anteilseignerebene keine sofortige Steuerbelastung auslöst.

Andere Autoren sehen die Innenfinanzierung in anderem, wohlwollenderem Licht. Sie argumentieren, dass gerade die Innenfinanzierung den Managern die Autonomiebereiche verschaffe, die sie einerseits benötigten, um temporäre Unergiebigkeiten oder Ineffizienzen externer Kapitalmärkte zu überbrücken und die sie andererseits in die Lage versetzten, Investitionsstrategien auch dann fortzuführen, wenn nicht behebbare Informationsdefizite externer Kapitalgeber Wege der Außenfinanzierung besonders kostenträchtig machten oder gar verschlössen. Sie argumentieren, dass ein hohes Innenfinanzierungsvolumen ein Merkmal (unter mehreren) für die Finanzkraft eines Unternehmens sei und dass «Finanzkraft» Wettbewerbsvorteile bewirke, weil sie die schnelle Überwindung von Eintrittsschranken und das Signalisieren von Vergeltungsmacht erlaube und dadurch Einschüchterungspotenzial schaffe.[138] Innenfinanzierungspotenzial ist hier nicht die Quelle zu ggf. suboptimaler Verwendung von Mitteln, sondern die Chance zur Erhöhung des Marktwertes des Unternehmens. Die Positionen könnten kaum gegensätzlicher sein.

---

[136] Vgl. Pütz/Willgerodt (1985), S. 110–116.

[137] Z. B. «Organisierte Fehlinformation in Jahresabschlüssen» (S. 111); «Entmündigung des Aktionärs» (S. 115); «tiefgehendes Unverständnis über marktwirtschaftliche Allokationsmechanismen» (S. 116).

[138] Vgl. Albach (1981), S. 72–86.

10.4 Zusammenfassung

Wir haben den Begriff der Innenfinanzierung definiert und auf die Bedeutung der Finanzierungsquelle Innenfinanzierung hingewiesen. Dann haben wir die Hauptquellen des Innenfinanzierungsvolumens diskutiert: Abschreibungen, Rückstellungen und Gewinneinbehaltungen. Wir haben gezeigt, dass die Bildung von Rückstellungen wegen der Verlagerung der Steuerersparnis unabhängig von der Annahme über die Verwendung der Mittel vorteilhaft ist. Als Verwendungsalternativen der ausschüttungsgesperrten Mittel kommen in Frage investive Verwendung, Abbau von verzinslichem Fremdkapital und Ablösung von Eigenkapital. Für den Fall von Pensionsrückstellungen wurde erläutert, welche Zahlungswirkungen die Ablösung von Fremdkapital durch Rückstellungszuführungen bewirkt und in welchem Ausmaß die Eigentümer an der Finanzierung der Rentenleistungen beteiligt sein können.

Schließlich haben wir einen Blick auf die Diskussion über Vor- bzw. Nachteile der Innenfinanzierung geworfen. Diese Diskussion hat Bedeutung für Rechtsformen, bei denen Interessengegensätze zwischen Management und außenstehenden Eigentümern vermutet werden können.

10.5 Literaturhinweise

Albach, H. (1981): Finanzkraft und Marktbeherrschung, Tübingen.

Ang, J. S. (1987): Do Dividends Matter? A Review of Corporate Dividend Theories and Evidence, New York.

Ball, B. C. (1987): The mysterious disappearance of retained earnings. In: Harvard Business Review, Band 65, S. 56–63.

Berk, J./DeMarzo, P. (2013): Corporate Finance. 3. Auflage, Boston.

Black, F. (1976): The Dividend Puzzle. In: Journal of Portfolio Management, S. 5–8.

Blanchard, O. J./Lopez-de-Silanes, F./Shleifer, A. (1994): What do firms with cash windfalls? In: Journal of Financial Economics, Band 36, S. 337–360.

Brealey, R.A./Myers, S.C./Allen, F. (2006): Corporate Finance. 8. Auflage, New York.

Damodaran, A. (2011): Corporate Finance. 2. Auflage, New York.

Dirrigl, H. (1997): Die Kosten von Direktzusagen auf betriebliche Altersversorgung unter Berücksichtigung der Lohn- und Steuerfinanzierung. In: Steuerberatung im Spannungsfeld von Betriebswirtschaft und Recht, Stehle, H./Wagner, F. W. (Hrsg.), Stuttgart, S. 53–79.

Drukarczyk, J. (1993): Finanzierung über Pensionsrückstellungen. In: Handbuch des Finanzmanagements. Gebhardt, G./Gerke, W./Steiner, M. (Hrsg.), München, S. 229–260.

Drukarczyk, J. (2003): Unternehmensbewertung und Rückstellungen. In: Unternehmen bewerten. Heintzen, M./Kruschwitz, L. (Hrsg.), Berlin, S. 31–52.

Drukarczyk, J./Schüler, A. (2000): Rückstellungen und Unternehmensbewertung. In: Werte messen – Werte schaffen. Festschrift Karl-Heinz Maul. Arnold, H./Englert, J./Eube, S. (Hrsg.), Wiesbaden, S. 5–38.

Drukarczyk, J./Schüler, A. (2002): Rückstellungen, Verwendungsentscheidungen und Nettokapitalwert. In: Jahrbuch für Controlling und Rechnungswesen. Seicht, G. (Hrsg.), Wien, S. 309–328.

Drukarczyk, J./Schüler, A. (2009): Unternehmensbewertung. 6. Auflage, München.

Drukarczyk, J./Ebinger, G./Schüler, A. (2005): Zur Vorteilhaftigkeit entgeltsubstituierender Direktzusagen aus Arbeitnehmer- und Anteilseignersicht. In: Zeitschrift für Bankrecht und Bankwirtschaft, Band 17, S. 237–254.

Easterbrook, F. H. (1984): Two Agency-Cost Explanation of Dividends. In: American Economic Review, S. 650–659.

Ebinger, G. (2007): Neue Modelle der betrieblichen Altersversorgung. Frankfurt/M., Berlin, New York.

Eilenberger, G./Ernst, D./Toebe, M. (2012): Betriebliche Finanzwirtschaft: Einführung in Investition und Finanzierung, Finanzpolitik und Finanzmanagement von Unternehmungen. 8. Auflage, München.

Fama, E. F./French, K. R. (2001): Disappearing dividends: changing firm characteristics or lower propensity to pay. In: Journal of Financial Economics, Band 60, S. 3–43.

Fischel, D. R. (1981): The Law and Economics of Dividend Policy. In: Virginia Law Review, S. 699–726.

Fischer, E. O. (2009): Finanzwirtschaft für Anfänger. 5. Auflage, München.

Haegert, L./Lehleiter, P. (1985): Das Ausschüttungsverhalten deutscher Aktiengesellschaften unter dem Einfluß der Körperschaftssteuerreform. In: Zeitschrift für betriebswirtschaftliche Forschung, Band 37, S. 912–923.

Jensen, M. C. (1986): Agency Costs of Free Cash Flow, Corporate Finance, and Takeovers. In: American Economic Review, Band 76, S. 323–329.

Jensen, M. C. (1993): The Modern Industrial Revolution, Exit, and the Failure of Internal Control Systems. In: Journal of Finance, Band 48, S. 831–880.

Kaserer, C. (2009): Investition und Finanzierung – Case by Case. 3. Auflage, Frankfurt/M.

Perridon, L./Steiner, M./Rathgeber, A. (2012): Finanzwirtschaft der Unternehmung. 16. Auflage, München.

Pütz, P./Willgerodt, H. (1985): Gleiches Recht für Beteiligungskapital. Baden-Baden.

Rehkugler, H. (2007): Grundzüge der Finanzwirtschaft. München, Wien.

Schlumberger, E. (2001): Der Beitrag sonstiger Rückstellungen zum Unternehmenswert. In: Regensburger Beiträge zur betriebswirtschaftlichen Forschung, Band 36, Frankfurt/M., Berlin, New York.

Schneider, D. (1992): Investition, Finanzierung und Besteuerung. 7. Auflage, Wiesbaden.

Schwetzler, B. (1994): Innenfinanzierung durch Rückstellungen, der Erwerb festverzinslicher Wertpapiere und das Informationsdilemma bei Publikums-Gesellschaften. In: Die Betriebswirtschaft, Band 54, S. 787–803.

Schwetzler, B. (2003): Innenfinanzierung durch Pensionsrückstellungen und Unternehmenswert. In: Kapitalgeberansprüche, Marktwertorientierung und Unternehmenswert, Festschrift Drukarczyk. Richter, F./Schüler, A./Schwetzler, B. (Hrsg.), München, S. 409 – 440.

Schwetzler, B. (2004): Unternehmensbewertung bei Rückstellungen, Mittelverwendungsannahme und APV-Bewertungsmodell. In: Betriebswirtschaftliche Forschung und Praxis, Band 58, S. 109–127.

Spremann, K. (2013): Wirtschaft und Finanzen. 6. Auflage, München.

Swoboda, P. (1996): Investition und Finanzierung. 5. Auflage, Göttingen.

Tebroke, H-J./Laurer, T. (2005): Betriebliches Finanzmanagement. Stuttgart.

Wagner, F. W. (1982): Zur Informations- und Ausschüttungsbemessungsfunktion auf einem organisierten Kapitalmarkt. In: Zeitschrift für betriebswirtschaftliche Forschung, Band 34, S. 749–771.

Wagner, F. W. (1986): Ausschüttungszwang und Kapitalentzugsrechte als Instrumente marktgelenkter Unternehmenskontrolle? In: Kapitalmarkt und Finanzierung, Schneider D. (Hrsg.), München, S. 409–425.

Zantow, R./Dinauer, J. (2011): Finanzwirtschaft des Unternehmens. 3. Auflage, München.

Kapitel 11 Finanzierung, Insolvenz und Insolvenzplan

Inhalt

11.1 Problem

In verschiedenen Kapiteln dieses Buches wurden insolvenzrechtliche Regelungen angesprochen. Die wichtigsten Inhalte dieser Regelungen und ihre beabsichtigten und faktischen Wirkungen sollen jetzt dargestellt werden. Beantwortet werden soll, welche Funktionen das Insolvenzrecht erfüllen soll, wie die Grundzüge dieser Regelungen beschaffen sind und wie sie einzuschätzen sind und welche Bedeutung sie für die Gestaltung der Finanzierung haben.

In Kapitel 3 wurde ausgeführt, dass Unternehmen über zwei originäre Liquiditätsquellen verfügen, nämlich über veräußerungsfähige Vermögensgegenstände und über die

Fähigkeit, künftige finanzielle Überschüsse zu erzielen. Beide, vorhandene Vermögensgegenstände und künftige Überschüsse, können von Kreditgebern beliehen werden. Insolvenzrechtliche Regelungen setzen im Kern am Zustand **mangelnder Liquidität** von Unternehmen an. Sie geben bei **Zahlungsunfähigkeit** bestimmten Gläubigern das Recht, einen Eröffnungsantrag für ein Insolvenzverfahren zu stellen bzw. verpflichten die geschäftsführenden Organe der Gesellschaft bzw. deren Eigentümer dann, wenn bestimmte, Illiquidität anzeigende Kriterien erfüllt sind, ein Insolvenzverfahren zu beantragen. Eine Folge eines beantragten und vom Gericht eröffneten Verfahrens ist, dass die Eigentümer bzw. die von diesen beauftragten Manager i. d. R. die Verfügungsrechte über das Unternehmensvermögen verlieren. § 22 Abs. 1 Satz 1 InsO bestimmt: „Wird ein vorläufiger Insolvenzverwalter bestellt und dem Schuldner ein allgemeines Verfügungsverbot auferlegt, so geht die Verwaltungs- und Verfügungsbefugnis … auf den vorläufigen Insolvenzverwalter über." Eine häufige Folge einer Insolvenz ist es also, dass dem illiquiden Schuldner die autonome Verfügungsbefugnis über sein Vermögen genommen wird, um diese einem Insolvenzverwalter zu übertragen, der im Interesse der Gläubiger handeln soll. Die Position des Gesetzgebers ist somit folgende: Wenn es verlässliche Indizien dafür gibt, dass ein Schuldner die Ansprüche seiner Gläubiger nicht mehr vertragskonform erfüllen kann, gilt es, zu verhindern, dass der Schuldner in hastigen Rettungsversuchen weiteres Vermögen verschleudert oder durch Begünstigung einzelner Gläubiger mindert und so die Befriedigungsquote bereits vorhandener (Alt)Gläubiger verkürzt. Außerdem soll verhindert werden, dass das illiquide Unternehmen mit Neugläubigern Kontrakte schließen kann, wodurch diese ebenfalls geschädigt würden.

Insolvenzprobleme haben einen klaren Bezug zur Finanzierung von Unternehmen. Unternehmen, die keine Festbetragsansprüche eingegangen sind, werden nicht insolvent. Wir treffen deshalb auf Insolvenzprobleme, wenn Unternehmensleitungen eine den Risiken der Geschäftsfelder nicht angemessene Finanzierung des Unternehmens gewählt haben. In der Regel zeigt sich dies dann, wenn die operative Performance des Unternehmens nachlässt und versäumt wurde, für eine ausreichende Anpassungsfähigkeit der Finanzierung zu sorgen. Dass dies nicht selten vorkommt, zeigt die Tabelle 11.11 mit deutschen Daten für den Zeitraum 1950-2013 im Anhang zu diesem Kapitel.

11.2 Was soll das Insolvenzrecht leisten?

Wollte man die Funktionen des Insolvenzrechts mit einem Begriff belegen, müsste dieser Begriff **Schadensbegrenzung** oder **Minimierung der Verluste der Kapitalgeber** heißen. Geschädigt werden können im Prinzip alle am Unternehmen Beteiligten (Eigentümer, Gläubiger, Arbeitnehmer), wenn insolvenznahe Situationen drohen. In Abschnitt 11.3 wird erläutert, dass und in welcher Form die Insolvenzordnung Gläubigern eine **Sanktionsmöglichkeit** zur Verfügung stellt, die sie bei Vorliegen definierter Kriterien (**Insolvenztatbestände, Eröffnungsgründe**) zur Verteidigung ihrer Interessen einsetzen können. Diese Funktion der **Sanktionsdrohung** soll die Finanzierungsbeziehungen zwischen Gläubigern und Eigentümern stabilisieren: Das Insolvenzrecht bietet Gläubigern eine glaubhafte Sanktionsdrohung und wirkt deshalb disziplinierend auf das Verhalten des Schuldners bzw. dessen Eigentümer. Klar ist, dass Gläubiger häufig auch Sanktionsmöglichkeiten haben, die sie unabhängig von insolvenzrechtlichen Rechten einsetzen: zu diesen gehören Kündigungsrechte und Sicherungsrechte, mit denen finanzielle Ansprüche gegen den Schuldner durch Zugriffsrechte auf Vermögensgegenstände des Schuldners gesichert werden. Wir werden später sehen, dass diese Rechte in ein mögliches Insolvenzverfahren integriert werden müssen (Abschnitte 11.5 und 11.6).

Wenn Gläubiger sich die Eröffnungsgründe der Insolvenzordnung (InsO) zunutze machen, um ihre Positionen zu verteidigen, sprechen Juristen von der sog. „Außenlösung". Daneben besteht die „Innenlösung": Die Rechtsordnung verpflichtet den Schuldner beim Nahen einer finanziellen Krise die ökonomische Lage des Unternehmens sehr genau zu beobachten und bei Erreichen der Zustände des Unternehmens, die durch die Eröffnungsgründe beschrieben werden, innerhalb eng definierter Zeitfristen selbst einen Eröffnungsantrag zu stellen. Die Rechtsordnung will Schuldner bzw. die Organe des Schuldners zwingen, im Interesse der Gläubiger zu handeln. Die Regeln des Insolvenzrechts bieten insoweit eine Sanktionsdrohung, die die *Gesamtheit* der Gläubiger vor Vermögensschäden schützen soll. Beachten Eigentümer bzw. beauftragte Manager diese Aufgabe nicht, haften sie für Verluste der Gläubiger (**Insolvenzverschleppungshaftung**).

Insolvenzrecht hat nicht nur Sanktionscharakter, auch wenn § 1 InsO dies zunächst nahelegen könnte. Es heißt dort:

§ 1 Ziele des Insolvenzverfahrens

„Das Insolvenzverfahren dient dazu, die Gläubiger eines Schuldners gemeinschaftlich zu befriedigen, indem das Vermögen des Schuldners verwertet und der Erlös verteilt oder in einem Insolvenzplan eine abweichende Regelung insbesondere zum Erhalt des Unternehmens getroffen wird. Dem redlichen Schuldner wird Gelegenheit gegeben, sich von seinen restlichen Verbindlichkeiten zu befreien."

Es ist dort von in einem Insolvenzplan zu realisierenden abweichenden Regelungen die Rede, die den Erhalt des Unternehmens bezwecken. Nun könnte man den Erhalt des Unternehmens auch so organisieren, dass das Vermögen des Unternehmens, losgelöst von seinen Verbindlichkeiten, an einen Drittinvestor veräußert wird. Der Verkaufserlös wird an die Gläubiger verteilt und da der Verkaufserlös in aller Regel kleiner ist als die Summe der von den Gläubigern eingeforderten Beträge, gingen die Eigentümer leer aus. „Erhalt des Unternehmens" ist für die Alteigentümer nur dann ein wirkungsvoller Anreiz, wenn sie wenigstens einen Teil ihrer Eigentumsrechte retten können. Das Insolvenzrecht könnte also Anreize liefern dafür, dass Eigentümer, die eine finanzielle Schieflage ihres Unternehmens antizipieren, frühzeitig mit den Gläubigern nach einer Lösungsmöglichkeit suchen und hierbei das Konzept Insolvenzplan ins Spiel bringen. Dieser Aspekt wird in Abschnitt 11.6 und 11.7 erläutert und es wird deutlich werden, wovon es abhängt, ob die Alteigentümer auch eine Eigentümerposition in dem reorganisierten Unternehmen einnehmen können.

Neben der Funktion der Disziplinierung und des Einbaus von Anreizen zur Entwicklung *rechtzeitiger* Lösungsversuche sind zwei weitere Aufgaben zu nennen. Schuldner haben i. d. R. eine große Zahl von Gläubigern. Diese Gläubiger haben unterschiedliche Rechtspositionen: einige sind vollständig gesichert durch Zugriffsrechte auf Vermögensgegenstände, andere sind teilweise gesichert, wiederum andere sind ungesichert. Daraus resultieren unterschiedliche Interessen. Deshalb ist es wichtig, das Verhalten der Gläubiger zu **koordinieren**, um von der Mehrheit getragene Entscheidungen über die Verwertung des Vermögens des insolventen Unternehmens herbeizuführen. Die **Verwertungsoptionen** bestehen in

- der Liquidation des Vermögens i.S. einer Veräußerung der einzelnen Vermögensgegenstände,
- im Verkauf des Unternehmens als Ganzes, befreit von seinen Verbindlichkeiten,
- in einer Reorganisation i.S. einer operativen und finanziellen Sanierung unter Beibehaltung der Mehrzahl der Altfinanciers.

Es ist die Verwertungsform zu finden, die den höchsten Verwertungserlös ergibt und die Koordination der Abstimmungsberechtigten ist auf dieses Ziel hin auszurichten. Dies ist eine Aufgabe des Insolvenzverwalters, dem unterstützt von Ausschüssen der Gläubiger die Koordinationsaufgabe zufällt. Die Regelungen der Insolvenzordnung sind hier ebenfalls von Bedeutung, wie in den Abschnitten 11.6 und 11.7 deutlich werden wird.

11.3 Eröffnungsgründe

11.3.1 Überblick

Die Eröffnung eines Insolvenzverfahrens setzt einen Eröffnungsgrund voraus, der zum Zeitpunkt der Antragsstellung bzw. Eröffnung gegeben sein muss. Die Insolvenzordnung (InsO) kennt drei Eröffnungsgründe (Insolvenztatbestände, Auslösetatbestände): Zahlungsunfähigkeit (§ 17 InsO), drohende Zahlungsunfähigkeit (§ 18 InsO) und Überschuldung (§ 19 InsO). Tabelle 11.1 informiert über die gesetzlichen Definitionen und die mit dem Vorliegen des Eröffnungsgrundes verbundenen Auslösepflichten bzw. -rechte. Für den Eröffnungsgrund Überschuldung weist die Tabelle zwei Versionen aus, nämlich die vom 1.1.1999 bis zum 17.10.2008 geltende Fassung (a.F.) und die ab 18.10.2008 nunmehr geltende neue Fassung (n.F.). Auf den ersten Blick scheinen die Unterschiede nicht groß. Darauf ist zurückzukommen.

Mit der Definition von Eröffnungsgründen (Insolvenztatbeständen) will der Gesetzgeber Unternehmenszustände definieren, bei deren Erreichen die Ansprüche der Gläubigergesamtheit so stark gefährdet sind, dass es notwendig erscheint, den Eigentümer bzw. den von diesen beauftragten Managern die Entscheidungsrechte zu entziehen und auf die Gläubiger bzw. einen Insolvenzverwalter zu übertragen. Tabelle 11.1 weist aus, dass nur der Eröffnungsgrund „drohende Zahlungsunfähigkeit" nicht mit der Pflicht zur Antragstellung auf Eröffnung eines Insolvenzverfahrens verknüpft ist. Bei drohender Zahlungsunfähigkeit hat nur der Schuldner ein Auslöserecht: er darf auslösen, muss aber nicht.

Die Begründung für diese Vorschrift lautet, dass es dem Schuldner ermöglicht werden soll, bereits vor Eintritt der Zahlungsunfähigkeit in ein Insolvenzverfahren einzutreten. Antragsrecht hat insoweit folgerichtig nur der Schuldner; Gläubiger sollen in diesem Stadium der Sanierungsbemühungen den Schuldner durch Eröffnungsanträge noch nicht unter Druck setzen, soweit sie die drohende Zahlungsunfähigkeit erkannt haben. Unter realistischen Bedingungen kann man davon ausgehen, dass ein Schuldner, der eine verlässliche GuV- und Finanzplanung betreibt, eine drohende Zahlungsunfähigkeit früher erkennt als Gläubiger.

Insolvenz-tatbestand	Zahlungs-unfähigkeit	Drohende Zahlungs-unfähigkeit	Überschuldung (bis zum 17.10.2008)	Überschuldung (ab 18.10.2008)[139]
Regelung in	§ 17 InsO	§ 18 InsO	§ 19 InsO a.F.	§ 19 InsO n.F.
Definition	Der Schuldner ist zahlungsunfähig, wenn er nicht in der Lage ist, die fälligen Zahlungspflichten zu erfüllen.	Der Schuldner droht zahlungsunfähig zu werden, wenn er voraussichtlich nicht in der Lage sein wird, die bestehenden Zahlungspflichten im Zeitpunkt der Fälligkeit zu erfüllen.	Überschuldung liegt vor, wenn das **Vermögen** des Schuldners die **bestehenden Verbindlichkeiten** nicht mehr deckt. Bei der Bewertung des Vermögens ist jedoch die Fortführung des Unternehmens zugrunde zu legen, wenn diese nach den Umständen überwiegend wahrscheinlich ist.	Überschuldung liegt vor, wenn das **Vermögen** des Schuldners die **bestehenden Verbindlichkeiten** nicht mehr deckt, es sei denn, die Fortführung des Unternehmens ist nach den Umständen überwiegend wahrscheinlich.
Auslöserecht bzw. -pflicht des **Schuldners**	**Pflicht** innerhalb von drei Wochen	Auslöseoption	**Pflicht** innerhalb von drei Wochen	**Pflicht** innerhalb von drei Wochen
Auslöserecht eines **Gläubigers**	Recht	Kein Recht	Recht	Recht

Tabelle 11.1: Übersicht über die Eröffnungsgründe der InsO

11.3.2 Zahlungsunfähigkeit (§ 17 InsO)

In der Praxis stellt Zahlungsunfähigkeit den häufigsten Eröffnungsgrund dar. § 17 Abs. 2 InsO definiert Zahlungsunfähigkeit: „Der Schuldner ist zahlungsunfähig, wenn er nicht in der Lage ist, die fälligen Zahlungspflichten zu erfüllen." Der Wortlaut enthält keinen Hinweis darauf, ob die Finanzlücke des Schuldners wesentlich ist, ob es eine rechtlich noch akzeptierbare Dauer für das Fortbestehen der Finanzlücke gibt, noch einen Vermerk, der es erlaubte, nur dann von „fälligen Verbindlichkeiten" zu reden, wenn diese zuvor vom Gläubiger ernsthaft eingefordert wurden.[140] In der Begründung zum Regierungsentwurf heißt es:[141] Dass eine vorübergehende Zahlungsstockung keine Zah-

[139] Eingeführt durch Art. 5 des Gesetzes zur Umsetzung eines Maßnahmenpakets zur Stabilisierung des Finanzmarktes (Finanzmarktstabilisierungsgesetz, FMStG) am 17.10.2008. Zunächst befristet bis zum 31.12.2010, dann bis zum 31.12.2013. Ende 2012 erfolgte die Entfristung.

[140] Die Vorgängerregelung in der Konkursordnung, die zum 1.1.1999 durch die InsO abgelöst wurde, wurde in der Rechtsprechung so interpretiert, dass Zahlungsunfähigkeit nur dann vorlag, wenn der Schuldner nicht nur vorübergehend nicht in der Lage war, die fälligen und ernsthaft eingeforderten Verbindlichkeiten im Wesentlichen zu erfüllen. Der Gesetzgeber der InsO hat diese viele Türen öffnende Formulierung zu Recht nicht übernommen.

[141] Vgl. Uhlenbruck (1994), S. 316.

lungsunfähigkeit begründe, brauche nicht gesondert zum Ausdruck gebracht werden. Würde der Gesetzestext eine „andauernde" Unfähigkeit verlangen, könne dies den Begriff Zahlungsunfähigkeit stark verwässern und könne als Bestätigung der verbreiteten Neigung verstanden werden, eine auch über Wochen oder gar Monate fortbestehende Illiquidität als rechtlich unerhebliche Zahlungsstockung zu betrachten. Dies stünde dem Reformziel, Insolvenzverfahren deutlich früher auszulösen, klar entgegen. Ebenso wenig empfehle es sich, vorzuschreiben, dass die Unfähigkeit Zahlungen zu leisten einen „wesentlichen Teil" der Verbindlichkeiten betreffen müsse. Auch hier sei klar, dass ganz geringfügige Liquiditätslücken außer Betracht bleiben müssten. Aber auch hier müsste bisherigen Tendenzen zu einer übermäßig großzügigen Auslegung des Begriffs Zahlungsunfähigkeit entgegengewirkt werden. „Insbesondere erscheint es nicht gerechtfertigt, Zahlungsunfähigkeit erst anzunehmen, wenn der Schuldner einen bestimmten Bruchteil der Gesamtsumme seiner Verbindlichkeiten nicht mehr erfüllen kann."[142] Das Kriterium des „ernsthaften Einforderns" kommt in der Begründung des RegE nicht vor. Relevant sind die fälligen Zahlungspflichten abzüglich der Forderungen, die trotz Fälligkeit für die Entscheidung, ob Zahlungsunfähigkeit vorliegt oder nicht, nicht relevant sind, weil sie z. B. gestundet sind.

Zahlungsunfähigkeit ist nicht nur der am häufigsten relevante Eröffnungsgrund. Er ist auch relevant für die Insolvenzanfechtung, da eine Reihe von Insolvenzanfechtungsgründen der §§ 130ff InsO an Zahlungsunfähigkeit und deren Kenntnis anknüpfen. Er ist zudem relevant für die Haftung der Organe juristischer Personen wegen **Insolvenzverschleppung**, die ebenfalls voraussetzt, dass ein Eröffnungsgrund vorliegt.[143] Zahlungsunfähigkeit ist somit (neben Überschuldung) eine Terminierungsregel, die gewichtige Rechtsfolgen und Sanktionen auslösen soll. Ihr Vorliegen sollte mit akzeptabler Genauigkeit bestimmbar sein.

Der BGH hat in mehreren Entscheidungen an der Erarbeitung von Kriterien gearbeitet, die es gestatten sollen, zwischen einer bloßen **Zahlungsstockung** und einer zur Antragsstellung verpflichtenden **Zahlungsunfähigkeit** zu unterscheiden. Ausgangspunkt der Überlegungen des BGH ist, dass der Gesetzgeber das „Null-Toleranz-Prinzip" ausgeschlossen habe, weil er ja – wie oben berichtet – „vorübergehende Zahlungsstockungen" und „ganz geringfügige Liquiditätslücken" als nicht zu einem Eröffnungsantrag verpflichtende Ereignisse zugelassen habe. Folglich, so der BGH in seiner Entscheidung vom 24.05.2005,[144] komme man ohne Identifizierung, was eine tolerierbare Zahlungslücke sei und wie lange diese Zahlungslücke bestehen dürfe, um noch als rechtlich unerhebliche Zahlungsstockung zu gelten, nicht vorbei. Ganz geringfügige Liquiditätslücken „von wenigen Prozent" in einer zeitpunktbezogenen Liquiditätsbilanz[145] sind für den BGH kein Anlass, das Vorliegen eines Eröffnungsgrundes zu bejahen. Je kleiner die Liquiditätslücke sei, desto begründeter sei die Erwartung, dass es dem Schuldner gelingt, diese Lücke zu schließen. Eine Insolvenzeröffnung brächte den Gläubigern in solchen Fällen keinen Vorteil. Um das Konzept „geringfügige Liquidi-

---

142 Uhlenbruck (1994), S. 316.

143 Vgl. §§ 13, 15, 15 a InsO und § 64 Abs. 1 a.F. bzw. § 130 a Abs. 1 a.F. HGB.

144 BGH-Urteil vom 24.0.2005 – IX ZR 123/04 in: ZInsO 2005, S. 807, ZIP 2005, S. 1426-1431.

145 Diese stellt gegenüber die zu einem Zeitpunkt verfügbaren finanziellen Mittel und die zu diesem Zeitpunkt fälligen Zahlungsverpflichtungen.

tätslücke" handhabbar zu gestalten, könne man auf eine zahlenmäßige Vorgabe nicht verzichten. Er definiert deshalb eine Unterdeckungsquote[146] und siedelt den kritischen Schwellenwert bei 10 % an. Bei Unterdeckungsquoten, die 10 % überschreiten, besteht die allerdings wiederlegbare Vermutung, dass der Zustand der Zahlungsunfähigkeit besteht.

Der BGH verknüpft die Unterdeckungsquote mit einer Frist, während der eine Zahlungsstockung darstellende Liquiditätslücke bestehen darf. Dabei lässt sich der BGH von der Vorstellung leiten, dass eine Liquiditätslücke von kreditwürdigen Schuldnern vorrangig durch Kredite geschlossen wird und hält hierfür eine Zeitspanne von zwei bis drei Wochen für erforderlich, aber auch ausreichend.[147] Aus den Konstruktionselementen Unterdeckungsquote und Frist konstruiert der BGH Prüfungsvorgaben, die Entscheidungshilfe für die Frage „Zahlungsstockung oder Zahlungsunfähigkeit" bieten sollen. Die Anwendung dieser Prüfungsvorgaben verlangt, dass die Beurteilung nicht mehr allein auf Basis einer zeitpunktbezogenen Liquiditätsbilanz erfolgen kann, sondern sich auf eine über einen Zeitraum erstreckende Finanzplanung stützen muss.

Der BGH entwickelt im Kern drei Prüfungsvorgaben, die aber z. T. erhebliche Unschärfen haben. Diese Unschärfen werden im Folgenden unmittelbar im Anschluss an die Prüfungsvorgaben herausgestellt.

Die Prüfungsvorgaben sehen so aus:

[1] Ist eine Unterdeckungsquote von 10 % nicht überschritten und lässt sich die Zahlungslücke innerhalb der Drei-Wochen-Frist vollständig oder weitgehend schließen, liegt eine Zahlungsstockung vor, die keine Antragspflicht auslöst.[148]

[2] Der Unterdeckungsquotient von 10 % ist eine ad-hoc-Entscheidung, für die vom BGH wenig überzeugend ausgeführt wird, dass eine Unterdeckungsquote von 5 % zu wenig und 25 % zu viel sei. Die Prüfungsvorgabe lässt zu, dass die Unterdeckungsquote am Ende der Drei-Wochen-Frist noch positiv ist, lässt aber ungeklärt, wie hoch sie höchstens noch sein darf und für welche Frist (nach der Drei-Wochen-Frist) sich Gläubiger mit dem Argument abspeisen lassen sollen, dass lediglich eine Zahlungsstockung vorliege.

[3] Ist die Unterdeckungsquote kleiner als 10 % und besteht die auf Tatsachen gegründete Erwartung, dass sich der „Niedergang des Schuldner-Unternehmens" fortsetzen wird, ist eine 10 % unterschreitende Quote kein ausreichender Beleg für Zahlungsfähigkeit.

[4] Die Prüfvorgabe präzisiert nicht, auf welchen Zeitraum die Erwartungsbildung ausgedehnt werden darf. Denn es wird faktisch von der Länge der die Drei-Wochen-Frist übersteigenden Zeitspanne abhängen, ob das Ergebnis der Prüfung

---

[146] Diese Quote ist definiert als Quotient aus dem Betrag der fehlenden finanziellen Mittel zur Summe aller fälligen Verbindlichkeiten.

[147] BGH-Urteil vom 24.05.2005, ZIP 2005, S. 1428.

[148] BGH-Urteil vom 24.05.2005, S. 1428, 1429. Der BGH lässt einen „geringfügigen Rest" im Drei-Wochen-Zeitraum nicht bedienter fälliger Verpflichtungen zu. Wie hoch dieser „geringfügige Rest" sein darf und warum überhaupt eine geringfügige Zahlungslücke am Ende der explizit zugelassenen Drei-Wochen-Frist zugelassen wird, präzisiert der BGH nicht. Vgl. auch BGH-Urteil vom 12.10.2006 – IX 228/3 in: DB (2006), S. 2312.

Zahlungsstockung oder Zahlungsunfähigkeit heißt. Für Rechtsklarheit, Minimierung von Gerichtskosten und eine deutliche Abgrenzung zur „drohenden Zahlungsunfähigkeit“[149] wäre eine Präzisierung von Nutzen.

[5] Ist die Unterdeckungsquote im Prüfzeitpunkt größer als 10 %, kann die Folgerung, dass Zahlungsunfähigkeit vorliegt, vermieden werden, wenn konkrete Umstände benennbar sind „die mit an Sicherheit grenzender Wahrscheinlichkeit erwarten lassen“,[150] dass die Liquiditätslücke „in überschaubarer Zeit“ beseitigt werden wird. Der BGH sagt explizit, dass die „überschaubare Zeit“ die oben erwähnte Drei-Wochen-Frist überschreitet. Er präzisiert aber nicht, wie lange dieser Zeitraum bis zum vollständigen Schließen der Lücke höchstens sein darf. Es fehlt also ein wichtiger Bestandteil einer klaren Terminierungsregel. Einige Autoren sind der Auffassung, diese zusätzliche Frist könne zwischen 3 und 6 Monaten betragen.[151] Dieser Ansicht werden sich Betriebswirte vermutlich nicht anschließen wollen, weil es nicht vertretbar erscheint, die Entscheidung zwischen einer rechtlich harmlosen Zahlungsstockung und einer rechtlich erheblichen Zahlungsunfähigkeit zu einer mehrmonatigen Hängepartie ausufern zu lassen. Es ist zu überlegen, ob passives Abwarten, wie es der BGH wohl empfiehlt, nicht durch einen Markttest ersetzt werden sollte. Mit an „Sicherheit grenzender Wahrscheinlichkeit“ in „absehbarer Zeit“ (was man mit in den nächsten Monaten übersetzen könnte) erwartete Einzahlungen sind prinzipiell beleihbar. Die Beleihbarkeit belegt weit besser als vom Schuldner vorgetragene Gründe oder die Einschätzung eines Insolvenzgerichts, dass diese Einzahlungen werthaltig sind. Folglich sollte man einen 10 % übersteigenden Unterdeckungsquotienten nur dann als rechtlich unbedenklich akzeptieren, wenn er innerhalb der vom BGH zugestandenen Drei-Wochen-Frist beseitigt werden kann. Entscheidend ist die tatsächliche Geldbeschaffung. Einer Verlängerung der Drei-Wochen-Frist um die in der Literatur genannten Zeiträume bedarf es dann nicht.

Im Ergebnis hat der BGH die scharfkantige Lösung, die der Gesetzgeber beabsichtigte, gerundet und mit Lücken versehen, die mit einer Terminierungsregel nicht recht vereinbar sind. Der Rückgriff auf eine Unterdeckungsquote und eine Maximalfrist, in der die Unterdeckung zu heilen ist, ist prinzipiell verteidigbar. Schwerer verteidigbar ist, wenn erlaubt wird, dass Schuldner mit nur teilweiser Beseitigung der Unterdeckung davonkommen bzw. die Drei-Wochen-Frist mit Argumenten erweitern können.

Festzuhalten ist ebenfalls, dass Zahlungsunfähigkeit nicht allein anhand einer zum Prüfungszeitpunkt zu erstellenden Liquiditätsbilanz (Finanzstatus) festgestellt werden kann. Weil der BGH zu einer Zeitraumbetrachtung übergegangen ist, sind *Finanzpläne* zu erstellen, mit denen zu prüfen ist, wie sich die Unterdeckung in der Verfügung stehenden Frist entwickelt.

11.3.3 Drohende Zahlungsunfähigkeit (§ 18 InsO)

Da das Prinzip der an Kriterien gebundenen Eröffnung von Verfahren gilt, ist auch drohende Zahlungsunfähigkeit vom Antragssteller zu belegen. Die Rechtsprechung

---

149 Vgl. hierzu unten Abschnitt 11.3.3.

150 BGH-Urteil vom 24.05.2005, ZIP (2005), S. 1430.

151 Vgl. z. B. Fischer (2010), S. 163.

verlangt, dass der Antragssteller den „Eröffnungsgrund in substanziierter, nachvollziehbarer Form darlegt“. Die tatsächlichen Angaben müssen die Finanzlage nachvollziehbar darstellen, damit über die Zulässigkeit des Antrags entschieden werden kann.

§ 18 Abs. 2 InsO formuliert, dass Zahlungsunfähigkeit droht, wenn der Schuldner voraussichtlich nicht in der Lage ist, die bestehenden Zahlungspflichten im Zeitpunkt der Fälligkeit zu erfüllen. Ausgehend von einer Augenblicksaufnahme der Finanzlage, also einem Finanzstatus oder einer Liquiditätsbilanz ist die Entwicklung eines Finanzplanes für die Länge des gebotenen Prognosezeitraumes erforderlich, damit Finanzplanüberschüsse bzw. -defizite erkennbar werden. In Kapitel 3 wurde begründet, dass Finanzpläne durch Plan-GuV-Rechnungen und Planbilanzen begleitet werden müssen.

Von Bedeutung ist, wie weit in die Zukunft ein Beleg drohender Zahlungsunfähigkeit reichen soll bzw. kann. Die Frage nach der Länge des Prognosezeitraums, die der Finanzplan abgreifen soll, kann nicht generell beantwortet werden. Einigkeit besteht über seine maximale Länge: Sie wird bestimmt durch den spätesten Fälligkeitszeitpunkt der bestehenden Zahlungspflichten. Da Unternehmen sich i. d. R. auch über langlaufende Kredite finanzieren und Pacht- oder Leasingverträge mit längeren Laufzeiten abschließen, folgt, dass mehrjährige Prognosezeiträume zulässig sind. Ob mehrjährige Finanzpläne mit hinreichender Genauigkeit erstellbar sind, um Gerichten oder Dritten eine voraussichtlich eintretende drohende Zahlungsunfähigkeit substanziiert zu belegen, ist abhängig vom Einzelfall. Hier sind insbesondere die Geschäftsfelder relevant, in denen das Unternehmen operiert. Einzahlungsrhythmen, Struktur der Auszahlungen und Finanzierungsstrukturen hängen stark von der Branchenzugehörigkeit ab. Die Suche nach einer für alle Fälle geltenden Länge des Prognosezeitraums erscheint somit nicht als erfolgreicher Weg.

Es sind praktische Gründe, die den Prognosezeitraum, den Schuldner benutzen werden, um drohende Zahlungsunfähigkeit zu substanziieren, häufig deutlich kürzer ausfallen lassen als die längste Laufzeit bestehender Zahlungsverpflichtungen. Die Fähigkeit zu antizipieren nimmt ab mit zeitlicher Entfernung, der Wahrscheinlichkeitsbeleg wird schwieriger. Die Literatur veranschlagt die Länge realisierbarer Prognosezeiträume denn auch auf das laufende Geschäftsjahr und ein Folgejahr.[152]

Die Formulierung in § 18 Abs. 2, dass der Schuldner „voraussichtlich“ nicht in der Lage sein wird, seinen Zahlungsverpflichtungen nachzukommen, wird in der Literatur einheitlich so interpretiert, dass mehr für den Eintritt künftiger Zahlungsunfähigkeit sprechen müsse als dagegen. Die Finanzplanung ist somit prinzipiell mehrwertig aufzumachen.

Nun gilt es, Zahlungsunfähigkeit von drohender Zahlungsunfähigkeit abzugrenzen. Denn die beiden Eröffnungsgründe haben unterschiedliche Rechtsfolgen; man muss also so klare Kriterien haben, dass man beide gut unterscheiden kann:

- Zahlungsunfähigkeit verpflichtet den Schuldner unter Beachtung der Frist von § 15a InsO zur Antragsstellung. Drohende Zahlungsunfähigkeit bietet dem Schuldner nur eine Antragsoption.
- Die durch ESUG geschaffenen Anreize wie erleichterte Eigenverwaltung (§§ 270 ff InsO) und Schutzschirmverfahren (§§ 270a ff InsO) kann der Schuldner nur nut-

[152] Vgl. z. B. Schmidt/Uhlenbruck (2009), 5. Teil, Rn. 5.108.

zen,[153] wenn er zum Zeitpunkt der Entscheidung über den Eröffnungsantrag *nicht* zahlungsunfähig ist. § 270b Abs. 1 lässt für den Zeitpunkt der Antragsstellung ausschließlich drohende Zahlungsunfähigkeit oder Überschuldung zu, nicht aber Zahlungsunfähigkeit. § 270b Abs. 1 bestimmt, dass der Schuldner mit dem Antrag eine mit Gründen versehene Bescheinigung eines in Insolvenzsachen erfahrenen Steuerberaters, Wirtschaftsprüfers oder Rechtsanwalts vorzulegen hat, aus der sich ergibt, dass drohende Zahlungsunfähigkeit oder Überschuldung, aber keine Zahlungsunfähigkeit vorliegt.

- Anfechtbare Handlungen des Schuldners i. S. v. §§ 130, 131, 132 setzen voraus, dass der Schuldner zur Zeit der Handlung zahlungsunfähig war. Drohende Zahlungsunfähigkeit ist unschädlich.[154]
- Gesellschaften mit faktischer Haftungsbeschränkung müssen die kontinuierliche Kontrolle der Liquidität sicherstellen. Zweck ist die Vermeidung der Krise. Die Geschäftsführer bzw. Vorstände der Gesellschaft müssen der Gesellschaft Zahlungen ersetzen, die nach Eintritt der Zahlungsunfähigkeit oder nach Feststellung der Überschuldung geleistet wurden.[155] Drohende Zahlungsunfähigkeit löst kein Zahlungsverbot aus.

Eine deutliche Grenzziehung zwischen Zahlungsunfähigkeit und drohender Zahlungsunfähigkeit ist somit notwendig. Sie ist nicht einfach zu realisieren, weil sowohl der Nachweis der Zahlungsunfähigkeit als auch der Beleg drohender Zahlungsunfähigkeit im Regelfall und im Gefolge der Rechtsprechung des BGH über Finanzpläne erfolgt.[156] Der den Eröffnungsantrag stellende Schuldner muss dem Insolvenzgericht die wesentlichen Merkmale des Eröffnungsgrundes glaubhaft machen. Er muss den Eröffnungsgrund in „substantiierter, nachvollziehbarer Form“ darlegen.[157] Für den antragstellenden Schuldner geht es darum, zu vermeiden, dass das Gericht seinem Vortrag, es bestehe drohende Zahlungsunfähigkeit, nicht folgt, weil es – ggf. unter Hinzunahme eines Sachverständigen – zu dem Schluss kommt, es läge bereits Zahlungsunfähigkeit vor. Der Schuldner will dieses Ergebnis vermeiden, weil die nicht vermeidbaren Publizitätswirkungen einer Zurückweisung seine Rettungsversuche erschweren werden. Aus diesem Grund ist es angebracht, die Trennlinie zwischen Zahlungsunfähigkeit und drohender Zahlungsunfähigkeit deutlich klarer zu markieren. Das impliziert, dass die gewährten Fristen für die Klärung der Frage, ob eine Zahlungsstockung oder Zahlungsunfähigkeit vorliegt, zurückgeschnitten werden müssen.

Hierfür spricht ein weiteres Argument: Ein Insolvenztatbestand (Eröffnungsgrund) ist eine **Terminierungsregel**, also ein Kriterium, das angibt, bei welchem Unternehmenszustand die Verfügungsrechte der Eigentümer auf die Gläubiger übergehen sol-

---

[153] Vgl. hierzu unten Abschnitt 7. Die Abkürzung ESUG steht für Gesetz zur weiteren Erleichterung der Sanierung von Unternehmen. Das Gesetz trat in Kraft am 1. März 2012.

[154] Ausnahme ist § 133 Abs. 1 InsO.

[155] Vgl. § 64 GmbHG; § 130 HGB; § 92 Abs. 3 AktG.

[156] Ausgenommen ist der Fall, in dem der Schuldner im Prüfzeitpunkt seinem Liquiditätsstatus entnimmt, dass die Unterdeckungsquote 10 % übersteigt und dass eine Verringerung im Laufe der oben genannten Frist(en) nicht zu erwarten ist. Dann nämlich liegt, den BGH-Kriterien folgend, eindeutig Zahlungsunfähigkeit vor.

[157] So der BGH in BGH-Entscheidung vom 12.12.2002 – IX ZB 426/02, NZI 2003, S. 147-148.

len. Diese Sichtweise verlangt von Insolvenztatbeständen, dass sie rechtzeitige Verfahrensauslösungen ermöglichen. Zahlungsunfähigkeit bzw. Zahlungseinstellung sind jedoch keine zeitigen Auslöser, insbesondere dann nicht, wenn man die geringen Befriedigungsquoten ungesicherter Gläubiger in der Realität zum Maßstab nimmt. Hierfür gibt es verschiedene Ursachen:

- Viele Gläubiger nehmen eine sich anbahnende Zahlungsunfähigkeit nicht oder zu spät wahr, weil sie Jahresabschlüsse oder andere Informationen zu spät erhalten, falsch oder zu spät oder nicht auswerten bzw. auf ihre Kreditsicherheiten vertrauen.
- Schuldner haben im Vorfeld der Zahlungsunfähigkeit noch Möglichkeiten der Liquiditätsbeschaffung. Zum einen gibt es mehr oder weniger risikoscheue Kreditgeber; zum anderen gibt es Kreditgeber, die die wirtschaftliche Lage von Kreditnachfragern falsch einschätzen. Schließlich geben sich Schuldner über Gesellschafterdarlehen selbst Kredit. Der Schuldner kann auch Vermögensgegenstände verkaufen, also auf die güterwirtschaftliche Liquidität zurückgreifen oder – vertragswidrig – bereits beliehene Vermögensgegenstände erneut beleihen. Und dann kann er noch geltend machen, es lägen nur Zahlungsstockungen vor; hohe Einzahlungen seien in „absehbarer Zeit" zu erwarten.

Häufiges Ergebnis ist, dass bei Verfahrenseröffnung die Vermögensmassen klein, die Schulden hoch und die Befriedigungsquoten der ungesicherten Gläubiger niedrig sind. «Zahlungsunfähigkeit» hat deshalb eine systematische Schwäche, für deren Beseitigung die Rechtsprechung des BGH nicht förderlich ist.

11.3.4 Überschuldung (§ 19 InsO)

Tabelle 11.1 weist zwei Konzeptionen der Überschuldung aus, die sich zwar im Wortlaut kaum unterscheiden, aber inhaltlich **erhebliche Unterschiede** aufweisen. Wir beginnen mit der bis zum 17.10.2008 geltenden Fassung, die wir mit dem Anhängsel a.F. für alte Fassung kennzeichnen. Der Leser mag sich fragen, warum wir uns mit einer nicht mehr geltenden Konzeption befassen. Dafür gibt es zwei Gründe: Zum einen ist die alte Fassung eine umsichtige Konstruktion für das, was mit Überschuldung schon immer gemeint war, nämlich ein Überhang der Verbindlichkeiten über das Vermögen der in der Haftung beschränkten Gesellschaft. Seit der Konkursordnung von 1877 spielt dieses Kriterium in insolvenzrechtlichen Regelungen ohne Unterbrechung eine wichtige Rolle. Der zweite Grund ist die Absicht, herauszustellen, dass die neue Fassung des § 19 Abs. 2 InsO, für die sich der Gesetzgeber entschieden hat, untauglich ist. Warum das so ist, wird später deutlich werden.

11.3.4.1 Alte Fassung des § 19 Abs. 2 InsO

Der Gesetzgeber definiert «Überschuldung» als einen Unternehmenszustand, in dem das Vermögen nicht mehr die bestehenden Verbindlichkeiten deckt. Und er fügt hinzu, dass bei der Bewertung des Vermögens dann die Fortführung zu unterstellen ist, wenn diese nach den Umständen «überwiegend wahrscheinlich» ist. Das bedeutet, dass man, bevor man sich anschickt «Vermögen» und «bestehende Verbindlichkeiten» zu bewerten und zu vergleichen, zu prüfen hat, ob die Fortführung «überwiegend wahrscheinlich» ist. Die Überschuldungsprüfung i. S. v. § 19 a. F. InsO ist deshalb **zweistufig:** Auf Stufe 1 ist die Fortführungsfähigkeit zu prüfen. Ist diese «überwiegend wahrscheinlich», ist das Vermögen unter der Prämisse der Fortführung zu bewerten. Ergibt die Prüfung auf Stufe 1, dass die Fortführung nicht überwiegend wahrscheinlich ist, ist das Vermögen zu Liquidationswerten anzusetzen. Abbildung 11.1 verdeutlicht die Konzeption der Überschuldungsprüfung.

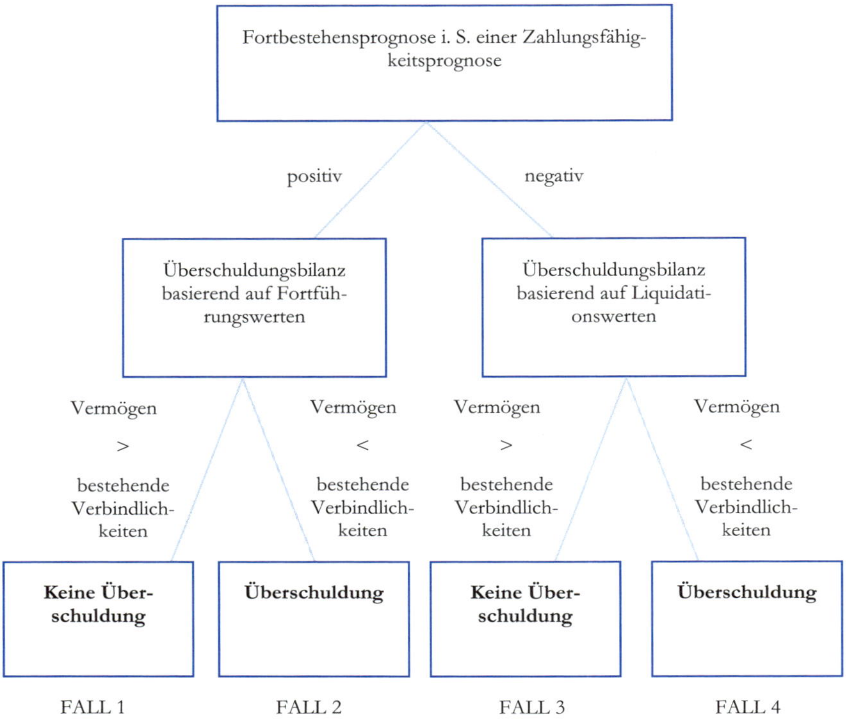

Abbildung 11.1: Prüfung der Überschuldung i. S. v. § 19 InsO a.F.

Die Konzeption verlangt als ersten Schritt die Erstellung einer Fortbestehensprognose. Diese ist eine Zahlungsfähigkeitsprognose für einen Prognosezeitraum, der nach herrschender Meinung maximal zwei Jahre umfassen sollte. Das wird i. d. R. ein Zeitraum sein, der das laufende und das darauf folgende Geschäftsjahr umfasst. Das Ergebnis dieser Prognose bestimmt, wie der verlangte Vermögen-Verbindlichkeiten-Vergleich vorzunehmen ist. Lautet das Signal der Fortführungsprognose, dass Fortführung überwiegend wahrscheinlich ist, dann ist das Vermögen zu Fortführungswerten (Betriebsbestehenswerten) anzusetzen. Ist die Fortführung dagegen nicht wahrscheinlich, ist das Vermögen zu Liquidationswerten zu bewerten.

Die Prüfungsanforderungen, die Stufe 1 verlangt, werden anhand eines Beispiels verdeutlicht.[158]

Der geschäftsführende Gesellschafter einer GmbH erwartet in den nächsten Jahren rückläufige Umsätze, da die Absatzmärkte der GmbH bei konstanten Preisen schrumpfen und er nicht mit einer Erhöhung des Marktanteils der GmbH rechnet.

[158] Das Beispiel ist entnommen aus Drukarczyk/Schüler (2009a), S. 52-56.

Aufgrund des hohen Fixkostenblocks und des hohen Kapitaldienstes schließt er Liquiditätsengpässe in den folgenden Perioden nicht aus.

Eine Prognose der Zahlungsfähigkeit sollte aufgrund der bestehenden Unsicherheit mehrwertig sein, da verschiedene Umweltzustände eintreten können. Wir unterstellen hier zwei mögliche Umweltzustände im laufenden Geschäftsjahr t_1. Die Prognose für das Folgejahr t_2 kann i. d. R. nicht unabhängig von den Ereignissen im laufenden Jahr erfolgen. Wir nehmen an, dass auf jeden Umweltzustand des laufenden Geschäftsjahres nur zwei mögliche Umweltzustände im Folgejahr eintreten können. Diesen Umweltzuständen können subjektive Eintrittswahrscheinlichkeiten zugeordnet werden. (j: Zustand; t: Periode). Die Wahrscheinlichkeiten müssen sich jeweils zu eins addieren; dies gilt auch für die Umweltzustände im folgenden Geschäftsjahr (z_{12}, z_{22} bzw. z_{32}, z_{42}). Wir nehmen an, dass der Geschäftsführer die Prognose auf die nächsten zwei Jahre beschränkt. Der Zustandsbaum ist wie folgt strukturiert:

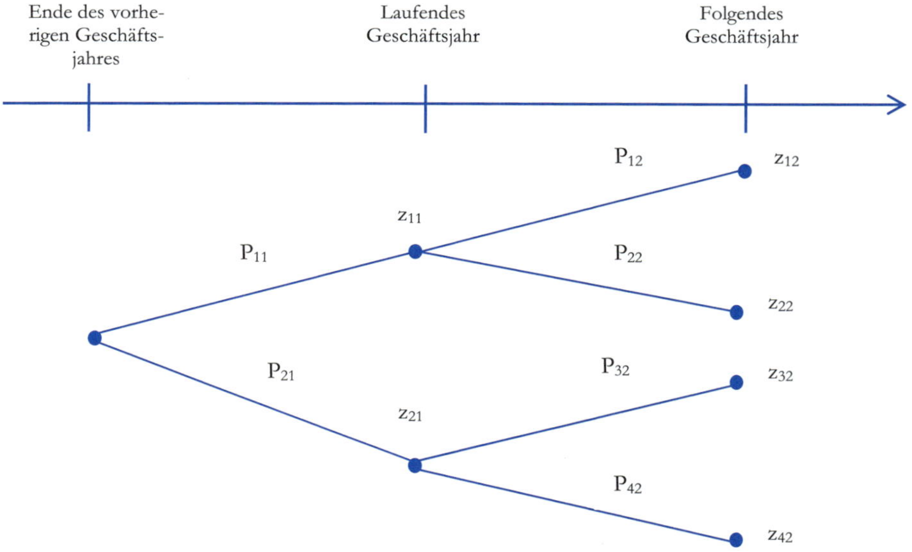

Abbildung 11.2: Zustandsbaum

Um die zugehörigen Finanzpläne und Gewinn- und Verlustrechnungen zu entwickeln, setzen wir einige vereinfachende Annahmen:

- Auf die Berechnung von Steuern wird zur Vereinfachung verzichtet. Sie sind in der Realität aber entscheidungsrelevant: Bei positiver steuerlicher Bemessungsgrundlage sind Steuern zu bezahlen. Sie müssen im Finanzplan enthalten sein. Die Berechnung der Steuern erfolgt über die Plan-GuV. Bei negativer steuerlicher Bemessungsgrundlage entstehen steuerliche Verlustvorträge, die mit positiven Bemessungsgrundlagen späterer Perioden verrechnet werden können. Auch Verlustrückträge sind begrenzt möglich.
- Es wird eine residuale Ausschüttung unterstellt. Vom Jahresüberschuss wird genau so viel thesauriert, wie zur Deckung des Kapitalbedarfs notwendig ist.

Dieser wird ausgelöst durch Investitionsauszahlungen und Tilgungen abzüglich der Abschreibungen.[159] Bei Unterschreiten des durch Gesetz bzw. Satzung vorgeschriebenen Mindesteigenkapitals kann zudem gemäß §§ 29 Abs. 1 und 30 Abs. 1 GmbHG eine Auffüllung des Eigenkapitals erforderlich sein.
- Fremdkapital sei mit 10 % zu verzinsen.
- Die Ansprüche der Arbeitnehmer und Lieferanten sind vollständig zu erfüllen.

Tabelle 11.2 enthält die Erwartungen der Geschäftsführung über die für GuV und Finanzplan relevanten Größen (in T€).

Die Berechnung des Cashflows in Tabelle 11.2 folgt dem in Kapitel 3 entwickelten Planungssystem. Ist der Cashflow nach Bedienung der vertraglichen Ansprüche von Gläubigern positiv, sind weitere Finanzierungsmaßnahmen nicht erforderlich: Die Fortführungsfähigkeit steht nicht in Frage. Ist er dagegen negativ, ist zu prüfen, ob und ggf. welche Maßnahmen zur Deckung der Finanzierungslücke möglich sind.

Im Beispiel ist dieser Cashflow in den Zuständen z_{21}, z_{22}, z_{32} und z_{42} negativ. Die Jahresüberschüsse bei Eintritt der Umweltzustände z_{32} und z_{42} sind ebenfalls negativ. Die Prüfung der Zahlungsfähigkeit kann nun nicht allein anhand des Cashflows nach Soll-Kapitaldienst erfolgen, denn es gibt weitere Möglichkeiten zur Deckung des Kapitalbedarfs:

- ein Anfangsbestand an liquiden Mitteln wird genutzt.
- Vermögensgegenstände, insbesondere nicht betriebsnotwendige, können liquidiert werden.
- Alt- und/oder Neugläubiger könnten Kredite gewähren. Potentielle Neugläubiger könnten einer Kreditvergabe zustimmen, wenn z. B. Sicherheiten gestellt werden. Diese Option wird in Krisensituationen häufig nicht bestehen. Wenn Gläubiger dem Unternehmen eine positive zukünftige Entwicklung zutrauen, könnten sie bereit sein, zukünftige Cashflows zu beleihen.
- Gläubiger machen die erforderlichen Zugeständnisse in Form von Zins- und Tilgungsmoratorien. Hier müssen verbindliche Erklärungen der Gläubiger vorliegen.
- Kurzfristig fälliges Fremdkapital wird in langfristiges Fremdkapital umgewandelt.
- Alt-Fremdkapital wird in Eigenkapital umgewandelt; die zugehörigen Zins- und Tilgungsansprüche im Finanzplan entfallen.
- Die Eigentümer führen dem Unternehmen Eigenkapital zu oder neue Investoren werden gewonnen.
- Eigentümer gewähren dem Unternehmen Gesellschafterdarlehen.

[159] Auch durch die Bildung von Rückstellungen kann Innenfinanzierungsvolumen entstehen, wie in Kapitel 10 gezeigt wurde. Die Bildung von Rückstellungen bleibt im Folgenden unbeachtet.

	Laufendes Jahr		Folgejahr			
Mögliche Umweltzustände	z_{11}	z_{21}	z_{12}	z_{22}	z_{32}	z_{42}
Eintrittswahrscheinlichkeit	p_{11}	p_{21}	p_{12}	p_{22}	p_{32}	p_{42}
Finanzplan						
Umsatzerlöse	420	360	410	350	300	280
– Material- und Personalaufwand	200	190	210	190	180	180
– Veränd. Forderungen aus Lieferungen und Leistungen	5	4	5	3	4	2
= Operativer Cashflow	215	166	195	157	116	98
– Investitionsauszahlungen	50	40	50	40	40	40
– Zinsaufwand	57	57	49	49	49	49
– Tilgung	80	80	80	80	80	80
= Cashflow nach Soll-Kapitaldienst	28	-11	16	-12	-53	-71
Plan-GuV						
Umsatzerlöse	420	360	410	350	300	280
– Material- und Personalaufwand	200	190	210	190	180	180
– Abschreibung	100	100	100	100	100	100
– Zinsaufwand	57	57	49	49	49	49
= Jahresüberschuss	63	13	51	11	-29	-49

Tabelle 11.2: Zustandsabhängige Finanzpläne und Plan-GuV

Die Geschäftsführung glaubt, für den Fall, dass das laufende Geschäftsjahr ungünstig verläuft, Gläubiger überzeugen zu können, Kredite i. H. der benötigten 11 T€ zu gewähren. Im Folgejahr sei dies nicht mehr möglich.

Dann liegt ein Problem vor: Sind die Finanzplandefizite in den Zuständen z_{22}, z_{32} und z_{42} nicht beseitigbar, steht die Fortführungsfähigkeit i. S. d. Zahlungsfähigkeit für den gewählten Planungszeitraum in Frage. Entscheidend ist nun, ob die Wahrscheinlichkeit für nicht beseitigbare Finanzplandefizite «überwiegend» ist. Als überwiegend wird in der einschlägigen Literatur eine Wahrscheinlichkeit definiert, die den Wert von 0,5 übersteigt. Folglich kommt es auf die der Abbildung 11.2 entnehmbaren Eintrittswahrscheinlichkeiten an. Angenommen, das Management setze p_{11} mit 0,4 an und p_{22} werde mit 0,5 veranschlagt, dann ist die Wahrscheinlichkeit für das Finanzplandefizit in Höhe von -12 in Zustand z_{22} 0,2 und damit nicht «überwiegend wahrscheinlich». Für die untere Gabel des Zustandsbaumes von Abbildung 11.2 sieht das Ergebnis anders aus: In beiden Zuständen z_{32} und z_{42} liegen Finanzplandefizite vor; die Wahrscheinlichkeit p_{21} muss folgerichtig 0,6 betragen (wenn p_{11} = 0,4 ist). Folglich ist die Summe der

Wahrscheinlichkeiten p_{32} und p_{42} notwendigerweise 0,6 unabhängig davon, wie die Wahrscheinlichkeiten p_{32} und p_{42} veranschlagt werden. Es liegt dann eine überwiegende **Wahrscheinlichkeit für nicht behebbare Finanzplandefizite** vor und folglich fehlt es an der Fortführungsfähigkeit. Gemäß Abbildung 11.1 muss die Bewertung des Vermögens somit zu Liquidationswerten erfolgen.

Wie ist Vermögen zu bewerten, wenn das Prüfungsergebnis auf Stufe 1 lautet, dass die Fortführungsfähigkeit überwiegend wahrscheinlich ist?

Man könnte Vermögen als investitionstheoretisch ermittelten Unternehmensgesamtwert interpretieren. Vermögen wäre dann der Barwert aller künftigen finanziellen Überschüsse des Unternehmens, die an Eigentümer und Gläubiger gezahlt würden.

Diese Interpretation der Überschuldungsregelung macht prinzipiell Sinn, weil sie «Vermögen» in einer ökonomisch nachvollziehbaren und relevanten Weise misst: Überschuldung liegt dann vor, wenn der Unternehmensgesamtwert (V_t) als Barwert aller zukünftigen, dem Unternehmen entziehbaren Cashflows unter den Barwert aller den Gläubigern vertraglich zustehenden Zahlungen (F_t) fällt. Dann ist das ökonomische Vermögen *kleiner* als die bestehenden Verbindlichkeiten. Abbildung 11.3 verdeutlicht, dass eine solche Terminierungsregel sinnvoll wäre.[160]

Beide Unternehmen haben einen Fortführungswert (V_t^A, V_t^B) von 10 Mio. Euro und einen potenziellen Liquidationswert (L_t) von 4 Mio. Euro. Die Fremdkapitalquote des Unternehmens A, gemessen durch F_t/V_t, beträgt 0,45; der von Unternehmen B ist 0,80. Sinkt nun der Unternehmensgesamtwert (= Fortführungswert) z. B. durch Fehlentscheidungen des Managements, nicht antizipierte Konjunktureinbrüche oder unerwartete Schadenersatzansprüche in Millionenhöhe, ist das «freie Vermögen» in Höhe der Differenz $V_t - F_t$ bei Unternehmen B (2 Mio.) viel schneller aufgezehrt als bei Unternehmen A (5,5 Mio.).

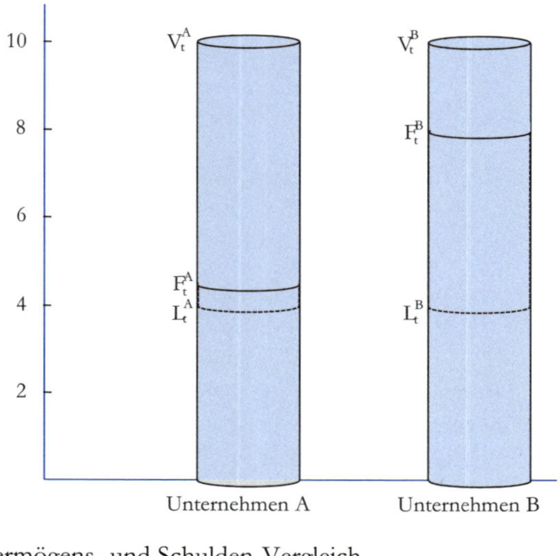

Abbildung 11.3: Vermögens- und Schulden-Vergleich

160 Ob sie im Rahmen einer Rechtsregel realisierbar ist, ist eine ganz andere Frage.

Angenommen, der Wert V_t sinke unter den Nominalwert der bestehenden Verbindlichkeiten (F_t). Was erkennen die Eigentümer? Sie erkennen, dass sie die vertraglichen Ansprüche der Gläubiger auch dann nicht glattstellen können, wenn sie selbst alle Ansprüche an das Unternehmen aufgeben, um sie an Gläubiger abzutreten. Das aber bedeutet, dass der Wert des Eigenkapitals Null ist und sich die Eigentümer folglich verabschieden dürfen. Wie handeln die Gläubiger? Auf keinen Fall werden sie, falls sie die Entscheidungsrechte im Unternehmen übernehmen, das Unternehmen liquidieren, weil die Fortführung die weit bessere Handlungsalternative ist. Dies gilt auch für Unternehmen A, wenn auch weniger eindeutig. Tritt Überschuldung ein, ist bei A bereits ein erheblicher Teil des ursprünglichen Fortführungswertes durch fehlerhafte Entscheidungen verloren; die Disziplinierungswirkung des Fremdkapitals wirkt somit viel später. Außerdem ist die Differenz zwischen verbliebenem Fortführungswert und Liquidationswert sehr klein, weshalb das Liquidationsrisiko hier sehr groß ist. Es reichte aus, dass die Transaktionskosten für die Erarbeitung eines Fortführungskonzeptes wesentlich höher wären als die Kosten der Liquidation, um einen Fortführungsversuch zum Scheitern zu bringen.

Das Problem der Überschuldungsmessung auf Stufe 2 liegt somit nicht in der Suche nach der ökonomisch richtigen Konzeption. Die Konzeption ist, ökonomisch interpretiert, gut. Die Probleme liegen in der **praktischen Umsetzung** der Regelung, insbesondere in einer Messung von «Vermögen», die das theoretisch Gewollte mit praktischer Umsetzbarkeit verknüpft. Die herrschende Meinung ist deshalb, dass die soeben dargestellte Konzeption wegen der deutlichen Erwartungsabhängigkeit der Unternehmensbewertung nicht justiziabel sei. Als Ersatzlösung wird vorgeschlagen, die Vermögensgegenstände des Schuldners zu **Wiederbeschaffungskosten** (WBK) zu bewerten. Überschuldung läge bei positiver Fortbestehensprognose auf Stufe 1 dann vor, wenn gälte $V_t^{WBK} < F_t$. Was taugt diese Ersatzlösung? Die Antwort hängt davon ab, wie weit entfernt die Ersatzgröße V_t^{WBK} von dem ökonomisch relevanten Wert V_t ist und ob die Ersatzgröße V_t^{WBK} den Unternehmenswert V_t überschätzt oder unterschätzt. In den Fällen, in denen die Prüfung, ob Überschuldung vorliegt, eine Schutzfunktion für Gläubiger übernehmen soll, liegen Unternehmen mit schwächelnder Performance vor: sie verdienen ihre Kapitalkosten nicht. In diesen Fällen wird der Unternehmensgesamtwert V_t mehr oder weniger deutlich unterhalb von V_t^{WBK} liegen. D. h. Dritte würden für das Unternehmen nicht den höheren Preis V_t^{WBK}, sondern nur V_t bezahlen. In diesen Fällen ist ein Vergleich von V_t^{WBK} mit F_t also problemverschleiernd. Gälte $V_t^{WBK} > F_t$, folgte gemäß Abbildung 11.1 «keine Überschuldung», obwohl Überschuldung i. S. v. $V_t < F_t$ bestehen kann. Die Ersatzgröße ist also nicht geeignet.

11.3.4.2 Neue Fassung des § 19 Abs. 2 InsO

Das Finanzmarktstabilisierungsgesetz (FMStG) vom 17.10.2008 ändert – zunächst befristet bis zum 31.12.2010, dann bis zum 31.12.2013, dann entfristet – die gesetzliche Definition der Überschuldung in § 19 Abs. 2 InsO: „Überschuldung liegt vor, wenn das Vermögen des Schuldners die bestehenden Verbindlichkeiten nicht mehr deckt, es sei denn, die Fortführung des Unternehmens ist nach den Umständen überwiegend wahrscheinlich."[161] In der Begründung heißt es, dass die Finanzkrise zu erheblichen Wertverlusten bei Aktien und Immobilien geführt habe. Dies könne bei Unternehmen

161 Vgl. Art. 5 FMStG.

zu einer bilanziellen Überschuldung führen.[162] Die Organe des Unternehmens wären verpflichtet, innerhalb von drei Wochen nach Eintritt einen Insolvenzantrag zu stellen.[163] Das Gesetz soll dieses ökonomisch völlig unbefriedigende Ergebnis vermeiden und knüpfe mit dem neuen § 19 Abs. 2 wieder am zweistufigen modifizierten Überschuldungsbegriff an, den der BGH bis zum Inkrafttreten der Insolvenzordnung vertreten habe.[164] Diese Norm bezeichnen wir hier als § 19 Abs. 2 n.F.

Auch in der neuen Fassung ist die Definition von Überschuldung formal **zweistufig**: Überschuldung liegt vor, wenn *beide* Bedingungen erfüllt sind: Rechnerische Überschuldung liegt vor *und* die Fortbestehensprognose für den Zwei-Jahres-Zeitraum führt zu einer negativen Einschätzung der künftigen Liquidität. Eine Prüfungsreihenfolge ist nicht vorgeschrieben. In der Praxis wird der Start regelmäßig mit der Fortführungsprognose in Form einer Zahlungsfähigkeitsprognose erfolgen, da Finanzplanung weit eher als die Erstellung von auf Liquidationswerten basierenden Bilanzen zum täglichen Steuerungsgeschäft gehört. Liquidationsbilanzen gewinnen erst dann Bedeutung, wenn aus der Finanzplanung nicht auffüllbare Finanzplandefizite erkennbar werden. Erst wenn Zahlungsunfähigkeit droht, muss und wird die Prüfung sich der Frage zuwenden, ob auch rechnerische Überschuldung vorliegt.

Es gibt zwei Gründe, warum diese Frage durchwegs zu bejahen sein wird. Eine Bilanz, die alle verfügbaren Vermögensgegenstände erfasst und zu Liquidationswerten bewertet, zeigt das Kreditvolumen an, das Gläubiger, die auf dinglichen Sicherungen bestehen, mindestens zu gewähren bereit wären. Wäre der Marktwert der zur Kreditsicherung tauglichen Vermögensgegenstände größer als die Summe der bestehenden Verbindlichkeiten, könnte das Unternehmen weitere Kredite aufnehmen, um eventuelle Finanzplandefizite zu füllen. Die Annahme, dass nicht auffüllbare Finanzplandefizite vorliegen, ist gleichbedeutend mit der völligen Ausnutzung und ggf. Überschreitung des Kreditsicherungspotenzials. Das bedeutet, dass der negative Ausgang der Fortbestehensprognose nicht durch einen Überstand des Liquidationsvermögens über bestehende Verbindlichkeiten geheilt werden kann.

Der zweite Grund für die praktische **Irrelevanz** der Prüfung der rechnerischen Überschuldung, nachdem sich eine voraussichtliche, nicht schließbare Finanzplanlücke aufgetan hat, liegt in der Abfolge von Finanzierungsentscheidungen, die sich in der Realität beobachten lassen. Die ersten Kreditgeber einer Gesellschaft greifen auf zu Sicherungszwecken geeignete Vermögensgegenstände zurück: Sie mindern ihr Ausfallrisiko, senken die Informationskosten insbesondere bei jüngeren Unternehmen, über deren Performance wenig bekannt ist, binden das Verhalten des Schuldners und verhindern, dass später hinzutretende Gläubiger bessere Plätze als sie selbst einnehmen.

---

[162] Wegen der notwendigen Wertberichtigungen bzw. Abschreibungen.

[163] Der Text lautet: „nach Eintritt dieser rechnerischen Überschuldung". Diese Formulierung ist nicht angebracht, da „rechnerische Überschuldung" immer reserviert war, um ein die Schulden nicht deckendes Niveau des Vermögens bewertet zu Liquidationswerten anzuzeigen. Der Gesetzgeber der Begründung argumentiert jedoch mit Fortführungswerten., wie der nächste Absatz der Begründung zeigt: Gelingt es bei positiver Fortführungsprognose nicht „unter Einbeziehung der stillen Reserven, des Firmenwertes und des „goodwill" eine ausgeglichene Bilanz darzustellen" ist zwingend ein Insolvenzantrag zu stellen. FMStG vom 18.10.2008, Begründung zu Art. 5.

[164] Ausgelöst durch BGH-Entscheidung vom 13.07.1992 – II ZR 269/91, ZIP 1992, S. 1386.

Steigert die Gesellschaft ihre Performance, sind Kreditgeber bereit, Ertragspotenziale, also den Barwert künftig zu erzielender Überschüsse, die den Liquidationswert übersteigen, zu beleihen. Damit löst sich das Fremdkapitalvolumen von dem Liquidationswert der Aktiva. Verschlechtern sich die Ertragspotenziale, gelingt es den Gläubigern in der Realität nicht, den Verschuldungsumfang der Gesellschaft im Gleichschritt mit dem sinkenden Barwert künftiger Überschüsse zurückzufahren. Hierfür sind Informationsdefizite der Gläubiger und Verhaltensweisen der Eigentümer (Manager) der im Abschwung befindlichen Unternehmen verantwortlich. Es folgt, dass eine Gesellschaft, die im definierten Prognosezeitraum nicht auffüllbare Zahlungsmitteldefizite erwartet, im Prüfungszeitpunkt ein Fremdfinanzierungsvolumen aufweist, das den Liquidationswert klar übersteigt.[165] Rechnerische Überschuldung liegt somit regelmäßig vor.

Daraus folgt, dass die von § 19 Abs. 2 n.F. geforderte Prüfmethodik faktisch einstufig ist. Stufe 2, die Prüfung der rechnerischen Überschuldung hat keinerlei korrigierende Funktion: Läge rechnerische Überschuldung vor, kann eine positive Fortbestehensprognose den Eintritt der Überschuldung verhindern. Liegt eine negative Fortbestehensprognose vor, ist rechnerische Überschuldung wegen der oben erläuterten Abläufe immer gegeben. Es kommt also nur auf die Fortbestehensprognose an.

Damit besteht Deckungsgleichheit zwischen den beiden Eröffnungsgründen drohende Zahlungsunfähigkeit und Überschuldung in der neuen Fassung von § 19 Abs. 2 InsO. Beide Eröffnungsgründe beschreiben den gleichen ökonomischen Sachverhalt: Der Finanzplan für eine zukünftige Periode weist nicht auffüllbare Finanzlücken auf. Dabei spielte der Einwand, die Prognoseperioden für beide Sachverhalte könnten sich in der Länge der zeitlichen Erstreckung unterscheiden, keine erkennbare Rolle, da der Prognosezeitraum für keinen der Eröffnungsgründe scharf definiert ist. Die *Rechtsfolgen* der beiden Sachverhalte drohende Zahlungsunfähigkeit bzw. Überschuldung sind aber ganz unterschiedlich[166]: Bei Überschuldung ist nach Beachtung von § 15a InsO ein Eröffnungsantrag Pflicht; bei drohender Zahlungsunfähigkeit ist er Option.

Übermäßige Aufmerksamkeit hat dieser unwillkommene Sachverhalt bislang nicht ausgelöst. Unwillkommen ist er, weil er erstens verdeutlicht, dass die Triade der Eröffnungsgründe etwas vorspiegelt, was sie nicht einlösen kann, und weil die Absicht, mit dem Eröffnungsgrund drohende Zahlungsunfähigkeit zu zeitlich früheren Eröffnungsanträgen anzureizen, für Gesellschaften mit Haftungsbeschränkung, die den größeren Anteil an der Zahl der Insolvenzen ausmachen, erfolglos verpufft, weil ein zeitlicher Vorsprung des Eröffnungsgrundes vor dem Eintritt von Überschuldung nicht erkennbar ist, da für beide Sachverhalte eine identische Messmethodik eingesetzt wird. „Die Zukunft des Überschuldungsbegriffs“[167] liegt also nicht in § 19 Abs. 2 n.F. Diese Regelung ist nachlässig formuliert, behauptet ein gleichwertiges Nebeneinander von Fortführungsprognose und „exekutorischem Element“, eine These für die es keinerlei ökonomische Basis gibt, und ist im Ergebnis deckungsgleich mit drohender Zahlungsunfähigkeit.

---

165 Die Befriedigungsquoten der Gläubiger in der Insolvenz des Schuldners belegen diese Aussage überdeutlich.

166 Das betrifft die Unternehmen mit Haftungsbeschränkung, für die beide Eröffnungsgründe relevant sind.

167 So der Titel einer empirischen Studie zur Akzeptanz verschiedener Versionen des Überschuldungsbegriffs.

11.4 Verteilungsregeln und Folgen

Wie sieht die in der Insolvenzordnung vorgesehene **Verteilungsregelung** aus? Welche Ansprüche von Gläubigern werden in welcher Reihenfolge befriedigt?

Das Insolvenzverfahren hat die Funktion, die Gläubiger eines Schuldners gemeinschaftlich zu befriedigen, indem das Vermögen verwertet und der Erlös verteilt oder in einem Insolvenzplan eine abweichende Regelung insbesondere zum Erhalt des Unternehmens getroffen wird (§ 1 InsO). Im Regelfall wird ein Insolvenzverwalter bestellt, dem die Verwertungsaufgabe übertragen wird. Die Verwertung kann in der Liquidation des Vermögens, in einer Gesamtveräußerung an Dritte oder in einer Fortführung gemäß Insolvenzplan bestehen.

Entscheiden die Gläubiger zugunsten der Liquidation, sieht die Verteilungsregelung im sog. Regelverfahren wie in Tabelle 11.3 ausgewiesen aus:

	«Istmasse» (Insolvenzmasse i. S. v. § 148 Abs. 1 InsO)
+	durch Anfechtung zur Insolvenzmasse gezogene Masseteile (§§ 129 ff. InsO)
–	Herausgabe von nicht zur Insolvenzmasse gehörenden Gegenständen und Rechten (Aussonderung nach §§ 47 ff. InsO)
+	Neuerwerb während des Verfahrens (§ 35 InsO)
=	**«Sollmasse» (Insolvenzmasse i. S. v. § 35 InsO)**
–	Nettoerlös aus Absonderung von Gegenständen und Rechten, die mit dinglichem Recht eines Gläubigers besetzt sind (§§ 49-52, 170 ff. InsO): Verwertungserlös – Feststellungspauschale (4 %) – Verwertungspauschale (ggf. 5 %) – Umsatzsteuer (ggf. 19 %) = Nettoerlös
–	Aufrechnungen (§§ 94-96 InsO)
–	Freigabe von Massegegenständen durch den IV (§§ 85 (2), 32 (3), 197 Abs. 1 InsO)
–	Masseverbindlichkeiten, nach § 209 Abs. 1 InsO vorweg zu berichtigen: • Kosten des Insolvenzverfahrens (§ 54 InsO) • Sonstige Masseverbindlichkeiten (§ 55 InsO) • Unterhalt aus der Insolvenzmasse (§§ 100, 101 Abs. 1 Satz 3 InsO) • Verbindlichkeiten aus Sozialplan (§ 123 Abs. 2 Satz 1 InsO)
–	**Insolvenzmasse i. S. v. § 38 InsO**
–	Forderungen der Insolvenzgläubiger (§ 38 InsO)
–	Forderungen nachrangiger Insolvenzgläubiger (§ 39 InsO)

Tabelle 11.3: Verteilungsregelung der Insolvenzordnung

Die Verteilungsregelung der Insolvenzordnung hat keine einfache Struktur. Aber die ihr zugrunde liegenden Leitlinien sind begründbar. Für Gläubiger ist wichtig, zu welcher Stufe der Verteilungsregelung ihr Anspruch zählt und wo die Ansprüche anderer Gläubiger einzuordnen sind.[168] Die Positionierung des eigenen Anspruchs kann von Gläubigern z. B. durch Vertragsgestaltung beeinflusst werden. Da der Wert der verteilungsfähigen Masse regelmäßig die Summe der Ansprüche nicht erreicht, sind Gläubiger bemüht, ihren Anspruch so hoch wie möglich in der Verteilungshierarchie zu positionieren. Das wichtigste Instrument hierzu sind Vereinbarungen über Kreditsicherheiten, die zu einem Aussonderungsanspruch oder Absonderungsrecht führen.

Aufgabe des **Aussonderungsanspruches** ist es, die Herausgabe von dem Gemeinschuldner nicht gehörenden beweglichen und unbeweglichen Sachen und Rechten zu verwirklichen. Anspruchsteller mit Aussonderungsrechten sind z. B. der Lieferant, der den *einfachen* Eigentumsvorbehalt geltend macht, oder der Leasing-Geber, der das Leasingobjekt zurückfordert. Vorteile des Aussonderungsrechtes sind:

- Der Anspruch ist auf die Sache bzw. das Recht gerichtet und somit unabhängig von der Höhe der (Rest)Forderung;
- Aussonderungsberechtigte sind nicht generell am Insolvenzverfahren beteiligt; sie können ohne Zeitverzug und ohne Belastung durch Verfahrenskosten auf Realisierung ihres Anspruchs dringen.

Das **Absonderungsrecht** (§§ 49-52 InsO) ist auf vorzugsweise Befriedigung aus einem zur Masse gehörenden Gegenstand gerichtet: Der Gegenstand dient der vorzugsweisen Befriedigung der (Rest)Forderung. Ein eventueller Überschuss bei der Verwertung ist an die Masse zu leisten. Absonderungsrechte verleihen z. B. rechtsgeschäftliche Pfandrechte, Sicherungsübereignungen einschließlich der Verlängerungs- und Erweiterungsformen, verlängerte bzw. erweiterte Eigentumsvorbehalte, Forderungszessionen. Die Insolvenzordnung belastet die Verwertungserlöse der Gegenstände und Rechte der Absonderungsberechtigten mit Kosten für die Feststellung des Rechts, einer Verwertungspauschale für den Fall, dass der Insolvenzverwalter die Verwertung vornimmt und der Umsatzsteuer. Damit entspricht die Regelung einem der alten Konkursordnung entgegengehaltenen Kritikpunkt: Dieser lautete, dass die Gläubiger die Vorteile aus der Sicherheitenbestellung hätten, während die Kosten der Feststellung, Verwertung etc. von den ungesicherten Gläubigern zu tragen seien.

Betrachtet man die Berichtigungen der «Istmasse» und die Verteilungsregelung, die in Tabelle 11.3 zusammengestellt sind, wird deutlich, dass Gläubiger, die ihre Kredite sichern und Ab- bzw. Aussonderungsrechte geltend machen, ihren Anspruch im oberen Teil der Tabelle positionieren. Damit steigen ihre **Befriedigungsquoten**. Den Preis zahlen u. U. die Gläubiger, die in der Verteilungsrangfolge nach ihnen kommen.

11.5 Gesicherte Gläubiger: Vor- und Nachteile von Kreditsicherheiten

Wir wollen unterstellen, dass ein Sicherungsvertrag zustande kommt, der aus der Sicht des Kreditgebers alle wünschenswerten Eigenschaften enthält. Wir nennen ihn den idealen Sicherungsvertrag. Es soll gelten:

---

168 Vgl. hierzu unten Abschnitt 11.5.

- Der Vertrag bewirke eine **ausreichende Dimensionierung** des Sicherungsgutes. Dessen Marktwert, bezeichnet mit V_t^S, unterschreite zu keinem Zeitpunkt während der Laufzeit des Kreditvertrages die vertragskonforme individuelle Forderung des Kreditgebers, die mit F_t bezeichnet wird.
- Das Sicherungsgut wird vom Schuldner im Rahmen seines Betriebes genutzt, bleibt also in seinem Besitz; die **Verfügungssperren** schließen nicht vertragskonforme Verwendungen aus. Ebenso ausgeschlossen seien absichtlich oder fahrlässig herbeigeführte Wertminderungen des Sicherungsgutes durch den Schuldner.
- Das Sicherungsgut sei **eindeutig bestimmbar**, wodurch eine wichtige Bedingung für die juristische Haltbarkeit der Sicherungsabrede erfüllt wird.

Unter diesen Bedingungen senkt der Gläubiger zunächst die von ihm aufzuwendenden Informationskosten. Ist ein Kreditgeber nämlich nicht gesichert und unterstellen wir eine positive Insolvenzwahrscheinlichkeit p^*, müsste der ungesicherte Gläubiger Informationen beschaffen und auswerten zur Höhe von p^* und zur Höhe von $q_t \cdot F_t$, wobei q_t die Höhe der Befriedigungsquote ist, die der Kreditgeber im Zeitpunkt t erwarten kann, wenn es zur Insolvenz des Schuldners käme. Diese Befriedigungsquote q_t wiederum hängt ab von der Höhe der Parameter, die gemäß Tabelle 11.3 bestimmen, was für einfache Insolvenzgläubiger übrig bleibt. Diese Informationen benötigt der Gläubiger mit dem idealen Sicherungsvertrag nicht. Er löst sich durch seine Sicherungsvereinbarungen insoweit aus dem Verbund der Gläubiger.

Zweitens senkt dieser Gläubiger sein Ausfallrisiko im idealen Fall auf Null,[169] während nicht gesicherte Gläubiger *immer* erhebliche Verluste einfahren.

Dass gesicherte Gläubiger und nicht gesicherte Gläubiger nebeneinander Kreditgeber des Schuldners sind, ist nicht ohne Rückwirkungen auf die Position der ungesicherten Gläubiger. Zunächst hätten ungesicherte Gläubiger die Informationskosten aufzuwenden, die die gesicherten Gläubiger gemäß den obigen Überlegungen sparen. Gesicherte Gläubiger, die über die oben skizzierte ideale Sicherungsvereinbarung verfügen, sind nicht darauf angewiesen, die Eröffnungsgründe für die Ingangsetzung eines Insolvenzverfahrens zu nutzen, da ihre Position gerade im Insolvenzfall geschützt ist.[170] Also müssten ungesicherte Gläubiger aktiv werden, wenn die auf die „Innenlösung“ setzende Strategie nicht funktioniert. Insbesondere aber können die Sicherungsvereinbarungen, die im Kern Vorabverteilungen des liquidierbaren Vermögens darstellen, die Befriedigungsquoten der nicht gesicherten Gläubiger schmälern. Gesicherte Gläubiger drängen ungesicherte Gläubiger ab, es sei denn Letztere antizipierten diesen Effekt und passten sich an. Die herrschende Meinung unter juristischen Fachvertretern ist, dass Kreditsicherheiten sich **nachteilig** auf die Position nicht gesicherter Gläubiger auswirken.

Betrachten wir eine zweite Hypothese, die **Irrelevanzthese**. Kreditsicherheiten beeinflussen nach dieser These weder die Position ungesicherter Gläubiger noch den Unter-

---

169 In der Realität erfahren gesicherte Gläubiger aus vielerlei Gründen herbe Verluste. Die wichtigsten Ursachen liegen in der Nichtbeachtung der oben genannten Bedingungen für den idealen Sicherungsvertrag.

170 Dieses Argument unterstellt, dass das Insolvenzrecht die Rechtsposition gesicherter Gläubiger, seien sie nun zur Aussonderung oder zur Absonderung berechtigt, verteidigt. Das ist, mit kleinen Abstrichen, weitgehend der Fall.

nehmensgesamtwert sowie den Wert des Eigenkapitals des Unternehmens. Kreditsicherheiten sind nach dieser Hypothese irrelevant, weil ihre Umverteilungswirkungen antizipiert werden und weil sie die Investitionsentscheidungen der Eigentümer bzw. Manager des Unternehmens nicht beeinflussen. Wir betrachten ein Beispiel: Ein Unternehmen erwarte während seiner zweiperiodigen Lebenszeit die folgenden Cashflows:

Zeitpunkt	0	1			2		
		CF_{11}	350	(1/3)	CF_{21}	350	(1/3)
		CF_{12}	250	(1/3)	CF_{22}	250	(1/3)
		CF_{13}	150	(1/3)	CF_{23}	150	(1/3)

Die Cashflow-Verteilungen seien unabhängig voneinander. Die Financiers seien risikoneutral. Der risikolose Zinssatz i sei 0,05. Es bestehen homogene Erwartungen.

Bei ausschließlicher Eigenfinanzierung ist der Wert des Unternehmens in t = 0, V_0^E = 464,85.

Die Eigentümer machen den Gläubigern 1 und 2 ein periodisches Zahlungsangebot von je 100, das bei Haftungsbeschränkung dann gezahlt wird, wenn die Gesellschaft zahlen kann. Die Gläubiger berechnen die höchstens zu gewährenden Kreditbeträge so:

$$F_0^1 = F_0^2 = (100 \cdot 0{,}667 + 75 \cdot 0{,}333) \cdot 1{,}05^{-1} + (100 \cdot 0{,}667 + 75 \cdot 0{,}333) \cdot 1{,}05^{-2}$$

$$F_0^1 = F_0^2 = 87{,}31 + 83{,}15 = 170{,}46.$$

Der Wert des Eigenkapitals beträgt folglich 464,85 – 2 · 170,46 = 123,93. Wird der Anspruch von Gläubiger 1 voll gesichert, erhöht sich dessen Kreditvolumen auf $F_0^{1,3}$ = 185,94; es ist damit um ΔF_0^1 = 15,48 höher. Gläubiger 2, der die Umverteilung antizipiert, reduziert sein Kreditangebot auf

$$F_0^2 = (100 \cdot 0{,}667 + 50 \cdot 0{,}333) \cdot 1{,}05^{-1} + (100 \cdot 0{,}667 + 50 \cdot 0{,}333) \cdot 1{,}05^{-2}.$$

F_0^2 = 154,98; es sinkt somit um 15,48, also genau um den Betrag, um den Gläubiger 1 sein Kreditangebot erhöht. Wegen der Annahme, dass die Investitionsentscheidung der Eigentümer durch die Besicherung des Anspruchs von Gläubiger 1 unverändert ist, verharrt der Wert des Eigenkapitals bei 123,93.

Wie hoch ist die empirische Relevanz dieser These? Es mag Fälle ohne Umverteilungswirkungen geben. Aber sind sie die Regel? Unter Gläubigern bestehen aus vielen Gründen nicht symmetrische Informationsverteilungen; ungesicherte Gläubiger haben erhebliche Probleme zu erkennen, welche Vorabverteilungen bereits beschlossene Sache sind. Bei nachträglichen Besicherungen, zu denen es im Vorfeld der Krise regelmäßig kommt, würde selbst die Information den ungesicherten Gläubigern nicht mehr helfen, da sie die Kontrakte bereits geschlossen haben und bei deren Abschluss nicht in der Lage waren, insolvenzfeste Sicherheiten durchzusetzen.

Auch die implizite These, dass die Investitionsentscheidungen der Eigentümer unabhängig von den Besicherungsstrategien der Gläubiger sind, ist eher mutig als realistisch.

Besicherungsstrategien dienen auch der **Disziplinierung** der Eigentümer. Kreditsicherheiten für irrelevant zu erklären, heißt die Disziplinierungseffekte als nicht existent zu erklären. Und diese Folgerung ist schwer verteidigbar.

Eine dritte These lautet, dass gesicherte Gläubiger mittels ihrer Sicherungsabreden eine implizite Schutzwirkung für ungesicherte Gläubiger entfalten. Wiederum sei die potenzielle Wirkung an einem Beispiel erläutert: Wir betrachten zur Vereinfachung der Darstellung Projekte mit einer einperiodigen Lebensdauer. Die Eigentümer entscheiden zwischen Strategie A und B. Gläubiger 1 und 2 halten Altansprüche in Höhe von 55. Alle Beteiligten rechnen, als ob sie risikoneutral wären. Der risikolose Zinssatz i sei 0,05.

	Zeitpunkt 0	Zeitpunkt 1		
Zustand		z_1	z_2	z_3
Wahrscheinlichkeit		0,3	0,4	0,3
Strategie A				
Projekt x		60	60	60
Projekt y		28	90	72
		88	150	132
Strategie B				
Projekt z		0	105	60
Projekt y		28	90	72
		28	195	132

Bei vollständiger Eigenfinanzierung sind beide Strategien gleich wertvoll. Die Unternehmenswerte im Zeitpunkt 0 betragen in beiden Fällen $V_0 = 120$.

Sind Gläubiger 1 und 2 ungesichert, teilen sie sich wegen der gleich hohen nominalen Ansprüche von je 55 das Verteilbare, wenn weniger als $2 \cdot 55 = 110$ zur Verteilung ansteht.

Realisieren die Eigentümer Strategie A, halten die beiden Gläubiger zusammen Ansprüche im Wert von $F_0 = (88 \cdot 0{,}3 + 110 \cdot 0{,}7) \cdot 1{,}05^{-1} = 98{,}48$. Der Wert des Eigenkapitals beträgt folglich $E_0 = V_0 - F_0^A = 120 - 98{,}48 = 21{,}52$.

Realisieren die Eigentümer die für die Gläubiger riskantere Strategie B, ist der Wert des Eigenkapitals $E_0 = V_0 - F_0^B = 120 - 81{,}33 = 38{,}67$. Der Wert der Ansprüche von Gläubiger 1 und 2 sinkt auf $F_0^B = (28 \cdot 0{,}3 + 110 \cdot 0{,}7) \cdot 1{,}05^{-1} = 81{,}33$. Die Eigentümer gewinnen (17,15) zu Lasten der Gläubiger, deren Positionswert von 98,48 auf 81,33, also um 17,15 gesunken ist. Die riskantere Politik in Form des Austausches von Projekt x durch Projekt z zahlt sich somit aus.

Jetzt kommt die Sicherungsabrede ins Spiel: Gläubiger 1 habe ein Zugriffsrecht auf Projekt x durchgesetzt und dieses Zugriffsrecht mit passenden Veräußerungssperren versehen. Den Eigentümern ist nun der Übergang auf Strategie B verbaut: Die riskantere Politik kann nicht umgesetzt werden. Wie sehen die Werte der Positionen der Financiers jetzt aus? V_0 ist unverändert 120. Gläubiger 1 stehen als gesichertem Gläubiger die Erfolge zu, die sein Sicherungsgut generiert. Seine Position ist also sicher und hat den Wert $F_0^1 = 55 \cdot (1{,}05)^{-1} = 52{,}38$. Gläubiger 2 wird durch die Besicherung von Gläubiger 1 partiell abgedrängt: seine Position hat den Wert $F_0^2 = (33 \cdot 0{,}3 + 55 \cdot 0{,}7) \cdot 1{,}05^{-1} = 46{,}10$. Addiert man $F_0^1 + F_0^2 = 98{,}48$, erkennt man, dass der Positionswert exakt so hoch ist, wie dann, wenn die Eigentümer A realisieren und die Gläubiger gleich behandelt werden. Das ist die Folge des Umstands, dass die Besicherung des Gläubigers 1 die Strategie der Vermögensverlagerung durch die Eigentümer verhindert. In diesem Sinn schützt der Schutzschirm, den Gläubiger 1 aufspannt, auch Gläubiger 2. Zugleich kommt es, ausgelöst durch die Sicherungsabrede, zu einer partiellen Wertminderung der Position des Gläubigers 2. Tabelle 11.4 stellt die Ergebnisse zusammen. Der Leser erkennt, dass die Vermeidung des **Umverteilungseffektes** (durch den Strategiewechsel von A nach B) mit 17,14 im Beispiel deutlich höher zu veranschlagen ist, als der **Abdrängungseffekt** in Form des Nachteils von Gläubiger 2 ausgelöst durch das Sicherungsrecht des Gläubigers 1. Dieser beträgt nur 3,14.

	Eigenfinanzierung	Partielle Fremdfinanzierung mit gleichberechtigten Gläubigern	Partielle Fremdfinanzierung: Gläubiger 1 ist gesichert
Strategie A	$V_0 = E_0 = 120$	$V_0 = 120$	$V_0 = 120$
	$F_0^1 = 0$	$F_0^1 = 49{,}24$	$F_0^1 = 52{,}38$
		} 98,48	} 98,48
	$F_0^2 = 0$	$F_0^2 = 49{,}24$	$F_0^2 = 46{,}10$
		$E_0 = 21{,}52$	
Strategie B	$V_0 = E_0 = 120$	$V_0 = 120$	
	$F_0^1 = 0$	$F_0^1 = 40{,}67$	nicht realisierbar
		} 81,34	
	$F_0^2 = 0$	$F_0^2 = 40{,}67$	
		$E_0 = 38{,}67$	
		Umverteilungseffekt: 17,14	Umverteilungseffekt: 0
			Abdrängungseffekt zu Lasten von Gläubiger 2: 3,14

Tabelle 11.4: Kreditsicherheit, gebremster Umverteilungseffekt und Abdrängungseffekt

Die These, dass Sicherungsabreden gesicherter Gläubiger nicht nur sie selbst, sondern auch die Positionen nicht gesicherter Gläubiger verteidigen, dass es also einen **Risikoabwehreffekt** zu deren Gunsten gibt, ist interessant und erscheint weit bedeutungsvoller als die Irrelevanzthese. Dass mit hohen Verfügungssperren ausgestattete Zugriffsrechte auf Teile des Vermögens die Strategiemenge der Eigentümer verkürzen, leuchtet ein. Wie bedeutungsvoll diese Verkürzung ist und ob und ggf. welche Umgehungsstrategien die Eigentümer zur Verfügung haben könnten, sind noch zu beantwortende Fragen.

Wir betrachten noch einige Detailregelungen der InsO, die die Ansprüche und Rechte gesicherter Gläubiger im Insolvenzverfahren betreffen.

Es wird ein **Abräumverbot** (eine Herausgabesperre) für gesicherte Gläubiger installiert. Zweck ist zu verhindern, dass Aus- und Absonderungsberechtigte die mit Kreditsicherheiten belegten Vermögensgegenstände so frühzeitig dem Unternehmen entziehen, dass eine auch befristete Fortführung der Geschäfte nicht möglich ist. Hintergrund des Abräumverbotes ist also, den Financiers der Gesellschaft eine von Zugriffsrechten und deren Ausübung ungestörte Zeitspanne für die Suche nach der besten Verwertungsmöglichkeit einzuräumen. Gesicherten Gläubigern stehen zum Ausgleich Gegenrechte zu: Sie haben Auskunftsrechte, sie können in die Verwertungsbedingungen des Insolvenzverwalters eintreten; sie erhalten ab dem sog. **Berichtstermin** laufende Zinszahlungen auf den Betrag, der durch den Wert des Sicherungsgutes gedeckt ist; eintretende Wertverluste am Sicherungsgut werden durch laufende Zahlungen ausgeglichen; sie haben Anspruch auf gleichwertige Ersatzsicherheiten, wenn der Insolvenzverwalter das Sicherungsgut verbrauchen, vermischen oder verarbeiten will.

Gesicherte Gläubiger müssen **«Kostenbeiträge»** leisten:

- 4 % vom Verwertungserlös für die Feststellungsleistung des Insolvenzverwalters;
- 5 % vom Verwertungserlös für die Verwertungsleistung des Insolvenzverwalters bzw. die tatsächlichen höheren oder niedrigeren Kosten;
- die tatsächlichen Kosten, die der Insolvenzverwalter für die Erhaltung des Sicherungsgutes aufgewendet hat.

Hinzu kommen 19 % Umsatzsteuerbelastung. Das Gesetz verpflichtet den Insolvenzverwalter nur zur Auszahlung des Nettoerlöses, der um die Umsatzsteuer vermindert ist. Die von mobiliargesicherten Gläubigern zu erwartenden Belastungen addieren sich auf 28 %. Die Regelung lässt zu, dass der gesicherte Gläubiger die Belastungen durch Übersicherung weiterwälzt. Vollständig gesicherte Positionen sind somit prinzipiell möglich.

Es ist aber zu beachten, dass die Rechtsprechung des BGH die **Übersicherung** begrenzt und **Freigabeklauseln** durchsetzt. So heißt es in einem BGH-Urteil vom 2.12.1992, dass ein in den Allgemeinen Geschäftsbedingungen vereinbarter erweiterter und verlängerter Eigentumsvorbehalt den Schuldner unangemessen benachteilige, wenn er nicht die Freigabe der Sicherheiten verlangen könne, wenn ihr realisierbarer Wert 20% der zu sichernden Forderung übersteige.

11.6 Insolvenzplan und Obstruktionsverbot

Ein institutionalisiertes Reorganisationsverfahren gab es bis 1999 in Deutschland nicht. Die Insolvenzordnung vermeidet (leider) den aus Chapter 11 Bankruptcy Code kommenden Begriff des Reorganisationsverfahrens. Sie setzt an dessen Stelle den **Insolvenzplan**. In der Begründung zum Regierungsentwurf heißt es hierzu:

«Das Institut des Insolvenzplans ist eine der bedeutsamsten Neuerungen des vorgeschlagenen einheitlichen Insolvenzverfahrens. Der Plan tritt an die Stelle von Vergleich und Zwangsvergleich und gestaltet diese grundlegend um.»

Absicht ist es, den Beteiligten einen Rechtsrahmen für die einvernehmliche Bewältigung der Insolvenz im Wege von Verhandlungen zu ermöglichen. Dies ist ein Beitrag zur **Deregulierung der Insolvenzabwicklung**. Die Flexibilität der Regelungen soll es den Beteiligten erlauben, die für sie günstigste Art der Insolvenzabwicklung zu entdecken und durchzusetzen.

Tabelle 11.5 stellt die wichtigsten Regelungen zur Vorlage von und Abstimmung über Insolvenzpläne zusammen. Die durch ESUG bewirkten Änderungen werden im folgenden Abschnitt besprochen.

Definition	Übereinkunft der mitspracheberechtigten Beteiligten über die Verwertung des Schuldnervermögens unter Beachtung des Betrages und des Rangs der Ansprüche
Planvorlagerechte	• Schuldner, § 218 Abs. 1 • Insolvenzverwalter gemäß Auftrag der Gläubigerversammlung, § 218 Abs. 1
Abstimmungsgruppen, § 222	• absonderungsberechtigte Gläubiger, § 222 Abs. 1 • nicht nachrangige Insolvenzgläubiger • die Rangklassen der nachrangigen Insolvenzgläubiger • die am Schuldner beteiligten Personen, wenn deren Rechte in den Plan einbezogen werden • „besondere Gruppen“: Arbeitnehmer, Kleingläubiger
Abstimmungsregeln, § 244	Jede Gruppe stimmt gesondert über den Insolvenzplan ab, § 243; Gruppen von Gläubigern: Kopfmehrheit und Summenmehrheit der abstimmenden bzw. zustimmenden Gläubiger; am Schuldner beteiligte Personen: an die Stelle der Summe der Ansprüche tritt die Summe der Beteiligungen
Minderheitenbindung und -schutz	eine überstimmte Minderheit einer Gruppe wird durch Mehrheitsbeschluss gebunden; eine Minderheit darf durch den Plan nicht schlechter gestellt werden als sie ohne den Plan stünde, sonst droht Versagung der gerichtlichen Planbestätigung, § 251 Abs. 1
Obstruktionsverbot	Fehlende Zustimmung einer stimmberechtigen Gruppe zum Insolvenzplan kann als unerheblich eingestuft werden, wenn bestimmte im Gesetz definierte ökonomische Kriterien erfüllt sind, § 245
Zustimmung des Schuldners, § 247	gilt als erteilt, wenn der Schuldner dem Plan nicht spätestens im Abstimmungstermin über den Plan widerspricht; dieser Widerspruch ist unbeachtlich, wenn der Schuldner voraussichtlich durch den Plan nicht schlechter gestellt wird, als er ohne Plan stünde *und* kein Gläubiger mehr erhält als den vollen Betrag seines Anspruchs

Tabelle 11.5: Gesetzliche Vorgaben der InsO zum Insolvenzplan

Es leuchtet ein, dass die Erstellung von Insolvenzplänen eine große Zahl von äußerst interessanten Finanzierungsfragen aufwirft, die hier nicht vertieft behandelt werden können. Ein Teil dieser Fragen wird indessen in der folgenden Fallstudie aufgegriffen.[171] Einige Hinweise sollen an dieser Stelle genügen: Für insolvente oder nahezu insolvente Unternehmen wird in aller Regel gelten, dass der Unternehmensgesamtwert (V_t) kleiner ist als die Summe aller Gläubigeransprüche bei vertragskonformer Bedienung durch den Schuldner (F_t). Es wird in aller Regel **ökonomische Überschuldung** vorliegen. Damit entsteht folgende Problemlage: Das Unternehmen braucht zusätzliche finanzielle Mittel. Die wird niemand gewähren wollen, solange $V_t < F_t$ gilt. Also muss V_t erhöht oder F_t gesenkt werden, damit nach Reorganisation $V_t > F_t$ gilt. V_t kann kurzfristig erhöht werden, indem man rationalisiert, unrentable Betriebsteile schließt, unrentable Produkte einstellt und Personal abbaut. F_t kann gesenkt werden, indem man die Gläubiger zu Stundungen und/oder Verzichten bewegt. Die Altgläubiger müssen sich m. a. W. die bereits eingetretenen Verluste an ihren Forderungen endgültig zurechnen lassen. Welche Gläubigergruppe wird dazu bereit sein? Verzichte der ungesicherten Gläubiger allein werden häufig nicht ausreichen. Wo ist dann die Lösung zu suchen? Sollten gesicherte Gläubiger Verzichte leisten müssen? Warum sollten sie dies tun?

Im Kern sieht das zu lösende Problem so aus: Ein Unternehmen ist insolvent; es kann bestehende finanzielle Zusagen jetzt oder in naher Zukunft nicht erfüllen. Sind Lösungsversuche außerhalb eines Insolvenzverfahrens (in einem sog. **Workout**) gescheitert, bleibt die Eröffnung eines förmlichen Insolvenzverfahrens als Ausweg. Weil Gläubiger den Löwenanteil der finanziellen Ansprüche an das Unternehmen halten, liegen die Entscheidungsrechte bei den Gläubigern. Deren Ziel ist es, die bestmögliche Verwertung für das Vermögen des Schuldners zu finden. Die beste Verwertung kann die Liquidation, die Veräußerung des Unternehmens als Ganzes (übertragende Sanierung) oder die (veränderte) Fortführung durch die bisherigen Kapitalgeber sein. Gläubiger und Insolvenzverwalter suchen nach Verwertungsmöglichkeiten und entscheiden, getrennt in Gruppen mit weitgehend ähnlichen Ansprüchen, über alternative Verwertungspläne (Insolvenzpläne). Dabei müssen folgende Regeln beachtet werden:

- Gruppen von Anspruchsinhabern stimmen nach Mehrheitsregeln ab (z. B. einfache Mehrheit nach Köpfen und Beträgen). Mehrheiten können Minderheiten folglich binden; Einstimmigkeit ist nicht erforderlich.
- Da die Mehrheit nicht im Besitz der ökonomischen Wahrheit ist, kann die Bindung für Minderheiten nicht schrankenlos sein. Die überstimmte Minderheit muss mindestens so gestellt werden, wie sie bei der von ihr präferierten Verwertungsalternative stünde. Weil diese alternative (für die Minderheit beste) Verwertungsmöglichkeit Schwierigkeiten bei der Bewertung aufwerfen kann, wird diese Regel i. d. R. so interpretiert, dass die Mindestposition der Minderheit als die Position festgeschrieben wird, die die Minderheit bei Liquidation des Vermögens oder der zweitbesten (zu belegenden) Verwertungsmöglichkeit einnähme.
- Alle Gruppen, deren Ansprüche durch einen Insolvenzplan modifiziert werden, müssen einem Insolvenzplan zustimmen, damit er als akzeptiert gilt. Keine Gruppe darf somit überstimmt werden. Das bedeutet, dass jede Gruppe ein **Vetorecht** hat: sie kann somit jeden Verwertungsplan zu Fall bringen. Diese Lösung ist problema-

[171] Vgl. unten Abschnitt 11.8.

tisch, weil sie es jeder Gruppe erlaubte, taktische Störpositionen aufzubauen, um das Verteilungsergebnis zugunsten eben dieser Gruppe zu verbessern. Chapter 11 des US-amerikanischen Bankruptcy Code sieht daher die sog. **Cram-down-Regeln** des § 1129 BC vor, die es erlauben, das negative Votum einer Klasse (class) durch das Insolvenzgericht für nicht relevant erklären zu lassen, wenn präzise definierte Bedingungen, die die ökonomische Fairness der durch Verwertung und Verteilung erzielten Ergebnisse für die ablehnende Klasse definieren, erfüllt sind. Die Insolvenzordnung greift diese Idee im sog. **Obstruktionsverbot** auf (§ 245). Die Regel hat folgenden Wortlaut:[172]

§ 245 Obstruktionsverbot. (1) Auch wenn die erforderlichen Mehrheiten nicht erreicht worden sind, gilt die Zustimmung einer Abstimmungsgruppe als erteilt, wenn

[1] die Angehörigen dieser Gruppe durch den Insolvenzplan voraussichtlich nicht schlechter gestellt werden, als sie ohne einen Plan stünden,

[2] die Angehörigen dieser Gruppe angemessen an dem wirtschaftlichen Wert beteiligt werden, der auf der Grundlage des Plans den Beteiligten zufließen soll, und

[3] die Mehrheit der abstimmenden Gruppe dem Plan mit den erforderlichen Mehrheiten zugestimmt hat.

(2) Für eine Gruppe der Gläubiger liegt eine **angemessene Beteiligung** im Sinne des Absatzes 1 Nr.2 vor, wenn nach dem Plan

[1] kein anderer Gläubiger wirtschaftliche Werte erhält, die den vollen Betrag seines Anspruchs übersteigen,

[2] weder ein Gläubiger, der ohne einen Plan mit Nachrang gegenüber den Gläubigern der Gruppe zu befriedigen wäre, noch der Schuldner oder eine an ihm beteiligte Person einen wirtschaftlichen Wert erhält und

[3] kein Gläubiger, der ohne einen Plan gleichrangig mit den Gläubigern der Gruppe zu befriedigen wäre, besser gestellt wird als diese Gläubiger.

(3) Für eine Gruppe der Anteilseigner liegt eine angemessene Beteiligung im Sinne des Absatzes 1 Nr. 2 vor, wenn nach dem Plan

[1] kein Gläubiger wirtschaftliche Werte erhält, die den vollen Betrag seines Anspruchs übersteigen, und

[2] kein Anteilseigner, der ohne einen Plan den Anteilseignern der Gruppe gleichgestellt wäre, bessergestellt wird als diese.

Vor-Insolvenzrechte in Form von Sicherungsverträgen werden bei Liquidation und übertragender Sanierung ebenso respektiert wie bei der Fortführung des Unternehmens durch die Alt-Financiers. Folglich kann es keine aufgezwungenen Verzichte für gesicherte Alt-Gläubiger geben, weil jeder Zwang zu Verzichten die Funktionen der Vor-Insolvenzrechte gerade schwächte. Vielmehr hat jeder Gläubiger mit seinen gegebenen Ansprüchen und seiner spezifischen Rechtsausstattung zu entscheiden, welche Verwertungsform er präferiert. Es ist Aufgabe derjenigen, die einen Insolvenzplan mit einer bestimmten Verteilung der Ergebnisse durchsetzen möchten, die Zustimmung der Gruppen von Anspruchstellern in Verhandlungen zu gewinnen.

---

172 Absatz 3 wurde eingefügt durch ESUG. Vgl. hierzu unten Abschnitt 11.7.

Dieser Verhandlungsprozess findet im Schatten der mit Eröffnung des Verfahrens verhängten Zugriffssperre für gesicherte Gläubiger statt. Diese Verwertungssperre – oder plastischer: dieses **Abräumverbot** – soll das Spektrum der prinzipiell verfügbaren Verwertungspositionen für das Kollektiv der Anspruchsteller erhalten. Nebenbedingung ist, dass die Position der gesicherten Gläubiger keine Werteinbußen erfährt: Der Zinslauf darf nicht gestoppt werden; Einbußen am Wert des Sicherungsgutes müssen ausgeglichen werden.

Die Insolvenzordnung folgt diesen Prinzipien. Maxime ist, «Marktkonformität» der Abläufe in Insolvenzverfahren sicherzustellen. Marktkonformität bedeutet u. a., dass die vertraglichen Absprachen zwischen Schuldner und Financiers der Vor-Insolvenz-Phase im Insolvenzverfahren halten müssen, dass niemand gezwungen werden kann, gegen seinen Willen Financier des zu sanierenden Unternehmens zu bleiben, dass insolvenzbedingte Vermögensumverteilungen verhindert werden sollen und dass Wettbewerb um die beste Verwertung des Vermögens des Schuldners entfaltet werden sollte.

Das Obstruktionsverbot des § 245 InsO spielt eine sehr wichtige Rolle. In außergerichtlichen Sanierungsverhandlungen treten in der Realität häufig sog. **Akkordstörer** auf, die sich dem erklärten Sanierungswillen und den damit in aller Regel verbundenen Zugeständnissen (Anspruchsverzichten) der Mehrheit der Anspruchsinhaber widersetzen und auf Sonderbehandlung pochen. Unmittelbar wirksame Sanktionspotenziale gegen dieses Verhalten bestehen nicht. Der BGH hat dies in einer Entscheidung vom 12.12.1991 bestätigt (sog. Akkordstörer-Urteil). § 245 InsO schafft hier zwei wichtige Vorkehrungen. Zum einen kann die Mehrheit innerhalb einer Gläubigergruppe die Minderheit binden, wenn deren ökonomischer Mindestanspruch gewahrt ist, nämlich die Position, die sie bei Liquidation hätte. Zum zweiten kann unter definierten Bedingungen das Nein einer Gläubigergruppe zu einem Insolvenzplan unerheblich sein, wenn es sich als **Obstruktionsmanöver** qualifizieren lässt. Abbildung 11.4 verdeutlicht die Struktur der Vorschrift des § 245 InsO.

Von Interesse ist Feld 2.2 in Abbildung 11.4. Die dort enthaltene Regelung bewirkt, dass die letztrangige Gläubigergruppe immer verhindern kann, dass die Alteigentümer am Wert des Unternehmens bei Fortführung partizipieren. Insolvenzrecht ist, wie oben erläutert, ein Instrument der Disziplinierung der Eigentümer.

Das Gesetz zur weiteren Erleichterung der Sanierung von Unternehmen (ESUG) bezieht, wie gleich zu erläutern sein wird, die Gruppe der Alteigentümer deutlich stärker in das Insolvenzplan-Verfahren ein, als dies die ursprüngliche Fassung der 1999 in Kraft getretenen InsO beabsichtigte. Dieser Tatbestand führt aber nicht dazu, dass die Rechte der Gläubiger geschwächt würden. Unverändert kann ein Votum nachrangiger Gläubiger die Partizipation der Alteigentümer am reorganisierten Unternehmen verhindern, es sei denn die Alteigentümer würden neues Eigenkapital einzahlen.

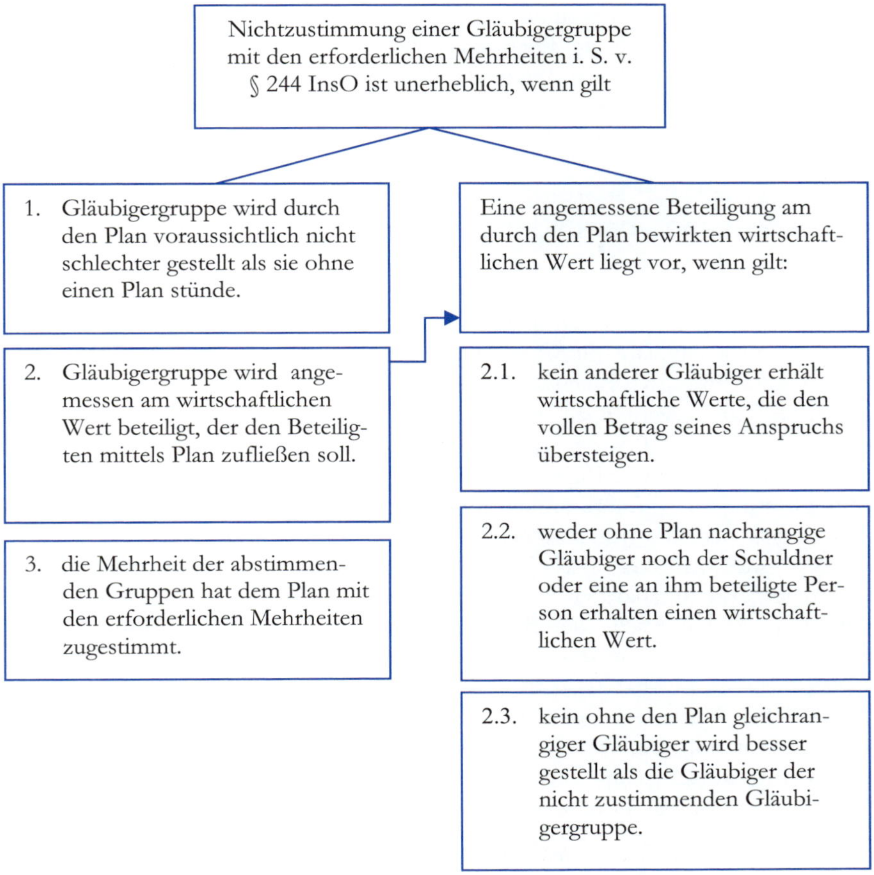

Abbildung 11.4: Ansprüche der Gläubiger und Obstruktionsverbot

Die Ansprüche der Arbeitnehmer werfen ebenfalls Probleme auf. Durch Teilstilllegungen oder durch Liquidation freigesetzte Arbeitnehmer haben unter bestimmten Bedingungen Anspruch auf Entschädigungen aus einem **Sozialplan**. Die Insolvenzordnung definiert Obergrenzen und verkleinert dadurch die ansonsten erheblichen Dimensionierungsprobleme bei der Festlegung von Sozialplanansprüchen. Für den Fortführungsfall sind insbesondere zwei Problemkreise von Bedeutung: Unter welchen Bedingungen können Arbeitsverträge in der Insolvenz des Schuldners gekündigt werden und was sind die finanziellen Konsequenzen? Gilt der Bestandsschutz für bestehende Arbeitsverhältnisse des § 613a BGB auch im Insolvenzverfahren des arbeitgebenden Unternehmens und welche Modifikationen der Regelung sind möglich?

Eine Behandlung beider Probleme erfolgt hier nicht.

Wir wenden uns jetzt in Abschnitt 11.7 den durch das ESUG geschaffenen Modifikationen zu. Diese stärken einerseits die Anreize für Eigentümer, Anträge auf Verfahrenseröffnungen früher zu stellen, als es der faktischen Lage entspricht: Dass Anträge auf Verfahrenseröffnungen zu spät gestellt werden, wird in der Literatur seit 50 Jahren vorgetragen. Andererseits beseitigen die neuen Modifikationen die Blockadestrategien, die Eigentümern durch das alte Recht ermöglicht wurden. In Abschnitt 11.8 stellen wir eine Fallstudie vor, die das Problem der Bewertung des insolventen Unternehmens und die Verteilung des Wertes unter den Anspruchsinhabern zum Gegenstand hat.

11.7 ESUG: Zeitiger Schuldnerantrag, Eigenverwaltung, Blockadesperren und Obstruktionsverbot

Das Gesetz zur weiteren Erleichterung der Sanierung von Unternehmen (ESUG) hat u. a. zum Ziel, die Trennung von Insolvenzrecht und Gesellschaftsrecht zu überwinden.[173] Der Insolvenzplan soll Kapitalmaßnahmen vorsehen können wie z. B. Kapitalherabsetzungen mit nachfolgender Kapitalerhöhung, Sacheinlagen, Bezugsrechtsausschlüsse, Abfindungszahlungen an ausscheidende Eigentümer und die Umwandlung von Forderungen von Gläubigern in Anteils- oder Mitgliedschaftsrechte am Schuldner.[174] Die letztgenannte Möglichkeit, der sog. **debt-equity-swap** (DES) hat in der Literatur besondere Aufmerksamkeit ausgelöst. Er ist ein Instrument, das ökonomische Vorteile hat: die Interessengegensätze zwischen Festbetragsansprüchen von Gläubigern und Restbetrags(Residual)ansprüchen von Anteilsinhabern werden erheblich reduziert, die finanziellen Lasten bestehend aus Zins- und Tilgungszahlungen schrumpfen, die Passivseite der Bilanz des Schuldners weist Strukturen auf, die Finanzmarktteilnehmer als akzeptabel ansehen, die Wahrscheinlichkeit des neuerlichen Erreichens von Insolvenztatbeständen sinkt deutlich. Nachteile bestehen in verringerten steuerlichen Vorteilen wegen gesunkener Fremdkapitalbestände, in dem ggf. drohenden Verlust von Verlustvorträgen und in den Transaktionskosten, die ein Austausch von Fremdkapitalansprüchen in Eigenkapitalansprüche auslöst. Diese können in Abhängigkeit von der Vorgehensweise unterschiedlich ausfallen.

Nach § 222 Abs. 1 Ziffer 4 InsO bilden „am Schuldner beteiligte Personen“, deren Anteils- und Mitgliedschaftsrechte in den Plan einbezogen werden, eine eigenständige, letztrangige Gruppe. Die Einbeziehung der Alteigentümer als letztrangige entspricht der Ratio, die die Insolvenz als Fall der Realisierung der vorrangigen Haftung der Eigenkapitalgeber sieht: Die Alteigentümer sind diejenigen, die die Residualansprüche halten. Sind am Schuldner beteiligte Personen als eigene Gruppe am Insolvenzplan beteiligt, entscheiden sie mit Mehrheit darüber, ob das, was der Plan ihnen zuweist, ausreichend ist. Eine Zustimmung liegt vor, wenn die Summe der Beteiligungen der zustimmenden Anteilsinhaber mehr als die Hälfte der Summe der Beteiligungen der abstimmenden Anteilsinhaber beträgt (§ 244 Abs. 3 InsO). Auf eine Kopfmehrheit kommt es nicht an.

Auch ein ablehnendes Votum der letztrangigen Gruppe der am Schuldner beteiligten Personen kann Obstruktion darstellen. Obstruktion i. S. d. Norm läge vor, wenn das ablehnende Votum trotz angemessener Beteiligung der Gruppe an dem durch den Plan generierten Mehrerfolg erginge. Das Gesetz nennt zwei Prüfkriterien, die erfüllt sein müssen, um Nichtzustimmung als Obstruktion zu entlarven: Erstens darf kein Gläubiger wirtschaftliche Werte erhalten, die den vollen Betrag seines Anspruches überstei-

---

[173] BTD 17/5712, Begründung, Allgemeiner Teil, S. 18.

[174] Vgl. § 225 a Abs. 2, Satz 1 InsO.

gen und zweitens darf kein Anteilseigner, der ohne Plan gleichgestellt mit der Gruppe der Anteilsinhaber wäre, bessergestellt sein als diese.

Auf den ersten Blick erscheinen die beiden Prüfkriterien des § 245 Abs. 3 InsO als begründete und konsistente Fortsetzung der oben besprochenen Konstruktion des § 245 Abs. 2 InsO. Das Kriterium von § 245 Abs. 1 Ziffer 1 InsO, nach dem Angehörige einer Gruppe durch den Plan nicht schlechter gestellt werden dürfen, als sie ohne einen Plan stünden, gilt explizit auch für die Gruppe der Anteilseigner. Die Ergebnisse der Verteilungen von Erlösen bei Liquidationen im Regelverfahren legen den Schluss nahe, dass Anteilseigner in diesen Fällen leer ausgehen, weil die Summe der zu Nominalwerten bewerteten Forderungen der Gläubiger die Liquidationswerte des verwertbaren Vermögens bei weitem übersteigen. Eine Schlechterstellung der Gruppe der Anteilseigner durch einen die Fortführung ermöglichenden Plan scheidet also aus.

Wird das Vermögen des Schuldners befreit von den Schulden als Ganzes veräußert, müsste der Veräußerungserlös die Summe der zu Nominalwerten bewerteten Forderungen der Gläubiger und mögliche Kosten von Sozialplänen bzw. Abfindungen übersteigen, um die Position, die die Anteilsinhaber ohne Plan hätten, als positiv auszuweisen. Eine empirische Bedeutung von § 245 Abs. 1 Ziffer 1 InsO für die letztrangige Gruppe der Anteilsinhaber ist somit kaum nachweisbar.

Prüf- und Nachweisprobleme entstehen bei der Frage der „angemessenen Beteiligung" der letztrangigen Gruppe. Die Basis des Prüfkriteriums ist klar: Die letztrangige Gruppe ist angemessen beteiligt, wenn keine der vor ihr platzierten Gruppen zu viel, d. h. mehr als den vollen Betrag ihres Anspruchs erhält. Da nun aber nicht in *Geld* ausgezahlt wird, sondern in Form von Anteilsrechten an einem das Insolvenzverfahren verlassenden Unternehmen, bestehen handfeste Bewertungsprobleme. Entspricht der Wert der Anteilsrechte, die z. B. der Gruppe absonderungsberechtigter Gläubiger übertragen werden soll, dem Nominalwert deren Forderungen oder ist der Wert der Anteilsrechte höher als dieser? Eine Antwort setzt voraus, dass man eine relativ klare Vorstellung von dem Wert des Unternehmens hat, das demnächst das Insolvenzverfahren mit bereinigter Kapitalstruktur und gestrafften operativen Geschäftsfeldern verlassen wird.

Wenn nun der Unternehmensgesamtwert des aus dem Planverfahren entlassenen Unternehmens die Summe der *Nominalansprüche* der Gläubiger nicht erreicht, dann geht die Gruppe der Alteigentümer leer aus. Das ökonomische Schicksal der letztrangigen Gruppe hängt somit davon ab, wie das Unternehmen vor dem Hintergrund der im Plan festgeschriebenen bzw. noch umzusetzenden Maßnahmen zu bewerten ist. Man darf antizipieren, dass für Alteigentümer die argumentative Höherbewertung des Unternehmens ein vorrangiges Ziel sein wird.

Angenommen, der Unternehmensgesamtwert bei Fortführung sei unter Beachtung der im Plan festgelegten Maßnahmen von einem Gutachter auf 200 geschätzt worden. Bei Verwertung im Regelverfahren betrage der Wert 120. Die Summe der nominalen Forderungen der Gläubigergruppen mit den Rängen 1, 2 und 3 sollen 90, 100 und 20 betragen. Verlässt das Unternehmen zur Vereinfachung das Planverfahren mit einer nur aus Eigenkapital bestehenden Kapitalstruktur, zerlegt in 200 Anteile mit gleichen Rechten, erhalten die Gläubigergruppen 90, 100 und 10 Anteile. Die Anteilseigner erhalten nichts. Die Gruppe der Anteilseigner könnte nun vortragen, dass die Gruppen der Gläubiger mehr als den vollen Betrag ihres Anspruchs erhalten haben, wenn sie begründet belegen, dass der Unternehmensgesamtwert (anstatt 200) 250 beträgt. Dann nämlich wäre der Wert eines Anteilsrechts nicht 1 sondern 1,25 und die Anspruchsgruppe 1 hätte nicht 100, sondern 125 und somit zu viel erhalten. Sie hätte also nur 80 Anteile erhalten dürfen.

ESUG bezieht nicht nur Alteigentümer in das Planverfahren ein (§ 217) und ermöglicht Kapitalstrukturmaßnahmen (§ 225a), deren Realisierung zuvor nicht möglich waren, es will insbesondere die Anreize für Schuldner verstärken, aus eigenem Antrieb und frühzeitig das Insolvenzverfahren als Lösungshilfe anzunehmen. Diesen Anreiz verpackt der Gesetzgeber in das sog. **Schutzschirmverfahren** gemäß §§ 270 ff. InsO. Dass der Schuldner bei drohender Zahlungsunfähigkeit ein Antragsrecht hat, wurde oben[175] berichtet. Dass er den Antrag auf Verfahrenseröffnung mit dem Antrag verbinden kann, das Insolvenzverfahren in Eigenverwaltung unter der Aufsicht eines Sachwalters zu lenken, ist nach § 210 InsO seit 1999 zulässig. Allerdings spielte die Eigenverwaltung in der Realität keine erwähnenswerte Rolle. Weniger als 1 % der Insolvenzfälle wurden in Eigenverwaltung bewältigt.

Die Chance, die gerichtliche Erlaubnis auf Eigenverwaltung zu erringen, soll nun deutlich erhöht werden. Vorausgesetzt werden ein Eigenantrag des Schuldners und das einstimmige Votum des vorläufigen Gläubigerausschusses, dass er den Antrag unterstützt. Dies gilt als Beleg dafür, dass die Erlaubnis zur Eigenverwaltung nicht zu Nachteilen für die Gläubiger führen wird. Hat der Schuldner bei drohender Zahlungsunfähigkeit oder bei Überschuldung den Antrag auf Eröffnung gestellt und Eigenverwaltung beantragt und ist die geplante Sanierung nicht offensichtlich aussichtslos, bestimmt das Gericht eine drei Monate nicht überschreitende Frist zur Vorlage eines Insolvenzplans, „dessen Entwicklung in den Händen des Schuldners und des Sachwalters liegt".[176] Der Antrag des Schuldners ist zu begleiten von einer „Bescheinigung" einer in Insolvenzsachen erfahrenen Person, die versichert, dass der Schuldner drohend zahlungsunfähig oder überschuldet[177] ist, nicht aber zahlungsunfähig. Hintergrund dieser Vorlagepflicht einer „Bescheinigung" ist der Wunsch des Gesetzgebers, nur zeitige Antragssteller in den Genuss des sog. Schutzschirmverfahrens kommen zu lassen.

Ob dieser gewünschte Effekt eintritt, ist fraglich. Eigenverwaltung wird dann eine größere Rolle spielen, wenn Eigentümer die Erfahrung machen, dass sie am reorganisierten Unternehmen noch Anteile halten. Das hängt nicht von „Bescheinigungen" ab, sondern von dem Verhältnis von Unternehmensgesamtwert und Summe der Gläubigeransprüche. Eigentümer sollten m. a. W. ein Verfahren auslösen, solange der Wert des Eigenkapitals noch positiv ist.

---

175 Vgl. oben Abschnitt 11.3.3.

176 Die Einbeziehung der wichtigsten Gläubiger ist selbstverständlich.

177 Was, wie oben in Abschnitt 11.3 erläutert wurde, auf das Gleiche hinausläuft.

11.8 Fallstudie: Continental Airlines

11.8.1 Sachverhalt

Continental Airlines ist eine große amerikanische Fluggesellschaft, die 1990 ein Reorganisationsverfahren nach Chapter 11 des amerikanischen Bankruptcy Code (BC) eröffnete. Wir diskutieren anhand dieses US-amerikanischen Falles Aspekte der Reorganisation mittels eines Reorganisationsplans (plan of reorganization oder einfach plan), da dieser große Nähe zum Insolvenzplan der deutschen Insolvenzordnung hat, und weil die hier relevanten Daten zugänglich sind.[178] Der Zugang zu Daten deutscher Insolvenzpläne ist so gut wie versperrt: Insolvenzverwalter lehnen die Herausgabe der Daten, die zur Einschätzung der Vorteile eines Insolvenzplanes und der Bewertung von Gläubiger- und Eigentümerpositionen notwendig sind, in aller Regel ab.

Das Unternehmen Continental Airlines (im Folgenden CA) wurde 1934 gegründet. Die Gesellschaft baute ein dichtes Flugnetz vorrangig in den USA auf. 1980 übernahm Texas Air Corp. im Wege einer feindlichen Übernahme 51 % der Anteilsrechte. 1983 beantragte das Management (zum ersten Mal) die Eröffnung eines Verfahrens nach Chapter 11 BC und nutzte dies insbesondere, um die überdurchschnittlichen Lohn- und Gehaltszahlungen an die Mitarbeiter zu reduzieren. CA verlässt Chapter 11 im Jahre 1986 und gilt zunächst als erfolgreich: Die Umsatzerlöse steigen von 1.400 Mio. $ auf 6.700 Mio. $ in 1990; die Bilanzsumme steigt von 1.300 Mio. $ auf 7.700 Mio. $. Ende 1990 ist CA die fünftgrößte US-Fluggesellschaft. Die Finanzierung erfolgt zu einem erheblichen Teil über Fremdkapital: Der Verschuldungsgrad zu Marktwerten liegt seit 1986 über 0,8, während der Branchendurchschnitt knapp 0,6 beträgt. Zugleich gilt CA als Fluggesellschaft mit attraktiver Kostenstruktur; die Kosten per «seat mile» werden auf 8,6 cents beziffert; der Branchendurchschnitt liegt bei 9,6 cents. Die Heimatflughäfen von CA sind «low density airports» (Newark, Houston, Denver); 82 % der Mitarbeiter sind nicht gewerkschaftlich organisiert.

Im Gefolge der Kuwait-Krise verdoppeln sich die Treibstoffkosten innerhalb weniger Monate. Der sog. Sitzladefaktor sinkt rapide; die Liquiditätsposition verschlechtert sich sehr schnell. Die Jahresfehlbeträge sind: 1989 –885,6 Mio. $; 1990 –2.343,9 Mio. $. Am 3. Dezember 1990 stellt das Management Antrag auf Eröffnung eines (zweiten) Reorganisationsverfahrens gemäß Chapter 11 BC.[179] Ein Versuch von Sanierungsverhandlungen *außerhalb* des Reorganisationsverfahrens (workout) ist wegen der Komplexität der Finanzierungsverträge, die zahlreiche Covenants enthielten, und der großen Zahl von Gläubigern vom Management nicht gestartet worden. CA verfügt in 1990 über 319 Großraumflugzeuge und 85 Kurzstrecken-Maschinen. 74 % der Flugzeuge sind geleast. Das Durchschnittsalter der Flotte betrug ca. 14 Jahre; der Branchendurchschnitt lag bei 9,3 Jahren.[180]

---

[178] Die Quellen sind: Der am 13. Januar 1993 vor dem United States Bankruptcy Court for the District of Delaware eingereichte Plan; der von Gilson dargestellte Restrukturierungsfall in Gilson (2001), S. 83–109.

[179] Der Eigenantrag des Managements der insolvenzbedrohten Airline stellt in den USA den Regelfall dar. Der Nachweis, dass ein Insolvenztatbestand vorliegt, muss nicht geführt werden. CA weist total assets im Wert von 4,8 Mrd. $ und Verbindlichkeiten von 5,9 Mrd. $ nach. Nach deutschem Recht wäre CA überschuldet i. S. v. § 19 Abs. 2 n.F. InsO, wenn man zusätzlich nicht auffüllbare Finanzplandefizite annimmt.

[180] Zum Vergleich: Das Durchschnittsalter der Flotte der Lufthansa betrug in 1990 5,4 Jahre.

Die kumulierten steuerlichen Verlustvorträge (net operating losses, NOL) betrugen (nach Nutzung aller Verlustrücktragsmöglichkeiten) ca. 1.900 Mio. $. Zum Zeitpunkt der Antragstellung hatte CA 38.300 Mitarbeiter.

Im US-amerikanischen Reorganisationsverfahren bleibt das Management des insolventen Unternehmens regelmäßig im Amt. **Eigenverwaltung** ist also der Standardfall; die Ernennung eines Verwalters (trustee) ist der Ausnahmefall. Die debtor-in-possession-Position des Schuldners ist mit dem Vorrecht ausgestattet, das alleinige Entwicklungsrecht für einen Reorganisationsplan innerhalb von 120 Tagen nach Eröffnung zu haben (§ 1121 Abs. 6 BC). Diese Frist wurde im vorliegenden Fall vom Gericht mehrfach verlängert.

Das Management von CA erreichte in Verhandlungen vor Vorlage eines Reorganisationsplanes insbesondere die folgenden Vorteile bzw. Änderungen bestehender Verträge: Es gelingt einen sog. DiP-Kredit[181], der mit einer super-priority i. S. v. § 364 BC ausgestattet ist, in Höhe von 120 Mio. $ auszuhandeln. Zinszahlungen und Zinslauf auf ungesicherte Gläubigeransprüche und Gläubigeransprüche, die durch den Wert der zugehörigen Sicherungsrechte nicht gedeckt sind, werden ausgesetzt. Es gelingt, die Leasingzahlungen an Leasinggeber stark zu reduzieren und zeitlich aufzuschieben. Nach § 365 BC hat der Leasingnehmer innerhalb von 60 Tagen nach Verfahrenseröffnung zu entscheiden, ob er den gegenseitigen Vertrag erfüllt oder nicht. Lehnt er die Erfüllung ab, wird der Anspruch des Leasinggebers zu einem ungesicherten Anspruch. Andererseits kann der Leasinggeber nach § 1010 BC Herausgabe von Flugzeugen verlangen, wenn der Leasingnehmer nicht Zahlungsrückstände innerhalb von 60 Tagen nach Verfahrenseröffnung heilt. Es lässt sich aus den vorliegenden Unterlagen nicht verlässlich rekonstruieren, warum es CA gelang, wesentlich günstigere Zahlungsbedingungen gegenüber den Leasinggebern durchzusetzen. Ein nicht unwichtiger Grund könnte darin bestehen, dass im Zeitraum 1990-1992 ca. 20 % der gesamten US-amerikanischen Flugkapazität von Gesellschaften gemanagt wurde, die insolvenznah waren oder bereits unter dem Schutzschirm von Chapter 11 BC operierten. Vor diesem Hintergrund war ein Rückzug eines Leasinggebers durch Herausgabeverlangen vermutlich nicht attraktiv, da die Alternative im Parken des Fluggerätes in der Wüste von Arizona bestanden haben könnte.

Das Management von CA wirbt um neue Investoren, da das Zurückschneiden der Leasingverpflichtungen und der ungesicherten Forderungen nicht ausreichend war, um die Kapitalstruktur deutlich insolvenzfester zu machen. Es musste Eigenkapital zugeführt werden. Details der abgegebenen Angebote werden hier nicht ausgebreitet, da sie nicht den Kern der folgenden Überlegungen berühren. Das vom Management favorisierte Gebot bestand im Angebot von «Air Partners» und «Air Canada», das – neben einer Reihe von Bedingungen – die Bereitstellung von zunächst 310 Mio. $ Fremdkapital mit Besicherung und den Einschuss von rund 360 Mio. $ Eigenkapital gegen neue Aktien vorsah.

Das Management von CA wollte im Rahmen der Reorganisation die folgenden Ziele erreichen:

- Verjüngung der Flotte,
- Modernisierung der Kollisionswarn- und Anti-Scherwind-Systeme,

---

[181] Es handelt sich um einen debtor-in-possession Kredit.

- Erweiterung des Flugnetzes mit Unterstützung einer zweiten Fluggesellschaft,
- Nutzung der aufgelaufenen erheblichen Verlustvorträge,
- ungesicherte Ansprüche von Gläubigern sollten im Reorganisationsplan nicht als Ansprüche aus Fremdkapital aufscheinen, um das Verschuldungsvolumen des Unternehmens zu senken. Ungesicherte Gläubiger sollten Eigenkapitalansprüche in Form von Aktien erhalten.
- Altaktionäre würden im Reorganisationsplan dann nicht erscheinen, wenn der Wert der fortzuführenden Gesellschaft die Summe der Festbetragsansprüche der Gläubiger nicht erreichte. Dann nämlich wäre der Residualanspruch der Eigentümer wertlos. Es gelten die cram-down-Regeln, denen das Obstruktionsverbot der InsO entspricht.

11.8.2 Bewertung des Unternehmens und Anspruchszuordnung

Eine entscheidende Größe für die Entwicklung eines Reorganisationsplans ist die Bewertung des Unternehmens nach Realisierung der operativen Bereinigung der Geschäftsfelder. Tabelle 11.6 stellt die Plandaten aus der Sicht des Managements, das im vorliegenden Fall den Plan erstellt, dar.[182]

		1993	1994	1995	1996	1997
(1)	Operative Erträge	5.875,0	6.882,6	7.720,7	7.952,3	8.190,8
(2)	Operative Aufwendungen	5.727,7	6.543,3	7.149,7	7.364,2	7.585,1
(3)	Korrektur Zinsaufwand in Leasingraten	31,8	128,2	265,4	265,4	265,4
(4)	Operatives Ergebnis: (1) – (2) + (3)	179,1	467,5	836,4	853,5	871,1
(5)	Sonstige betriebliche Erträge	29,6	45,5	65,8	67,8	69,8
(6)	Erfolg vor Zinsen u. Steuern (EBIT)	208,7	513,0	902,2	921,3	940,9
(7)	Steuern (s_k = 0,34); NOL = 1.900	-	-	-	219,4	319,9
(8)	Abschreibungen	199,0	233,6	256,5	n.b.	n.b.
(9)	Auszahlungen für Investitionen (ohne Flugzeuge)	271,2	264,1	221,7	163,4	168,3
(10)	Investitionen für Flugzeuge	383,4	1.352,4	1.403,5	-	-
(11)	Investitionen in UV	5,0	5,0	5,0	5,2	5,4
(12)	FCF: (6) - (7) + (8) - (9) - (10) - (11)	-251,9	-874,9	-471,5	533,3	447,3

Tabelle 11.6: Entwicklung der erforderlichen Einzahlungen bzw. verfügbaren Überschüsse (Free Cash Flows, FCF) bei Eigenfinanzierung unter Beachtung des Verlustvortrages (NOL = 1.900)

182 Vgl. Gilson (2001), Anhänge 3.8 und 3.9, S. 105/106. Daten werden von den Verfassern modifiziert und fortgeschrieben.

Berechnet werden ausschüttungsfähige Beträge beziehungsweise notwendige Kapitaleinlagen bei Eigenfinanzierung unter Beachtung des zu Beginn der Periode 1993 bestehenden Verlustvortrages von 1.900 Mio. $. Berücksichtigt wird ausschließlich die Körperschaftsteuer in Höhe von $s_K = 0{,}34$. Einkommensteuern werden im Plan nicht beachtet. Die in Zeile (2) ausgewiesenen operativen Aufwendungen enthalten die Leasingraten für die in Vorverhandlungen modifizierten Altverträge und die geplanten, im Wege des Leasing zu finanzierenden Neuanschaffungen von Fluggeräten.

Der Leser wird sich fragen, warum in Tabelle 11.6 Eigenfinanzierung unterstellt wird: Zinszahlungen, Tilgungen, in Leasingraten enthaltene Zinsanteile kommen in Tabelle 11.6 nicht vor. In Zeile (3) werden die in Leasingraten enthaltenen Zinsanteile wieder *hinzugerechnet,* weil Leasingraten die operativen Aufwendungen in Zeile (2) verkürzt haben.

Die Architekten des Reorganisationsplans benutzen als Bewertungsverfahren für Unternehmen den **Adjusted-Present-Value-Ansatz (APV-Ansatz).**[183] Dieser modular aufgebaute Bewertungsansatz bestimmt den Unternehmensgesamtwert in zwei bzw. mehreren Stufen. Auf der ersten Stufe wird der Wert des Unternehmens unter der Fiktion ausschließlicher Eigenfinanzierung ermittelt (V_t^E). Auf den folgenden Stufen werden die Wertbeiträge berechnet, die sich aus der gewählten Zusammensetzung der Kapitalstruktur ergeben. In Kapitel 5 dieses Buches wurde erläutert, unter welchen Bedingungen der Einsatz von verzinslichem Fremdkapital Wertbeiträge generieren kann. Der Wertbeitrag wird mit dem Symbol V_t^{USt} belegt. Der Unternehmensgesamtwert für Eigentümer und Gläubiger (V_t^F) setzt sich in einfach gelagerten Fällen zusammen aus den beiden Wertkomponenten. Will man die Bewertung mittels des APV-Ansatzes vornehmen, muss man also im ersten Bewertungsschritt den Wert bei ausschließlicher Eigenfinanzierung ermitteln. Deshalb sind die operativen Überschüsse von den impliziten, in Leasingraten enthaltenen Zinslasten zu befreien. Dies ist die Funktion von Zeile (3). Das in Zeile (4) ausgewiesene operative Ergebnis ist somit das GuV-Ergebnis vor Steuern bei Eigenfinanzierung, wenn man unterstellt, dass die Belastung mit den um den Zinsaufwand verkürzten Leasingraten der Belastung in Höhe der Abschreibung bei Eigenfinanzierung der Flugzeuge entspräche. Die Steuerzahlungen in Zeile (7) werden unter Berücksichtigung des Verlustvortrages von 1.900 Mio. berechnet. Daraus folgt, dass Erfolge vor Zinsen und Steuern (EBIT) in Höhe von 1.900 steuerfrei bleiben. Die erste Steuerzahlung wird für 1996 ausgewiesen. Sie berechnet sich aus $0{,}34 \cdot [921{,}3 - (1.900 - 208{,}7 - 513{,}0 - 902{,}2)] = 219{,}4$.

Nach Addition der Abschreibungen, die in den operativen Aufwendungen enthalten sind, aber nicht zu Auszahlungen führen, und nach Abzug der Investitionen in Bodenanlagen, Fluggerät und Umlaufvermögen in den Zeilen (9), (10) und (11) weist Zeile (12) die finanziellen Defizite bzw. Überschüsse aus.

Die verfügbaren Daten lassen nicht erkennen, wie die Auszahlungen für Investitionen in Bodenanlagen und Fluggerät ab 1996 ff. aussehen könnten. Diese Wissenslücke wird durch die Annahme geschlossen, dass die Investitionsauszahlungen die Abschreibungen um $0{,}03\ BS_{t-1}$, also um 3 % der Bilanzsumme der Vorperiode übersteigen.[184] Un-

---

[183] Vgl. z. B. den einführenden Text bei Brealey/Myers/Allen (2006), S. 521–525; Berk/DeMarzo (2007), S. 581–585; Drukarczyk/Schüler (2009b), S. 148–178.

[184] Die Bilanzsumme der Planbilanz zum Ende der Periode 1995 beträgt ca. 5.447 Mio. $; 0,03 5.447 = 163,4.

terstellte man eine – unten zu erläuternde – geforderte Rendite der Eigentümer bei Eigenfinanzierung von 12,7 % und ein Nullwachstum ab 1997, erhielte man einen Wert des Unternehmens bei Eigenfinanzierung (V^E) zum 1.1.1993 von 1.250,8 Mio. $.

Tabelle 11.7 erläutert die Entwicklung des Fremdkapitalbestandes im Zeitablauf und begründet die in Tabelle 11.6, Zeile (3) vorgenommene Korrektur des operativen Ergebnisses um die Zinsanteile in den von CA zu leistenden Leasingraten.

		1992	1993	1994	1995	1996	1997
(1)	Bestand Fremdkapital in 1992	1.731					
(2)	Auszahlungen für Flugzeuge	-	383,4	1.352,4	1.403,5	-	-
(3)	FK-finanzierte andere Investitionen	-	69,4	95,6	57,0	-	-
(4)	Tilgungen	-	96,0	343,6	278,8	278,8	278,8
(5)	Erhöhung Fremdkapital durch Neuinvestor	-	325,0	-	-	-	-
(6)	Bestand Fremdkapital: F_{t-1} + (2) + (3) – (4) + (5)	-	2.412,8	3.517,2	4.698,9	4.420,1	4.141,3
(7)	Explizite Zinsaufwendungen	-	175,4	168,3	145,4	190,5	162,7
(8)	Implizite Zinsen in Leasingraten	-	31,8	128,2	265,4	265,4	265,4
(9)	Summe aus (7) + (8)	-	207,2	296,5	410,8	455,9	428,1

Tabelle 11.7: Entwicklung der Fremdkapitalbestände und Zinsbelastung

Der in den Reorganisationsplan aufzunehmende Fremdkapitalbestand[185] in 1992 setzt sich zusammen aus a) den gesicherten Ansprüchen von Altgläubigern (1.472 Mio. $),[186] 120 Mio. $ DiP-Kredit, 8 Mio. $ Fremdkapitalaufnahme zur Finanzierung von Sachanlagevermögen und 131 Mio. $ von später zu tilgenden Leasingraten. Dieser Anfangsbestand erhöht sich um die Auszahlungen für Flugzeuge[187] (Zeile (2)), die Auszahlungen für Bodenanlagen (Zeile (3)), soweit sie durch Kredite finanziert werden[188] und durch

[185] Der Antrag auf Verfahrenseröffnung erfolgte am 3.12.1990. Die oben dargestellten Planungen erfolgen aus der Sicht am Ende der Periode 1992.

[186] Vgl. Gilson (2001), Anhang 3.3.

[187] Die neuen Flugzeuge werden über Finanzierungsleasingverträge finanziert. Hier wird vereinfachend angenommen, dass die Finanzierungslast von CA den geplanten Investitionsauszahlungen entspricht.

[188] Vgl. Gilson (2001), Anhang 3.9.

Fremdfinanzierung, die der Neu-Investor bereitstellt. Der Bestand sinkt um die geplanten Tilgungen.[189] Die zeitliche Entwicklung des Fremdkapitalbestandes wird nun benutzt, um die periodische Zinslast einschließlich der impliziten Zinsanteile in den Leasingraten zu schätzen. Die Verbindlichkeiten von CA sind mit B geratet. Der relevante Zinssatz für B-Verbindlichkeiten in 1992 beträgt etwa 10 %. Der periodische Zinsaufwand könnte somit gemäß $[F_{t-1} + F_t] \cdot 0{,}5 \cdot 0{,}10$ geschätzt werden. Zieht man von dieser Schätzung die in der Plan-GuV ausgewiesenen Zinsaufwendungen ab[190] – sie werden in Zeile (7) der Tabelle 11.7 ausgewiesen – erhält man eine überschlägige Schätzung der in den Leasingraten enthaltenen Zinsanteile. Die gesamte zu erwartende Zinslast wird in Zeile (9) ausgewiesen. Sie ist so dimensioniert, dass sie einem Zinssatz von 10 % auf den durchschnittlichen Fremdkapitalbestand entspricht.

Auf Stufe 2 eines APV-Bewertungskalküls sind die steuerlichen Vorteile, die aus dem Einsatz verzinslichen Fremdkapitals resultieren, zu berechnen und zu bewerten. Tabelle 11.8 weist diese steuerlichen Vorteile in Zeile (5) unter der Annahme aus, dass die prinzipiell zustandsabhängigen steuerlichen Bemessungsgrundlagen (SBG) der Perioden 1996 ff. die steuerliche Abzugsfähigkeit der Zinsaufwendungen gestatten.[191]

Im Reorganisations- bzw. Insolvenzverfahren sind unter Beachtung der Vorinsolvenzrechte Zahlungsansprüche an Anspruchsinhaber zuzuordnen. Verteilt werden Anteile an Barwerten. Dazu muss man zuerst ermitteln, was überhaupt zu verteilen ist. Das zu Verteilende ist der Unternehmensgesamtwert, der mit V^F bezeichnet wird. In den Tabellen 11.8 und 11.9 werden der Wert der Gesellschaft bei Eigenfinanzierung und der Wert der steuerlichen Vorteile aus dem Einsatz von verzinslichem Fremdkapital und Leasingverträgen unter alternativen Annahmekonstellationen berechnet. Die risikolose Rendite i wird hier gleichgesetzt mit der Verzinsung einer US-amerikanischen Bundesanleihe mit dreißigjähriger Laufzeit. Die Marktrisikoprämie (MRP) wird mit Werten zwischen 4 und 6 % und damit im Vergleich zu Beispielen in amerikanischen Lehrbüchern vorsichtig angesetzt. $\beta^U = 0{,}85$ ist das um Finanzierungseinflüsse bereinigte Branchen-Beta.

		1992	1993	1994	1995	1996	1997	1998	1999
(1)	Entwicklung von NOL bei Eigenfinanzierung	1.900	1.691,3	1.178,3	276,1	0	0	0	0
(2)	Expliziter und impliziter Zinsaufwand gemäß Tabelle 11.7	-	207,2	296,5	410,8	455,9	428,1	414,1[1]	414,1
(3)	SBG_t bei Eigenfinanzierung nach Verrechnung von NOL	0	0	0	0	645,2[2]	940,9	969,1	998,2

[189] Vgl. Gilson (2001), Anhang 3.9.

[190] Vgl. Gilson (2001), Anhang 3.8.

[191] Die Bewertung von CA im Rahmen der Reorganisation wirft die Frage auf, wie Finanzierungsleasingverträge zu behandeln und zu bewerten sind. Auf diese Frage wird hier nicht eingegangen. Es wird lediglich versucht, die in Leasingraten enthaltenen Zinsanteile zu schätzen und dann den Steuervorteil wegen der Abzugsfähigkeit dieser Zinsanteile zu berechnen.

(4) Kumulierter, noch zu verrechnender Zinsaufwand	-	207,2	503,7	914,5	725,2	212,4	0	0
(5) Steuerliche Vorteile aus Verrechnung des Zinsaufwands	-	-	-	-	219,4[3]	319,9	213,0[4]	140,8[5]

[1] Das in Tabelle 11.7 ausgewiesene Fremdkapitalvolumen von 4.141,3 für 1997 wird beibehalten.

[2] $EBIT_{96}$ – noch nicht genutzter NOL = 921,3 – 276,1 = 645,2

[3] Der kumulierte, steuerlich noch nicht verrechnete Zinsaufwand verdrängt 1996 die Besteuerung von 645,2. 645,2 · 0,34 = 219,4.

[4] (414,1 + 212,4) · 0,34 = 213,0.

[5] 414,1 · 0,34 = 140,8.

Tabelle 11.8: Berechnung der steuerlichen Vorteile, ausgelöst durch die Abzugsfähigkeit von expliziten und impliziten Zinsaufwendungen

Tabelle 11.9 macht deutlich, wie sehr Parameteränderungen – hier von g, $I_t - Ab_t$ und MRP – die Ergebnisse beeinflussen. Weil diese Ergebnisse Verteilungsfolgen für die Anspruchsberechtigten haben, liegt die Vermutung nahe, dass die Bewertungskalküle häufig vor Gericht bestritten werden.

Konstellation	1	2	3	4	5	6
(1) Risikolose Rendite i	0,0769	0,0769	0,0769	0,0769	0,0769	0,0769
(2) MRP	0,06	0,06	0,05	0,05	0,04	0,04
(3) β^U	0,85	0,85	0,85	0,85	0,85	0,85
(4) k[1]	0,1279	0,1279	0,1194	0,1194	0,1109	0,1109
(5) Wachstumsrate g	0,03	0,04	0,03	0,04	0,03	0,04
(6) $I_t - Ab_t$ ab 1996[2]	163,4[3]	272,4[4]	163,4	272,4	163,4	272,4
(7) V^E; 93-97	-665,1	-789,5	-665,2	-793,9	-665,1	-798,2
(8) V_{97}^E	4.706,0[5]	3.931,7[6]	5.153,5	4.352,5	5.694,9	4.874,4
(9) V_{93}^E	1.913,0	1.364,4	2.266,9	1.682,5	2.700,9	2.082,8

[1] $k = i + MRP \cdot \beta^U$.

[2] Betrag wächst ab 1996 mit g.

[3] Entspricht $0,03 \cdot BS_{t-1} = 0,03 \cdot 5.447 = 163,4$.

[4] Entspricht $0,04 \cdot BS_{t-1} = 0,04 \cdot 5.447 = 272,4$.

[5] $\frac{447,3(1+g)}{k-g} = \frac{447,3 \cdot 1,03}{0,1279-0,03} = 4.706.$

[6] $[447,3 + 168,3 - 272,4 \cdot 1,04] \cdot 1,04 : (0,1279 - 0,04) = 3.931,7.$

Tabelle 11.9: Berechnung des Wertes bei Eigenfinanzierung zum 1.1.1993 bei unterschiedlichen Parameterkonstellationen

Tabelle 11.10 berücksichtigt V^{USt}, um über die Summe aus V^E und V^{USt} den Unternehmensgesamtwert V^F in Zeile (7) auszuweisen. V^{USt} ist definiert als Barwert der in Tabelle 11.8 Zeile (5) ausgewiesenen steuerlichen Vorteile, die nicht mit der angenommenen Wachstumsrate wachsen, sondern ab 1997 konstant bleiben und mit i_V = 0,10 diskontiert werden. V^{USt} beträgt 1.263,5.

Angenommen, Konstellation 3 in Tabelle 11.10 mit V^F_{93} = 3.530,4 gälte unter den Abstimmungsberechtigten als besonders glaubwürdig. Gesicherten Altgläubigern stehen Ansprüche in Höhe von 1.731 zu; der Neu-Investor hält gesicherte Ansprüche aus Kreditverträgen in Höhe von 325. Die Ansprüche ungesicherter Gläubiger betragen 3.484.[192] Die Ansprüche von Alteigentümern sind folglich erloschen, wenn die vertragliche bzw. gesetzliche Anspruchsrangfolge eingehalten wird. Nicht Alt- bzw. Neugläubigern zustehende Ansprüche sind aufzuteilen auf ungesicherte Gläubiger und dem Eigenkapital von ca. 360 Mio. einschießenden Neu-Investor.

Konstellation	1	2	3	4	5	6
(1) MRP	0,06	0,06	0,05	0,05	0,04	0,04
(2) k	0,1279	0,1279	0,1194	0,1194	0,1109	0,1109
(3) $I_t - Ab_t$ in 1996	163,4	272,4	163,4	272,4	163,4	272,4
(4) g	0,03	0,04	0,03	0,04	0,03	0,04
(5) V^E_{93}	1.913,0	1.364,4	2.266,9	1.682,5	2.700,9	2.082,8
(6) V^{USt}_{93}	1.263,5	1.263,5	1.263,5	1.263,5	1.263,5	1.263,5
(7) V^F_{93} = (5 + 6)	3.176,5	2.627,9	3.530,4	2.946,0	3.964,3	3.346,4
(8) $E_{93}{}^F = V^F_{93} - F_{93}$	1.120,5[1]	571,9	1.474,4	890,0	1.908,3	1.290,3

[1] F_{93} = 1.731 + 325 = 2.056.

Tabelle 11.10: Unternehmensgesamtwert (V^F) und Wert des Eigenkapitals (V^E) bei unterschiedlichen Parameterkonstellationen

Der Wert des Eigenkapitals gemäß Konstellation 3 wird deshalb aufgeteilt auf Neu-Investor (360) und ungesicherte Gläubiger 1.474,4 – 360 = 1.114,4. Die Alteigentümer gehen leer aus.

Zu prüfen ist noch, ob die ungesicherten Gläubiger gemäß Plan nicht schlechter abschneiden, als sie bei Liquidation abgeschnitten hätten. Diese Prüfung erfordert sowohl Chapter 11 BC (best interest test) als auch § 245 Abs. 1 Ziff. 1 InsO. Der Liquidationswert der Gesellschaft wird auf 2.355 nach Verwertungskosten in Höhe von 7 %

---

192 Vgl. Gilson (2001), Anhang 3.3. Die Kosten der Reorganisation in Höhe von 27,7 Mio. $ (1991) und 30 Mio. $ (1992) bleiben unberücksichtigt. Vgl. 10-k-Report (1992), S. 5.

geschätzt. Von diesem Betrag entfallen 1.731 auf gesicherte Gläubiger[193]; der Rest in Höhe von 624 entfiele auf ungesicherte Gläubiger. Bei Reorganisation und unter den Parametern der Konstellation 3 schneiden die ungesicherten Gläubiger mit einer Befriedigungsquote von 1.114,4: 3.484 = 0,3199 deutlich besser ab.

11.9 Zusammenfassung

In diesem Kapitel werden Bezüge zwischen Finanzierung und Insolvenzrecht dargestellt. Insolvenzverfahren haben u. a. den Zweck, auf Gläubiger-Eigentümer-Beziehungen disziplinierend einzuwirken: Sie geben den Gläubigern das Recht zur Ingangsetzung des Insolvenzverfahrens, wenn bestimmte, eine bestehende oder drohende Illiquidität anzeigende Kriterien erfüllt sind. Dieses Recht kann und soll verhaltenssteuernd auf die Eigentümer als Kreditnehmer wirken, indem es sie zur Beachtung von Verschuldungsgrenzen und zu sorgfältiger Finanzplanung anhält. Von Bedeutung für das Ausmaß der bewirkten Verhaltenssteuerung ist die Konstruktion der Insolvenztatbestände «Zahlungsunfähigkeit», «drohende Zahlungsunfähigkeit» und «Überschuldung». Die Gründe hierfür wurden erörtert. Dabei zeigt sich, dass der Gesetzgeber erhebliche Probleme hat, die Insolvenztatbestände normenkonform zu operationalisieren.

Dann wurde die Verteilungsregelung der Insolvenzordnung dargestellt. Die Bedeutung von Kreditsicherheiten für die Einordnung eines Gläubigeranspruchs in der Rangfolge der Ansprüche und für die Befriedigungsquote wurde aufgezeigt.

Neben den durch ESUG geschaffenen Anreizen für eine Schuldner-gesteuerte frühzeitige Antragsstellung auf Eröffnung eines Verfahrens wurden die entscheidenden Leitlinien der Insolvenzordnung erörtert. Funktion des und Abstimmungsregeln über einen Insolvenzplan wurden erläutert. Anhand der Fallstudie Continental Airlines wurde gezeigt, welche Bewertungsprobleme zu überwinden sind, um das, was zu verteilen ist, im Reorganisationsfall festzustellen und welche Auswirkungen vertragliche und gesetzliche Rangvorrechte in der Insolvenz auslösen.

11.10 Anhang: Unternehmensinsolvenzen in Deutschland 1950 – 2013

Jahr	Unternehmensinsolvenz	Jahr	Unternehmensinsolvenz
1950	5.168	1982	11.915
1951	4.932	1983	11.845
1952	4.782	1984	12.018
1953	4.882	1985	13.625
1954	4.936	1986	13.500
1955	4.095	1987	12.098

193 Gesicherte Ansprüche von 325 entstehen erst, wenn es zur Reorganisation kommt.

1956	3.697	1988	10.562
1957	3.423	1989	9.590
1958	2.943	1990	8.730
1959	2.414	1991	8.837
1960	2.358	1992	10.920
1961	2.247	1993	15.148
1962	2.005	1994	18.837
1963	2.120	1995	22.344
1964	2.203	1996	25.530
1965	2.070	1997	27.474
1966	2.530	1998	27.828
1967	3.159	1999	26.476
1968	2.602	2000	28.235
1969	2.494	2001	32.278
1970	2.716	2002	37.579
1971	2.971	2003	39.320
1972	3.097	2004	39.213
1973	4.000	2005	36.843
1974	5.976	2006	34.137
1975	6.953	2007	29.160
1976	6.808	2008	29.291
1977	6.929	2009	32.687
1978	5.949	2010	31.998
1979	5.483	2011	30.099
1980	6.315	2012	28.297
1981	8.494	2013	25.995

Tabelle 11.11: Anzahl der Unternehmensinsolvenzen in Deutschland 1950-2013. Bis einschließlich 1990 früheres Bundesgebiet; ab 1999 Geltung der Insolvenzordnung (InsO), davor Konkurs- (KO) und Vergleichsordnung (VerglO) für früheres Bundesgebiet. (Quelle: Statistisches Bundesamt, Stand: April 2014)

Abbildung 11.5 nimmt die Daten aus Tabelle 11.11 auf, geht aber noch einen Schritt weiter und errechnet die jährlichen Insolvenzraten aller deutschen Unternehmen im Zeitraum 2003-2012 nach folgender Formel:

$$\text{Insolvenzrate}_t = \frac{\text{Unternehmensinsolvenzen}_t}{\text{Anzahl der Unternehmen}_{t-1}}. \quad (11.1)$$

Der Mittelwert der Insolvenzrate beträgt 0,96 %.

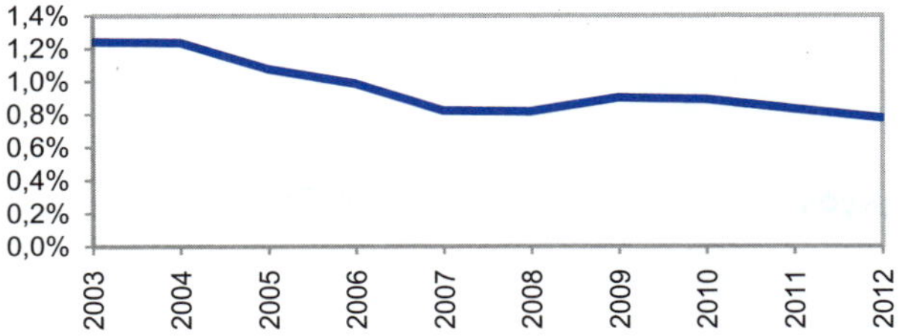

Abbildung 11.5: Jährliche Insolvenzraten aller deutschen Unternehmen im Zeitraum 2003-2012. (Quelle: Statistisches Bundesamt, eigene Berechnungen, Stand: April 2014)

Tabelle 11.12 schließlich nimmt Insolvenzverfahren näher unter die Lupe für den Zeitraum 1999-2013, also startend mit der Geltung der Insolvenzordnung. Betrachtet wird die Art der beantragten Verfahren gegliedert nach Rechtsformen.

Beantragte Verfahren	(1)	(2)	(3)	(1)	(2)	(3)	(1)	(2)	(3)	(1)	(2)	(3)	(1)	(2)	(3)
Rechtsformen/ Jahr	**1999**			**2000**			**2001**			**2002**			**2003**		
Einzelunternehmen, Freie Berufe, Kleingewerbe u.Ä.	1.964	6.262	14	3.100	6.488	60	4.125	6.820	81	9.413	4.141	x	10.803	4.238	x
Personengesellschaften (OHG, KG, GbR)	179	178	x	207	161	x	223	143	x	272	189	x	284	208	x
GmbH und Co. KG	759	481	x	844	431	x	1.059	541	x	1.320	616	x	1.275	633	x
GbR	116	270	x	181	387	x	236	422	x	313	484	x	374	495	x
GmbH	6.345	9.466	x	7.059	8.773	x	8.517	9.340	x	9.518	10.252	x	9.765	10.269	x
AG bzw. KGaA	59	35	x	113	63	x	332	110	x	442	189	x	327	181	x
Sonstige Rechtsformen	142	206	x	169	199	x	154	175	x	235	195	x	232	236	x
Summe	26.476			28.235			32.278			37.579			39.320		
Rechtsformen/ Jahr	**2004**			**2005**			**2006**			**2007**			**2008**		
Einzelunternehmen, Freie Berufe, Kleingewerbe u.Ä.	12.258	4.041	x	12.991	3.783	x	13.785	3.390	x	12.309	2.816	x	12.561	2.602	x
Personengesellschaften (OHG, KG, GbR)	299	195	x	255	169	x	252	127	x	212	106	x	208	99	x
GmbH und Co. KG	1.202	586	x	1.048	568	x	1.021	434	x	867	314	x	920	336	x
GbR	353	436	x	306	398	x	320	300	x	229	236	x	238	186	x
GmbH	9.311	9.627	x	8.205	8.209	x	7.442	6.014	x	6.388	4.559	x	6.878	4.051	x
AG bzw. KGaA	254	161	x	214	130	x	189	100	x	148	84	x	153	58	x
Private Company Limited by Shares (Ltd)	-	-	-	-	-	-	117	267	x	183	369	x	240	437	x
Genossenschaften	-	-	-	-	-	-	19	4	x	13	3	x	21	5	x
Sonstige Rechtsformen	220	270	x	228	339	x	148	208	x	142	182	x	140	158	x
Summe	39.213			36.843			34.137			29.160			29.291		

Rechtsformen/ Jahr	2009			2010			2011			2012			2013		
Einzelunternehmen, Freie Berufe, Kleingewerbe u.Ä.	13.152	2.462	x	13.336	2.414	x	12.373	2.271	x	11.335	1.783	x	9.375	1.445	x
Personengesellschaften (OHG, KG, GbR)	240	100	x	199	110	x	183	73	x	152	73	x	164	65	x
GmbH und Co. KG	1.228	397	x	1.097	433	x	1.068	397	x	1.142	357	x	1.219	333	x
GbR	284	182	x	245	167	x	269	144	x	208	126	x	200	122	x
GmbH	8.690	4.415	x	8.004	4.563	x	7.896	4.269	x	7.809	4.131	x	8.051	4.170	x
ohne Unternehmergesellsch. (haftungsbeschr.)	-	-	-	-	-	-	-	-	-	-	-	-	*7.311*	*3.125*	*x*
Unternehmergesellschaft (haftungsbeschränkt)	-	-	-	-	-	-	-	-	-	-	-	-	*740*	*1.045*	*x*
AG bzw. KGaA	235	61	x	191	94	x	166	58	x	197	46	x	182	46	x
Private Company Limited by Shares (Ltd)	310	599	x	236	463	x	195	269	x	165	201	x	135	178	x
Genossenschaften	11	7	x	11	3	x	8	3	x	15	3	x	-	-	x
Sonstige Rechtsformen	165	149	x	212	220	x	235	222	x	288	266	x	162	148	x
Summe	32.687			31.998			30.099			28.297			25.995		

Tabelle 11.12: Insolvenzverfahren gegliedert nach Rechtsformen in Deutschland für den Zeitraum 1999-2013. Beantragte Verfahren: (1) eröffnet, (2) mangels Masse abgewiesen, (3) Schuldenbereinigungsplan im Verbraucherinsolvenzfahren angenommen. (Quelle: Statistisches Bundesamt, eigene Berechnungen, Stand: April 2014)

11.11 Literaturhinweise

Baird, D. G./Jackson, Th. H. (1990): Cases, Problems and Materials on Bankruptcy. 2. Auflage, Boston, Toronto, London.

Bebchuk, L. A. (1988): A New Approach to Corporate Reorganization. In: Harvard Law Review, Band 101, S. 775–804.

Bebchuk, L. A. (1998a): The Options Approach to Corporate Reorganization. Working Paper, Harvard Law School.

Bebchuk, L. A. (1998b): Chapter 11. In: The New Palgrave Dictionary of Economics and Law, Band 1, S. 219–224.

Bebchuck, L. A./Fried, J. M. (1997): The uneasy case for the priority of secured claims in bankruptcy: further thoughts and a reply to critics. In: The Cornell Law Review, S. 1279–1348.

Berk, J./De Marzo, P. (2007): Corporate Finance. Boston, New York.

Bigus, J./Eger Th. (2003): Führt die deutsche InsO zu mehr Marktkonformität bei Unternehmensinsolvenzen? Einige Bemerkungen aus ökonomischer Sicht. In: Zeitschrift für das gesamte Insolvenzrecht, S. 1–9.

Bitz, M./Hemmerde, W./ Rausch, W. (1986): Gesetzliche Regelungen und Reformvorschläge zum Gläubigerschutz. Berlin, Heidelberg, New York.

Brealey, R. A./Myers, S. C./Allen, F. (2006): Corporate Finance, 8. Auflage, New York.

Drukarczyk, J. (1981): Zum Problem der Auslösung insolvenzrechtlicher Verfahren. In: Zeitschrift für Betriebswirtschaft, Band 51, S. 235–257.

Drukarczyk, J. (1984): Reorganisation und Gläubigeransprüche. In: Die Betriebswirtschaft, Band 44, S. 371–391.

Drukarczyk, J. (1986): Was kann der Tatbestand der Überschuldung leisten? In: Zeitschrift für betriebswirtschaftliche Forschung, Band 38, S. 207–234.

Drukarczyk, J. (1992): Should Bankruptcy Law Allow Reorganization? In: Law and Economics – Some Further Insights, Luiss, Milano, S. 107–133.

Drukarczyk, J. (2004): Probleme des Reorganisationsverfahrens: Bewertung, best interest test und Verlustvorträge. In: Unternehmen in der Krise, Heintzen/Kruschwitz (Hrsg.), Berlin, S. 129–148.

Drukarczyk, J. (2006): Insolvenztatbestände als Anstoß zu Restrukturierungen? In: Handbuch Unternehmensrestrukturierung, Hommel/Knecht/Wohlenberg (Hrsg.), Wiesbaden, S. 277–302.

Drukarczyk, J./Schöntag, St. (2006): Insolvenzplan, optionsbasierte Lösungen, Verlustvorträge und vom Gesetzgeber verursachte Sanierungshemmnisse. In: Börsen, Banken und Kapitalmärkte, Festschrift für Hartmut Schmidt, Bessler, W. (Hrsg.), Berlin, S. 649–683.

Drukarczyk, J./Schüler, A. (2009a): Die Eröffnungsgründe der InsO: Zahlungsunfähigkeit, drohende Zahlungsunfähigkeit und Überschuldung. In: Kölner Schrift zur Insolvenzordnung, 3. erweiterte Auflage, Münster, S. 28–84.

Drukarczyk, J./Schüler, A. (2009b): Unternehmensbewertung, 6. Auflage, München.

Drukarczyk, J. (2014): Kommentierung § 245 InsO. In: Münchener Kommentar zur Insolvenzordnung, Band 3, 3. Auflage, München, S. 356–388.

Drukarczyk, J./Schöntag, St. (2014): § 3 Außergerichtliche Sanierungsentscheidungen. In: Insolvenzrechts-Handbuch, Gottwald, P. (Hrsg.), 5. Auflage, München.

Duttle, J. (1986): Ökonomische Analyse dinglicher Sicherheiten – Die Reform der Mobiliarsicherheiten und Probleme ihrer Behandlung in insolvenzrechtlichen Verfahren. Krefeld.

Eidenmüller, H. (1996a): Der Insolvenzplan als Vertrag. In: Jahrbuch für neue politische Ökonomie, Band 15, S. 164–192.

Eidenmüller, H. (1996b): Insolvenzbewältigung durch Reorganisation. In: Effiziente Verhaltenssteuerung und Kooperation im Zivilrecht, Ott, Claus/Schäfer, Hans-Bernd (Hrsg.), Tübingen, S. 145–172.

Eidenmüller, H. (1999): Unternehmenssanierung zwischen Markt und Gesetz. Köln.

Fischer, G. (2010): Zur Feststellung der Zahlungsunfähigkeit – Folgerungen aus der Rechtsprechung des IX. Zivilsenats, In: Festschrift für Ganter, S. 153–168.

Franke, G. (1984): Zur rechtzeitigen Auslösung von Sanierungsverfahren. In: Zeitschrift für Betriebswirtschaft, Band 54, S. 160–178.

Gilson, St. C./Kose, J./Lang, L. H. P. (1990): Troubled debt restructurings, An empirical study of private reorganization of firms in default. In: Journal of Financial Economics, S. 315–353.

Gilson, St. C. (1993): Debt Reduction, Optimal Capital Structure, and Renegotiation of Claims during Financial Distress. Working Paper, Havard Business School.

Gilson, St. C. (2001): Creating Value through Corporate Restructuring. 1. Auflage, New York.

Gilson, St. C. (2010): Creating Value through Corporate Restructuring, 2. Auflage, New York.

Goode, R. M. (2011): Principles of corporate insolvency law. 2. Auflage, London.

Goller, M. (2000): Aktuelle Vergleichsverfahren in Deutschland – Eine ökonomische Analyse, Regensburger Beiträge zur betriebswirtschaftlichen Forschung, Frankfurt/M., Berlin, Bern.

Gottwald, P. (Hrsg.) (1983): Insolvenzrechts-Handbuch. 5. Auflage (i. V.).

Hax, H./Marschdorf, H.-J. (1983): Anforderungen an ein Insolvenzrecht aus betriebswirtschaftlicher Sicht. In: Betriebswirtschaftliche Forschung und Praxis, Band 35, S.112–130.

Jackson, Th. H. (1986): The Logic and Limits of Bankruptcy Law. Cambridge.

Jensen, M. C. (1989): Active Investors, LBO's and the Privatisation of Bankruptcy. In: Journal of Applied Corporate Finance, Band 2, S. 35–44.

Koelsch, K. (1988): Vorverlegte Insolvenzauslösung. Köln.

Marschdorf, H.-J. (1984): Unternehmensverwertung im Vorfeld und im Rahmen gerichtlicher Insolvenzverfahren. Dissertation, Köln.

Rieger, R. (1988): Unternehmensinsolvenz, Arbeitnehmerinteressen und gesetzlicher Arbeitnehmerschutz. In: Regensburger Beiträge zur Betriebswirtschaftlichen Forschung. Bern, Stuttgart.

Schmidt, K. (1982): Möglichkeiten der Sanierung von Unternehmen durch Maßnahmen im Unternehmens-, Arbeits-, Sozial- und Insolvenzrecht. Gutachten D zum 54. Deutschen Juristentag. München.

Schmidt, K./Uhlenbruck, W. (2009): Die GmbH in der Krise, Sanierung und Insolvenz. 4. Auflage, Köln.

Schmidt, R. H. (1980): Ökonomische Analyse des Insolvenzrechts. Wiesbaden.

Schmidt, R. H. (1981): Die ökonomische Grundstruktur des Insolvenzrechts. In: Die Aktiengesellschaft, Band 26, S. 35–44.

Swoboda, P. (1984): Betriebswirtschaftliche Anmerkungen zur Reform des Insolvenzrechts. In: Zeitschrift für Betriebswirtschaft, Band 54, S. 180–186.

Terhart, P. (1995): Chapter 11 Bankruptcy Code: Eine Alternative für Deutschland? Dissertation, Regensburg.

Uhlenbruck, W. (1975): Zur Krise des Insolvenzrechts. In: Neue Juristische Wochenschrift, S. 897–902.

Uhlenbruck, W. (1981): Sanierung und Reorganisation als drittes Insolvenzverfahren in einem künftigen Recht? In: Konkurs-, Treuhand- und Schiedsgerichtswesen, Band 42, S. 513–575.

Uhlenbruck, W. (1994): Das neue Insolvenzrecht, Insolvenzordnung und Einführungsgesetz nebst Materialien, Herne/Berlin.

Uhlenbruck, W. (1995): Die neue Insolvenzordnung, Auswirkungen auf das Recht der GmbH und GmbH & Co. KG. In: GmbH Rundschau, Jahrgang 86, S. 81–87 und S. 95–211.

Willemsen, R./Rechel, J. (2012): Kommentar zum ESUG, Frankfurt/M.

Stichwortverzeichnis

Vorstellung der Autoren

Jochen Drukarczyk studierte Betriebswirtschaftslehre an der Johann Wolfgang Goethe-Universität Frankfurt am Main, promovierte bei Prof. Dr. h. c. mult. Adolf Moxter und habilitierte sich an dieser Universität. Er folgte einem Ruf an die Universität Regensburg und blieb an dieser Universität trotz ehrenvoller Rufe an die Universitäten Trier, Linz und Augsburg.

Er hat zahlreiche Einladungen zu Gastprofessuren angenommen: an das INSEAD, Fontainebleau, an die Aston University, an die ESC Bordeaux, die ESC Nantes, die ESC Le Havre. Er war Leiter (zusammen mit Prof. Dr. Dr. h. c. Peter Gottwald) des Graduiertenkollegs „Insolvenzvermeidung und Bewältigung der Insolvenz". Er ist Autor mehrerer Lehrbücher und hat etwa 110 wissenschaftliche Aufsätze in Fachzeitschriften vorgelegt zu Finanzierung, Bewertung, Sanierung, Insolvenz und Pensionsrückstellungen. Außerdem war er Berater für mittelständische Unternehmen, Deutsche Post, Deutsche Telekom und das Bundesministerium der Justiz.

Sebastian Lobe ist ordentlicher Professor und Lehrstuhlinhaber an der WHL Graduate School of Business and Economics. Promotion bei Prof. Dr. Dr. h.c. Jochen Drukarczyk und Habilitation erfolgten an der Universität Regensburg. Seine Forschung erscheint in wissenschaftlichen Zeitschriften wie dem Journal of Financial and Quantitative Analysis, European Financial Management, Review of Quantitative Finance and Accounting, Quarterly Review of Economics and Finance, Schmalenbach Business Review, Review of Managerial Science, Review of Financial Economics, Journal of Asset Management und der Zeitschrift für betriebswirtschaftliche Forschung.

Er hat diverse Best Paper Awards gewonnen: Campus for Finance – Research Conference im Jahr 2013 und ACATIS Value Preis, verliehen in den Jahren 2013, 2012, 2011, 2010 und 2009. Seine Forschungsschwerpunkte sind Asset Pricing, Sozial Verantwortliches Investieren, Unternehmensbewertung und Unternehmensfinanzierung.